Modeling & Simulation for CPS

信息物理融合系统建模与仿真

The Unified Multi-domain Physical Modeling Language Modelica and Systems Modeling Application with MWorks

多领域物理统一建模语言MODELICA与MWORKS系统建模

陈立平　周凡利　丁建完　郭俊峰｜著

華中科技大學出版社
http://www.hustp.com
中国·武汉

内容提要

本书概括了系统建模仿真的发展历史，浅显易懂地介绍了 Modelica 语言的基础知识和高级特性，并对 MWorks 建模仿真平台的功能做了详尽的讲解。

本书汇聚了 MWorks 开发团队十多年的研发经验，对 Modelica 和多领域建模知识有着全面且深刻的解释，内容涵盖了模型、变量、方程、算法、函数等语言基础知识，结合示例讲解了初始条件设置、模型重用和事件等高级特性。在建模仿真方面，本书全面讲解了 MWorks 基础环境、高级特性、工具箱和接口的使用方法，有些高级特性是开发健壮模型的关键知识点，比如“外部资源的使用”，对工程建模人员掌握建模知识起到很好的帮助作用。

本书力求严谨全面，并强调实践操作，可作为 Modelica 语言和 MWorks 系统建模仿真平台的教学参考书，也可供相关高校师生或科研工程人员参考。

图书在版编目(CIP)数据

多领域物理统一建模语言 MODELICA 与 MWORKS 系统建模/陈立平等著.—武汉:华中科技大学出版社，2019.12（2024.2 重印）

ISBN 978-7-5680-2912-4

Ⅰ. ①多… Ⅱ. ①陈… Ⅲ. ①物理学-计算机仿真 ②物理学-系统建模 Ⅳ. ①O4-39

中国版本图书馆 CIP 数据核字(2017)第 100446 号

多领域物理统一建模语言 MODELICA 与 MWORKS 系统建模 陈立平 周凡利 丁建完 郭俊峰 著

Duolingyu Wuli Tongyi Jianmo Yuyan Modelica yu MWorks Xitong Jianmo

策划编辑：周芬娜
责任编辑：余 涛
封面设计：刘 卉
责任监印：徐 露
出版发行：华中科技大学出版社(中国・武汉) 电话：(027)81321913
武汉市东湖新技术开发区华工科技园 邮编：430223
录 排：华中科技大学惠友文印中心
印 刷：武汉邮科印务有限公司
开 本：787mm×1092mm 1/16
印 张：33.5 插页：2
字 数：860 千字
版 次：2024 年 2 月第 1 版第 3 次印刷
定 价：95.00 元

华中出版

本书若有印装质量问题，请向出版社营销中心调换
全国免费服务热线：400-6679-118 竭诚为您服务

作者简介

陈立平　博士，华中科技大学机械科学与工程学院教授、博士生导师，现任苏州同元软控信息技术有限公司执行董事，华中科技大学国家CAD支撑软件工程技术研究中心（武汉）主任，浙江大学 CAD&CG国家重点实验室学术委员，民用飞机模拟飞行国家重点实验室学术委员。曾获 2004 年教育部新世纪优秀人才计划资助。2008年获得苏州工业园区青年领军人才孵化项目支持，2009年姑苏领军人才支持，2011年江苏省自主创新团队项目支持。长期从事制造业信息化共性关键技术研究及成果转化。作为负责人及主要研究者先后承担了多项国家重大科技项目，如国家973项目、国家自然科学基金项目、863重大目标产品攻关以及科技转化等项目。二十年来致力于多领域物理统一建模技术Modelica及其工程计算平台的研究、产品化及产业化，组织开发了亚洲唯一的基于Modelica的多领域统一建模与仿真平台 MWorks，该平台已经在航空、航天、汽车、工程机械等行业得到广泛应用。

周凡利　工学博士，苏州同元软控信息技术有限公司总经理，国际Modelica协会会员，航空电气工程专业委员会委员，苏州工业园区科技领军人才。研究领域为基于模型的系统工程（MBSE）、多领域统一建模与仿真、多体系统动力学，自2001年起开始从事多领域统一建模与仿真技术研究、平台开发及工程应用，主持开发了新一代多领域统一建模与仿真平台MWorks系列版本，广泛应用于航空、航天、汽车、能源、工程机械等行业。MWorks平台技术目前在国际同类产品中位居前列，亚太地区尚无同类产品与技术。围绕多领域统一建模与仿真平台开发与工程应用，先后承担完成十多项国家863计划项目与国家自然科学基金项目，负责实施了与中国航天科技集团、中国航天科工集团、中国商用飞机有限责任公司等航天航空系列工程应用合作项目，为大飞机、载人航天、深空探测、核能动力等重大工程提供了数字化支撑。

丁建完　华中科技大学国家CAD支撑软件工程技术研究中心副教授，2006年获华中科技大学工学博士学位，从2004年至今，一直从事Modelica语言规范解析、基于Modelica语言的多领域物理统一建模、Modelica模型的分析规划与仿真求解、模型驱动的仿真计算代码生成、基于功能样机接口（Functional Mock-up Interface，FMI）规范的仿真模型交换与联合仿真等方面的研究工作，以及Modelica语言编译器、Modelica模型求解器开发工作，获得国家自然科学基金、国家863计划、国家科技支撑计划等国家级科研项目资助。在软件学报、AMC、MMT、CMES等国内外学术期刊上发表相关论文20余篇。

郭俊峰　华中科技大学机械工程工学硕士，现任苏州同元软控信息技术有限公司技术总监。一直致力于工程系统多领域统一建模与仿真技术研究、平台开发及工程应用。参加了国家自然科学基金、国家863计划、国家科技支撑计划等多个项目的研发工作。2005年至2014年，主要负责Modelica编译器开发工作，突破了Modelica语义解析过程中的多个关键技术，如数组机制、变型机制和重声明机制等。2014年至今，负责多领域系统建模仿真平台MWorks的开发和工程应用，引入了全新的跨平台解决方案，推进了软件平台的模块化，打造了可扩展的新一代建模仿真平台MWorks。在大型工业软件架构和开发方面具有丰富经验。

序

软件是智能产品、智能工业、智能社会重要的基础要素。与智能产品、智能工业全生命周期活动密切相关的先进软件是工业乃至社会发展水平的重要标志，是未来智能工业的重要基础支撑，是工业知识创新、积累、积淀并在应用中迭代进化的生产工具。创新的工业孕育先进的工业软件，同时先进的工业软件又支撑和提升工业创新能力。

21 世纪以来，工业社会进入数字化、网络化、智能化快速发展阶段，信息物理融合系统 CPS（Cyber-Physical System）已成为工业、社会智能化发展的共性技术特征。跨领域、多学科融合的 CPS 对传统的设计方法、技术和软件工具带来全面挑战。面向 CPS 的设计理论、方法和工具亟待创新。

为解决复杂系统跨领域、多学科融合问题，欧洲仿真机构 EUROSIM 于 1997 年组织了瑞典、德国、法国等 6 个国家建模与仿真领域的 14 位专家，针对多领域物理建模的下一代技术展开研究，提出通过国际开放合作，在归纳和统一多种面向对象基于方程的数学建模语言基础上，研究设计新一代多领域、连续-离散混合的面向对象物理建模语言 Modelica，成立了国际多领域物理统一建模语言协会 Modelica Association（www.modelica.org），并使之成为物理建模的国际标准。凭借语言本身的许多优良特性，Modelica 语言很快便得到了工业界的广泛认可，其技术与应用拓展发展迅速，已经成为复杂物理系统建模语言规范。

多领域物理统一建模技术是国际数字化设计领域具有里程碑意义的重要技术创新。值得欣慰的是，本书作者陈立平技术团队立下宏愿："基础创新、源头把握、高端切入、国际比肩、赢创未来"，于 2001 年及时参与了国际多领域物理统一建模语言与技术体系研究，在国家自然科学基金、国家科技部 863 计划等项目的支持下，开展了近二十年潜心研究，在原理、表达、实现、应用方面取得了全面突破，使我国成为

Modelica 技术体系源创国。陈立平团队作为 Modelica 国际研究之中国力量，所形成的技术成果 MWorks 得到了国际学术同仁及工业界的高度认可。

工业软件创新发展是一项长期艰巨的任务，需要教育、研究及工业界的广泛参与和支持。本书凝聚了陈立平团队近二十年研究、开发与应用成果，相信本书的出版发行有助于我国高校、研究院所及工业界推动我国新一代数字化设计技术发展和创新；同时也希望同元软控技术团队再接再厉，以解决问题为导向，坚定目标，奋发图强，努力前行，不断创新，打造出具有国际领先水平的软件产品。

中国科学院院士

杨孟飞

2019 年 11 月

前言

21 世纪以来，以德国工业 4.0 为代表的技术力量掀起了新一轮工业革命。德国工业 4.0 采用全新的语境：工业、系统、软件、模型、标准，强调软件是工业的未来，并指出未来的工业软件必须采用基于模型的理论、方法和工具，为此必须创新发展新一代数字化设计技术。基于统一模型规范 Modelica 的全系统建模、分析、仿真优化及软件自动生成技术已成为国际智能系统与产品设计研发技术的重要创新方向，是新一轮工业革命的设计技术制高点，欧美发达国家正籍此构筑新的技术壁垒，对此，我们必须有所为。

2018 年以来，由于众所周知的事件，引发了国人对自主核心技术的广泛焦虑和深入思考，“缺芯少魂”是制约我国工业安全可靠、创新发展的“卡脖子问题”。Modelica 是国际工业系统应用软件标准、规范、技术和生态的创新发展方向，目前国外有大量的 Modelica 建模仿真工具以及 Modelica 资料，但国内相关的工具和资料寥寥无几。本书的面世在一定程度上解决了这个问题，通过对本书的学习，读者可以提高对 Modelica 认识和使用，并利用国内团队自主研发的建模仿真平台 MWorks.Sysplorer 搭建 Modelica 模型解决实际工程问题。

本书从系统仿真、Modelica 规范和 MWorks 应用等三个层面，循序渐进地介绍了 Modelica 和 MWorks 的理论方法和实践步骤。全书共分为八章，内容如下：

第 1 章主要讲述了系统建模的发展历程，从中引出了系统建模与仿真语言 Modelica 和系统建模仿真平台 MWorks.Sysplorer。

第 2 章结合示例对 Modelica 语言的语法进行详细的讲解。初学者读完本章内容就能用 Modelica 语言进行建模。

第 3 章至第 7 章为 MWorks.Sysplorer 功能的详细介绍。

第 3 章通过三个简单案例帮助读者快速了解 MWorks.Sysplorer 从建模、仿真到结果分析的运行过程。

第 4 章详细介绍了 MWorks.Sysplorer 操作面板与上下文菜单中的功能含义及其使用方法。

第 5 章为第 4 章的进阶篇，介绍了 MWorks.Sysplorer 中较为高级的特性，如单位检查与单位推导、外部资源使用说明、外部函数调试指南、仿真数据文件等，这些特性的使用方法较为复杂，能够满足系统建模与仿真过程中的一些高级需求。

第6章介绍了模型发布、二维动画、三维动画、频率估算、模型标定、参数分析、模型优化、分布式显示和3D模型外部文件格式转换等工具箱的用途以及使用方法。

第7章介绍了平台的命令接口和FMI、S-Function、Veristand以及多体导入等导入/导出接口。

第8章介绍了 MWorks.Sysplorer 的安装配置过程，对配置时常见问题给出解决方法。

本书是苏州同元软控信息技术有限公司十多年来 MWorks 研发和工程实践的经验积累和技术结晶。苏州同元软控信息技术有限公司自创立以来，在国家自然科学基金、国家科技部863计划先进制造领域的支持下，牢记使命、不忘初心，坚持“基础创新、源头把握、高端切入、国际比肩、共赢未来”，潜心耕耘，砥砺探索，自主研发，从最初自研的 Modelica 编译求解内核 MWorks，发展出 MWorks.Sysplorer、MWorks.Sysbuilder 和 MWorks.Syslink 等系列平台工具，在多个航空、航天、核动力等重大工程中得到了考验和进化。希望本书的出版，能够进一步推动 Modelica 语言和国产自主研发软件 MWorks 在工业界的应用，吸引更多有识之士加入国产自主软件的开发大潮中，为“制造大国”向“智造大国”的转型贡献绵薄之力。

本书总结、归纳 MWorks 研发、工程团队大量技术和应用素材，由陈立平教授总体策划，周凡利、丁建完和郭俊峰主笔完成。衷心感谢同事杨涛对全书做了细心的勘误校对，感谢华中科技大学出版社周芬娜编辑对出版工作提供了专业细致的指导。由于本书篇幅大、内容多，书中错误和不妥之处在所难免，敬请专家、同仁及读者批评指正。

十年磨利剑，最后向2008年以来矢志不渝打造 MWorks 的诸位同事一并表示由衷敬意和衷心感谢。

作者

2019年9月

目 录

第1章 绪论

1.1 什么是系统

系统一般定义为由若干要素以一定结构形式连接构成的具有某种功能的有机整体。系统要素之间或系统与环境之间通常存在物质流、能量流和信息流的交互。系统含义广泛，宇宙万物凡是具有要素、结构和功能属性的整体都可称为系统。系统种类繁多，可以粗分为自然系统、人工系统和复合系统，也可以分为工程系统和物理系统。工程系统也称为技术系统，一般属于人工系统，是指在工程中为实现规定功能由相互关联的若干要素以一定结构形式构成的装置。物理系统也是一个常用的相关概念，其涵义比工程系统宽泛，可以为人工系统、自然系统或复合系统。

1.2 什么是系统建模

随着工业实践和科学技术的发展，现代机电产品日趋复杂，其通常是由机械、电子、液压、控制等不同领域子系统构成的复杂系统。设计是现代机电产品制造产业链的上游环节和产品创新的源头。仿真与理论、实验一起成为人类认识世界的三种主要方式，基于仿真的分析与优化逐渐成为复杂工程系统设计的重要支撑手段。而系统仿真的基础是系统建模，系统建模一般包括物理建模和数学建模两个步骤，相应的模型称为物理模型和数学模型。物理建模是由参数化的理想物理元件以一定拓扑结构形式描述真实系统的物理行为特性。数学建模是通过变量与方程的关系以数学或逻辑形式描述物理模型的物理行为和拓扑结构。

从建模方式上讲，物理建模是指与工程系统设计过程尽可能相近的建模方式，并且要求与工程师的设计习惯一致。这表示工程师在建模过程中不需要与数学方程打交道，只需要处理组件(即元件)和参数。面向对象建模、多领域统一建模、陈述式非因果建模及连续离散混合建模等典型特征，可以有效支持直接物理建模。

1.2.1 面向对象建模

面向对象建模(object-oriented modeling，OOM)的思想来源于面向对象编程(object-oriented programming，OOP)。对象(object)作为编程实体最早于19世纪60年代在Simula 67中引入，

Simula 67 是一种用于离散事件仿真的程序语言。面向对象编程(OOP)的完整概念在 19 世纪 70 年代由 Smalltalk 引入，Smalltalk 与 Simula 67 一脉相承，但其对象是完全动态的，并引入了继承的思想。1978 年，瑞典 Elmqvist 受 Simula 影响设计了第一个面向对象的物理建模语言 Dymola。目前，面向对象建模已经成为物理建模的重要特征和支持手段，面向对象具有三个典型性质：封装性、继承性和多态性。

1. 类与对象

类与对象是面向对象建模的基本概念。类可以认为是对一类事物的抽象，为类属；对象是类的实例，为具象。每个类可以具有数据与行为。数据主要指不同属性的变量，按可变性可以分为常量、参量与变量，按连续性和性质可以分为代数变量、状态变量与离散变量。类的行为通常采用方程描述，方程通过对变量施加不同性质的约束，从而使类通过变量在时间进程中表现出动态的行为。

2. 封装

封装旨在控制对于数据的访问和隐藏行为实现的细节。面向对象编程通常将数据访问权限分为三个级别：public、protected 和 private。面向对象建模对于数据访问权限的支持，有利于隐藏模型细节，保护模型知识。此外，封装有利于提供稳定的对外接口，保证模型代码的模块化，提高模型的重用性。

3. 继承

继承是面向对象建模中类与类之间的一种关系。继承的类称为子类、派生类，而被继承类称为父类、基类或超类。通过继承，使得子类具有父类的数据与行为，同时子类可以通过加入新变量和方程的方法，建立新的类层次。

4. 多态

面向对象编程中多态通常分为以下几类：子类型多态(subtype polymorphism)、参数多态(parametric polymorphism)、重载(overloading)和强制转换(coercion)。面向对象建模的多态性与面向对象编程有所不同，更加侧重于表现基于多态方便地提供模型重用、类型衍生及方程灵活表示的能力。

1.2.2 多领域统一建模

物理系统中客观存在不同的领域，如机械、电子、控制、液压、热学等，不同领域的组件表现出不同的形式、结构与特性，具有不同性质的物理本构和动态行为。在数学表示上，不同领域元件的物理本构可以使用相同形式的代数方程、微分方程或偏微分方程描述，这是多领域统一建模的根本基础。但在物理建模层面，由于不同领域组件的结构与连接形式不同，并不存在直接的多领域统一建模方法。

1.2.3 陈述式非因果建模

程序设计语言通常将设计分为不同的模式，如过程式程序设计、结构化程序设计、基于对象的程序设计、面向对象的程序设计等，但其共同基础仍是冯-诺依曼体系和赋值模式，即需要告诉计算机如何做。也就是说，程序设计语言对于问题的描述仍是过程式的，但对于程序的组织可以采用不同模式。

根据问题描述因果本质的差别可以将建模区分为过程式建模和陈述式建模。过程式建模，也称为因果建模，对于问题需要明确描述如何去做，其中每个模块具有确定的输入和输出，通常采用赋值模式来描述。支持过程式建模在物理建模中具有必要性，很多物理系统，如过程系统，本身就是过程式的，对于这种系统采用过程式描述更易于表达系统本质；再者已经存在大量采用过程式语言描述的模型代码，支持过程式描述更利于集成和重用现有资源。

陈述式建模，也称为非因果建模，对于问题只需要描述问题是什么，而不需要说明如何去做，每个模块具有明确的未知量和已知量，通常采用陈述式方程，或者通过直接描述问题的物理拓扑(元素之间的关系与属性)来表达。陈述式建模侧重于问题本身的描述，屏蔽了问题的解决方案细节，更加符合客观世界中大多数问题的认知模式。在工程物理系统建模中，陈述式建模更加有利于工程师专注于设计而非求解。

1.2.4 连续离散混合建模

根据模型中时间进程与状态改变的关系，可以将模型划分为三种类型：连续时模型(continuous-time，CT)、离散事件模型(discrete-event，DE)与离散时模型(discrete-time，DT)。对于连续时模型，在任意给定的有限时间间隔内，存在无限次状态改变，但在离散时间点没有状态改变；对于离散事件模型，状态只在离散时间点改变，在两个相邻离散时间点之间状态保持不变；对于离散时模型，状态只在等距的时间点改变。离散时模型可以认为是离散事件模型的子集。

当前通用物理建模语言或工具往往需要支持连续离散混合建模。可以在连续时模型基础上通过非连续性特性或过程建模要素支持扩展，也可以在离散事件模型基础上通过连续系统建模功能扩展，以支持连续离散混合建模；或者直接完整地同时支持连续和离散建模。

1.3 系统建模发展概述

系统建模经历了从单一领域独立建模到多领域统一建模、连续域或离散域分散建模到连续离散混合建模、过程式建模到陈述式建模、结构化建模到面向对象建模的发展阶段。目前实际应用的多领域建模主要有以下几种方式：基于接口的多领域建模；基于图表示的多领域建模；基于物理建模语言的多领域统一建模。本节先简述物理系统多领域建模与仿真发展历史及几种主要的建模方式，然后着重综述基于图与基于物理建模语言的多领域统一建模。

1.3.1 工程物理系统多领域建模与仿真

1. 物理系统多领域建模与仿真

随着计算机技术在工程领域的深入应用，在 20 世纪 70 年代至 90 年代诞生了一批应用广泛的单领域建模仿真工具，在工程系统中常见的机械、电子、控制领域及能源与过程领域涌现了一批代表性的仿真软件。与此同时，物理建模语言蓬勃发展，先后出现两代具有里程碑式的物理建模语言，对建模与仿真领域产生深远影响。

在机械领域，以多体动力学为理论基础，先后出现了一批影响广泛的机械系统运动学与动力学仿真软件：美国 Iowa 大学基于笛卡尔方法开发的 DADS，后来成为比利时 LMS 公司的 LMS.Motion；美国 MDI 公司基于笛卡尔类似方法开发的 ADAMS，后被美国 MSC 公司收购成为 MSC.ADAMS，目前应用最为广泛；德国宇航中心(DLR)开发的 SIMPACK，采用符号与数值求解相结合的方法，广泛应用于航空航天领域；韩国 FunctionBay 公司开发的 RecDyn 后来居上，采用基于 ODAE 的解耦方法和广义递归方法，在链式系统求解方面具有独特优势。

在电子领域，通常采用某种仿真语言进行仿真，比较著名的工具或语言包括用于模拟电路的 SPICE 和 Saber，以及用于数字电路的 VHDL 和 Verilog。在 20 世纪 90 年代末期，VHDL 和 Verilog 分别扩展为 VHDL-AMS 和 Verilog-AMS，以支持模拟-数字混合电路仿真。在控制领域，一般采用基于框图的表示描述经典控制系统，影响比较广泛的工具包括美国 MathWorks 公司的 Matlab/Simulink、美国 NI 公司的 MATRIXx、美国 MSC 公司的 MSC.EASY5 等。化学工程中的能源与过程系统仿真，属于物理系统仿真的重要内容。英国伦敦帝国学院先后开发了 SPEED-UP 和 gPROMS，广泛应用于化学工程动态仿真；美国能源部组织开发了 ASPEN Plus，用于大型化工流程仿真。

在物理建模语言方面，第一个里程碑是 Strauss 于 1967 年提出的连续系统仿真语言 CSSL，它统一了当时多种仿真语言的概念和语言结构。CSSL 是一种过程式语言，支持框图、数学表达式及程序代码方式建模，以常微分方程(ODE)的状态空间形式作为数学表示。Mitchell 和 Gauthier 在 1976 年基于 CSSL 实现了 ACSL，ACSL 在 CSSL 基础上作了部分改进，在相当长时间内成为仿真事实标准。在 CSSL 之后，出现了一系列类似的物理建模语言，如 Dymola、ASCEND、Omola、gPROMS、ObjectMath、Smile、NMF、U.L.M.、SIDOPS+等，各具特点。欧洲仿真界于 1997 年综合上述多种物理建模语言提出了多领域统一建模语言 Modelica。Modelica 的出现是一个新的里程碑，它综合了先前多种建模语言的优点，支持面向对象建模、非因果陈述式建模、多领域统一建模及连续离散混合建模，以微分方程、代数方程和离散方程为数学表示形式。Modelica 自其诞生以来发展迅速，工程应用越来越广泛。1999 年，数字电路硬件描述语言 VHDL 被 IEEE 扩展为 VHDL-AMS，从机制上提供混合信号和多领域建模支持。

2. 基于接口联合仿真的多领域建模与仿真

基于接口的多领域建模与仿真，是通过单领域仿真工具之间的接口，实现不同领域工具之间的联合仿真，从而提供多领域建模与仿真功能。联合仿真根据耦合程度可以分为三种类型：模型耦合、求解器耦合及进程耦合，不同类型的求解所调用的模式也不同。

基于接口通过联合仿真实现多领域建模仿真，目前工程中实际应用的有如下三种方式。

(1) 一是单领域工具之间提供针对性的接口实现联合仿真。例如，机械动力学仿真软件 ADAMS 提供了与控制仿真软件 Matlab/Simulink 的进程耦合联合仿真接口，LMS 公司的 Motion、AMESim 与 MathWorks 公司的 Matlab/Simulink 两两之间提供了不同耦合方式的联合仿真接口。这种方式可以在单领域仿真工具基础上实现有限领域的多领域建模与联合仿真，但其依赖于仿真工具本身是否相互提供了接口。

(2) 二是基于高层体系结构(high level of architecture，HLA)规范的联合仿真方式。HLA 是

一个针对分布式计算仿真系统的通用体系结构，为仿真软件之间的集成与联合仿真提供了一个接口规范。HLA 于 2000 年被 IEEE 接受为标准(IEEE 1516-2000/1516.1-2000/1516.2-2000)，到 2010 年标准更新为 IEEE 1516-2010 /1516.1-2010/1516.2-2010/1516.3-2003/1516.4-2007。HLA 定义包含三个内容：接口规范、对象模型模板(OMT)和规则。HLA 接口规范定义了 HLA 仿真器与运行时基础架构 RTI(run-time infrastructure)的交互方式，RTI 提供了一个程序库和一套与接口规范对应的应用程序接口(API)；HLA 对象模型模板说明了仿真之间的通信信息内容及其文档格式；HLA 规则是为了符合标准仿真必须遵循的规则。HLA 可以基于规范的接口实现多领域建模与仿真，通常用于大型分布式仿真系统。

(3) 三是基于功能样机接口(functional mock-up interface，FMI)规范的联合仿真方式。欧洲仿真界在 MODELISAR 项目支持下于 2008—2011 年提出了 3 个接口规范：模型交换接口(FMI for model exchange)、联合仿真接口(FMI for co-simulation)及 PLM 接口(FMI for PLM)。其中 FMI 模型交换接口旨在规范仿真工具生成的动态系统模型 C 代码接口，使得其他仿真工具可以使用生成的模型 C 代码。FMI 模型交换接口支持微分、代数和离散方程描述的模型。FMI 联合仿真接口为不同仿真工具之间的联合仿真定义了接口规范，支持模型耦合、求解器耦合或进程耦合的联合仿真。相比 HLA，FMI 提供了一套轻量级的模型交换与联合仿真接口。

基于接口通过联合仿真可以在一定程度上实现多领域建模与仿真，但基于接口的方式存在以下问题：一是要求仿真工具必须提供相应的接口，不论是工具之间直接的联合仿真，还是基于 HLA 或 FMI 接口，均要求仿真工具提供或实现相应的接口；二是联合仿真要求在建模时实现系统领域或模型之间的解耦，对于多领域耦合系统，这种处理可能影响模型的逼真度甚至难以仿真系统的某些行为特性；三是联合仿真会显著降低仿真求解的效率与精度。特别是进程耦合方式的联合仿真，为了数据交互通常采用定步长求解，这不利于工具处理模型中的离散事件，也不便于自动协调处理模型中快变部分与慢变部分，而且容易产生较大的累积数值误差，这经常导致联合仿真效率很低甚至仿真失败。

3. 基于图或物理建模语言的多领域统一建模与仿真

自 20 世纪 60 年代以来，以一种统一的表示方式实现不同领域物理系统的一致建模，是仿真界一直努力的方向。这个方向的发展可以分为两个大的阶段：前期基于图的统一表示方式；后期基于物理建模语言的统一表示方式。基于图的表示包括框图(block diagram)、键合图(bond graph)及线性图(linear graph)。

1.3.2 基于图的多领域统一建模方法

1. 框图

以框图作为可视化表示方式，1976 年美国波音公司开发了 EASY5(现为美国 MSC 公司的 MSC. EASY5)；1985 年美国集成系统公司开发了 SystemBuild /MATRIXx(现为美国 NI 公司所有)；1991 年美国 MathWorks 公司开发了 MATLAB/SIMULINK(SIMULINK 原名 SIMULAB)；1993 年 Mitchell 和 Gauthier 为 ACSL 引入了图形化建模环境。框图成为控制系统可视化建模的常规方式，其他领域的物理系统也可以通过数学模型的因果分析表示为框图。在相当长的一段时间内，鉴于

Matlab 在工程界的广泛应用，框图成为物理系统数学模型可视化的一种主要方式。

框图基于经典控制理论，通过连接积分环节、加法环节、乘法环节等基本环节的输入/输出来定义模型，可以认为是基于系统信号流的建模。由于每个环节都具有确定的输入/输出，因此框图属于因果建模。框图可以表示各种常规连续系统或离散系统的数学模型，但不能直接反映除控制系统之外的物理系统的拓扑结构。框图建模要求用户熟悉物理系统的数学模型细节，基于框图的仿真不能直接处理代数环，要求用户在建模时手工处理。

2. 键合图

键合图首先由美国麻省理工学院 Paynter H. M.于 1961 年提出，其后 Karnopp D. C.和 Rosenberg R. C.将其发展为一种通用建模理论和方法。键合图是一种有向图，其中元件为节点，连接为功率键，键具有关联的势(effort)变量和流(flow)变量。键代表了模型元件之间的功率流，功率流是势变量和流变量的乘积。元件之间通过 0 节和 1 节连接，0 节表示基尔霍夫(Kirchhoff)电流定律，1 节表示基尔霍夫电压定律。键合图采用四种形式的广义变量：势、流、广义动量和广义位移，通过表征基本物理性能、描述功率变换和守恒基本连接的九种元件，可以根据系统中功率流方向画出系统键合图模型并列出系统状态方程。

键合图通过四种广义变量和九种元件的抽象，描述不同领域具有不同形式能量流的物理系统，常见领域对应的势变量与流变量如表 1-1 所示。键合图比较适合用于连续过程建模。键合图可以进行基于功率的物理模型降阶，这对于简化模型具有重要价值。键合图对一维机械、电子、液压、热等领域模型的描述已经比较完善，但其不便于直接支持三维机械系统和连续离散混合系统建模。通过扩展键合图表示，键合图也可以支持三维机械建模和连续离散混合建模。

表 1-1　键合图中不同领域势变量与流变量定义

	势变量(effort)	流变量(flow)
机械平动	力	速度
机械转动	力矩	角速度
电子	电压	电流
液压	压力	流速
热	温度	熵流

支持键合图表示的仿真工具有 20-SIM、CAMP-G、SIDOPS+等，其中 SIDOPS+支持非线性多维键合图模型，模型中可以同时包含连续和离散部分。比利时 LMS 公司的 Imagine.Lab AMESim 基于键合图理论支持机械、电子、液压、气压、热等多领域建模，并据此提供了基于能量的模型简化功能。

3. 线性图

物理系统与线性图之间的关系最早由 Trent 和 Branin 于 20 世纪五六十年代揭示。与键合图类似，线性图通过穿越(through)变量和交叉(across) 变量(也称为终端(terminal)变量)表示经过系统的能量流。线性图的边表示系统元件中能量流的存在，图的节点表示元件的终端。对于每一条边，存在一个终端方程表示终端变量间的关系。一条或多条边及相关联的终端方程完全定义了元件的动态特性。通过合并存在物理连接的节点，独立元件的终端图可以组合成系统图。与键合图模型不同，线性图直接反映了物理系统的拓扑结构。线性图通过穿越变量和交叉变量的抽象实现了与领域无关的表示，可以用于多领域物理系统建模。常见领域对应的穿越变量与交叉变量如表 1-2 所示。线性图表示与 VHDL-AMS 仿真语言端口表示一致，构成了 VHDL-AMS 的潜在表示。

表 1-2 线性图中不同领域交叉变量与穿越变量定义

	交叉变量(across)	穿越变量(through)
机械平动	速度	力
机械转动	角速度	力矩
电子	电压	电流
液压	压力	流速
热	温度	熵流

线性图可以方便地用于三维机械系统建模，McPhee 在机械多体系统线性图建模方面进行了系列研究，奠定了线性图自动化建模的理论基础。通过引入分枝坐标系和共轭树的概念，McPhee 给出了多体系统最少方程数的表示。加拿大 Maple 公司的多领域仿真软件 MapleSim 基于线性图理论提供了多体模型库。

与键合图相比，线性图更加直观，在三维机械系统方面具有更好的表达能力，但目前尚没有直接支持线性图的建模仿真工具。VHDL-AMS 采用与线性图理论一致的端口模式，并不直接支持线性图表示；MapleSim 基于线性图理论实现的多体模型库采用了与 Modelica 语言一致的组件图，线性图理论用于指导多体模型的方程生成。

1.3.3 基于物理建模语言的多领域统一建模方法

1. Modelica

1978 年，瑞典 Elmqvist 设计了第一个面向对象的物理建模语言 Dymola。Dymola 深受第一个面向对象语言 Simula 影响，引入了“类”的概念，并针对物理系统的特殊性作了“方程”的扩展。Dymola 采用符号公式操作和图论相结合的方法，将 DAE 问题转化为 ODE 问题，通过求解 ODE 问题实现系统仿真。到 20 世纪 90 年代，随着计算机技术与工程技术的发展，一系列面向对象和基于方程的物理建模语言涌现了出来，如 ASCEND、Omola、gPROMS、ObjectMath、Smile、NMF、U.L.M.、SIDOPS+等。上述众多建模语言各有优缺点，互不兼容，为此，欧洲仿真界从 1996 年开始致力于物理系统建模语言的标准化工作，在综合多种建模语言优点的基础上，借鉴当时最先进的面向对象程序语言 Java 的部分语法要素，于 1997 年设计了一种开放的全新多领域统一建模语言 Modelica。

Modelica 继承了先前多种建模语言的优秀特性，支持面向对象建模、非因果陈述式建模、多领域统一建模及连续离散混合建模，以微分方程、代数方程和离散方程为数学表示形式。Modelica 从原理上统一了之前的各种多领域统一建模机制，直接支持基于框图的建模、基于函数的建模、面向对象和面向组件的建模，通过基于端口与连接的广义基尔霍夫网络机制支持多领域统一建模，并且以库的形式支持键合图和 Petri 网表示。Modelica 还提供了强大的、开放的标准领域模型库，覆盖机械、电子、控制、电磁、流体、热等领域，目前在标准库之外已经存在大量可用的商业库与免费库。

Modelica 是一个开放规范，现已成为物理系统多领域统一建模的事实标准，对于建模、仿真以及 CAE 技术产生重要影响。

2. VHDL-AMS

1999 年，IEEE 为了支持模拟和混合信号系统建模，在 VHDL 标准基础上通过扩展发布了 IEEE 1076.1-1999 标准(VHDL-AMS)。VHDL 是用于数字集成电路的标准硬件描述语言(IEEE 1076-1993/1076-2008)。VHDL-AMS 通过扩展的 DAE 表示支持连续系统建模，加上 VHDL 语言的并行执行过程支持，使得其支持连续离散混合建模。VHDL-AMS 采用与线性图一致的端口抽象，从机制上可用于描述不同领域的物理系统，支持多领域统一建模。VHDL-AMS 语言的基本硬件抽象是设计实体，设计实体由实体声明(entity)描述接口，结构体(architecture)描述行为，一个实体可以组合不同的结构体。

目前支持 VHDL-AMS 的仿真工具包括美国 Mentor Graphics 公司的 SystemVision、美国 Synopsys 公司的 Saber、美国 ANSYS 公司的 SIMPLORER、法国 Dolphin Integration 公司的 SMASH、法国 CEDRAT 集团公司的 Portunus、美国辛辛那提大学的 SEAMS 等。

3. Simscape

Simscape 是 MathWorks 公司在 2007 年随同 Matlab 2007a 推出的多领域物理系统建模和仿真工具。在 Simscape 之前，Matlab 提供了类 C 的数学编程 m 语言和基于框图的可视化建模工具 Simulink，并存在大量不同行业或领域的工具箱，但这些工具箱之间并未互通，而且其本质仍是将数学模型表示为基于信号的因果框图。

Simscape 采用所谓物理网络的方法支持多领域物理系统建模。Simscape 受 Modelica 影响较深，其建模本质与 Modelica 的一致，系统模型由元件、端口和连接组成。元件根据其物理特性可以具有多个端口，端口分为两种类型：物理保守端口和物理信号端口。物理保守端口具有关联的穿越(through)变量和交叉(across)变量。物理保守端口之间的连接表示能量流，物理信号接口之间的连接表示信号流。Simscape 包括两个部分：Simscape 语言和物理领域库。Simscape 语言采用与 Modelica 类似的结构与要素，但考虑了对于 Matlab 本身的兼容性支持；Simscape 领域库目前包括 Foundation Library、SimDriveline、SimElectronics、SimHydraulics、SimMechanics 等，基础库中提供了电子、液压、电磁、一维机械、气压、热等领域的基本元件。

1.4　系统建模与仿真语言 Modelica

进入 21 世纪以来，以多领域统一建模、连续离散混合建模、陈述式非因果建模、面向对象建模为典型特征的直接物理建模支持已经成为建模与仿真领域的重要发展方向。

Modelica 是一个开放的面向对象的物理系统多领域统一建模规范，基于广义基尔霍夫网络表示和广义基尔霍夫定律提供了全面的物理建模能力。Modelica 支持面向对象建模、多领域统一建模、非因果陈述式建模及连续离散混合建模。Modelica 自 1997 年诞生以来发展迅速，目前已经成为物理系统多领域统一建模的事实标准。

1.4.1 Modelica 发展历程

Modelica 语言规范和标准库更新了系列版本，主要包括 Modelica 语言规范(modelica language specification，MLS)和 Modelica 标准领域库(modelica standard library，MSL)，由 Modelica 协会负责维护，其发展历史如表 1-3 和表 1-4 所示，在 Modelica 授权协议下可以自由使用。经过二十多年的发展，凭借语言本身的许多优良特性，Modelica 语言已然成熟，得到了业界的广泛认可，其应用研究发展迅猛，已经成为事实上的复杂物理系统建模语言标准。

表 1-3 Modelica 语言规范发展历史

MLS 版本	发布时间	主要更新
MLS 1.0	1997 年 9 月	首个版本，支持连续动态系统建模
MLS 1.1	1998 年 12 月	增加支持离散系统建模的语言要素(pre、when)
MLS 1.2	1999 年 6 月	增加 C 和 Fortran 接口、inner/outer 机制，精炼事件处理语义
MLS 1.3	1999 年 12 月	改进 inner/outer 连接、保护元素、数组表达式等语义
MLS 1.4	2000 年 12 月	移除使用前声明规则、精炼包概念和 when 子句定义
MLS 2.0	2002 年 7 月	增加模型初始化、位置与命名混合参数的函数、记录构造函数、枚举支持，标准化图形显示
MLS 2.1	2004 年 3 月	增加用于三维机械系统建模的超定连接器支持，加强子模型重声明、数组和枚举下标支持
MLS 2.2	2005 年 2 月	增加信号总线建模的可扩展连接器、条件组件声明、函数中动态大小数组支持
MLS 3.0	2007 年 9 月	重写语言规范，精炼类型系统和图形显示，修正语言错误，增加平衡模型概念以更好地支持模型错误检测
MLS 3.1	2009 年 5 月	增加处理流体双向流的对流连接器、操作符重载、模型部件到可执行环境映射(用于嵌入式系统)
MLS 3.2	2010 年 3 月	支持同伦方法初始化、函数作为函数输入形参、Unicode 编码、模型访问控制，改进对象库
MLS 3.2.2	2013 年 7 月	支持通过实例名称调用函数、支持图形文本项中的宏、支持初始方程的离散等功能
MLS 3.3	2012 年 5 月	添加用于描述控制系统同步行为的内容、添加注解描述功能、支持多重定义的进口等功能
MLS 3.3.1	2014 年 7 月	添加连接器的数量检查、增加将记录中的数组发送到外部函数的功能等
MLS3.4	2017 年 4 月	支持时钟连续状态初始化、支持 Real 和非 Real 型混合记录导数、添加函数给出参数表达式的功能等

表 1-4　Modelica 标准领域库发展历史

MSL 版本	发布时间	基于 MLS 版本	模型数目	函数数目
MSL 1.6	2004 年 6 月	MLS 2.1	290	40
MSL 2.1	2004 年 11 月	MLS 2.1	580	200
MSL 2.2	2005 年 4 月	MLS 2.2	640	540
MSL 2.2.1	2006 年 3 月	MLS 2.2	690	510
MSL 2.2.2	2007 年 8 月	MLS 2.2	740	540
MSL 3.0	2008 年 2 月	MLS 3.0	777	549
MSL 3.0.1	2009 年 1 月	MLS 3.0	781	553
MSL 3.1	2009 年 8 月	MLS 3.1	922	615
MSL 3.2	2010 年 10 月	MLS 3.2	1280	910
MSL 3.2.2	2016 年 4 月	MLS 3.3		

1.4.2　Modelica 主要特点

Modelica 作为一种开放的、面向对象的、以方程为基础的语言，适用于大规模复杂异构物理系统建模，包括机械、电子、电力、液压、热流、控制及面向过程的子系统模型。Modelica 模型的数学描述是微分、代数和离散方程(组)。它具备通用性、标准化及开放性的特点，采用面向对象技术进行模型描述，实现了模型可重用、可重构、可扩展的先进构架体系。Modelica 的特点如下。

1. 面向对象建模

Modelica 以类为中心组织和封装数据，强调陈述式描述和模型的重用，通过面向对象的方法定义组件与接口，并支持采用分层机制、组件连接机制和继承机制，实现了模型基于模块化、

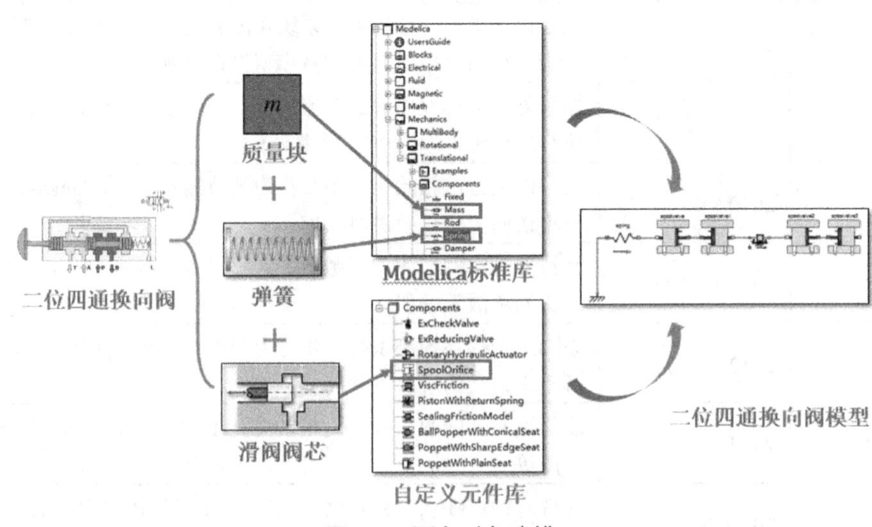

图 1-1　面向对象建模

层次化的设计、开发和应用，可以使得所开发的模型具有极强的重用性和扩展性，方便了用户后续的使用、修改和完善，如图 1-1 所示。

2. 多领域统一建模

Modelica 基于能量流守恒的原理，可以让不同专业所组成的大型系统模型在同一软件工具下进行构建和分析，避免不同分系统、不同专业之间不同类型模型的复杂解耦，有效地克服了基于接口的多领域建模技术所引起的解耦困难、操作复杂、求解误差相对较大的问题，进而改善了模型的求解性和准确性，如图 1-2 所示。

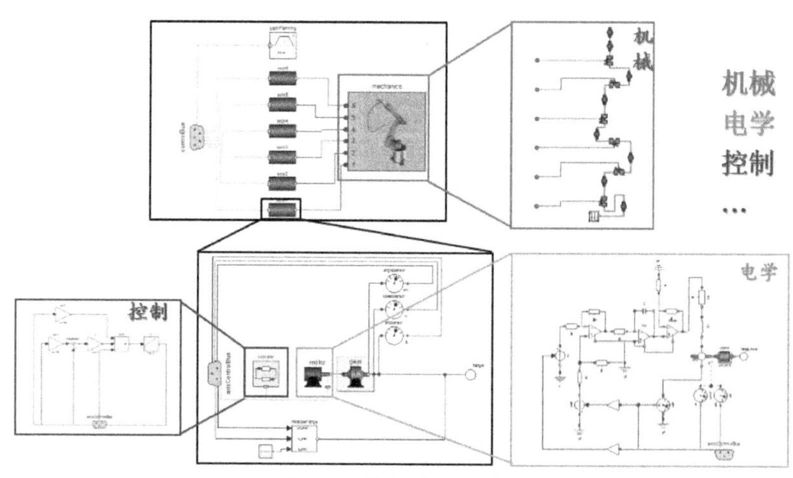

图 1-2　多领域统一建模

3. 基于非因果的建模

Modelica 可通过微分代数方程的形式来描述组件本构关系，开发者根据各个组件的数学理论，直接通过方程形式来实现模型代码的编写，无需人为进行组件连接关系的解耦和推导整个复杂系统算法的求解序列，从而可以大大降低对模型开发人员的技术要求，并在应用过程中有效地避免整个系统模型重构的问题，更为直观地反映系统物理拓扑结构，如图 1-3 所示。

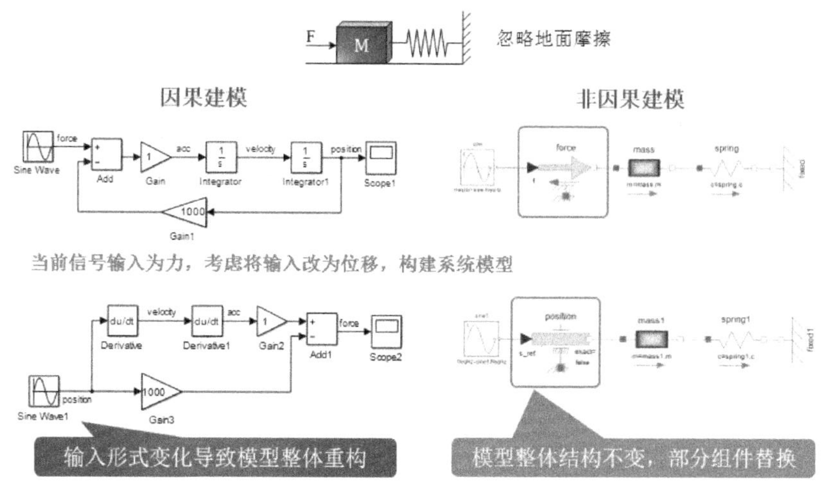

图 1-3　基于非因果的建模

4. 连续离散建模

Modelica 通过条件表达式/条件子句与 when 子句两种语法结构，以及 sample()、pre()、change()等内置事件函数实现连续离散的混合建模，可以很好地处理系统仿真过程中的事件，尤其对于核反应堆热工水力复杂系统在运行过程中的状态变化，能较好地模拟设备在不同控制时序下的动态运行过程，如图 1-4 所示。

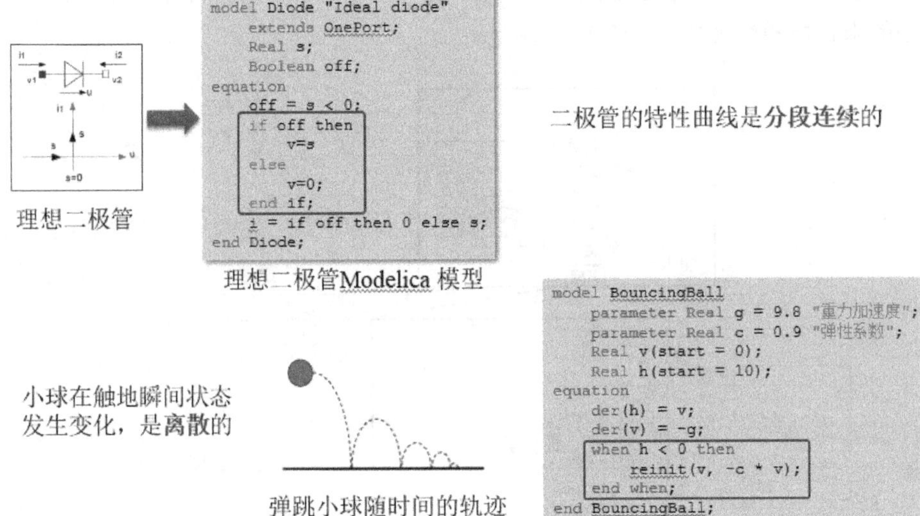

图 1-4　连续离散建模

1.4.3　Modelica 模型库

借助 Modelica 这种规范体系，来自不同行业的众多研究者纷纷以开源模型库的形式共享着经验和知识，如机械、电学、控制、热流、介质等模型库资源可以在核动力系统模型开发中得到很好的互用，有效地缩短了核动力系统模型开发周期，减少了一定的工作量。以下就大量的公开模型库资源做了调研统计，有效地佐证了 Modelica 技术的应用权威性和行业适用性。

1. Modelica 标准库

Modelica 规范中提供机械、电子、控制、热流等领域的基础模型库，这些库都经过了严格的测试与验证，并且在不断扩展。标准库与部分准标准库内容如表 1-5 所示。

表 1-5　标准库与部分准标准库列表

库名	描述	发行商
ModelicaStandardLibrary	模拟机械(一维/三维)、电(模拟、数字)、热、流体、控制系统和分层状态机的免费库	MA
Modelica_DeviceDrivers	为 Modelica 模型提供硬件驱动程序接口的免费库	MA
Modelica_Synchronous	用来精确定义和同步数据采样系统的免费库	MA
ExternalMedia	提供一个框架用来连接外部计算流体性质的程序到 Modelica.Media 库	MA

续表

库名	描述	发行商
Modelica_EnergyStorages	该免费库包含不同复杂程度的模型，用来模拟电能存储设备与负载的相互作用、电池管理系统和负载与充电装置的相互作用	MA
Modelica_LinearSystems2	该免费库提供线性时不变微分和差分方程系统的不同表述和这些系统描述的典型操作	MA
Modelica_StateGraph2	该免费库提供方便的分层状态图模拟离散事件、反应和混合系统，该库与 Modelica 还未完全兼容	MA
PowerSystems	该库的目的是在瞬态和稳态模式下的不同层次的细节下模拟电力系统	MA

2. Modelica 免费库

Modelica 官网列出了若干开源的免费库，但没有经过权威机构进行测试和验证，可能存在问题。官方以各免费库的专业方向或使用领域为依据对免费库进行划分，如表 1-6 所示

表 1-6　Modelica 免费库分类列表

分类	模型库	描述
基础	BondGraph	提供常见的标准线性元件、传感器和特定的非线性元件(特别用于液压网络)的图形建模
	BondLib	提供物理系统的键合图建模
	MultiBondLib	物理系统多键图模拟库
	ExtendedPetriNets	Petri 网和状态转换图模型库(扩展版)
	PNLib	xHPN 的仿真库
	NeuralNetwork	神经网络数学模型库(没有许可)
	DESLib	并行开发和面向过程建模库
	ModelicaDEVS	提供基于 DEVS 公式的离散事件建模
	PDELib	提供一维偏微分方程描述的系统仿真
	SystemDynamics	提供基于 J. Forrester 系统动力学原理的建模
控制	FuzzyControl	模糊控制的免费模型库(没有许可)
	LinearMPC	基于线性过程模型的预测控制器库
	IndustrialControlSystems	Modelica 的工业控制系统由米兰理工大学开发
通信	NCLib	在自动化系统领域的网络和控制器的联合仿真库
	RealTimeCoordinationLibrary	模拟同步、异步通信和复杂协调协议的实时约束

续表

分类	模型库	描述
流体	HelmholtzMedia	纯液体的流体特性由姆霍兹能量状态方程描述
	OpenHydraulics	该 Modelica 包提供液压回路的一维流体流动组件
	QSSFluidFlow	准静态流体管流库
	ThermoBondLib	该免费库被设计成一个图形库来模拟对流
电气电子	SPOT	模拟电力系统在瞬态和静态模式下的特性
	ComplexLib	提供相域内交流电路的稳定分析
	SPICELib	提供电路模拟器 PSPICE 的建模和分析
	Verif	用来验证 ModelicaSpice 库(部分 BondLib)
能源	TechThermo	技术热动力学库
	FCSys	燃料电池模型的 Modelica 库
	FuelCellLib	免费燃料电池模型库(没有许可)
车辆	MotorcycleDynamics	摩托车的动态模拟库，并适合摩托车动力学主控系统的测试和验证
	MotorcycleLib	自行车和摩托车的模拟、分析和控制库
	WheelsAndTires	提供可轻易修改的轮胎模型
建筑	Buildings	建筑库
	ATplus	建筑模拟和建筑控制的免费库，包括模糊控制库
生化	ADGenKinetics	基于广义动力公式的生化反应网络模型库，能够进行参数敏感性计算
	BioChem	生化建模和仿真的免费库
工厂	WasteWater	污水处理厂的建模和仿真库

1.4.4 Modelica 工程应用

基于 Modelica 语言的建模仿真技术已在汽车、动力、电力、污水处理等国内外行业的仿真中得到了广泛应用，福特、丰田、宝马、德国航空航天中心等均已开始采用 Modelica 语言进行多领域系统的工程化仿真应用。由欧洲仿真协会 EUROSIM 牵头，Dassault 负责组织，联合奔驰、宝马、西门子、ABB 等国际知名公司，全面启动了欧洲最大的资源库计划，共同构建基于 Modelica 的欧洲模型库——EUROSYSLIB。国内以华中科技大学和苏州同元软控信息技术有限公司为主导，国内航天、航空、汽车、能源等行业开始广泛应用基于 Modelica 的多领域建模和仿真技术，在中国大飞机项目、汽车整车建模与分析等应用中取得了良好效果，如图 1-5 所示。

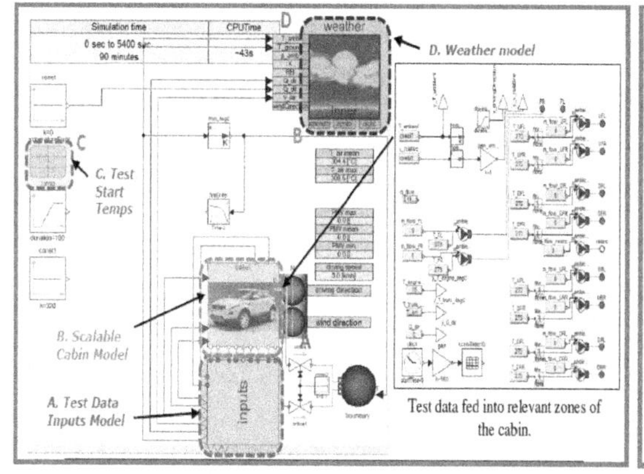

(a) Toyota 整个车辆系统模型

(b) Dassault 整个飞机系统模型

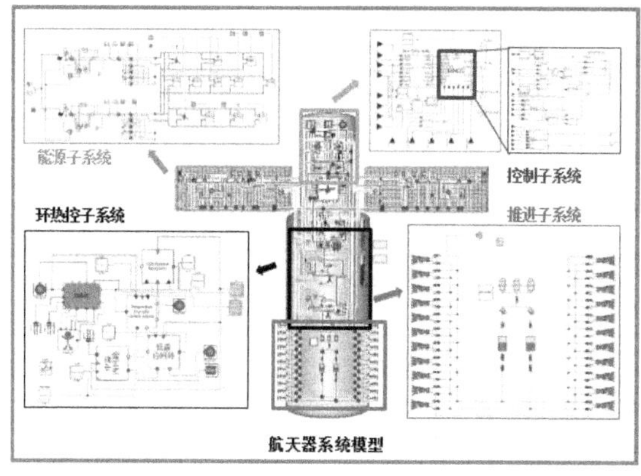

(c) CASC 整个航天器系统模型

(d) BMWi 冷热电联供系统模型

图 1-5　基于 Modelica 在车辆、航空、航天、能源复杂大系统的典型应用

1.5　系统建模仿真平台 MWorks.Sysplorer

基于 Modelica 的多领域统一建模方法为复杂机电产品设计、分析与优化奠定了基础，目前在欧洲、美国、加拿大、中国、日本等国家和地区研究发展迅猛，市场上已有成熟的软件工具，其代表有 Dymola 和 MathModelica。鉴于 Modelica 规范的发展态势，2001 年 SimulationX 支持 Modelica，LMS Imagine.Lab AMESim 现在也开始支持 Modelica 规范。作为国内最早开展基于 Modelica 规范统一建模理论研究与系统开发的苏州同元软控信息技术有限公司，已自主研发并商业化了基于 Modelica 的多领域建模仿真平台 MWorks，并在国内航空、汽车、电气、机械等行业得到广泛的应用。

MWorks 是苏州同元软控信息技术有限公司基于国际知识统一表达与互联标准打造的系统智能设计与验证平台。MWorks 采用基于模型的方法全面支撑系统设计，通过不同层次、不同类型的仿真来验证系统设计，形成<设计-验证>对偶，构建系统数字化设计与验证闭环。

MWorks 系统智能设计与验证平台由以下几部分构成：系统架构设计 MWorks.Sysbuilder、系统仿真验证 MWorks.Sysplorer、协同设计仿真 MWorks.Syslink、工具箱 MWorks.Toolbox 以及多领域工业模型库 MWorks.Library，如图 1-6 所示。

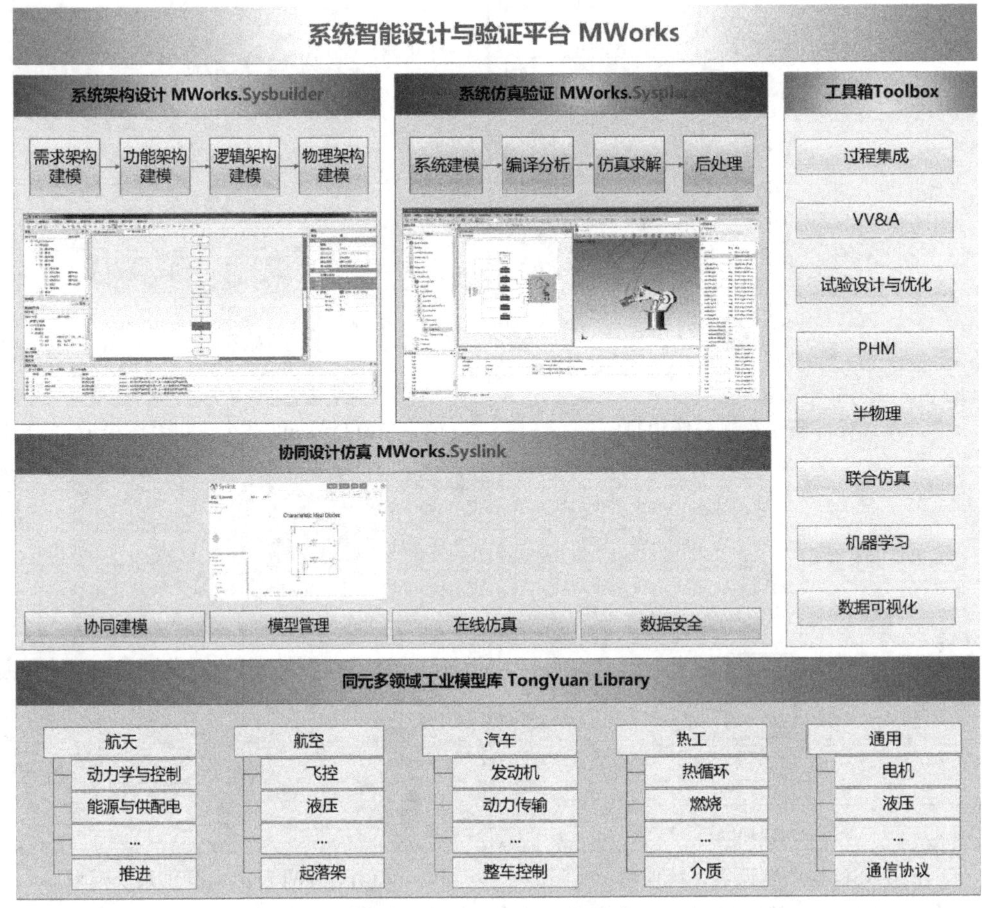

图 1-6　MWorks 平台组成

本书将着重介绍系统仿真验证平台 MWorks.Sysplorer。MWorks.Sysplorer 作为 MWorks 的核心之一，基于多领域统一建模规范 Modelica，提供系统仿真建模、编译分析、仿真求解和后处理功能，覆盖基于模型的系统验证过程。

注：本书以编写时 Modelica.Sysplorer 最新的版本 4.1.x 作为讲解内容。在实际应用中，不同版本间并无太大差异。更多的产品信息可以在 www.tongyuan.cc 上获取。

1.5.1　MWorks.Sysplorer 简介

MWorks.Sysplorer 是新一代多领域工程系统建模、仿真、分析与优化通用 CAE 平台，基于多领域统一建模规范 Modelica，提供了从可视化建模、仿真计算到结果分析的完整功能，支持多学科多目标优化、硬件在环(hardware-in-the-loop，HIL)仿真以及与其他工具的联合仿真。

利用现有大量可重用的 Modelica 领域库，MWorks.Sysplorer 可以广泛地满足机械、电子、控制、液压、气压、热力学、电磁等专业，以及航空、航天、车辆、船舶、能源等行业的知识积累、建模仿真与设计优化需求。Modelica 建模实例如图 1-7 所示。

MWorks.Sysplorer 作为多领域工程系统研发平台，能够使不同的领域专家与企业工程师在统一的开发环境中对复杂工程系统进行多领域协同开发、试验和分析。

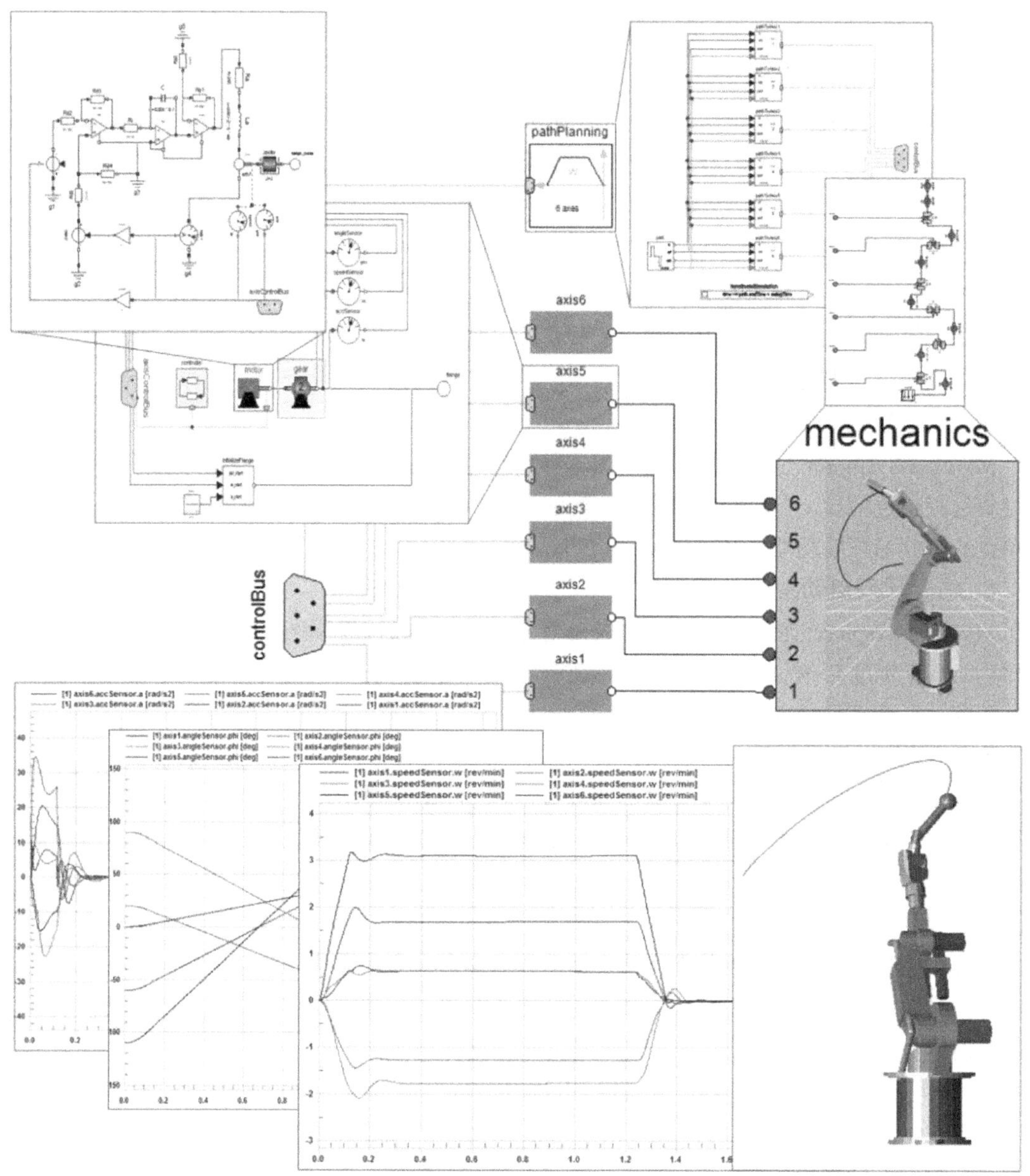

图 1-7　Modelica 建模实例——六自由度机械手

1.5.2　MWorks.Sysplorer 功能与特征

1. 多工程领域的系统建模

MWorks.Sysplorer 具备多工程领域的系统建模和仿真能力，能够在同一个模型中融合相互作用的多个工程领域的子模型，构建描述一致的系统级模型，适应于机械、电子、控制、液压、气压、热力学、电磁等众多工程领域。

2. 多文档多视图建模环境

MWorks.Sysplorer 提供多文档多视图的建模环境，支持同时打开多个文档，编辑和浏览多个不同模型。每个文档具有模型文本、模型图标、组件连接图、信息说明等多个视图，支持多种形式的模型浏览与编辑。

3. 多种形式建模支持

MWorks.Sysplorer 支持组件拖放式、文本编辑式与类型向导式等多种建模方式，提供代码框架、编码助手、语法高亮、代码折叠、代码规整、连接合法性自动检查、模板式参数编辑、模型逐级展开和回退等辅助建模功能。

4. 可定制的模型库

MWorks.Sysplorer 提供丰富的领域模型库，并具备开放的模型库定制功能，以满足不同的建模需求，便于模型资源的重用。用户可以通过定制配置文件或动态加载需要的模型库，自由增删或更改模型库中的元件。

5. 物理单位推导与检查

MWorks.Sysplorer 全面支持 SI 国际单位制，提供可靠的单位推导与检查功能，并可根据模型方程进行单位推导，自动检测单位不匹配的错误。支持计算单位与显示单位的分离，提供显示单位的定制与扩展功能。

6. 仿真代码自动生成

MWorks.Sysplorer 通过模型编译生成模型方程系统，通过模型推导与符号简化生成模型求解序列，基于标准 C 语言，自动生成模型仿真代码；通过对仿真代码的编译，进而生成可独立运行的参数化仿真分析程序。

7. 结果分析与后处理

MWorks.Sysplorer 提供结果数据的曲线显示和 3D 动画显示功能，支持不同仿真实例的结果比较。提供丰富的曲线运算与操作功能、动画控制与视图操作功能，支持曲线显示自变量的定制选择。

8. 硬件在环仿真

MWorks.Sysplorer 提供硬件在环仿真功能，通过内嵌通信模块的实时信号采集与输出，支持软件模型与实物设备的联合仿真。通过输出模型仿真 C 代码到 dSPACE、xPC 等硬件设备，支持实时硬件在环仿真。

9. 良好的可扩展性

MWorks.Sysplorer 支持对外部 C/Fortran 函数和外部应用的嵌入与调用，提供了与 Matlab/Simulink 的接口，可以将模型输出为 S-Function 形式，提供命令与脚本功能，支持定制开发、批量处理与 MWorks.Sysplorer 外部调用。

1.5.3 MWorks.Sysplorer 应用领域

MWorks.Sysplorer 平台提供的基础元器件模型库覆盖了机械、电子、控制、液压、气压、热力学、电磁等学科领域，并通过了实验验证。通过基础元器件的组合，用户能够方便快捷的构建高置信度的产品模型，从而有效提高产品设计质量，缩短开发周期，降低研发成本。

1. 液压元器件库

提供了一维移动或转动的泵、缸、阀、管线、约束、传感器等液压元器件库，支持一维移动或转动液压回路系统的建模与仿真。示例如图 1-8 所示。

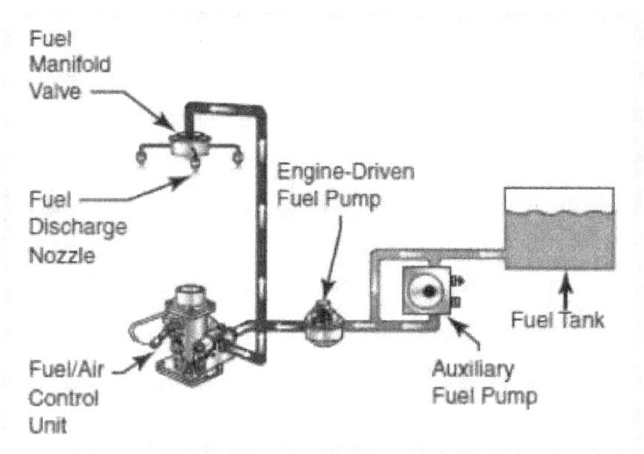

图 1-8　燃油喷射系统

2. 机械元器件库

提供了一维移动、一维转动及三维多体系统领域库，支持一维机械系统与多刚体机械系统的建模与仿真。示例如图 1-9 所示。

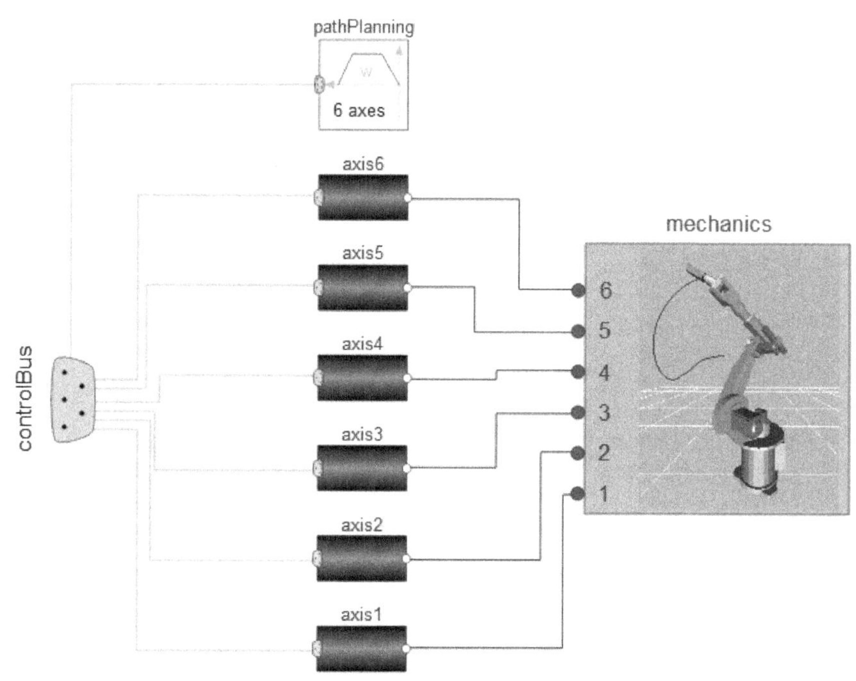

图 1-9　机械手

3. 电子元器件库

提供了模拟电子、数字电子、多相电路领域库及电机元器件库，支持模拟数字与多相电路系统的建模与仿真。示例如图 1-10 所示。

4. 电磁元器件库

提供了电磁模型库，支持集总磁路中电磁设备的建模与仿真。示例如图 1-11 所示。

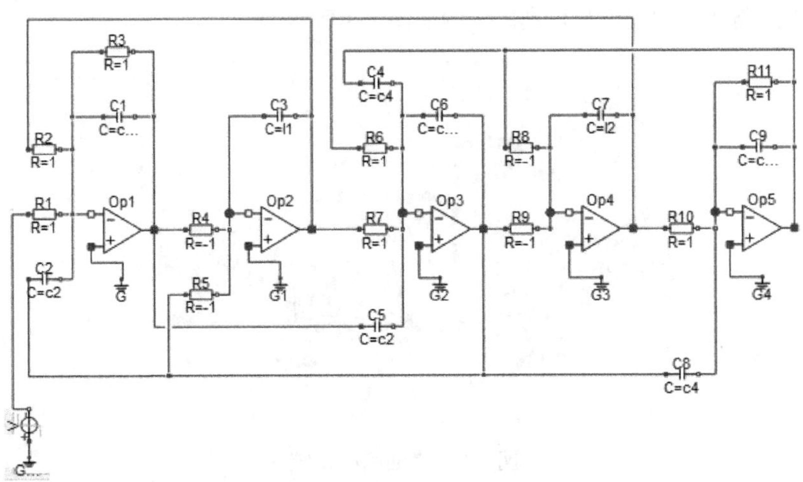

图 1-10　考尔低通 OPV 模型

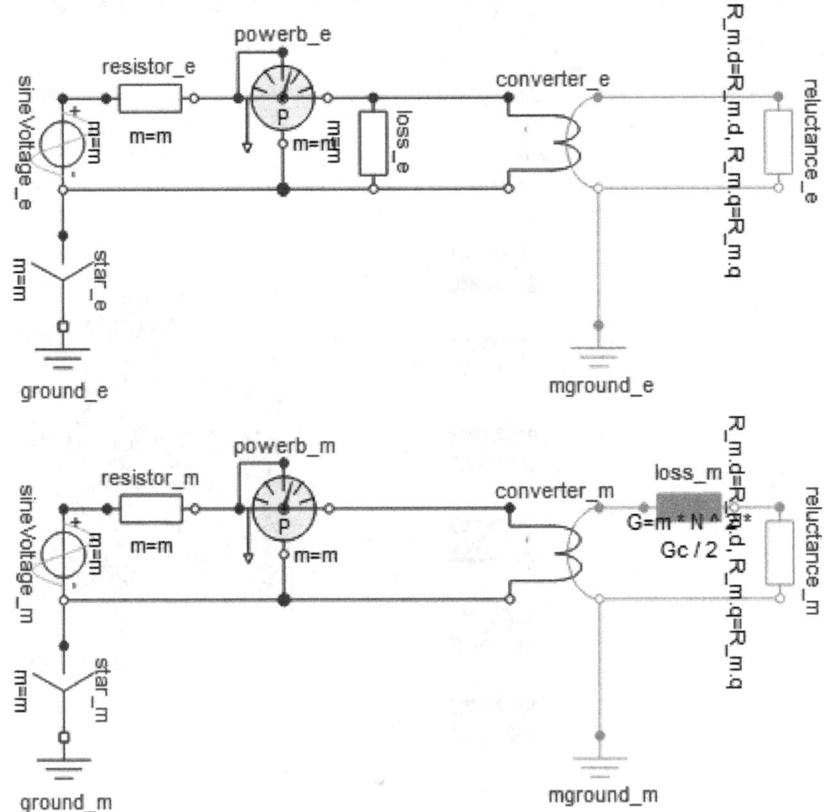

图 1-11　涡流损耗模型

5. 热力学元器件库

提供了集中(lumped)元素一维传热分析的模型库，支持机械集中元素模型一维传热分析的建模与仿真。示例如图 1-12 所示。

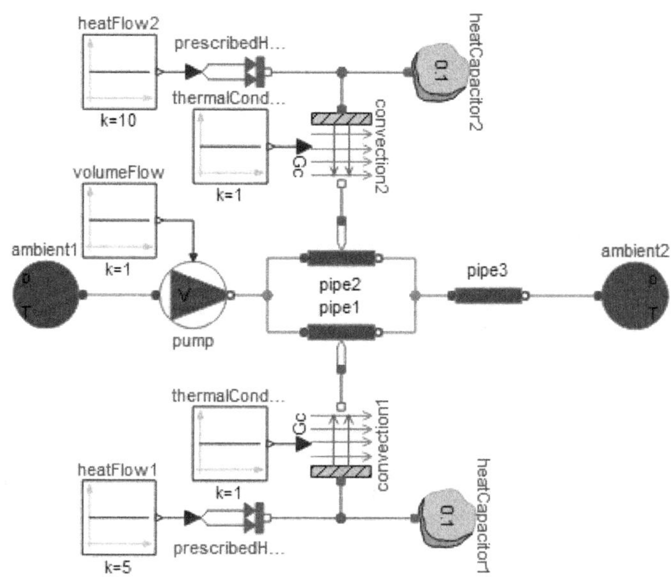

图 1-12　并联冷却模型

6. 控制元器件库

提供了连续、离散、逻辑、非线性等类型控制元件库，支持连续、离散、逻辑、非线性等控制系统的建模与仿真。示例如图 1-13 所示。

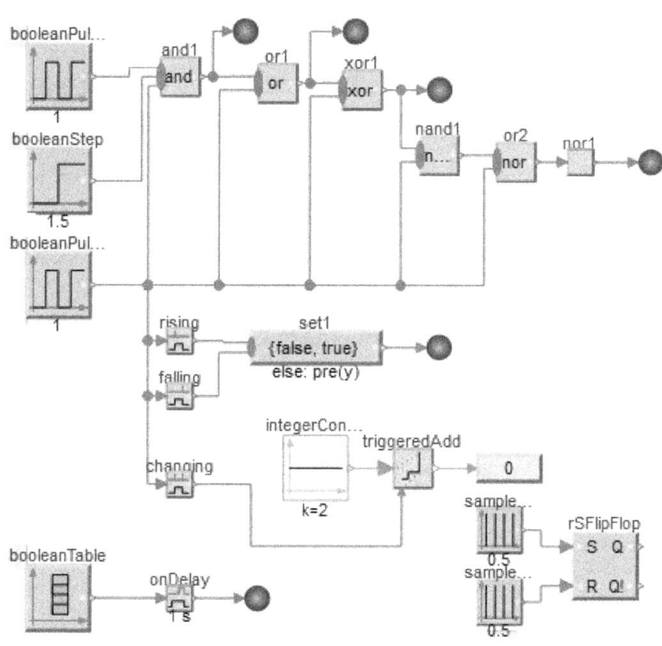

图 1-13　布尔网络模型

7. 流体元器件库

提供了多相单质或混质一维热流模型库，支持一般的多相单质或混质一维热流系统的建模与仿真。示例如图 1-14 所示。

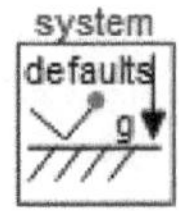

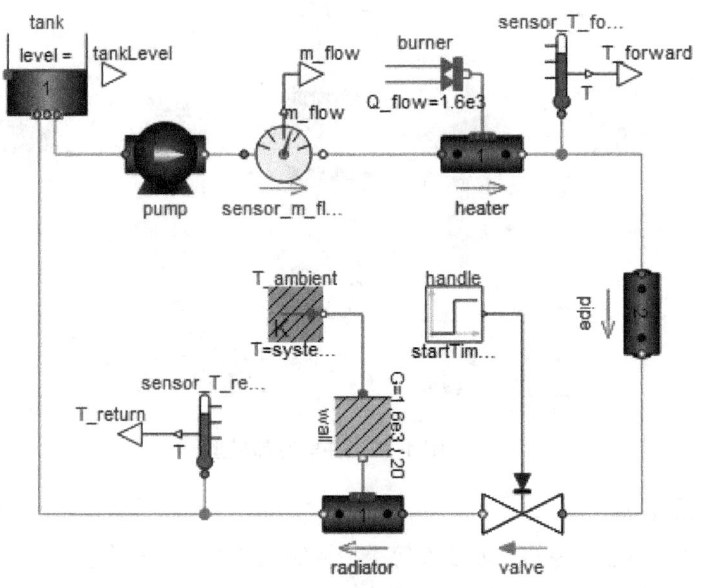

图 1-14　加热系统

8. 车辆动力学库

提供了底盘、传动系统、动力系统、发动机、变速箱等汽车关键零部件模型，以及各种标准工况表。适用于车辆及子系统的动力学性能仿真、分析与优化，如操纵稳定性、平顺性、制动稳定性、侧翻稳定性等。示例如图 1-15 所示。

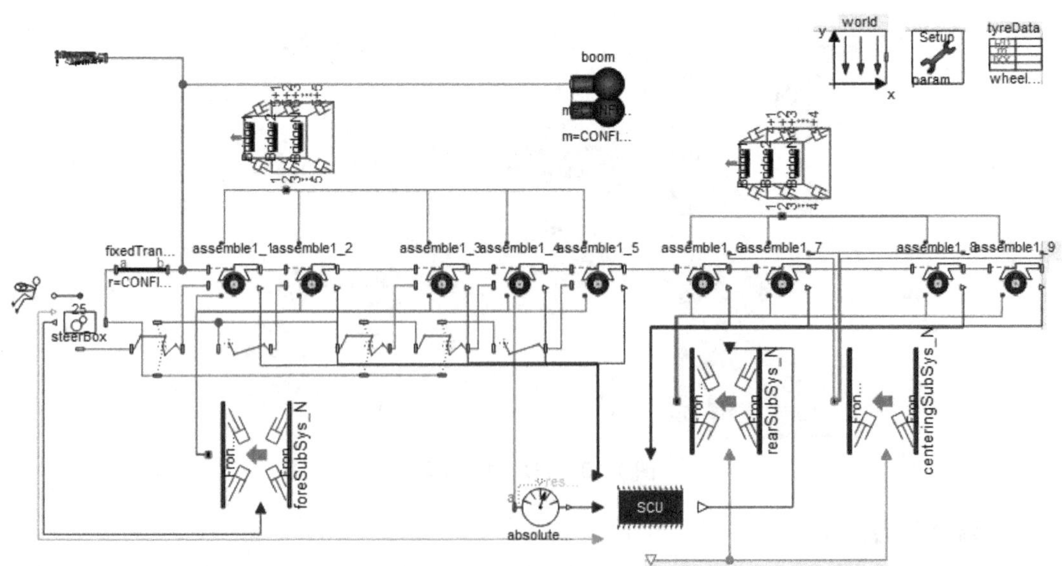

图 1-15　轴常规转向模型

9. 电机模型库

提供了电机转轴、定转子、磁阻等零部件模型，并内置磁化曲线、磁性材料等数据。适用于三相异步电机的动态性能分析，并可解决电磁、控制和机械耦合问题。通过扩展，还可适用于水轮发电机、风力发电机和汽轮发电机等大型发电机组的建模与性能分析。示例如图 1-16 所示。

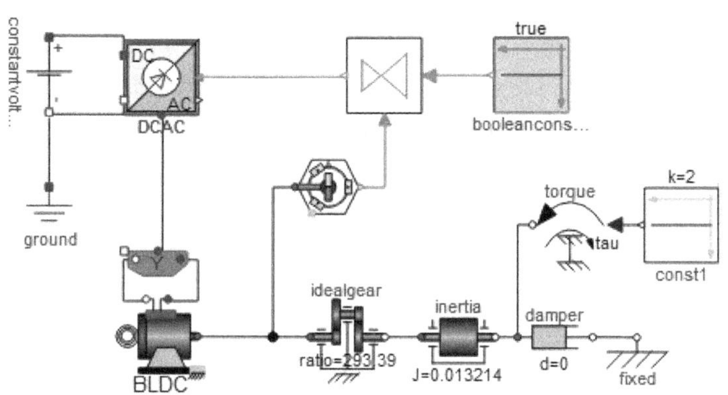

图 1-16 无刷直流电机测试模型

10. 航空液压模型库

提供了液压系统常规的动力单元、执行单元、液阻、管道等元器件以及航空液压系统专用部件模型或数据，如隔离控制阀、整流罩锁、流液特性数据等。适用于飞机反推力装置、起落架等设备的液压系统动态性能分析、故障模拟及硬件在环仿真。示例如图 1-17 所示。

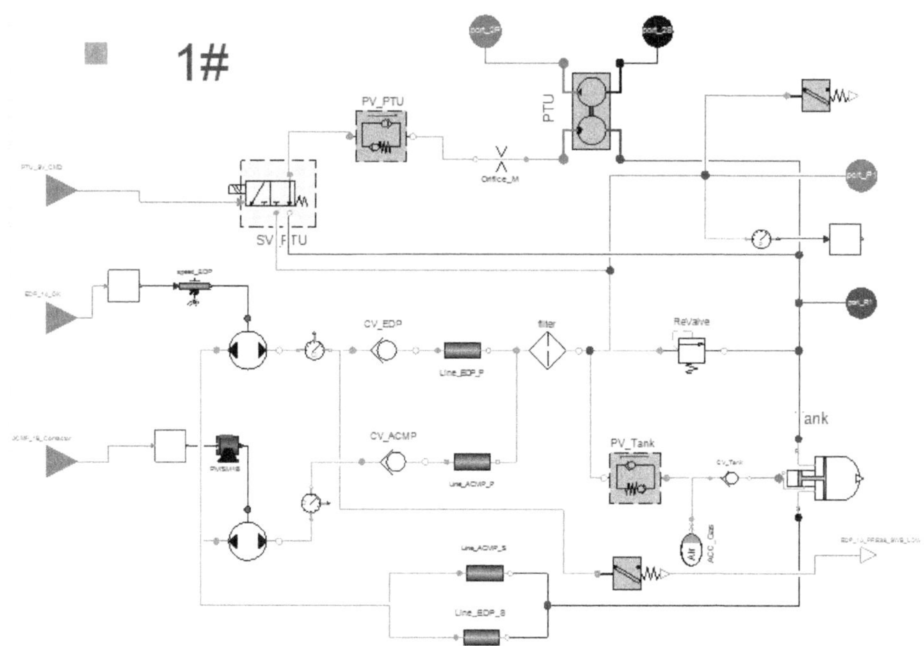

图 1-17 飞机液压能源系统

基于 Modelica 对多领域物理系统统一建模的支持，MWorks.Sysplorer 平台可广泛应用于航空、航天、汽车、工程机械、能源设备和化工等诸多行业，以解决复杂产品设计中的多领域耦合问题。例如，在航空工业中进行起落架系统动态性能分析、柔性飞行器飞行动力学性能分析、直升机/旋翼机自动飞行控制系统设计与动态性能分析等；在航天工业中进行轨道动力学仿真、卫星姿态和轨道控制系统设计与动态分析等；在汽车工业中进行混合动力汽车快速原型设计、涡轮增压发动机的动态性能仿真与设计、车辆动力性及燃油经济性与排放特性动态分析与优化设计、底盘与传动系统的实时硬件在环仿真等；在工程机械行业中进行挖掘机液压和传动系统设计与动态仿真、起重机伸缩臂动态性能仿真分析等；在能源动力行业中进行核电轻水反应堆系统性能分析、太阳能发电设备系统设计与分析、制冷设备设计与分析等；在化工行业中进行污水处理设备优化设计与仿真分析、流体食品加工设备的仿真等。

第 2 章 Modelica 语言基础

为了方便读者系统学习 Modelica 相关知识点，本章结合样例，从模型要素、建模功能、方程、算法、数组、函数、模型初始条件、模型重用、高级特征等 9 方面进行 Modelica 语言的详细介绍。

2.1 模型要素

Modelica 模型由变量、方程与算法、嵌套类等三种要素组成，下面结合 VanDerPol 实例介绍模型中的各种要素。示例代码如下：

```
model VanDerPol
  Real x(start = 1) "Descriptive string for x";
  Real y(start = 1) "Descriptive string for y";
  parameter Real lamda = 0.3;
equation
  der(x) = y;
  der(y) = -x + lamda * (1 - x * x) * y;
end VanDerPol;
```

2.1.1 变量

变量表示模型的属性，通常代表某个物理量。

VanDerPol 模型声明了两个变量 x 和 y，变量的类型都是 Real，变量的 start 属性值(即仿真开始时刻的值)都为 1。模型还声明了一个以 parameter 为前缀修饰的变量 lamda，即模型参数。

变量在仿真过程中随时间发生变化，而参数在仿真过程中保持为常量。模型参数可在仿真运行之前修改，修改参数后的模型其仿真结果可能发生变化，如修改 VanDerPol 模型的参数 lamda 的值，变量 x 和 y 的仿真曲线立即发生变化。模型中声明的参数使得使用者可以很容易地改变模型的行为。

Modelica 还有另一种以 constant 前缀修饰的不能被修改的常量。常量在仿真过程不发生变化，与参数不同的是，常量不能被使用者修改。

2.1.2 方程与算法

Modelica 使用方程与算法描述模型的行为，表达变量之间的约束关系。Modelica 使用不同操作符表示方程与算法，在方程中使用“=”操作符，而在算法中使用“:=”操作符。

Modelica 方程与数学方程的意义是一致的，方程等式没有方向性，变量之间的约束关系是非因果的。

例如，电路中描述电压 v、电阻 R 和电流 i 之间关系的方程为

```
R*i = v;
```

可以表达如下赋值关系：

```
i := v/R;
v := R*i;
R := v/i;
```

除等式方程外，Modelica 还有其他形式的方程，如声明方程、变型方程、连接方程、if 方程、for 方程、when 方程等。

Modelica 算法表达的是变量之间的因果关系，表示将赋值表达式右边的表达式赋值给左边的变量。算法中的一系列等式赋值描述了变量的求解过程。Modelica 中方程与算法有本质区别，方程是陈述式非因果的，只描述模型而不说明如何求解；算法是过程式因果的，模型描述与求解是一体的。

2.1.3 连接

Modelica 将模型与外界的通信接口定义为连接器，并用一种称作连接器类(connector)的受限类来描述。连接表示了组件之间的相互联系，连接器包含连接中需要描述的各种物理量，如电子元件中的电压与电流量，驱动元件中的角度与扭矩值。下例是一个电子元件接口 Pin 和一个驱动元件接口 Flange。

```
connector Pin
  Voltage v;
  flow Current i;
end Pin;
connector Flange
  Angle r;
  flow Torque t;
end Flange;
```

定义一个连接，如 connect(Pin1, Pin2)，两个连接器 Pin1 和 Pin2 的类型是 Pin，被连接后形成一个连接节点。此连接产生两个方程：

```
Pin1.v = Pin2.v
Pin1.i + Pin2.i = 0
```

第一个方程表示连接两端电压相等，第二个方程根据基尔霍夫定律得出，即流过一个节点的电流之和为零。基尔霍夫定律在管道网络和机械系统中的力与扭矩等领域同样适用。连接器

中使用 flow 前缀定义一个变量为流变量，连接之后流变量将生成“和为零”的方程。Modelica 标准库中定义了一些常用的连接器。

连接器与连接机制使得 Modelica 语言能够直观地表达物理模型的逻辑连接。如图 2-1 所示简单电路的 Modelica 模型，其中每个物理元件对应模型的一个组件，物理元件之间的真实连接对应组件连接图中模型组件之间的逻辑连接。采用这种方式构建物理系统的 Modelica 模型与实际的电路图几乎一致。

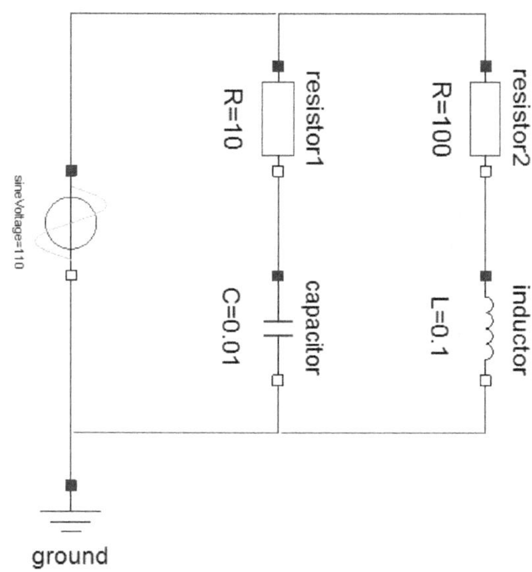

图 2-1　简单电路模型

该模型 Modelica 代码如下：

```
  model Circuit
    Modelica.Electrical.Analog.Sources.SineVoltage  sineVoltage(V  =  110,
freqHz = 5)
      annotation (extent = [-60, 0; -40, 20], rotation = -90);
    Modelica.Electrical.Analog.Basic.Ground ground
      annotation (extent = [-60, -60; -40, -40]);
    Modelica.Electrical.Analog.Basic.Resistor resistor1(R = 10)
      annotation (extent = [-20, 20; 0, 40], rotation = -90);
    Modelica.Electrical.Analog.Basic.Resistor resistor2(R = 100)
      annotation (extent = [20, 20; 40, 40], rotation = -90);
    Modelica.Electrical.Analog.Basic.Capacitor capacitor(C = 0.01)
      annotation (extent = [-20, -20; 0, 0], rotation = -90);
    Modelica.Electrical.Analog.Basic.Inductor inductor(L = 0.1)
      annotation (extent = [20, -20; 40, 0], rotation = -90);
  equation
    connect(sineVoltage.p, resistor1.p) annotation (points = [-50, 20; -50,
50; -10, 50; -10, 40], style(color = 3, rgbcolor = {0, 0, 255}));
    connect(resistor2.p, resistor1.p) annotation (points = [30, 40; 30, 50;
-10, 50; -10, 40], style(color = 3, rgbcolor = {0, 0, 255}));
    connect(resistor2.n, inductor.p) annotation (points = [30, 20; 30, 0],
style(color = 3, rgbcolor = {0, 0, 255}));
    connect(inductor.n, capacitor.n) annotation (points = [30, -20; 30, -30;
-10, -30; -10, -20], style(color = 3, rgbcolor = {0, 0, 255}));
    connect(sineVoltage.n, capacitor.n) annotation (points = [-50, 0; -50, -30;
```

```
-10, -30; -10, -20], style(color = 3, rgbcolor = {0, 0, 255}));
    connect(ground.p, sineVoltage.n) annotation (points = [-50, -40; -50, 0],
style(color = 3, rgbcolor = {0, 0, 255}));
    connect(resistor1.n, capacitor.p) annotation (points = [-10, 20; -10, 0],
style(color = 3, rgbcolor = {0, 0, 255}));
    annotation (uses(Modelica(version = "2.2.2")));
  end Circuit;
```

2.1.4 类与类型

类是 Modelica 语言的基本结构元素，是构成 Modelica 模型的基本单元。类的实例称为对象或组件，实例化的类称为对象或组件的类型。类中可包含变量、嵌套类、算法和方程。变量代表类的属性，算法和方程定义类的行为，描述变量之间的约束关系。

Modelica 类分为一般类和受限类。受限类具有特殊用途，在语法规范上有一定的限制。使用受限类是为了使 Modelica 模型代码便于阅读和维护。一般类由关键字 class 修饰，受限类由特定的关键字修饰，如 model、connector、record、block 和 type 等。

受限类只不过是一般类概念的特殊化形式，在模型中受限类关键字可以被一般类关键字 class 替换，而不会改变模型的行为。受限类关键字也可以在适当条件下替换一般类关键字 class，只要二者在语义上等价。受限类与一般类的详细含义与作用如表 2-1 所示。

表 2-1　Modelica 的受限类型

名称	含义	作用
class	类	通用类
package	命名空间	用于模型(库)的层次结构组织
connector	端口	组件之间的连接接口
block	框图	兼容基于框图的因果建模
function	函数	过程式建模
type	类型	类型别名
record	记录	数据结构
model	模型	陈述式建模

Modelica 类型可分为内置类型和自定义类型。内置类型是 Modelica 的基本类型，可以不声明直接使用，如 VanDerPol 模型中 x 和 y 的类型是内置实型 Real。Modelica 定义了 5 种内置类型：Real、Integer、Boolean、String、enumeration，分别支持浮点型、整型、布尔型、字符串型和枚举型变量。内置类型自身具有属性，详细情况如表 2-2 所示。设置这些属性可能影响模型的求解结果，如 VanDerPol 模型中 x 和 y 的“start”属性值。

自定义类型即用户声明的类型。自定义类型必须声明才能使用，即有类型定义才能声明该类型的实例。Modelica 将各领域常用的类型集成到 Modelica 标准库中，用户只需加载该库就可在此基础上建模，而不必自己从底层开始建立模型。Modelica 类型还可以通过继承和重声明进行扩展和重用，详情参见 2.8 节。

表 2-2 Modelica 的内置属性

名称	含义	适用类型
value	变量值	Real、Integer、Boolean、String
quantity	物理量类型	Real、Integer、Boolean、String
unit	变量单位	Real
displayUnit	变量显示单位	Real
min	变量最小值	Real、Integer
max	变量最大值	Real、Integer
start	变量初值	Real、Integer、Boolean、String
fixed	变量初始条件	Real、Integer、Boolean
nominal	变量名义值	Real
stateSelect	状态选择	Real

2.2 建模功能

Modelica 是面向对象的多领域物理系统建模语言，支持面向对象建模、陈述式建模、连续离散混合建模和多领域统一建模等建模功能。下面从这四个角度分别介绍 Modelica 的建模功能及其应用实践。

2.2.1 面向对象建模

2.2.1.1 对象与组件

组件(component)：Modelica 语法规范中将“组件”定为专门术语，对应于工程建模中的零件/部件或者元件/器件。从面向对象的角度看，组件就是对象。

对象(object)：Modelica 是面向对象的语言，在 Modelica 模型中，除了文字常量以外，任何被声明的组件，其本质都是一个对象。对应地，组件包含了组件属性。例如：

```
model Resistor "理想电阻"
 Real v=2;
 Real i;
 Real R=1 "电阻值";
equation
 R*i = v;
end Resistor;
Resistor r1;
```

r1 是一个组件，类型是 Resistor(就像对象一样拥有自己的类型)，属性包括 v、i、R，这些属性自身亦均为组件。

由此可见，任何一个组件，都是由更小的组件表示出来的，最小的组件则由 Modelica 内置的基本类型(包括 Real、Integer、Boolean、String 和 enumeration)来定义。

2.2.1.2 类型定义

在面向对象的语言中，对象是类的实例，同样，Modelica 中组件是类型的实例。上一例中，Resistor 是类型，v、i、R 是其属性，R*i = v 是其行为，通过此类型定义一个组件 r1，则 r1 拥有类型中的所有属性和行为。

Modelica 语言预定义的基本类型如表 2-3 所示。

表 2-3 Modelica 基本类型

类型名	说明	示例
Real	浮点型	Real x1 = 0.2; Real x2 = 2e-5;
Integer	整型	Integer y = 1;
Boolean	布尔型	Boolean b = true;
String	字符型	String str = “中文”;
enumeration	枚举型	type Enum = enumeration(first,second,third);

若内置类型无法满足需求，用户可以通过类型定义的方式扩展所需的类型，形式大致如下(加粗文字为 Modelica 关键字)：

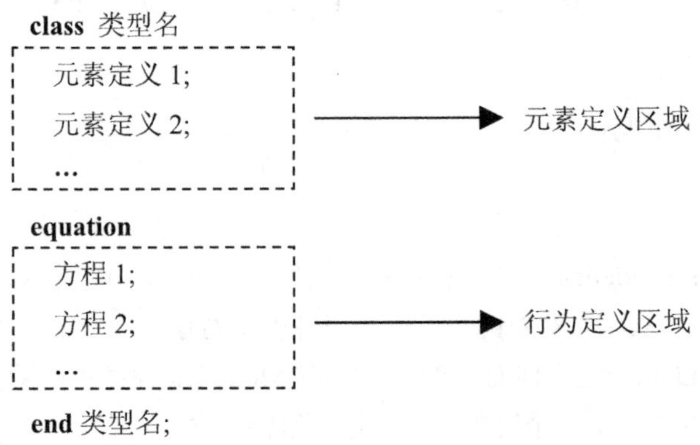

如上所示，Modelica 类型定义的基本结构包括：

(1) 元素定义区域：元素定义区域可以定义组件或者嵌套类型，并且可以导入其他类型或组件，以及继承其他类型。

(2) 行为定义区域：行为定义区域可以通过方程或算法定义此类的行为，这些方程或算法将与其他存在数据交互的模型方程一起决定求解过程(线性/非线性、常微分/微分代数、连续/离散等)。

2.2.1.3 抽象类

抽象类相当于面向对象语言中的抽象基类，用于描述基本的共性属性和行为。抽象类不能用于定义组件，而应该被相似的类型继承。定义抽象类需使用关键词 partial。

定义抽象类型并且继承使用，是实现模型重用的一种重要手段。例如，许多控制元件都具有一个共性，即都具有两个端口，一端输入，一端输出。

例如：

```
partial block SISO "定义单进单出的控制块"
  input Real x;
  output Real y;
end SISO;
```

通过继承，可以定义如下的增益放大器：

```
block Gain "增益放大器"
  extends SISO; // 继承SISO的属性
"输入、输出属性通过继承即可拥有，此时只需增加新的属性和行为"
  parameter Real k = 1;
equation
  y = k * x;
end Gain;
```

或者，定义一个正弦运算器：

```
block Sin "正弦运算器"
  extends SISO;
equation
  y = sin(x);
end Sin;
```

2.2.1.4 受限类

Modelica 语言通过多个类定义关键字的方式来更精确地表达类的含义，增强类的易用性和可读性。

用于类定义的关键字限于 model、connector、record、block、type、function、package 和 class。其中，利用非 class 的关键字定义的类型称为受限类。不同关键字的主要区别如表 2-4 所示。

表 2-4 Modelica 受限类

关键字	限制
model	定义一个完整的陈述式模型，不能用于连接
connector	定义一个连接器，类型定义及其内部组件中不允许包含行为
record	一般用于表示数据结构，只有公有(public)变量，不能用于连接
block	表示固定的因果及输入/输出关系的方框，要么为参数或常量，要么为输入或输出变量
type	类的别名，用于扩展预定义类型、记录或数组
function	函数参数必须是输入变量或输出变量，行为定义只能为 algorithm，不能用于连接
package	用于组织模型，具有相关的高级语义使其形成目录层次结构；建议只包含类和常量声明
class	通用类，满足上述某一类限制条件时可以转化为对应的受限类

除此之外，Modelica 还拥有多重继承、变型、导入、重声明等多种模型重用手段，更多的高级语义请参见 Modelica 语言规范《Modelica Language Specification》。

2.2.2 陈述式建模

对于一个物理系统而言，各组成部分内部及各组成部分之间的物理关系本身并没有因果性，因此，模型中应当是对模型行为的自然描述而无需考虑计算顺序。这种基于方程的建模方式称为陈述式建模，又称为非因果建模，与之相对的是过程式建模或因果性建模。

Modelica 是基于方程的建模语言，在上述的类型定义中可以看到，中间有明确的行为定义区域用于以方程来描述模型行为，作为对陈述式建模的补充，Modelica 同时支持过程式建模方法。

2.2.2.1 方程与赋值

陈述式建模的特点之一是通过方程而非赋值来描述模型行为。Modelica 支持陈述式/过程式混合建模，分别以 equation 和 algorithm 来描述方程和赋值，区别在于，equation 定义的方程组间的求解顺序将由软件推断确定，而 algorithm 定义的方程组则按照定义顺序进行求解。例如：

```
 model BasedOnEquation
  Real x,y,z;
equation
  x + y + z = 1;
  x + 2 * z = y;
  x - y = time;
end BaseOnEquation;
model BaseOnAlgorithm
  Real x,y,z;
algorithm
  z := -time / 2;
  y := (1 - z - time) / 2;
  x := 1 - y - z;
end BaseOnAlgorithm;
```

陈述式建模的最大优点是：用户建模时只需专注于物理问题的陈述，而无需考虑物理问题的错综复杂的求解过程怎样实现，因而建模更加简单，所建模型更加健壮。

又例如，在指定力作用下作平面运动的物体可由下述模型类描述。

```
model MovingMass
  Real f;
  Real s;
  Real v;
  Real a;
  parameter Real m=0.5;
  parameter Real L=1;
  Flange flange_a;
  Flange flange_b;
equation
  v=der(s);
  a=der(v);
  f=m*a;
```

```
  f=flange_a.f+flange_b.f;
  flange_a.s=s-L/2;
  flange_b.s=s+L/2;
end MovingMass;
```

其中，flange_a 与 flange_b 表示模型的两个接口，又称为连接器，定义如下：

```
connector Flange
  Real s;
  flow Real f;
end Flange;
```

对于模型 MovingMass，在已知作用力与已知位移两种情况下，均可以利用该模型来描述，相应约束关系可通过其实例的接口设定，例如：

```
MovingMass ma;
ma.flange_a.f = g(time);
```

对于物理系统的各组成部分之间的耦合关系，可以通过与之相对应的模型组件之间的连接来表示，例如：

```
MovingMass ma1;
MovingMass ma2;
connect(ma1.flange_a, ma2.flange_b);
```

上述连接语句表示，在 ma1 的接口 flange_a 与 ma2 的接口 flange_b 之间存在连接。这种连接关系实质上可以转换为如下两个方程，因而也是非因果的。

```
ma1.flange_a.s = ma2.flange_b.s
ma1.flange_a.f + ma2.flange_b.f = 0
```

对一个物理系统而言，其各组成部分内部及各组成部分之间的物理关系本身就是非因果的，这与 Modelica 语言倡导的陈述式建模理念是完全吻合的。

2.2.2.2 连接图与方块图

方块图(又称信号图/框图)建模方式是指有数据流向的建模方式，连接图建模方式则与之相对，无需定义数据流向。

多数通用仿真软件，如 ACSL、Simulink 等，都假定一个系统可以被转换为具有因果关系的结构图。这就意味着可以显式状态空间的形式表示模型内各子模型间的相互关系：

$$\frac{dx}{dt} = f(x, u)$$

$$y = g(x, u)$$

其中，u 是输入变量，y 是输出变量，x 是状态变量。这种模型必然需要对系统进行分解。因此，建立这种方块图式的模型常常需要进行大量分析与转换，要求用户具有很高的建模技巧和符号推导能力。

以 Simulink 中一个简单电机驱动模型为例(见图 2-2)。电机驱动模型的控制部分在 Simulink 中很容易理解，而模型中的变速箱、惯量、电机和负载等部分则不够直观，像变速箱的行为被推导成了方块图中的增益系数 $1/(J1+Jm*n^2)$，直接导致方块图无法反映实际物理系统拓扑结构。

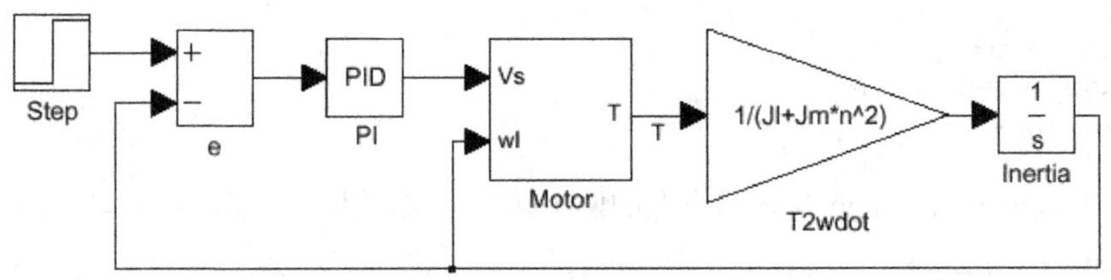

图 2-2 Simulink 中的简单电机模型

方块图的局限性在于，其模型从输入到输出之间的数据流是单向的。这是导致上述变速箱之类的模型不能被直接描述的原因。另一方面，如果直接使用基本方程描述进行仿真，将容易产生代数环。而将方程形式转换为满足 Simulink 的形式需要用户进行手动分解，这将带来不必要的麻烦。

Modelica 支持陈述式建模，通过其面向对象的特性定义模型接口，能够实现直观的连接图和方块图混合建模的方式。其基本原理如图 2-3 所示，组件通过连接机制相互连接在一起，保证组件之间的通信，维护连接之间的约束；对于由非因果组件构成的系统，其数据流向由软件自动推导，而因果式组件的数据流向则是显而易见的。

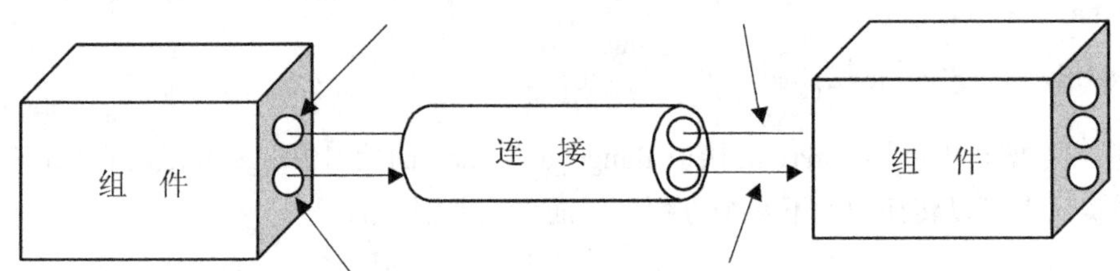

图 2-3 基于 Modelica 的连接图和方块图混合建模原理示意图

基于 Modelica 建立的电机驱动模型，连接图的建模方式更简捷，也更能够清晰地体现物理系统的实际拓扑结构，如图 2-4 所示。

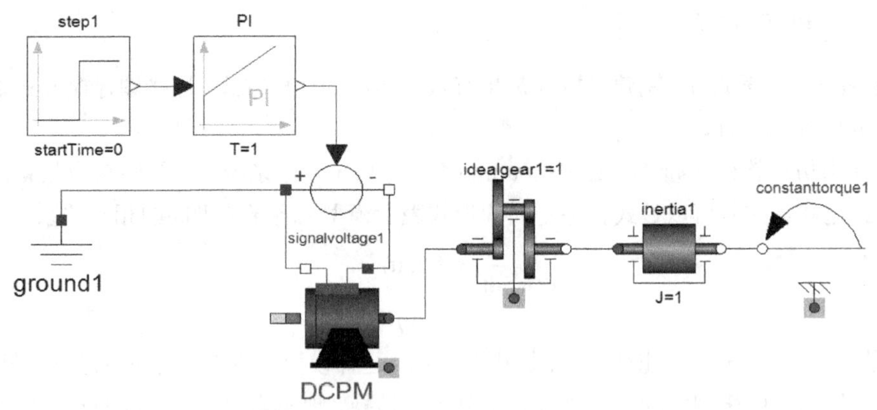

图 2-4 基于 Modelica 的简单电机驱动模型

2.2.3 连续离散混合建模

实际物理模型的动态特性可以是连续时变的，也可以是分段连续时变的，如二极管、物体之间的摩擦力等；还可以是离散时变的，即系统状态只在某些离散时间点上发生变化。动态连续建模的关键是基于能量守恒、动量守恒、质量守恒等基本物理定律描述系统连续时变行为，而离散事件建模的关键是怎样表达与事件相关的离散行为。

2.2.3.1 同步数据流原理

同步数据流原理是 Modelica 遵循的基本原理之一，也是解决连续离散混合系统问题的基础。其定义如下。

(1) 所有变量保持其实际值，直到这些值被显式改变。变量值可以在连续积分和事件时刻被访问。

(2) 在连续积分和事件时刻中的每一时间点，活动的方程表明了变量之间必须同时满足的约束关系(如果 if 分支、when 子句或出现方程的块不是活动的，那么其中所包含的方程亦不是活动的)，也只有活动的方程才被求解。

(3) 在事件时刻点的方程计算和数据通信不计入仿真时间。

(4) 方程的总数恒等于未知变量的总数。

利用同步数据流原理处理连续离散混合系统的好处是，连续和离散部分之间的同步自动进行，并且产生没有冲突的确定行为。而且，其他一些方法难以检测的错误，如死锁，往往在翻译期间就可以被检测出来。

基于此，Modelica 可兼容其他类似的离散建模方法，如有限自动机、Petri 网、状态图和 DEVS 等，更详细的内容可以参见相关 Modelica 模型库及其介绍。

2.2.3.2 离散建模方法

Modelica 定义的离散变量包括带有 discrete 前缀的 Real 变量，以及 Integer、Boolean、enumeration 类型的变量。触发事件的符号包括>、<、>=、<=，以及内置函数 abs()、sign()、div()、mod()、rem()、ceil()、floor()、integer()、initial()、terminal()、sample()，此外还提供了内置函数 noEvent()用于抑制事件的产生。

Modelica 语言提供如下两种语法结构用于表达离散模型。

(1) if 结构。包含条件表达式和条件方程，用于描述不连续条件模型。

(2) when 结构。用于表示只在某些离散时刻有效的方程。

if 结构的一般形式如下：

```
if expr then expr1 else expr2;
```

或者

```
if <condition> then
  <equations>
elseif <condition> then
  <equations>
else
  <equations>
end if;
```

when 结构的一般形式如下：

```
when <conditions> then
  <equations>
end when;
```

if 结构和 when 结构的区别在于：if 结构中的分支方程在分支条件为 true 的整个区间内都是有效的，变量在整个有效区间内被连续求值；而 when 结构中的分支方程仅仅在分支条件由 false 变成 true 的瞬时生效，变量在事件发生瞬时被求值，并在后续求解过程中保持不变。

如图 2-5 所示的弹跳小球就是一个连续离散混合模型的例子。小球的运动通过球的高度 height 和速度 velocity 来描述。小球在两次触地弹起期间连续地运动，当接触到地面弹起时，离散事件发生，小球的速度被重置。假定小球的弹性系数为 0.9，即每次反弹的速度降为原来的 0.9。下面给出模型代码与仿真结果。

```
model BouncingBall "弹跳小球"
  parameter Real g=9.18; // 重力加速度
  parameter Real c=0.90; // 弹性系数
  Real v(start=0),h(start=10); // 球速与离地高度初始值
equation
  der(h) = v;
  der(v)=-g;
  when h<0 then
// reinit 表示重新初始化球的速度，只在球触地的瞬时生效
    reinit(v, -c*v);
  end when;
end BouncingBall;
```

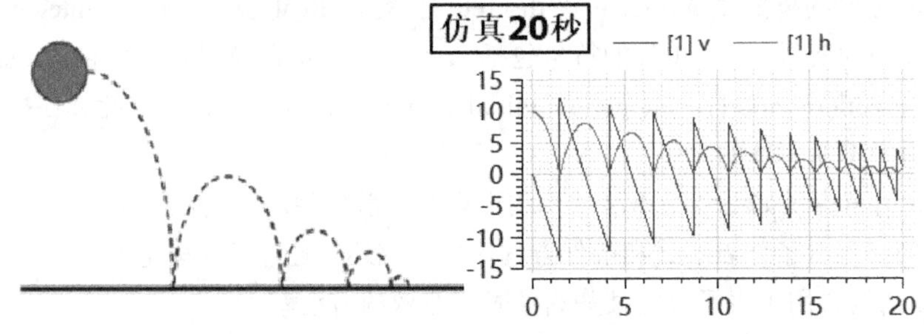

图 2-5 弹跳小球及其速度和高度仿真曲线

2.2.4 多领域统一建模

Modelica 对于多领域耦合模型统一描述的基本原理是，从能量的角度出发，按照广义基尔霍夫定律和能量守恒定律构造多领域耦合模型，从而以数学方程统一地描述多领域物理系统。

在广义基尔霍夫定律中，物理系统被视为由若干组件通过端口连接而成的能量系统，以流变量、势变量来描述各组件之间的能量相互传递(见表 2-5、图 2-6)。其中端口定义为在模型边界上与外界之间进行能量传递的“出入口”，一个端口对应一种物理域的能量交换；势变量是指某点相对于参考点的差量，流变量是指通过某点的量，参考图 2-6 所示的广义基尔霍夫网络。

表 2-5　常用物理领域中的势变量和流变量

领域	势变量		流变量	
电子	v	电压	i	电流
平移机械	s	位移	f	力
转动机械	φ	角度	τ	转矩
流体液压	p	压强	$\dot{V}$	流速
热力学	T	温度	$\dot{Q}$	热流
化学	μ	化学势	$\dot{N}$	质点流

基于 Modelica 实现多领域物理系统的统一建模的方法具体如下。

(1) 利用陈述式或者过程式的方法，封装模型的内部行为；

(2) 利用 connector 类型的组件定义模型的外部接口；

(3) 利用连接机制，通过连接模型间的端口来表述模型外部行为(连接机制反映了实际物理连接点上的能量平衡、动量平衡或者质量平衡，是广义基尔霍夫定律的体现)；

(4) 利用离散建模方法来描述系统内部的离散行为；

(5) 组件集合封装为子系统，子系统集合封装为系统，形成层次化结构。

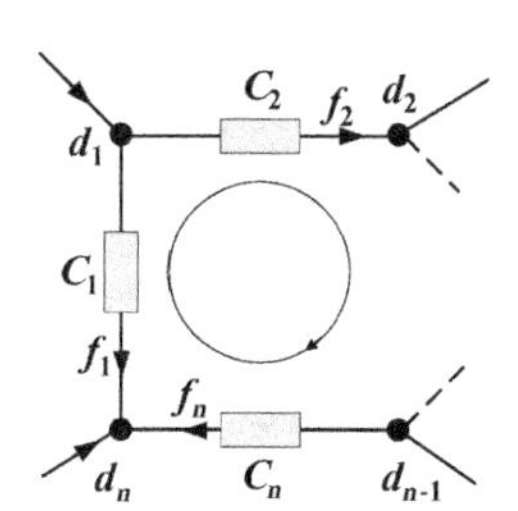

图 2-6　广义基尔霍夫网络

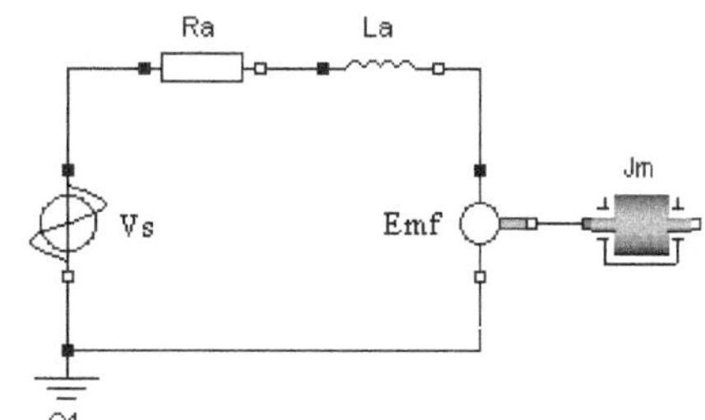

图 2-7　交流电动机模型

对于一个多领域物理系统，其各领域子系统之所以关联在一起，是因为各领域子系统之间具有能量转化与传递关系，或者信号传递关系。图 2-7 所示的交流电动机由电子与机械两个领域的元件所构成，其转子在交变磁场的作用下，将电能转化为机械能，从而将电子与机械两个领域的元件关联在一起。由于不同领域的模型组件具有不同类型的模型接口，不同类型的模型接口之间无法直接建立连接。要实现不同领域之间的模型集成，需要将实际物理系统的能量转化器件，抽象映射为一个表示能量转化的模型元件，称之为能量转化器。能量转化器具有多种类型的接口，借以实现不同领域之间的模型集成。

2.3　方程

方程以陈述式的方式表达约束和关系，不指定数据流向和控制流。

按方程所在的区域，方程可分为声明区域方程、方程区域方程。

声明区域方程有两种：声明方程和变型方程。

方程区域方程是以“equation”关键字开始，终止于类定义结束或者 public、protected、algorithm、equation、initial algorithm、initial equation 关键字之一。

方程区域方程的结构为：

```
equation
    <方程>
    ...
<类定义结束或其他关键字>
```

方程区域方程按语法结构分为如下几种类型：等式方程、for 方程、连接方程、条件方程、其他方程(reinit、assert、terminate)

2.3.1 声明方程

声明方程是在变量声明的同时给定变量的约束，这种约束在整个仿真期间必须成立。例如：

```
 Real v = 100; // 声明方程
```

在声明变量 v 的同时给定 v 与 100 相等的约束，在仿真期间 v 的值始终保持为 100。

2.3.2 变型方程

变型方程修改类的属性，即替换类的声明方程或者增加新的方程。例如：

```
model Resistor "Ideal linear electrical resistor"
  extends Interfaces.OnePort;
  parameter SI.Resistance R=1 "Resistance"; // 声明方程
equation
  R * i = v;
end Resistor;

Resistor R1(R=10); // 变型方程“R=10”替换了声明方程“R=1”
Resistor R2(R=0.1); // 变型方程“R=0.1”替换了声明方程“R=1”

class one_var
  Real x; // 变量声明
end one_var;

one_var v1(x=time); // 变型方程“x=time”在 v1 中增加了方程
```

2.3.3 等式方程

等式方程与数学意义上的方程相同，表示等式两边表达式之间的约束关系。等式方程有两种语法形式：

```
simple_expr1 = expr2;
(out1, out2, out3) = function_name(inexpr1, inexpr2);
```

其中，第一种形式等式左端不能是 if 表达式，第二种形式是调用多输出函数时使用的形式，等式左端是变量列表，列表中不能使用其他表达式。例如：

```
class Equality_Equ
  Real x,y,z;
equation
  x + cos(time) = time*2;
  (y,z) = f(1.0); // 正确
  (y+4,5.0) = f(1.0); // 错误，左端必须是变量列表
end Equality_Equ;
```

2.3.4 for 方程

for 方程是对一系列结构形式相同的方程的简捷表达方式，其语法形式为：

```
for for_indices loop
    <方程>
    …
end for;
```

其中，for_indices 是迭代器，多个迭代器之间以逗号分隔，每一个迭代器的形式为：

```
var in expr1
```

var 是迭代变量，expr1 是迭代变量的迭代范围，必须是参数或常量类型的向量表达式。迭代变量 var 依次取迭代范围表达式 expr1 中元素的值。例如：

```
class Same_Form_Equ
  Real x[4];
equation
  for i in 1:4 loop
    x[i]^i = i^2;
  end for;
end Same_Form_Equ;
```

i 分别取值 1、2、3、4，for 方程与下面的简单方程是等价的：

```
  x[1]^1 = 1^2;
  x[2]^2 = 2^2;
  x[3]^3 = 3^2;
  x[4]^4 = 4^2;
```

for 方程中有多个迭代器时相当于嵌套 for 方程，等价形式是将迭代器之间的逗号替换为“loop for”，并且在每一个“end for;”之后添加一个“end for;”。例如：

```
for i in {1,3,5}, j in 1:4 loop
  x[i,j] = i + j;
end for;
```

等价于

```
for i in {1,3,5} loop
  for j in 1:4 loop
    x[i,j] = i + j;
```

```
    end for;
  end for;
```

2.3.5 连接方程

连接方程表示组件之间通过连接器建立的连接关系，一般形式为：

```
connect(connector1, connector2);
```

connector1、connector2 是连接器。在连接方程中，连接器限制为以下两种形式之一：

(1) c1.c2 … cn，其中 c1 是连接方程所在类中声明的连接器，当 n>=1 时，ci+1 是 ci (i = 1:(n-1))中的连接器；

(2) m.c，其中 m 是连接方程所在类中的非连接器组件，c 是 m 中的连接器。

这意味着在类中的连接方程只能作用于类中的连接器(包括层次结构中的连接器)。例如：

```
model circuit
  Modelica.Electrical.Analog.Basic.Resistor R1(R = 10);//非连接器
  Modelica.Electrical.Analog.Basic.Ground G;//非连接器
  Modelica.Electrical.Analog.Sources.SineVoltage AC(V = 220, freqHz = 
50);//非连接器
  Modelica.Electrical.Analog.Interfaces.NegativePin pin_n;//连接器
  Modelica.Electrical.Analog.Interfaces.PositivePin pin_p;//连接器
equation
  connect(AC.p, R1.p); // 连接器都是第二种形式
  connect(AC.n, G.p); // 连接器都是第二种形式
  connect(R1.n, AC.n); // 连接器都是第二种形式
  connect(R1.n, pin_n); // R1.n 是第二种形式，pin_n 是第一种形式(n=1)
  connect(R1.p, pin_p); // R1.p 是第二种形式，pin_p 是第一种形式(n=1)
end circuit;
```

2.3.6 条件方程

条件方程用来对连续离散混合系统进行建模。条件方程有两种：if 方程和 when 方程。

2.3.6.1 if 方程

if 方程的一般形式如下所示，其中，elseif 是可选的，可以出现零次或多次；else 也是可选的，最多可以出现一次。

```
if <条件> then
    <方程>
elseif <条件> then
    <方程>
else
    <方程>
end if;
```

其中，<条件>是 Boolean 标量表达式，当 if 或 elseif 条件成立时，对应分支中的方程生效；否则，else 分支中的方程生效。例如：

```
model If_Equ
  Real u = sin(10*time);
  Real y;
equation
  if u > 0.5 then
    y = 0.5;
  elseif u < -0.5 then
    y = -0.5;
  else
    y = u;
  end if;
end If_Equ;
```

if 方程中，如果 if 和 elseif 分支的条件不是参数和常量，则必须有对应的 else 分支，并且每个分支中的方程数目是相同的。

2.3.6.2 when 方程

when 方程用来表示在事件时刻有效的瞬态方程。when 方程的一般形式如下所示，其中 elsewhen 是可选的，可以出现 0 或多次。

```
when <条件> then
    <方程>
elsewhen <条件> then
    <方程>
end when;
```

when 方程中的<条件>是 Boolean 类型的标量或向量。when/elsewhen 标量条件或向量条件中任何一个元素由 false 变为 true 的事件时刻，对应 when 或 elsewhen 分支中的方程才生效。

向量条件与多个表达式进行“或”运算的标量条件是不一样的，向量条件中只要任何一个元素变为 true 时，该分支中的方程就生效；而标量条件被当作一个整体，当进行“或”运算后的结果变为 true 时，该分支中的方程才生效。例如：

```
model WhenOrVectorCondition
  Real x=time;
  Real y1,y2,y3,y4;
  Real y5=sin(time);
equation
 // “或”运算标量条件，x < 5 时不成立
  when sample(0,2) or x < 5 then
    y1 = sin(x);
    y2 = 2*x + y1 + y5;
  end when;

 // 向量条件，time=2，4(即 x=2，4)时成立
  when {sample(0,2), x < 5} then
    y3 = sin(x);
    y4 = 2*x + y3 + y5;
  end when;
end WhenOrVectorCondition;
```

when 方程不能嵌套 when 方程，也就是说 when 方程结构中不能有其他 when 方程。下面 when 的使用是错误的：

```
class InvalidNestedWhen
  Real x=time,u=sin(time),y;
equation
  when x > 2 then
    when u > 0 then // 错误，when 方程不能嵌套
   y = sin(x);
    end when;
  end when;
end InvalidNestedWhen;
```

when 方程结构中的方程只能是下列几种形式之一：

(1) v = expr; // 左边是变量名

(2) (out1, out2, out3, ...) = function_call_name(in1, in2, ...); // 左边是变量列表

(3) assert(), terminate(), reinit()

(4) 嵌套结构中方程满足上述要求的 if 方程和 for 方程

左边的变量是离散变量，只在 when 条件激活时的事件时刻更新其值，when 条件没有激活时保持值不变。同一个变量不能出现在多个 when 方程的等式左边，这样会导致当多个 when 方程的条件同时成立时该变量具有多个方程约束而造成冲突。

2.3.6.3 if 方程和 when 方程的比较

if 方程和 when 方程的比较如下。

(1) if 方程用于对在不同的条件下有不同行为的情形建模，when 方程用来对只在事件时刻改变模型行为(方程)的场景建模。

(2) if 方程中可以包含连续变量，而 when 方程中都当作离散变量。

(3) if 方程只要分支的条件成立，其中的方程就作为模型的方程进行计算，而 when 方程仅在条件变为 true 的瞬时才进行计算。例如：

```
model WhenIfDemo
  parameter Real A=1.5,w=4;
  Real u;
  Boolean b1;
  Boolean b2;
equation
  u = A*sin(w*time);
  when u > 0 then
    b1 = not pre(b1);
  end when;
  if u > 0 then
    b2 = true;
  else
    b2 = false;
  end if;
end WhenIfDemo;
```

图 2-8 中左右两图中的红色曲线分别是 b1 和 b2 的变化曲线。

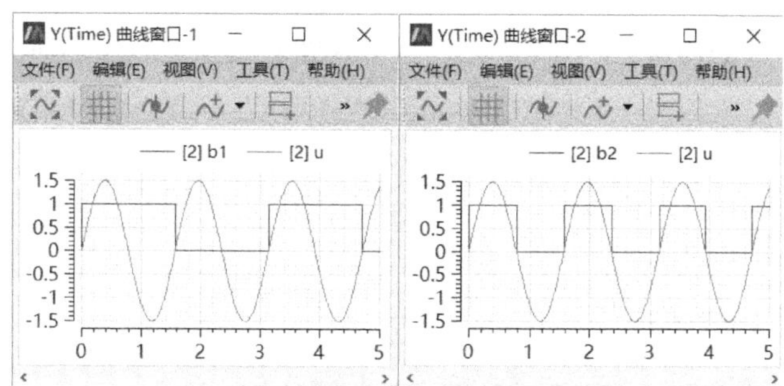

图 2-8　if 和 when 方程曲线对比

2.3.7　其他方程

2.3.7.1　assert

assert 是模型检查和校验的一种手段，其语法结构为：

```
assert(<条件>, <消息>);
```

当条件为 true 时，对模型仿真没有影响；当条件为 false 时，模型仿真程序输出指定的消息字符串之后退出。例如：

```
assert(T > 200 and T < 500,
   "Medium model outside feasible region");
```

2.3.7.2　terminate

terminate 正常结束仿真程序。例如，仿真结果已达到预期目标，或不再需要进行计算，就可以使用 terminate。其语法结构为：

```
terminate(<消息>);
```

其中，消息字符串参数提示仿真结束的原因。

2.3.7.3　reinit

reinit 用于重新初始化状态变量(应用了 der()的变量)，只能用在 when 方程(语句)中。其语法结构为：

```
reinit(x, expr);
```

其中，x 是状态变量，expr 是状态变量新的初始值。同一个状态变量只能在一个方程中使用 reinit，如 2.2.3.2 节中的弹跳小球模型。

2.4　算法

算法是由一系列语句组成的计算过程。算法是过程式建模的重要组成部分。

算法只能出现在算法区域，由一系列算法语句组成。算法区域以 algorithm 关键字开始，终止于类定义结束或 equation、public、protected、algorithm、initial 关键字之一。算法区域的结构如下：

```
algorithm
  …
  <语句>
  …
<类定义结束或其他关键字>
```

算法区域作为一个整体，会用到算法区域外变量的值，这些变量称为算法的输入，同时，在算法中会对一些变量赋值，这些被赋值的变量称为算法的输出。从外部来看，有 n 个输出变量的算法区域可以看作是有 n 个方程的子系统，这 n 个方程通过算法来表达 n 个输出变量之间的约束关系。例如：

```
model Alg_Example
  Real x,y,z;
  Real u = sin(5*time);
algorithm
  if u > 0 then
    x := u;
  else
    x := -u;
  end if;
  x := x^3;
  y := sin(x^2);
equation
  x + y + z = cos(time);
end Alg_Example;
```

在上面的示例中，u 为算法区域的输入，x、y 为算法区域的输出，因此，算法区域可以看作是有两个方程的子系统。

算法区域中的语句有赋值语句、for 循环语句、while 循环语句、if 条件语句、when 条件语句、其他语句。

2.4.1 赋值语句

赋值语句使用赋值符号“:=”表示赋值，以区别于等式方程中的等号“=”。赋值语句的语法结构为：

```
v := expr;
(out1,out2,out3,…) := function_name(in1,in2,in3,…);
```

第一种形式首先计算表达式 expr 的值，然后存储在变量 v 中，即在该语句执行完后，v 的值等于 expr 的值。第二种形式用于多输出函数调用，函数调用的返回值依次存储在变量列表的变量 out1，out2，out3，…中。

2.4.2 for 循环语句

for 循环语句的结构为：

```
for for_indices loop
  <语句>
  ...
end for;
```

其中，for_indices 是迭代器，多个迭代器之间以逗号分隔，每一个迭代器的形式为：

```
var in expr1
```

var 是迭代变量，expr1 是迭代变量的迭代范围表达式。

for 循环语句的执行顺序如下。

(1) 计算迭代范围表达式 expr1。

(2) 如果 expr1 是空向量，则直接转到“end for”之后执行；否则，迭代变量 var 取迭代范围的第一个元素，进入循环。

(3) 执行 for 循环中的语句，如果遇到 break 语句，则转到“end for”之后执行。

(4) 如果迭代范围中所有元素都遍历过，则转到“end for”之后执行；否则，取迭代范围中的下一个元素，转到(2)执行。

例如：

```
model For_Alg_Example
  Real x[:] = {10,20,30,40,50};
  Real average;
algorithm
  average := 0;
  for i in 1:size(x,1) loop
    average := average + x[i];
  end for;
  average := average / size(x,1);
end For_Alg_Example;
```

2.4.3 while 循环语句

while 循环语句的结构为：

```
while <条件> loop
  <语句>
  ...
end while;
```

其中，<条件>是 Boolean 类型的标量表达式。while 循环语句执行顺序如下。

(1) 计算条件表达式的值。

(2) 如果条件表达式的值为 false，则转到“end while”之后执行；否则，进入循环。

(3) 执行 while 循环中的语句，如果遇到 break 语句，则转到“end while”之后执行。

(4) 转到(1)执行。

例如：

```
model While_Alg_Example
  Real x[:] = {10,20,30,40,50};
```

```
  Real average;
  Integer i;
algorithm
  average := 0;
  i := 0;
  while i < size(x,1) loop
    i := i + 1;
    average := average + x[i];
  end while;
  average := average / size(x,1);
end While_Alg_Example;
```

2.4.4 if 语句

if 语句的结构为：

```
if <条件> then
    <语句>
elseif <条件> then
    <语句>
else
    <语句>
end if;
```

<条件>是 Boolean 类型的标量表达式，其中，elseif 是可选的，可以出现 0 或多次；else 也是可选的，可以出现 0 或 1 次。if 语句的执行逻辑是依次计算 if、elseif 分支的<条件>，如果某一分支的<条件>为 true，就执行该分支中的语句；否则，若 else 分支存在就执行其中的语句。

例如：

```
block Limiter
  parameter Real uMax = 1;
  parameter Real uMin = -uMax;
  input Real u;
  output Real y;
algorithm
  assert(uMax >= uMin, "uMax 小于 uMin");
  if u > uMax then
    y := uMax;
  elseif u < uMin then
    y := uMin;
  else
    y := u;
  end if;
end Limiter;
```

2.4.5 when 语句

when 语句用来表示在事件时刻进行的行为。when 语句的一般形式如下所示，其中 elsewhen 是可选的，可以出现 0 或多次。

```
when <条件> then
  <语句>
elsewhen <条件> then
  <语句>
end when;
```

when 语句中的<条件>是 Boolean 类型的标量或向量。when/elsewhen 标量条件或向量条件中任何一个元素由 false 变为 true 的事件时刻，执行该 when 或 elsewhen 分支中的语句。

when 语句的限制如下。

(1) when 语句不能用于函数中。

(2) when 语句不能嵌套。

(3) when 语句不能出现在 for 循环语句、while 循环语句和 if 语句中。

2.4.6 其他语句

2.4.6.1 break 语句

break 语句终止执行包含该语句的最内层 while/for 循环，继续执行 while/for 之后的语句。其语法为：

```
break;
```

例如：

```
model Break_Example
  Real x = time;
  Real vec[:] = {0.0, 0.22, 0.5, 0.73, 0.89, 1.0};
  Boolean found;
algorithm
  when sample(0, 0.01) then
    found := false;
    for i in 1:size(vec, 1) loop
   if abs(x - vec[i]) < 1e-6 then
     found := true;
     break;
   end if;
    end for;
  end when;
end Break_Example;
```

2.4.6.2 return 语句

return 语句只能在函数中使用。return 语句终止函数调用，输出变量的当前值作为函数调用的结果返回。其语法为：

```
return;
```

例子参见 2.6.2 节。

2.4.6.3 assert、terminate、reinit 语句

这些语句与其在方程中的使用方法和作用相同。

2.5 数组

数组是一组同类型变量的集合。数组元素通过简单的整数下标来访问，范围从 1 到对应的维数的大小。在 Modelica 中，数组是整齐的，以矩阵为例，每行的长度是相同的，每列的长度也是相同的。该特性保证了数值计算应用的高效性与方便性。

尽管标量本质上不是数组，但仍可被看作是 0 维的数组。向量是 1 维数组，矩阵是 2 维数组。Modelica 不区分行向量与列向量，要想区分二者，需要用行矩阵或列矩阵来表示。但在应用 Modelica 建模过程中很少需要对二者进行区分。

2.5.1 数组声明

Modelica 类型系统包含标量、向量、矩阵以及大于 2 维的数组。表 2-6 展示了各种数组声明方式。

表 2-6 数组声明方式

形式 1	形式 2	维度	名称	说明
C x;	C x;	0	标量	标量
C[n] x;	C x[n]	1	向量	长度为 n 的向量
C[E] x;	C x[E]	1	向量	枚举下标定义的向量
C[n, m] x;	C x[n, m]	2	矩阵	n×m 的矩阵
c[n1, n2, …, nk] x;	c x[n1, n2, …, nk];	k	数组	k 维数组(k≥0)

在数组声明中，其维度信息可以在类型之后(变量之前)，也可以在变量之后。形式 1 的声明方式能够清晰地展示数组的类型，形式 2 则是类似于 Fortran、C 等语言的传统声明方式。

方括号中逗号分隔的元素列表用来描述各个维度的大小，元素可以是整型子类型，也可以是冒号“:”，还可以是布尔类型或枚举类型。

冒号“:”表示不定长维度的数组。这种数组声明可以提高模型的灵活性，适应不同规模问题的求解。当数组被绑定到确切值的时候，冒号“:”所代表的维度的长度可以被推导出来，如数组赋初值时：

```
Real A[:] = {1, 2, 3};  // size(A, 1) 被推导为 3
Real M[:, size(M, 1)];  // 要求 M 是一个方阵，但大小不定
```

下面是一些数组声明的例子：

```
class ArrayDim
  Real n = 1, m = 4, k = 5;
```

```
  type Voltage = Real;

 // 3-dimensional position vector
  Real[3] positionvector = {1, 2, 3};

 // transformation matrix
  Real[3,3] identitymatrix = {{1, 0, 0}, {0, 1, 0}, {0, 0, 1}};

 // A 3-dimensional array
  Integer[n,m,k] arr3d;

 // A boolean vector
  Boolean[2] truthvalues = {false, true};

 // A vector of voltage values
  Voltage[10] voltagevector;
end ArrayDim;
```

特别地，布尔和枚举下标的数组声明方式如下：

```
type Colors = enumeration(red, green, blue);
Real e[Colors] = {1, 3, 5};
 // e[E.red] = 1, e[E.green] = 3, e[E.blue] = 5
Real b[Boolean] = {2.2, 3.3};
 // b[false] = 2.2, b[true] = 3.3
```

2.5.1.1 数组下标的下界和上界

用整型、布尔类型或枚举类型作为下标时，其下界和上界分别定义如下：

(1) 整型作下标时，下标下界是 1，上界是该维的维度大小；

(2) 布尔类型作下标时，下标下界是 false，上界是 true；

(3) 枚举类型作下标时，如 type E = enumeration(e1, e2, …, en)，下标下界是 E.e1，上界是 E.en。

2.5.1.2 数组类型和类型检查

用户可以定义数组类型，例如，类型 ColorPixel 定义为实型数组类型，包含 3 个元素，可用于表示 3 基色像素。可用 ColorPixel 声明数组变量 image，如下：

```
type ColorPixel = Real[3];
ColorPixel[512, 512] image;
```

变量 image 表示 512×512 的像素矩阵，每个像素均为三基色。以数组类型声明的变量在计算时会被展开，展开时变量维数排在类型维数之前。例如，变量 image 展开后的最终类型是 Real[512, 512, 3]。变量类型展开后，基本类型是内置类型或用户定义的非数组类型。

变量之间的赋值合法性检查要求类型匹配，包括维数匹配。对于两个数组变量，只要其最终展开类型相等即类型匹配。根据变量类型展开规则，下面的变量声明是合法的：

```
Real[512, 512, 3] image2 = image;
```

2.5.2 数组构造

数组构造器提供了简便的方式来生成数组。数组构造器实质上是一个函数，实参为标量或数组，返回一个数组。数组构造器函数为：

```
array(A, B, C, … )
```

等价的简写形式为：

```
{A, B, C, … }
```

其构造数组的规则为：每调用数组构造器一次，参数维度的左侧被加 1 后，参数作为结果而返回，新增维度的长度等于参数的个数。例如，{1, 2}构造一个 1 维数组，该维长度为 2；{{1, 2}}构造一个 2 维数组，数组大小为 1×2。该规则可以用一个公式来描述：ndims(array(A)) = ndims(A) + 1。ndims(A)表示数组 A 的维度。

建议用户在构造多维数组时尽量使用简写形式的数组构造器{}，以增强代码的可读性。

使用数组构造器还必须满足以下几个条件：

(1) 每个参数的维度必须相等，即每个参数具有相同的维数，并且每一维的长度均相等；

(2) 每个参数的类型必须等价，实型与整型可以混合使用，如{1.2, 3}；

(3) 参数个数至少为 1。

例如：

```
Real v1 = {1, 2, 3};          // 长度为 3 的向量，类型为 Integer[3]
Real v2 = {1.0, 2.3, 4};      // 长度为 3 的向量，类型为 Real[3]
Real m1 = {{1,2,3}};          // 1×3 的矩阵，类型为 Integer[1, 3]
Real m2 = {{1,2,3}, v2};      // 2×3 的矩阵，类型为 Real[2, 3]
```

2.5.2.1 范围向量构造

范围向量是指向量元素取值于一个数值区间内的固定间距点。比如{1, 3, 5, 7, 9}是数值 1 到 9 的区间内、以间距 2 进行取值后的集合。这种范围向量非常有用，如在 for 循环中用作迭代范围等，因此 Modelica 规范提供了一种便利的方式来构造范围向量：

```
startexpr [: deltaexpr] : endexpr
```

该表达式称为“范围向量构造表达式”，简称“范围表达式”。其中步长表达式 deltaexpr 是可选的，如果不指定步长，则缺省为 1。范围表达式可用于构造整型、布尔类型以及枚举类型的范围向量，使用规则定义如下。

(1) 表达式 j : k，如果 j 和 k 是整型，则表示整型向量{j, j+1, … , k}；如果是实型，则表示实型向量{j, j+1.0, …, j+n}，其中 n = floor(k−j)。

(2) 表达式 j : d : k，如果是整型，则表示整型向量{j, j+d, …, j+n*d}，其中 n=(k−j)/d；如果是实型，则表示实型向量{j, j+d, …, j+n*d}，其中 n=floor((k−j)/d)。

(3) 表达式 false : true，表示布尔类型向量{false, true}。

(4) 表达式 j : j，表示{j}，j 可以是整型、实型、布尔类型或枚举类型。

(5) 表达式 E.ei : E.ej，表示枚举类型向量{E.ei, …, E.ej}，其中，E.ej 和 E.ei 均为枚举类型 E 中定义的元素，并且要求 E.ej > E.ei。

例如：

```
Real v1[3] = 1.2 : 3.7; // {1.2, 2.2, 3.2}
Integer v2[3] = 1 : 3;  // {1, 2, 3}
Integer v3Empty = 1 : 0;    // 空数组
Real v4[7] = 2.1 : 1.2 : 10;
 // {2.1, 3.3, 4.5, 5.7, 6.9, 8.1, 9.3}
Real v5[4] = 3 : -1.1 : -1;      // {3, 1.9, 0.8, -0.3}
Boolean vb[2] = false : true;    // { false, true }
type Size = enumeration(s, m, l, xl);
Size A[4] = Size.s : Size.xl;
 // { Size.s, Size.m, Size.l, Size.xl }
```

2.5.2.2 带迭代器的数组构造

迭代器用于表示数学中“集合”的概念。如下数学格式描述的集合：

$$\{expr(i) \mid i \in A\}$$

在 Modelica 中可用下面的语句表示：

```
{expr_i for i in A}
```

或

```
array( expr_i for i in A )
```

带两个迭代器的数组构造器可如下表示：

```
{expr_ij for i in A, j in B}
```

其通用语法格式为：

```
{expression for iterators}
```

其中，“iterators”表示多个迭代器，迭代器之间用逗号分隔，格式如下：

```
ident in range_expression{, ident2 in range_expression2}
```

迭代器中的范围表达式必须是向量，并且必须保证向量的每个元素都能够在编译时被估值。迭代表达式中的迭代变量 ident 的作用域仅限于该表达式内部。标识符 ident 会覆盖其封闭作用域中可能存在的同名标识符。

仅带单个迭代器的数组构造表达式，其结果为向量，是通过对迭代表达式中的每个元素值依次代入上述表达式 expression 中进行运算构造的，例如：

```
{r/2 for r in {2, 4, 6, 8}}       // {1, 2, 3, 4}
{r for r in 1.3 : 1.1 : 5}        // {1.3, 2.4, 3.5, 4.6}
```

如果用迭代器中的迭代变量作为 expression 中的下标索引，则迭代器中的范围表达式可以省略不写，迭代范围可被自动推导。

```
Real x[3] = {1.2, 2.0, 3.8};
Real  r1[3] = {x[i]*2 for i in 1 : size(x, 1)};
 // {2.4, 4.0, 7.6}
Real r2[3] = {x[i]*2 for i};
 // 等价于 r1，i 的取值范围被自动推导为 1 : 3
```

带多个迭代器的数组构造是矩阵或多维数组构造的简化记法。其转换方法是先将多个迭代器按声明顺序反向，然后将迭代器之间的“,”替换为“} for”，并在整个数组构造器前面补充“{”。例如：

```
Real hilb[:,:] = { (1/(i+j-1)) for i in 1 : n, j in 1 : n };
Real hilb2[:,:] = { {(1/(i+j-1)) for j in 1 : n} for i in 1 : n };
 // hilb2 == hilb
```

带迭代器的数组构造在定义一些特殊的矩阵时非常有用，例如下列语句构造了一个对角线元素为 1 的矩阵：

```
{if i = j then 1 else i + j for i in 1 : size(A, 1), j in 1 : size(A, 2)}
```

2.5.3 数组连接

数组可以通过函数 cat(k, A, B, C, …)执行连接操作。例如：

```
cat(1, {1, 2}, {3, 4, 5}) // {1, 2, 3, 4, 5}
cat(2, {{1, 2}, {{3, 4}, {{5}, {6}}}}) // {{1, 2, 3}, {4, 5, 6}}
```

函数 cat(k, A, B, C, ...)按照下列规则沿维数 k 连接数组 A, B, C, ...。

(1) 数组 A, B, C, ...必须具有相同数目的维数，即 ndims(A) = ndims(B) = ...。

(2) 数组 A, B, C, ...必须类型等价。结果数组的数据类型是这些实参的最大扩展类型。最大扩展类型应该是等价的。Real 和 Integer 子类型可以混用，产生一个 Real 结果数组，其中 Integer 数值已被转换为 Real 数值。

(3) k 必须是(这些实参数组)存在的维数，即 1 <= k <= ndims(A) = ndims(B) = ndims(C)；k 应为整数。

(4) 大小匹配：除了第 k 维的大小之外，数组 A, B, C, ... 必须具有相同的数组大小，即对于 1 <= j <= ndims(A) 且 j <> k，size(A, j) = size(B, j)。

有一种特殊的语法用于沿第一维和第二维的连接：

(1) 沿第一维的连接[A; B; C; …]；

(2) 沿第二维的连接[A, B, C, …]。

这两种方式可以混用。[…, …]优先级高于[…; …]的，如[a, b; c, d]解析为[[a, b]; [c, d]]。

需要注意的是，在执行沿第一维或第二维的数组连接之前，将所有元素提升为矩阵，这样矩阵可通过标量或者向量来构造。例如：

```
Real m2[3, 3] = [1, 2, 3; 4, 5, 6; 7, 8, 9];
Real m1[3, 3] = {{1, 2, 3}, {4, 5, 6}, {7, 8, 9}};
```

上面两种形式是等价的，显然第一种形式更为简洁易读。

更多例子：

```
Real s1, s2, v1[n1], v2[n2], M1[m1, n], M2[m2, n], M3[n, m1], M4[n, m2], K1[m1, n, k], K2[m2, n, k];

//[s1]是 1×1 矩阵
//[v1]是 n1×1 矩阵
//[v1; v2]是(n1+n2)×1 矩阵
//[M1; M2]是(m1+m2)×n 矩阵
//[M3, M4]是 n×(m1+m2)矩阵
//[K1; K2]是(m1+m2) × n × k 数组
//[s1; s2]是 2×1 矩阵
//[s1, s1]是 1×2 矩阵

Real[3] v1 = array(1, 2, 3);
Real[3] v2 = {4, 5, 6};
Real[3, 2] m1 = [v1, v2];
Real[3, 2] m2 = [v1, [4;5;6]]; // m1 = m2
Real[2, 3] m3 = [1, 2, 3; 4, 5, 6];
Real[1, 3] m4 = [1, 2, 3];
Real[3, 1] m5 = [1; 2; 3];
```

2.5.4 数组索引与切片

数组索引操作符“[...]”用来访问数组元素的值。通过索引既可以访问相应数组元素的值，也可以修改它们的值。数组索引操作所耗费的时间为常量，与数组大小无关。

数组索引的语法形式如下：

```
arrayname[indexexpr1, indexexpr2, …]
```

例如：

```
Real M[2, 3] = [1, 2, 3; 4, 5, 6];
Real M2[2];
Real x = M[1, 1]; // 取矩阵 M 的第 1 行第 1 列
Real y = M[2, 3]; // 取矩阵 M 的第 2 行第 3 列
M2[1] = x; // 对向量 M2 的第 1 个元素赋值
M2[2] = y; // 对向量 M2 的第 2 个元素赋值
```

索引表达式可以是整型标量，也可以是整型向量表达式。索引还可以是布尔类型和枚举类型，例如：

```
type Colors = enumeration(red, green, blue);
Real e[Colors];
e[Colors.red] = 1;
e[Colors.green] = 3;
e[Colors.blue] = 5;
```

```
Real b[Boolean] = {2.2, 3.3};
Real x = b[false]; // x = 2.2
Real y = b[true]; // y = 3.3
```

标量索引表达式用来访问单个数组元素，向量索引表达式则用来访问数组的某个划分，故称之为“切片”操作。切片操作能够挑选出向量、矩阵和数组中选定的行、列和元素。冒号用于表示某一维所有下标。表达式 end 只能出现于数组下标中，如果用于数组表达式 A 的第 i 个下标中，假设 A 的下标为 Integer 子类型，那么它等价于 size(A, i)；如果用于嵌套的数组下标中，则指向最近的嵌套数组。如果下标是向量，那么赋值按向量下标给定的顺序进行。

数组切片例子：

```
a[:, j] // a 的第 j 列向量
a[j : k] // {[a[j], a[j+1], ... , a[k]}
a[:, j : k] // [a[:,j], a[:,j+1], ... , a[:,k]]
v[2 : 2 : 8] // v[ {2, 4, 6, 8} ]
v[{j, k}]:={2, 3}; // 等同于 v[j]:=2; v[k]:=3;
v[{1, 1}]:={2, 3}; // 等同于 v[1]:=3;
A[end - 1, end] // A[size(A,1)-1,size(A,2)]
A[v[end], end] // A[v[size(v, 1)],size(A,2)]，第一个 end 引用 v 的 end
```

如果 x 是向量，则 x[1]是标量，但切片 x[1:5]是向量(矢量值或冒号下标表达式导致一个向量被返回)。

表 2-7 说明了数组切片后的结果类型(假设 x[n, m]、v[k]、z[i, j, p]已声明)。

表 2-7　数组切片后的结果类型示例

表达式	维数	结果类型
x[1, 1]	0	标量
x[:, 1]	1	n 维向量
x[1, :]	1	m 维向量
v[1 : p]	1	p 维向量
x[1: p, :]	2	p×m 矩阵
x[1 : 1, :]	2	1×m “行” 矩阵
x[{1, 3, 5}, :]	2	3×m 矩阵
x[:, v]	2	n×k 矩阵
z[: , 3, :]	2	i×p 矩阵
x[{1}, :]	2	1×m “行” 矩阵

2.5.5　数组运算

数组运算时，在所有需要 Real 子类型表达式的上下文中，Integer 子类型的表达式也可以

使用;Integer 表达式被自动转换为 Real 类型。若无特别说明,下文中的数值类型指 Real 或 Integer 类型的子类型。

2.5.5.1 等式与赋值

标量、向量、矩阵和数组的等式"a=b"与赋值"a:=b"是基于元素定义的，并且要求两个对象具有相同的维数和匹配的维数长度。操作数要求类型等价。数组等式与赋值规则如表 2-8 所示。

表 2-8 数组等式与赋值规则

a 的类型	b 的类型	a = b 的结果	操作 (j=1:n, k=1:m)
Scalar	Scalar	Scalar	a = b
Vector[n]	Vector[n]	Vector[n]	a[j] = b[j]
Matrix[n, m]	Matrix[n, m]	Matrix[n, m]	a[j, k] = b[j, k]
Array[n, m, ...]	Array[n, m, ...]	Array[n, m, ...]	a[j, k, ...] = b[j, k, ...]

2.5.5.2 加减

数值标量、向量、矩阵和数组的加"a + b"与减"a - b"是基于元素定义的，并要求 size(a) = size(b)，a 和 b 均为数值类型。

字符串标量、向量、矩阵和数组的加"a + b"定义为从 a 到 b 的对应元素逐个字符串连接，并要求 size(a) = size(b)。字符串类型的减法未定义。数组加减运算规则如表 2-9 所示。

表 2-9 数组加减运算规则

a 的类型	b 的类型	a+/-b 的结果	操作 c:=a+/-b (j=1:n, k=1:m)
Scalar	Scalar	Scalar	c := a +/- b
Vector[n]	Vector[n]	Vector[n]	c[j] := a[j] +/- b[j]
Matrix[n, m]	Matrix[n, m]	Matrix[n, m]	c[j, k] := a[j, k] +/- b[j, k]
Array[n, m, ...]	Array[n, m, ...]	Array[n, m, ...]	c [j, k, ...] := a[j, k, ...] +/- b[j, k, ...]

例如：

```
{1, 2, 3} + 4 // 非法
{1, 2, 3} + {4, 5, 6} // {5, 7, 9}
[1, 2; 3, 4] + [5, 6; 7, 8] // {{6, 8}, {10, 12}}
```

2.5.5.3 乘法

数值标量 s 与数值标量、向量、矩阵或数组 a 的标量乘法"s * a"或"a * s"是基于元素定义的。数值标量与数组之间的乘法运算规则如表 2-10 所示。

表 2-10　数值标量与数组之间的乘法运算规则

s 的类型	a 的类型	s*a 和 a*s 的类型	操作 c:=s*a 或 c:=a*s (j=1:n, k=1:m)
Scalar	Scalar	Scalar	c := s * a
Scalar	Vector [n]	Vector [n]	c[j] := s* a[j]
Scalar	Matrix [n, m]	Matrix [n, m]	c[j, k] := s* a[j, k]
Scalar	Array[n, m, ...]	Array [n, m, ...]	c[j, k, ...] := s*a[j, k, ...]

例如：

```
{1, 2, 3} * 3          // [3] × [0] = [3] → {3, 6, 9}
[1, 2; 3, 4] * 2       // [2, 2] × [0] = [2, 2] → {{2, 4}, {6, 8}}
```

数值向量和矩阵的乘法"a * b"只针对表 2-11 所示的组合定义。

表 2-11 数值向量和矩阵的乘法运算规则

a 的类型	b 的类型	a*b 的类型	操作 c:=a*b
Vector [n]	Vector [n]	Scalar	c := sumk(a[k]*b[k]), k=1:n
Vector [n]	Matrix [n, m]	Vector [m]	c[j] := sumk(a[k]*b[k, j]) j=1:m, k=1:n
Matrix [n, m]	Vector [m]	Vector [n]	c[j] := sumk(a[j, k]*b[k])
Matrix [n, m]	Matrix [m, p]	Matrix [n, p]	c[i, j] = sumk(a[i, k]*b[k, j]) i=1:n, k=1:m, j=1:p

例如：

```
[1, 2; 3, 4; 5, 6] * {1, 2} // [3, 2] × [2] = [3] → {5, 11, 17}
{1, 2} * [1, 2, 3; 4, 5, 6] // [2] × [2, 3] = [3] → {9, 12, 15}
{1, 2} * [1, 2; 3, 4; 5, 6] // [2] × [3, 2] 非法
[1, 2; 3, 4] * [3, 2; 1, 3]
// [2, 2] × [2, 2] = [2, 2] → {{5, 8}, {13, 18}}
[1, 2; 3, 4; 5, 6] * [1, 2; 3, 4; 5, 6] // [3, 2] × [3, 2] 非法
[1, 2; 3, 4; 5, 6] * [1, 2, 3; 4, 5, 6]
// [3, 2] × [2, 3] = [3, 3] → {{9, 12, 15}, {19, 26, 33}, {29, 40, 51}}
```

2.5.5.4　除法

数值标量、向量、矩阵或数组 a 与数值标量 s 的除法"a/s"是基于元素定义的。结果总是 Real 类型。如果要得到带有截断的整数除法，可使用函数 div()。数组与数值标量的除法运算规则如表 2-12 所示。

表 2-12　数组与数值标量的除法运算规则

a 的类型	b 的类型	a/s 的结果	操作 c:=a/s(j=1:n, k=1:m)
Scalar	Scalar	Scalar	c := a / s
Vector[n]	Scalar	Vector[n]	c[k] := a[k] / s
Matrix[n, m]	Scalar	Matrix[n, m]	c[j, k] := a[j, k] / s
Array[n, m, ...]	Scalar	Array[n, m, ...]	c[j, k, ...] := a[j, k, ...] / s

例如：

```
{3, 6, 9} / 3            // → {1, 2, 3}
3 / {3, 6, 9}            // 非法
{1, 2, 3} / {3, 6, 9}    // 非法
```

2.5.5.5　求幂

如果"a"和"b"都是数值类型的标量，求幂"a^b"定义为 C 语言中的函数 pow()。

如果"a"是一个数值方阵，"s"是 Integer 子类型的标量，并且 s>=0，求幂"a^s"是有效的。求幂可通过反复相乘进行。

例如：

```
a^3 = a*a*a;
a^0 = identity(size(a,1));
assert(size(a,1)==size(a,2), "矩阵必须是方阵");
a^1 = a。
```

提示：非整型的指数是非法的，因为这需要计算"a"的特征值和特征向量，不再是一种元素操作。

2.5.5.6　布尔运算

操作符"and"和"or"包括两个 Boolean 类型表达式，可以是标量或维数匹配的数组。操作符"not"包括一个 Boolean 类型的表达式，可以是标量或数组。结果为按位逻辑操作。类似于常规编程语言，"and"和"or"遵循短路计算的原则，即，如果一个表达式的值不影响计算结果，该表达式将不被计算。

例如：

```
  Boolean v[n];
  Boolean b;
  Integer I;
equation
  b = (I>=1 and I<=n) and v[I];
 // v[I]保证不会越界，因为前面的and表达式为false时，v[I]不被计算
```

2.5.5.7　关系运算

关系操作符 <、<=、>、>=、==、<> 仅用于标量，数组之间不允许进行关系运算。

2.6 函数

函数用来实现特定的计算任务，是 Modelica 实现过程式建模的重要工具，这一节介绍 Modelica 函数的定义和使用。

2.6.1 函数定义

函数是以“function”关键字定义的受限类，遵循 Modelica 类定义的语法形式。函数体是以“algorithm”开始的算法区域，或者是外部函数声明，作为函数调用时的执行系列。函数的输入形参以变量声明的形式定义，并有“input”前缀，输出形参也以变量声明的形式定义，但前缀是“output”。函数定义的典型格式如下：

```
function functionname
  input TypeI1 in1;
  input TypeI2 in2;
  input TypeI3 in3 := default_expr1 "Comment" annotation(...);
  ...
  output TypeO1 out1;
  output TypeO2 out2 := default_expr2;
  ...
protected
  <local variables>
  ...
algorithm
  ...
  <statements>
  ...
end functionname;
```

函数中使用的临时变量(局部变量)在“protected”区域中定义，并且不带“input”和“output”前缀。函数的形参可以使用声明赋值的形式定义缺省参数，如上例中的“in3”和“out2”。

输入形参之间的相对顺序与调用函数时按位置传参的顺序是一致的，同样，输出形参之间的相对顺序与调用函数时返回值的顺序也是相同的。输入形参与输出形参之间的相对顺序没有要求。下例是合法的，但不推荐这样定义。

```
function <functionname>
  output TypeO1 out1;    // 输入形参和输出形参相间定义
  input TypeI1 in1;      // 不推荐，这样不易于阅读
  input TypeI2 in2;
  ...
  output TypeO2 out2;
  input TypeI3 in3;
  ...
end <functionname>;
```

函数作为一种受限类除了遵循 Modelica 类定义的通用语法外，还有一些限制和增强的特性，具体如下。

(1) public 区域的变量声明是函数的形参，必须有“input”或“output”前缀，protected 区域的变量声明是函数的临时变量，不能有“input”和“output”前缀。

(2) 输入形参是只读的，也就是说在函数体中不能给输入形参赋值。

(3) 函数不能用于连接，不能有“方程 equation”和“初始算法 initial algorithm”，至多有一个“算法 algorithm”区域或外部函数接口。

(4) 函数中输出形参数组和临时数组变量的长度必须能由输入形参或函数中的参数、常量确定。

(5) 函数中不能调用 der、initial、terminal、sample、pre、edge、change、delay、cardinality、reinit 等内置操作符和函数，也不能使用 when 语句。

(6) 函数中使用“return”语句退出函数调用，返回值取输出形参的当前值。

(7) 函数是数学意义上的纯函数，也就是说相同的输入总是具有相同的输出，并且调用顺序与调用次数不改变所在模型的仿真状态。

函数和普通类一样支持继承，通过继承定义的函数同样要遵循函数的限制。通过继承的方式，可以在基类中实现通用的输入/输出形参结构，在派生类中实现不同的算法。例如：

```
partial function trigonometric_fcn
  input Real x;
  output Real y;
end trigonometric_fcn;
function sin_fcn
  extends trigonometric_fcn;
algorithm
  y := sin(x);
end sin_fcn;
function cos_fcn
  extends trigonometric_fcn;
algorithm
  y := cos(x);
end cos_fcn;
```

2.6.2 函数调用

按输入参数的传递方式划分，函数调用有三种形式：①按位置传参；②按形参名字传参；③按位置和形参名字混合传参。

函数 IsVectorEqual 用于判断两个向量是否相等，有三个输入形参，分别是向量 v1、向量 v2、判等精度 eps，代码如下：

```
function IsVectorEqual
  input Real v1[:];
  input Real v2[:];
  input Real eps(min = 0) = 0;
  output Boolean result;
protected
  Integer i = 1;
algorithm
  result := false;
  if size(v1, 1) <> size(v2, 1) then
    return;
  end if;
  result := true;
  while i <= size(v1, 1) loop
```

```
      if abs(v1[i] - v2[i]) > eps then
     result := false;
     return;
      end if;
      i := i + 1;
    end while;
  end IsVectorEqual;
```

按位置传参时，实参与形参的声明顺序一一对应。例如，下面的函数调用是按位置传参。

```
b = IsVectorEqual({1.0,2.0,3.0}, {1.0,2.0,3.2}, 1e-6);
```

实参{1.0,2.0,3.0}、{1.0,2.0,3.2}、1e-6 分别对应形参 v1、v2、eps。

按形参名字传参时，实参与指定名字的形参对应。例如，下面的按形参名字传参的函数调用

```
b = IsVectorEqual(eps=1e-6, v1={1.0,2.0,3.0},v2={1.0,2.0,3.2});
```

实参{1.0,2.0,3.0}、{1.0,2.0,3.2}、1e-6 分别对应形参 v1、v2、eps。按形参名字传参时不用考虑形参的位置。

按位置传参和按形参名字传参可以混合使用，但按形参名字传参的实参必须放在按位置传参的实参之后，例如：

```
b = IsVectorEqual({1.0,2.0,3.0}, eps=1e-6, v2={1.0,2.0,3.2});
```

并不是所有的形参都要有对应的实参，如果形参有缺省值就可以不传递实参而使用缺省值。例如，下面的函数调用中，实参 eps 取缺省值 0。

```
b = IsVectorEqual({1.0,2.0,3.0}, v2={1.0,2.0,3.2});
```

上面的例子中，函数只有一个输出形参，但很多情况下，函数需要返回多个结果，这时就可以定义有多个输出形参的函数。例如，下面的函数 VectorNorm 有三个输出形参 x、y、z。

```
function VectorNorm
  input Real v1[3];
  output Real x;
  output Real y;
  output Real z;
protected
  Real len;
algorithm
  len := 0;
  for i in 1:3 loop
    len := len + v1[i]^2;
  end for;
  len := sqrt(len);
  x := v1[1] / len;
  y := v1[2] / len;
  z := v1[3] / len;
end VectorNorm;
```

多个输出形参的函数调用只能位于等式的右端或赋值符号的右端，并且严格按照下面的形式使用：

```
(out1, out2, out3, …) = f(...);
(out1, out2, out3, …) := f(...);
```

其中，out1、out2、out3 等均是变量，不能是表达式或常量。结果变量与函数输出形参按位置一一对应。结果变量可以省略，相应的输出形参值被丢弃。

函数 VectorNorm 根据所期望获取的结果值可以使用不同的调用方式：

```
(x1, y1, z1) = VectorNorm({1,2,3});
(x1, ,z1) = VectorNorm({1,2,3}); // y 的值被丢弃
(x1, y1) = VectorNorm({1,2,3}); // z 的值被丢弃
x1 = VectorNorm({1,2,3}); // y、z 的值被丢弃
```

下面的使用方式是错误的：

```
(x1+2, 3, z1) = VectorNorm({1,2,3}); // 错误，左边列表中应该是变量
```

2.6.3 内置函数

Modelica 除了支持用户自定义函数来调用外，还提供了丰富的内置函数，无需定义就可以直接调用。内置函数有四类：

(1) 数学函数和转换函数；

(2) 求导和特殊用途函数；

(3) 事件相关的函数；

(4) 数组函数。

这里只对一些常用的函数进行简要介绍，相关函数的详细说明可参见 Modelica 语言规范：《Modelica Language Specification》。

数学函数和转换函数如表 2-13 所示。

表 2-13 数学函数和转换函数

函数	说明
abs(x)	结果是 x 的绝对值
sign(x)	若 x>0，则结果为 1；若 x<0，则结果为−1；否则结果为 0
sqrt(x)	若 x≥0，则结果为 x 的平方根；否则出错
div(x, y)	结果是 x/y 的商且丢弃小数部分
mod(x, y)	结果是 x/y 整除的模，即 mod(x,y)=x−floor(x/y)*y
rem(x, y)	结果是 x/y 整除的余数，即 div(x,y)*y + rem(x, y) =x
ceil(x)	结果是不小于 x 的最小整数
floor(x)	结果是不大于 x 的最大整数
sin(x)	正弦函数
cos(x)	余弦函数

续表

函数	说明
tan(x)	正切函数
asin(x)	反正弦函数
acos(x)	反余弦函数
atan(x)	反正切函数
exp(x)	e^x
log(x)	自然对数(e 为底)，x>0
log10(x)	10 为底的对数，x>0
integer(x)	结果是不大于 x 的最大整数
string(x)	结果是 x 的字符串表示

数学函数 div、mod、rem、ceil、floor、integer 在模型的方程和算法中使用会触发事件(除非在 when 结构中使用，或使用了 noEvent)，在 Modelica 2.2 版及以下版本中，使用 abs、sign 也会触发事件。

求导和特殊用途函数如表 2-14 所示。

表 2-14　求导和特殊用途函数

函数	说明
der(expr)	结果是表达式 expr 对时间(time)求导
delay(expr, delayTime, delayMax) delay(expr, delayTime)	若 time>time.start +delayTime，则结果为 expr(time–delayTime) 若 time <= time.start +delayTime，则结果为 expr(time.start)
semiLinear(x, positiveSlope, negativeSlope)	若 x>=0，则结果为 positiveSlope*x；否则结果为 negativeSlope*x

函数 der 的参数要求是 Real 型连续表达式，delay 的参数 delayTime 和 delayMax 要求是参数或常量。

事件相关函数如表 2-15 所示。

表 2-15　事件相关函数

函数	说明
initial()	在初始化阶段结果为 true，否则为 false
noEvent(expr)	取表达式的字面值，表达式不触发事件
sample(start, interval)	在时刻 start+i*interval (i=0,1,...)结果为 true 并触发时间事件，否则结果为 false

续表

函数	说明
pre(y)	结果是变量 y(t)在 t 时刻的左极限 y(tpre)
edge(b)	等价于“(b and not pre(b))”，b 为 Boolean 类型
change(v)	等价于“(v<>pre(v))”
reinit(x, expr)	仅在 when 结构中使用，在事件时刻用 expr 初始化状态变量 x

函数 sample 的参数要求是参数或常量。函数 pre、edge、change 的参数要求是离散变量。

数组函数如表 2-16 所示。

表 2-16　数组函数

函数	说明
ndims(A)	结果是数组表达式 A 的维度 k，k≥0
size(A,i)	结果是数组表达式 A 第 i 维的长度，0<i≤ndims(A)
size(A)	结果是长度为 ndims(A)的向量，向量记录数组表达式 A 的各维的长度
identity(n)	结果是 n×n 的整型单位方阵
diagonal(v)	结果是以向量 v 为对角元素，其他元素为 0 的矩阵
zeros(n1, n2, n3, ...)	结果是 n1×n2×n3×...的整型数组，所有元素为 0
ones(n1, n2, n3, ...)	结果是 n1×n2×n3×...的整型数组，所有元素为 1
fill(s, n1, n2, n3, ...)	结果是 n1×n2×n3×...的数组，所有元素等于 s
min(A)	结果是数组所有元素中的最小值
max(A)	结果是数组所有元素中的最大值
sum(A)	结果是数组所有元素的和
product(A)	结果是数组所有元素的积

2.6.4　记录构造函数

记录构造函数(record constructor function)针对受限类记录(record)，是创建并返回记录的函数。记录构造函数并不需要用户显式定义，只需定义一个记录类型就隐式定义了一个与记录同名并且作用域相同的记录构造函数；记录中所有可以修改的成员作为记录构造函数的输入形参，不能修改(如有 constant 和 final 前缀)的参数作为 protected 区域中的临时变量；输出形参是与记录相同类型的变量，所有输入形参的值用来设置输出形参的值。

记录 Complex 是表示复数的数据结构：

```
record Complex
  Real re "real part";
  Real im "imaginary part";
end Complex;
```

同时，下面的记录构造函数被隐式定义：

```
function Complex "record constructor"
  input Real re;
  input Real im;
  output Complex _out(re=re, im=im);
end Complex;
```

其中，输出形参_out 通过输入形参 re 和 im 以变型的方式设置其值，不能与 Complex 中的所有元素重名。

记录构造函数与用户定义的函数调用方式相同。例如：

```
Complex c1 = Complex(10,20);
Complex c2 = Complex(im=20, re=10);
```

当然，上面的记录构造函数调用完全可以用变型的方式实现，这样做是为了说明记录构造函数的使用。

2.6.5 函数向量化调用

在某些情况下，希望标量形参的函数使用数组作为实参来调用，结果是数组逐个元素分别作为实参来调用函数，例如：

```
cos({1,3,5}); // 结果为 {cos(1),cos(3),cos(5)}
sin([a,b; c,d]); // 结果为 [sin(a),sin(b); sin(c),sin(d)]
```

这其实就是 Modelica 的函数向量化调用。返回标量值的函数可以应用向量化调用方式实现以数组作为实参调用函数，Modelica 自动以数组逐个元素作为参数来调用函数，返回结果数组。

输入形参是数组时，也可以使用向量化调用，例如：

```
function vec_sum
  input Real A[:];
  output Real res;
algorithm
  res := 0;
  for i in 1:size(A,1) loop
    res := res + A[i];
  end for;
end vec_sum;
Real a[4,3] = [1,2,3; 5,7,9; 3,6,9; 2,4,8];
Real  w[4]  =  vec_sum(a);  //  [vec_sum([1,2,3]);  vec_sum([5,7,9]);
vec_sum([3,6,9]); vec_sum([2,4,8])]
```

如果有多个实参是数组(相对于形参)，那么这些数组的长度必须相同。允许实参是数组和标量混合的情况，标量在数组逐个元素调用函数时保持不变。

```
Real x[4];
div(x[1:3], x[2:4]); // { div(x[1], x[2]), div(x[2], x[3]), div(x[3], x[4]) }
rem(x[1:4], x[2:3]); // 错误，数组的长度不相同
mod(x, 6); // { mod(x[1], 6), mod(x[2], 6), mod(x[3], 6), mod(x[4], 6) }
```

2.6.6 导函数

当 der 作用于函数时，就要对函数求导，内置函数(如 sin(x))能够推导出导函数，但是自定义的函数不能推导出导函数，例如：

```
model der_func_test
  function sin_cos
    input Real x;
    output Real y;
  algorithm
    y := 0;
    y := sin(x) * cos(x);
  end sin_cos;
  Real x = sin(time) * cos(time);
  Real y = der(x);
  Real x2 = sin_cos(time);
  Real y2 = der(x2);
end der_func_test;
```

其中，内置函数 sin 和 cos 的导函数能自动推导出来，y 就可以计算出来，但 y2 无法进行计算，因为自定义函数 sin_cos 的导函数不能自动推导出来。自定义函数的导函数要求在函数定义时显式声明。

自定义函数的导函数通过导数(derivative)注解在函数中显式声明。

```
function sin_cos
  input Real x;
  output Real y;
  annotation (derivative = sin_cos_d);
algorithm
  y := sin(x) * cos(x);
end sin_cos;
```

注解中的“derivative = sin_cos_d”声明函数 sin_cos 的导函数是 sin_cos_d。导数注解通过属性 order、noDerivative 和 zeroDerivative 限定起作用的导函数，只有声明的所有属性条件都成立时，相应的导函数才是有效的。其中，order 表示求导的阶数，缺省情况取 1，annotation (derivative = sin_cos_d)等价于 annotation (derivative(order=1) = sin_cos_d)。关于 noDerivative 和 zeroDerivative 的详细说明参见 Modelica 语言规范。

导函数的输入形参根据原函数构造，首先是原函数的所有输入形参，然后是原函数所有实型(Real)输入形参的导数(noDerivative 和 zeroDerivative 声明忽略的形参除外)。导函数的输出形参是原函数所有实型输出形参的导数。例如，sin_cos 的导函数定义是：

```
function sin_cos_d
  input Real x;
  input Real der_x; // x 的导数
  output Real der_y; // y 的导数
```

```
algorithm
  der_y := der_x*cos(x) ^ 2 - der_x*sin(x) ^ 2;
end sin_cos_d;
```

使用修改后的 sin_cos 函数替换 der_func_test 中的函数定义，并加入 sin_cos_d 函数的定义，模型 der_func_test 就可以正常求解。

2.6.7 外部函数

模型中除了可以调用 Modelica 语言编写的函数外，还可以调用其他语言(目前支持 C 和 FORTRAN 77)编写的函数，这些用其他语言编写的函数称为外部函数。Modelica 中调用外部函数通过 Modelica 函数进行，这种 Modelica 函数没有算法(algorithm)区域，取而代之的是外部函数接口声明语句“external”，用以表示调用的是外部函数。

```
package myfuncs
  function sin
    input Real x;
    output Real y;
  external;
  end sin;
end myfuncs;
```

函数 myfuncs.sin 用于调用 C 语言函数 sin，调用形式为“y=sin(x)”。在 external 中可选择性地指定外部函数的语言、外部函数调用声明等。

```
function dgetrf
  "Compute LU factorization of square or rectangular matrix A (A = P*L*U)"
  input Real A[:,:] "Square or rectangular matrix";
  output Real LU[size(A, 1),size(A, 2)] = A;
  output Integer pivots[min(size(A, 1), size(A, 2))] "Pivot vector";
  output Integer info "Information";
 /*
  SUBROUTINE DGETRF( M, N, A, LDA, IPIV, INFO )
  参数：
  M      (输入) INTEGER
  N      (输入) INTEGER
  A      (输入/输出) DOUBLE PRECISION 数组, 维度 (LDA,N)
  LDA    (输入) INTEGER
  IPIV   (输出) INTEGER 数组, 维度 (min(M,N))
  INFO   (输出) INTEGER
  */
external
 "FORTRAN 77" dgetrf(size(A, 1), size(A, 2), LU, size(A, 1), pivots,
  info) annotation (arrayLayout = "columMajor",Library = "Lapack");
end dgetrf;
```

“FORTRAN 77”是外部函数语言声明，没有语言声明时取默认值“C”。“FORTRAN 77”后跟外部函数调用声明，说明 Modelica 调用实参如何传递给外部函数。注解用来指定数组布局(arrayLayout)是按行主存储(rowMajor)还是按列主存储(columMajor)、外部函数所需的头文件(Include)、外部函数所需的库文件(Library)、外部函数所需头文件所在的位置(IncludeDirectory)、外部函数所需库文件所在的位置(LibraryDirectory)。

其中 IncludeDirectory 和 LibraryDirectory 不是必须的，如下例所示。

```
package myfuncs
  function exp "Exponential, base e"
    input Real u;
    output Real y;
  external "C" y = exp(u) annotation(Include="#include \"math.h\"");
  end exp;
end myfuncs;
```

如果没有 IncludeDirectory 注解，外部函数所需头文件默认位置是包含外部函数的包(package)文件(“.mo”)所在文件夹中的“Resources/Include”子文件夹。同样，若没有 LibraryDirectory 注解，外部函数所需库文件默认位置是包含外部函数的包(package)文件(“.mo”)所在文件夹中的“Resources/Library”子文件夹，不同平台的目标文件还可以存放在相应的平台文件夹中。支持以下标准平台：

(1) win32(32 位 Microsoft Windows)；

(2) win64(64 位 Microsoft Windows)；

(3) linux32(Intel 32 位 Linux)；

(4) linux64(Intel 64 位 Linux)。

下例中外部函数有 Include、Library 注解，但没有 IncludeDirectory、LibraryDirectory 注解，头文件和库文件存放在默认的位置。

```
package ExternalFunctions
  function ExternalFunc1
    input Real x;
    output Real y;
  external "C"
    y=ExternalFunc1_ext(x) annotation(Library="ExternalLib11",
           Include="#include \"ExternalFunc1.h\"");
  end ExternalFunc1;

  function ExternalFunc2
    input Real x;
    output Real y;
  external "C" annotation(Include="#include \"ExternalFunc3.c\"");
  end ExternalFunc2;

  function ExternalFunc3
    input Real x;
    output Real y;
  external
    y=ExternalFunc3_ext(x) annotation(Library="ExternalLib11",
             Include="#include \"ExternalFunc1.h\"");
  end ExternalFunc3;
end ExternalFunctions;
```

ExternalFunctions 包和其他相关文件存放的文件夹结构如下(加粗的是文件夹，缩进表示文件夹中的文件或子文件夹)：

```
ExternalFunctions
  package.mo // 包含上面的Modelica 代码
```

```
Resources
 Include // 包含头文件
ExternalFunc1.h // C-header file
ExternalFunc2.h // C-header file
ExternalFunc3.c // C-source file
 Library // 包含不同平台的目标库文件
win32
  ExternalLib1.lib // VisualStudio 静态链接库
  ExternalLib2.lib // DLL 的静态链接库
  ExternalLib2.dll // DLL
linux32
  libExternalLib1.a // 静态链接库
  libExternalLib2.so // 共享库
```

没有外部函数调用声明时，调用外部函数就按缺省的方式进行：

(1) 如果只有一个输出形参，则输出形参作为返回值，输入形参依次传递给外部函数(如 myfuncs .sin)；否则，输入/输出形参依次传递给外部函数。

(2) 对于返回值和标量参数，Modelica 参数与外部函数参数一一对应，参数映射关系分别如表 2-17、表 2-18 所示。类型中的“T”表示 Modelica 标量类型。

表 2-17　返回值映射

Modelica	C	FORTRAN 77
Real	double	DOUBLE PRECISION
Integer	int	INTEGER
Boolean	int	LOGICAL
String	const char*	不允许
T[dim1, …, dimn]	不允许	不允许
枚举类型	int	INTEGER

表 2-18　标量参数映射

Modelica	C 输入	C 输出	FORTRAN 77
Real	double	double *	DOUBLE PRECISION
Integer	int	int *	INTEGER
Boolean	int	int *	LOGICAL
String	const char *	const char **	不支持
枚举类型	int	int *	INTEGER

(3) 对于数组参数，Modelica 数组除了传递数组外，还要在其后依次传递数组各维的长度，数组参数映射如表 2-19、表 2-20 所示。

(4) 类型中的“T”表示 Modelica 标量类型，“T’”表示对应语言的输入标量类型(见表 2-19、表 2-20)。

表 2-19　C 数组参数映射

Modelica	C
T[dim1]	T' *, size_t dim1
T[dim1,dim2]	T'*, size_t dim1, size_t dim2
T[dim1, …, dimn]	T'*, size_t dim1, …, size_t dimn

表 2-20　FORTRAN 77 数组参数映射

Modelica	FORTRAN 77
T[dim1]	T', INTEGER dim1
T[dim1,dim2]	T', INTEGER dim1, INTEGER dim2
T[dim1, …, dimn]	T', INTEGER dim1, …, INTEGER dimn

注意，Modelica 和 C 语言的数组布局默认是行主存储，FORTRAN 默认是列主存储。函数调用声明中的参数只允许是变量、标量常量、返回标量的 size 函数。

需要特别注意的是，Modelica 不允许在函数中改变输入形参的值。如果外部函数的形参是输入/输出类型(如 FORTRAN 77 函数 dgetrf 的形参 A)，则不能直接将输入形参传递给外部函数，而应该传递输出形参，并在传递参数之前使输出形参等于输入形参(如函数 dgetrf 的输出形参 LU)。

2.6.8　外部对象

在某些情况下，多个外部函数协作完成某一任务，这些外部函数之间需要传递一些内部内存的信息。在 Modelica 中，ExternalObject 的实例就可以表示这种内部内存。Modelica 提供外部对象(external objects)构造、使用和销毁机制。

外部对象类(external object class)直接从 ExternalObject 派生，并且仅有两个函数 constructor 和 destructor，它们分别用于构造、销毁外部对象。constructor 只有一个输出，返回构造的外部对象。destructor 没有输出，并且只有一个外部对象作为输入参数，用于销毁该外部对象。这两个函数在 Modelic 中不能直接调用，constructor 在外部对象初始化时自动调用，而 destructor 在外部对象最后一次使用之后自动调用。外部对象映射为 C 语言外部函数的“void*”。

```
model ExternalObject_Sample
  class MyTable // 外部对象类
    extends ExternalObject;

    function constructor
      input String fileName = "";
      input String tableName = "";
      output MyTable table;
      external "C"  table = initMyTable(fileName, tableName);
    end constructor;

    function destructor
      input MyTable table;
      external "C" closeMyTable(table);
    end destructor;
  end MyTable;
```

```
  function sumOfTable
    input MyTable table; // 外部对象
    input Real u;
    output Real y;
    external "C" y= sumOfMyTable(table, u);
  end sumOfTable;

  MyTable table=MyTable(fileName= "testTables.txt",
        tableName="table1"); // 初始化，调用 initMyTable
  Real y;

equation
  y = sumOfTable(table, time);
end ExternalObject_Sample;
```

Modelica 中调用的外部 C 函数有如下定义：

```
typedef struct { /* User-defined datastructure of the table */
  double* array; /* nrow*ncolumn vector */
  int nrow; /* number of rows */
  int ncol; /* number of columns */
  int type; /* interpolation type */
  int lastIndex; /* last row index for search */
} MyTable;

void* initMyTable(char* fileName, char* tableName) {
  MyTable* table = malloc(sizeof(MyTable));
  if ( table == NULL ) ModelicaError("Not enough memory");
  // read table from file and store all data in *table
  return (void*) table;
};

void closeMyTable(void* object) { /* Release table storage */
  MyTable* table = (MyTable*) object;
  if ( object == NULL ) return;
  free(table->array);
  free(table);
}
double sumOfMyTable(void* object, double u) {
  MyTable* table = (MyTable*) object;
  double y;
  // calculate sum of "table" data (compute y)
  return y;
};
```

上例 Modelica 代码中，外部对象 table 初始化时自动调用 constructor 函数，constructor 函数调用外部函数 initMyTable 分配内部内存，sumOfTable 函数使用外部对象作为参数调用外部函数 sumOfMyTable，将内部内存传递给 sumOfMyTable 使用。最后，仿真停止时自动调用 destructor 函数，destructor 函数调用外部函数 closeMyTable 释放内部内存。

2.7 模型初始条件

Modelica 在描述动态模型时，本质上就是在描述模型状态是如何随时间变化的。状态是对模型动态行为的一种记录，如机械系统的位置和速度。当启动一次仿真时，状态需要被初始化。从数学角度而言，对于常微分方程和微分代数方程需要设定初始值，即初始条件。

2.7.1 设置初始条件

模型初始化发生在模型仿真的起始时刻，其目的是为模型中出现的所有变量设定相容的初始值。模型的相容初始值通过求解初值系统获得。初值系统的变量由两部分组成，除了模型变量外，导数 der(…)和 pre(…)中的变量也被当作未知代数变量。初值系统的方程除了模型仿真期间的所有方程与算法之外，还包括用户建模时给定的初始方程。

(1) 在定义变量时直接为其设定初始值。例如：

```
model Sample1
  parameter Real x0=1.2;
  Real x(start=x0,fixed=true);
equation
  der(x)=2*x-1;
end Sample1;
```

其中，属性 start 用于为变量设定初始值，属性 fixed 用于设定初始值的性质。当属性 fixed 置为 true 时，表示该初始值是既定初始值，并且必须要得到满足，即变量的初始值必须等于由 start 指定的值。当属性 fixed 置为 false 或者缺省时，表示该初始值是备选初始值，可以不满足。

备选初始值有两个方面的作用：其一，在求解初值时，若初值系统缺少约束条件，取备选初始值进行补充；其二，在求解非连续系统时，将该值当作变量的迭代起始值。

(2) 定义初始方程或初始算法。例如：

```
model Sample2
  Real x;
initial equation
  der(x)=0;
equation
  der(x)=2*x-1;
end Sample2;
```

在模型的 initial equation 部分定义的方程属于初始方程。初始方程是一种初始约束条件，表达初始时刻变量和变量导数之间的数值约束关系，常用于为变量导数设定初始值。此外，还可以通过定义初始算法(initial algorithm)来给定初始约束条件。

综上所述，Modelica 模型的初始条件分为两类：一类是既定初始条件，包括既定初始值、初始方程与初始算法；另一类是备选初始条件，也就是备选初始值。

2.7.2 确定初始条件个数

对于以状态空间形式表示的常微分方程(ODE)系统，dx/dt = f(x, t)，其初值系统有 2*dim(x) 个未知量 x(t0)和 dx/dt (t0)，但模型方程只有 dim(x)个，因此还需要 dim(x)个初始条件。

对于微分代数方程(DAE)，其初始条件个数的确定要比 ODE 的复杂。

例如，对于方程 0 = g(dx/dt, x, y, t)，其中 x(t)是状态变量，y(t)是代数变量。方程共有 dim(g)=dim(x)+dim(y)个原始方程。其初值系统有 2*dim(x)+dim(y)个变量，因而也必须有

2*dim(x)+dim(y)个方程。这意味着用户可以指定 dim(x)个初始条件，但由于 DAE 系统可能是高指标的，其中可能包含隐含初始条件，因此用户给定的初始条件通常必须少于 dim(x)个。

如果一个模型规模较大，而且是高指标的，那么让用户确定需要给定多少个初始条件是件很困难的事情。为此，如果用户指定的初始条件太多，软件将输出错误信息，根据提示信息，用户可以移除某些初始条件。

避免初始条件过多的一个有效方法是，将具有 start 属性的变量的 fixed 属性设置为 false，这时软件会根据需要自动选择备选初始条件并实现相容初始值求解；如果缺少初始条件，则软件自动选择状态变量的 start 值补充初始条件。

2.8 模型重用

“重用”是面向对象语言的最大特点之一。Modelica 作为面向对象建模语言，提供继承(extends)、变型(modification)和重声明(redeclaration)等机制，能够方便地支持模型重用。继承是对已有类型的重用，结合变型与重声明，实现对基类的定制与扩展。本节介绍如何利用这些机制来建立可重用的模型。

2.8.1 抽象与继承

2.8.1.1 从示例讲起

定义抽象类型并继承使用，是实现模型重用的一种重要手段。例如，许多电子元件都具有一个共性，即都具有两个端口。根据这一共性，我们可以定义一个抽象的元器件类型 OnePort，它具有两个端口 p 与 n，还具有一个物理量 v 用于表示这个组件两端的电势差。该元器件定义如下。

```
partial model OnePort
  Voltage v;
  Current i;
  PositivePin p;
  NegativePin n;
equation
  v = p.v - n.v;
  0 = p.i + n.i;
  i = p.i;
end OnePort;
```

注意到 OnePort 类具有 partial 属性，这表示类型是“抽象”的。作为抽象类，它仅描述了某类元器件的共性部分。抽象类不能直接定义一个组件，而是通过继承被使用的。假设我们需要一个电阻类，就可以通过继承 OnePort 来实现：

```
model Resistor
  extends OnePort;
  parameter Resistance R(start=1);
equation
  R*i = v;
end Resistor;
```

在实例化 Resistor 时，extends 语句使得 OnePort 模型中所有数据及算法均被自动拷贝到派生类 Resistor 中，就如同在 Resistor 中声明了这些数据一样。如果我们还需要一个电容类型，同样只需继承 OnePort 并补充电容的特性方程：

```
model Capacitor
  extends OnePort;
  parameter Capacitance C(start=1);
equation
  i = C*der(v);
end Capacitor;
```

如果不使用继承，那么 Resistor 与 Capacitor 这两个模型就需要如下定义：

```
model Resistor
  Voltage v;
  Current i;
  PositivePin p;
  NegativePin n;
  parameter Resistance R(start=1);
equation
  v = p.v - n.v;
  0 = p.i + n.i;
  i = p.i;
  R*i = v;
end Resistor;
model Capacitor
  Voltage v;
  Current i;
  PositivePin p;
  NegativePin n;
  parameter Capacitance C(start=1);
equation
  v = p.v - n.v;
  0 = p.i + n.i;
  i = p.i;
  i = C*der(v);
end Capacitor;
```

可以看出，采用继承机制建立的模型更加简洁。通过对基类数据及算法的重用，避免了不必要的代码重复。如果要修改共有的特性，只需修改基类 OnePort 即可。Modelica 标准库就大量使用了继承机制。如果需要对一系列物理组件进行建模，而这些组件之间又具备诸多共同特性时，就可以应用抽象与继承建立可重用的模型。

2.8.1.2 继承方式

1. 一般继承的语法形式

一般继承的语法如下：

```
extends base_class_name [ class_modification ];
```

其中，方括号内的部分表示可选。可以在继承一个类的同时对基类进行变型，从而重新定义基类中的已有数据(参数变型参见 2.8.2 节)。

派生类中的变量不允许与基类中的变量出现重名，除非它们的定义完全恒等，这时两个同名变量被当作一个变量。Modelica 允许多继承，即一个派生类同时具有多个基类。多继承时各个基类中的变量名同样不可以重名，除非它们恒等。

例如：

```
class A
  Real x = 1;
  Integer y;
  Boolean z = false;
end A;
class C
  extends A;
  Real x = 2;          // 错误，与基类 A 中 x 的定义不一致
  Real y;              // 错误，与基类 A 中 y 的定义不一致
  Boolean z = false; // 正确，与基类 A 中 z 的定义一致，保留一份拷贝
end C;
```

2. 另一种继承——简短类

简短类的语法如下：

```
class_keyword class_name = base_class_name
    [ array_dimension_descriptor ] [ class_modification ];
```

其中，class_keyword 可以是关键字“class”，也可以是受限类中的任意一种，如“connector”、“block”等。以下两种类型的定义是等价的：

```
//简短类继承形式
type Current = Real(unit = "A");

//一般继承形式
class Current
  extends Real(unit = "A");
 // no more elements definition
end Current;
```

二者唯一的区别是简短类无需引入新的名字空间即可继承一个类型。

2.8.2 参数变型

如上节所示，继承是 Modelica 支持模型重用的关键，但仅有继承是不够的。例如，派生类需要改变继承来的某个属性的值，或改变某个组件的类型，这时还需要结合变型机制来达到目的。

变型使得在声明一个对象的同时可修改类的某些属性，如为变量赋值、改变数组维度等，甚至可重声明类型中的嵌套组件或嵌套类。本节结合实例介绍变型机制如何使得模型重用更加灵活。

2.8.2.1 变型的概念

在变量声明的同时给变量一个初始值，实质就是 Modelica 变型的一种：

```
parameter Real x = 0;
```

如果要对一个类型中的多个属性进行赋值，就由一对括号括起来的参数列表进行表示：

```
class Color
  parameter Integer r, g, b;
end Color;
Color c(r = 255, g = 0, b = 125);
```

以上两个示例中，“x= 0”以及“(r = 255, g = 0, b = 125)”都称为变型。变型机制可出现于以下三种场合：

(1) 组件声明

```
Real t(start = 2.0);
Resistor resistor(R(displayUnit = "Ohm") = 0.9); // 变型可以嵌套
```

(2) 继承语句

```
extends OnePort(v = 0.5, i = 1.0);
```

(3) 简短类(参见前面所述)：

```
type Voltage = Real(unit = "V");
```

2.8.2.2 变型的应用

(1) 对参数进行变型，用一个类型构造不同的实例。

假定某电路模型需要连接两个电阻值大小不同的电阻器，此时不必由于电阻值的不同就建立两个电阻模型，而只需建立一个电阻模型，并将电阻值作为该模型的参数，然后用该模型声明两个不同的电阻组件，在声明电阻组件的同时对电阻值进行变型即可得到不同电阻值的电阻器组件。以 2.8.1.1 节中的电阻模型为例，可以如下使用：

```
model SimpleCircuit
  Resistor r1(R = 10);   // 构造实例 r1，通过变型设置阻值 R 为 10
  Resistor r2(R = 100);  // 构造实例 r2，通过变型设置阻值 R 为 100
  …
equation
  connect(r1.p, r2.n);   // 将电阻器 r1 的正极 p 与 r2 的负极 n 连接起来
  …
end SimpleCircuit;
```

电路模型 SimpleCircuit 中，用 Resistor 声明了两个电阻器组件 r1 与 r2，采用变型的方法将 Resistor 中的电阻值 R 设为指定阻值，即得到多个不同阻值的电阻器。

注意到被变型的电阻值 R 具有“parameter”前缀(在 2.8.1.1 节模型 Resistor 中定义)，这表示它是一个参数(关于参数的描述参见 2.1.1 节)。参数在模型仿真期间是保持不变的，也就是说尽管不同模型之间或两次仿真之间参数可以被修改，但对于某个模型的一次特定仿真来说，参数是保持不变的。例如，电阻模型中的电阻值、电容器模型中的电容值等对于特定电阻器、电容器来说必然是恒定的。

目前遇到的所有示例中，被变型的组件属性都是参数。尽管 Modelica 规范中没有明确禁止对变量、常量等进行变型，但鉴于 Modelica 参数的设计意图，在此强烈建议仅对模型中的参数进行变型。

(2) 对数组的变型。

变型除应用于标量外，还可以应用于数组。变型可以对所有数组元素的某个共同属性进行变型，也可以对整个数组进行变型。为防止参差数组的出现，不可以对单个数组元素进行变型。例如：

```
class Array
  Real x[2];
  Real y;
end Array;
Array A1[2](x = [1, 2; 1, 2], y = {2, 5});
Array A2[2] = A1;
Array A3[2](x[1, 1] = 3);    // 非法，不能对单个数组元素进行变型
```

如果要对所有数组元素中的某个属性赋相同的值，可以采用“each”关键字。例如：

```
Array A4[2](each x = {1, 2}, each y = 2); // A4 中每个元素的 x 分量均为{1,2}，
y 分量均为 2
```

(3) 继承或简短类定义中的变型。

可以在继承一个类的同时对类型中某些元素进行变型。例如：

```
class A
  parameter Real x = 1;
  Real y = 2;
end A;
class B
  extends A(x = 10, y = 20);
end B;
type C = B(x = 100);
```

2.8.2.3 变型的优先级

在模型实例化过程中，变型按照外层覆盖内层的原则进行合并。下例说明了变型的这种合并规则。

```
class C1
  parameter Real a;
end C1;
class C2
  parameter Real b, c;
end C2;
class C3
  parameter Real x1;      //无缺省值
  parameter Real x2 = 2; //缺省值为 2
  parameter C1 x3;             //x3.a 无缺省值
  parameter C2 x4(b = 4);      //x4.b 缺省值为 4
  parameter C1 x5(a = 5);      //x5.a 缺省值为 5
  extends C1;                  //继承而来的元素 a 没有缺省值
```

```
    extends C2(b = 6, c = 77);//继承而来的元素 b 缺省值为 6
  end C3;
  class C4
    extends C3(x2 = 22, x3(a = 33), x4(c = 44), x5 = x3, a = 55,
           b = 66);
  end C4;
```

外层变型覆盖内层变型，例如，b=66 覆盖了 extends C2(b=6)中嵌套的类变型。这就是变型合并：合并(b=66)与(b=6)使得 b=66。

类 C4 的实例化得到如下结果(见表 2-21)。

表 2-21　类 C4 实例化结果示例

变量	缺省值
x1	None
x2	22
x3.a	33
x4.b	4
x4.c	44
x5.a	x3.a
a	55
b	66
c	77

合并过程中，如果覆盖了组件的 final 属性，则报错。每个变型保持其自身的 each 属性。一个变型语句不能对同一个元素或分量多次赋值。例如：

```
  class C1
    parameter Real x[3];
  end C1;
  class C2 = C1(x = 3 : 5, x = {1, 2, 3}); // 错误，x 被赋值两次
  class C3
    class C4
      parameter Real x(final unit = "V"); // final 表示 x 的属性 unit 不能被修改
    end C4;
    C4 a0(x(unit = "kV")); // 错误，C4.x.unit 有 final 属性，不能被修改
    C4 a(x.displayUnit = "mV", x = 5.0);
   //正确，赋值的属性不同(displayUnit 和 value)
   //等同于
    C4 b(x(displayUnit = "mV") = 5.0);
  end C3;
```

2.8.3　重声明

除了继承与变型之外，Modelica 还提供了另外一种重用机制——重声明。相比继承机制的代码重用及变型机制的参数化功能，重声明机制能够有效地支持衍生设计。

重声明语句以“redeclare”前缀标识。变型中的 redeclare 结构使用另一个声明替换变型元素中局部类或组件的声明。重声明既可以针对组件，也可以针对类型。无论哪种方式，都使得类型作为模型的参数，从而让抽象模型更具柔性。

例如：

```
model HeatExchanger
  replaceable parameter GeometryRecord geometry;
  replaceable input Real u[2];
end HeatExchanger;
HeatExchanger heatExchanger(
  redeclare parameter GeoHorizontal geometry;
  redeclare input Modelica.SIunits.Angle u[2]);
```

上例中，在构造热交换器对象 heatExchanger 时重声明了其中的两个组件，从而使模型具备了新的特性。

下面详细介绍重声明的用法。

2.8.3.1 对组件进行重声明

以电机系统建模为例，假设已有控制模块，要求根据应用场景更改控制策略。使用重声明机制可以描述此类需求。

```
partial model MotorDrive
  replaceable Controller controller;
  …
end MotorDrive;
model MyMotorDrive
  extends MotorDrive(redeclare AutoTuningPI controller);
end MyMotorDrive;
```

MyMotorDrive 继承 MotorDriver，同时用新的控制器 AutoTuningPI 替换原先的控制器 Controller。如果不采用重声明，MyMotorDrive 需要如下定义：

```
model MyMotorDriveWithoutRedeclare
  AutoTuningPI controller;
  …
end MyMotorDriveWithoutRedeclare;
```

上面的模型不仅需要重新定义 controller，而且要重写模型中的其余部分，即使这些部分可能与基类 MotorDrive 中的完全相同。

可以看出，通过对可替换组件进行重声明可以重用模型 MotorDriver 的大部分代码，从而使得模型设计更为简洁，更具可维护性。

2.8.3.2 对类型进行重声明

在多数实际应用中，模型可能远不止一个控制器，那么上一小节中对单个组件重声明的方法就显得有点烦琐。假设有如下模型 MotorDrive：

```
partial model MotorDrive
  replaceable Controller controller1;
```

```
  replaceable Controller controller2;
  replaceable Controller controller3;
  …
end MotorDrive;
```

现在要建立模型 PIDMotorDrive ，该模型需要将三个 Controller 全部替换为 PIDController。如果仍采用对组件进行重声明的方法，新的模型可以如下定义：

```
model PIDMotorDrive
  extends MotorDrive(
    redeclare PIDController controller1,
    redeclare PIDController controller2,
    redeclare PIDController controller3);
  ……
end PIDMotorDrive;
```

尽管达到了目的，但这种写法还是显得烦琐。现在采用类型重声明的方法，一次将这三个控制器的类型全部替换，模型定义如下：

```
partial model MotorDrive
  replaceable block ControllerModel = Controller;
  ControllerModel controller1;
  ControllerModel controller2;
  ControllerModel controller3;
  …
end MotorDrive;
```

该模型用到一个技巧，就是为这三个控制器的类型 Controller 引入一个类型别名 ControllerModel，以简短类的形式定义(参见 2.8.1.2 节简短类)。在引入新的别名时，将类型声明为可替换的。那么新的模型可以很方便地定义如下：

```
model PIDMotorDriveWithTypeRedeclare
  extends MotorDrive(
    redeclare block ControllerModel = PIDController);
  ……
end PIDMotorDriveWithTypeRedeclare;
```

PIDMotorDriveWithTypeRedeclare 与 PIDMotorDirve 完全等价，在继承 MotorDrive 的同时，对 block 类型 ControllerModel 进行重声明，从而将所有 ControllerModel 类型的控制器模块一次性全部替换。可以看出，类型重声明的方法更适用于需要批量替换组件类型的情况。

重声明作为一种重要的重用机制，实质是将类型作为模型参数，在使用模型时，对参数化的类型进行重声明，从而重用已有框架，支持衍生设计。replaceable 关键字标识了哪些类型可以被替换，从而限定了重声明的范围，防止类型替换不当。

2.9 高级特征

2.9.1 stateSelect

stateSelect 是实型变量的一个内置属性，用于控制状态变量的选取。其值有如下 5 种形式。

(1) StateSelect.always，总是作为状态变量；

(2) StateSelect.prefer，优先选作状态变量；

(3) StateSelect.default，缺省值，介于 prefer 与 avoid 之间，当以微分变量出现时，可以选作状态变量；

(4) StateSelect.avoid，尽量避免作为状态变量；

(5) StateSelect.never，从不作为状态变量。

从 always 到 never，对应变量被选作状态变量的优先级依次降低。即在指标约简之后模型的所有微分变量中，总是选取 stateSelect 属性值为 always 的变量作为状态变量，总是不选 stateSelect 属性值为 never 的变量作为状态变量，在 prefer、default 与 avoid 中，根据需要从 prefer 到 avoid 依次选取。

例如：

```
  Real x(stateSelect = StateSelect.prefer);
  Real y;
equation
  x = y;
  der(x) + der(y) = 1;
```

在上述示例中，变量 y 的 stateSelect 值为缺省值，即为 StateSelect.default，而变量 x 的 stateSelect 值为 StateSelect.prefer。x 与 y 均作为微分变量出现，且存在关于二者的代数方程 x = y。方程 x = y 在指标约简过程中将求一次导数，最终在 x 与 y 中只有一个变量作为状态变量。由于 x 的 stateSelect 值的优先级高于 y 的，故最终 x 被选作状态变量。

stateSelect 属性值为 always 的变量，总是作为状态变量，即使其导数在原始方程中并没有出现。例如：

```
  Real x(stateSelect = StateSelect.always);
  Real y;
equation
  x = y + 0.5;
  der(y) = y + 1;
```

为了让 x 作为状态变量，将对方程 x = y + 0.5 求一次导数得到 der(x) = der(y)，使得 x 的导数 der(x)显式出现，而 der(y)被选作哑导，y 因其导数不再出现而成为代数变量。

由此可见，将一个代数方程约束的两个变量的 stateSelect 属性值均设置为 always 是错误的。此外，default 与 avoid 对代数变量而言等同于 never，即使指标约简可能引入其导数，也不会将其选作状态变量。

2.9.2 noEvent

在 Modelica 模型中，包含连续实型变量的关系表达式(>、>=、<与<=)和某些内置函数表达式(ceil、floor、div、mod、rem、abs 与 sign)缺省会激发状态事件。这是为了满足数值积分算法的连续可微性假设。数值积分算法要求模型方程在连续积分过程中保持连续可微。例如：

```
der(y) = if x>0 then y else y + 0.5;
```

对于以上方程，如果 if 表达式按照字面意义进行计算，则在 x=0 时刻，方程是不连续的，der(y)的值产生跳跃。由于事先难以精确预测 x = 0 的时刻点，故若直接对上述方程进行求解，则可能违背数值积分算法的连续可微性假设。

为此，在 Modelica 语言中，x>0 不是按照字面意义进行计算，而是被当作一个事件表达式。事件表达式与一般表达式的区别在于，事件表达式的值只在事件时刻发生改变，在连续积分过程中其值保持不变。这需要求解器在连续积分过程中对事件表达式进行监测，定位其值发生改变的时刻点(即事件时刻)。在该时刻点触发一个状态事件(也就是停止积分运算，更新事件表达式的值，重新初始化模型方程系统，重启积分运算)。

在某些情况下，关系表达式的值的变化不会产生非连续点，不会引起变量值的跳跃。例如：

```
der(y) = if x>0 then x else 0;
```

在这种情况下，可以使用 noEvent 显式地抑制状态事件，以加快模型的求解，因为事件检测具有一定的时间开销：

```
der(y) = if noEvent(x>0) then x else 0;
```

noEvent 内部的表达式不激发事件，而是按照字面意义进行计算。

注意：在某些情况下，需要使用 noEvent。例如：

```
der(u) = if v>0 then sqrt(v) else 0;
```

由于 v>0 时缺省会激发状态事件，故在连续积分过程中即使 v 实际已经由正值变为负值，即 v>0 由 true 变为 false，但由于事件值只在事件时刻进行更新，因此上述 if 表达式中的活动分支也不会发生切换，从而引起数值异常，即对一个负数求平方根。因此，上述方程可以改写为如下形式：

```
der(u) = if noEvent(v>0) then sqrt(v) else 0;
```

或者

```
der(u) = sqrt(max(0, v));
```

2.9.3 reinit、assert 与 terminate

reinit(v, expr)用于重设状态变量的初始值，例如：

```
model BouncingBall
  parameter Real g = 9.8;
  parameter Real coef = 0.75;
  Real h(start = 10);
  Real v;
  Boolean flying;
equation
```

```
  der(h) = v;
  der(v) = if flying then -g else 0;
  flying = not (h <= 0 and v <= 0);
  when h <= 0 then
    reinit(v, -coef * v);
  end when;
end BouncingBall;
```

reinit 的第一个参数必须为状态变量，并且强制性地将其 stateSelect 属性值设置为 StateSelect.always。

assert(condition, message)用于检查某个条件是否成立，当条件为 false 时，将输出由 message 表示的消息字符串，并中止仿真计算。

terminate(message)用于成功结束仿真计算，并输出由 message 表示的消息字符串，表示成功结束仿真计算的原因。例如：

```
model ThrowingBall
  parameter Real g = 9.8;
  Real h(start = 10);
  Real v;
equation
  der(h) = v;
  der(v) = -g;
  when h < 0 then
    terminate("The ball touches the ground!");
  end when;
end ThrowingBall;
```

2.9.4 inner/outer

inner/outer 作为 Modelica 语言的高级特征之一，提供了一种外层变量或外层类型的引用机制。在元素前面使用“inner”前缀修饰，则定义了一个被引用的外层元素；在元素前面使用“outer”前缀修饰，则该元素引用相匹配的外层 inner 元素；对于一个 outer 元素，至少应存在一个相应的 inner 元素声明。inner/outer 相当于定义了一个全局接口或变量，可以在嵌套的所有实例层次中被访问。

2.9.4.1 inner/outer 的匹配

既然 inner/outer 是一种外层引用关系，那么 outer 元素是如何匹配到它所引用的外层 inner 元素的呢？

在此之前，先介绍 Modelica 模型中最常见的两个基本层次关系：一是类系层次，指的是类型声明所处的文本结构化层次，比如下例中的 BoardExample 模型中定义了 3 个嵌套类：CircuitBoard1 类、TempCapacitor 类、TempResistor 类，它们构成了一个类系层次(见图 2-9(a))；二是实例层次，指的是元素所处的实例化层次，比如 BoardExample 模型中定义了一个电路板组件 board1，board1 中定义了电路板温度变量 boardTemp、电容组件 c 和电阻组件 r 等，c 中定义了电容温度变量 boardTemp，这样 board1、board1.c、board1.c.boardTemp 就构成了一个实例化层次(见图 2-9(b))。

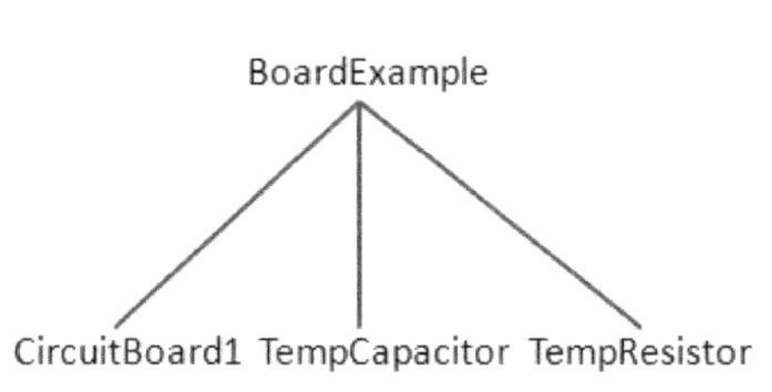

(a)类系层次

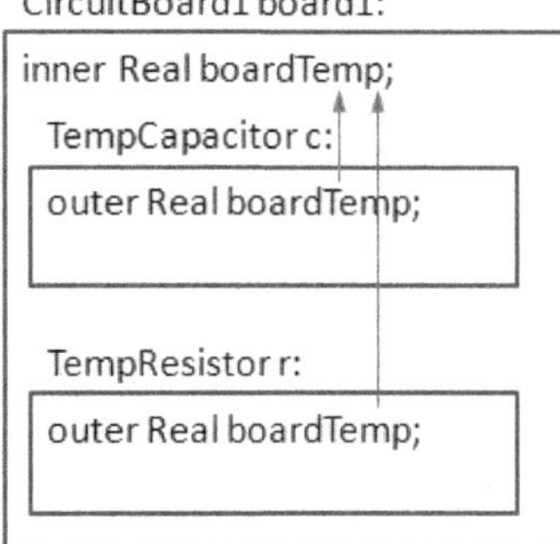

(b)实例层次

图 2-9　简单电路板的实例层次和类系层次

```
class BoardExample
  class CircuitBord1
    inner Real boardTemp; // 定义电路板温度变量
    TempCapacitor c  "Component within CircuitBord1 instance";
    TempResistor r   "Component within CircuitBord1 instance";
  end CircuitBord1;
  class TempCapacitor
    outer Real boardTemp; // 引用电路板温度变量
    Real T;
  equation
    T = boardTemp;
  end TempCapacitor;
  class TempResistor
    outer Real boardTemp; // 引用电路板温度变量
    Real T;
  equation
    T = boardTemp;
  end TempResistor;
  CircuitBoard1 board1 "CircuitBoard1 instance";
end BoardExample;
```

inner/outer 的匹配规则：outer 元素通过实例层次上溯，查找到第一个与 outer 元素名字相同的 inner 元素。例如，模型 BoardExample 中 outer 组件 board1.c.boardTemp 和 board1.r.boardTemp，通过实例层次上溯找到 inner 组件 board1.boardTemp。

另外，outer 组件可以嵌套 outer 组件，嵌套的 outer 组件可以再嵌套 outer 组件，等等。不管实例层次嵌套多深，都必须满足一个最基本的原则，即实例层次最外层的 outer 组件必须先找到对应的 inner 组件，再依次按实例层次从外向内对嵌套的 outer 组件进行匹配。

除了支持在元素前面使用单独的“inner”或“outer”前缀之外，软件尚支持“inner outer”双前缀。若同时使用前缀 inner 和 outer 声明元素，即从概念上引入了相同名字的两个声明：一个遵循 inner 规则，另一个遵循 outer 规则。对于带有 inner 和 outer 前缀的元素，其局部引用的是 outer 元素，即在前缀 inner 封装的作用域内 outer 元素依次引用对应的 inner 元素。例如，模型 InnerOuterExample 中，isEnabled 在模型层次中传播，也能在局部抑制 subSystem。InnerOuterExample 模型的 inner/outer 匹配如图 2-10 所示。

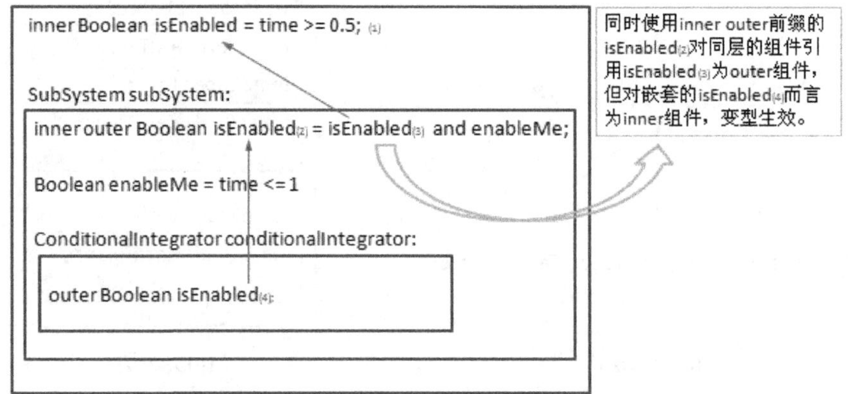

图 2-10　InnerOuterExample 模型的 inner/outer 匹配

```
model InnerOuterExample
  model ConditionalIntegrator
    outer Boolean isEnabled; // outer 组件
    Real x;
  equation
    der(x) = if isEnabled then 1 else 0;
  end ConditionalIntegrator;
  model SubSystem
    Boolean enableMe = time <= 1;
    inner outer Boolean isEnabled = isEnabled and enableMe;
    ConditionalIntegrator conditionalIntegrator;
  end SubSystem;
  model System
    SubSystem subSystem;
    inner Boolean isEnabled = time >= 0.5; // inner 组件
  end System;
  System system;
end InnerOuterExample;
```

2.9.4.2　inner/outer 的应用

inner/outer 机制在 Modelica 标准 MultiBody 库和 StateGraph 库中被大量使用，但归纳起来，主要有以下三个方面的应用：

(1) inner/outer 用于组件的情况。

inner/outer 组件可用于简单场的建模，有一些物理量(如重力矢量、环境温度或环境压力)可在特定的模型层次中被所有组件访问。如果 inner 组件未被模型结构嵌套层次中对应的非 inner 声明所屏蔽，则可以在整个模型中被访问到，如前面的简单电路板示例。在更为复杂的情况下，outer 组件可以嵌套 outer 组件，例如：

```
model Outer_Nest_Outer
  model M
    outer Real rc[3];
  end M;
  model A
    inner Real rc[3]={1,2,3};
    model B
```

```
    inner M m[2];
    model C
      outer M m[2];
      Real y[3] = m.rc; // m.rc为outer组件嵌套outer组件
    end C;
    C c;
    end B;
    B b;
  end A;
  A a;
end Outer_Nest_Outer;
```

Outer_Nest_Outer 模型的 inner/outer 匹配如图 2-11 所示。

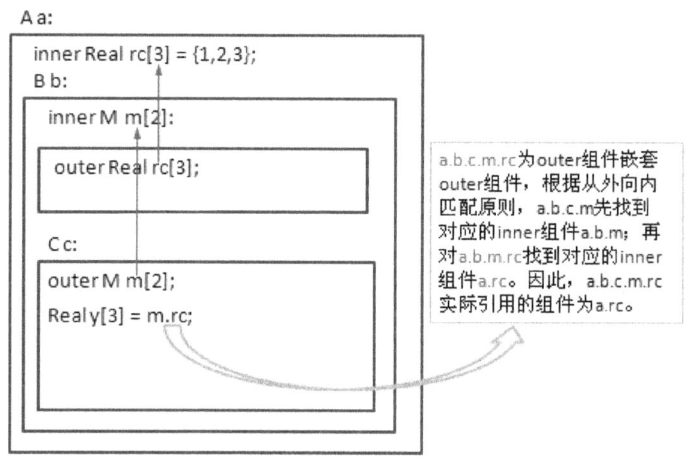

图 2-11 Outer_Nest_Outer 模型的 inner/outer 匹配

(2) inner/outer 用于类型的情况。

inner/outer 类型能用于定义场函数，如与位置有关的重力场。假设存在两个重力场，一个是均布平行重力场，另外一个是质心重力场，求同一质点在两种不同重力场下的位移和速度，可通过以下代码实现：

```
model ParticleSystem
  partial function gravityInterface
    input Real r[3];
    output Real g[3];
  end gravityInterface;
  function uniformGravity
    extends gravityInterface;
  algorithm
    g := {0,-9.81, 0};
  end uniformGravity;
  function pointGravity
    extends gravityInterface;
    parameter Real k = 1;
  protected
    Real n[3];
  algorithm
    n := -r/sqrt(r*r);
    g := k/(r*r)*n;
```

```
    end pointGravity;
    model Particle
      parameter Real m = 1;
      outer function gravity = gravityInterface;
      Real r[3](start = {1,1,0});
      Real v[3](start = {0,1,0});
    equation
      der(r) = v;
      m * der(v) = m * gravity(r);
    end Particle;
    model ParticlesInPointGravity
      inner function gravity = pointGravity(k=1);
      Particle p1;
      Particle p2(r(start={1,0,0}));
    end ParticlesInPointGravity;
    model ParticlesInUniformGravity
      inner function gravity = uniformGravity;
      Particle p1;
      Particle p2(v(start= {0,0.9,0}));
    end ParticlesInUniformGravity;
    ParticlesInPointGravity pP;
    ParticlesInUniformGravity pU;
  end ParticleSystem;
```

ParticleSystem 模型的 inner/outer 匹配如图 2-12 所示。

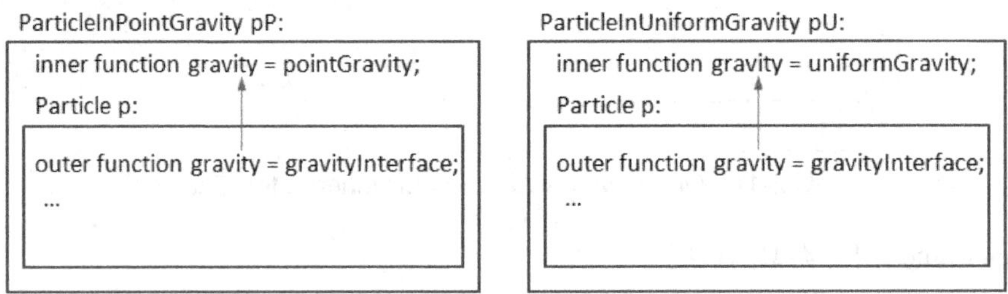

图 2-12　ParticleSystem 模型的 inner/outer 匹配

(3) inner/outer 用于连接的情况。

inner/outer 机制可以用于连接，尤其适用于模型中存在一对多的隐式连接情况，即一个全局对象与多个不同实例层次中的局部对象相连接。本书前面介绍了连接和连接方程(参见 2.1.3 节和 2.3.5 节)，每个连接语句的参数被解析为两个连接器元素，若其中一个或两个连接器元素为 outer，则在生成连接方程之前，outer 元素被解析为实例层次中对应的 inner 元素，因此该连接会在实例层次中向上移动 0 或多次，直到两个连接器都被包含于同一个实例层次中。例如：

```
  connector HeatPort
    Modelica.SIunits.Temp_K T "Temperature in [K]";
    flow Modelica.SIunits.HeatFlux q "Heat flux";
  end HeatPort;
  model Component
    outer HeatPort envHeat; // 引用环境热量接口
    HeatPort heat; // 组件的局部热量接口
  equation
    connect(heat, envHeat);
```

```
end Component;
model TwoComponent "Two Components together"
  Component compvec[2];
end TwoComponent;
model CircuitBoard
  inner HeatPort envHeat; // 定义环境热量接口
  Component comp;
  TwoComponent compTwo;
end CircuitBoard;
```

CircuitBoard 模型中不同实例层次间的隐式连接如图 2-13 所示。

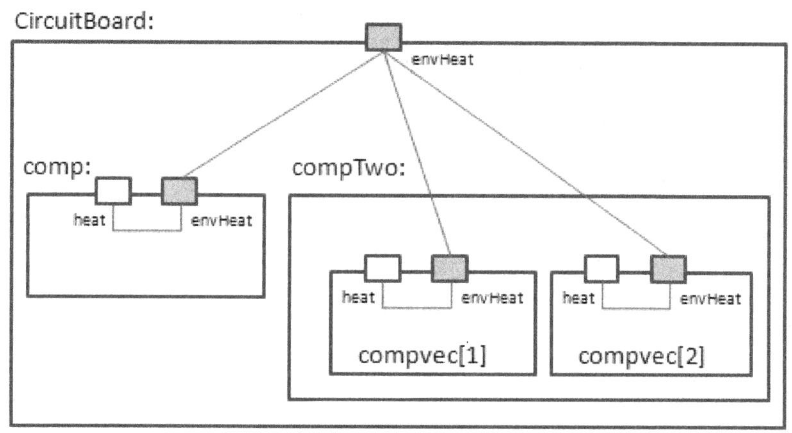

图 2-13　CircuitBoard 模型中不同实例层次间的隐式连接

inner/outer 机制适用于隐式连接，为了与传统的显示连接进行对照，我们将采用传统的显示连接方式重建上述模型，如下所示：

```
connector HeatPort
  Modelica.SIunits.Temp_K T "Temperature in [K]";
  flow Modelica.SIunits.HeatFlux q "Heat flux";
end HeatPort;
model Component
  HeatPort heat;
end Component;
model TwoComponent "Two Components together"
  Component compvec[2];
  HeatPort heat;
equation
  connect(compvec[1].heat, heat);
  connect(compvec[2].heat, heat);
end TwoComponent;
model CircuitBoard
  HeatPort envHeat;
  Component comp;
  TwoComponent compTwo;
equation
  connect(comp.heat, envHeat);
  connect(compTwo.heat, envHeat);
end CircuitBoard;
```

CircuitBoard 模型中所有实例层次的显示连接如图 2-14 所示。

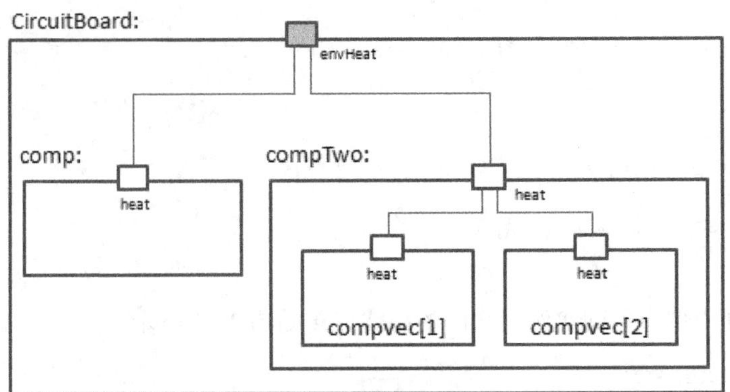

图 2-14　CircuitBoard 模型中所有实例层次的显示连接

2.9.4.3　inner/outer 的约束

(1) inner 组件应作为 outer 组件的子类型。

一般而言，inner 组件类型与 outer 组件类型应该保持一致。如果 inner 组件类型与 outer 组件类型不一致，对 inner 组件类型所定义的实例来说，outer 组件只引用了 inner 组件的一部分。

```
model SubtypeExample
  model A
    Real x = 2;
  end A;
  model B // B 是 A 的子类型
    extends A;
    Real y = x;
  end B;
  inner A a;
  model C
    outer B a;     // 不合法，inner 组件不是 outer 组件的子类型
  end C;
  C c;
end SubtypeExample;
```

(2) inner 元素允许被变型，outer 元素不允许被变型。

inner 元素相当于定义一个元素，所以允许其被变型；outer 元素相当于引用一个已定义元素，所以不允许其被变型。

```
model OuterModified
  inner Real x = 2;   // 合法，允许对 inner 元素进行变型
  model A
    outer Real x = 3; // 不合法，不允许对 outer 元素进行变型
  end A;
  A a;
end OuterModified;
```

2.10　术语表

常见术语定义如表 2-22 所示。

表 2-22　术语表

术语	定义
算法段 (algorithm section)	算法段是类定义的一部分，由关键字 algorithm 后跟一个语句序列所组成。好比一个方程，算法段与变量有关，即约束这些变量能同时所取的值。对比方程段，算法段区分输入和输出：算法段规定如何计算输出变量，如同一个给定输入变量的函数。Modelica 处理程序实际上可以转换算法段，即根据给定的输出计算输入，如通过搜索(生成和测试)，或者通过符号方法推导出逆向算法
数组或者数组变量 (array or array variable)	数组或数组变量是一组组件。对一个数组来说，其组件的顺序非常重要：数组 x 的组件序列中，第 k 个元素是下标为 k 的数组元素，表示为 x[k]。数组中所有元素具有相同的类型。数组元素可以又是一个数组，即数组可以嵌套。因此，数组元素通常使用 n 个下标来引用，n 是数组的维数。特例是矩阵(n=2)和向量(n=1)。整数下标从 1 开始，而不是 0
数组构造 (array constructor)	数组构造有两种方式，一是使用数组函数来构造，简写为{a, b, ...})，二是用迭代器 iterator 来构造，如{r for r in 1.0 : 1.5 : 5.5}
数组元素 (array element)	数组中包含的组件。数组元素没有标识符。它们通过数组访问表达式(称为下标)而被引用，这些下标使用枚举值或正整数值
赋值 (assignment)	形如 x:=expr 的语句，表达式 expr 不能具有比 x 更高的可变性
属性 (attribute)	包含于标量组件中的组件，如 min、max 和 unit。所有的属性是预定义的，属性值只能用变型来定义，如 Real x(unit="kg")。属性不能通过 dot 符号来访问，也不能在方程段和算法段中赋值。例如，Real x(unit="kg")=y;只有 x、y 的值可声明为相等的，但不能是 unit 属性，也不能是 x、y 的任何其他属性
基类 (base class)	如果类 B 继承类 A，则类 A 称为类 B 的基类。这种关系通过 B 中或 B 的某个基类中的继承子句来指定。类继承其基类中的所有元素，并且可以变型所有基类中不是 final 的元素
绑定方程 (binding equation)	绑定方程或者声明方程是针对该变量的变量值的元素变型。具有绑定方程的组件，其值被绑定到某个表达式
类 (Class	用于生成对象(称为实例)，类的描述包括类定义、修改类定义的变型环境、可选的维度表达式列表(如果该类是数组类)，以及一个针对所有类的词法上的封装类
类类型或继承接口 (class type or inheritance interface)	作为类的属性，包括许多属性和一组由元素名字、元素类型、元素属性组成的公有或保护元素
组件或变量 (component or variable)	通过组件声明生成的实例(对象)。特殊类型的组件有标量、数组和属性

续表

术语	定义
组件声明 (component declaration)	组件声明是类实例化的过程。组件声明指定了：①组件名字，即标识符；②为了生成该组件而被平坦化的类；③可选的 Boolean 参数表达式。如果这个参数表达式估值为 false，则该组件的生成被抑制。组件声明可以通过元素重声明而被覆盖
组件引用 (component reference)	组件引用是一个含有一系列标识符和下标的表达式。组件引用在父类的作用域中被解析(估值)(对于局部迭代变量的情况，在所在表达式的作用域内被解析)。作用域定义了一组可见的组件和类，如 Ele.Resistor.u[21].r
声明赋值 (declaration assignment)	形如 x := expression 的赋值通过组件声明来定义。这与声明方程是类似的。对比声明方程，仅当在函数中声明一个组件时，声明赋值才允许使用
声明方程 (declaration equation)	形如 x=expression 的方程通过组件声明来定义。expression 不能比声明组件 x 具有更高的可变性。不像其他方程，声明方程可以通过元素变型被覆盖(替换或删除)
派生类/子类/继承类 (derived class or subclass or extended class)	如果类 B 继承类 A，则称类 B 从类 A 派生
元素 (element)	元素类定义的一部分，如(嵌套)类定义、组件声明或继承子句。组件声明和类定义称为命名元素(named element)。元素或者继承于基类，或者是局部的
元素变型 (element modification)	元素变型是变型的一部分，覆盖类中的声明方程，该类被由变型元素生成的实例所引用，如 vcc(unit="V")=1000
元素重声明 (element redeclaration)	元素重声明是变型的一部分，替换可能被用于构造实例的某个命名元素，该实例由包含重声明的元素来生成。例如，redeclare type Voltage=Real(unit="V")替换了 type Voltage
方程 (equation)	方程是类定义的一部分。标量方程与标量变量有关，即约束了这些变量能同时所取的值。对于包含 n 个变量的方程，若其中 n–1 个变量是已知的，则第 n 个变量的值能被推导/求解出来。相比于算法段的语句，方程没有定义其中哪个变量将被求解。特殊情况有：初始方程(initial equations)、瞬态方程(instantaneous equations)、声明方程(declaration equations)
事件 (event)	事件在特定的时刻或者当特定的条件下发生时被触发。事件一般由 when 子句、if 子句或 if 表达式中的条件来定义
表达式 (expression)	表达式由操作符、函数引用、组件或组件引用、文字常量构造，每个表达式都具有类型和可变性。
继承子句 (extends clause)	类定义的未命名元素，使用名字和可选的变型定义该类的基类
平坦化 (flattening)	生成给定类的平坦化的类，其中所有的继承、变型等都已经执行，所有的名字已被解析，平坦化的类中包含一组平坦化的方程、算法、组件声明和函数

续表

术语	定义
函数 (function)	受限类的一种
函数子类型/函数兼容接口 (function subtype or function compatible interface)	A 是 B 的函数子类型，当且仅当 A 包含 B 的所有参数，且 A 中含有 B 中没有的参数(称为附加参数)，附加参数需要给定缺省值
标识符 (identifier or ident)	一个原子性(非复合)名字，如 Resistor
索引/下标 (index or subscript)	作为一个表达式，典型的是 Integer 类型或冒号(:)表达式，用于引用数组中的一个组件(或一批组件)
继承接口/类类型 (inheritance interface or class type)	作为类的属性，包含许多属性和一组由元素名字、元素类型和元素属性组成的公有或保护元素
实例 (instance)	实例是由类生成的对象。一个实例包含 0 个或多个组件(也就是实例)、方程、算法和嵌套类。实例与同一个模型或类型的其他实例不同，有自己的参数和属性，如电阻 Resistor 是一个模型，R1 是有自己电阻值的具体实例
瞬态 (instantaneous)	如果方程或语句仅在事件时刻(即某个时间点)生效，那么就是瞬态的。when 子句中的方程和语句是瞬态的
接口 (interface)	参见 type
文字常量 (literal)	实型、整型、布尔型、枚举或字符串常量，用于构造表达式
矩阵 (matrix)	维数为 2 的数组
变型 (modification)	变型是元素的一部分，用于修改元素产生的实例。变型包含元素变型和元素重声明
变型环境 (modification environment)	类的变型环境定义当该类被平坦化时如何修改对应的类定义
名字 (name)	名字是一个或多个标识符的序列，用于引用某个类。类的名字在其作用域内进行解析，而作用域定义了一个可见的类的集合，如"Ele.Resistor"
部分平坦化 (partial flattening)	部分平坦化如下：查找声明的局部类和组件的名字，如果有变型，则将其合并到局部的元素和重声明中；然后查找基类，平坦化并插入到该类中。该操作另外进行局部元素的平坦化并且进行变型
接口兼容性 (plug-compatibility)	参见受限子类型化
预定义类型 (predefined type)	类型 Real、Boolean、Integer、String 和定义为枚举类型的类型之一。预定义类型的组件声明中定义了诸如 min、max 和 unit 属性。

续表

术语	定义
前缀 (prefix)	作为类定义中元素的属性，可能出现或不出现，如 final、public、flow
原子类型 (primitive type)	内置类型 RealType、BooleanType、IntegerType、StringType、EnumType。原子类型用于定义预定义类型和枚举类型的属性和属性值
受限子类型化/接口兼容性 (restricted subtyping or plug-compatibility)	类型 A 是类型 B 的受限子类型，当且仅当 A 是 B 的子类型，并且所有出现在 A 中但未出现在 B 中的公有组件必须是缺省可连接的(default-connectable)。用于避免在类型 A 或者其实例中某个不允许有连接的层次上通过重声明引入未连接的连接器
标量/标量变量 (scalar or scalar variable)	即不是数组的变量
简单类型 (simple type)	Real、Boolean、Integer、String 和 enumeration 类型
受限类 (specialized class)	受限类是 model、connector、package、record、block、function 或 type 之一。受限类表明类的内容及其在其他类中的用法受到限制。例如，一个有 package 类限制的类，必须只包含嵌套类和常量
子类型/接口兼容 (subtype or interface compatible)	表示类型之间的关系。A 与 B 是子类型/接口兼容的，当且仅当 A 和 B 的许多属性是相同的，B 中所有重要元素都在 A 中有对应的同名元素，并且元素类型是 B 中对应元素的类型的子类型。参见受限子类型和函数受限子类型
父类型 (supertype)	表示类型之间的关系。与子类型相反，A 是 B 的子类型就意味着 B 是 A 的父类型
不可替换的 (transitively nonreplaceable)	如果在被引用的类及其所有的基类和约束类型中都没有可替代的元素，那么类的引用就被认为是不可替换的
类型/接口 (type or interface)	作为实例和表达式的属性，包括许多属性和一组由元素名字、元素类型、元素属性组成的公有元素。注：类类型就是类定义的属性
可变性 (variability)	可变性作为表达式的属性，有下列四种形式。 连续的(continuous)：表达式的值可以在任何时间点发生改变； 离散的(discrete)：表达式只在仿真期间事件发生时刻改变其值； 参数(parameter)：在整个仿真期间保持为常量，推荐用于改变组件的值； 常量(constant)：整个仿真期间保持为常量(能用在 package 中)。 赋值 x := expr 和绑定方程 x = expr 必须满足可变性限制：表达式不能比组件 x 具有更高的可变性
变量 (variable)	变量是组件的同义词
向量 (vector)	向量是维数为 1 的数组

第 3 章 MWorks.Sysplorer 入门

3.1 简单示例

本节以 Modelica 3.2.1 标准库中的机械手模型“fullRobot”为例。Modelica 标准库是由 Modelica 协会提供的免费的多领域模型库。标准库包括各领域常用模型、单位以及常用数学函数和工具。Modelica 标准库内容如表 3-1 所示。

表 3-1 Modelica 标准库简表

名称	描述
UsersGuide	Modelica(标准)库的使用指南
Blocks	基本输入/输出控制框图模型库(连续、离散、逻辑、表格)
Electrical	电类模型库(模电、数电、电机、多相电机)
Math	数学函数库(如 sin、cos)以及矩阵和向量的运算函数库
Mechanics	一维和三维机械模型库(多体、平移、转动)
Media	媒介性质模型库
Thermal	模拟热交换和简单管路热流的热力学组件模型库
Utilities	用于编写脚本等的工具函数库(针对文件、流、字符串、系统的一些操作)
Constants	数学和自然界中的一些常量(如 pi、eps、R、sigma)
Icons	图标库
SIunits	基于 ISO 31-1992 标准的国际单位制
StateGraph	用于离散和响应系统建模的层次状态机模型库

3.1.1 打开模型

启动 MWorks.Sysplorer，选择菜单“文件”→“模型库”→“Modelica3.2.1”，MWorks.Sysplorer 成功加载 Modelica3.2.1 标准库。依次展开节点“Modelica”→“Mechanics”→“MultiBody”→“Examples”→“Systems”→“RobotR3”，双击节点“fullRobot”，MWorks 打开机械手模

型并激活组件视图，如图 3-1 所示。

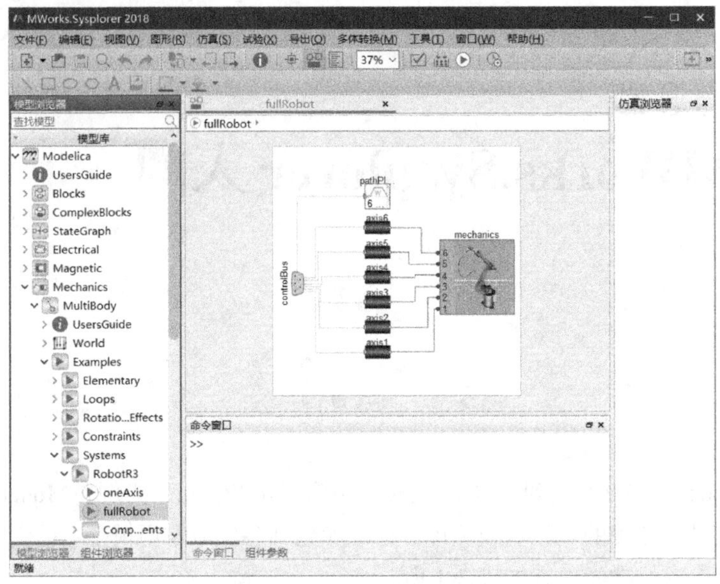

图 3-1　机械手模型实例

MWorks.Sysplorer 左下方的组件浏览器显示当前模型的层次结构。组件树的根节点显示当前模型的全名，组件树子节点显示该模型的子组件。如果子组件是复合类型，用户可单击组件树节点向下继续展开。

在 MWorks.Sysplorer 文档窗口的组件视图中选择机械手模型的复合类型组件“mechanics”，单击鼠标右键，弹出菜单并选择“进入组件”，文档窗口中展开被选择组件，显示该模型的组件视图，如图 3-2 所示。

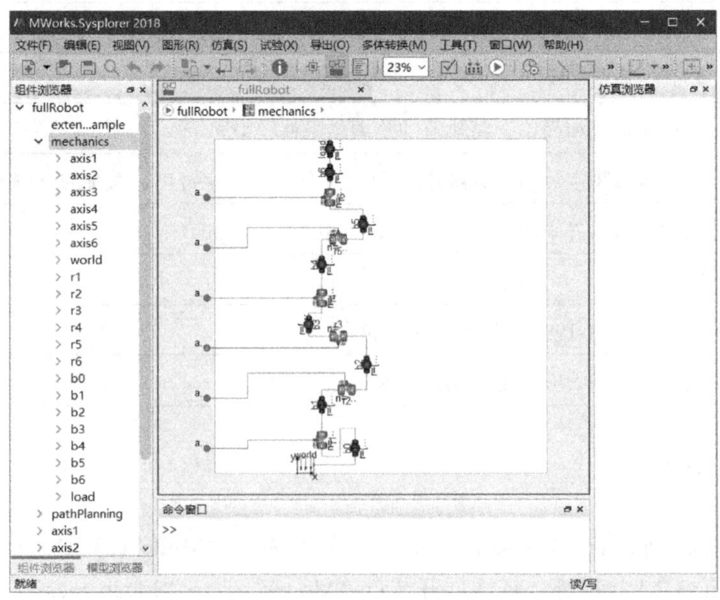

图 3-2　展开机械手模型的子组件“mechanics”

提示：如果该类型中包含复合类型，则组件可继续展开，此时，单击工具栏上的按钮 可以回退到上一层的模型，或者单击工具栏上的按钮 前进到下一层的模型。

3.1.2 修改参数

以组件 mechanics 参数“mLoad”为例介绍如何修改参数。

单击工具栏上的按钮 回退到上一层模型，选中组件 mechanics，此时组件参数面板显示该组件相关参数，如图 3-3 所示。

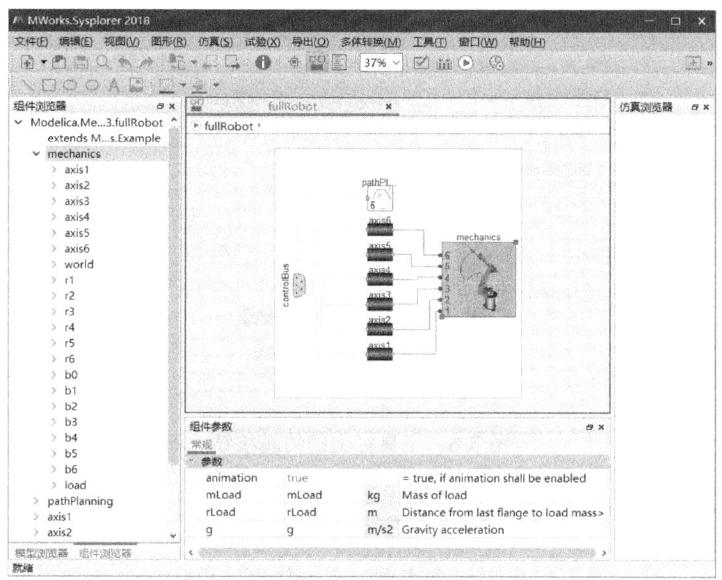

图 3-3　组件参数

修改参数 mLoad 的参数值为 10，如图 3-4 所示。

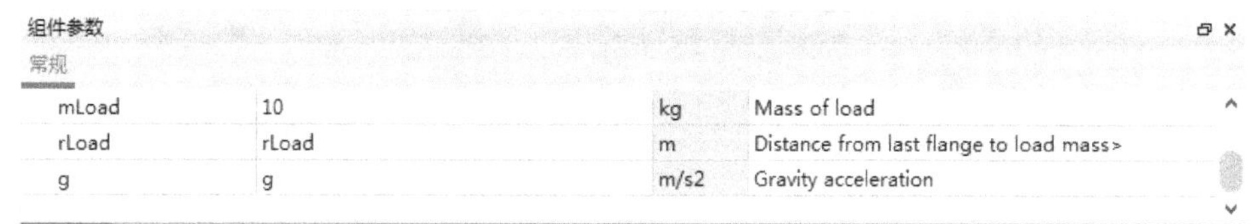

图 3-4　修改参数

3.1.3 执行仿真

在执行仿真前，需要进行仿真设置。单击工具栏上的按钮 ，切换到组件视图，单击工具栏上的按钮 ，设置仿真区间、输出区间、积分算法等仿真选项，如图 3-5 所示。

仿真设置后，单击工具栏上的仿真按钮(见图 3-6)或“仿真”→“仿真”菜单，软件依次自动执行以下步骤：对当前模型进行词法、语法和语义检查，输出检查信息；编译当前主模型生成 MWorks.Sysplorer 求解器，输出编译以及求解器生成信息；更新求解器，创建仿真实例，调出仿真浏览器窗口显示仿真实例；最后运行求解器生成仿真结果，仿真结果生成在仿真结果目录下。

图 3-5 模型的仿真设置

图 3-6 工具栏上的仿真按钮

3.1.4 结果后处理

求解完毕，仿真浏览器窗口显示仿真实例，右击仿真实例中的变量选择弹出的上下文菜单中的“显示变量曲线”→“新窗口”，或直接拖曳变量至空白处，系统将新建一个曲线窗口，并显示变量的求解曲线，如图 3-7 所示。

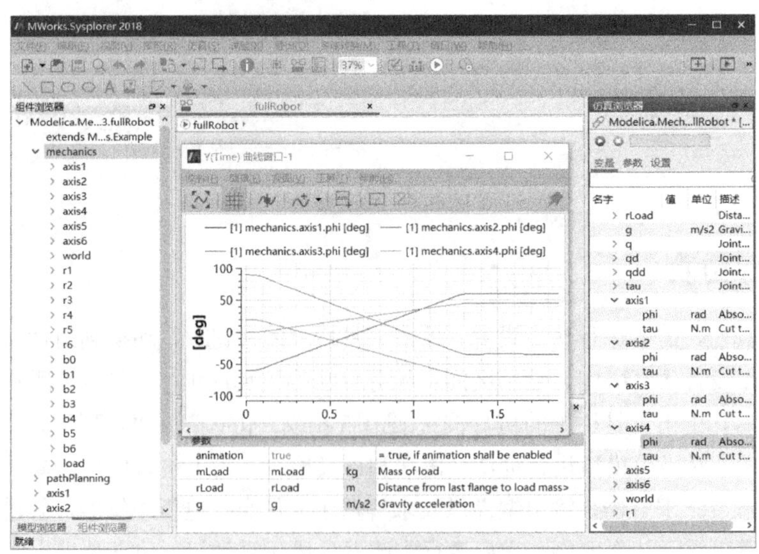

图 3-7 机械手模型仿真结果曲线

MWorks.Sysplorer 提供仿真曲线图片导出功能，可将曲线窗口的显示内容另存为图片文件。选择菜单“文件”→“导出图片文件”，将曲线窗口截图保存为 png、bmp 等格式的图片文件。

机械手模型带有动画信息，可以利用仿真求解的结果驱动仿真动画。右击仿真浏览器实例名，在弹出的上下文菜单中选择“新建三维动画窗口”或单击工具栏上的按钮，MWorks.Sysplorer 建立机械手模型的动画窗口，在其中显示机械手动画模型，单击工具栏上的按钮，机械手模型动画将按仿真结果进行播放(见图 3-8)。

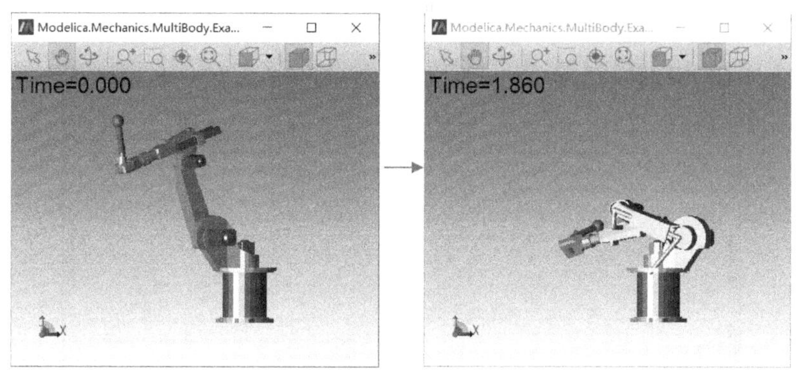

图 3-8　动画效果

右击实例，在弹出的上下文菜单中选择的“保存实例”，实例将被保存。下次使用时，选择菜单“仿真”→“打开仿真结果”即可打开。

3.2　创建新模型

3.2.1　基于文本建模

本节以 TextualModel 模型为例(示例文件位置：...\Docs\Examples\TextualModel.mo)，介绍如何从头开始基于文本编辑器创建模型、仿真求解以及浏览仿真结果。

MWorks.Sysplorer 完全支持 Modelica 语法规范，允许用户编写 Modelica 程序建立模型。这种通过 Modelica 编程建立模型的方法称为文本建模。Modelica 编程在编辑窗口的文本视图中进行。

Modelica 模型中的元素可分为两类，即模型属性和模型行为。模型属性是指模型的参数、常量和变量。模型行为是指约束模型属性的各种方程和算法。因此 Modelica 模型文本也分为两部分，包含所有参数、常量和变量的声明区和包含所有方程与算法的方程区，如图 3-9 所示。

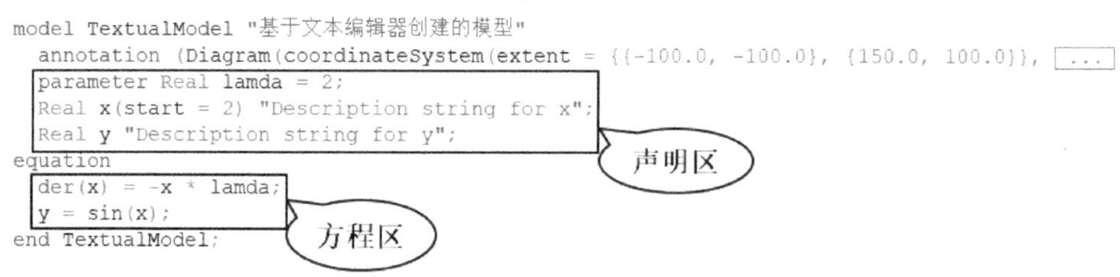

图 3-9　TextualModel 模型的文本视图

图 3-9 中“parameter”是 Modelica 关键字，表示该变量为参数，“Real”是类型名，表示该变量为实型类型；“equation”指该行以下模型文本都是方程。Modelica 方程与数学方程在意义上是一致的，都是非因果的，等式不是表示赋值关系，交换等式左右两端的表达式不影响方程含义。

了解以上内容后，开始文本建模：启动 MWorks.Sysplorer，选择菜单“文件”→“新建”，弹出“新建模型”对话框。如图 3-10 所示，系统自动添加缺省模型文件存储位置，可以单击 ... 去修改，对于缺省存储位置的设置，可以参见 4.13.1.1 节。

图 3-10　新建模型对话框

在“模型名”编辑框中输入“TextualModel”，描述编辑框中输入“基于文本编辑器创建的模型”，单击“确定”按钮后，在模型浏览器的用户模型下生成了“TextualModel”的模型节点，同时打开了该模型的组件视图，单击工具栏上的按钮，建模窗口切换为文本视图(见图 3-11)，可在其中编辑模型文本。

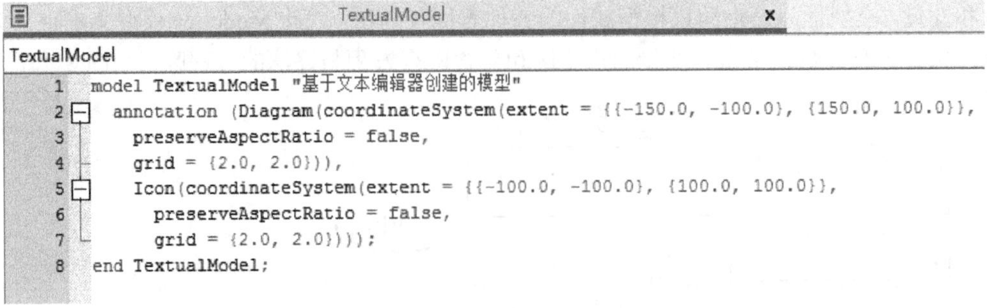

TextualModel

TextualModel

```
model TextualModel "基于文本编辑器创建的模型"
  annotation (Diagram(coordinateSystem(extent = {{-150.0, -100.0}, {150.0, 100.0}},
    preserveAspectRatio = false,
    grid = {2.0, 2.0})),
    Icon(coordinateSystem(extent = {{-100.0, -100.0}, {100.0, 100.0}},
      preserveAspectRatio = false,
      grid = {2.0, 2.0})));
end TextualModel;
```

图 3-11　打开模型并切换到文本视图

图 3-11 中“annotation”后的内容是图形视图的声明，由系统自动生成，修改图形视图时，自动更新。

为方便输入模型文本，MWorks.Sysplorer 提供了编码助手功能(见图 3-12)，提示当前可供选择的关键字列表。

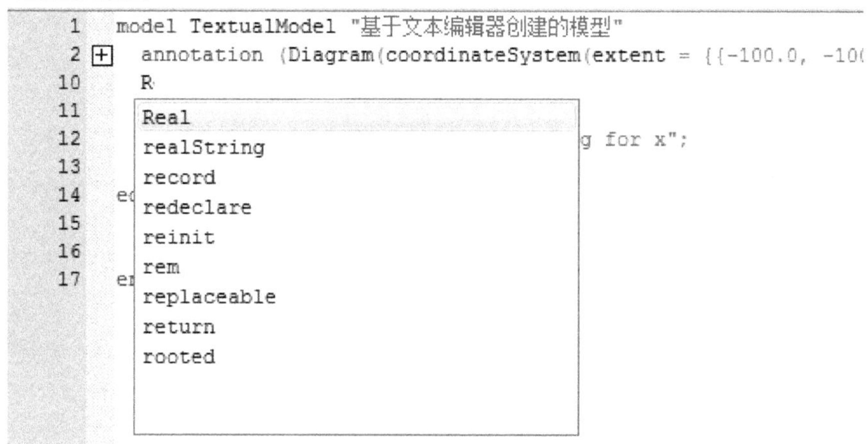

图 3-12　编码助手

如输入字母“R”时，系统搜索所有以“r”或“R”开头的关键字，显示在列表框中以供选择。按键盘“↑”“↓”键在关键字列表中上下移动，按“Enter”键确认选择后，系统在文本视图中插入选中的关键字。

按照图 3-9 所示，输入完整的代码，组件浏览器以节点的形式展示所有组件，单击工具栏上的按钮，切换到组件视图，在组件参数、组件变量面板中可以看到相应的参数以及变量(见图 3-13)。

图 3-13　显示参数

选择菜单“仿真”→“检查”或单击工具栏上的按钮进行模型的词法、语法和语义检查。检查结果将显示在输出窗口中(见图 3-14)。

如果在实际建模过程中模型检查不通过，可以通过单击输出窗口中高亮的模型名“TextualModel.mo(10)”(见图 3-15)将错误定位到具体的文本行，单击错误编号“错误(2691)”跳转至具体的错误说明页，查看错误产生原因、解决方法以及示例，以快速定位和解决问题。

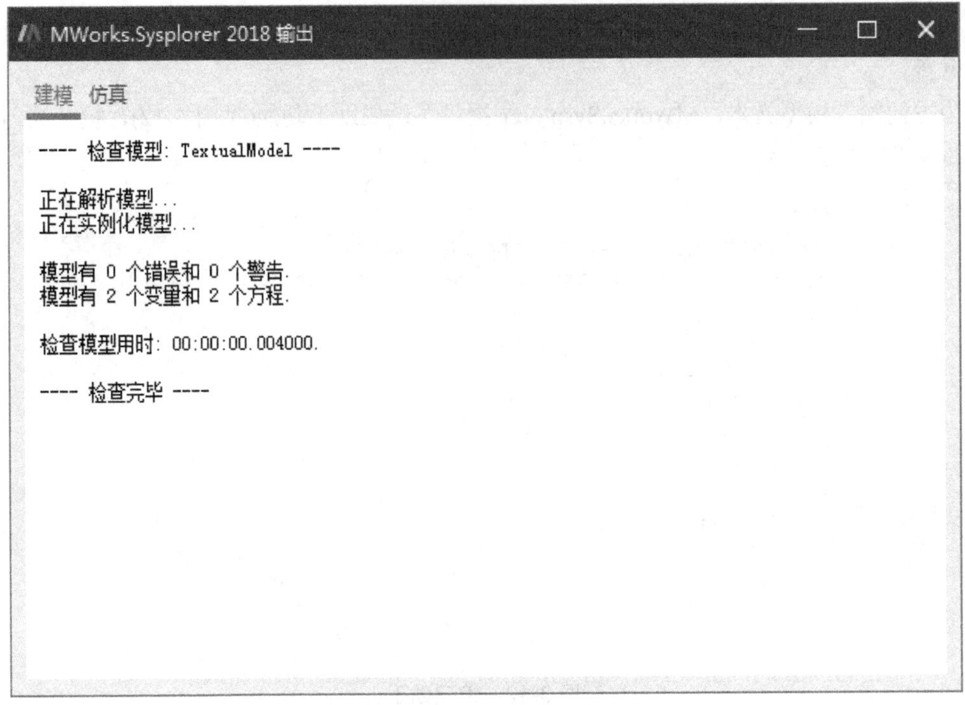

图 3-14 输出窗口输出的信息

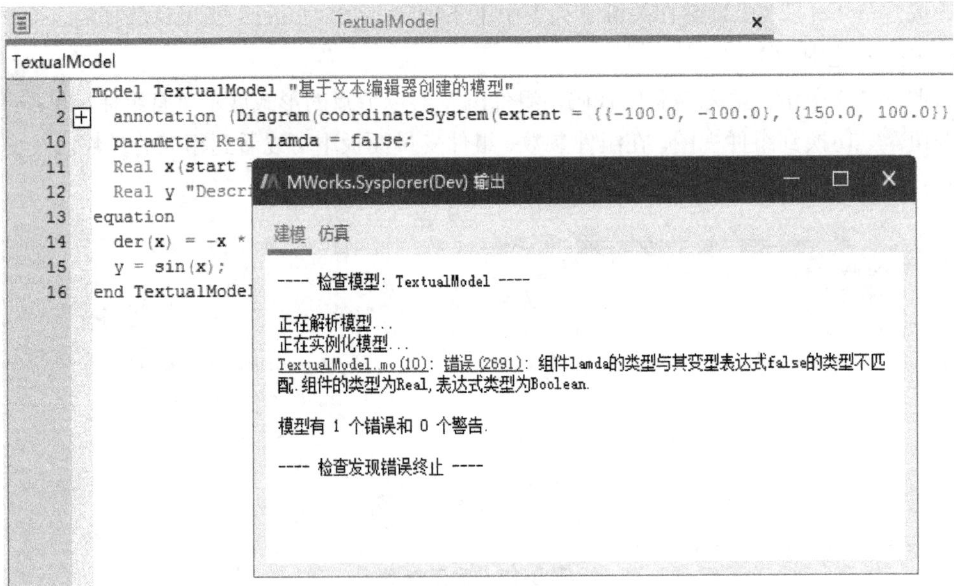

图 3-15 输出错误提示

在模型检查通过后开始仿真模型。首先进行仿真设置，单击工具栏上的按钮，切换到组件视图，选择菜单“编辑”→“属性”，在“模型属性”对话框中切换到仿真标签页，设置仿真区间、输出区间、积分算法等仿真选项，如图 3-16 所示。本例中设置开始时间为 0，终止时间为 10，输出区间个数为 500，算法为 Dassl，误差为 0.0001，初始积分步长为自适应。

图 3-16 TextualModel 模型的仿真设置

选择菜单“仿真”→“仿真”或单击工具栏上的按钮，MWorks.Sysplorer 将调用求解器，求解 TextualModel 模型，生成实例，实例显示在仿真浏览器中(见图 3-17)，实例文件生成在仿真结果目录下，输出窗口的建模标签页显示编译信息，仿真标签页显示仿真信息。

图 3-17 仿真浏览器显示 TextualModel 模型的仿真实例

在仿真浏览器上，直接拖曳 x 到空白处，系统将新建一个曲线窗口，并显示变量 x 的曲线。

拖曳变量 y 至曲线窗口，可在一个曲线窗口中同时查看变量 x、y 的结果曲线(见图 3-18)。其中曲线窗口中横轴坐标(即自变量)为“时间(time)”。

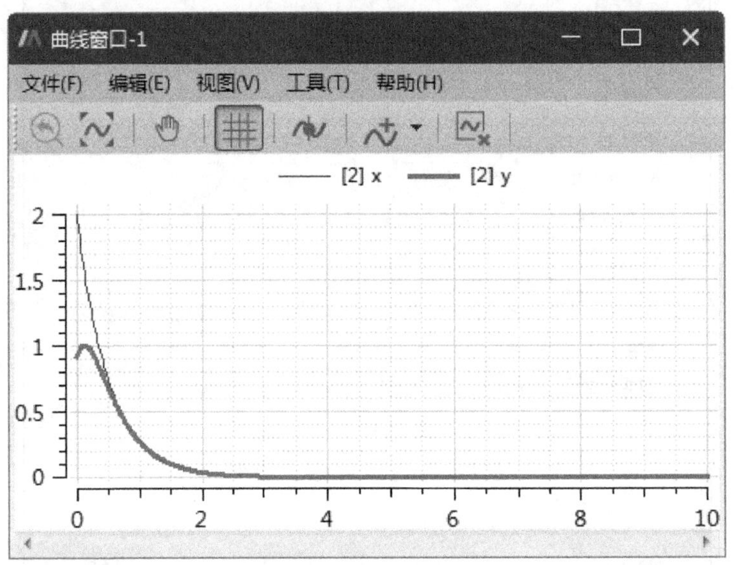

图 3-18　浏览结果曲线

如果要观察曲线在仿真过程中的变化，可以先打开 x、y 的曲线窗口，再单击“仿真”按钮，此时曲线窗口中观看到 x、y 的实时曲线。可在任意时刻单击按钮，暂停仿真，观察 x、y 在仿真到该时刻的曲线(见图 3-19)。

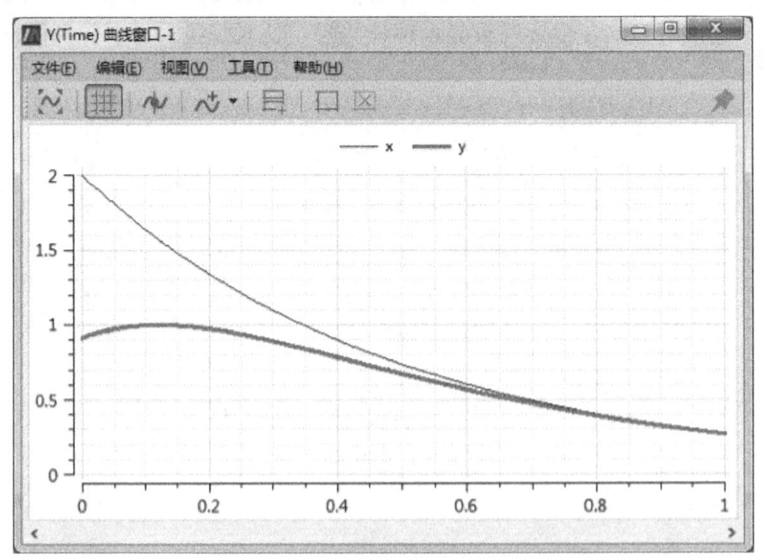

图 3-19　仿真暂停后曲线

在查看曲线后如果需要修改参数，例如，要将 lamda 的值修改为 0.1，可通过以下三种方式：

(1) 直接在文本视图修改 lamda 的定义“parameter Real lamda=0.1;”

(2) 修改组件参数面板 lamda 的值为 0.1；

(3) 切换到仿真浏览器的参数标签页，修改 lamda 的值为 0.1，在实例名处右击选择“保存仿真设置与参数到模型”(见图 3-20)，此时会弹出“保存仿真设置与参数到模型”对话框(见图 3-21)，列出参数值的变更情况，单击“确定”按钮，修改的参数值会保存到模型文本中。

图 3-20 选择“保存仿真设置与参数到模型”

图 3-21 “保存仿真设置与参数到模型”对话框

修改参数后再单击“仿真”按钮，打开 x、y 的曲线窗口，可以看到曲线的变化(见图 3-22)。

建模完成后，选择菜单“文件”→“保存”或单击工具栏上的按钮，系统将在新建时设置的存储路径下生成模型文件(.mo)。

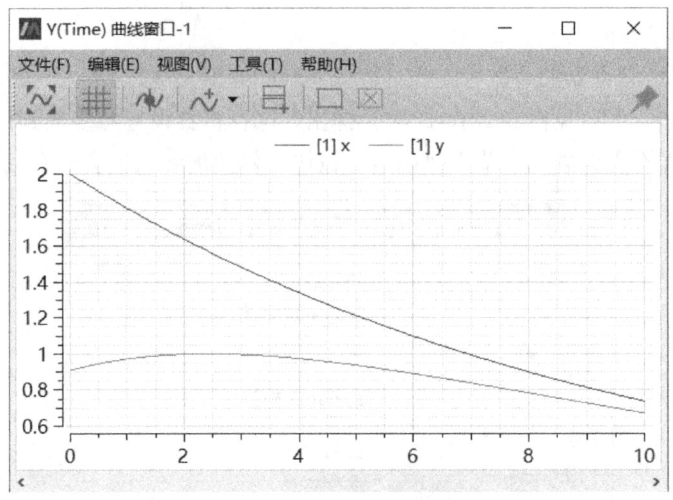

图 3-22　修改变量后的曲线

3.2.2　基于模型库建模

以双摆模型 DoublePendulum 为例(示例文件位置：...\Docs\Examples\DoublePendulum.mo)，演示基于 Modelica 标准库模型的创建、仿真。

概括地讲，创建一个新模型(库)一般需要以下步骤：

(1) 加载模型相关的模型库；

(2) 创建具体的模型；

(3) 设置模型参数；

(4) 检查模型语法及语义的正确性；

(5) 设置仿真选项，为求解模型作准备；

(6) 调用求解器进行模型仿真；

(7) 查看仿真结果。

首先启动 MWorks.Sysplorer，加载 Modelica 标准库并在模型浏览器中展开。

新建模型 DoublePendulum，单击工具栏上的按钮，切换到组件视图。在模型浏览器中选择 BodyBox(模型路径见表 3-2)，按住鼠标左键不放拖动组件，拖动到组件视图中适当位置后放开鼠标左键。此时 MWorks.Sysplorer 视图上自动创建一个 BodyBox 图形实体，组件浏览器上也会生成相应的组件节点，如图 3-23 所示。

表 3-2　双摆模型组件路径

模型	路径
Revolute	Modelica.Mechanics.MultiBody.Joints.Revolute
BodyBox	Modelica.Mechanics.MultiBody.Parts.BodyBox
Damper	Modelica.Mechanics.Rotational.Components.Damper
World	Modelica.Mechanics.MultiBody .World

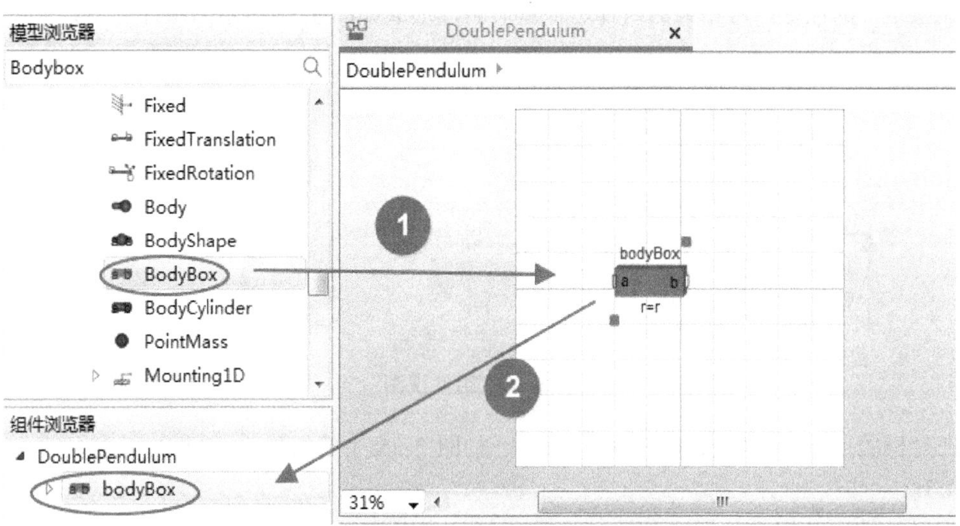

图 3-23　拖入模型组件

为了更好地标识组件，可以对组件进行重命名。右击组件 BodyBox，在弹出的上下文菜单中选择“重命名”，在“名字”文本框中输入组件的新名字。本例中输入为“boxBody1”(见图 3-24)。

图 3-24　重命名组件

依次拖动表 3-2 中的模型到组件视图。

调整组件的位置，对相关的组件进行重命名，形成如图 3-25 所示的组件视图。

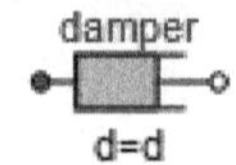

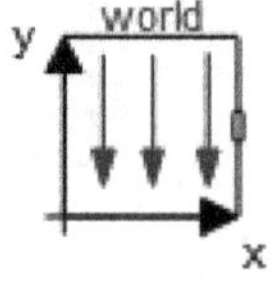

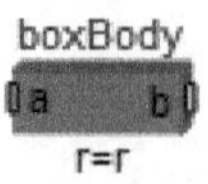

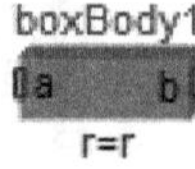

图 3-25 组件视图

在建模的过程中，可以复制和粘贴组件，如图 3-25 中的组件 revolute1 可由组件 revolute 复制得到。

将鼠标放置在组件视图中的连接器端口处，自动进入连接模式，此时光标变为⁺⌐(见图 3-26)，连接端点高亮显示。按住鼠标左键，并拖曳一段距离，MWorks.Sysplorer 将生成一条连接线。将连接线拖曳至另一个连接端口，松开鼠标，即可建立一条连接。

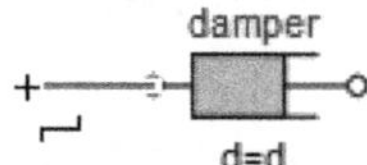

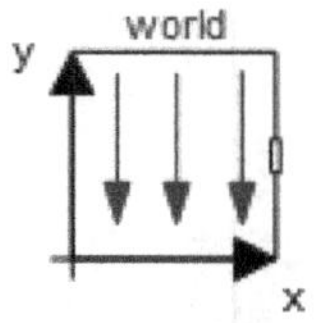

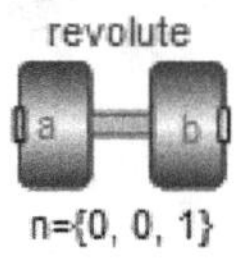

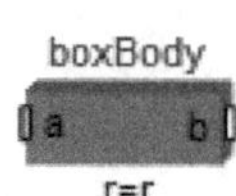

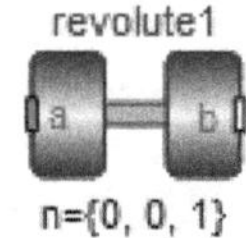

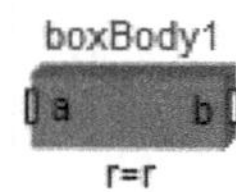

图 3-26 创建连接

将各个组件依次连接到一起，组成完整的模型 DoublePendulum，其组件视图如图 3-27 所示。

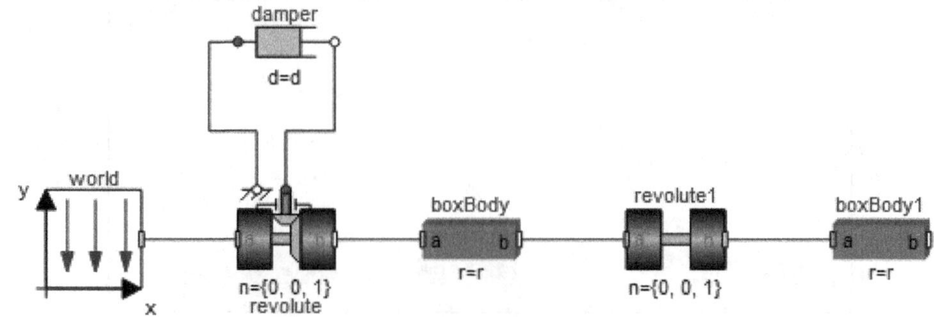

图 3-27 DoublePendulum 的组件视图

在建立连接的时候，会发现无法像图 3-27 一样建立组件 damper 和 revolute 之间的连接，那是因为组件 revolute 中 useAxisFlange 连接端口未显示。在 MWorks.Sysplorer 中可以通过调节参数的方法，来控制图形视图的显示。具体方法如下：

选中组件 revolute，在组件参数面板显示组件 revolute 中的所有参数。如图 3-28 所示，勾选参数 useAxisFlange，组件视图中的组件 revolute 将会显示 useAxisFlange 接口。此时，就可以按照图 3-27，建立 damper 和 revolute 之间的连接。

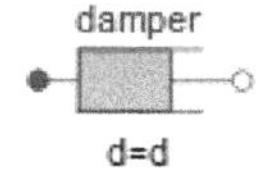

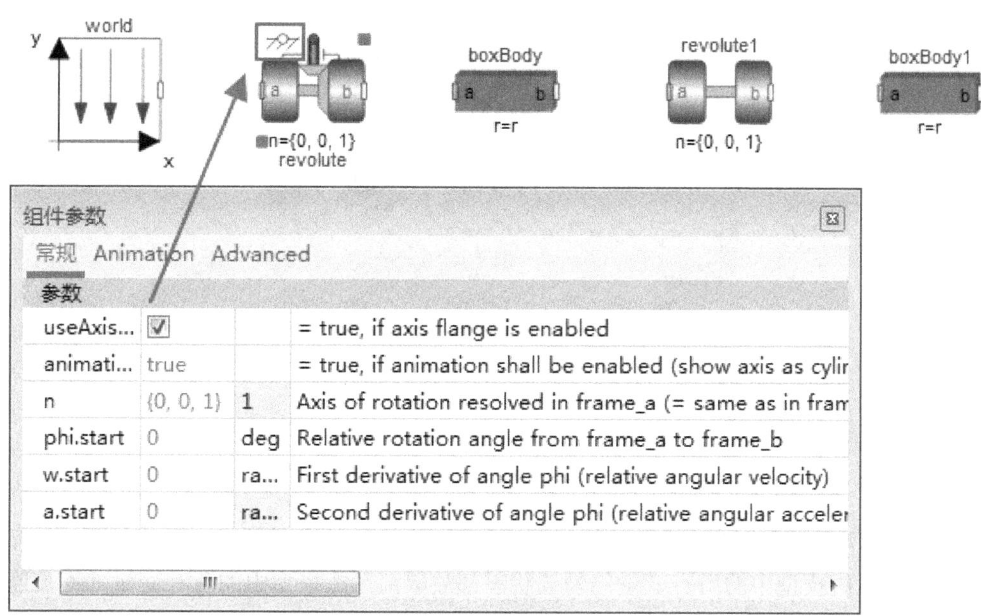

图 3-28　设置参数 useAxisFlange 值为 true

当然，在组件参数面板可以对模型和组件中的所有可编辑的参数进行修改，前提是对应的组件需要被选中。本例中将组件 damper 的阻尼参数"d"的值修改为"0.6"(见图 3-29)，将 boxBody 和 boxBody1 的杆长参数 "r" 修改为 "{0.5, 0, 0}"，宽度参数 "width" 修改为 "0.6"。

组件参数

常规　Advanced

参数

参数	值	单位	说明
phi_rel.start	0	deg	Relative rotation angle (= flange_b.phi - flange_a.phi)
w_rel.start	0	rad/s	Relative angular velocity (= der(phi_rel))
a_rel.start	0	rad/s2	Relative angular acceleration (= der(w_rel))
useHeatPort	☐		=true, if heatPort is enabled
d	0.6	N.m.s/rad	Damping constant

组件参数　命令窗口

图 3-29　修改 damper 的参数

可以只针对部分变量进行监视，对模型进行编译求解时，被监视的变量才会输出到仿真结果变量文件中，这样可以提高仿真求解的效率。本例中只对组件 boxBody.frame_b 和 boxBody1.frame_b 中的变量 r_0 进行监视。具体操作如下。

在组件浏览器上展开节点 boxBody，找到叶子节点 frame_b，并左键单击它。相对应的组件视图中的组件 frame_b 被选中，组件变量面板中显示组件 frame_b 的所有变量(见图 3-30)。

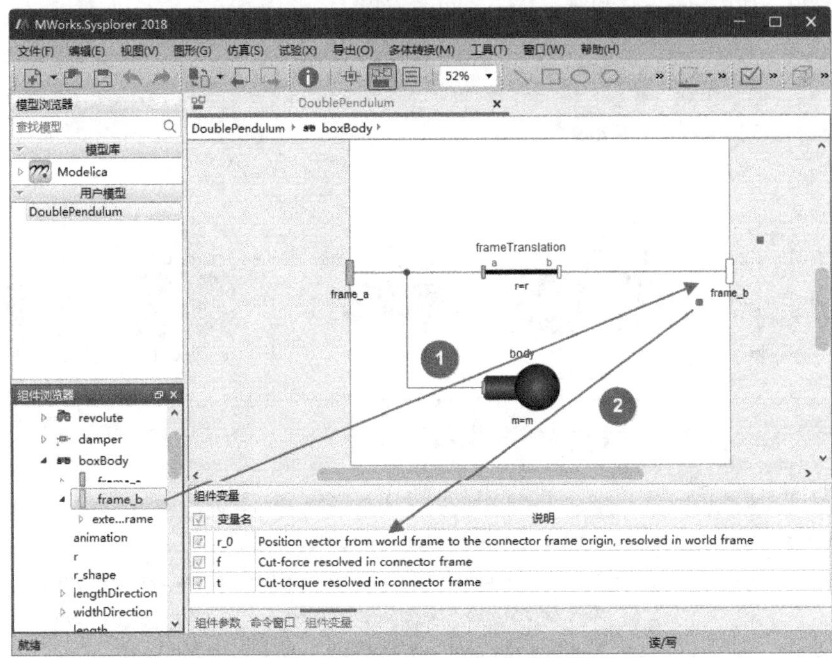

图 3-30　选中组件 boxBody.frame_b

默认的是所有变量都被勾选。如图 3-31 所示，右击组件变量面板，取消勾选“保存模型所有变量”，此时模型中的所有变量的勾选状态都被取消，即模型中的所有变量都不被监视。勾选变量 r_0。

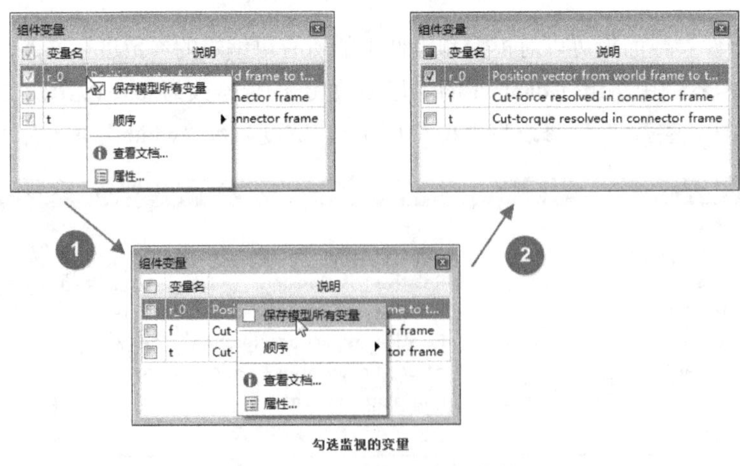

图 3-31　勾选要监视的变量

按照相同方法，勾选 boxBody1.frame_b 中的变量 r_0。

单击工具栏上的按钮☑进行双摆模型的词法、语法和语义检查。检查无误后，设置时间等仿真选项，本例设置仿真开始时间为 0，终止时间为 3。

单击⊙按钮，在仿真浏览器上生成实例 DoublePendulum，其变量标签页只显示监视的变量，如图 3-32 所示。

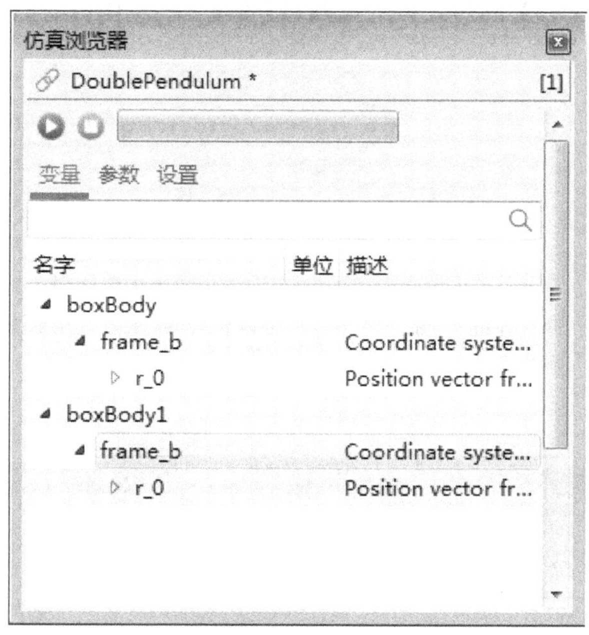

图 3-32　仿真浏览器

选择菜单“仿真”→“新建 Y(Time)曲线窗口”，MWorks.Sysplorer 会自动生成一个曲线窗口，将变量 boxBody.frame_b.r_0[2]和 boxBody1.frame_b.r_0[2]拖曳至该曲线窗口中，即可查看变量曲线，如图 3-33 所示。

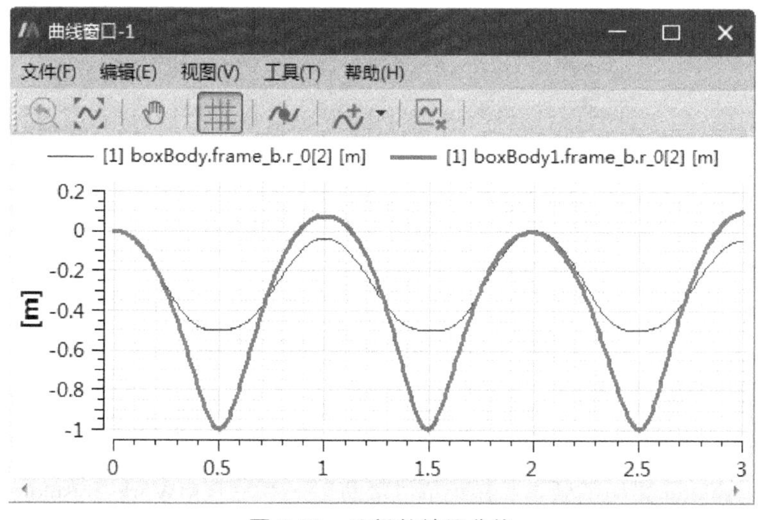

图 3-33　双摆的结果曲线

第 4 章 MWorks.Sysplorer 基础环境

4.1 概述

MWorks.Sysplorer 的主界面如图 4-1 所示。可以根据需要通过主菜单中的视图菜单来决定显示哪些窗口。

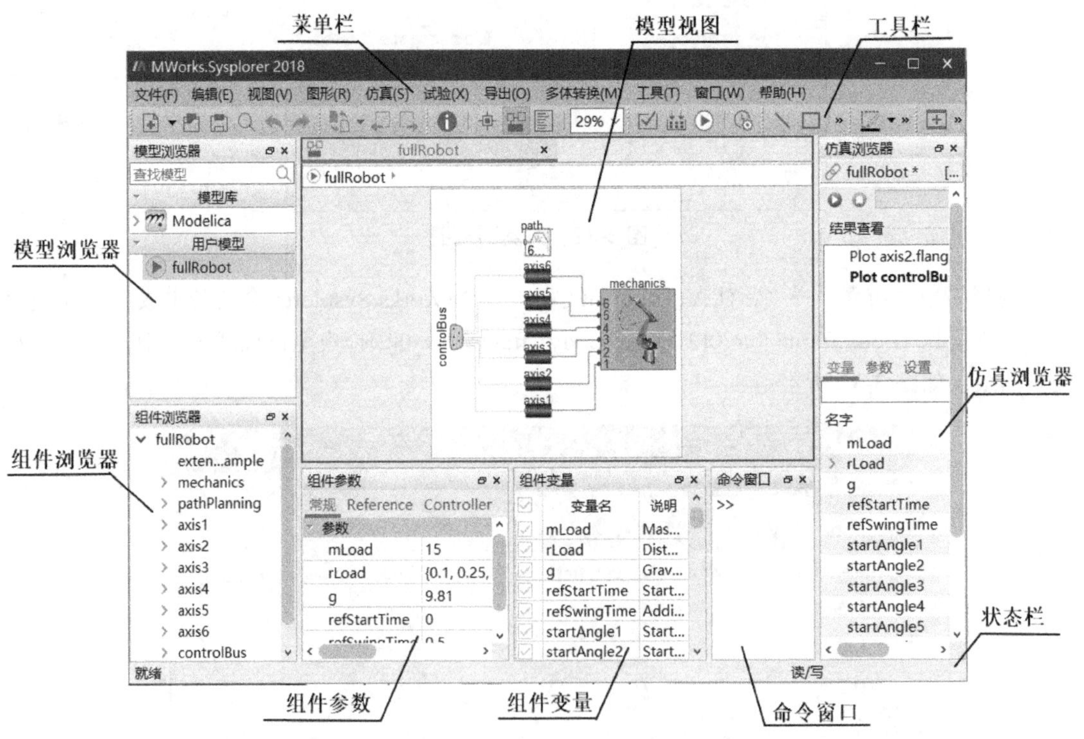

图 4-1 MWorks.Sysplorer 主界面

模型浏览器、组件浏览器、仿真浏览器、组件变量、组件参数为悬浮窗口，用户可以通过拖动改变其位置。选择菜单“视图”→“重置窗口布局”即可恢复到缺省状态。

MWorks.Sysplorer 采用的版本：在菜单“帮助”→“关于 MWorks.Sysplorer”中可以查看 MWorks.Sysplorer 的版本、版权及主页，如图 4-2 所示。

图 4-2　版本和版权

4.1.1　模型视图

MWorks.Sysplorer 通过三个视图来表现模型的不同方面。

(1) 图标视图：在其他模型中作为组件时的图形显示。

(2) 组件视图：显示模型的组件。

(3) 文本视图：显示模型的文本。

可以通过选择菜单“视图”→“模型视图”中不同的视图名称，切换不同的模型视图，如图 4-3 所示。也可以通过单击工具栏上的图标视图、组件视图、文本视图按钮来改变当前的视图(见图 4-4)。

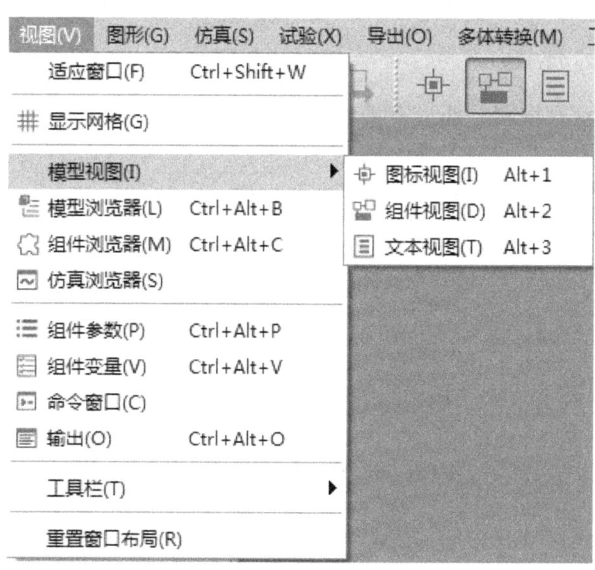

图 4-3　切换不同的模型视图

图 4-4　选择图标视图为当前视图窗口

MWorks.Sysplorer 允许不同模型显示不同视图。特别地，同一文件中的不同模型也可以显示在不同视图。如图 4-5 所示，模型 A、B、C 在同一文件中，可显示模型 B 的组件视图、模型 C 的图标视图、模型 A 的文本视图。

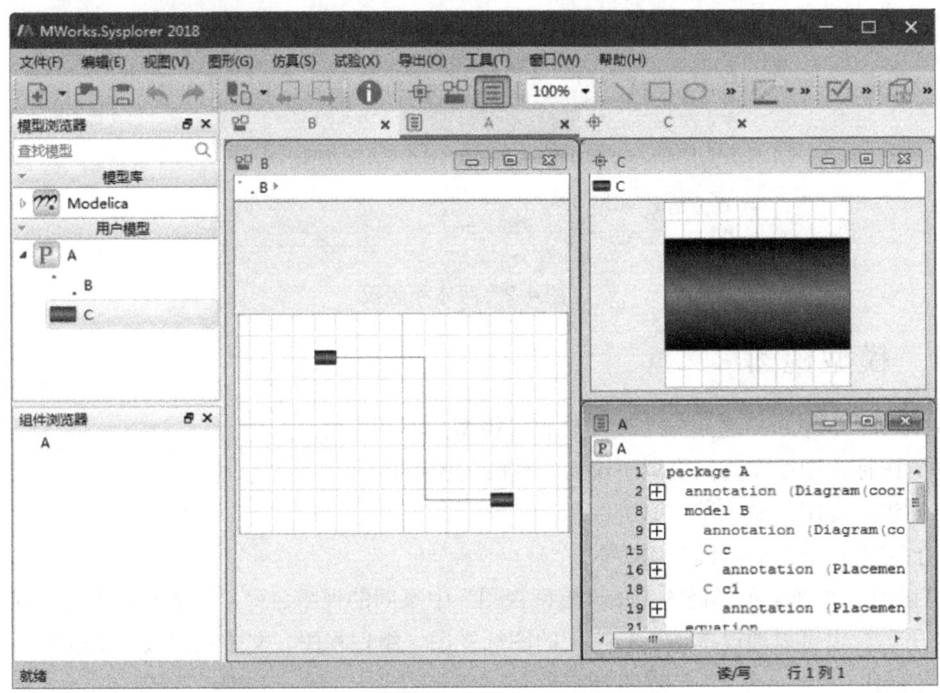

图 4-5　同一文件中的不同模型显示在不同视图

4.1.1.1　指定首选视图

每个模型有三种观察视图。通过在模型注解处添加 Modelica 代码，可设置第一次打开模型时首选打开的视图。

如图 4-6 所示，该代码将文本视图作为首选视图。

```
model T2
  annotation (Diagram(coordinateSystem(extent = {{-140.0, -100.0}, {140.0, 100.0}},
    preserveAspectRatio = false,
    grid = {2.0, 2.0})),
    Icon(coordinateSystem(extent = {{-100.0, -100.0}, {100.0, 100.0}},
      preserveAspectRatio = false,
      grid = {2.0, 2.0})), preferredView = "text");
end T2;
```

图 4-6　将文本视图作为首选视图

只要把图 4-6 中阴影部分中的“text”替换为“diagram”或“icon”,那么在打开模型时，显示的就为组件视图或图标视图。

4.1.1.2 跳转模型窗口

若同时有多个模型窗口被打开，则在“窗口”菜单中罗列当前打开的所有模型窗口，单击其中一个，系统将把该模型窗口激活为当前窗口，如图 4-7 所示。

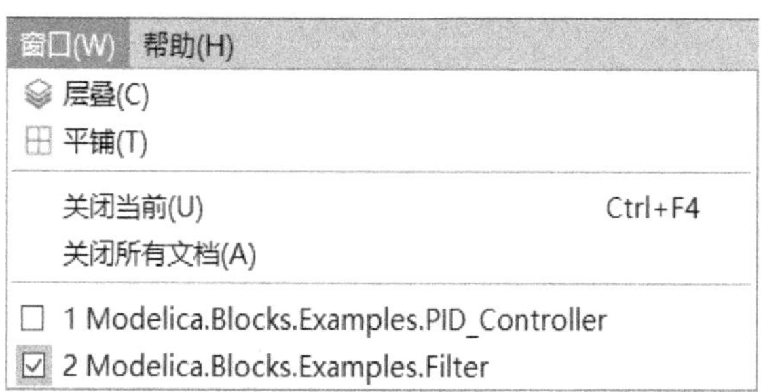

图 4-7 选择 Modelica.Blocks.Examples.Filter 窗口为当前模型窗口

单击工具栏上的模型导航按钮(见图 4-8)，也可以切换不同的模型窗口。

图 4-8 工具栏上的模型导航按钮

4.1.1.3 布置模型窗口

用户可以同时查看所有打开的模型窗口。选择菜单“窗口”→“层叠”，视图中的模型窗口将按顺序层叠显示。选择菜单“窗口”→“平铺”，模型窗口将按平铺显示。

4.1.2 动态提示

鼠标指针悬停于工具栏、模型浏览器、组件浏览器、图形视图或仿真浏览器上都会弹出动态提示。

鼠标指针悬停于工具栏上的工具按钮上，会动态显示该工具的功能，如图 4-9 所示。

图 4-9 工具动态提示

鼠标指针悬停于模型浏览器树形结构节点上，会动态显示当前节点处模型的名字及其注释信息。悬停时，对于有注释的模型，显示“模型名 – 模型注释”；对于无注释的模型，显示“模型名”，如图 4-10 所示。

鼠标指针悬停于组件浏览器树形结构节点或图形视图中的组件上，会动态显示当前节点处组件的类型全名，如图 4-11 所示。

鼠标指针悬停于仿真浏览器的实例节点上，会动态显示当前节点处实例所在的模型名称和存储位置，如图 4-12 所示。

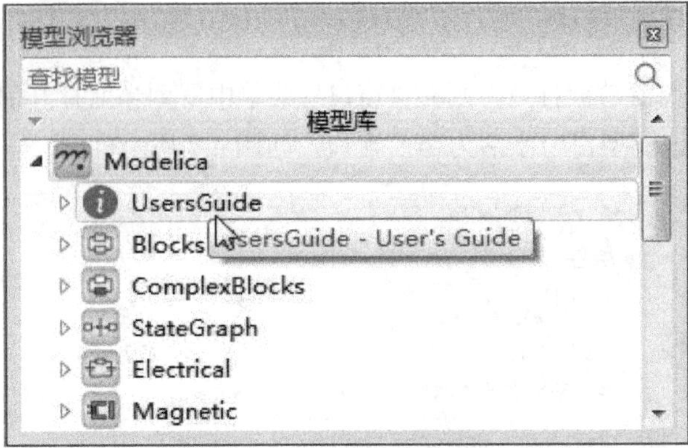

图 4-10　模型动态提示

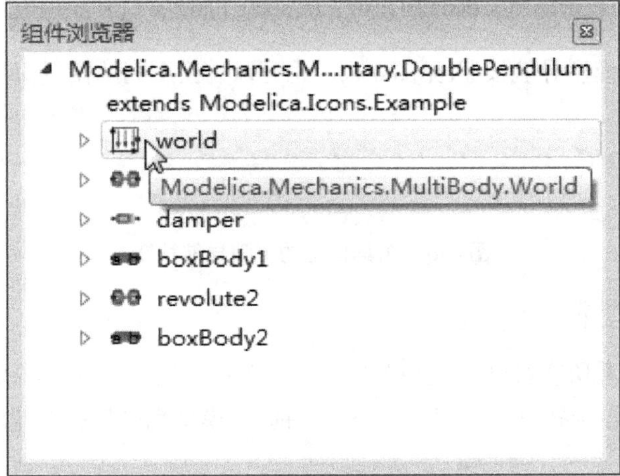

图 4-11　组件动态提示

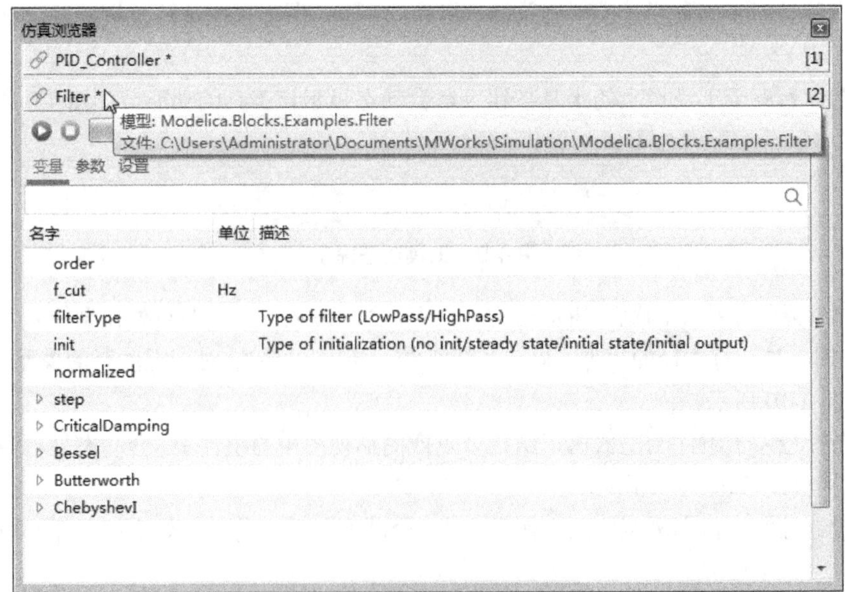

图 4-12　仿真实例动态提示

4.1.3 模型加载

通过菜单“文件”→“打开”或单击工具栏上的按钮可加载模型。MWorks.Sysplorer 支持直接从资源管理器中拖曳.mo 或.mef 文件至软件的方式打开模型。

最近用到的文件会被记录在“文件”→“最近的文件”的列表中，单击列表中的任一文件，即可加载对应的模型。

模型加载完毕后，会显示在模型浏览器上。

若模型已被加载，则进行重复加载时，系统会弹出是否替换的提示，如图 4-13 所示，单击“确定”按钮，将丢弃未保存的模型变更，模型将重新加载。

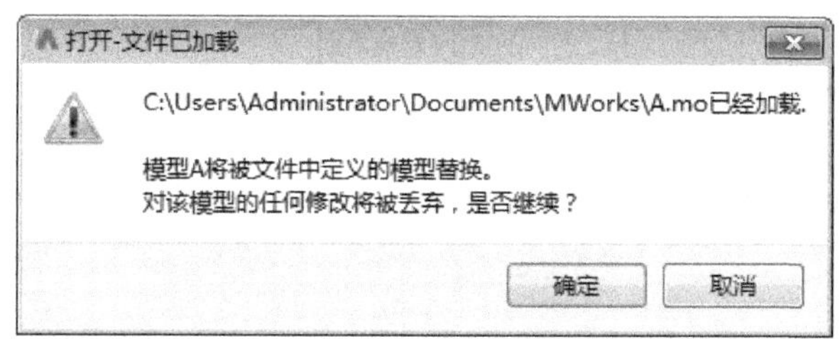

图 4-13　替换提醒

4.1.4 模型检查

右击模型浏览器上的节点并选择弹出菜单中的“检查”或单击工具栏上的检查按钮(见图 4-14)，或通过菜单“仿真”→“检查”，可对当前模型进行词法、语法和语义检查。

图 4-14　工具栏上的检查按钮

检查的结果会显示在输出窗口中(见图 4-15)。若模型检查通过，在输出窗口中会显示该模型中的变量和方程数。

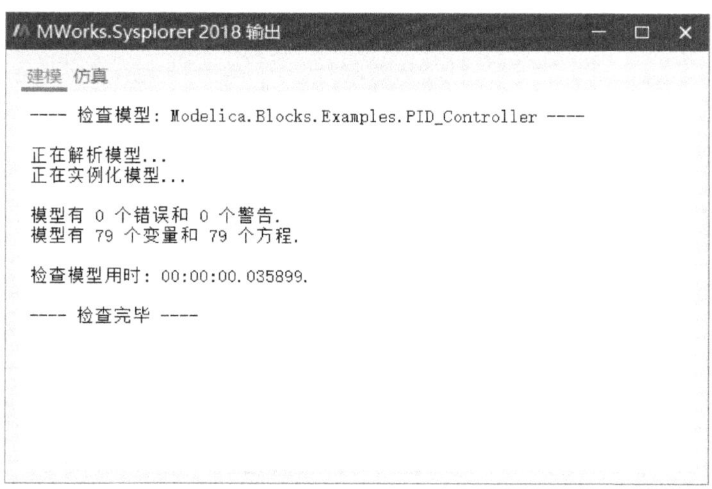

图 4-15　Modelica.Blocks.Examples.PID_Controller 的检查信息

若检查失败，则在输出栏中会有相关的错误提示信息(见图 4-16)。这时可以通过单击输出栏高亮的模型名“Model47.mo(2)”将错误定位到具体的文本行，单击错误编号“错误(3004)”跳转至具体的错误说明页，以查看错误产生原因、解决方法以及示例，帮助用户快速定位和解决问题。

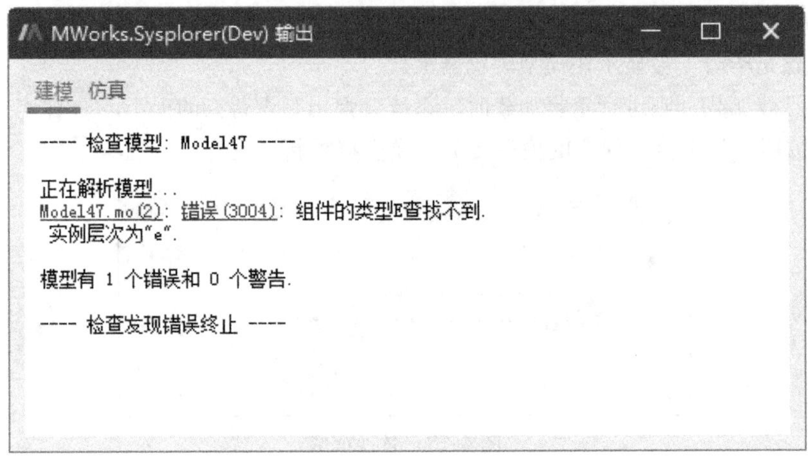

图 4-16　模型检查失败案例输出栏信息

检查或仿真模型时，状态栏中会显示进度条，单击按钮(见图 4-17)，可以停止当前检查或仿真操作。

图 4-17　检查或仿真时，状态栏的显示

4.1.5　模型翻译

单击工具栏上的翻译按钮(见图 4-18)或通过菜单“仿真”→“翻译”，可对当前模型进行翻译。

图 4-18　工具栏上的翻译按钮

翻译的结果将会显示在输出窗口上。若翻译通过，则在输出窗口中会显示该模型的翻译结果，Modelica.Mechanics.MultiBody.Examples.Systems.RobotR3.fullRobot 的翻译信息如图 4-19 所示。

若翻译失败，则在输出窗口中会有相关的错误提示信息(见图 4-20)。这时可以通过单击错误编号“错误(6141)”跳转至具体的错误说明页，查看错误产生原因、解决方法以及示例，以便快速定位和解决问题。

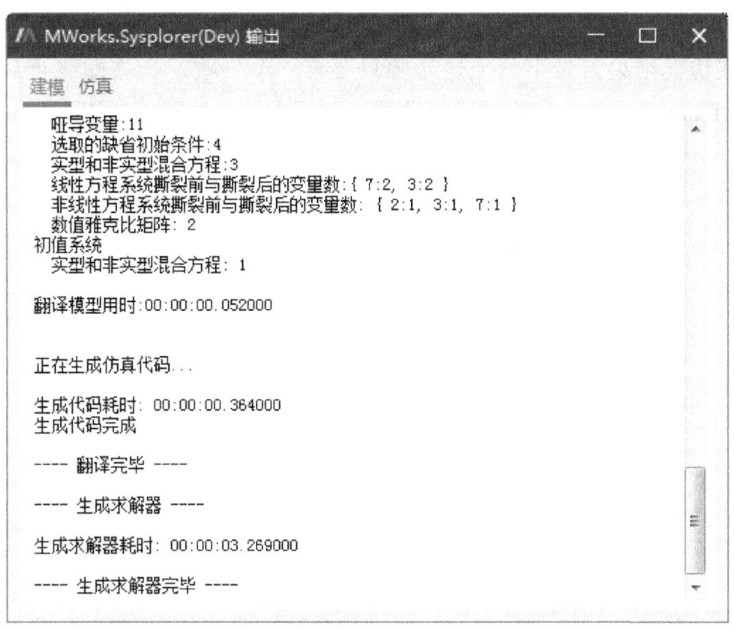

图 4-19　Modelica.Mechanics.MultiBody.Examples.Systems.RobotR3.fullRobot 的翻译信息

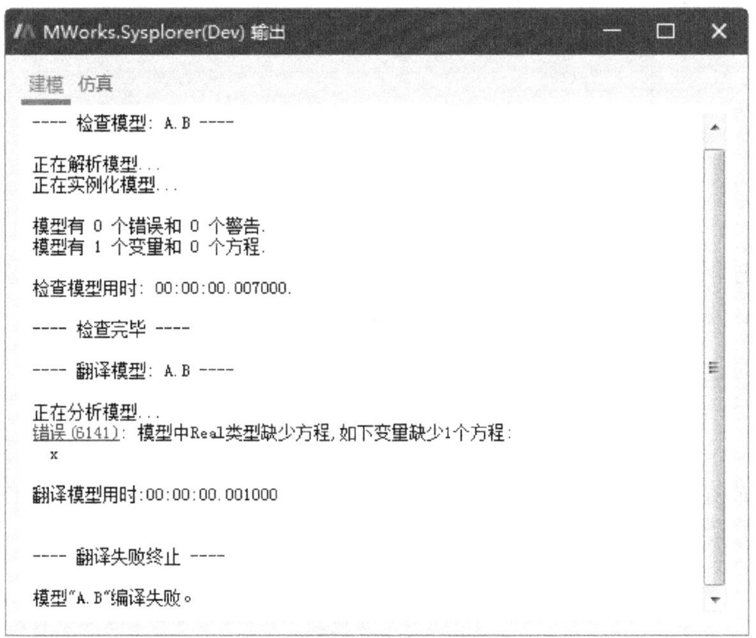

图 4-20　模型翻译失败案例输出栏信息

4.1.6　模型仿真

单击工具栏上的仿真按钮(见图 4-21)或通过菜单“仿真”→“仿真”，可依次对模型执行检查、编译、求解操作，具体步骤如下：对当前模型进行词法、语法和语义检查，输出检查信息；编译当前主模型，生成 MWorks.Sysplorer 求解器，输出编译以及求解器生成信息；更新求解器，创建仿真实例，调出仿真浏览器窗口，显示仿真实例；最后运行求解器生成仿真结果，仿真结果生成在仿真结果目录下。上述步骤只要有一个失败，会立即终止后续操作。仿真 Modelica.Blocks.Examples.Filter，在仿真浏览器上生成实例，如图 4-22 所示。

图 4-21　工具栏上的仿真按钮

图 4-22　在仿真浏览器上生成实例

整个仿真过程中的信息动态输出，输出栏的建模标签页输出检查、编译、求解信息，仿真标签页输出仿真信息，检查以及仿真过程以进度条的方式展示进度。

4.1.7　撤销与重做

编辑模型时，若发生错误，则可以通过菜单“编辑”→“撤销”来撤销错误的操作。如果最后决定不想撤销某些操作，可以通过菜单“编辑”→“重做”恢复撤销的操作。在工具栏上也有撤销和重做按钮(见图 4-23)。

图 4-23　工具栏上的撤销和重做按钮

4.2　模型浏览器

模型浏览器(见图 4-24)用于加载并显示 Modelica 模型库和用户自定义模型的层次结构，并可以对类进行操作，如保存、检查、卸载等。模型浏览器上下文菜单如图 4-25 所示。

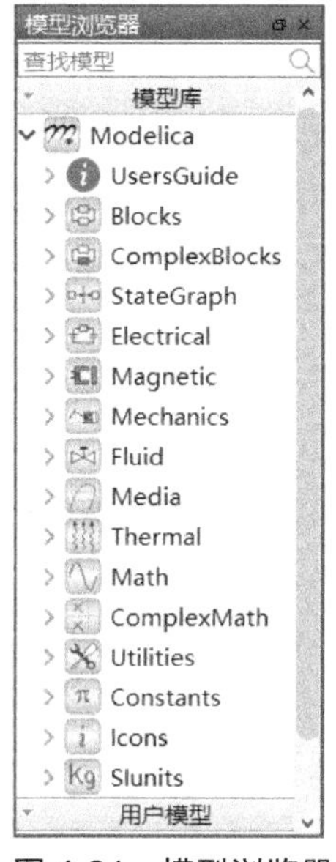

图 4-24　模型浏览器

图 4-25　模型浏览器上下文菜单

4.2.1　Modelica 类

类是 Modelica 语言的基本结构元素，是构成 Modelica 模型的基本单元。类的实例称为对象或组件，实例化的类称为对象或组件的类型。类中可包含变量、嵌套类、算法和方程。变量代表类的属性，算法和方程定义类的行为，描述变量之间的约束关系。

Modelica 类分为一般类和受限类。受限类具有特殊用途，在语法规范上有一定的限制。使用受限类是为了使 Modelica 模型代码便于阅读和维护。一般类由关键字 class 修饰，受限类由特定的关键字修饰，如 model、connector、record、block 和 type 等。

受限类只不过是一般类概念的特殊化形式，在模型中受限类关键字可以被一般类关键字 class 替换，而不会改变模型的行为。受限类关键字也可以在适当条件下替换一般类关键字 class，只要二者在语义上等价。受限类与一般类的详细含义与作用如表 4-1 所示。

表 4-1　类

类	名称	作用
class	类	通用类
package	包	用于模型(库)的层次结构组织
connector	连接器	组件之间的连接接口
block	框图	兼容基于框图的因果建模
function	函数	过程式建模
type	类型	类型别名
record	记录	数据结构
model	模型	陈述式建模

4.2.2 模型节点

以树状的形式显示当前模型库和用户自定义模型的层次结构。通过选择菜单“工具”→“选项”→“环境”→“模型库”设置的预加载模型库显示在“模型库”分组中，通过其他方式打开的模型显示在“用户模型”分组中。单击 > 图标或双击节点名，可展开显示其嵌套模型。由 package.order 文件或声明来控制嵌套模型的显示顺序。

1. 颜色提示

在模型浏览器中，不同颜色表示模型处于不同的状态。

蓝色填充的矩形框：当模型名称被由蓝色填充的矩形框包围时，意味着该模型处于被选中状态。

红色字体：当模型文字呈红色时，意味着模型已被修改，但尚未保存。对于非结构化模型(在同一文件中的模型)，修改嵌套模型后，其对应的父模型节点也会显示为红色。

黑色字体：当模型名称字体呈黑色时，意味着模型已经保存，或者模型刚刚创建还没有进行任何修改。

2. 图标符号

模型浏览器树形结构中，每个模型名称前都有一个小图标，这些小图标由可视化建模时模型图标视图中的内容构造得到。如果模型可编辑，则可在图标视图中对图标进行编辑，创建用户自定义的图标，模型浏览器会实时更新。

表 4-2 列出了 Modelica 标准库中一些通用的图标及其代表的意义。

表 4-2 通用图标

图标	意义	说明
P	package 类型	通常包括其他不同类型的嵌套模型和常量
i	包含模型说明信息的模型	这种模型一般只包括模型说明信息，打开该模型时缺省显示说明视图。不能将模型作为组件插入其他模型中
f	function 类型	函数类型
	record 类型	记录类型
	connector 类型	连接器类型

3. 节点文字

模型浏览器上的节点文字，默认显示的是模型名，也允许显示为模型描述信息，在菜单“工具”→“选项”→“建模”→“模型浏览器”→“模型节点文字”中进行设置即可。详细介绍请参见 4.13.1.2 节。

4.2.3 查找模型

当知道模型的全名或者部分名，但不知道其位于哪里时，可以运用查找功能在模型浏览器上定位它。

在查找列表中输入要查找的关键字，单击“查找”按钮或按下 Enter 键可进行查找。若找到匹配的模型，则对应模型名的背景将置为灰色以标识匹配(见图 4-26)。继续单击该按钮，则从当前位置继续向下查找。查找时不区分大小写。

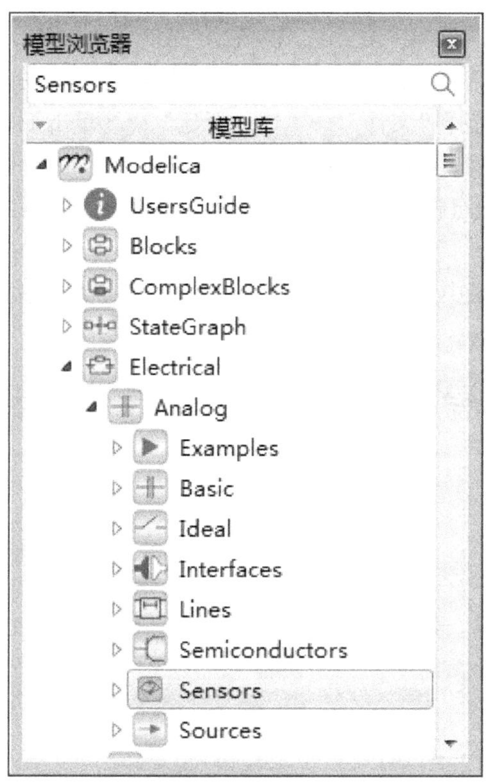

图 4-26 搜索节点“Sensors”

4.2.4 打开

若要打开模型的建模窗口，可右击树形结构上的节点，在弹出的菜单中选择“打开”，或者双击节点。打开模型的同时会更新相应的组件浏览器中的内容。

对于只读模型，如模型库模型、加密模型，也可以被打开，但是打开后只可查看，不可修改。

4.2.5 在新窗口打开

“在新窗口打开”与“打开”的区别是：选择“打开”时会覆盖当前的建模窗口；而选择“在新窗口打开”，会保留当前的建模窗口，并添加新的建模窗口，新的建模窗口默认显示的视图可以自定义。

4.2.6 检查

若需对当前模型进行检查，可右击树形结构上的节点，在弹出的菜单中选择“检查”或选择菜单“仿真”→“检查”，也可以单击工具栏上的按钮。具体可参见 4.1.4 节。

4.2.7 新建模型

对于创建新的 Modelica 模型，支持六种受限类：model、connector、record、block、function、package，允许新建顶层和嵌套的模型，并提供单个文件、目录结构、保存到父模型所在文件三种存储方式。

可以通过以下方式激活“新建模型”对话框(见图 4-27)：①选择菜单“文件”→“新建”，单击相应的模型类型；②选择“文件”→“快速新建”；③单击工具栏上的快速新建按钮；④在模型浏览器上右击模型节点，在弹出的菜单中选择“在<class>中新建模型”。

选择快速新建时，系统直接新建顶层 model 类型的模型，模型名由系统自动生成 Model_1、Model_2，编号依次递增。

提示：若当前工作目录中存在“Model_X.mo”，“X”为正整数，则执行快速新建 model 操作时，会跳过这些模型名。

图 4-27 “新建模型”对话框

下面就“新建模型”对话框中的选项进行介绍。

(1) 模型名：Modelica 规定，模型名应以字母或下划线字符开头，由字母、数字、下划线组成。新建模型不能与 Modelica 关键字、内置类型、内置函数同名，不能与相同层次中已经存在的模型和组件重名。

(2) 模型类别：在类别下拉列表中列出了 8 种受限类(model、class、connector、expandable connector、record、block、function、package)供选择，如图 4-28 所示，与工具栏中快速新建按钮旁的下拉列表显示的内容相同。

(3) 模型描述：模型相关的描述。如果输入内容中包含“\”或“"”，文本视图中将显示“\\”和“\"”。

(4) 基类：模型的基类，输入多个基类时，类名之间用分号隔开。

(5) 插入到：“插入到”下拉列表中列出了 package 类型的顶层类和嵌套类，选择“<Top Model>”时表示创建顶层类。

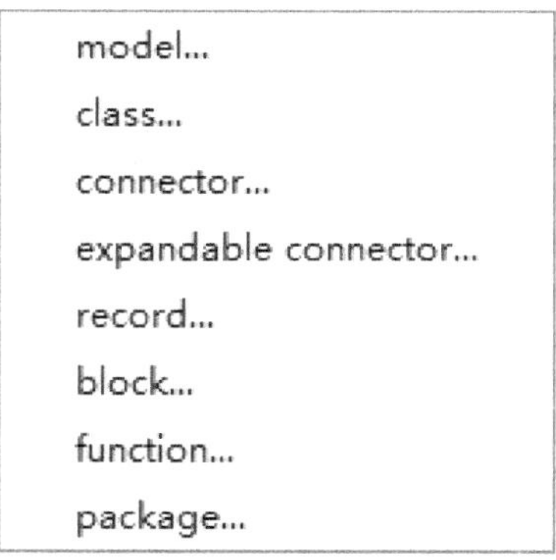

图 4-28　模型类别

(6) 模型文件存储位置：如果是顶层模型，默认为菜单“工具”→“选项”→“环境”路径属性页中设置的工作目录，单击按钮可设置模型文件的存储位置；如果是嵌套模型，默认为父模型文件存储位置，不可修改。

(7) 模型存储：对于顶层的 package 类型的模型，可以选用“保存为目录结构”或“保存为单个文件”的存储方式；对于嵌套模型，可以选用“保存到父模型所在文件”；其他类型只能选择“保存为单个文件”。

4.2.8　保存

右击模型浏览器上的节点，选择弹出菜单中的“保存”或选择菜单“文件”→“保存”，或单击工具栏上的按钮，可以保存修改后的模型。对于只读模型或新建的未经修改的模型，“保存”功能不可用。提示：对于非结构化模型，选择保存一个节点(如父节点)，其余的都将被保存。

为了方便用户进行批量操作，系统提供一次保存所有模型的功能。只要选择菜单“文件”→“保存所有”即可实现。

关闭程序时，系统会弹出已修改但未保存的模型清单对话框(见图 4-29)。在对话框中，通过勾选的方式可选择保存哪些模型。

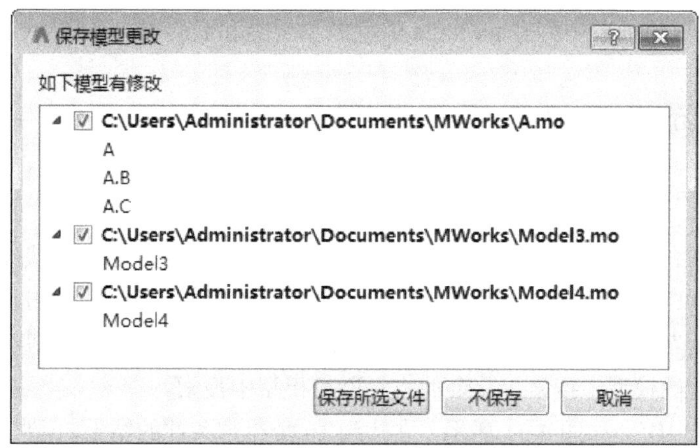

图 4-29　修改未保存的模型清单

4.2.9 另存为

右击模型浏览器上的节点，选择弹出菜单中的“另存为”或选择菜单“文件”→“另存为”，可另存为现有的模型。在弹出的“另存为”对话框中(见图 4-30)，可输入新的模型名等，单击“确定”按钮，另存为的模型会显示在用户模型节点下。

图 4-30 “另存为”对话框

下面就“另存为”对话框中的选项进行介绍。

(1) 源模型：被另存为的模型。

(2) 目标模型：另存为生成的新模型。

(3) 新名字：另存为生成的新模型名称。

(4) 描述：模型相关的描述。如果输入内容包含“\”或“” ”，文本视图中将显示“\\”和“\”。

(5) 插入到：下拉列表中列有 package 类型的顶层类和嵌套类，选择“<Top Model>”时表示创建顶层类。

(6) 模型文件存储位置：参见 4.2.7 节中的模型文件存储位置。

4.2.10 搜索

若要根据设置的查找选项在模型库和用户自定义模型中查找模型(查找结果显示在结果列表中)，可以通过以下方式激活“搜索”对话框：①在模型浏览器中，右击模型节点并选择弹出菜单中的“搜索”；②选择菜单“文件”→“搜索”；③单击工具栏上的搜索按钮。其中，第一种方式将在选定的模型中搜索，其余的将在所有模型中搜索。

例如，搜索“PID”，如图 4-31 所示，共找到 10 个符合条件的结果，总共比较了 35298 个。

(1) 搜索：输入搜索内容，搜索框自动记录先前输入的内容，单击搜索框右端的下拉箭头会显示查找记录列表。

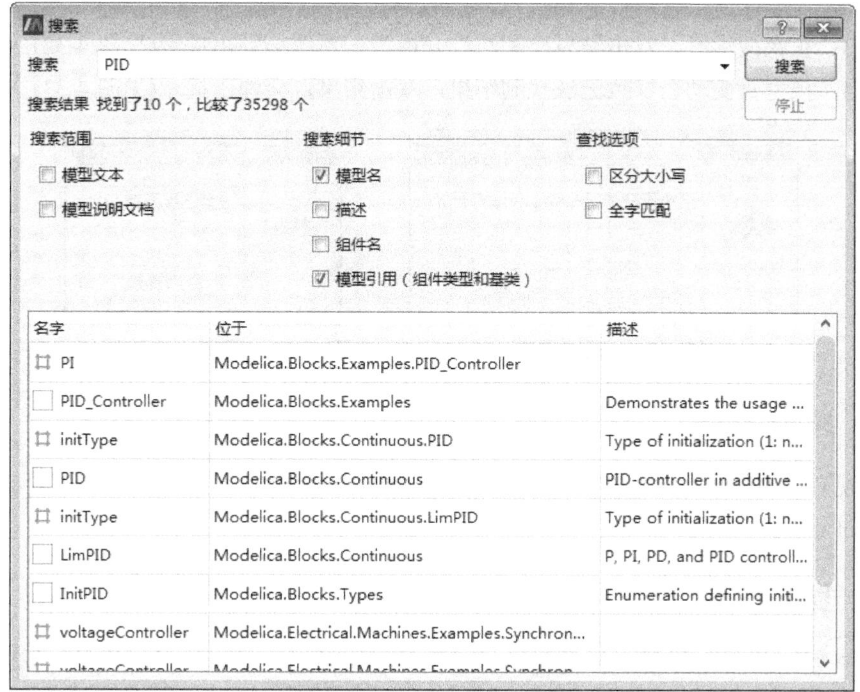

图 4-31 “搜索”对话框

(2) “搜索”按钮：单击后立即搜索，搜索的结果实时显示在搜索结果列表中。

(3) “停止”按钮：单击后停止当前正在进行的搜索。

(4) 搜索结果：显示找到和比较的个数。

(5) 搜索范围→模型文本：在模型全文中查找，忽略注解(annotation)中的文字。

(6) 搜索范围→模型说明文档：在模型的 info 文本中搜索。

(7) 搜索细节→模型名：比较模型名，这是最快捷的搜索方式。

(8) 搜索细节→描述：比较模型和组件的描述。

(9) 搜索细节→组件名：比较组件名。

(10) 搜索细节→模型引用：比较组件类型和基类名字，包含简短类的引用类型。

(11) 查找选项→区分大小写：比较文字时会区分大小写。

(12) 查找选项→全字匹配：查找到的结果会与搜索框中的文字完全匹配，全字匹配搜索不支持中文和特殊字符。

(13) 搜索结果列表：显示搜索结果的名字、位于和描述。

提示 1：结果图标表示这个结果的类型，表示 record 类型。表示 function 类型，P 表示 package 类型，表示 document 类型，表示 connector 类型，表示 component 类型，表示这个结果是 extends 语句。

提示 2：搜索结束后，可以双击搜索结果，如果这个结果是模型，将会在模型浏览器上定位该模型并打开模型视图；如果这个结果是组件，则会打开这个组件所在的模型，并选中这个组件。如果这个结果是继承语句，则会打开这个继承语句所在模型的文本视图并高亮显示这个语句。

提示 3：正在搜索时，双击结果，无法打开模型，系统会弹出提示(见图 4-32)。

提示 4：模型有变动会导致无法找到结果，双击结果，会弹出提示(见图 4-33)。

图 4-32　无法打开

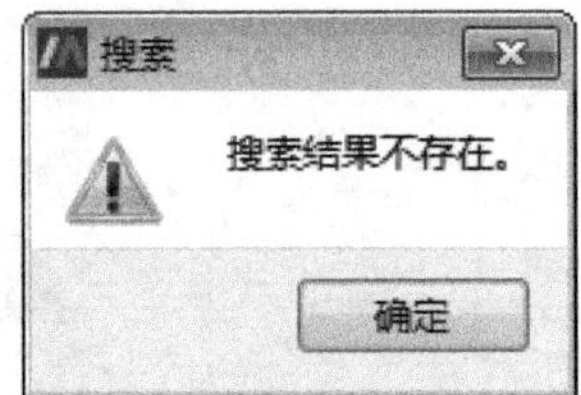

图 4-33　搜索结果不存在

4.2.11　复制全名

复制现有模型的全名，右击模型浏览器上的节点，选择弹出菜单中的“复制全名”，复制现有模型的全名。

4.2.12　复制模型

右击模型浏览器上的节点，选择菜单中的“复制模型”，可复制存在的模型产生新的 Modelica 模型。通过复制操作可以改变模型层次，如将顶层类复制为另一模型的嵌套类或反之；也可将非结构化嵌套类改为按结构化方式存储；还可将模型库中的模型复制出来供外部编辑与复用。

“复制”对话框(见图 4-34)中各项设置的具体含义，请参见 4.2.9 节。

图 4-34　复制对话框

4.2.13 卸载/删除

(1) 卸载：移除当前模型，右击模型浏览器上的节点，选择弹出菜单中的“卸载”。若卸载的模型未保存，则系统会弹出提示。

(2) 删除：删除模型浏览器上用户自定义的嵌套模型。右击模型浏览器上的节点，并选择弹出菜单中的“删除”。

提示：MWorks.Sysplorer 允许卸载或删除被引用的模型。

4.2.14 重命名

右击模型浏览器上的节点，选择弹出菜单中的“重命名”，即可修改节点对应的模型名。在弹出的“重命名”对话框中(见图 4-35)，可以查看该模型被哪些模型引用。重命名后，勾选的引用点随之改变。

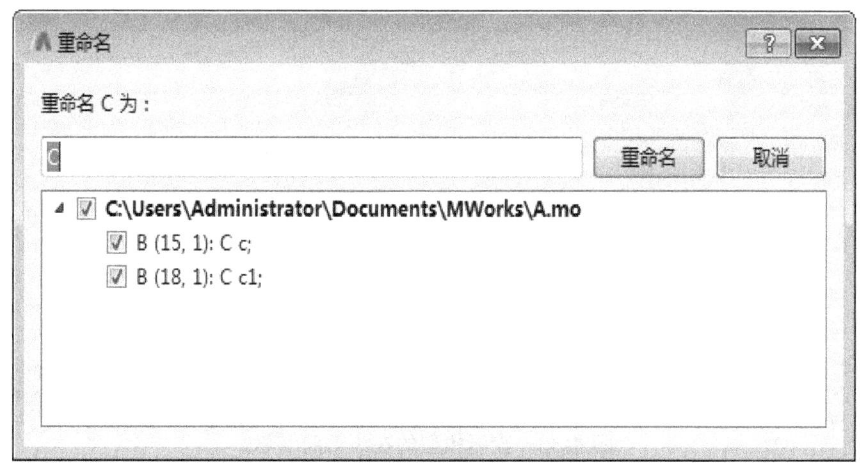

图 4-35 “重命名”对话框

4.2.15 打开所在文件夹

在 MWorks.Sysplorer 中可以直接定位并打开模型所在的文件夹。右击模型浏览器上的节点，选择弹出菜单中的“打开所在文件夹”，模型所在的存储位置将被打开。对于新建的未保存的模型，打开的是创建时设置的存储位置。

4.2.16 全部折叠

右击模型浏览器上的节点或空白处，选择弹出菜单中的“全部折叠”，折叠模型浏览器上所有模型节点。

4.2.17 查看文档

在“MWorks.Sysplorer 2018 帮助”对话框中可查看模型的在线帮助信息(见图 4-36)，方法为在模型浏览器中右击模型节点并选择弹出菜单中的“查看文档”，详见 4.11.3 节。

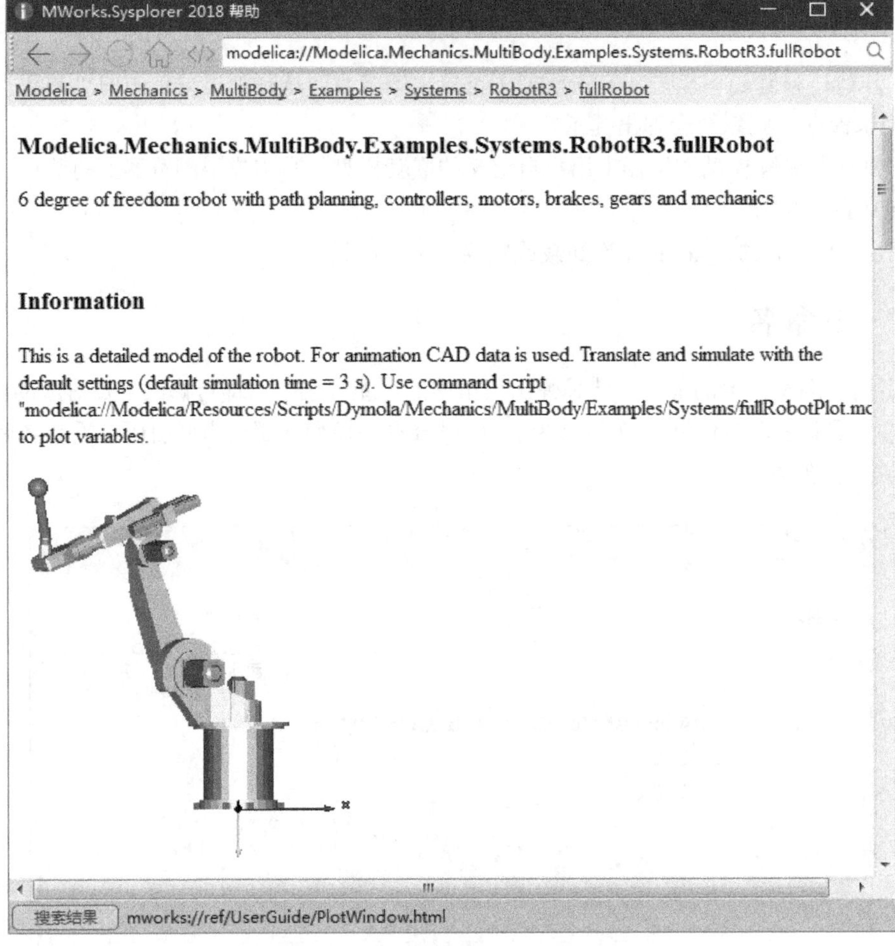

图 4-36　查看模型的在线帮助信息

4.2.18　属性

模型的属性，如模型名、模型描述、模型求解时的缺省仿真设置等，可以在“模型属性”对话框中查看和修改。可以通过以下方式激活“模型属性”对话框：①在模型浏览器中，右击模型节点并选择弹出菜单中的“属性”；②打开模型，选择菜单“编辑”→“属性”；③在模型组件或图标视图中，右击空白处，选择弹出菜单中的“属性”。

提示：对于只读模型，其属性只可查看，不可修改。

“模型属性”对话框有以下三个视图。

(1) 常规：查看和修改模型的基本信息。

(2) 图层：设置模型图标/组件视图坐标系大小、栅格间距、组件缩放系数和纵横比例选项。

(3) 仿真：查看和修改模型的仿真信息。

4.2.18.1　常规

常规属性页如图 4-37 所示。

图 4-37　模型属性——常规属性页

(1) 类型：模型的基本信息，如类别、名称等。

① 类别：模型类别，分别为 model、connector、record、block、function、package，可查看和修改。

② 名称：模型名称，只可查看，不可修改。

③ 描述：模型描述信息，可查看和修改。

④ 类型层次：模型所在的类型层次，不可修改。

⑤ 基类：模型基类，可查看和修改。

⑥ 文件：模型所在目录，不可修改。

(2) 属性：指定可分配给类的可能属性。注意，下面列出的属性都可以在对话框中选择，也可手动在文本视图中修改。

① Encapsulated：一个封装的类代表一个独立的代码单元。在该类中访问其他包中定义的元素时，必须利用 import 语句导入。

② Partial：抽象属性，代表这个类不完全且不能被实例化。这样的类作为基类会很有用。

③ Protected：受保护的属性，指定类是否被保护。保护类中的元素不能被其他类访问。

④ Replaceable：具有可替换属性的类在被引用时可以重声明。

4.2.18.2　图层

图层属性页如图 4-38 所示。

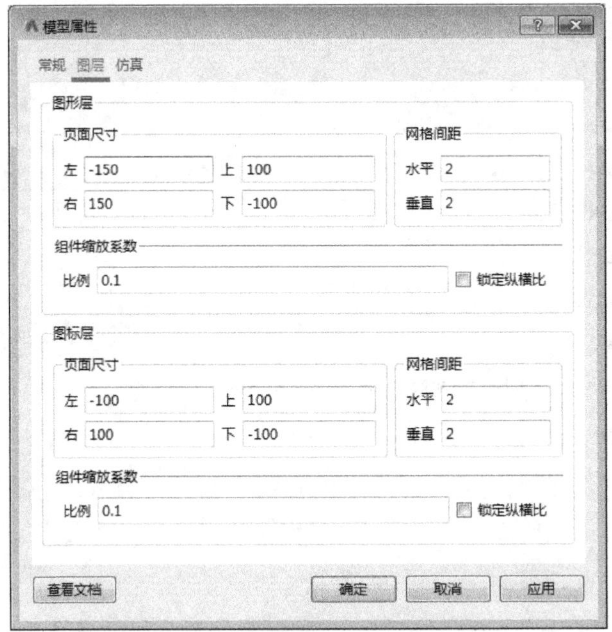

图 4-38 模型属性——图层属性页

详细含义及设置参见 4.13.1.2 节。

4.2.18.3 仿真

仿真属性页如图 4-39 所示。

图 4-39 模型属性——仿真属性页

详细含义及设置请参见 4.9.3.3 节。

4.3 图形视图

图形视图(组件视图和图标视图)显示当前模型及其基类中的基本图元、组件和连接，其中，基本图元分别在模型的 Icon、Diagram 层中进行声明。另外，图标视图只显示模型的连接器组件，而连接仅在组件视图中显示。

组件中可见的参数在其类型中的 Icon 层进行定义，生成组件时根据主模型的上下文环境进行替换，服从外层覆盖内层原则。

格式符包括：

(1) %name ——替换为组件名；

(2) %class ——替换为类名；

(3) %xx ——替换为参数 xx 的值。

对于复杂模型，Modelica 提供了 Joint 标记和 Cross 标记，使之便于查看。如果两个连接存在相同的端口且部分线段重叠，则在分离位置绘制 Joint 标记(填充圆点)；如果两个连接端口不同但存在交叉，则在交叉位置绘制 Cross 标记(看上去相互覆盖)。

Modelica.Blocks.Examples.InverseModel 模型的组件视图如图 4-40 所示。

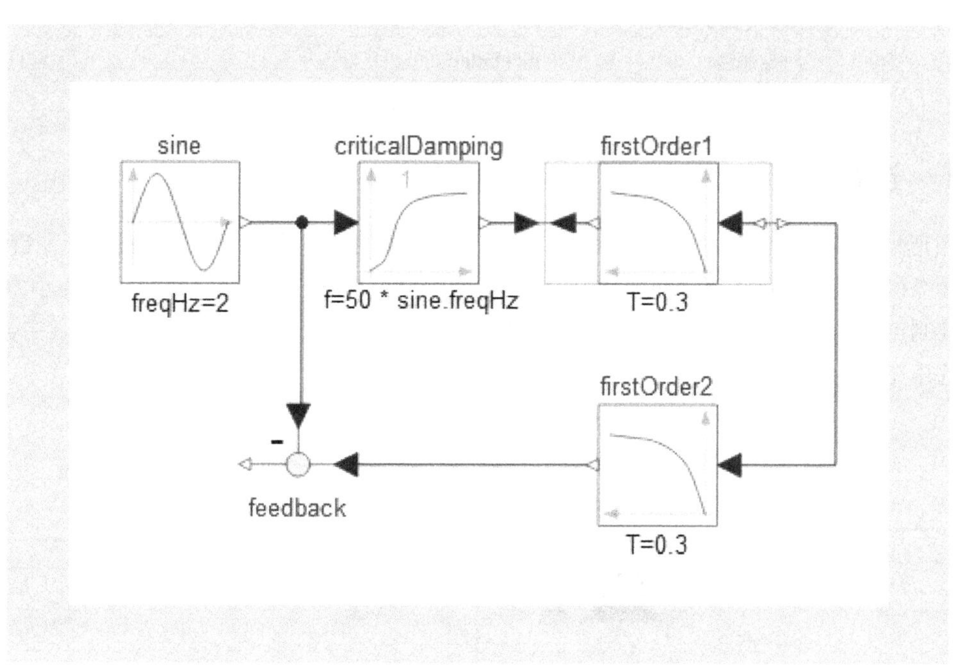

图 4-40　Modelica.Blocks.Examples.InverseModel 模型的组件视图

在图形视图中，不同实体类型具有不同的上下文菜单。图 4-41 所示的为选中组件的上下文菜单(它包括了其他场景的上下文菜单中的大多数功能)。

提示：在图形视图中，可以进行多样操作以改变对象的大小、位置等属性，但是只读模型和来自基类中的对象不可被改变，所以部分操作无法生效。

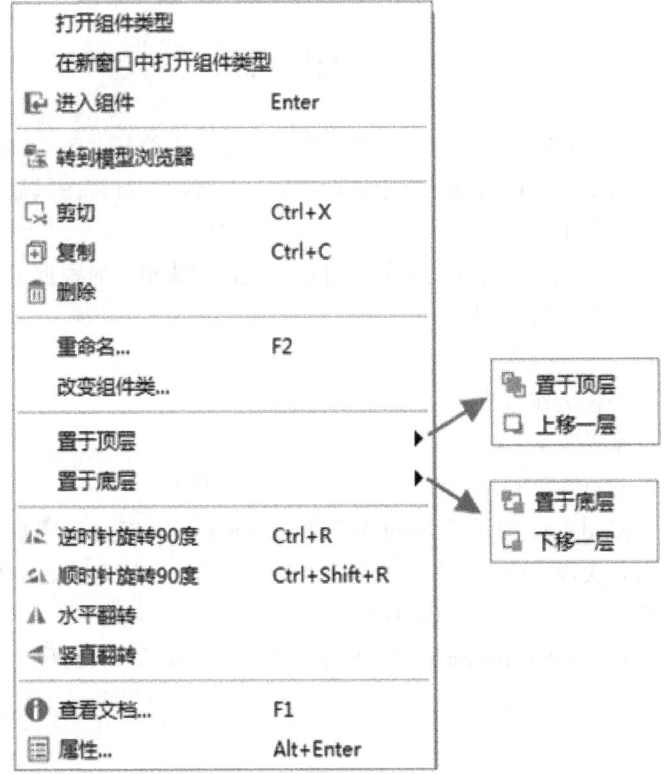

图 4-41　选中组件的上下文菜单

4.3.1　选择对象

图形视图中，所有可视化(图形)对象，如组件、连接线、基本图元等都通过鼠标左键选取。许多命令操作直接作用于所选对象(集)。对象被选中时，其对角或拐点处会标识红色小方块(称为“控制点”，见图 4-42)。若选中的对象为组件，则组件浏览器树形结构中的组件名字会被由浅灰色填充的矩形框包围，以标识为选中状态。

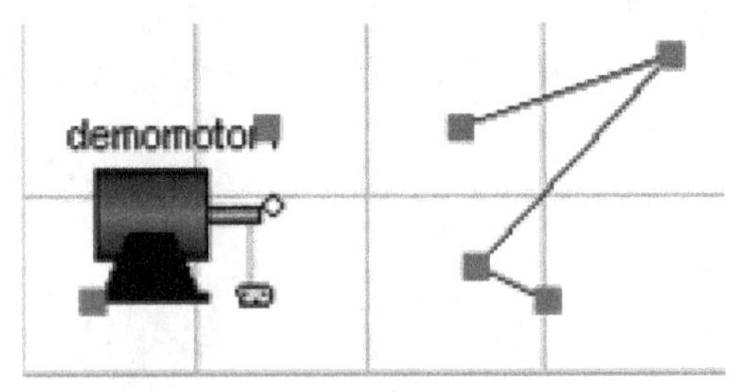

图 4-42　控制点显示效果

在图形视图中执行以下操作均可以选中对象。

(1) 鼠标单击，选中单个对象。单击图形对象，对象被选中，同时取消选中先前被选中的对象。注意：线段、矩形、椭圆、多边形等基本图元对象无填充时，只有单击图形轮廓时才能被选中。

(2) 保持 Shift 键按下状态，鼠标单击选中多个对象。

(3) 拖动鼠标选中多个对象。按下鼠标左键，移动鼠标会形成矩形选择框，与选择框相交的对象被选中。

(4) 单击组件列表中的节点选中对象。单击组件列表树形结构上的节点，节点对应的对象将被选中，同时在图形视图中该组件也被标记为选中状态。

(5) 通过右击视图的空白处，在弹出的菜单中选择“全选”或在菜单“编辑”→“全部”选中所有对象。

4.3.2 平移对象

选中要移动的对象，当鼠标变为✥时，可移动对象。

提示 1：使用键盘上的方向键可以微调实体位置。选中一个或多个实体，按键盘上的下方向键，实体将按照指定方向进行移动，每单击一次，实体移动一个栅格距离。

提示 2：如果要快速移动实体，可以使用鼠标操作。当鼠标指向某一实体时按下左键并进行拖动，实体将随鼠标一起移动。

提示 3：选中对象的原点，并按下 Shift 键，拖动鼠标，可移动原点。

4.3.3 改变对象形状

选中要改变形状的对象，对象将以红色控制点标记，将鼠标指针悬停于对象某个合适控制点的上方，鼠标将变为✥，按下鼠标左键并保持，移动鼠标拖动控制点。对象的大小或形状将随控制点的移动而变化。

对于用户创建的基本图元对象(连接线和线条)，选中对象并右击，在弹出的菜单中选择“插入控制点”，将会在对象边线上鼠标悬停的位置插入新的控制点。若鼠标没有悬停在对象边线上，则不会插入控制点。选中某个控制点，在弹出的菜单中选择“删除控制点”，将会移除该控制点，同时对象的形状也会由于控制点的删除而发生变化。

提示：选中线段端点上的控制点，按下 Shift 键，移动的方法限制为拖动前所在直线方向(方向不变，伸缩线段)。

4.3.4 添加对象

在图形视图中可以添加以下三种对象：组件、连接线、基本实体。

4.3.4.1 添加组件

MWorks.Sysplorer 支持从模型浏览器拖动模型到图形视图中创建组件。在模型浏览器中单击选中要拖动的对象，按下鼠标左键并保持，移动鼠标到图形视图中期望的位置，松开鼠标左键，系统会在松开位置创建对象类的实例(组件)。

提示：依据当前图形视图的不同，允许插入的组件类型也不同。

组件视图允许插入的组件类型只能是 class、model、connector、block 或 record。插入其他类型组件(如 package)，会弹出错误提示消息框(见图 4-43)。

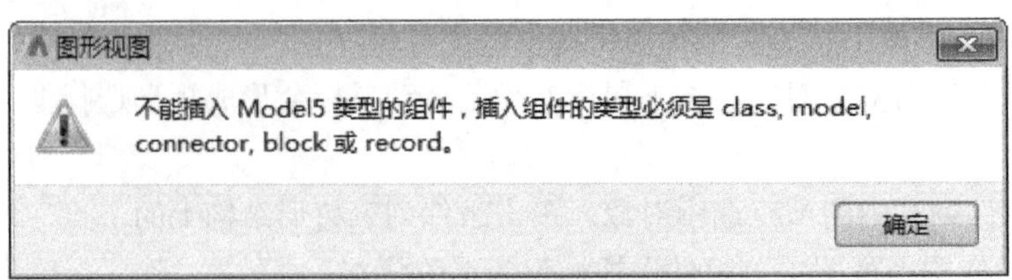

图 4-43 错误提示 1

图标视图允许插入的组件类型只能是 connector，插入其他类型组件将弹出错误提示消息框(见图 4-44)。

图 4-44 错误提示 2

插入组件或连接器后，系统会自动设置一个唯一标识的名字，形式为：对象类简短名字(小写)_阿拉伯数字顺序编号，该名字在该模型中是唯一的，如 demoMotor_1。

4.3.4.2 拖动模型到文本视图

可以从模型浏览器拖动模型到文本视图。拖动操作的具体过程如下：

(1) 在模型浏览器中单击选中要拖动的对象。

(2) 按下鼠标左键并保持。

(3) 移动鼠标到文本视图中期望的位置，松开左键。

此时便在文本视图中鼠标悬停的位置插入了组件声明代码。例如，拖动标准库的中模型 Modelica.Mechanics.Rotational.Interfaces.Flange_b 到文本视图会自动生成以下代码(声明了组件的类型全名)：

```
Modelica.Mechanics.Rotational.Interfaces.Flange_b
```

与拖动模型到图形视图不同，文本视图中自动生成的代码仅包含模型名字，如果要声明组件，则这种方式不能自动生成组件实例的名字和图形信息，而需要手动编辑。

4.3.4.3 可替换组件

可替换组件是有可替换前缀 replaceable 修饰的组件。组件视图中，选中组件，选择组件上下文菜单“属性”，弹出“组件属性”对话框。在“属性”属性页中勾选“Replaceable”选项，单击“确定”按钮，将组件声明为可替换组件，如图 4-45 所示。

4.3.4.4 重声明组件

重声明组件是有重声明前缀 redeclare 修饰的组件。组件重声明即是用一个新的组件类替换一个可替换(replaceable)组件。

图 4-45　组件属性

在组件视图中要重替换一个可替换组件，应首先右击该组件，然后选择“改变组件类”菜单，或者右击选中的组件，在上下文菜单中选择“改变组件类”菜单，弹出“选择模型”对话框，如图 4-46 所示。选择用于类型替换的模型名，单击“确定”按钮，即改变了选中组件的类型。

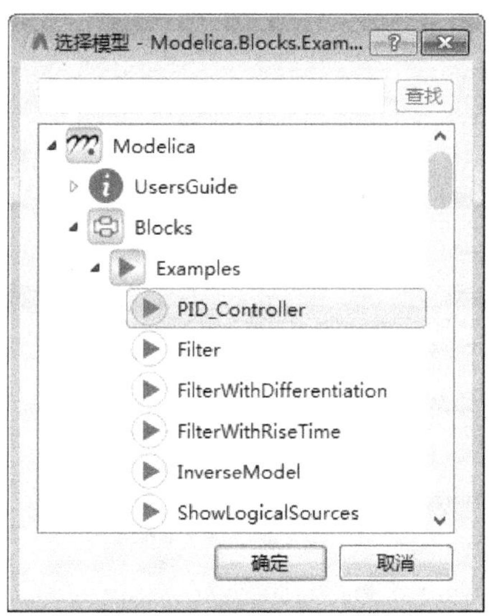

图 4-46　“选择模型”对话框

4.3.4.5　嵌套连接器、可扩展连接器、连接器数组与因果连接器

1. 嵌套连接器

当尝试在两个类型不兼容的连接器之间创建连接时，连接检查会检查这两个连接器中是否

存在内嵌连接器，若存在，则弹出选择嵌套连接器对话框(见图 4-47)。

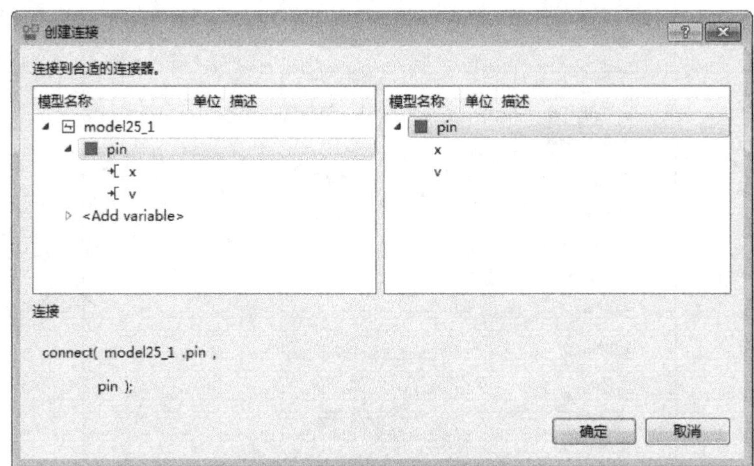

图 4-47　选择嵌套连接器

连接器 pin 可能与 plug 中的嵌套连接器 pin 进行连接。单击选中想要连接的嵌套连接器，然后单击“确定”按钮即可建立具体的连接。

2. 可扩展连接器

可扩展连接器是有 expandable 前缀修饰的连接器类对应的组件实例。选择菜单“编辑”→“属性”，在类别中选择“expandable connector”选项(见图 4-48)，单击“确定”按钮，可将当前连接器模型(connector)声明为可扩展连接器。

模型属性
常规 图层 仿真
类型
类别 expandable connector
model
class
connector
expandable connector
record
block
function
package
名称
描述
类型层次
基类
文件
属性
Encapsulated　Partial
Protected　Replaceable
查看文档　确定　取消　应用

图 4-48　声明可扩展连接器

可扩展连接器中声明的组件均被视作连接器变量同等对待。图 4-49 所示的是创建连接器 pin 与可扩展连接器 subcontrolbus 之间连接时弹出的对话框，左边列出了可扩展连接器 subcontrolbus 中声明的所有组件。单击“<Add variable>”，在下端的“<New name>”中键入变量名称，可以向可扩展连接器中增加新的连接器类组件。

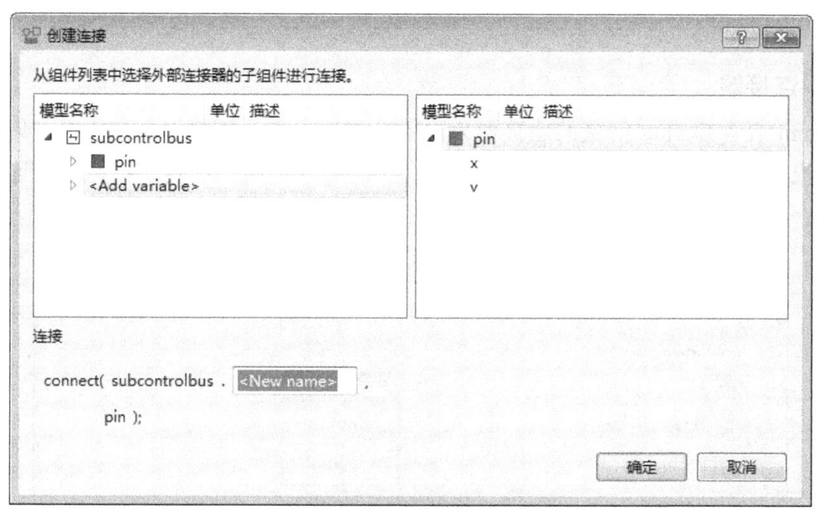

图 4-49　添加连接变量

3. 连接器数组

MWorks.Sysplorer 支持连接器数组及相关操作：

(1) 声明连接器数组并在图形视图中创建与连接器数组的连接；

(2) 数组连接器的图形表示与非数组连接器形式相同，即在图形视图中，只显示一个连接器图标，而不是根据数组里有 n 个元素，就显示 n 个连接器图标；

(3) 当创建与数组连接器的连接时，会弹出连接器选择对话框，提示输入要连接的连接器数组中某个连接器的下标索引，如图 4-50 所示。

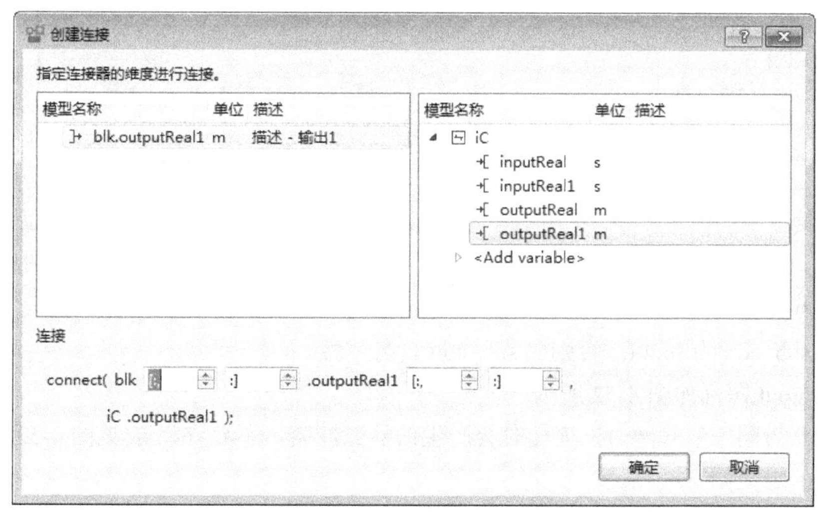

图 4-50　输入连接器下标索引

(4) 连接线将根据连接器下标索引均匀地分布在数组连接器图标上。

(5) 连接器数组的维数可以是数字常量或参数，例如：

```
ConnectorType a[3];
parameter Real n = 2;
ConnectorType b[n];
```

4. 因果连接器

具有 Input 或者 Output 前缀的连接器为因果连接器。右击连接器，在“组件属性”对话框中，选择因果性前缀 Input 或者 Output 选项(见图 4-51)，单击“确定”按钮，将连接器声明为因果连接器。

图 4-51　在“组件属性”对话框中勾选因果前缀

对于连接器中的内置类型，按照推导的 Input/Output 属性，显示相应的图标，以指示其方向。推导规则为：①父节点如果有 Input/Output 属性，则覆盖该子节点，否则取自身属性；②仅考虑连接器父节点及所有简短类定义，不考虑非连接器父节点，如 con.sub_con，如果 con 为 Input 连接器，则 sub_con 为 Input，否则取 sub_con 自身属性。

Input/Output 图标如图 4-52 所示。

当连接器为同一信号源时，连接时会产生信号源冲突，不允许相连(见图 4-53)。

信号源的定义如下：

(1) 如果为顶层节点，则 Input 为信号源；

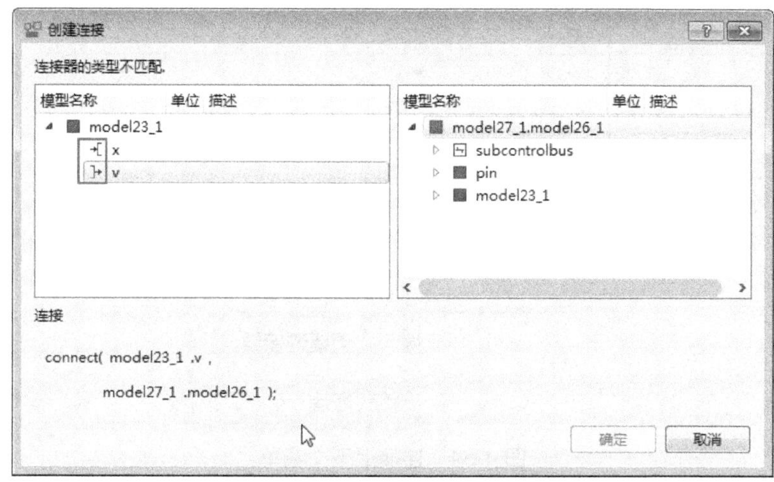

图 4-52 Input/Output 图标

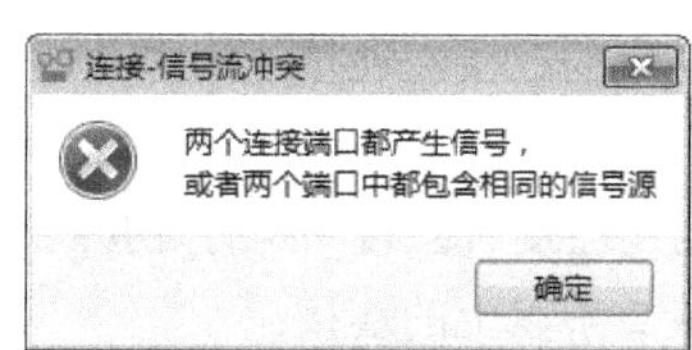

图 4-53 信号源冲突

(2) 如果为嵌套节点，则①顶层前缀节点为非连接器组件，Output 为信号源；②顶层为连接器，不再检查因果性。

4.3.4.6 添加连接线

图形视图中的连接是 Modelica 连接方程(connect)的图形表示，每个连接对应一个 connect 语句，连接的图形信息记录在 connect 语句的注解(annotation)中。只有在组件视图，才可以建立连接。

要创建连接必须先激活连接模式。通过以下操作可以激活连接模式：

(1) 当前对象为连接器，将鼠标悬停于连接器对象(可以是连接器类组件或是组件中声明的连接器变量)，按下鼠标并拖动会自动建立连接；

(2) 拖曳连接线的端点。

激活连接模式后，鼠标将变为+⌴，标识当前处于连接模式。

连接模式下创建连接的操作过程如下：

(1) 单击连接器对象 A，开始从 A 出发绘制连接线。此时若移动鼠标，则 A 与鼠标之间的连接线会随着鼠标的移动而变化。

(2) 若想改变连接线的路径(连接线经过的点信息)，则在期望的位置单击鼠标，就可以改变连接线的路径。

(3) 单击目标连接器对象 B，完成 A 与 B 之间的连接。此时连接线被以红色控制点标记为选中状态。

在创建连接的过程中，右击会弹出连接上下文菜单(见图 4-54)。

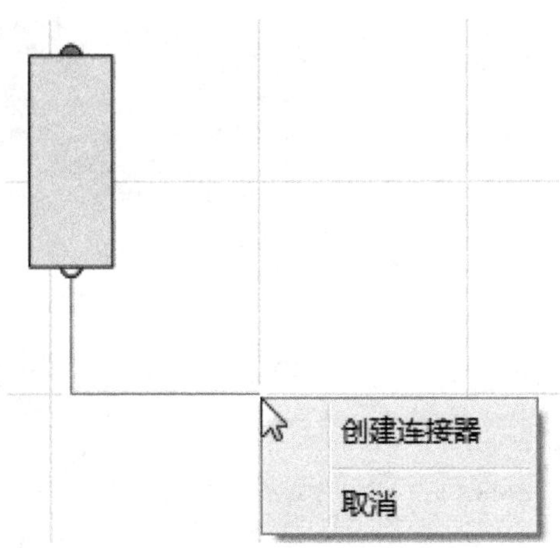

图 4-54　连接上下文菜单

选择“创建连接器”，在鼠标所在的位置创建一个新的连接器，并与之连接。

选择“取消”，取消当前未完成的连接，连接线消失并恢复至连接开始状态。

创建连接的过程中自动执行连接检查。

在两个连接器 A 与 B 之间创建连接时会自动执行连接检查，具体检查规则如下：

(1) A 与 B 之间不能有 2 条或 2 条以上的连接；

(2) A 与 B 不能都为信号源；

(3) A 与 B 的类型必须是等价的。

为了方便用户对于组件连接的操作，MWorks.Sysplorer 支持智能连接，并且还具有自动捕捉端口(见图 4-55)、端口覆盖连接线和连接到连接线功能。

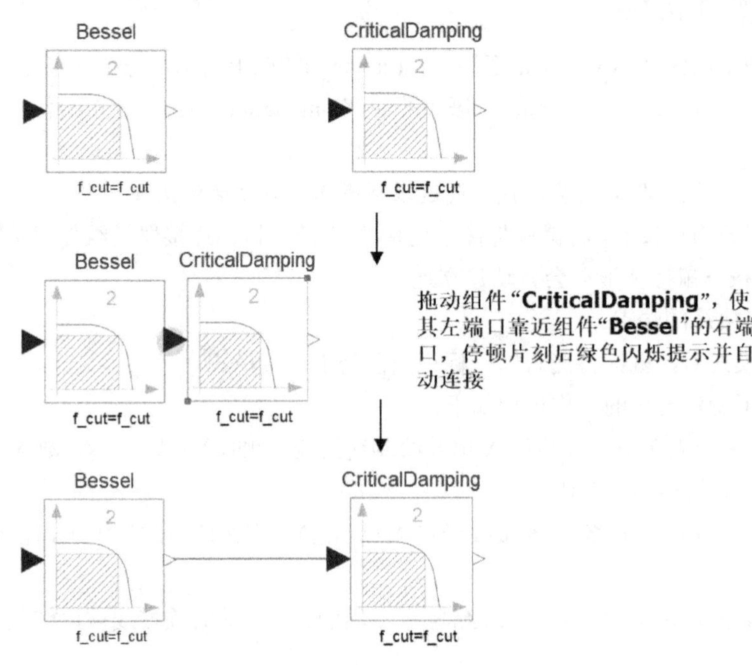

图 4-55　自动捕捉端口

4.3.4.7 添加基本实体

必须在可编辑的图形视图环境下才能绘制图元。每次对实体进行绘制时，都需要先选中工具栏上的对应实体。

MWorks.Sysplorer 提供六种基本图元：线段、矩形、椭圆、多边形、文字和图片，这些图元显示在工具栏上，如图 4-56 所示。

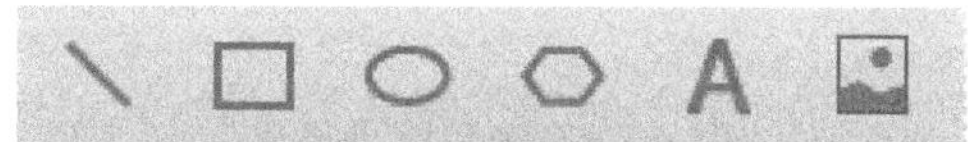

图 4-56 基本实体绘图工具

1. 基本操作

绘制基本图元时有一些基本的共性操作：

(1) 鼠标单击绘图工具进入等待绘图状态；

(2) 等待绘图状态下，按下鼠标确定图元第一点，此时不要松开鼠标并移动，进入交互绘图过程；

(3) 交互绘图过程中，按下键盘上的 Esc 键，取消当前图元的绘制，退出交互绘图过程，恢复至等待绘图状态；

(4) 交互绘图过程中，按下键盘上的 Shift 键并保持不松开，则当前图元改为正交画法。

2. 绘制线段

绘制线段的基本过程如下：

(1) 单击工具栏上的按钮，激活绘制线段功能，进入等待绘图状态。

(2) 单击鼠标左键确定第 1 点，移动至期望的位置松开鼠标，在松开鼠标位置确定第 2 点，则在第 1 点与第 2 点之间绘制了一条确定的线段。

(3) 按下 Esc 键退出本次绘制操作，恢复至等待绘图状态，准备绘制下一条线段。

(4) 再次按下鼠标左键，绘制完成。

若要绘制由多个点构成的线段，则在步骤(2)之后转入以下操作：

(5) 继续移动鼠标，则第 2 点与鼠标之间的线段会随着鼠标的移动而变化。

(6) 在期望的位置单击鼠标确定第 3 点，则在第 2 点与第 3 点之间绘制了一条确定的线段。

(7) 执行步骤(3)、(4)，退出绘图模式。

提示：若在绘制线段的过程中按下鼠标右键退出当前操作，则只会取消绘制上一点与当前鼠标位置之间的线段，而不会取消绘制整个多段线。

右击多段线，弹出上下文菜单，选择“光滑”，可将多段线自动光滑化(见图 4-57)。

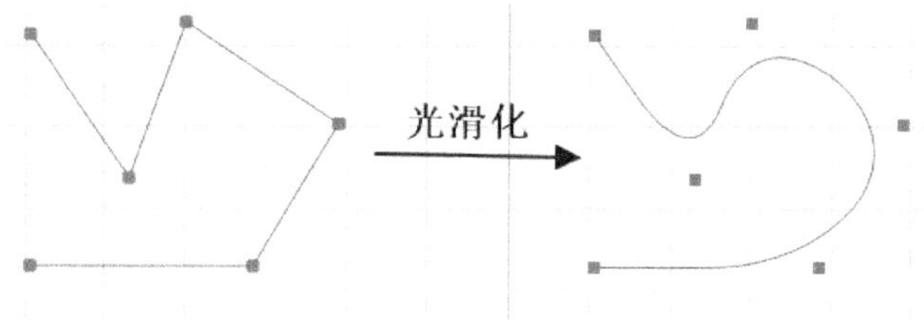

图 4-57 线段光滑效果

右击多段线，弹出上下文菜单，选择“横平竖直”，则会将多段线自动横平竖直显示(见图4-58)。

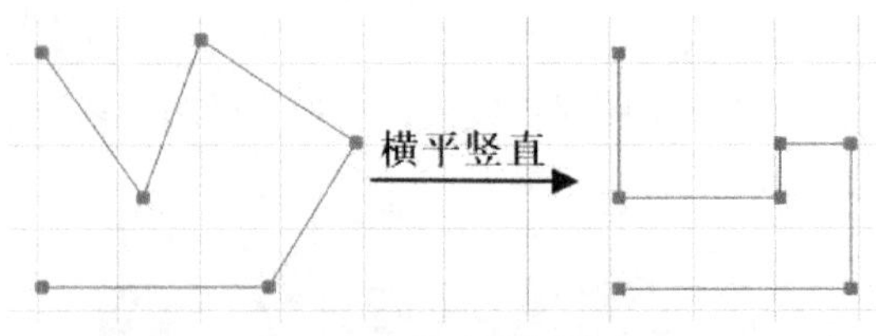

图 4-58　线段横平竖直

将鼠标悬停于多段线上，弹出上下文菜单，选择“插入控制点”，可在悬停位置插入控制点。

将鼠标悬停于控制点上，弹出上下文菜单，选择“删除控制点”，可删除悬停处的控制点(见图 4-59)。无论插入或删除控制点，系统都会根据控制点的位置自动调整图元形状。

图 4-59　删除左端第二个控制点

3. 绘制矩形

绘制矩形的基本过程如下：

(1) 单击工具栏上的按钮，激活绘制矩形功能，进入等待绘图状态。

(2) 单击鼠标确定矩形第 1 个对角顶点。移动鼠标至期望的位置，松开鼠标确定第 2 个对角顶点，则在两个对角顶点间绘制了一个确定的矩形。

在绘制过程中，若按下 shift 键并保持，则绘制的是正方形。

用鼠标双击矩形的边线，会弹出矩形的属性对话框，可在此设置矩形的圆角半径。图 4-60 所示的是圆角半径为 20 的矩形。

4. 绘制椭圆

绘制椭圆的基本过程与绘制矩形的类似。首先单击工具栏上的按钮，激活绘制椭圆功能，进入等待绘图状态，然后单击确定两点，则可绘制一个以这两个对角顶点确定的矩形为外接矩形的椭圆。

绘制过程中，若按下 Shift 键并保持，则绘制的是圆形。

鼠标双击(椭)圆的边线，会弹出“椭圆属性”对话框，可在此设置椭圆弧起止角度。图 4-61 所示的是起止角度设置为(20,135)的绘制结果。

5. 绘制多边形

绘制多边形的基本过程与绘制多段线的类似。首先单击工具栏上的按钮，激活绘制多边形功能，然后单击鼠标确定多边形的 n 个顶点，则可绘制一个由这 n 个顶点确定的封闭多边形。

绘制过程中，若按下 Shift 键并保持，则绘制的是正交多边形(即多边形的每条边都是水平或垂直的)。通过右击多边形的边框，在弹出的菜单中选择“光滑”，可以光滑多边形。

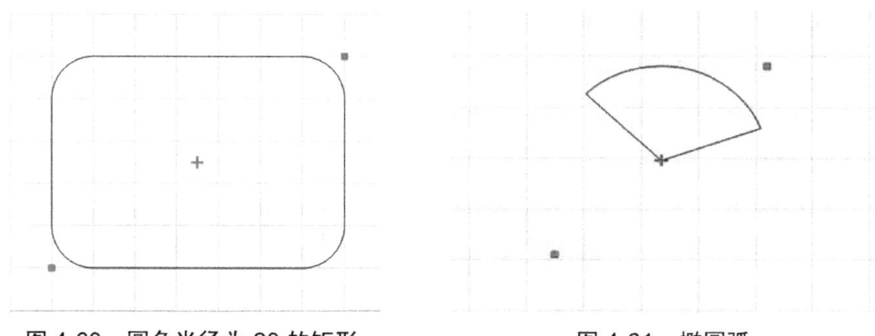

图 4-60　圆角半径为 20 的矩形　　　　图 4-61　椭圆弧

6. 绘制文字

绘制文字的基本过程如下：

(1) 单击工具栏上的按钮 A，激活绘制文字功能，进入等待绘图状态；

(2) 单击鼠标确定第 1 个对角顶点，移动鼠标至期望的位置，松开鼠标确定第 2 个对角顶点，由这两个对角顶点确定的矩形区域即是绘制文字的区域(文字的显示范围)；

(3) 单击鼠标确定第 2 个顶点之后，会弹出“文字属性”对话框(见图 4-62)。键入文字内容，单击“确定”按钮，键入的文字就会显示在矩形区域中央。

绘制过程中，若按下 Shift 键并保持，则绘制的文字将显示在正方形区域中。

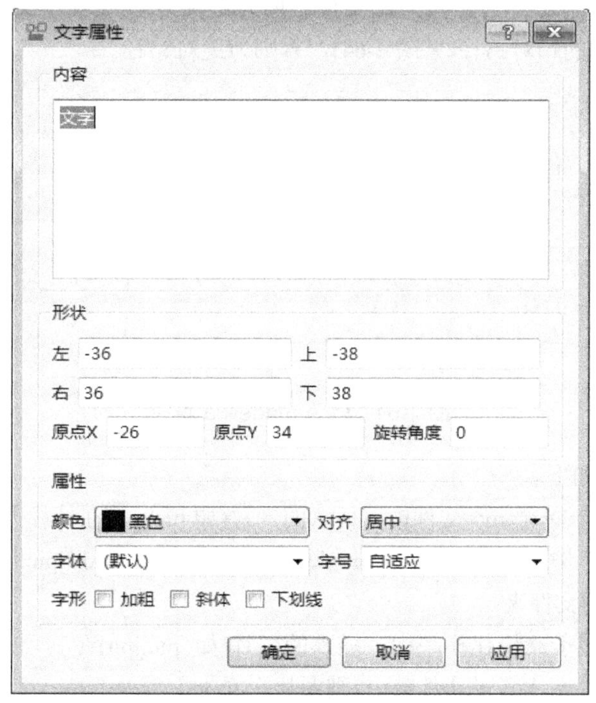

图 4-62　“文字属性”对话框

7. 绘制图片

绘制图片的基本过程与绘制文字的类似。绘制时会弹出“选择图片”对话框，单击“浏览”按钮可选择图片，如图 4-63 所示。

图 4-63　选择图片文件

绘制过程中，若按下 Ctrl 键并保持，则插入的图片会显示在正方形区域中。

提示：当图片文件处于当前模型或父模型所在的文件夹或者子文件夹中时，会转换为 modelica://的表达形式的相对路径(见图 4-64)，否则为绝对路径。

```
A
model A
  annotation (Diagram(coordinateSystem(extent = {{-140.0, -100.0}, {140.0, 100.0}},
    preserveAspectRatio = false,
    grid = {2.0, 2.0}), graphics = {Bitmap(origin = {-23.0, 12.0},
    extent = {{-47.0, 38.0}, {47.0, -38.0}},
    fileName = "modelica://Test/Chrysanthemum.jpg")}),
    Icon(coordinateSystem(extent = {{-100.0, -100.0}, {100.0, 100.0}},
      preserveAspectRatio = false,
      grid = {2.0, 2.0})));
end A;
```

图 4-64　转为 modelica 路径

具体的转换规则如下。

如果模型 A 定义于单个.mo 文件中，插入的图片(如 pic.jpg)在该模型所在的文件夹或其子文件夹中，则图片在文本中转换的格式为 modelica://A/[relative_path/]pic.jpg，其中，modelica://A 表示模型 A.mo 所在的文件夹。

如果模型 A 定义于结构化模型中，插入的图片(如 pic.jpg)在其顶层模型 T 定义的文件 package.mo 所在的文件夹或其子文件夹中，则图片在文本中转换的格式为 modelica://T/[relative_path/]pic.jpg，其中，modelica://T 表示定义模型 T 的 package.mo 文件所在的文件夹。

4.3.5　删除对象

选中对象，按下键盘上的 Delete 键将删除处于选中状态的对象。通过菜单“编辑”→“删除”或图形视图上下文菜单中的“删除”项也可以删除选中的对象。

提示：删除组件对象时，与组件对象关联的所有连接将一并删除。

4.3.6 翻转对象

在图形视图中，大多数的对象可以通过菜单“图形”→“旋转与翻转”→“水平翻转”或菜单“图形”→“旋转与翻转”→“竖直翻转”进行翻转操作。也可以在工具栏上找到翻转按钮(见图 4-65)。

图 4-65 工具栏上的翻转按钮

对象按照自身的原点进行翻转。对象被选中时，原点以＋标识。选中原点，并按下 Shift 键，拖动鼠标，可移动原点。

4.3.7 旋转对象

选择菜单“图形”→“旋转与翻转”→“逆时针旋转 90 度”或菜单“图形”→“旋转与翻转”→“顺时针旋转 90 度”菜单，对象将按照自身的原点进行旋转。单击工具栏上的旋转按钮(见图 4-66)也可以达到同样的效果。

图 4-66 工具栏上的旋转按钮

也可以在“对象属性”对话框中进行相关设置来完成旋转操作，详见 4.3.10 节。

4.3.8 对齐对象

选择菜单“图形”→“对齐”或工具栏上对齐按钮的下拉菜单中的对应项(见图 4-67)，可以移动选中的实体集，使之对齐到参考实体。

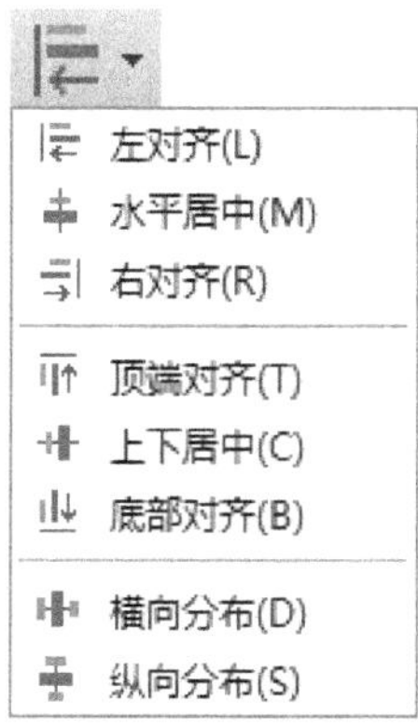

图 4-67 工具栏上的对齐按钮及其下拉菜单

通过 Shift 键拣选多个实体，以最后选中的实体作为参考；通过框选方式选中实体，以第一个声明的实体作为参考。

只有选中三个及以上实体时，横向分布、纵向分布才生效。横向分布以选中的最左和最右的两个实体作为参考，其他实体左右等距排列；纵向分布以选中的最上和最下的两个实体作为参考，其他实体上下等距排列。

4.3.9 改变对象显示顺序

选择菜单“图形”→“置于顶层/上移一层/置于底层/下移一层”，可以改变选中实体的显示层次，这实际上是通过改变实体的声明位置实现的。工具栏上也提供了显示顺序按钮，如图 4-68 所示。

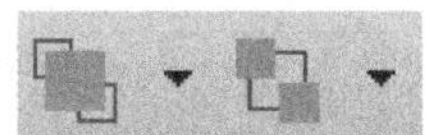

图 4-68 工具栏上的显示顺序按钮

提示：若不同类型的实体有层叠，则总是按组件、基本实体、来自基类的实体的顺序从前往后覆盖。

4.3.10 对象属性

在“对象属性”对话框中，可以对对象的控制点、原点、旋转角度、填充等属性进行设置。

4.3.10.1 组件属性

右击图形视图中的组件，在弹出的菜单中选择“属性”，在“属性”对话框中可以查看和修改组件属性。详细选项和设置，请参见 4.5.10 节。

4.3.10.2 连接线属性

选中图形视图中的连接线，选择菜单“编辑”→“属性”，或右击连接线并选择“属性”，或双击连接线，就可以激活“连接线属性”对话框。“连接线属性”对话框有常规和图形两个属性页。

1. 常规标签页

常规标签页(见图 4-69)显示连接的起止点以及描述等信息。允许修改连接线的描述信息。

2. 图形标签页

图形标签页(见图 4-70)用于设置连接线的形状、线条、箭头等属性。

(1) 形状：连接线的控制点、原点、旋转角度属性。

控制点列表：控制点列表中显示了连接线的控制点坐标，点击[+][-][↑][↓]按钮，可以添加、删除、调整控制点。

(2) 线条：连接线的线条属性。

① 颜色：连接线的颜色，可在下拉列表中选择。

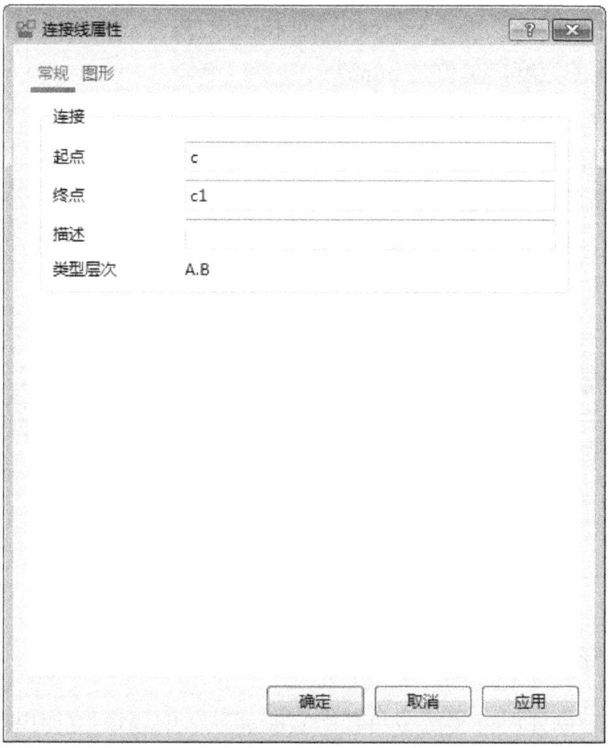

图 4-69　连接线属性——常规属性页

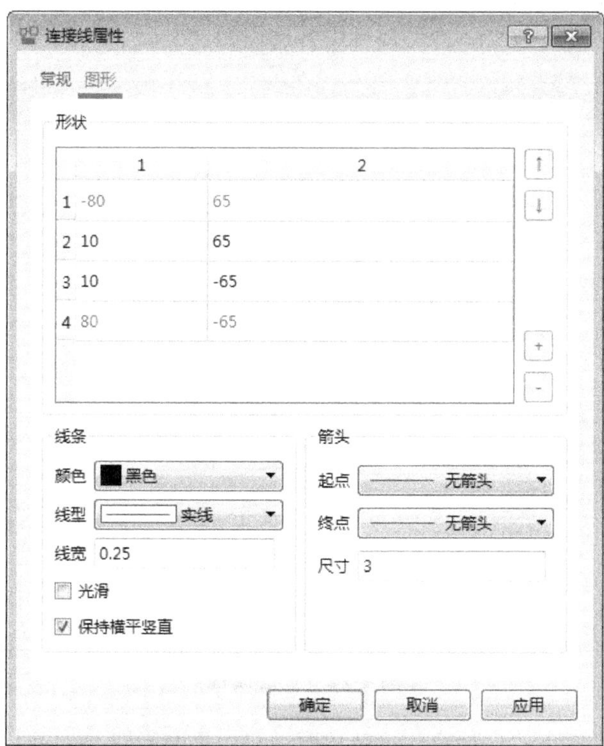

图 4-70　连接线属性——图形属性页

② 线型：提供无、实线、虚线、点线、点划线、双点划线六种线型(见图 4-71(a))。

③ 线宽：连接线的宽度，单位是 mm。

④ 光滑：勾选后，可光滑连接线。

⑤ 保持横平竖直：勾选后，可曼哈顿化连接线。

(3) 箭头：连接线的箭头属性。

① 起点、终点：提供无、空心、实心、半空心四种箭头样式(见图 4-71(b))。

② 尺寸：箭头尺寸，单位是 mm。

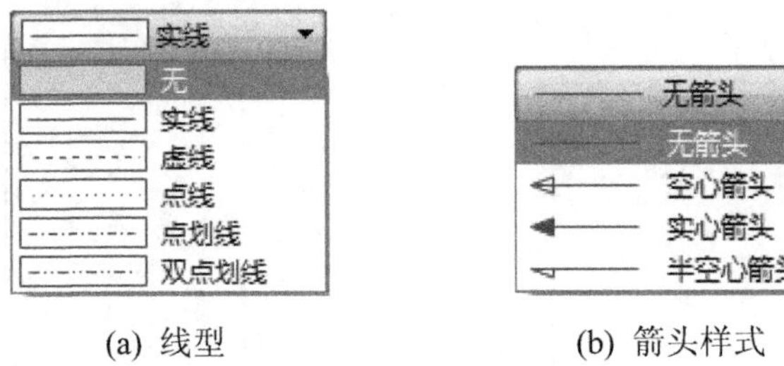

(a) 线型　　(b) 箭头样式

图 4-71　线型和箭头样式

4.3.10.3　基本实体属性

当一个基本实体被创建时，系统将自动给它添加默认的属性值(如黑色的边框颜色)。选中图形视图中的基本实体，选择菜单“编辑”→“属性”，或右击实体并选择“属性”，在对应的属性对话框中，所有的属性都可以被修改。双击实体，也可以激活实体的属性对话框。

以椭圆属性为例(见图 4-72)，介绍属性中各选项的含义如下。

图 4-72　椭圆属性

(1) 形状：椭圆的控制点、原点、旋转角度、起止角度属性。

① 控制点：以左上、右下的控制点坐标确定椭圆的位置。

② 原点：椭圆的原点坐标。

③ 旋转角度：控制点围绕原点旋转的角度。

④ 起始、终止角度：椭圆弧的起止角度，具体参见 4.3.4.7 节。

(2) 轮廓：椭圆的轮廓属性，也可以通过工具栏上的按钮进行设置。

① 颜色：轮廓的颜色。

② 线型：提供无、实线、虚线、点线、点划线、双点划线六种线型。

③ 线宽：轮廓的线宽。

(3) 填充：椭圆的填充属性，也可以通过工具栏上的按钮进行设置。

① 颜色：填充的颜色。

② 样式：提供如图 4-73 所示的 11 种填充样式。

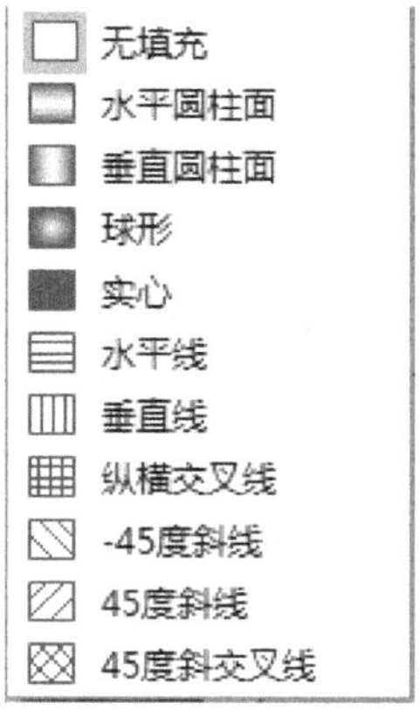

无填充
水平圆柱面
垂直圆柱面
球形
实心
水平线
垂直线
纵横交叉线
-45度斜线
45度斜线
45度斜交叉线

图 4-73　填充样式

4.3.11　打开组件类型/在新窗口中打开组件类型

右击图形视图中的组件，在上下文菜单中选择“打开组件类型”或“在新窗口中打开组件类型”，系统将在模型浏览器查找并打开该模型的模型视图。“在新窗口中打开组件类型”与“打开组件类型”的区别是：若当前组件对应类的模型视图没有被打开，则选择“打开组件类型”时会覆盖当前的模型视图；而选择“在新窗口中打开组件类型”时会保留当前的模型视图，并添加新的模型视图。

4.3.12　进入组件

右击图形视图中的组件，在上下文菜单中选择“进入组件”或双击视图中的组件即可进入对应组件的组件模式。详细说明参见第 4.5.5 节。

4.3.13　转到模型浏览器

右击图形视图空白处，选择“转到模型浏览器”，光标将定位到模型浏览器中该模型的模型节点上。

右击组件，选择“转到模型浏览器”，光标将定位到模型浏览器中组件类型对应的模型节点上。

4.3.14　组件重命名

右击图形视图中的组件，在弹出的菜单中选择“重命名”，在弹出的“组件属性”对话框中可以对组件进行重命名。

当组件重命名后，所有与重命名组件相关的内容如连接方程、组件浏览器将在重命名之后自动更新。

4.3.15 平移视图

在图形视图中，按下 Ctrl 键并按下鼠标左键或按下鼠标中键，鼠标将变为✥，拖动鼠标，视图将会被平移。

4.3.16 放大和缩小

图形视图提供视图的放大和缩小功能。按下键盘上的 Ctrl 键并上下滚动鼠标滚轮，即可实现视图的放大和缩小。

使用位于水平滚动条左侧的放大工具栏，也可以放大和缩小图形视图，如图 4-74 所示，可以选择放大工具栏中的下拉菜单中的比例，或者直接输入放大比例并按下 Enter 键。

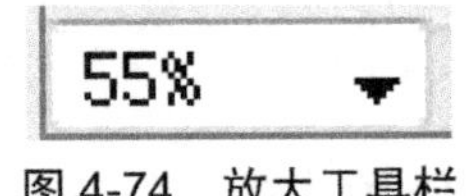

图 4-74　放大工具栏

在图形视图空白处右击，选择“视图”→“适应窗口”(见图 4-75)，系统会根据窗口大小调整图形视图大小，使视图内图形元素最佳显示。

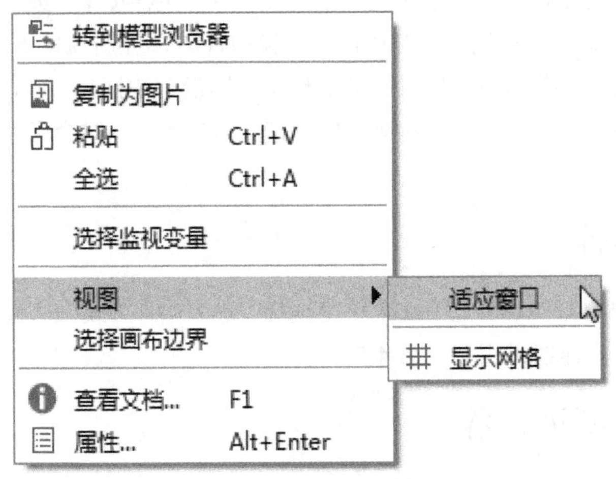

图 4-75　适应窗口

4.3.17 选择监控变量

在图形视图空白处右击，选择“选择监视变量”，会弹出“选择监视变量”窗口(见图 4-76)，用户指定需要监视的变量后，对模型进行编译求解时，只有指定的监视变量会输出到仿真结果变量文件中。

(1) 显示常量/参量：勾选后窗口列表显示模型常量/参量；

(2) 显示保护变量：勾选后窗口列表显示模型保护变量；

(3) 移除所选变量：选中已经勾选的变量后单击该按钮从右侧列表删除，同时左侧列表中会取消勾选；

(4) 清空所有变量：左侧列表取消勾选所有变量。

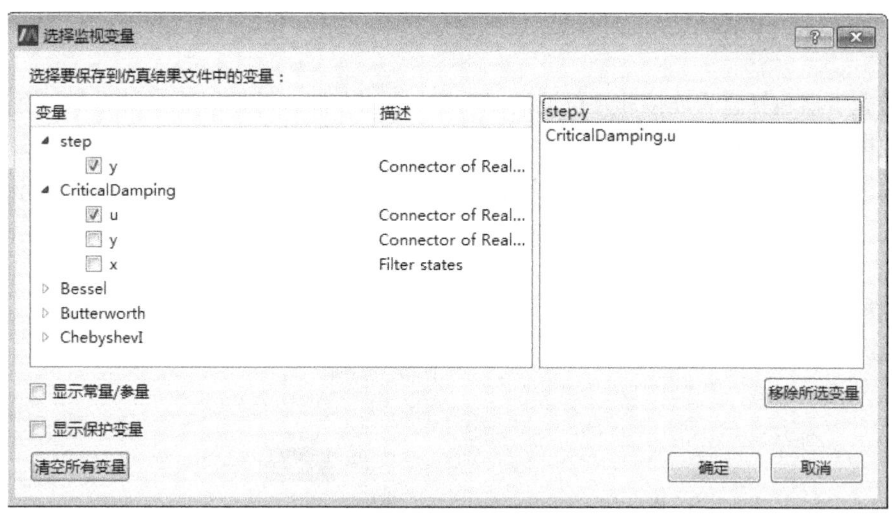

图 4-76　选择监视变量窗口

4.3.18　画布

在图形视图空白处右击，选择“选择画布边界”，视图中的背景框将出现控制点，拖动控制点可调整画布大小。

4.3.19　网格

网格可以用于定位和捕捉图形视图中的对象。

可以在模型的属性中定义图形视图的网格间距，并随着模型保存而保存。详细设置请参见 4.2.18 节。

缺省的图形视图网格间距、显示状态等属性，可以在菜单“工具”→“选项”中设置。详细参见 4.13.1.2 节。

网格的打开和关闭，可以通过在图形视图中右击并选择菜单“视图”→“显示网格”或直接选择菜单“视图”→“显示网格”来打开和关闭网格。

4.3.20　复制为图片

右击图形视图空白处，选择“复制为图片”，当前图形视图可见区域中的图片将被复制到系统剪贴板。提示：该剪贴板中的内容只能粘贴到 Word 文档中。

4.3.21　查看文档

在图形视图中，右击组件并选择弹出菜单中的“查看文档”，或单击“组件属性”对话框中的“查看文档”，可以在“MWorks.Sysplorer 2018 帮助”对话框中查看基类或组件的在线帮助信息。

右击图形视图的空白处，在弹出的菜单中选择“查看文档”，可以查看主模型的在线帮助信息，详细设置参见 4.11.3 节。

4.3.22 查找连接

连接查看器包括查看连接和定位连接器功能，方便在拥有可扩展连接器的大规模模型中定位信号在模型中创建和使用的位置。

可以通过以下方式激活“查找连接”搜索对话框：①右击连接线，在弹出的菜单中选择“查找连接”；②选择菜单“编辑”→“查找连接”。连接查看器界面如图 4-77 所示。

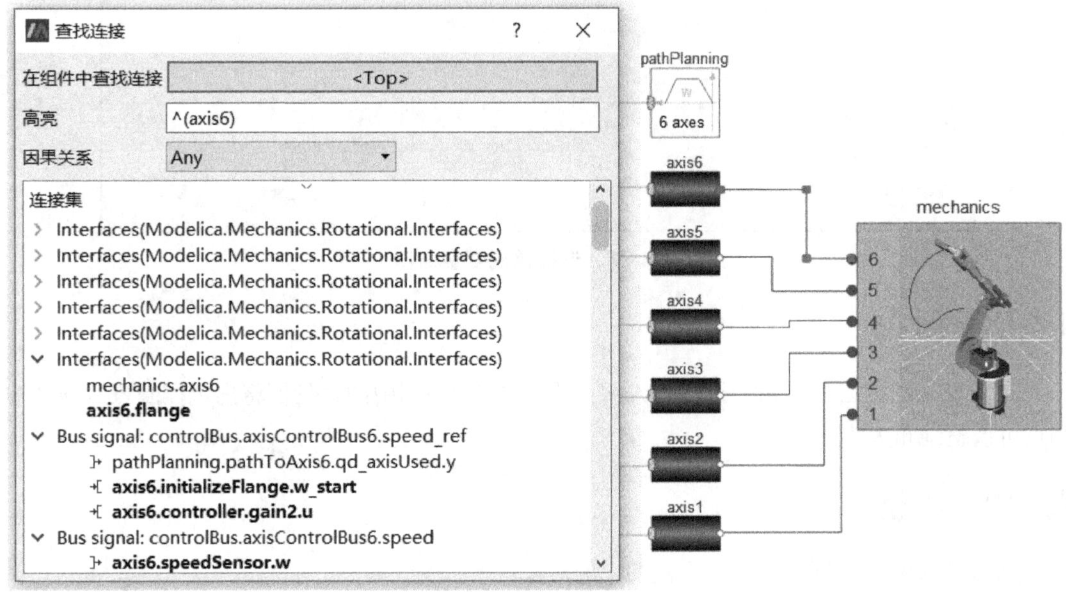

图 4-77 连接查看器

(1) 在组件中查找连接：显示查找连接的组件名称，若为模型，则显示为<Top>。

(2) 高亮：定义高亮规则，根据该规则，“查找连接”对话框下方的“连接集”中，匹配的连接线名称高亮显示，支持正则表达式。如图 4-78 所示，输入“^a”，高亮显示所有以 a 开头的连接器。

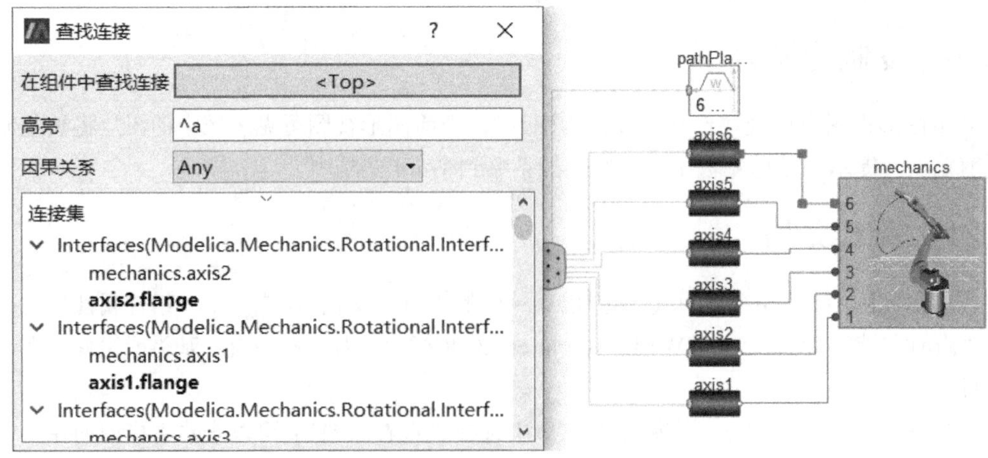

图 4-78 高亮

(3) 因果关系：包括 Any、Input、Output，分别表示显示全部、只显示 Input 连接器和只显示 Output 连接器(见图 4-79)。

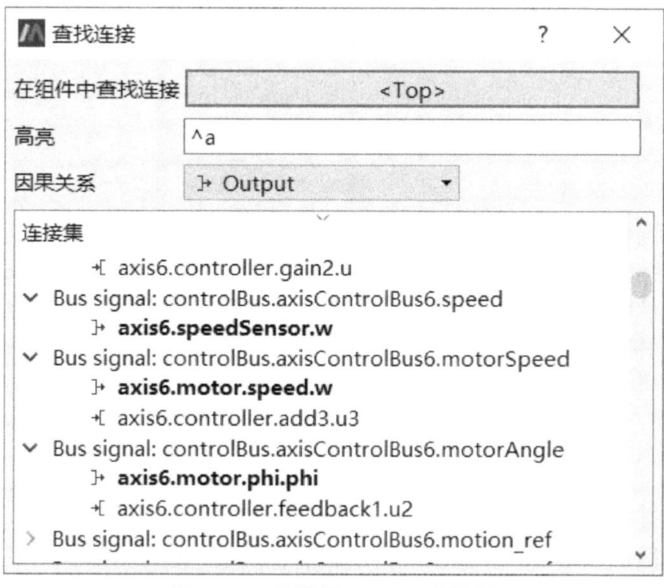

图 4-79　只选择 Output 连接器

(4) 连接集：显示当前组件中的所有连接。

① 可扩展连接器以“Bus signal(连接器路径)”形式显示，单击后，显示信号发生和接收端，如图 4-77 所示。Bus signal:controlBus.axisControlBus6.speed_ref 表示该连接器为可扩展连接器，信号的发生端是 pathPlanning.pathToAxis6.qd_axisUsed.y，接收端为 axis6.initializeFlange.w_ start 和 axis6.controller.gain2.u。

② 非可扩展连接器连接以“Interfaces(连接器路径)”形式显示。

③ 因果关系的连接器显示因果图标。

④ 单击连接集中的连接器，系统自动在组件视图中定位并选中该连接器，如图 4-80 所示。

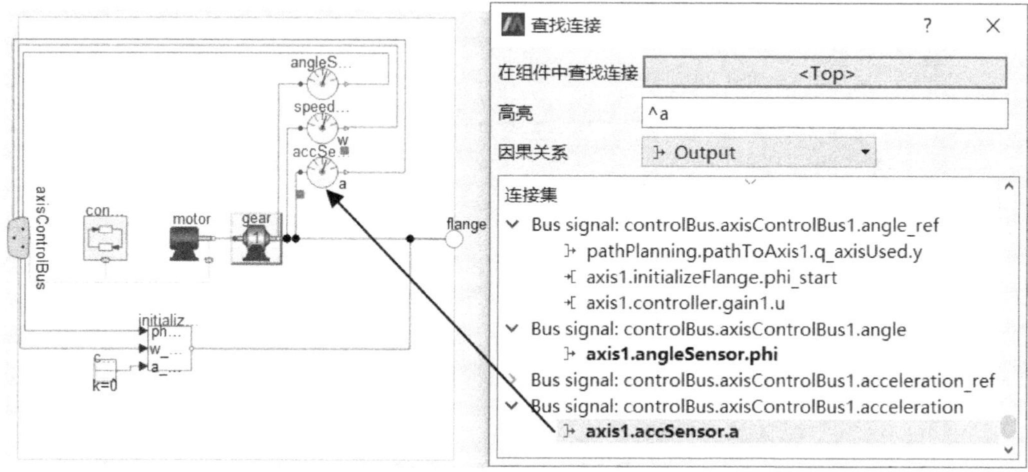

图 4-80　定位到选中的连接器

提示 1：当前模型规模较大时，打开连接查看器会弹出查找进度条，如图 4-81 所示。

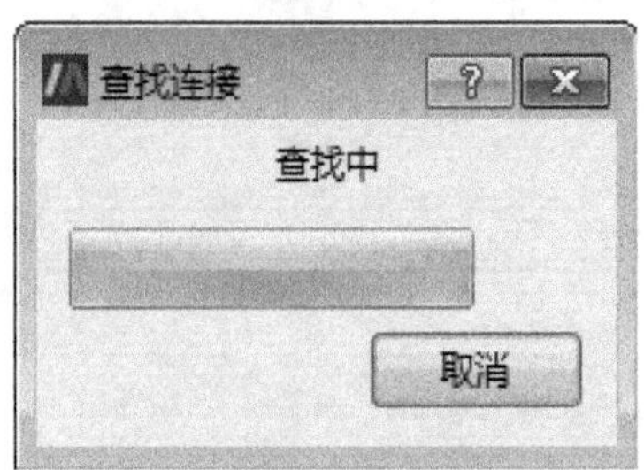

图 4-81　查找中

提示 2：进行“切换模型”、“进入组件”、“添加连接”或“删除连接”等操作后，连接查看器会自动更新，并显示当前视图的连接信息。

4.4　文本视图

文本视图是一个文本编辑器，如图 4-82 所示，可以显示和编辑模型的 Modelica 文本。大多数情况下，借助图形视图可以更简单地搭建和查看模型。然而图形视图不可以编辑模型的所有方面，如方程，但文本视图可以。

Speed

```
model Speed
  "Forced movement of a flange according to a reference angular velocity signal"
  extends Modelica.Mechanics.Rotational.Interfaces.PartialElementaryOneFlangeAndSupport2;

  parameter Boolean exact = false
    "true/false exact treatment/filtering the input signal";
  parameter SI.Frequency f_crit = 50
    "if exact=false, critical frequency of filter to filter input signal"
    annotation (Dialog(enable = not exact));
  SI.Angle phi(...
    "Rotation angle of flange with respect to support";
  SI.AngularVelocity w(stateSelect = if exact then StateSelect.default else ...
    "Angular velocity of flange with respect to support";
  SI.AngularAcceleration a
    "If exact=false, angular acceleration of flange with respect to support else dummy";
  Modelica.Blocks.Interfaces.RealInput w_ref(unit = "rad/s")
    "Reference angular velocity of flange with respect to support as input signal"
    annotation (Placement(transformation(extent = {{-140, -20}, {-100, 20}}, ...
protected
  parameter Modelica.SIunits.AngularFrequency w_crit = 2 * Modelica.Constants.pi *
    f_crit "Critical frequency";
initial equation
  if not exact then
    w = w_ref;
  end if;
equation
  phi = flange.phi - phi_support;
  w = der(phi);
  if exact then
    w = w_ref;
    a = 0;
  else
    // Filter: a = w_ref/(1 + (1/w_crit)*s)
    a = der(w);
    a = (w_ref - w) * w_crit;
  end if;
  annotation (Documentation(info = "<html>...
end Speed;
```

图 4-82　文本视图示例

当模型文本发生变化时，可以选择菜单“工具栏”→“检查”，或右击模型浏览器上的模型节点并选择弹出菜单中的“检查”，对模型进行语法和语义检查。检查结果将显示在“输出栏”→“建模”中。当模型存在错误时可选择“输出栏”→“建模”中的错误链接，打开错误所在的.mo 文件，切换到文本视图，将光标定位到错误所在的文本行。

如果在文本视图中输入了语法错误的代码，则：①允许从文本视图转到其他视图或关闭该模型窗口，但可能会丢失修改的数据；②不允许激活其他模型窗口，如从模型 Model1 切换到模型 Model2。

文本视图的上下文菜单如图 4-83 所示。

转到 model 定义	Alt+G
在新窗口打开 model 定义	
转到模型浏览器	
剪切	Ctrl+X
复制	Ctrl+C
粘贴	Ctrl+V
全选	Ctrl+A
注释选中行	
取消注释选中行	
查找和替换	Ctrl+F
转到行...	Ctrl+G
全部折叠	Ctrl+1
全部展开	Ctrl+3

图 4-83　文本视图的上下文菜单

4.4.1　放大和缩小

文本视图提供文本的放大和缩小功能。按下键盘上的 Ctrl 键并上下滚动鼠标滚轮，或选择位于水平滚动条左侧的放大工具栏上的相关按钮可实现文本的放大和缩小。

4.4.2　语法高亮

为了使 Modelica 的代码更易读取和写入，文本编辑器对不同的语法进行不同颜色的高亮显示。文本视图显示属性通过配置文件设置，包括字高(FontSize)、字体(FontName)、颜色(Color)、边框宽度(Width)等，详见 4.13.2.6 节。

为了进一步帮助用户阅读和输入 Modelica 代码，文本视图支持括号匹配，用于检查代码格式。当光标位于“()”“[]”“{}”“<>”字符前/后时，系统会查找与之匹配的左/右括号等并高亮显示。括号匹配成功时显示为绿色，不成功时显示为红色。

4.4.3　编码助手

为了让用户更方便地书写代码，文本编辑器提供了编码助手。在提示词列表(见图 4-84)，用户可以通过键盘上的上下键选择提示词，之后可按下 Enter 键或用鼠标双击提示词，将其输入到文本视图。

编码助手提示词列表随着输入的变化自动更新，根据前缀标识符不断精化，其支持范围覆盖 Modelica 关键字、MSL 模型及其嵌套类、自定义模型及其嵌套类、内置类型及其内置属性、内置函数、常量、内置变量 time。

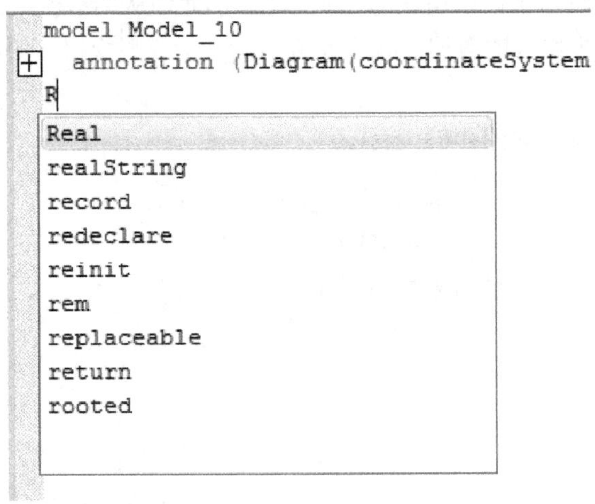

图 4-84　输入 R，弹出提示词列表

4.4.4　代码注释

为了增加编写代码的可读性，可能需要增加对代码的注释。Modelica 支持以下三种形式的注释文本。

(1) 语句末尾以" "标记的文本。此种注释文本实质上是代码的一部分。如以下声明语句：

```
parameter Real k = 1.1616 "Gain of motor";
```

“Gain of motor”是对参数 k 的附加注释。

(2) 语句中以//开始至本行末尾的文本。此种注释为单行注释方式，注释文本不是代码的一部分，代码进行编译时会被忽略。例如：

```
Parameter Real k = 1.1616; //Gain of motor
```

(3) 文本中最近的/*……*/标记的文本。此种注释为多行注释方式，注释文本不是代码的一部分，代码进行编译时会被忽略。例如：

```
Parameter Real k = 1.1616;
/*
 Gain of motor
*/
```

可以直接在文本编辑界面添加和取消注释符号，也可以选中文本后，右击，在弹出的菜单中选择“注释选中行”或“取消注释选中行”(见图 4-85)对文本进行注释管理。

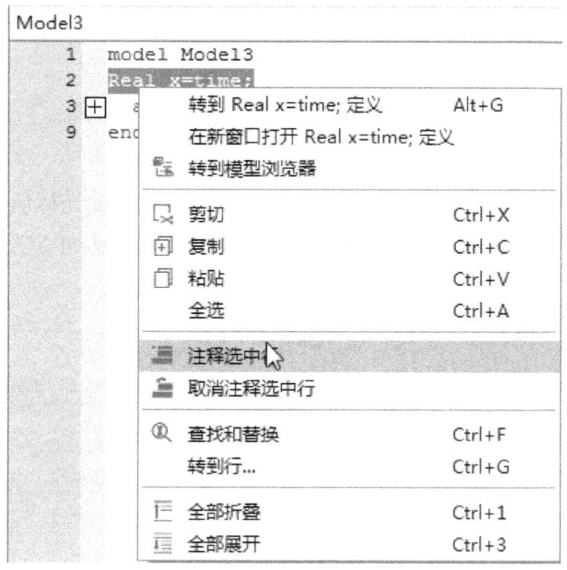

图 4-85　注释选中行

4.4.5　折叠与展开

当 Modelica 代码中出现成对的“()”跨行时，为了增加文本的可读性，文本编辑器提供该段代码的折叠与展开功能。单击折叠栏中的“–”或“+”即可展开和折叠对应的文本。也可右击文本视图，在弹出的菜单中选择“全部折叠”或“全部展开”，文本视图中所有的折叠行将被折叠或展开。

4.4.6　查找和替换

查找和替换工具允许用户搜索和替换文本视图中的 Modelica 代码。可以通过以下方式激活该工具：①选择菜单“编辑”→“查找和替换”；②右击文本视图，在弹出的菜单中选择“查找和替换”。激活查找和替换工具之前，若有选中的文字，则该部分文字作为缺省的查找文字。

如图 4-86 所示，输入需要查找的文本，单击“上一个”按钮，从光标位置向上查找，如果未找到，则尝试从尾部开始向上查找；单击“下一个”按钮，将从光标位置向下查找，如果未找到，则尝试从头部开始向下查找。查找到后，高亮选中找到的第一个匹配项。若查找不到，则弹出提醒。

图 4-86　在文本视图中查找“Model”

提示：按 Enter 键相当于单击“下一个”按钮。

单击“替换”按钮，将搜索到的第一个文字替换为“替换”文本框中输入的文字。单击“全部替换”按钮，文本视图中所有查找到的文字都将被替换。

勾选“区分大小写”，在比较文字时会区分大小写。勾选“全字匹配”，查找到的文本会与文本框中的文字完全匹配。

4.4.7 转到<class>定义

从当前模型直接跳转到< class >模型，“<class>”为当前鼠标光标所在处的文本。如图 4-87 所示，光标在文本视图的“Real”处，右键菜单中显示“转到 Real 定义”。

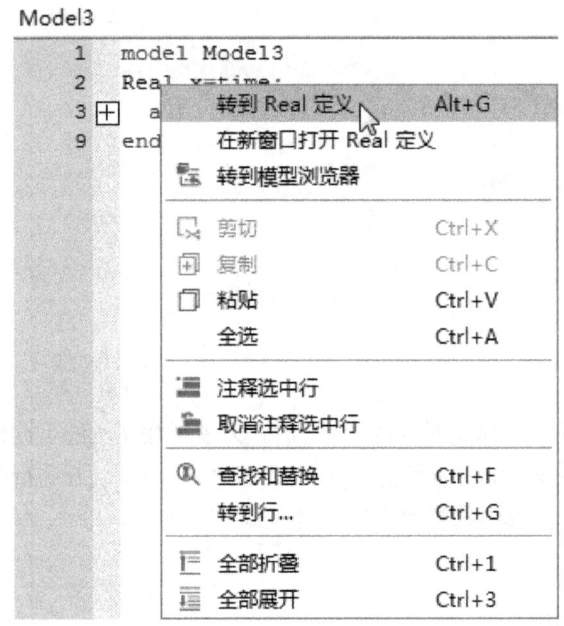

图 4-87 转到 Real 定义

“转到<class>定义”或“在新窗口打开<class>定义”区别是：若当前转到的模型视图没有被打开，选择“转到<class>定义”时覆盖当前的模型视图；而选择“在新窗口打开<class>定义”，保留当前的模型视图，并添加新的模型视图。

4.4.8 转到模型浏览器

右击文本视图，在弹出的菜单中选择“转到模型浏览器”，系统将在模型浏览器中自动定位该模型节点，定位时会展开模型的所有直接父节点。

4.4.9 转到行

将光标定位到文本视图中指定的文本行。如果转到行在折叠栏中，则展开该折叠栏。

选择菜单“编辑”→“转到行”或右击文本视图，在弹出的菜单中选择“转到行”，就可以激活转到行工具(见图 4-88)。

提示：如果输入无效的行号，可输入框右边会显示一个感叹号提示，且“确定”按钮置灰(见图 4-89)。

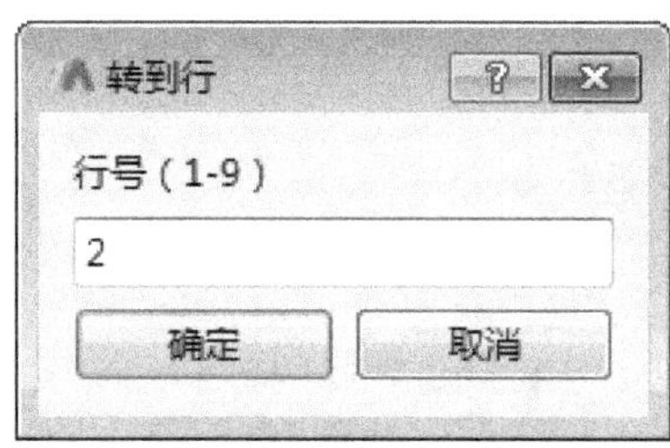

图 4-88　转到第 2 行

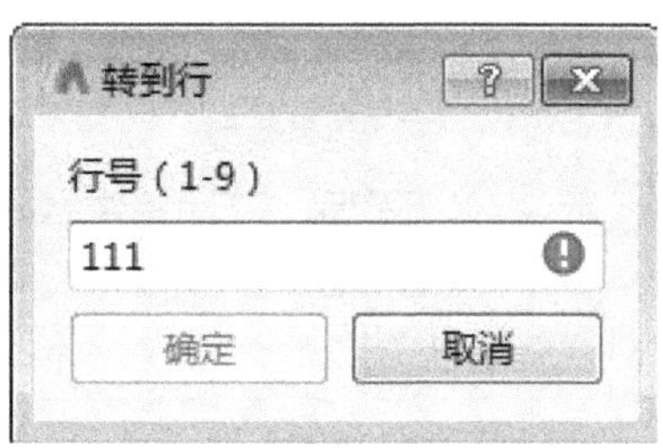

图 4-89　输入无效的行号

4.5　组件浏览器

组件浏览器位于软件的左下方，显示当前打开模型中的元素，包括基类、组件等，并且递归展开基类和组件类。

组件根据声明来进行分组，基类的名字前显示前缀“extends”。没有声明子组件的组件和类显示为叶子节点，包含子组件的组件和类显示为分支节点。单击分支节点前的图标▷，可展开组件或类；单击⌄，可折叠该节点；单击节点名，会选中图形视图中对应的组件，并定位到文本视图中该组件的声明处。

组件树只有一列，默认显示类或组件名称，如图 4-90 所示。

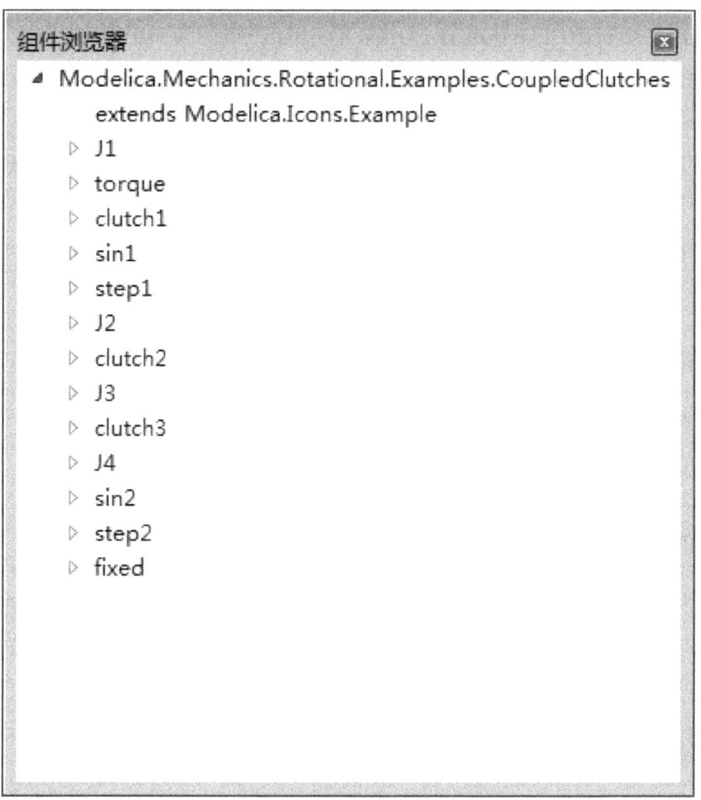

图 4-90　Modelica.Mechanics.Rotational.Examples.CoupledClutches 模型的组件树

组件浏览器中组件的上下文菜单如图 4-91 所示。

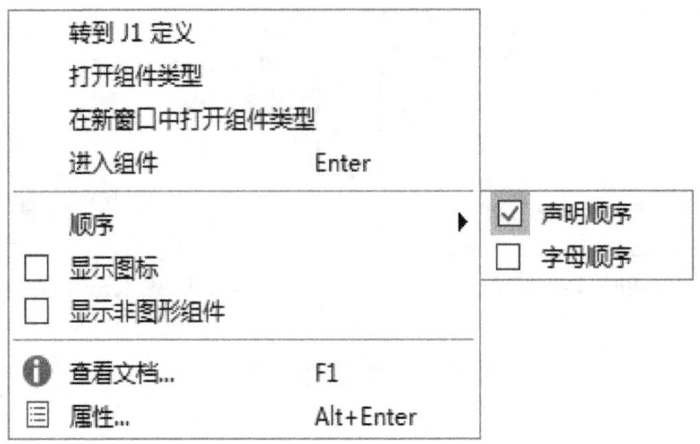

图 4-91　组件浏览器中组件的上下文菜单

4.5.1　转到组件定义

在模型视图中，进入该组件所在的模型层级，并定位选中该组件。

提示：继承类型组件跳转到文本视图定义位置。

4.5.2　组件重命名

在组件浏览器中，右击组件并选择弹出菜单中的“属性”，可在“组件属性”对话框中编辑名字。组件名应以字母或下划线开头，由字母、数字、下划线组成，不能与 Modelica 关键字、内置类型、内置函数同名，不能与相同层次中已经存在的模型和组件重名。

在“组件属性”对话框中重命名类或组件后，所有与重命名的类或组件相关的如连接方程将自动更新。

提示：在组件浏览器中，不能对基类组件进行重命名；在文本视图下，无法重命名类或组件。

4.5.3　打开组件类型

“打开组件类型”用于打开组件对应类的模型视图。

提示：对于内置类型组件，该功能禁用。

4.5.4　在新窗口中打开组件类型

“在新窗口中打开组件类型”与“打开组件类型”的区别是：若当前的组件对应类的模型视图没有被打开，则选择“打开组件类型”时，会覆盖当前的模型视图；而选择“在新窗口中打开组件类型”时，会保留当前的模型视图，并添加新的模型视图。

4.5.5　进入组件

在组件浏览器中右击组件并选择弹出菜单中的“进入组件”，可在模型视图中进入对应组件类型的组件模式，如图 4-92 所示。

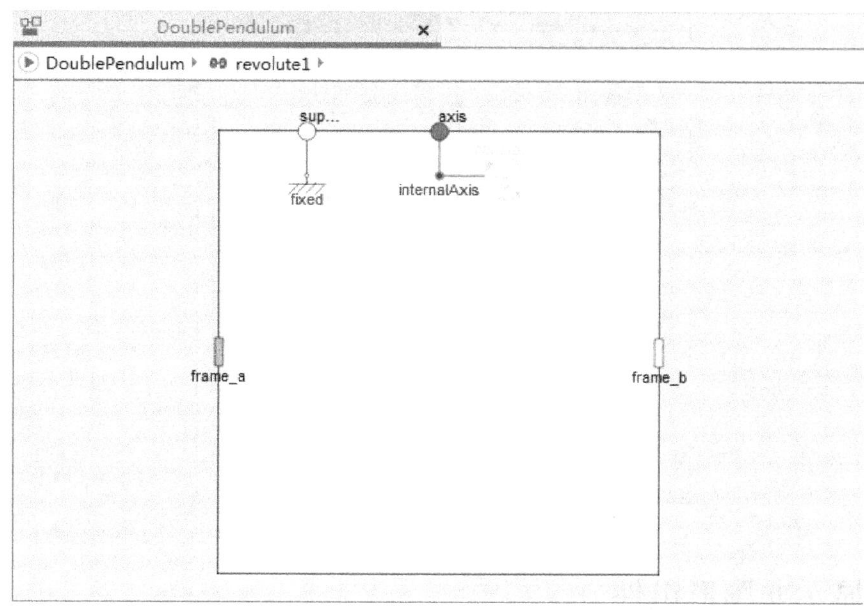

图 4-92　进入组件

图形视图上方的组件导航栏中显示组件的名称以及图标，单击下拉按钮可列出下一层的组件(见图 4-93)，选择其中的组件后可以进入相应组件。

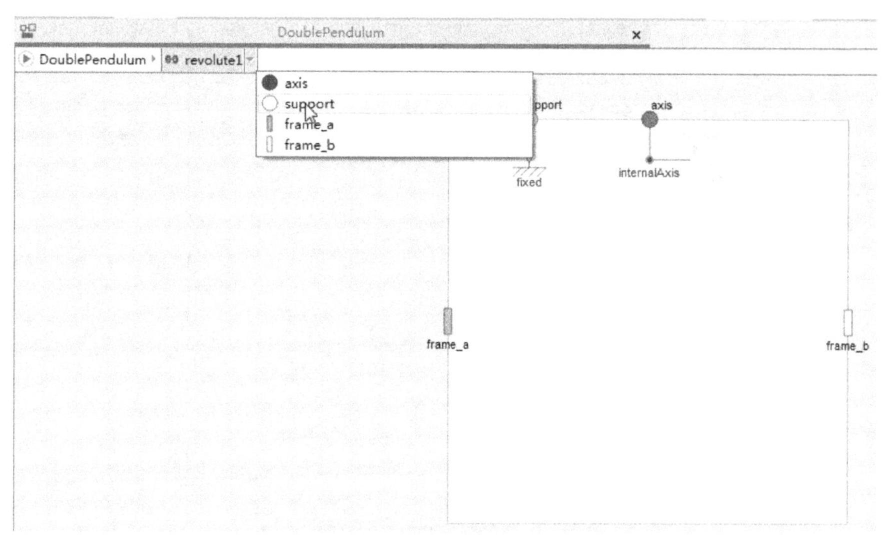

图 4-93　列出下一层的组件

提示：进入组件后可查看图标、组件、文本视图，但不可进行修改。使用工具栏上的组件导航按钮可遍历模型链表。

4.5.6　显示图标

组件浏览器中的图形组件默认不显示图标，在组件浏览器的右键菜单中，勾选“显示图标”，即可显示组件图标(见图 4-94)，当模型规模较大时，建议取消勾选，可提高软件运行的流畅度。

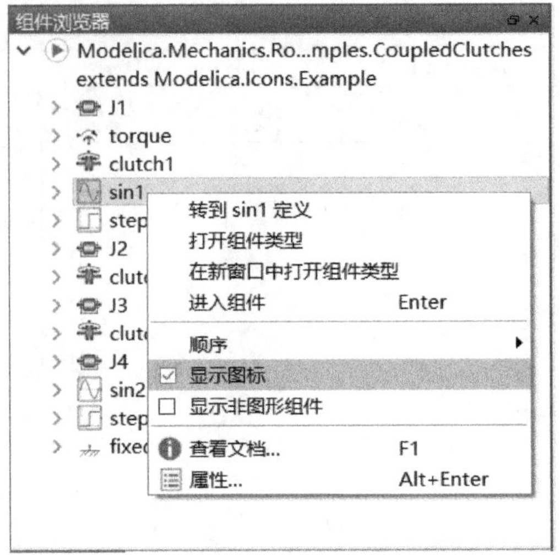

图 4-94　显示图标

4.5.7　显示非图形组件

组件浏览器默认不显示非图形组件，在组件浏览器的右键菜单中，勾选“显示非图形组件”，即可显示非图形组件图标(见图 4-95 中的非图形组件“fregHz”)，当模型规模较大时，建议取消勾选，可提高软件运行的流畅度。

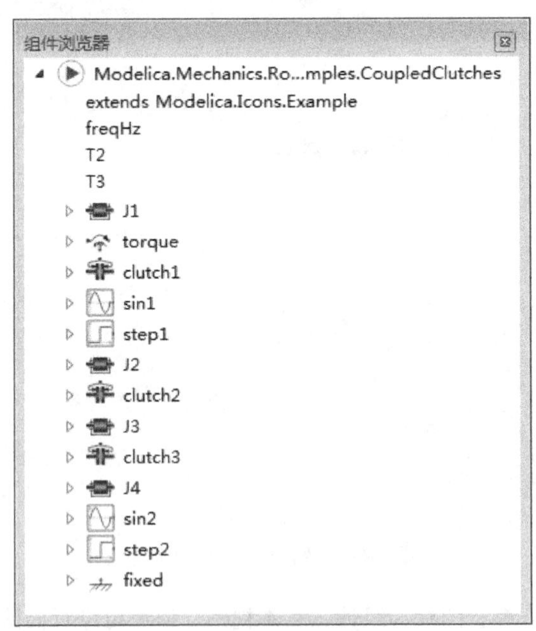

图 4-95　显示非图形组件图标

4.5.8　组件排序

组件浏览器中的组件可以按声明或字母排序。默认情况下，组件按声明排序。

在组件浏览器中右击，在弹出的菜单中选择“排序”→“字母顺序”，组件将按照组件名称的字母顺序递增排序；选择“排序”→“声明顺序”，组件将按照组件声明顺序排序。

4.5.9 查看文档

在组件浏览器中右击组件并选择弹出菜单中的“查看文档”，可在“MWorks.Sysplorer 2018 帮助”对话框中查看基类或组件的在线帮助信息，如图 4-96 所示。

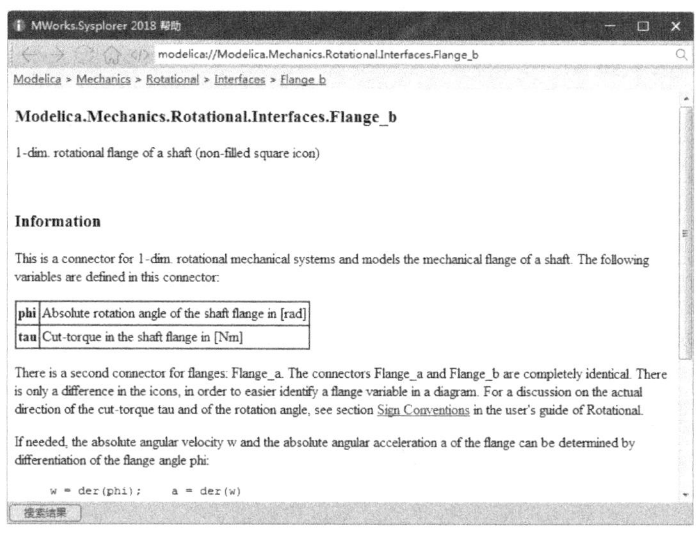

图 4-96 查看组件的在线帮助信息

4.5.10 编辑组件属性

在组件浏览器中右击组件并选择弹出菜单中的“属性”，或选中组件，选择菜单“编辑”→“属性”，可编辑组件的属性。单击“查看文档”按钮，可查看组件类型的在线帮助信息，详见 4.5.9 节。

提示：①在文本视图中，属性菜单被置灰；②对于基类、可替换类型，对应的属性菜单被置灰；③对于只读模型，属性只可查看，不可修改。

“组件属性”对话框包括以下三个标签页。

(1) 常规：提供了重命名组件和改变其描述的可能性，此视图还包括组件的类型信息。如果是内置类型组件，则可以查看和修改参数面板中显示的信息。

(2) 属性：可设置属性、可变性、因果性、动态类型、连接器成员等组件属性。

(3) 图层：如果当前的组件在图形视图中可见，则有一个图形化注解来描述其位置和转换，这个注解可以直接在“组件属性”对话框的图层标签页中编辑。

4.5.10.1 常规

组件属性——常规标签页如图 4-97 所示。

(1) 组件：指定组件的名称和描述，它包含以下字段。

①名字：组件的名字必须符合命名规范，且不允许重名。

②描述(可选)：组件的简短描述。

图 4-97 组件属性——常规标签页

③类型层次：显示组件声明所在类型名，不可以修改。

(2) 类型：描述组件的类型，它包含以下字段。

①名字：组件声明类型的名字，不可以修改。

②类别：组件声明类型的类别，不可以修改。

③描述：组件声明类型的描述，不可以修改。

(3) 在参数面板中显示：描述内置类型组件在参数面板中的显示情况，它包含以下字段。

①Tab：可以设置内置类型组件在参数面板的分页信息。

②Group：可以设置内置类型组件在参数面板的分组信息。

4.5.10.2 属性

组件属性——属性标签页如图 4-98 所示。

(1) 属性：指定组件的属性，可以给组件设置如下属性。

① Final：不允许组件被修改。

② Protected：Protected 的连接器组件只能在组件视图显示，不能在图标视图显示。

③ Replaceable：允许重声明组件被修改。

(2) 可变性：指定组件相对于仿真时间的可变性。

① Constant：常量被定义后永远不会改变。

② Parameter：参数可以在仿真之前修改，但在仿真过程中保持不变。

③ Discrete：离散组件相对于仿真时间是分段常数，且只能在仿真期间被事件改变。

④ 缺省：Real 类型的变量具有连续性，Boolean、Integer、String 和枚举类型的变量具有离散性。

图 4-98　组件属性——属性标签页

(3) 连接器成员：指定连接器类中组件的属性。

① Flow：仅适用于在连接器类中声明的组件。流属性指定在连接时的数量总和是否为零。选择此复选框，组件指定一个流量，如电流、流体、力等。清除此复选框，组件指定潜在(非流动)量，如电压、压力、位置等。

② Stream：仅适用于在连接器类中声明的组件。表示该变量(组件)为附流变量，附流变量描述了流变量所携带 carry 的量。

③ 常规(缺省)：非连接器类的组件或普通类型的连接器类的组件。

(4) 因果性：指定组件的因果性。组件的因果性是不需要明确指定的，除非组件是 block 或 function 的一个输入或输出。

① Input：组件是一个类的输入。

② Output：组件是一个类的输出。

③ 无(缺省)：没有明确指定因果关系。

(5) 动态类型：指定组件的动态类型。

① Inner：允许访问嵌套类中的组件。

② Outer：允许组件引用嵌套类中具有相同名称的内部组件。

4.5.10.3　图层

组件属性——图层标签页如图 4-99 所示。

(1) 图形层：在组件视图中指定组件的位置、尺寸、原点和旋转角度。

① 范围：组件在组件视图的上、下、左、右的边界范围。

② 原点：组件在组件视图的原点(x,y)坐标点。

图 4-99 组件属性——图层标签页

③ 旋转角度：组件在组件视图的旋转角度，根据原点来旋转组件角度。

(2) 图标层：在图标视图中指定连接器组件的位置、尺寸、原点和旋转角度。这部分对于非连接器组件是不可用的，因为在图标视图中只有连接器组件是可见的。

① 范围：连接器组件在图标视图的上、下、左、右的边界范围。

② 原点：连接器组件在图标视图的原点(x,y)坐标点。

③ 旋转角度：连接器组件在图标视图的旋转角度，根据原点来旋转连接器组件角度。

④ 使用图形层的设置：图标层与图形层设置保持一致。

4.5.11 为组件添加图形显示

在文本视图中为一个类添加一个组件，你会发现组件不会出现在组件视图中，除非你为这个组件声明一个图形化注解。图形化注解描述了组件视图中组件的布局，如果是连接器组件，则描述了图标视图中的布局。

4.5.12 组件浏览器关联文档窗口

若当前为图形视图，在组件浏览器中，点选组件，则图形视图中对应的组件随即选中；若当前为文本视图，在组件浏览器中，点选基类、组件，则文本视图中对应的元素名字随即选中并高亮显示，光标也转到该元素对应的文本行。

4.5.13 在文本视图中插入组件全名

拖曳组件浏览器中的类或组件到文本视图中，文本视图将在鼠标松放位置插入类或组件的全名。

4.6　组件参数面板

组件参数面板(见图 4-100)显示当前模型或选中的组件中内置类型参数及其描述信息。参数面板位于建模窗口的右下方，在默认情况下可见。可通过菜单“视图”→“组件参数”控制其显示或隐藏。

组件参数面板上下文菜单，如图 4-101 所示。

组件参数

常规　Advanced

参数			
J	1	kg.m2	Moment of inertia
Initialization			
phi.start	0	deg	Absolute rotation angle of component
w.start		rad/s	Absolute angular velocity of component (...
a.start	0	rad/s2	Absolute angular acceleration of compon...

图 4-100　组件参数面板

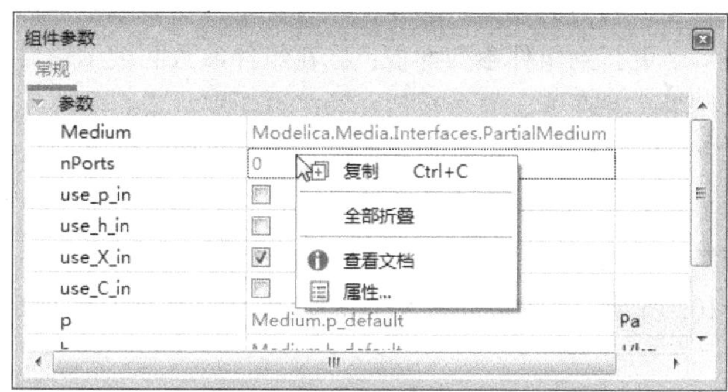

图 4-101　组件参数面板上下文菜单

4.6.1　显示参数

在图标视图和文本视图下，组件参数面板只能显示当前模型参数。在组件视图中分为以下三种情况显示参数：

(1) 未选中组件时，显示当前模型的所有内置类型参数。

(2) 选中单个组件时，显示此组件类型的所有内置类型参数。

(3) 选中多个组件时，获取的参数数据列表为空。

打开某个组件类型而未选中组件时，显示此组件类型的所有内置类型参数，其他情况遵循上述原则。

组件参数面板上显示内置类型参数，具有 final 属性的参数不显示在组件参数面板中。保护的参数也不显示在组件参数面板中，但顶层模型中保护参数对当前模型是可见的，因此会显示在参数编辑面板中。参数按照声明中的 Tab、Group 信息显示在组件参数面板相应分页的分组下，缺省时显示在常规属性页的参数分组下。

特别地，对于具有 start 属性的变量，会以“变量名.start”的形式显示在组件参数面板，以便修改变量的 start 值。

对于 choices、enum、bool 类型的参量，会提供下拉列表，如布尔类型，下拉列表将列出三个可选项 default、true 和 false，其中，default 表示该参数使用默认值。

支持 checkBox，checkBox 被勾选，说明该参数被设置为 true，反之为 false。

关于组件参数面板单元格中的背景色：①分组标题行用灰色标志，单击或双击任意点都可以折叠/展开分组；②不可编辑的参数值的单元格以浅灰色标志。

关于组件参数面板中参数值的颜色：①default 值显示为灰色；②变型后显示为黑色。

4.6.2 编辑参数

参数信息分为四列展示，分别为名、值、单位、描述。其中：①参数值默认显示缺省值；②单位指的是参数的显示单位，修改后，自动换算变型值，替换参数面板中参数的初始值；③名字和描述不可修改。

提示 1：如果参数值不是数字，则不能修改显示单位。

提示 2：对于只读模型，参数值和单位可修改，但是不允许存盘。

参数信息可通过以下三种方式修改：①在文本视图中编辑参数信息，切换到组件视图或图标视图后参数信息将自动更新到组件参数面板；②在组件参数面板编辑参数值，参数值自动注入模型，切换到文本视图可查看更新的参数值；③在组件浏览器右击组件并在弹出的菜单中选择“属性”选项，在“组件属性”对话框常规标签页中可设置参数信息，组件名字和描述分别对应组件参数面板的参数名和参数描述信息。

提示：可以通过修改参数值来控制图形显示，但前提是在建模过程中正确定义了组件的图形显示功能。如图 4-102 所示，将参数 use_X_in 的参数值改为 true 后，在组件视图中，组件 X 显示出来。

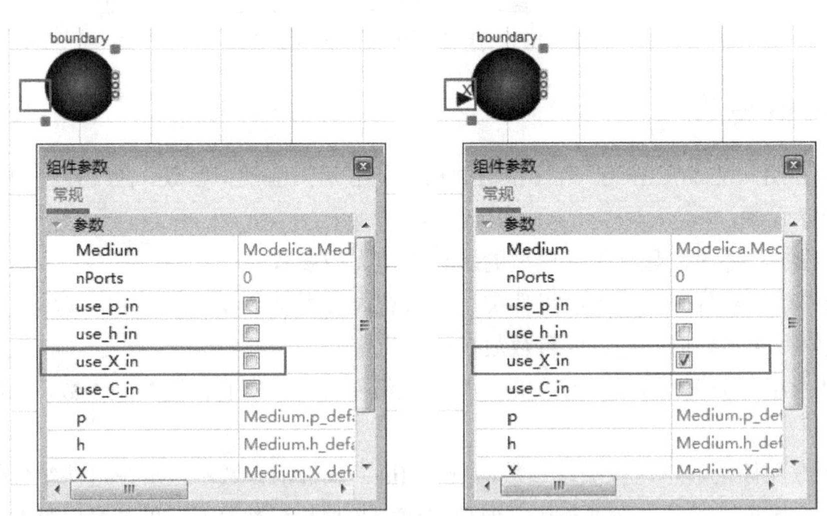

图 4-102　修改参数值控制组件视图的图形显示 1

图元的提取支持重声明，能够在图形上显示重声明的类型 Icon。以标准库中的机械手模型为例，组件 axis3 中的 gear 原类型为 GearType2，被重声明为 GearType1，图形上显示 GearType1 的 Icon，如图 4-103 所示。

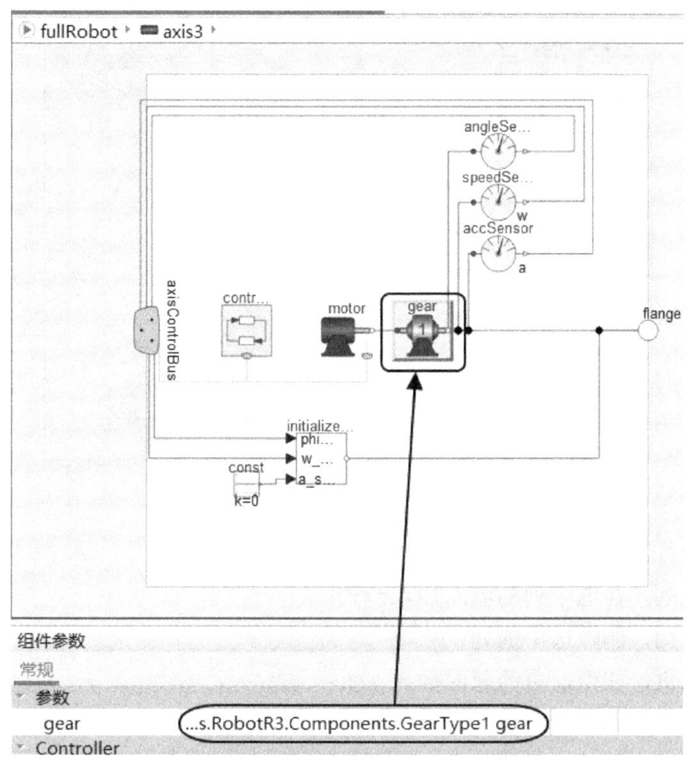

图 4-103　修改参数值控制组件视图图形显示 2

axis3 的类型为 AxisType1，继承 AxisType2 时，对 gear 重声明为 GearType1，并设置了变型 c 和 d，参数面板能够准确反映重声明类型及其有效的变型项，如图 4-104 所示。

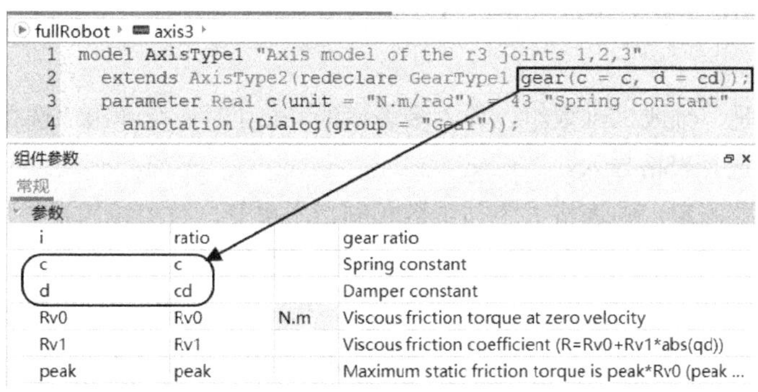

图 4-104　修改参数值控制组件视图的图形显示 3

4.6.3　数组编辑器

编辑数组参数时，会出现数组编辑器按钮▦，单击该按钮，会弹出如图 4-105 所示的数组编辑器。

(1) ：导入，导入数组文件；

(2) ：导出，将当前的数组的值导出；

(3) ：插入行，在选中行的前面插入一行；

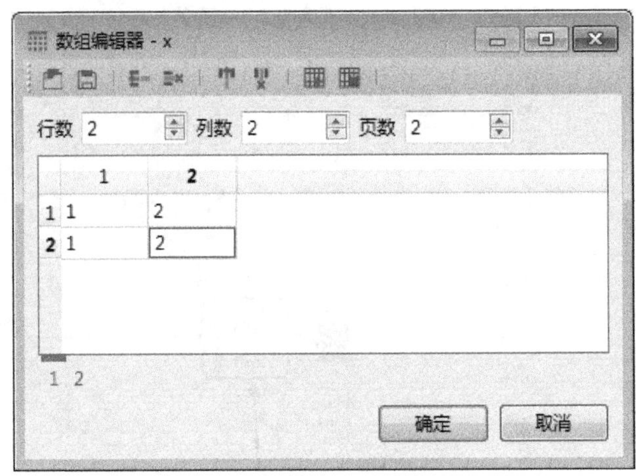

图 4-105　数组编辑器

(4) ：删除行，删除选中的行；

(5) ：插入列，在选中列的前面插入一列；

(6) ：删除列，删除选中的列；

(7) ：插入页，在当前页的前面插入一页；

(8) ：删除页，删除当前页；

(9) 行数、列数、页数：设置该数组的行数、列数、页数，设置后，下面的表格会即时更新；

(10) 表格：在表格里可编辑数组的值。

提示 1：只有三维及以下的数组参数，才可使用数组编辑器。

提示 2：导入和导出数组文件，支持.xlsx 和.mat 文件；特别地，一维和二维数组还支持.csv 文件。

提示 3：如果是一维或二维数组，导入多表格的 Excel 时，会弹出“选择表格”对话框(见图 4-106)，在此可选择表格导入。

提示 4：若维数固定，则表格大小与维数相同，不可变，数组编辑器中的相应功能会置灰(如插入列、删除列等)；若维数不固定，则可以在数组编辑器中进行调整。

提示 5：当数组的行(或列)固定，且导入的.xlsx 和.csv 文件中的行(或列)大于数组定义的行(或列)时，系统会弹出“数据导入向导”对话框(见图 4-107)，在此可设置导入的起始行(列)。

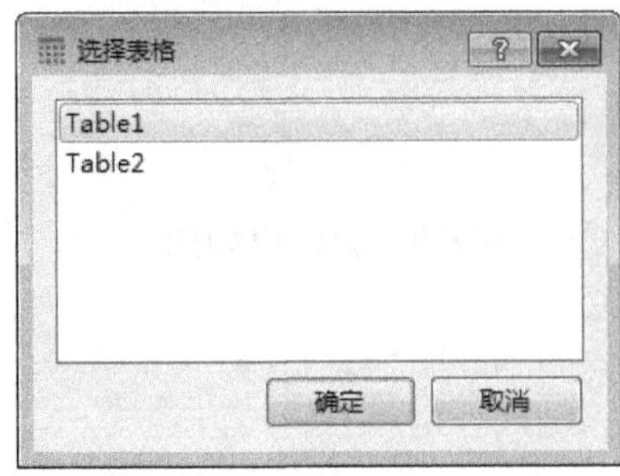

图 4-106　“选择表格”对话框

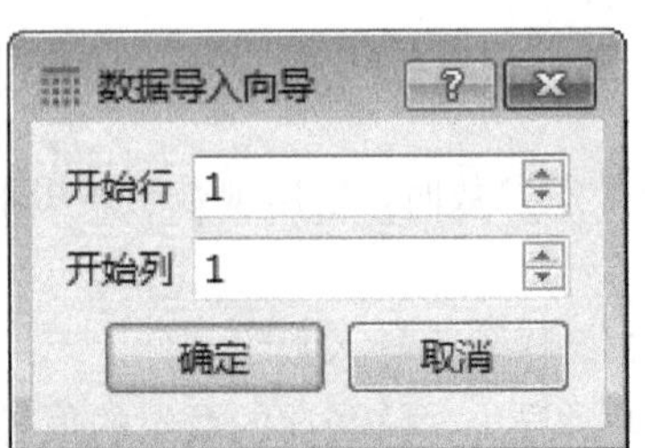

图 4-107　数据导入向导

提示 6：如果数组是三维的，则必须从第一页开始导入，且第一页的行列匹配情况决定了要不要弹出数据导入向导，后续页数都要跟第一页完全保持一致。

4.6.4 复制

复制选中的单元格内容。对分组标题行进行右键复制时，无论选中哪一列，都复制第 1 列的值，若单元格的内容为空，则不执行复制。

4.6.5 全部折叠

将子节点折叠。通过右键菜单选择“全部折叠”可以折叠所有子节点，或者单击父节点前的按钮可折叠单个子节点。

4.6.6 查看文档

可通过右键菜单，查看对应模型的在线帮助文档，详见 4.2.17 节。

4.7 组件变量面板

组件变量面板(见图 4-108)显示当前模型或选中的组件中的内置类型的变量列表。文本视图下无法对组件变量面板进行操作，需切换到组件视图或图标视图下。

组件变量面板位于建模窗口的右下方，在默认情况下可见，可通过菜单“视图”→“组件变量”控制其显示或隐藏。

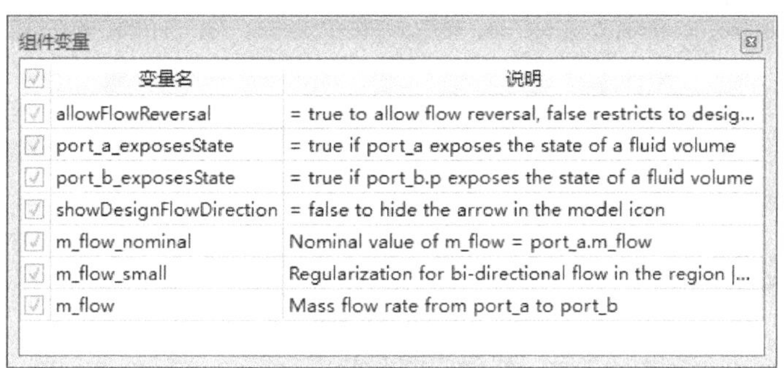

图 4-108 组件变量面板

组件变量面板右键菜单如图 4-109 所示。

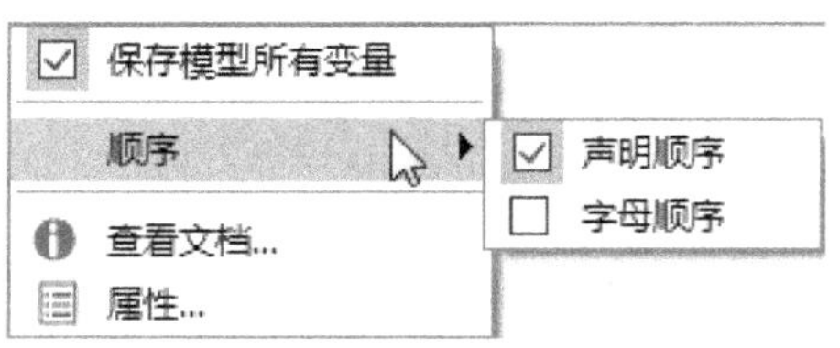

图 4-109 组件变量面板右键菜单

4.7.1 显示变量

显示变量分为以下三种情况。

(1) 未选中组件时，显示当前模型的所有内置类型变量。

(2) 选中某个组件时，显示此组件类型的所有内置类型变量。

(3) 选中多个组件时，则获取的变量数据列表为空。

打开某个组件类型而未选中组件时，显示此组件类型的所有内置类型变量，其他情况遵循上述原则。

4.7.2 编辑变量

变量信息分为两列展示，分别为变量名、说明。变量说明在组件变量面板中不可编辑。变量信息可通过两种方式修改：在组件浏览器上右击组件并选择“属性”，在“组件属性”对话框常规标签页中可设置变量信息，组件名字和描述分别对应组件变量面板的变量名和说明；在组件变量面板上右击组件，选择“属性”选项(等同于第一种方式)。

4.7.3 显示变量曲线

直接拖曳变量至空白处可快速新建曲线窗口，供用户查看变量曲线。

4.7.4 保存模型所有变量

勾选“保存模型所有变量”后，当前模型及其组件类型中的所有变量都会被监视，对模型进行编译求解时，监视的变量会输出到仿真结果变量文件中，方便用户查看结果变量；取消勾选后，用户可以指定需要监视的变量。

4.7.5 顺序

可按照组件的声明顺序和组件名的字母顺序排列。

4.7.6 查看文档

查看对应模型的在线帮助文档，详见 4.2.17 节。

4.7.7 属性

查看或修改组件属性，详见 4.5.10 节。

4.8 输出面板

输出面板是由模型编辑器使用的非交互式视图，分为建模输出窗口(见图 4-110)和仿真输出窗口(见图 4-111)，用来显示用户请求的操作结果，通知用户在建模、仿真过程中产生的错误和警告。

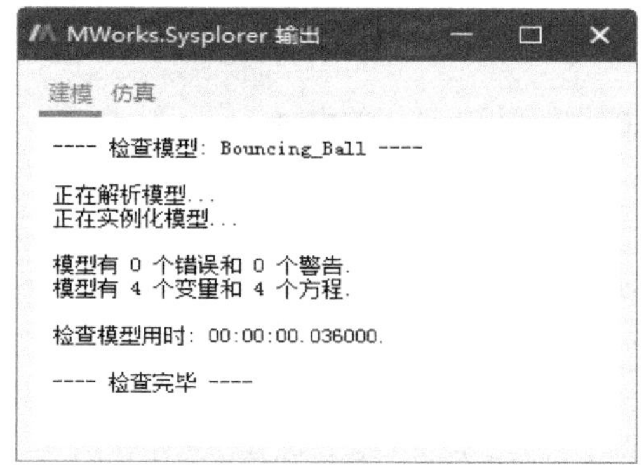

图 4-110 建模输出窗口

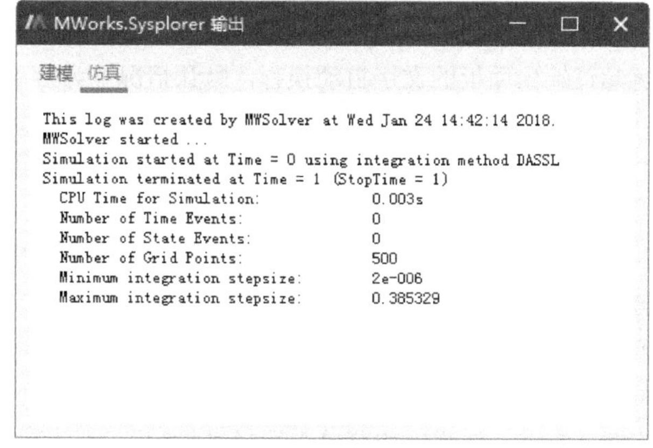

图 4-111 仿真输出窗口

4.8.1 错误链接

输出的错误和警告信息以链接的形式给出，并用蓝色字体突出显示，如图 4-112 所示，单击链接，系统将打开错误所在的.mo 文件，切换至文本视图，将光标定位到错误所在的文本行。

输出面板是悬浮面板，当执行检查、编译和仿真等操作时，会自动弹出。可通过菜单“视图”→“输出”控制其显示或隐藏。输出面板右键菜单如图 4-113 所示。

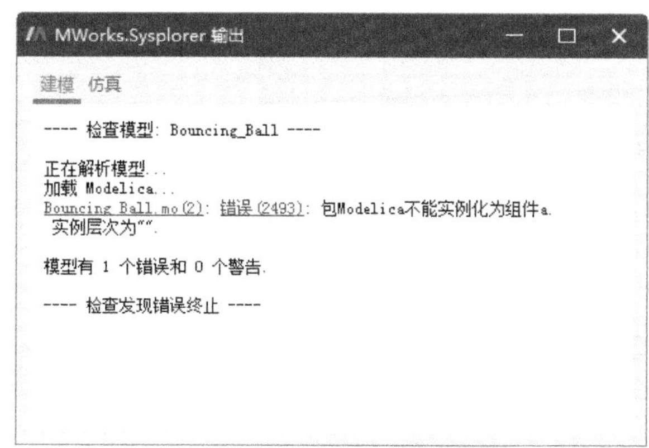

图 4-112 输出错误信息

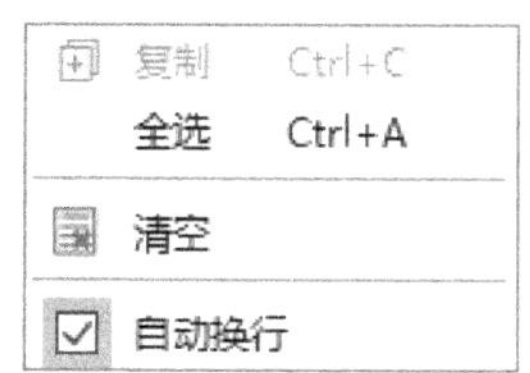

图 4-113 输出面板右键菜单

4.8.2 复制

通过右键菜单可以复制输出面板上选中的内容。

4.8.3 全选

通过右键菜单可以全选输出面板信息。

4.8.4 清空

通过右键菜单可以清空输出面板信息，建模和仿真互不影响。

4.8.5 自动换行

通过右键菜单设置超过输出面板的文字自动换行，默认情况下为自动换行。

4.9 仿真浏览器

仿真浏览器(见图 4-114)用于加载并显示仿真实例，对仿真过程进行控制，设置模型仿真选项，显示变量、参数信息，并支持变量精确查找。

仿真浏览器仿真实例有三种生成方式：①对当前模型进行仿真后自动打开仿真浏览器并生成仿真实例；②通过菜单“仿真”→“打开仿真结果”可打开指定路径下的仿真实例；③选中仿真浏览器中的仿真实例，右击，在弹出的菜单中选择“复制”，可复制生成临时仿真实例。

仿真浏览器生成的仿真结果文件存储位置可手动设置。

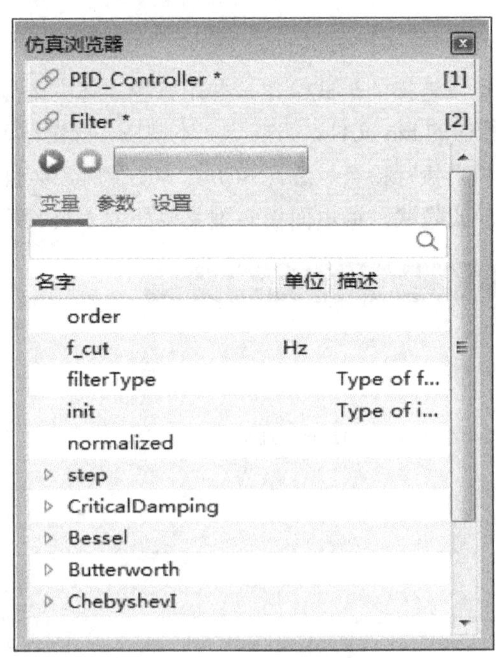

图 4-114　仿真浏览器

仿真实例的上下文菜单如图 4-115 所示。

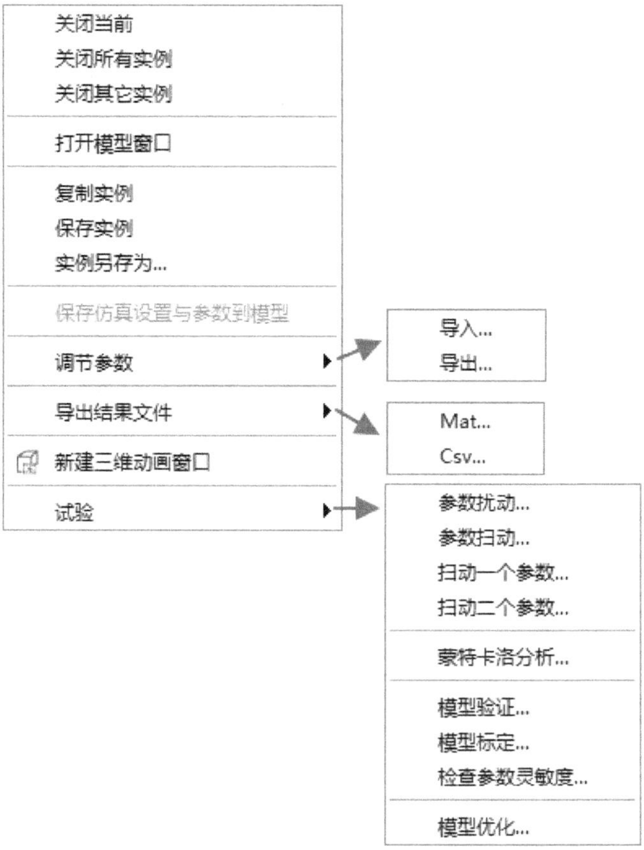

关闭当前
关闭所有实例
关闭其它实例
打开模型窗口
复制实例
保存实例
实例另存为...
保存仿真设置与参数到模型
调节参数
导入...
导出...
导出结果文件
Mat...
Csv...
新建三维动画窗口
试验
参数扰动...
参数扫动...
扫动一个参数...
扫动二个参数...
蒙特卡洛分析...
模型验证...
模型标定...
检查参数灵敏度...
模型优化...

图 4-115　仿真实例的上下文菜单

4.9.1　仿真实例标题

仿真实例标题由三部分组成：标签、仿真实例名和序号。

(1) 标签：模型仿真生成的仿真实例，标签显示为 ；打开指定路径下的仿真实例，标签显示为 ；复制当前仿真实例生成的新仿真实例，标签显示为 。提示：若关联的模型被卸载，实例的标签仍显示为 ，再次仿真模型浏览器中的任一模型时，才会刷新仿真浏览器上的标签，变为 。

(2) 仿真实例名：仿真实例名不可编辑。模型仿真生成的仿真实例，仿真实例名与模型名一致；打开指定路径下的仿真实例，仿真实例名与文件夹名一致；复制当前仿真实例生成的新仿真实例，仿真实例名为当前仿真实例名-1、当前仿真实例名-2，编号依次递增(例如，若当前仿真实例名为“ExperimentTest”，复制两次该仿真实例后，则依次生成名为“ExperimentTest-1”、“ExperimentTest-2”的新仿真实例)。另外，对于新生成的或修改后未保存的实例，会有标志 * 。保存实例后，该标志自动消失。

(3) 序号：根据仿真生成或仿真实例打开的先后顺序依次排序“[1]”“[2]”“[3]”…，如果已有的序号中存在“断号”，则新生成或打开的仿真实例从小到大依次填补这些序号。

4.9.2 仿真控制

1. 启动仿真

通过选择菜单“仿真”→“仿真”或单击仿真浏览器工具栏上的按钮(见图 4-116)可仿真一个仿真实例，系统开始编译当前仿真实例并生成求解器。如果成功，则更新求解器，创建模型仿真实例，最后运行求解器。在仿真过程中，仿真时间的进度条显示在仿真浏览器工具栏上，进度条展示仿真进度的百分比以及仿真时间，如图 4-117 所示。

图 4-116　启动仿真按钮　　　图 4-117　仿真浏览器的工具栏

如果曲线窗口中存在关联当前仿真实例的变量，变量曲线会实时更新仿真结果，这样就可以边仿真，边观察结果曲线。

提示：如果仿真实例为纯数据或者 package 文件夹，按钮将置灰不可用。

2. 停止仿真

可以随时单击仿真浏览器工具栏上的按钮(见图 4-118)来结束一个正在进行的仿真。

3. 暂停仿真

可以随时单击仿真浏览器工具栏上的按钮(见图 4-119)来暂停一个正在进行的仿真。若想要继续仿真，则再次单击按钮，即可启动仿真。

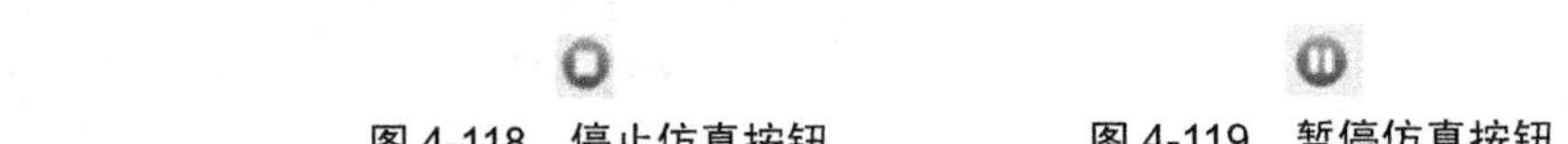

图 4-118　停止仿真按钮　　　图 4-119　暂停仿真按钮

4.9.3 操作视图

每个仿真实例有三种不同类型的操作视图。

(1) 变量视图：可以查看变量信息的视图。

(2) 参数视图：可以编辑仿真参数值的视图。

(3) 设置视图：包含了仿真的所有设置。

要改变仿真浏览器的活动视图，请单击浏览器顶部的选项卡。

4.9.3.1 变量视图

仿真浏览器的变量视图(见图 4-120)包含了实例的所有变量，显示变量名字、变量单位以及变量的描述信息。

1. 查找变量

(1) 支持模糊查找，不区分字母大小写，若输入部分变量名，如“step”，单击将从上往下查找出所有符合条件的变量名。

(2) 同时也支持精确查找，输入变量全名，如“table1”，将成功定位至该变量，如图 4-121 所示。

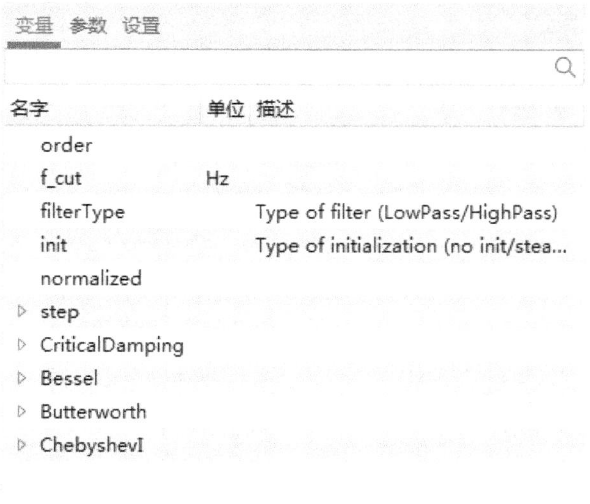

图 4-120 仿真浏览器的变量视图

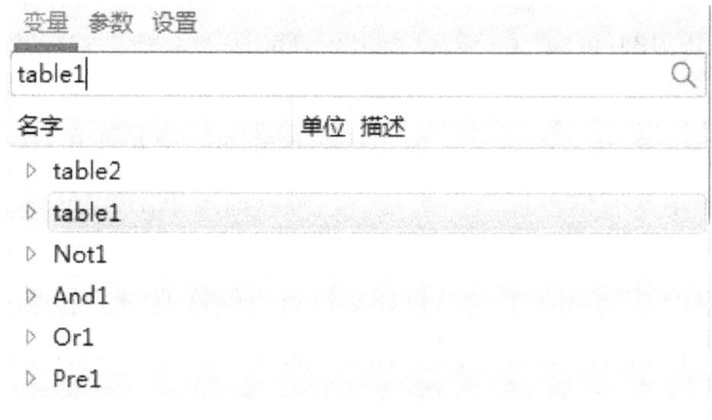

图 4-121 精确查找

2. 变量的值

模型仿真结束后，在变量区域右击，在弹出的菜单中选择“设置变量时间点”，输入时间点，弹出如图 4-122 所示的界面，单击“确定”按钮，即可查看指定时刻的变量的值，如图 4-123 所示。

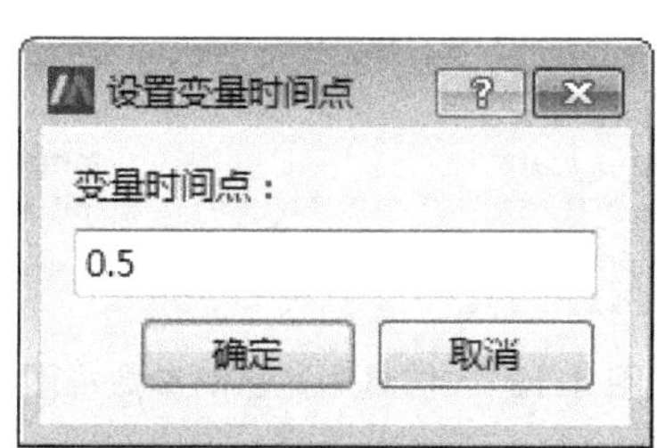

图 4-122 设置变量时间点

提示 1：设置的时间点大于仿真的结束时刻时，系统默认显示结束时刻的变量值。

提示 2：设置的时间点小于仿真的开始时刻时，系统默认显示开始时刻的变量值。

变量 参数 设置

名字	值(T=0.5)	单位	描述
amplitude	10	N.m	Amplitude of driving torque
freqHz	5	Hz	Frequency of driving torque
Jmotor	0.1	kg.m2	Motor inertia
Jload	2	kg.m2	Load inertia
ratio	10		Gear ratio
damping	10	N.m....	Damping in bearing of gear
◢ fixed			
phi0	0	rad	Fixed offset angle of housing
◢ flange			(right) flange fixed in housing
phi	0	rad	Absolute rotation angle of flange
tau	4.19354	N.m	Cut torque in the flange
◢ torque			
◢ flange			Flange of shaft
phi	0.957997	rad	Absolute rotation angle of flange
tau	-6.12323e-15	N.m	Cut torque in the flange

图 4-123 显示变量的值

4.9.3.2 参数视图

仿真浏览器的参数视图(见图 4-124)包含了仿真的所有参数，显示参数名字、参数值、参数单位以及参数的描述信息。参数在一个由分层组件作为分支的树的视图中，双击某个组件名可展开或折叠分支。通过展开一个分支，用户能够查看和编辑相应组件的参数。

(1) 参数值默认显示缺省值，修改参数之后，可以通过单击按钮来重置回到默认值。

(2) 修改了参数，则其对应的名字和父节点的名字都会加粗显示；如果参数撤销了修改，则其对应的名字会取消加粗，同时其父节点如果没有其他修改的子节点，则也会取消加粗。

(3) 如果参数有误，则对应的名字将参数编辑框的背景色标为粉红色。

提示：在仿真前和仿真后可编辑参数值，在仿真过程中或者仿真暂停时参数值不可修改。

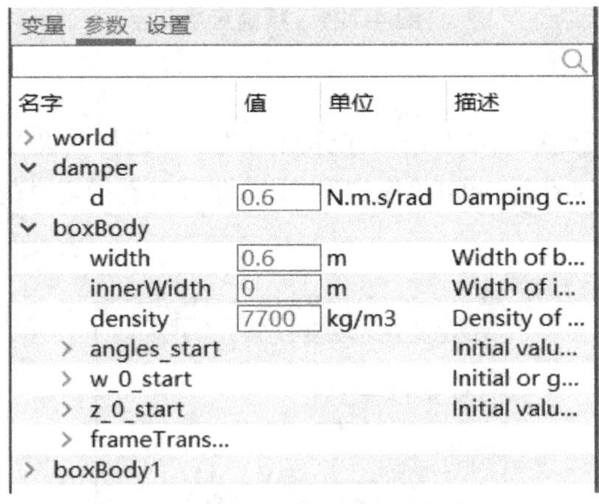

图 4-124 仿真浏览器的参数视图

4.9.3.3 设置视图

可以在仿真浏览器的设置视图(见图 4-125)修改一个特定的仿真的设置。单击“设置”选项卡来打开设置视图。设置分为仿真区间、输出区间、积分算法和结果存储。

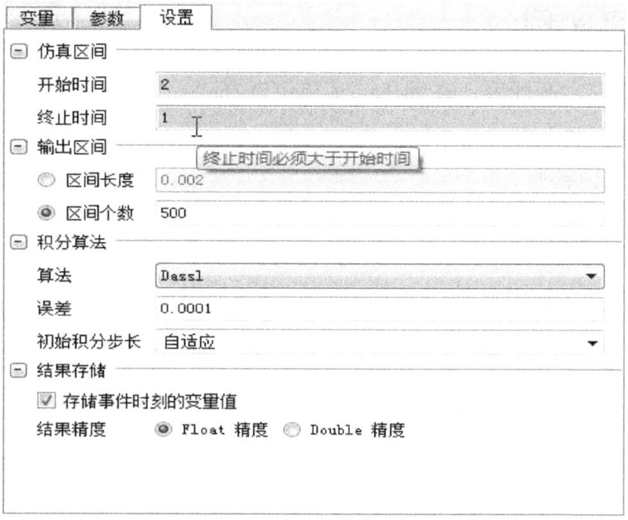

图 4-125　仿真浏览器的设置视图

在仿真前和仿真后可设置仿真条件，在仿真过程中或者仿真暂停时仿真条件不可修改。

系统将实时检测输入的合法性，如果输入有错误，则背景色将标为粉红色，如果错误是逻辑相关性错误，则系统会弹出 toolTip 提示错误原因。

1. 仿真区间

(1) 开始时间：指定仿真开始的时间。

(2) 终止时间：指定仿真终止的时间，终止时间必须大于开始时间。

2. 输出区间

(1) 区间长度：指定仿真输出点之间的间隔长度。

(2) 区间个数：指定仿真生成的输出间隔的数目。

提示：只能改变其中一个参数，系统会根据开始时间和终止时间计算出另一个参数，公式为“步长×步数=(终止时间–开始时间)”。

3. 积分算法

(1) 算法：指定用于仿真的算法，有八种不同的算法可供选择。

① Dassl：一种变步长和变阶算法，使用一个向后微分公式法；

② Radau5：一种变步长定阶算法，适用于求解刚性问题；

③ Euler、Rkfix2、Rkfix3、Rkfix4、Rkfix6 和 Rkfix8：适合实时仿真的固定步长的算法，仿真区间控制步长，同时也控制仿真结果的输出值的数目。

(2) 误差：指定每个仿真步长的局部精度，最终(全局)的错误是由每一步的错误通过某种方式累积而成的。

(3) 积分步长：选择 Dassl 和 Radau5 时为初始积分步长，选择 Euler 和 Rkfix 时为固定积分步长。

4. 结果存储

(1) 存储事件时刻的变量值：勾选后，仿真时，事件时刻的变量值会被存储。

(2) 结果精度：指定仿真结果文件的精度，Float 精度和 Double 精度二选一。

4.9.4 关闭仿真实例

可以通过右击仿真实例标题，在弹出的菜单中选择“关闭当前”来关闭当前的仿真实例。选择“关闭所有实例”来关闭仿真实例面板上的所有实例；选择“关闭其他实例”来关闭除了当前实例外的其他仿真实例。

4.9.5 打开模型窗口

可以通过右击仿真实例标题，在弹出的菜单中选择“打开模型窗口”来打开仿真实例对应的模型窗口。如果仿真实例对应的模型窗口关闭，则打开模型窗口；如果仿真实例对应的模型窗口不是当前的活动窗口，则激活该模型窗口为当前的活动窗口。

4.9.6 复制仿真实例

可以通过右击仿真实例标题，在弹出的菜单中选择“复制实例”来复制当前的仿真实例。复制当前仿真实例到同目录下生成与原始实例相同的参数值和仿真设置的新仿真实例，新仿真实例文件夹名称为系统随机生成的 GUID 名，新仿真实例的命名规则参见 4.9.1 节。

4.9.7 保存仿真实例

可以通过右击仿真实例标题，在弹出的菜单中选择“保存实例”来保存当前的仿真实例到指定的目录中。对于临时仿真实例，保存时弹出“保存”对话框(见图 4-126)；对于保存过的仿真实例，则在原有的目录中进行覆盖保存。仿真实例文件内容详见 5.4.1 节。

图 4-126 保存仿真实例

4.9.8 仿真实例另存为

可以通过右击仿真实例标题，在弹出的菜单中选择“实例另存为”来把当前的仿真实例另存到指定的目录中，“另存为”对话框如图 4-127 所示。

图 4-127 “另存为”对话框

4.9.9 保存仿真设置与参数到模型

可以通过右击仿真实例标题，在弹出的菜单中选择“保存仿真设置与参数到模型”来打开“保存仿真设置与参数到模型”对话框(见图 4-128)。

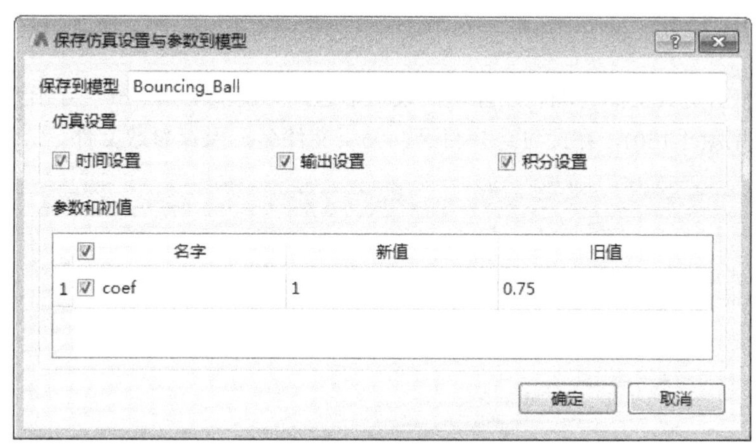

图 4-128 “保存仿真设置与参数到模型”对话框

(1) 保存到模型：显示当前仿真实例关联的模型名称。

(2) 仿真设置：包括时间设置、输出设置、积分设置，勾选后将保存到模型的仿真注解中。

(3) 参数和初值：显示所有初值有修改的参数，勾选的参数的新值将通过变型的方式保存到参数所在的地方。

在保存模型的设置之后，仍然需要保存模型才能把设置永久性地保存到模型文件中。

提示：对以下实例该功能禁用：①关联模型被卸载(或模型名被修改)的实例；②关联只读模型(模型库或加密模型)的实例；③通过菜单“仿真”→“打开仿真结果”打开仿真实例。

4.9.10 导入参数

可以通过右击仿真实例标题，在弹出的菜单中选择“调节参数”→“导入”来打开“导入参数”对话框(见图 4-129)，导入选择的参数文件。如果参数文件中的参数名与模型中的参数名匹配，则导入对应的参数值，没有匹配的则忽略。

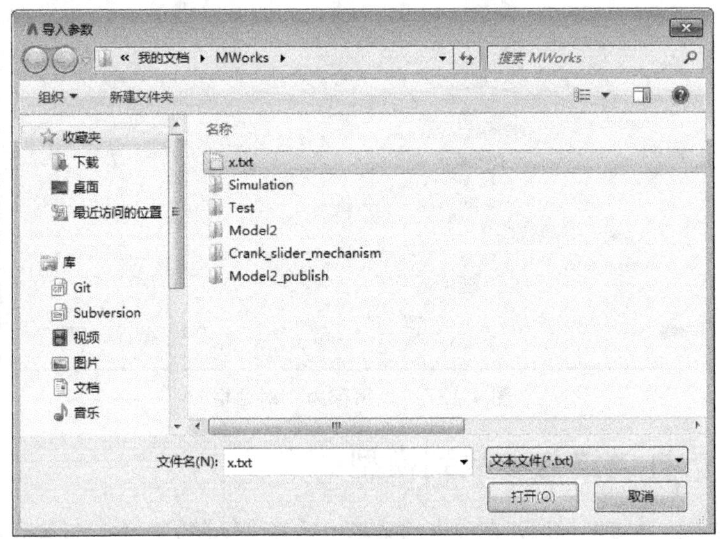

图 4-129 “导入参数”对话框

4.9.11 导出参数

可以通过右击仿真实例标题，在弹出的菜单中选择“调节参数”→“导出”来打开“导出参数”对话框(见图 4-130)，在此可选择目录，编辑文件名，保存参数文件。

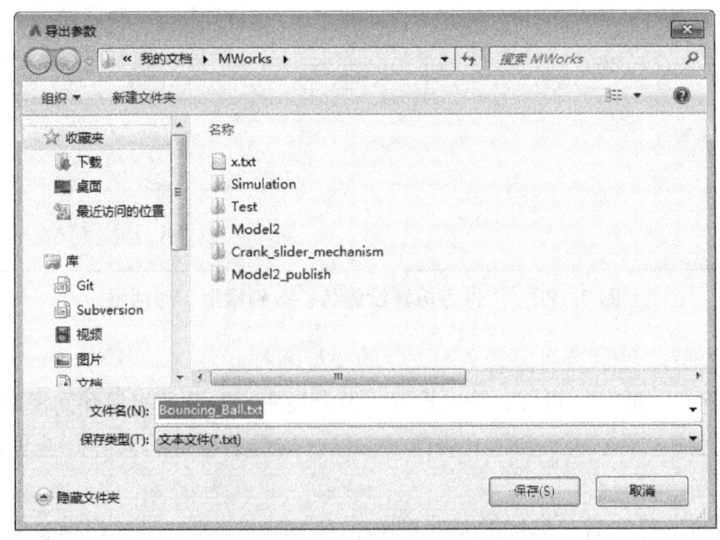

图 4-130 “导出参数”对话框

导入仿真参数文件、导出仿真参数文件格式详见 5.4.2.1 节。

4.9.12 导出 Mat 结果文件

可以通过右击仿真实例标题，在弹出的菜单中选择“导出结果文件”→“Mat”来打开“选择变量”对话框(见图 4-131)，勾选需要保存的变量后单击“确定”按钮，打开“导出 Mat 文件”对话框(见图 4-132)，在此可选择目录，保存结果文件为 mat 文件。mat 文件格式详见 5.4.2.3 节。

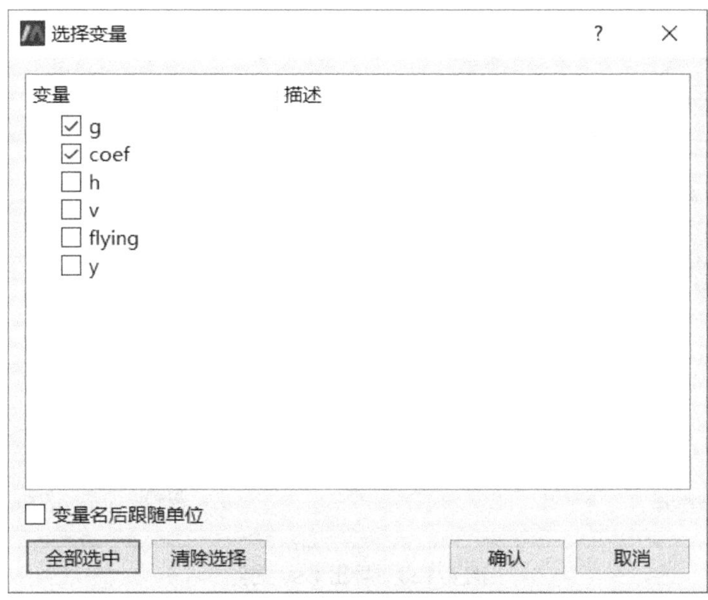

图 4-131 “选择变量”对话框

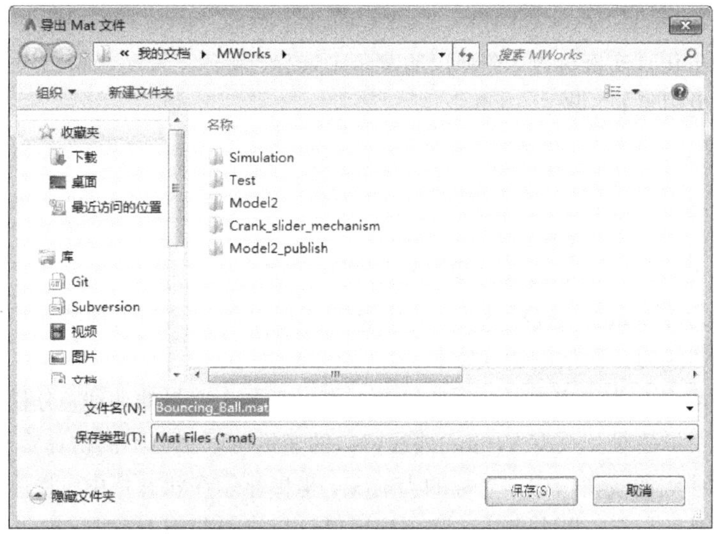

图 4-132 “导出 Mat 文件”对话框

4.9.13 导出 Csv 结果文件

可以通过右击仿真实例标题，在弹出的菜单中选择“导出结果文件”→“Csv”，参见 4.9.12

节，设置“选择变量”对话框后，打开“导出 Csv 文件”对话框(见图 4-133)，在此可选择目录，保存结果文件为 Csv 文件。Csv 文件格式详见 5.4.2.2 节。

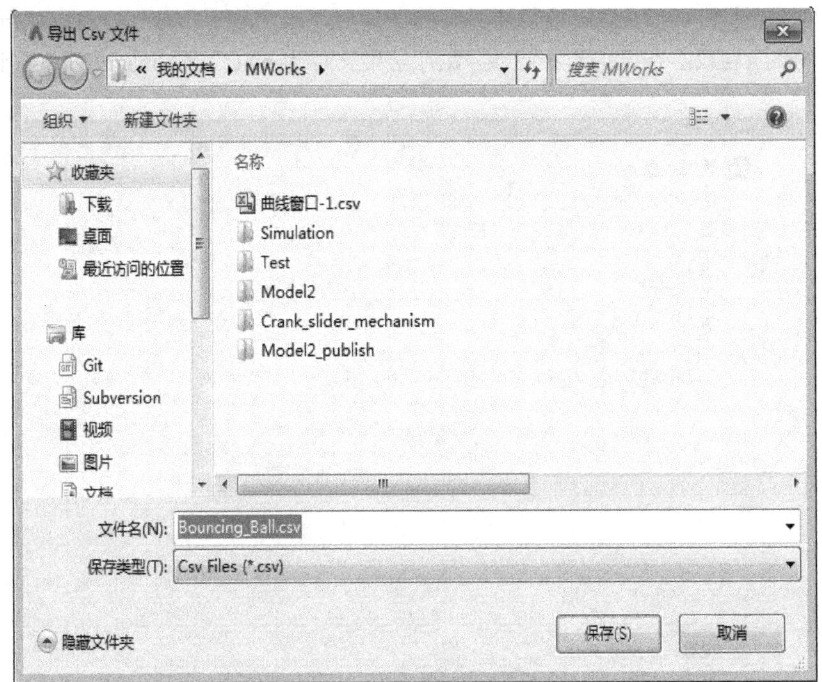

图 4-133　导出 Csv 文件

4.9.14　新建三维动画窗口

可以通过右击仿真实例标题，在弹出的菜单中选择“新建三维动画窗口”来打开动画窗口。动画窗口的详细说明见 6.3 节。

4.10　曲线窗口

曲线窗口的主要作用是对仿真结果进行绘制和研究。

曲线窗口分为 Y(time)和 Y(X)两类，Y(time)是以时间为自变量的曲线窗口，Y(X)则是以第一次拖入的变量曲线为自变量的曲线窗口。

可新建一个或多个曲线窗口，一个曲线窗口可显示多个变量的曲线，分栏显示时每个子窗口都可显示多个变量曲线，只有 Y(time)曲线窗口的变量可以来自不同仿真实例。

将鼠标指针移到曲线窗口中，光标的当前(x,y)坐标显示在状态栏中。将鼠标指针移到曲线上，高亮显示局部最小点、最大点，并弹出提示信息，显示曲线上数据点的相关信息，包括时间点、变量值、斜率、局部最小值、局部最大值。

提示：①如果不同实例的仿真区间不同，则在横轴方向上各自的显示范围不同；②如果某个变量值的数量级很大，可能会压缩其他数量级较小的变量曲线。

曲线窗口如图 4-134 所示，曲线窗口上下文菜单如图 4-135 所示。

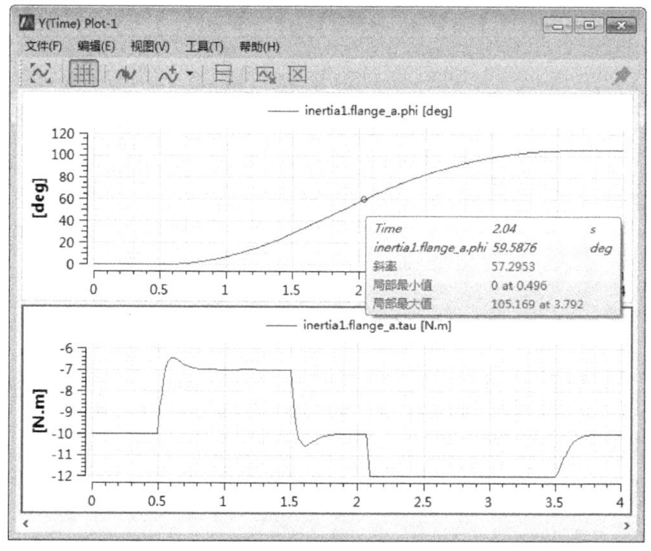

图 4-134 曲线窗口

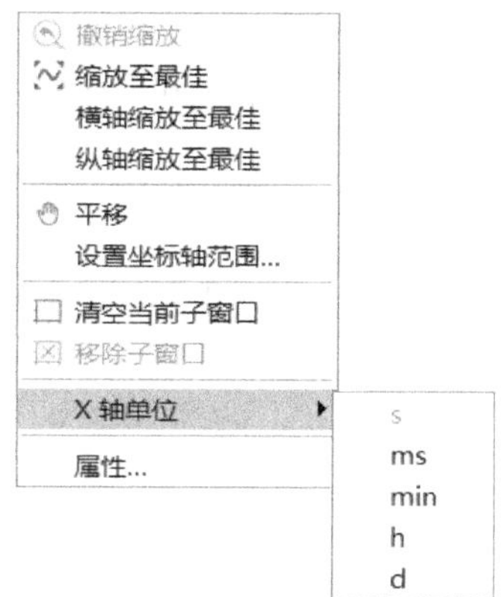

图 4-135 曲线窗口上下文菜单

4.10.1 新建曲线窗口

Y(time)曲线窗口有三种生成方式：①选择“仿真”→“新建 Y(time)曲线窗口”，新建一个空白的曲线窗口；②在仿真浏览器区域选中变量直接拖曳，新建一个显示该变量曲线的曲线窗口；③在组件变量面板选中变量直接拖曳，新建一个显示该变量曲线的曲线窗口。

Y(X)曲线窗口也有三种生成方式：①选择菜单“仿真”→“新建 Y(X)曲线窗口”，新建一个空白的曲线窗口；②在仿真浏览器区域选中变量，按住 Shift 键直接拖曳，生成一个以该变量为 X 轴的曲线窗口；③在组件变量面板选中变量，实现方式与方法②的相同。

4.10.2 导出图片文件

可以通过选择菜单“文件”→“导出图片文件”来复制当前窗口的可见区域生成图片文件，缺省用当前曲线窗口名作为文件名，弹出“导出图片”对话框(见图 4-136)后，可选择保存目录、保存类型和指定文件名，保存类型可以是 BMP、SVG 等。

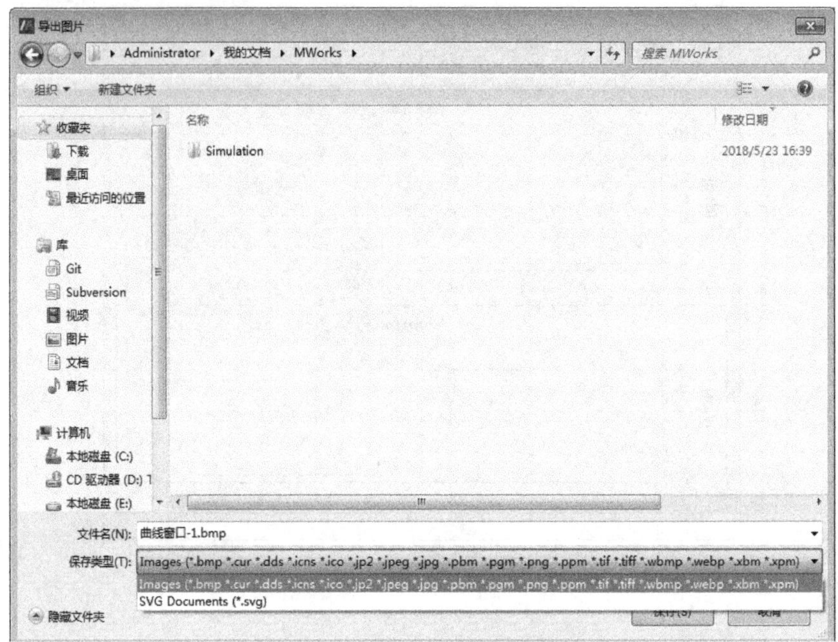

图 4-136 “导出图片”对话框

4.10.3 退出

可以通过选择菜单“文件”→“退出”来退出当前的曲线窗口。

4.10.4 剪切

可以通过选择菜单“编辑”→“剪切”来将选中的曲线复制到系统剪贴板，同时删除选择集。

4.10.5 复制

可以通过选择菜单“编辑”→“复制”来复制选中的曲线到系统剪贴板，选择集保持不变。

4.10.6 粘贴

可以通过选择菜单“编辑”→“粘贴”来将系统剪贴板中的曲线粘贴到曲线窗口中。

提示：可以直接从一个曲线窗口中拖曳曲线至另外一个曲线窗口，也可从一个曲线窗口的子窗口中拖曳曲线至该曲线窗口的另一个子窗口，相当于剪切+粘贴；若拖曳的过程中按下 Ctrl 键，则表示复制+粘贴曲线。

注意：拖曳时必须保证 X 轴变量相同，例如，Y(X)不能和 Y(time)互相拖曳，Y(X)和 Y(X)必须保证 X 轴变量相同。

4.10.7 全选

可以通过选择菜单“编辑”→“全选”来选中当前曲线窗口中的所有曲线(见图 4-137)，

选中的曲线加粗显示。如果存在子窗口，则选中当前活动子窗口中的所有曲线。

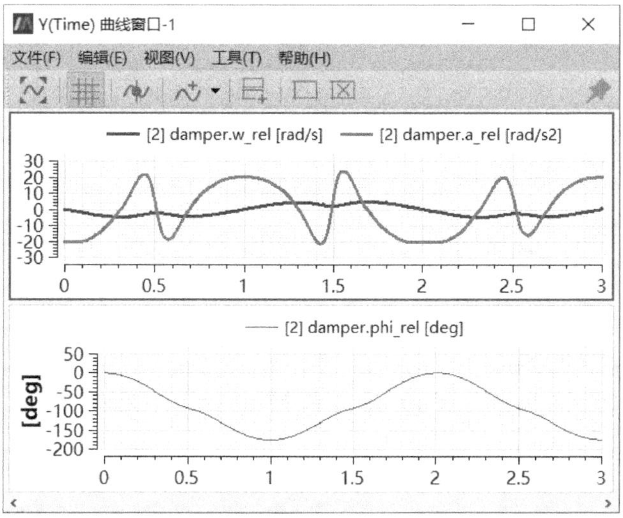

图 4-137　全选曲线

4.10.8　删除所选变量

可以通过选择菜单“编辑”→“删除所选变量”，或在曲线窗口中右击，在弹出的菜单中选择“删除所选变量”来删除被选中的变量曲线。

提示：若未选中曲线，则该功能置灰。

4.10.9　清空当前子窗口

可以通过选择菜单“编辑”→“清空当前子窗口”，或在曲线窗口中右击，在弹出的菜单中选择“清空当前子窗口”或单击工具栏上的按钮来清除当前活动子窗口中的所有曲线，若没有子窗口，则清空该曲线窗口。

4.10.10　属性

可以通过选择菜单“编辑”→“属性”，或在曲线窗口中右击，在弹出的菜单中选择“属性”来查看或修改当前曲线的属性。在弹出的“窗口属性”对话框中，Y(time)曲线窗口分为曲线、标题、坐标轴三个视图，Y(X)曲线窗口只有曲线、标题两个视图。

4.10.10.1　曲线

在曲线标签页(见图 4-138)可以查看当前曲线窗口中存在的变量的名字、单位、描述，以及设置对应变量的图例、外观、属性、坐标轴和数据。

(1) 变量列表。

① 名字：曲线变量的全名。

② 单位：变量的单位。

③ 描述：变量的描述。

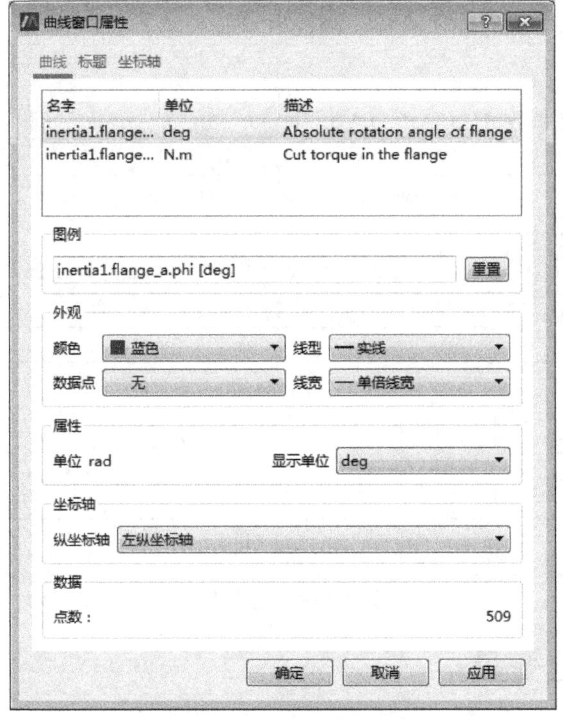

图 4-138　曲线标签页视图

(2) 图例：曲线窗口缺省根据实例编号和变量名等生成标签文字，改成可读性更好的名字是允许的。

重置：取消修改过的变量图例名，恢复缺省文字。

(3) 外观。

① 颜色：设置曲线的颜色，可供选择的颜色有蓝色、红色、绿色、洋红和黑色等(见图 4-139)。也可以单击“自定义”按钮，在弹出的“选择颜色”对话框(见图 4-140)中来自定义颜色。

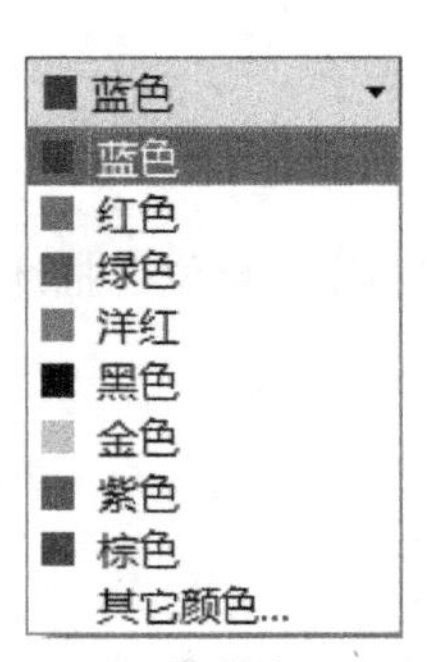

图 4-139　颜色下拉框

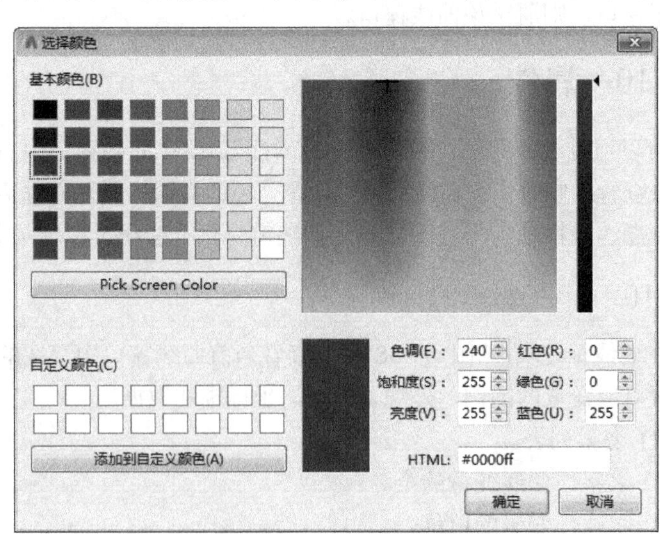

图 4-140　自定义颜色

② 线型：设置曲线的形状，可供选择的线型有无(隐藏曲线)、实线、虚线、点线、点划线和双点划线(见图 4-141)。

图 4-141　线型下拉框

③ 线宽：设置曲线的宽度，可供选择的线宽有单倍线宽、双倍线宽和四倍线宽(见图 4-142)。

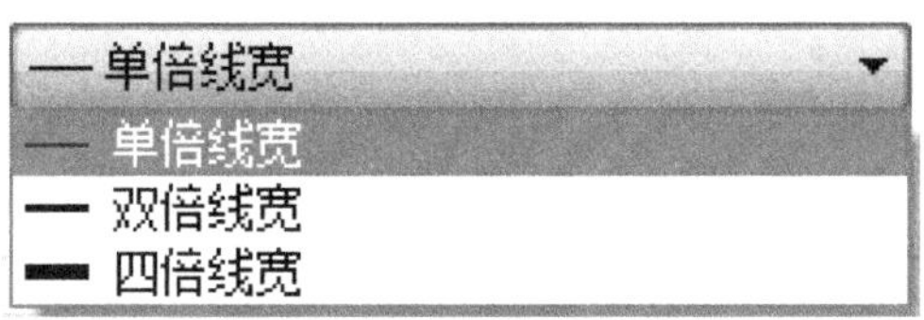

图 4-142　线宽下拉框

④ 数据点：设置曲线数据点的形状，可供选择的数据点有无、交叉形、圆形、正方形、实心圆形、实心正方形、倒三角形、正三角形和菱形(见图 4-143)。

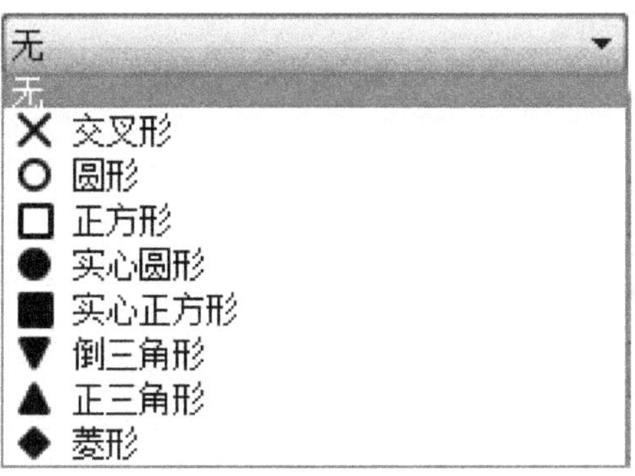

图 4-143　数据点下拉框

(4) 属性。

① 单位：显示当前变量的单位，不可以修改。

② 显示单位：列出变量单位对应的显示单位供选择，选择后回到曲线窗口，曲线会根据显示单位与单位之间的比例重新换算显示。

(5) 坐标轴。

纵坐标轴：可设置变量的坐标轴为左纵坐标轴或右纵坐标轴。

提示：若存在左、右纵坐标变量，系统将给变量附加“//left”或“//right”后缀。

(6) 数据。

点数：显示当前变量列表中选中的变量曲线的数据点数。

4.10.10.2　标题

在标题标签页(见图 4-144)可以设置曲线窗口标题、横坐标轴标题和纵坐标轴标题。

(1) 标题：设置曲线的标题。

(2) 横坐标轴标题。

① 无：横坐标无标题。

② 默认：曲线窗口的横坐标轴的标题以“自变量名称(自变量的单位)”的形式显示。

图 4-144　标题标签页

提示：当自变量是“时间”且时间的单位设置为“s”时，曲线窗口不显示横坐标标题。

③ 自定义：自定义横坐标轴的标题。

(3)纵坐标轴标题。

① 无：纵坐标轴无标题。

② 默认：只有一个变量时显示其变量单位，否则显示无。

③ 自定义：自定义纵坐标轴的标题。

4.10.10.3　坐标轴

坐标轴标签页(见图 4-145)用于限定曲线窗口的时间范围。

限定时间范围：勾选后，仿真时，曲线视图保持 X 轴的最大值与最小值的差不变，并自动跟随曲线的最尾端(X 轴最大值与当前仿真时间保持一致)。如果做的某些操作(如平移)改变了坐标轴范围，则停止跟随，直到单击按钮缩放至最佳，恢复跟随。

图 4-145 坐标轴标签页

4.10.11 视图缩放

在曲线窗口中按下鼠标左键并拖动鼠标框选一个矩形，当松开鼠标时，曲线窗口将缩放到该指定的矩形。除了鼠标操作外，软件还提供了两种缩放功能：撤销缩放、缩放至最佳。

1. 撤销缩放

可以通过在曲线窗口中右击，在弹出的菜单中选择“撤销缩放”来在当前曲线窗口显示比例的基础上缩小显示，当曲线窗口缩放至最佳后无法再缩小。

2. 缩放至最佳

可以通过选择菜单“视图”→“缩放至最佳”或在曲线窗口中右击，在弹出的菜单中选择“缩放至最佳”或单击工具栏上的按钮来使曲线窗口恢复到初始显示状态。

在曲线窗口中右击，在弹出的菜单中选择“横轴缩放至最佳”和“纵轴缩放至最佳”功能，可使曲线窗口横轴或纵轴最佳显示。

4.10.12 网格

可以通过选择菜单“视图”→“网格”或单击工具栏上的按钮来显示或隐藏网格，网格范围根据坐标系统确定。

4.10.13 曲线运算

曲线运算当前只支持 Y(time)曲线窗口，支持在变量结果集的基础上进行变量相减、相加、积分、微分等操作。这些操作以工程数学为基础，具有一定的物理意义和几何上的直观性，可帮助用户进一步了解仿真模型的性能。

例如，通过观察变量相减得到的结果曲线，可以明确一个模型实例中的不同变量或不同模型实例中的同一个变量之间的差异；曲线微分给出了变量随时间的变化趋势。

4.10.13.1 相加

曲线二元运算。选择两个或多个变量曲线后，可以通过选择菜单“工具”→“曲线运算”→“相加”或单击工具栏上的按钮来进行加法运算，产生新的结果变量。

如图 4-146 所示，初始显示的两个变量曲线为 J1.w、J2.w，相加结果曲线为 J1.w+J2.w。

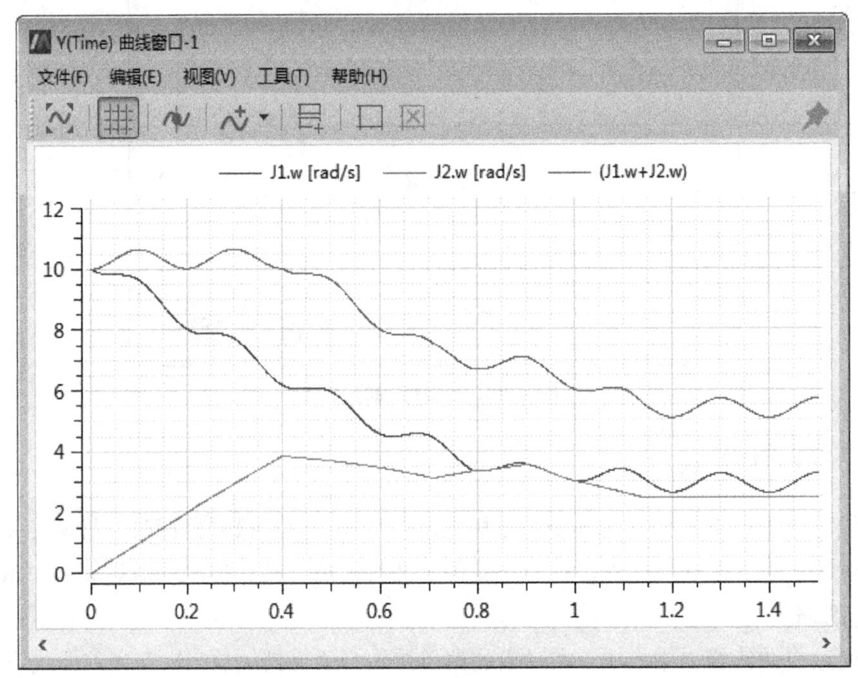

图 4-146 曲线相加

提示：加法运算是将变量值在时间点上逐步进行相加，得到新的结果变量。

对于变量单位，如果相加的两个变量的单位相同，则结果变量的单位设置为该单位，否则设为“无”。

4.10.13.2 相减

曲线二元运算。选择两个变量曲线，可以通过选择菜单“工具”→“曲线运算”→“相减”或单击工具栏上的按钮来进行减法运算，产生新的结果变量。变量单位和显示单位根据减法变量确定。

如图 4-147 所示，初始显示的两个变量曲线为 J1.w、J2.w，相减结果曲线为 J1.w–J2.w。

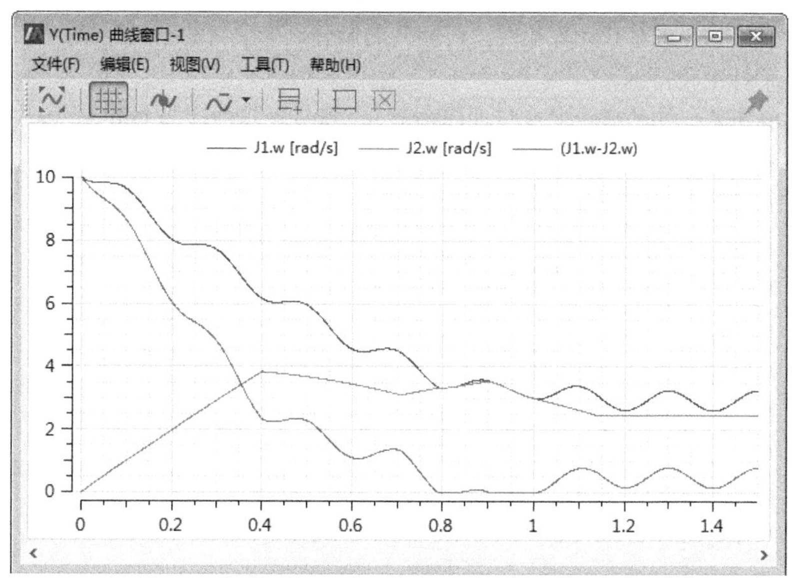

图 4-147 曲线相减

4.10.13.3 积分

曲线一元运算。选择一个变量，可以通过选择菜单“工具”→“曲线运算”→“积分”或单击工具栏上的按钮来对其计算相对“时间”的积分，产生新的结果变量。变量单位(unit)经原单位乘以“秒(s)”后标准化得到。

如图 4-148 所示，初始显示的一个变量曲线为 J1.w，积分结果曲线为 Int<J1.w>。

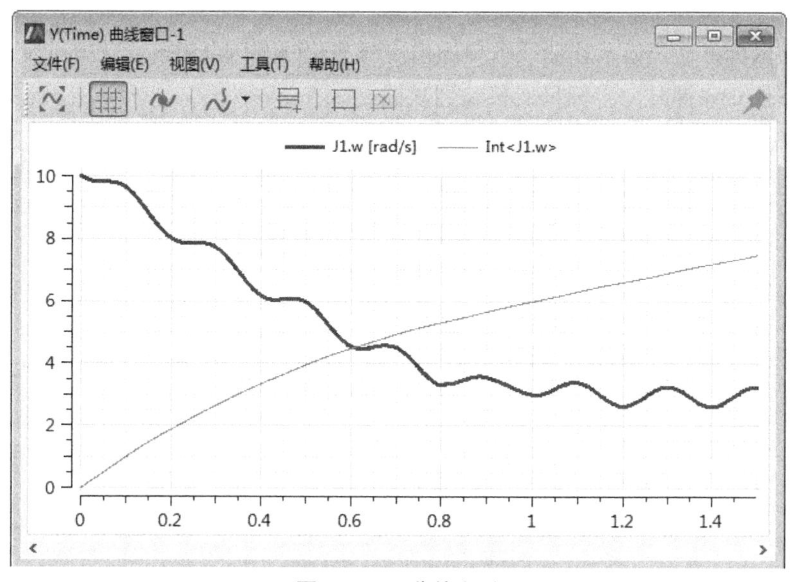

图 4-148 曲线积分

4.10.13.4 微分

曲线一元运算。选择一个变量，可以通过选择菜单“工具”→“曲线运算”→“微分”或单击工具栏上的按钮来对其计算相对“时间”的微分，产生新的结果变量。变量单位经原单位除以“秒”后标准化得到。

如图 4-149 所示，初始显示的变量曲线为 j1.a，微分结果曲线为 Diff<j1.a>。

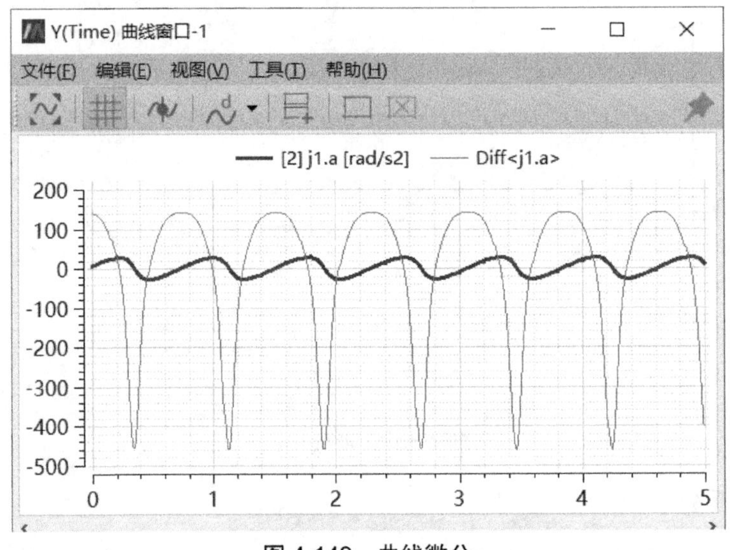

图 4-149 曲线微分

4.10.14 曲线游标

可以通过选择菜单“工具”→“曲线游标”或单击工具栏上的按钮来开启或关闭曲线游标。

游标跟随鼠标移动，显示在曲线窗口的值实时变化(见图 4-150)。

提示：按住 Ctrl 键时，游标只能移动到数据点。

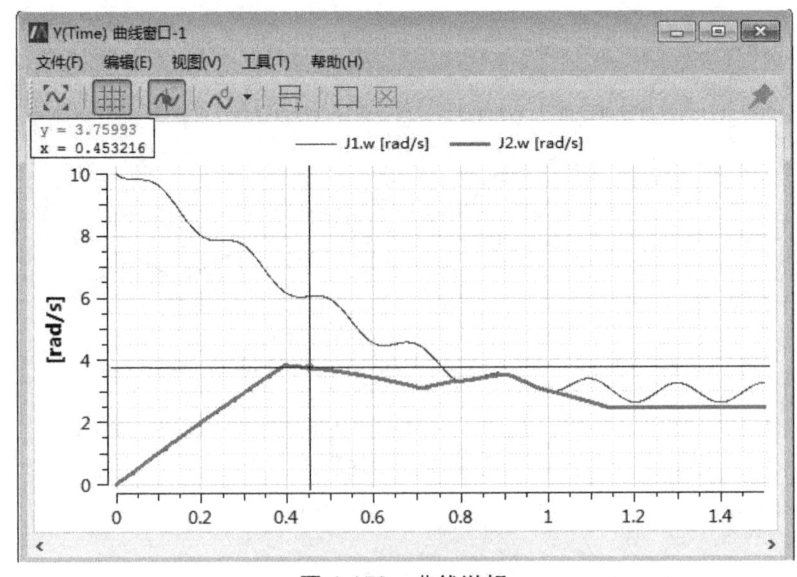

图 4-150 曲线游标

4.10.15 平移

在曲线窗口中右击，在弹出的菜单中选择“平移”，进入或取消实时平移操作。

按下左键，鼠标变为✋，移动鼠标，视图随鼠标实时平移，松开鼠标终止本次操作。

提示：无论当前正在进行什么操作，总是允许按下鼠标中键进行实时平移。按下鼠标中键移动鼠标，视图随鼠标实时平移，松开鼠标终止本次操作。

4.10.16 设置坐标轴范围

设置坐标轴范围是为了精确设置曲线窗口纵轴和横轴的显示范围(见图 4-151)。

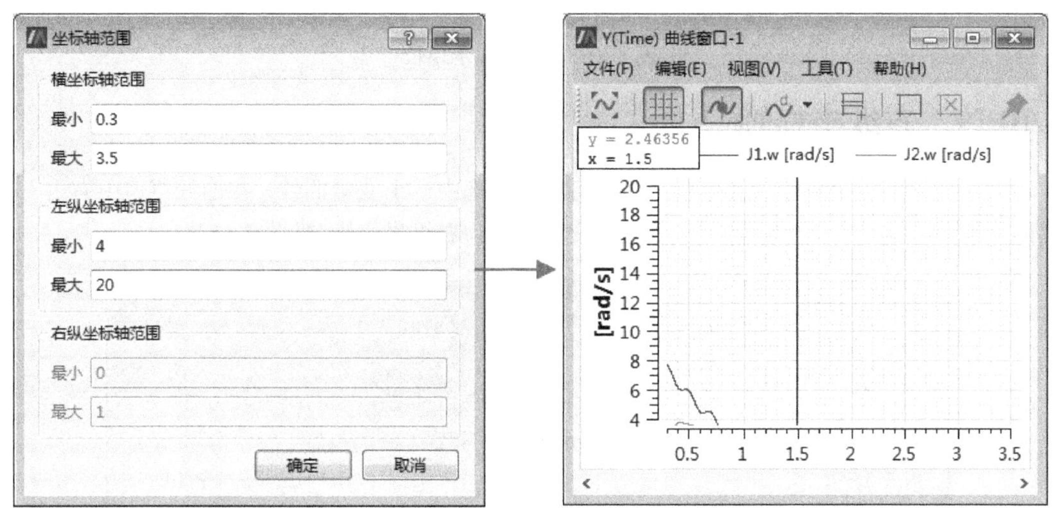

图 4-151 设置坐标轴范围

4.10.17 X 轴单位

在曲线窗口空白处右击，在弹出菜单中选择“X 轴单位”，显示可以改变的 X 轴变量显示单位列表。

提示：①在 Y(time)曲线窗口显示的是时间单位列表 s、ms、min、h、d；②在 Y(X)曲线窗口显示的是拖入的 X 轴变量显示单位列表。

4.10.18 显示单位

可以通过选中一个变量曲线，在曲线窗口中右击，在弹出菜单中选择“显示单位”，显示可以改变的显示单位列表(见图 4-152)。

提示：①未选中或选中多条曲线时，该功能置灰；②在列表中显示该变量的所有显示单位，置灰显示的为当前的显示单位。

改变显示单位的示例如图 4-153 所示。

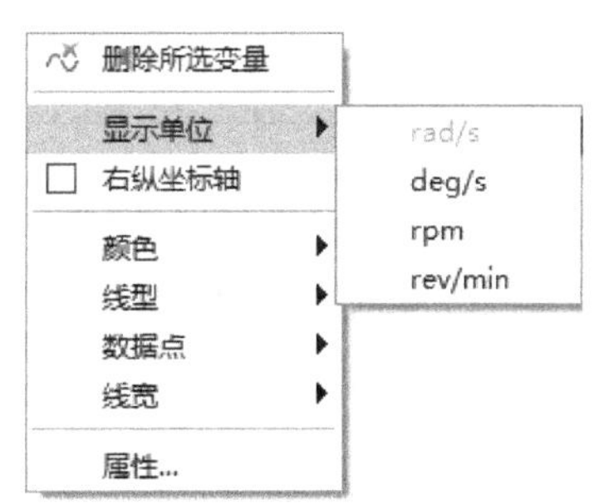

图 4-152 显示单位

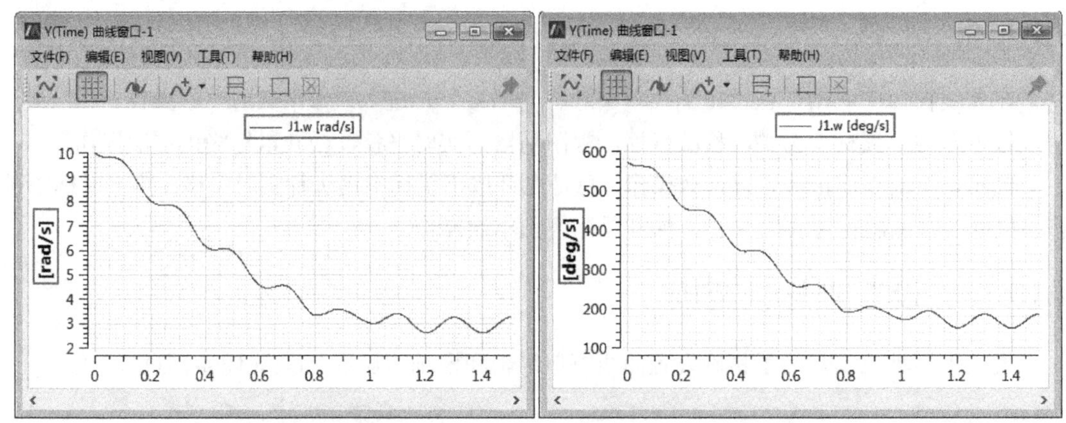

图 4-153　改变显示单位

4.10.19　右纵坐标轴

默认变量的纵坐标轴为左纵坐标轴。可以通过选中一个变量曲线，在曲线窗口中右击，在弹出菜单中选择“右纵坐标轴”来改变该变量显示为右纵坐标轴(见图 4-154)。

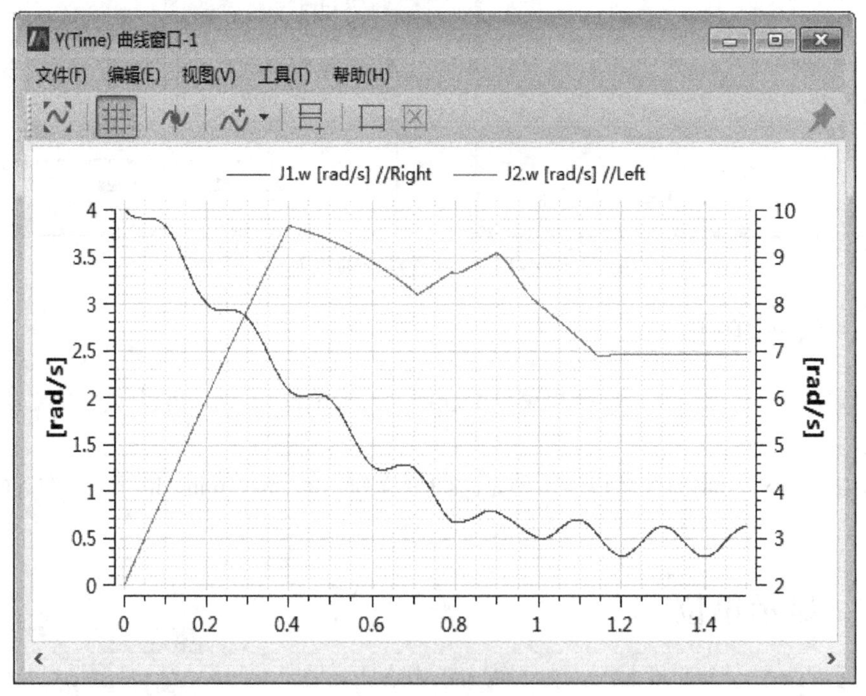

图 4-154　设置纵坐标轴

4.10.20　添加子窗口

可以通过单击工具栏上的按钮来添加曲线子窗口。

注意：同一个曲线窗口中的多个子窗口具有相同的自变量(X 轴的变量)，修改一个子窗口的自变量，其他子窗口自变量也随之改变。添加子窗口示例如图 4-155 所示。

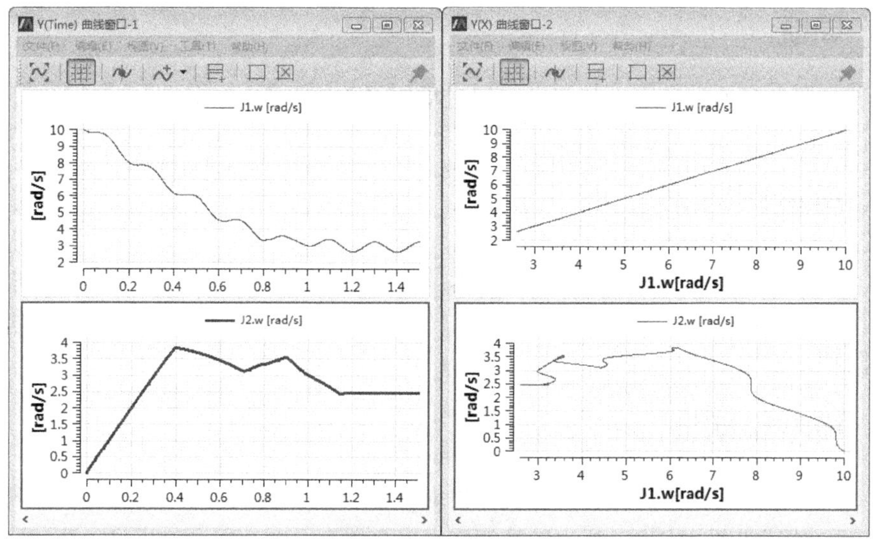

图 4-155　添加子窗口

4.10.21　移除子窗口

可以通过在曲线窗口空白处右击，在弹出菜单中选择“移除子窗口”或单击工具栏上的按钮来移除当前活动子窗口。若没有子窗口，则该功能置灰。

4.11　帮助窗口

帮助窗口用于浏览 MWorks.Sysplorer 和模型库文件，支持浏览和编辑模型的嵌入文档。通过菜单“帮助”→“查看文档主页”可以打开主页的帮助窗口(见图 4-156)。

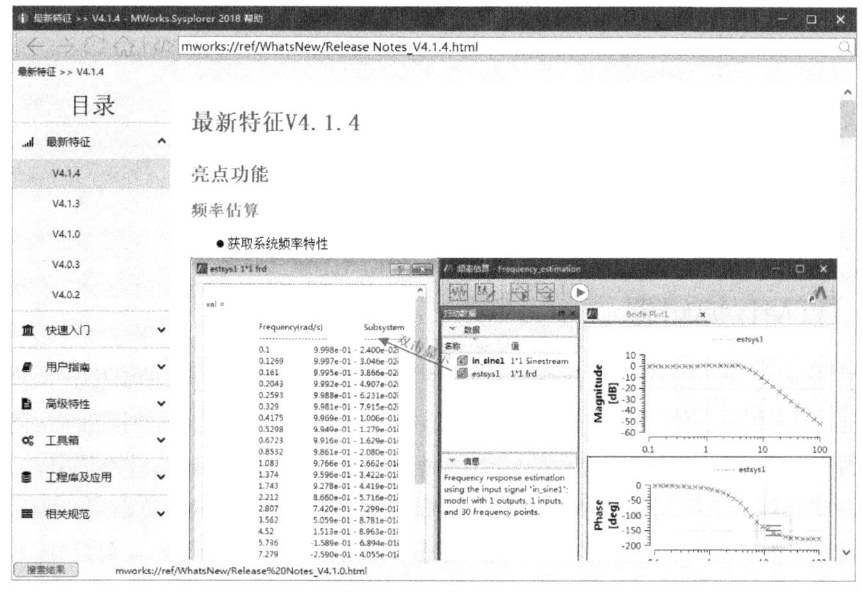

图 4-156　文档主页

4.11.1 导航

帮助窗口保留所有浏览页面的记录。通过单击“前进”、“后退”按钮，可以回到历史访问页面。

4.11.2 搜索

帮助窗口的地址栏可作为搜索栏，输入关键字后单击，系统通过 Modelica 全文检索予以支持，搜索结果展示所有包含关键字的信息。单击“搜索结果”按钮可以控制搜索结果界面的显示和隐藏。

4.11.3 模型说明

模型说明由嵌入在模型的注释信息自动生成，包括模型名、参数、变量、常量等信息，通过单击“查看文档”或者单击工具栏上的按钮可以直接查看对应模型的模型说明(见图 4-157)。

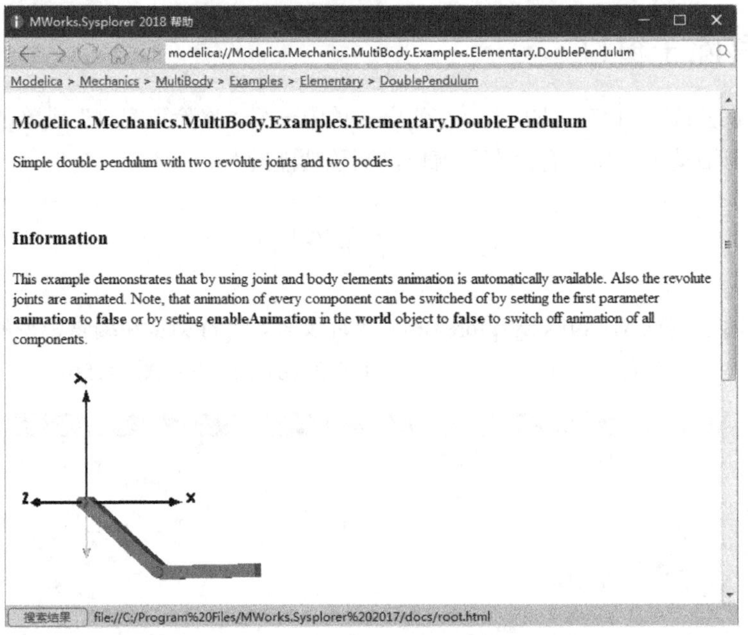

图 4-157　模型的说明信息

4.11.4 HTML 编辑器

HTML 编辑器对模型说明进行编辑，单击工具栏上的按钮进入编辑模式，模型注解中 Documentation 项中 Info 信息写入 HTML 编辑器中，再次单击工具栏上的按钮，隐藏 HTML 编辑器回到查看模式，可以查看更改的结果。对于只读模型，HTML 编辑器禁用。

HTML 编辑器分为编辑模式和代码模式，两种方式的编辑信息同步更新。单击左下方的“编辑器”按钮进入编辑模式；单击“源码”按钮进入代码模式，可直接输入 HTML 代码创建说明信息，如图 4-158 所示。

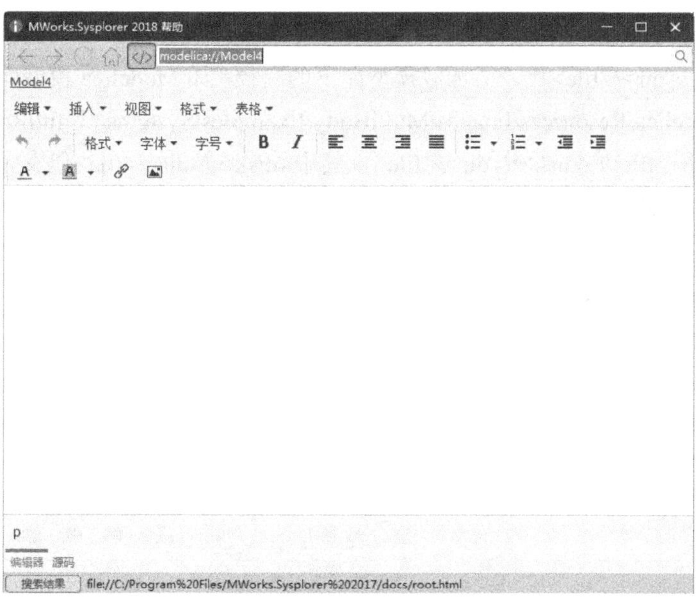

图 4-158 HTML 编辑器

1. 编辑

“编辑”菜单(见图 4-159)提供常见的功能。其中“粘贴为文本”是将系统剪贴板中的信息去除表格等非文本后粘贴到 HTML 编辑器中。

2. 插入

“插入”菜单(见图 4-160)可插入基本的对象，包括链接、图片、锚点、日期等。

“插入/编辑链接”支持三种链接方式，各链接方式及格式如下：

(1) ModelicaClassUrl: modelica://<class>，其中<class>代表模型全名，如 modelica://Modelica.Mechanics.MultiBody.Examples.Systems.RobotR3.fullRobot。

图 4-159 “编辑”菜单　　图 4-160 “插入”菜单

(2) MWorks.SysplorerUrl：MWorks.Sysplorer://ref/<file>，其中<file>代表文件名，如 MWorks.Sysplorer://ref/root.html。

(3) HttpUrl：http://www.<name>.com。

“插入/编辑图片”支持两种图片来源方式，其路径格式如下：

(1) MoedlicaPath：Modelica://<dir>/<file>，使用该图片来源的前提条件是该图片所依赖的

模型库已加载，在 HTML 编辑器编辑模式下无法正常显示该图片，切换到查看模式时可正常显示该图片。其中<dir>/<file>代表所加载模型库下的路径，如 Modelica 模型库下多体机械手图片 modelica://Modelica/Resources/Images/MultiBody/Examples/Systems/r3_fullRobot.png。

(2) LocalPath：file:///<disk>:/<dir>/<file>，其中<disk>:/<dir>/<file>代表完整的本地路径，如 file:///C:/Users/Public/Pictures/Sample Pictures/flower.jpg。

3. 视图

“视图”菜单(见图 4-161)都为开关选项，可设置不可见字符、区块边框、网格线的显示与隐藏。

4. 格式

“格式”菜单(见图 4-162)为选中的文字设置文字格式，包括基本的文字效果和文字样式。

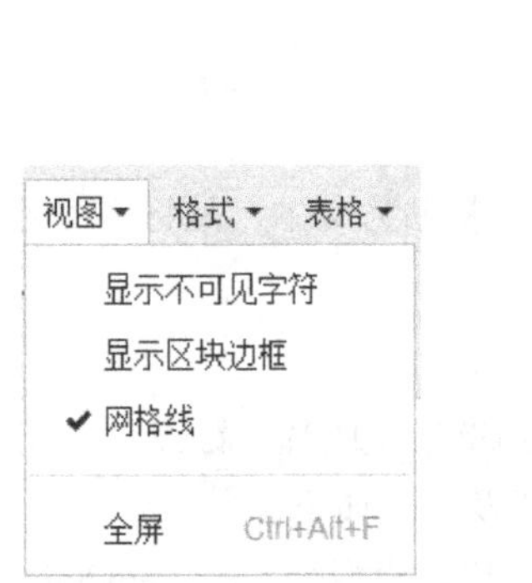

图 4-161 “视图”菜单

图 4-162 “格式”菜单

5. 表格

“表格”菜单(见图 4-163)可插入表格并对表格属性进行设置，在插入表格的基础上调整行、列、单元格。

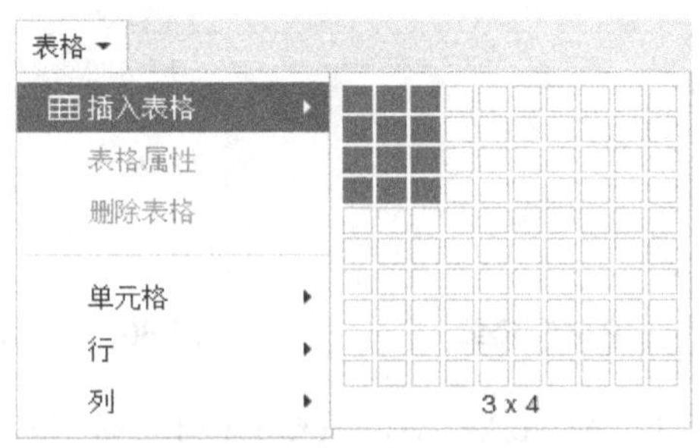

图 4-163 “表格”菜单

4.11.5 刷新

刷新用于重新加载页面信息，更新帮助源(可能来自网络，也可能来自模型)。

4.11.6 查找

在模型说明区域右击，在弹出的菜单中选择“查找”或者使用键盘快捷键“Crtl+F”可在模型说明里面查找关键字。“查找”对话框如图 4-164 所示，可进行“大小写匹配”“向上搜索”，最后的查找结果高亮显示。

图 4-164 “查找”对话框

4.11.7 类型热点链接

帮助窗口支持以下三种类型热点链接：

(1) 以 MWorks.Sysplorer://ref/ 为前缀，如 MWorks.Sysplorer://ref/root.html。这是 MWorks.Sysplorer 自定义的 URL，表示读取本地文件，本地文件位于安装目录下 Docs 文件夹中。如果输入的文件后缀为 html 或 htm，则在线帮助窗口会显示此 html 的内容；如果输入的文件后缀为其他，如 MWorks.Sysplorer://ref/1.txt、MWorks.Sysplorer://ref/2.csv，则使用本地相应的默认程序打开此文件，如果未安装相应的程序，则无法打开文件。

(2) 以 modelica://为前缀，如 modelica://Modelica.Blocks.Examples.PID_Controller，则显示内容为 Modelica.Blocks.Examples.PID_Controller 模型注解的 Documentation 信息。但前提是该模型存在并已经加载。

(3) 以 http(s)://为前缀，如 http://www.tongyuan.cc/，则使用本地默认浏览器打开此地址。

4.12 CMD 命令行

以命令行的方式启动 MWorks.Sysplorer，传入一些特定命令行参数，完成特定操作。本章主要介绍了一些命令行参数及其使用说明。

4.12.1 启动模式

MWorks.Sysplorer 启动时支持 2 种模式：GUI 模式和控制台模式。

1. GUI 模式

这是默认常规启动模式，软件启动之后显示软件界面，用户可以交互建模、仿真等。

2. 控制台模式

这种模式启动软件后，软件根据传入的命令行参数，完成指定操作任务，任务结束之后，软件进程结束。此模式下软件没有 GUI 界面。

4.12.2 命令行功能类别

命令行操作需要在 cmd.exe 中切换到软件安装目录的 Bin 文件夹，输入命令格式如下：

```
C:\Program Files\MWorks.Sysplorer\Bin>MWorks 命令
```

4.12.2.1 查询所有命令

命令行格式：-h

说明：输入命令之后，控制台会打印所有命令及其用法，如图 4-165 所示。

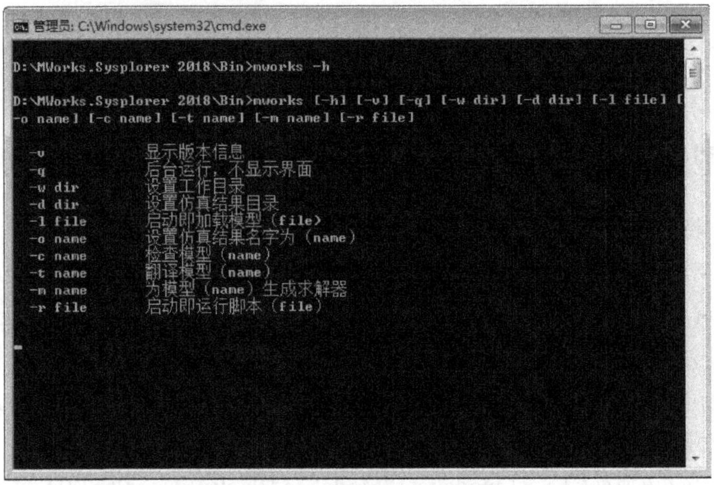

```
管理员: C:\Windows\system32\cmd.exe

D:\MWorks.Sysplorer 2018\Bin>mworks -h

D:\MWorks.Sysplorer 2018\Bin>mworks [-h] [-v] [-q] [-w dir] [-d dir] [-l file] [
-o name] [-c name] [-t name] [-m name] [-r file]

  -v            显示版本信息
  -q            后台运行，不显示界面
  -w dir        设置工作目录
  -d dir        设置仿真结果目录
  -l file       启动即加载模型（file）
  -o name       设置仿真结果名字为（name）
  -c name       检查模型（name）
  -t name       翻译模型（name）
  -m name       为模型（name）生成求解器
  -r file       启动即运行脚本（file）
```

图 4-165 查询所有命令

4.12.2.2 版本信息

命令行格式：-v

说明：在控制台中显示当前 MWorks.Sysplorer.Sysporer 的版本信息。启动软件，在菜单“帮助”→“关于”中也可查看到软件的版本信息，如图 4-166 所示。

图 4-166 版本信息

4.12.2.3 启动模式

命令行格式：-q

说明：如果命令行有 -q 或者 –quiet 参数，则以控制台的方式启动，软件没有 GUI 界面。控制台模式比较适合结合模型检查、翻译、求解等命令行进行批量操作。模型的输出信息(如检查模型)会打印在控制台中。

4.12.2.4 设置建模工作目录

命令行格式：-w dir / -work_dir dir

例子：-w "E:\03_workspath"

说明：如果-w 指定了正确的建模工作目录，则用户配置 xml 文件中所设定的建模工作目录就不起作用，如图 4-167 所示；否则工作目录根据用户配置 xml 文件而定。

注意：只对本次执行有效，下次启动后，仍使用 xml 文件中所设定的建模工作目录。

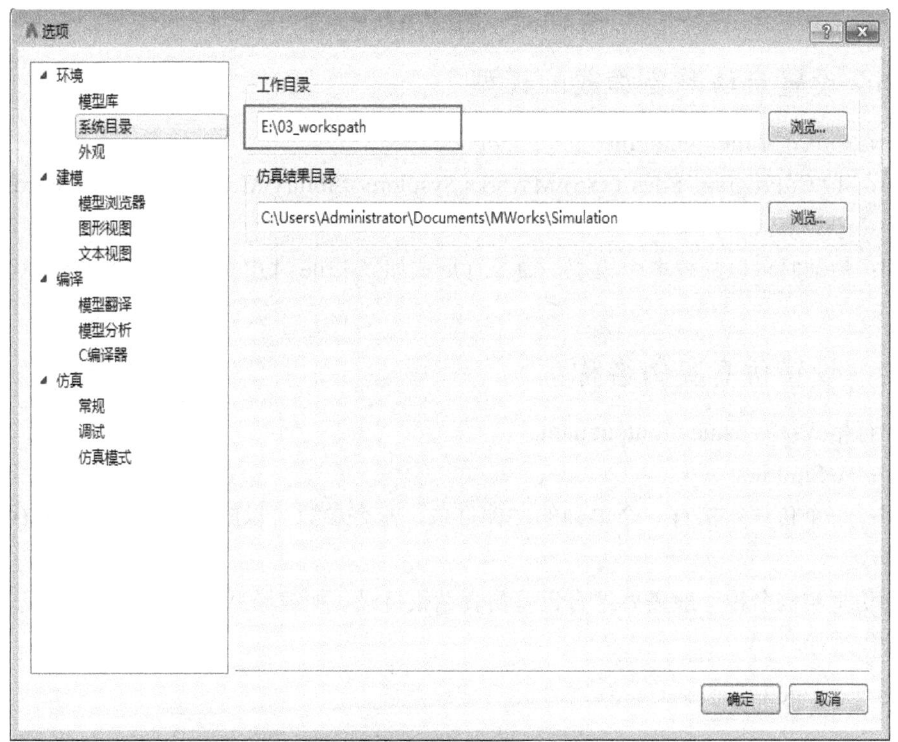

图 4-167　设置建模工作目录

4.12.2.5 设置仿真结果目录

命令行格式：-d dir / -output_dir dir

例子：-d "E:\03_workspath\03_仿真目录"

说明：如果-d 指定了正确的仿真结果目录，则用户配置 xml 文件中所设定的仿真结果目录就不起作用，如图 4-168 所示；否则仿真结果目录根据用户配置 xml 文件而定。

注意：只对本次执行有效，下次启动后，仍使用 xml 文件中所设定的仿真结果目录。

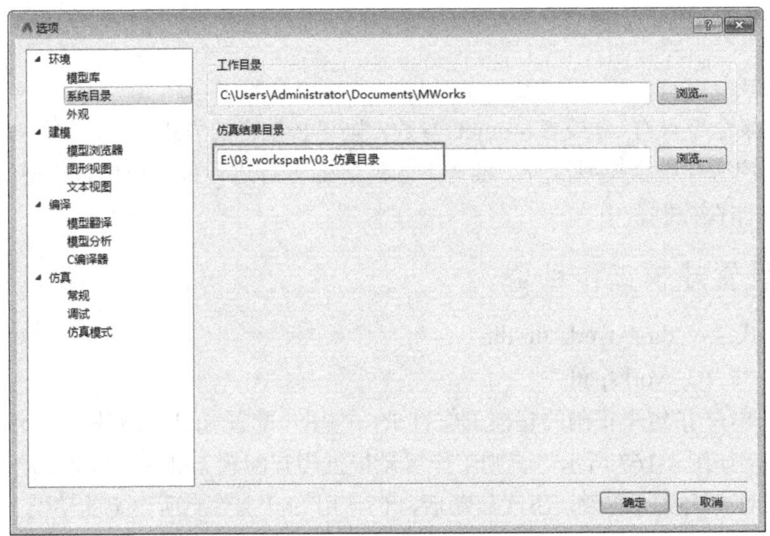

图 4-168 设置仿真结果目录

4.12.2.6 设置启动时要加载的模型

命令行格式：-l file / -load file

例子：-l "C:\Program Files (x86)\MWorks.Sysplorer\Library\Modelica 3.2\Modelica\package.mo"

说明：启动时可以加载多个模型，命令行形式如"-l file –l file –l file"，加载信息会显示在状态栏中。

4.12.2.7 设置仿真实例名称

命令行格式：-o name / -output name

例子：-o SimFile

说明：每个仿真实例有一个单独的文件目录，命令参数可以配置此目录的名称(即为仿真实例名称)。

设置仿真实例名称一般需要结合设置仿真结果目录、加载模型、翻译模型、生成求解器等命令行操作进行。

4.12.2.8 检查模型

检查的结果包含两部分：一是模型检查是否成功；二是检查的详细信息(输出面板打印的检查信息)。

命令行格式：-c name / -check name

例子：-c Modelica.Mechanics.MultiBody.Examples.Systems.RobotR3.fullRobot

说明：要进行检查模型，命令行参数中还需要包含启动时要加载的模型，输入如下命令：

```
-l "C:\Program Files (x86)\MWorks.Sysplorer\Library\Modelica 3.2\Modelica\
package.mo" -c Modelica.Mechanics.MultiBody.Examples.Systems.RobotR3.
fullRobot
```

在输出面板中打印的检查信息如图 4-169 所示。

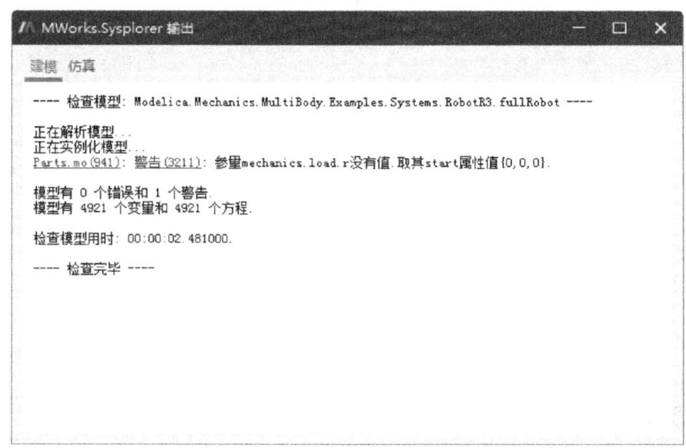

图 4-169　检查模型信息

4.12.2.9　翻译模型

翻译指定全名的模型，翻译生成的 C 代码放置到仿真结果目录中。

命令行格式：-t name / -translate name

例子：-t Modelica.Mechanics.MultiBody.Examples.Systems.RobotR3.fullRobot

说明：要进行翻译模型，命令行参数中还需要包含启动时要加载的模型，输入如下命令：

```
-l "C:\Program Files (x86)\MWorks.Sysplorer\Library\Modelica 3.2\Modelica\
package.mo"-t Modelica.Mechanics.MultiBody.Examples.Systems.RobotR3.fullRobot
```

在输出面板中打印的翻译信息如图 4-170 所示。

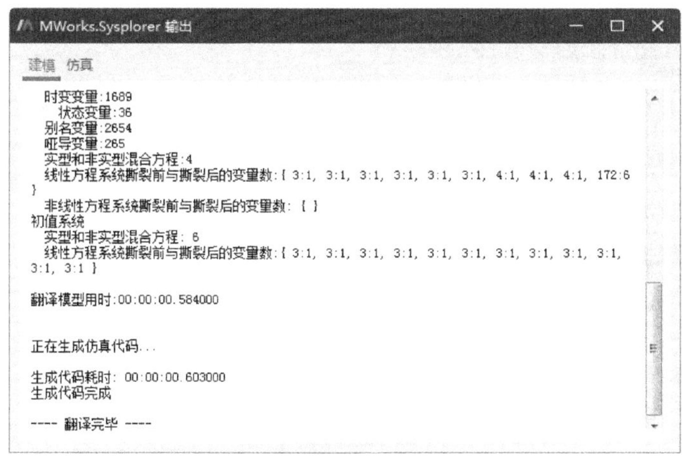

图 4-170　翻译模型信息

如果设置了仿真实例名称，则翻译模型的结果文件将生成在仿真结果目录下的该文件夹中；如果未设置仿真实例名称，翻译模型的结果文件将生成在仿真结果目录下该模型全名的文件夹中，如图 4-171 所示。

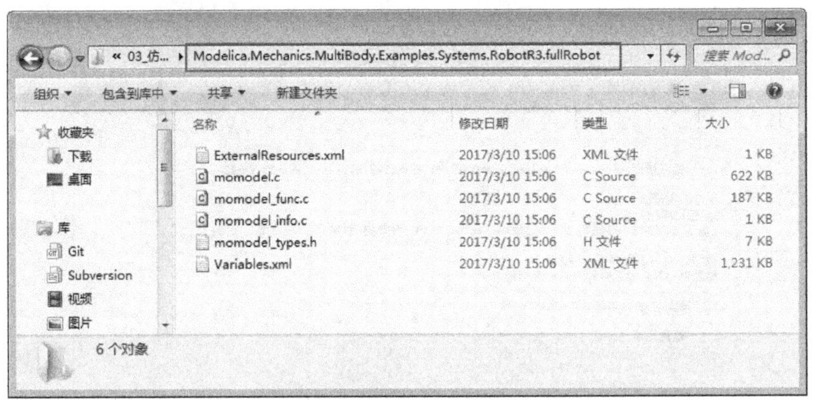

图 4-171　翻译模型结果文件

4.12.2.10　生成求解器

对指定全名的模型，为其生成仿真求解器程序。生成的求解器、仿真配置文件等放置到仿真结果目录中。

命令行格式：-m name / -make_solver name

例子：-m Modelica.Mechanics.MultiBody.Examples.Systems.RobotR3.fullRobot

说明：要进行生成求解器，命令行参数中还需要包含启动时要加载的模型，输入如下命令：

```
-l "C:\Program Files (x86)\MWorks.Sysplorer\Library\Modelica 3.2\Modelica\package.mo" -m Modelica.Mechanics.MultiBody.Examples.Systems.RobotR3.fullRobot
```

在输出面板中打印的生成求解器信息如图 4-172 所示。

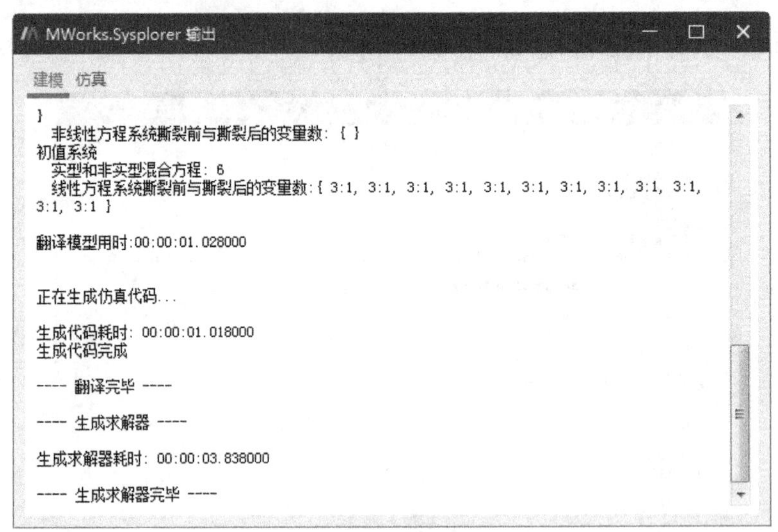

图 4-172　生成求解器信息

如果设置了仿真实例名称，则生成求解器的结果文件将生成在仿真结果目录下的该文件夹中；如果未设置仿真实例名称，生成求解器的结果文件将生成在仿真结果目录下该模型全名的文件夹中，如图 4-173 所示。

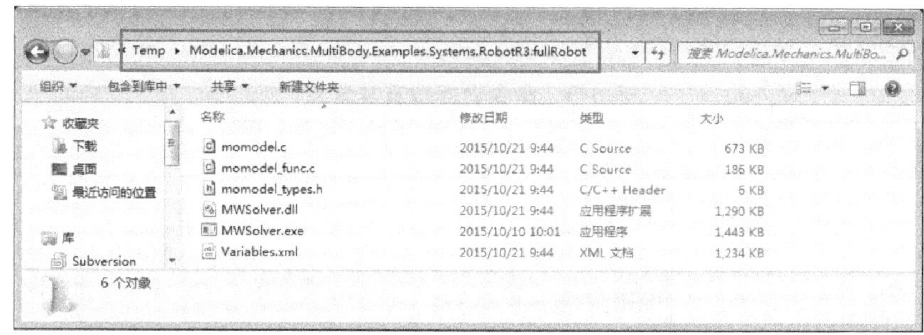

图 4-173　生成求解器结果文件

4.12.2.11　执行脚本

执行.py 脚本文件。

命令行格式：-r file / -run file

例子：-r “C:\Users\Administrator\Documents\MWorks.Sysplorer\loadfile.py”

说明：输入命令后，软件自启动，运行 loadfile.py 脚本命令。

4.12.3　返回值

利用 bat 脚本执行命令时，通过控制台输出的返回值来判断和定位错误。

如新建一 bat 文件，输入如下的脚本命令，并保存：

```
@echo on
set ExePath=" C:\Program Files (x86)\MWorks.Sysplorer \Bin\mworks.exe"
set MoPath="E:\Test.mo"
call %ExePath% -l %MoPath% -q
echo %errorlevel%
pause
```

双击 bat 文件，在控制台输出返回值为“4101”，说明模型加载错误，如图 4-174 所示。

图 4-174　控制台输出命令返回值

更多的返回值的含义如表 4-3 所示。

表 4-3　命令返回值及其含义

返回值	含义
0	正确
4096	脚本退出码上限，如果返回此值，则说明脚本执行出错，且退出码超出上限
4097	未知错误
4098	暂不支持的特性
4099	命令参数错误
4100	模型加载错误
4101	模型检查错误
4012	模型翻译错误
4103	模型编译错误
4104	模型仿真错误
8192	缺少授权

4.12.4　命令行汇总

命令行汇总如表 4-4 所示。

表 4-4　命令行汇总

编号	功能描述	命令行名称
1	查询所有命令	-h
2	查询 MWorks.Sysplorer 的版本	-v
3	设置 MWorks.Sysplorer 启动模式	-q / -quiet
4	设置建模工作目录	-w dir / -work_dir dir
5	设置仿真结果工作目录	-d dir / -output_dir dir
6	设置启动时要加载的模型	-l file / -load file
7	设置仿真实例名称	-o name / -output name
8	检查模型	-c name / -check name
9	翻译模型	-t name / -translate name
10	生成求解器	-m name / -make_solver name
11	执行脚本	-r file / -run file

4.13 环境定制

“选项”设置即配置 MWorks.Sysplorer 界面，设置 MWorks.Sysplorer 环境、建模、编译、仿真等一系列属性，可通过菜单“工具”→“选项”和配置文件这两种方式进行配置，两种方式之间相互关联，部分配置选项和配置效果相同。通过界面菜单配置部分功能时可立即生效，而通过配置文件配置需再次启动时才会生效。

4.13.1 选项

通过菜单“工具”→“选项”菜单进入选项配置窗口，如图 4-175 所示。

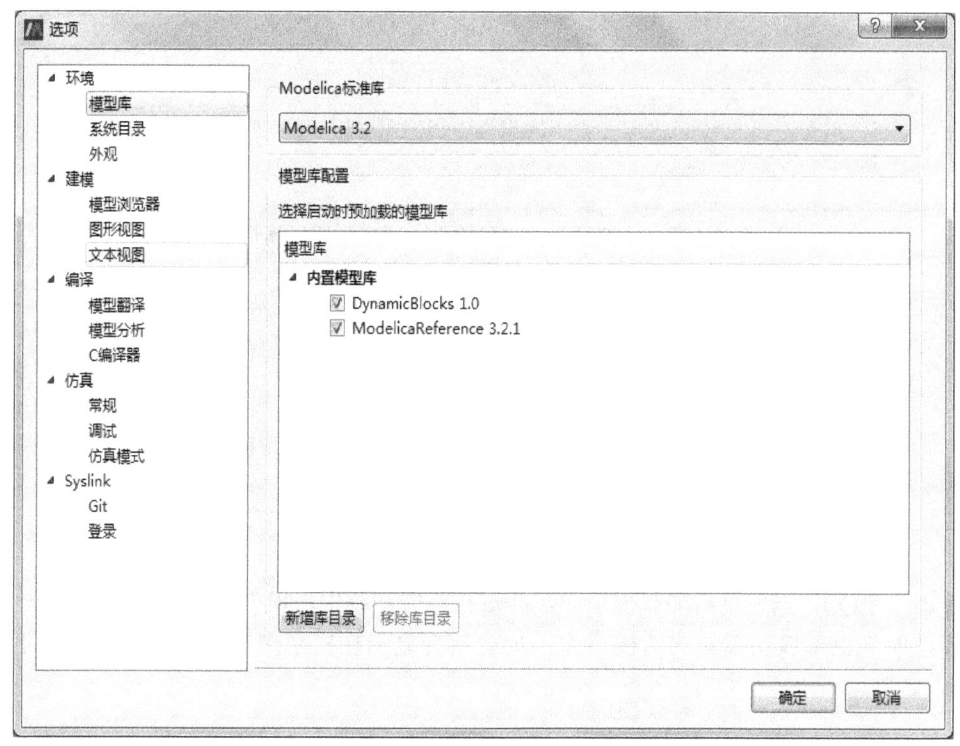

图 4-175　“选项”对话框

4.13.1.1 环境

1. 模型库

提供 Modelica 标准库、模型库配置等设置选项。Modelica 标准库下拉列表提供无、Modelica3.2.1、Modelica3.2、Modelica2.2.2 选项，如图 4-176 所示。其中，“无”表示无预加载模型库。

模型库列表中列出内置及用户设置的模型库目录全路径，通过勾选操作选择模型库。

(1) 新增库目录：增加模型库路径，新增路径缺省勾选。

(2) 移除库目录：从模型库列表中移除选中的模型库，但内置模型库不允许移除。

如果模型库配置有修改，单击“确定”按钮，会弹出提示是否立即生效(见图 4-177)。

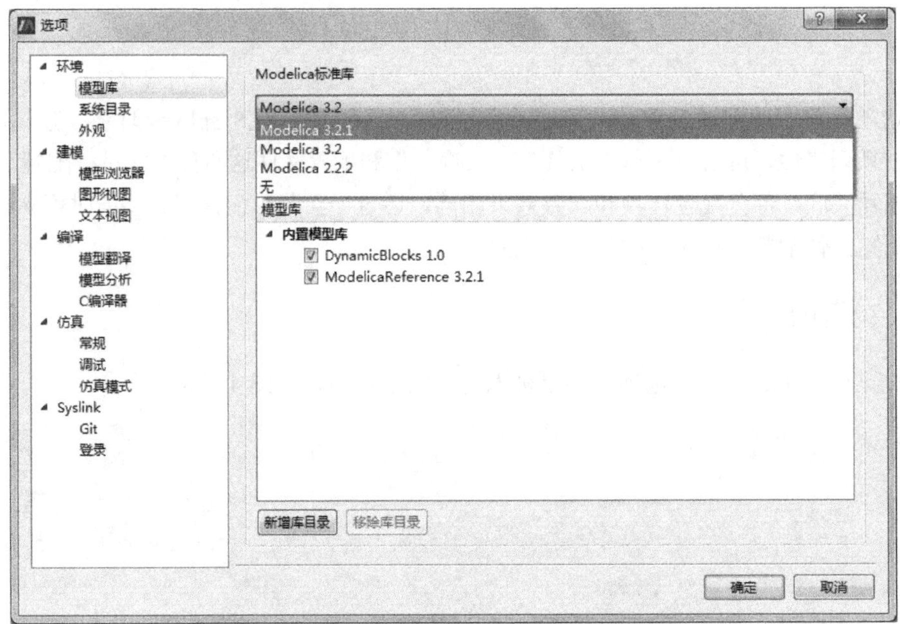

图 4-176 “选项”→“环境”→“模型库”属性页

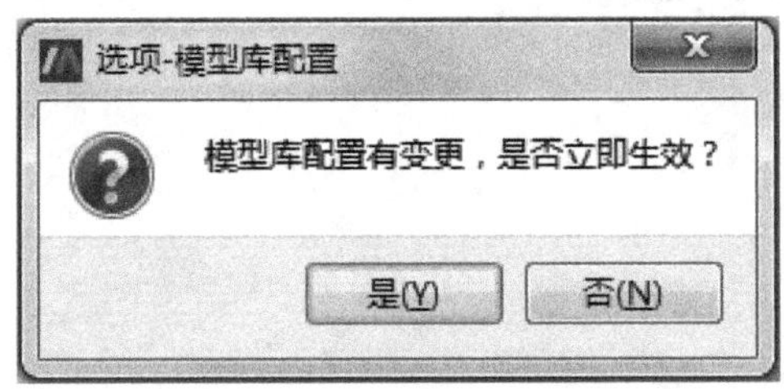

图 4-177 模型库配置变更

单击“是(Y)”按钮重新加载模型库，此过程无需卸载用户模型。通过“文件”→“重新加载模型库”也可以加载勾选的模型库，加载后会显示在模型浏览器的模型库分组下(见图 4-178)。

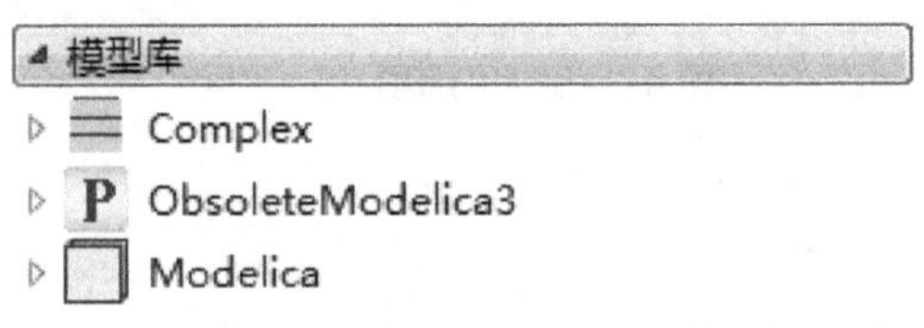

图 4-178 根据模型库选项自动加载的模型库

2. 系统目录

提供工作目录、仿真结果目录等设置选项，设置后立即生效，如图 4-179 所示。

(1) 工作目录：缺省为“C:\Users\(current user)\Documents\MWorks”。模型新建、发布时均使用该目录作为缺省路径。

(2) 仿真结果目录：缺省为“C:\Users\(current user)\Documents\MWorks \Simulation”。生成仿真实例时使用该目录作为缺省路径。

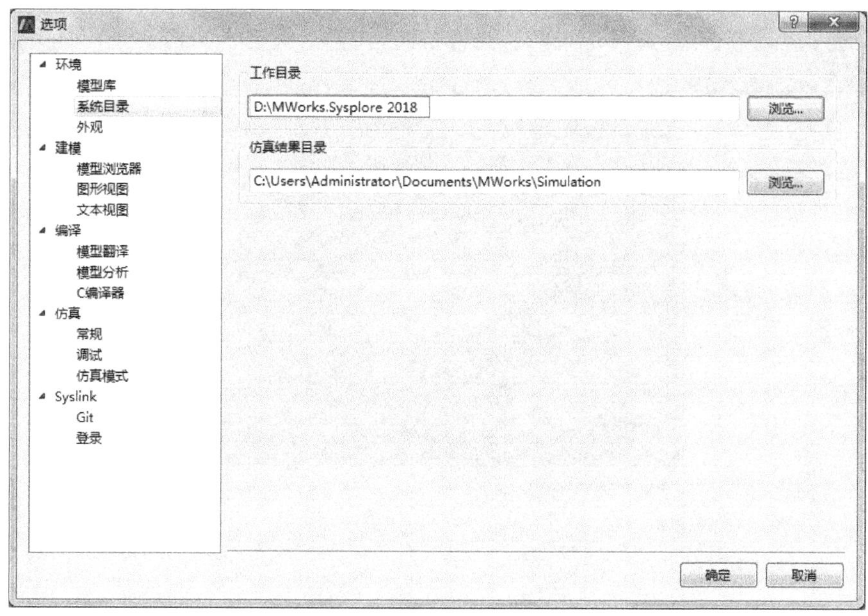

图 4-179 “选项”→“环境”→“系统目录”属性页

3. 外观

提供语言、工具栏图标大小、撤销栈大小等设置选项，如图 4-180 所示。

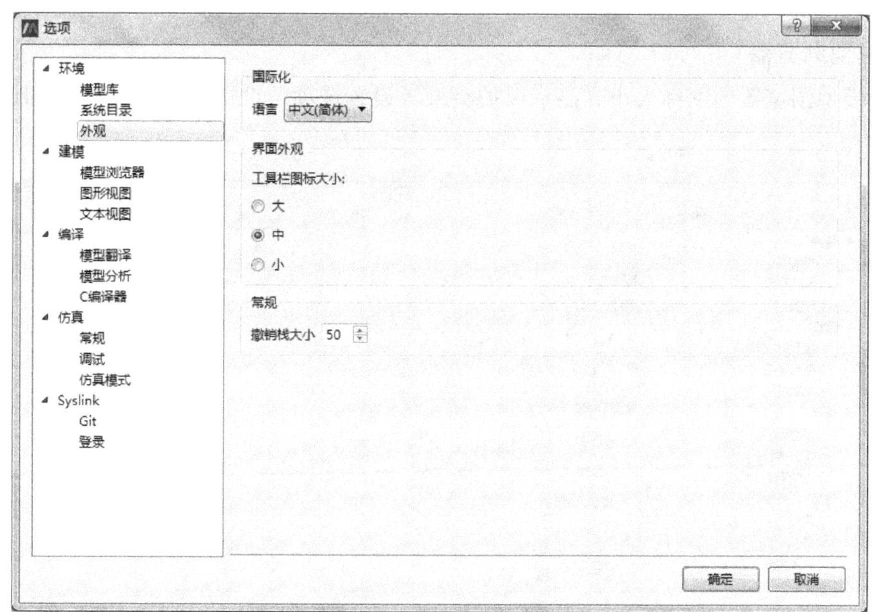

图 4-180 “选项”→“环境”→“外观”属性页

(1) 语言：提供“中文(简体)”与“English”两种选项，设置后需要重新启动才能生效，缺省为“中文(简体)”。英文状态下的界面如图 4-181 所示。

(2) 工具栏图标大小：设置工具栏中的图标大小，设置后立即生效。

(3) 撤销栈大小：设置图形视图撤销栈的大小，设置后立即生效。

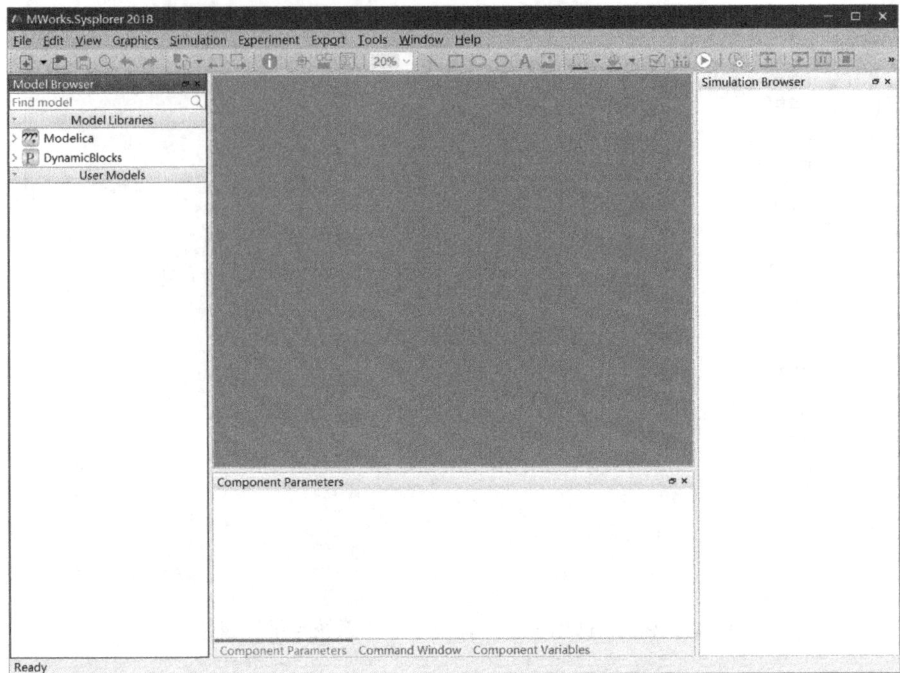

图 4-181　英文状态下的界面

4.13.1.2　建模

1. 模型浏览器

提供模型浏览器的图标大小、显示保护类型等设置选项，设置后立即生效，如图 4-182 所示。

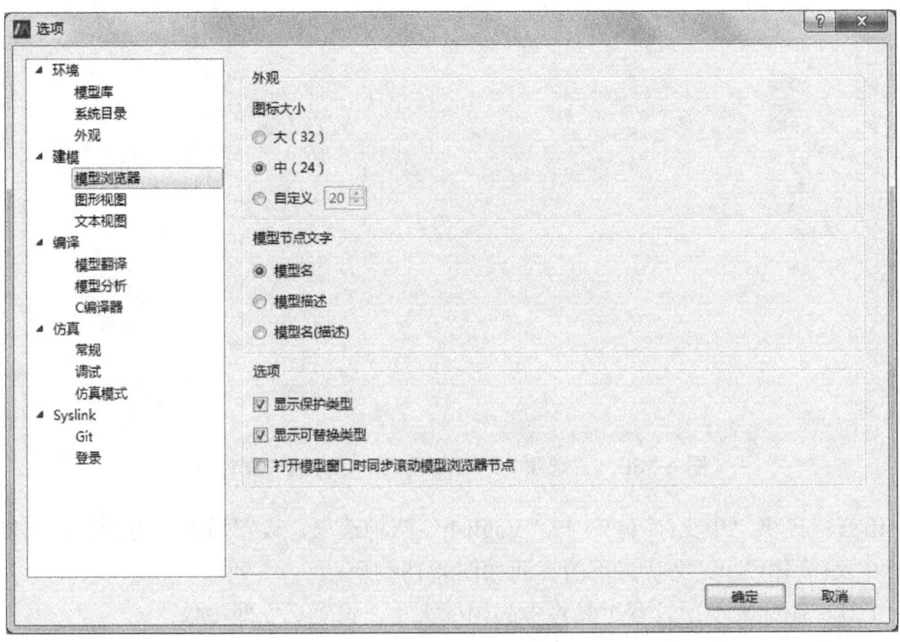

图 4-182　“选项”→“建模”→“模型浏览器”属性页

(1) 图标大小：设置模型浏览器上的节点及图标大小。

① 大：32 像素。

② 中：24 像素。

③ 自定义：直接输入或单击列表框中的上下箭头调节大小，设置范围为 16～64 像素。

(2) 模型节点文字：设置模型浏览器上的节点文字显示。

① 模型名：只显示模型名称。

② 模型描述：只显示模型的描述，若模型描述为空，将显示模型名。示例如图 4-183 所示。

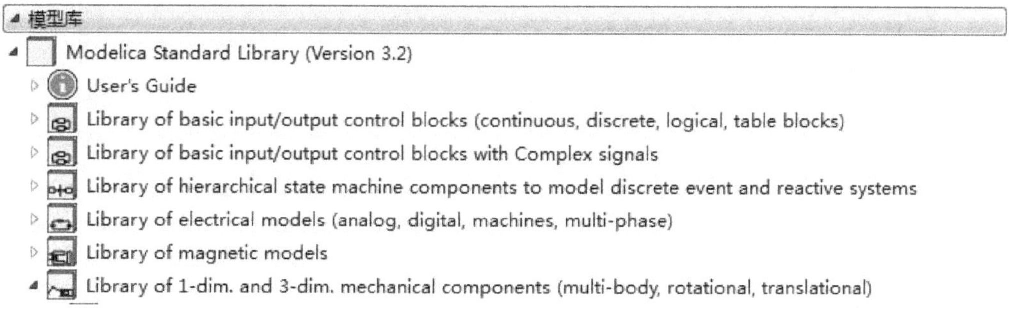

模型库
Modelica Standard Library (Version 3.2)
User's Guide
Library of basic input/output control blocks (continuous, discrete, logical, table blocks)
Library of basic input/output control blocks with Complex signals
Library of hierarchical state machine components to model discrete event and reactive systems
Library of electrical models (analog, digital, machines, multi-phase)
Library of magnetic models
Library of 1-dim. and 3-dim. mechanical components (multi-body, rotational, translational)

图 4-183　模型描述为模型节点文字

③ 模型名(描述)：以“模型名(描述)”的形式显示节点。若描述为空，只显示模型名。

(3) 选项

① 显示保护类型：开关选项，在模型浏览器上显示和隐藏保护类型的模型。

② 显示可替换类型：开关选项，在模型浏览器上显示和隐藏可替换类型的模型。

③ 打开模型窗口时同步滚动模型浏览器节点：勾选后，打开模型窗口时，在模型浏览器上自动定位并滚动到模型节点。

2. 图形视图

1) 常规属性页

常规属性页提供图形视图网格、导航条、渲染等设置选项，如图 4-184 所示。

(1) 组件导航栏：开关选项，在模型图形视图上方显示或隐藏组件导航栏，设置立即生效。

(2) 滚动条：开关选项，在模型图形视图显示或隐藏滚动条，设置立即生效。

(3) 显示网格：设置网格显示状态，设置后新建或重新加载模型时生效。下列设置不适用于进入组件后的情况，进入组件固定不显示网格。

① 从不：无论什么模型，都不显示网格。

② 当视图可编辑时：加密模型或模型库模型的图形视图不可以被编辑，所以不显示网格，其余模型显示网格。

③ 一直：无论什么模型，都显示网格。

(4) 对齐到网格：移动选择集，使其实体原点(origin)及其夹点对齐到最近的栅格点，设置立即生效。

(5) 高质量图形渲染：高质量渲染图形视图的图元，设置立即生效。

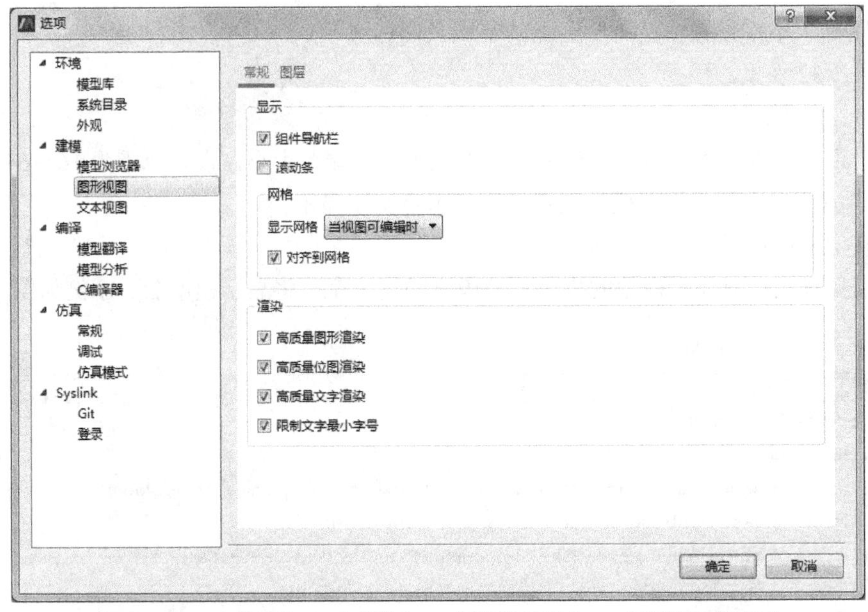

图 4-184 “选项”→“建模”→“图形视图”→“常规”属性页

(6) 高质量位图渲染：高质量渲染图形视图的图片，设置立即生效。

(7) 高质量文字渲染：高质量渲染图形视图的文字，设置立即生效。

(8) 限制文字最小字号：限制图形视图文字最小字号，设置立即生效。

2) 图层属性页

图层属性页提供图标/组件视图坐标系大小、栅格间距、组件缩放系数和纵横比例设置选项，设置后在新建的模型中生效，如图 4-185 所示。

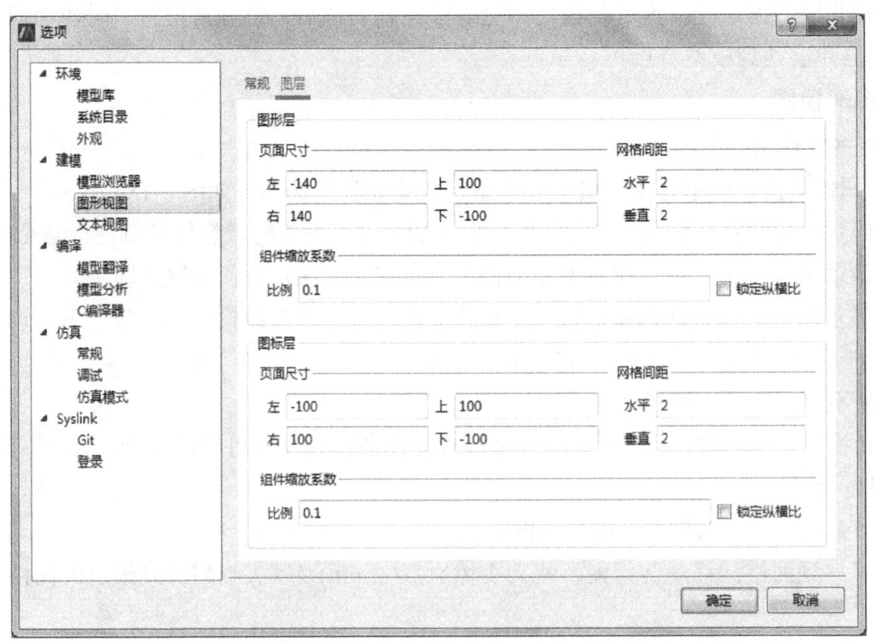

图 4-185 “选项”→“建模”→“图形视图”→“图层”属性页

(1) 图形层：指定组件视图中页面大小、网格间距、组件缩放系数和纵横比例等选项。

① 页面尺寸：定义组件视图的页面高度和宽度。

左、右、上、下：组件视图以这四点作为视图相对坐标点计算显示范围。

② 网格间距：该选项影响组件视图中的网格线，以及图形交互时的捕捉操作。

水平、垂直：组件视图以水平、垂直长度为基准计算网格间距。

③ 组件缩放系数：对于连接器类型的类设置有效。当拖入连接器到另一模型中生成组件时，该系数与另一个模型的组件视图坐标系共同决定组件的初始大小。

④ 锁定纵横比：缺省未选中，对于连接器类型的类设置有效，在组件视图中拖动组件夹点改变组件大小时，将不保持其纵横比例。

(2) 图标层：指定图标视图中页面大小、网格间距、组件缩放系数和纵横比例等选项。

① 页面尺寸：定义图标视图的页面高度和宽度。

左、右、上、下：图标视图以这四点作为视图相对坐标点计算显示范围。

② 网格间距：该选项影响图标视图中的网格线，以及图形交互时的捕捉操作。

水平、垂直：图标视图以水平、垂直长度为基准计算网格间距。

③ 组件缩放系数：当拖入模型到另一模型中生成组件时，该系数与组件\图标视图坐标系共同决定组件的初始大小。

④ 锁定纵横比：缺省未选中，在组件\图标视图，拖动组件夹点改变其大小时，将不保持其纵横比例。

3. 文本视图

文本视图提供注解折叠设置选项，如图 4-186 所示。

图 4-186 “选项”→“建模”→“文本视图”属性页

注解折叠：显示或隐藏多行注解的折叠标记。对设置后再新建或加载的模型生效。

4.13.1.3 编译

1. 模型翻译

模型翻译提供编译设置、翻译设置等选项，设置后立即生效，如图 4-187 所示。

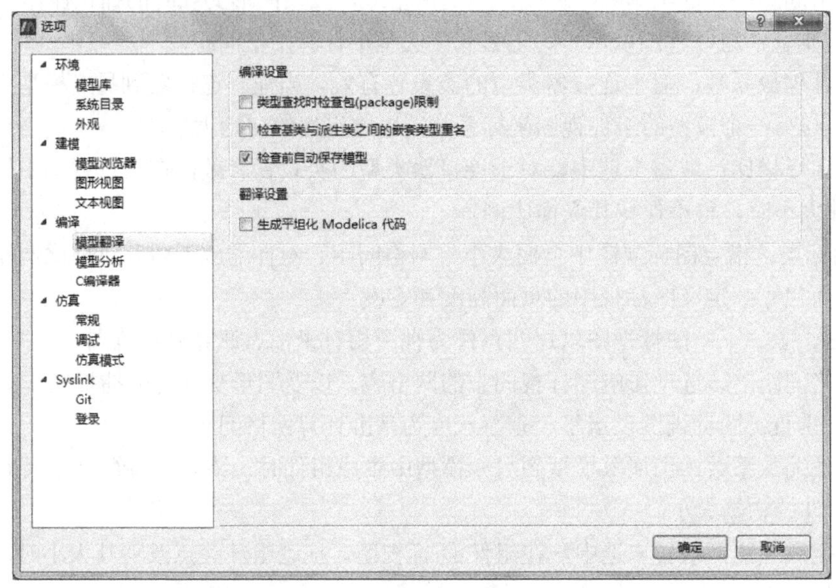

图 4-187 “选项”→“编译”→“模型翻译”属性页

(1) 类型查找时检查包(package)限制：勾选后，当前模型不满足包要求，执行检查时，输出栏输出警告信息。

(2) 检查基类与派生类之间的嵌套类型重名：勾选后，当模型存在基类和派生类之间的嵌套类型重名，执行检查时，输出栏输出警告信息。

(3) 检查前自动保存模型：勾选后，检查模型时自动保存模型。

(4) 生成平坦化 Modelica 代码：勾选后，当前模型执行仿真操作时，在模型所在目录生成对应的平坦化(.mof)文件。

2. 模型分析

模型分析提供分析设置、输出信息等设置选项，如图 4-188 所示。

(1) 参数估值以便优化模型(改善仿真效率)：勾选后，计算出参数结果，将结果提供给求解器，以改善仿真效率。

(2) 记录所选的连续时间状态变量：勾选后，当前模型有时间状态变量，仿真后输出面板显示所选的连续时间状态变量信息。

(3) 记录所选的缺省初始条件：勾选后，当前模型变量含有 start 属性时，仿真后输出面板显示初始条件。

(4) 输出指标约减时的微分方程信息：勾选后，当前模型含有微分方程，仿真后输出指标约减时的微分方程信息。

(5) 输出解析时查找到的模型信息：勾选后，解析模型时输出面板显示该模型中引用到的模型名称。

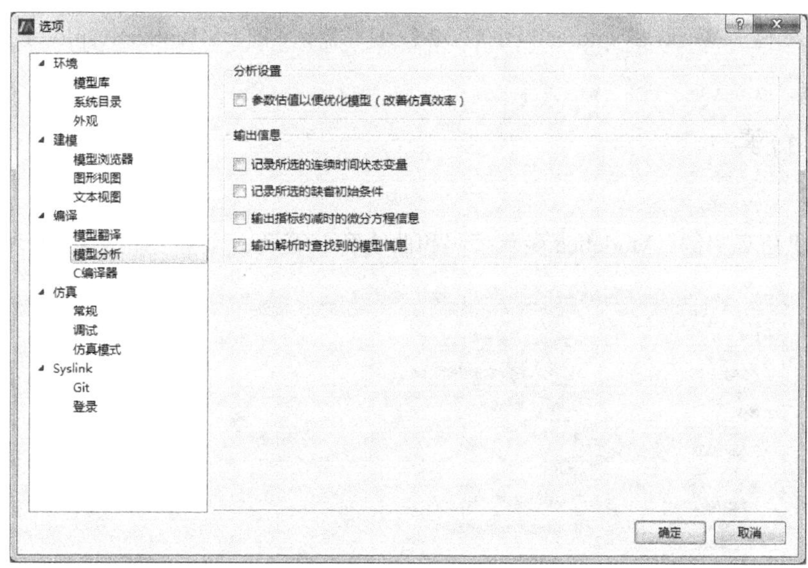

图 4-188 “选项”→“编译”→“模型分析”属性页

3. C 编译器

C 编译器提供编译器、生成求解器等设置选项，设置后立即生效，如图 4-189 所示。

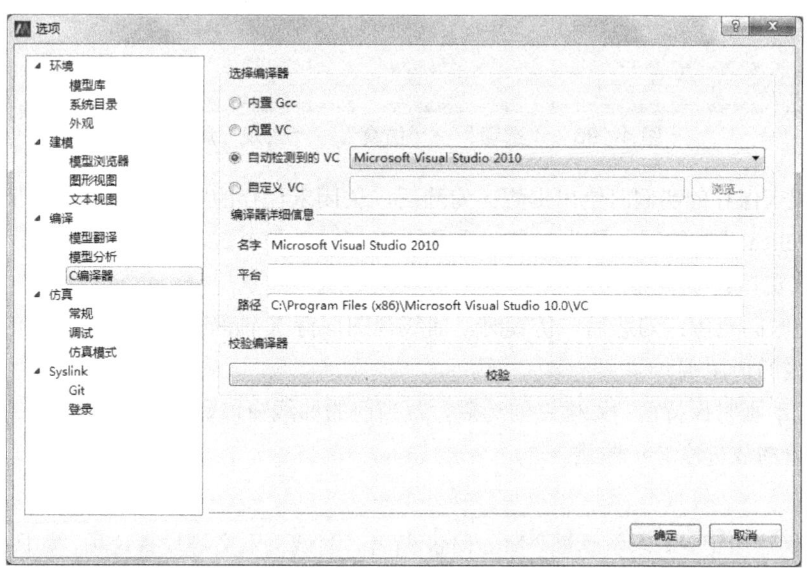

图 4-189 “选项”→“编译”→“C 编译器”属性页

(1) 内置 Gcc：默认内置的 GCC 编译器。

(2) 内置 VC：默认内置的 VC 编译器。

(3) 自动检测到的 VC：自动检测并列出本机已有的 Visual Studio 编译器版本。

(4) 自定义 VC：设置 Visual Studio 编译器目录。通过单击浏览...可以选择编译器所在目录。

(5) 编译器详细信息：显示选择或者设置的编译器详细信息，包括名字、平台和路径。

(6) 校验编译器：校验编译器是否设置成功。

提示：32 位 MWorks.Sysplorer 只生成 32 位编译器，64 位 MWorks.Sysplorer 只生成 64 位编译器。

4.13.1.4 仿真

1. 常规

常规提供仿真实例、Modelica 函数编码和曲线窗口等设置选项，如图 4-190 所示。

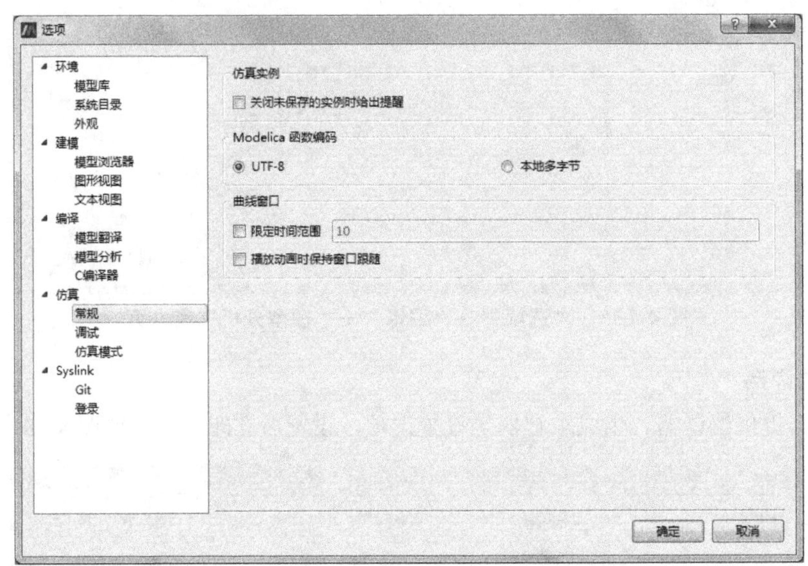

图 4-190 “选项”→“仿真”→“常规”属性页

(1) 关闭未保存的实例时给出提醒：勾选后，关闭未保存的实例时弹出提示信息。

(2) Modelica 函数编码：分为 UTF-8 和本地多字节两种方式，只可以选择其一。

(3) 曲线窗口。

① 限定时间范围：勾选后，仿真时，曲线视图保持 X 轴的最大值与最小值的差不变，并自动跟随曲线的最尾端。

② 播放动画时保持窗口跟随：勾选后，若当前的曲线窗口显示曲线不完整，播放动画时，曲线窗口随着播放进度显示曲线。

2. 调试

调试提供输出记录、求解诊断、Min/Max 断言、调试上下文等设置选项，如图 4-191 所示。

(1) 正常的警告信息：勾选后，若当前模型文本中存在警告信息，则仿真后输出面板显示正常的警告信息。

(2) 仿真中的事件：勾选后，仿真相应模型，输出面板显示对应的事件信息。

(3) 动态状态变量选择：勾选后，若当前模型存在多余的动态状态变量，则仿真后自动选择状态变量。

(4) 非线性解：勾选后，仿真相应模型，输出面板显示对应的非线性解信息。

(5) 非线性迭代：勾选后，仿真相应模型，输出面板显示对应的非线性迭代信息。

(6) 记录线性奇异：勾选后，仿真相应模型，输出面板显示记录的线性奇异信息。

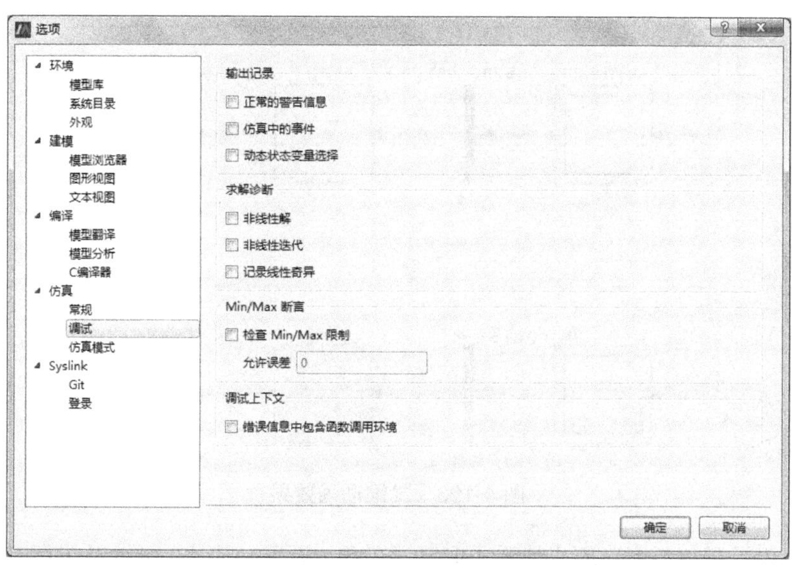

图 4-191 “选项”→“仿真”→“调试”属性页

(7) 检查 Min/Max 限制：勾选后，允许输入模型变量的误差值，在该范围内可正常求解，超出范围时输出面板显示错误信息。

(8) 错误信息中包含函数调用环境：勾选后，仿真相应模型，输出面板显示错误信息及函数调用的栈信息。

3. 仿真模式

仿真模式提供仿真模式和分布式显示等设置选项，如图 4-192 所示。

(1) 独立仿真：仿真过程连续，不会实时更新模型图元动态属性，不呈现动画效果。

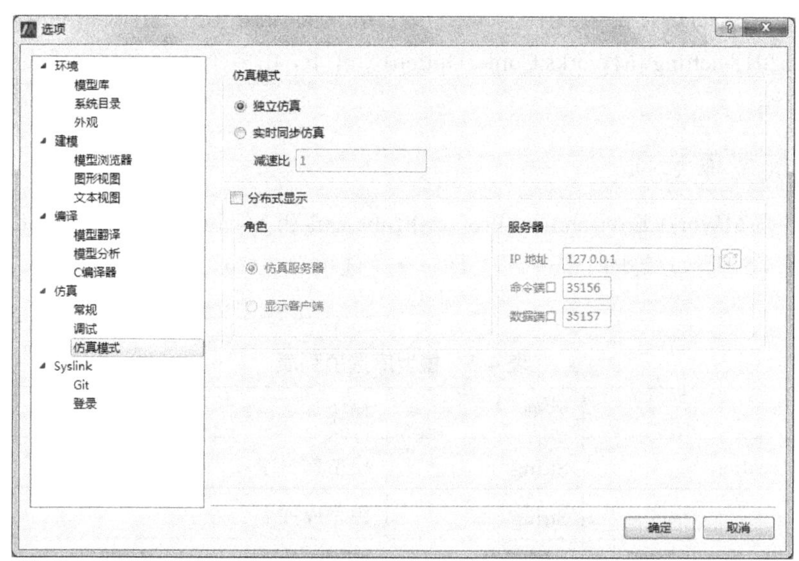

图 4-192 “选项”→“仿真”→“仿真模式”属性页

(2) 实时同步仿真：在仿真过程中会实时更新模型图元动态属性，呈现动画效果，如图 4-193 所示。

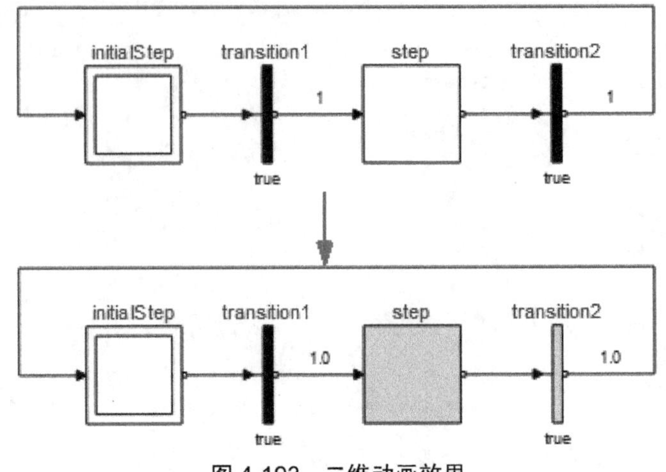

图 4-193　二维动画效果

减速比：为了避免仿真时间太快看不到动画效果，设置减速比，可以对仿真时间进行延迟。减速比表示实际仿真时间与虚拟仿真时间的比值。该比值用于控制实时仿真速度，默认值为 1。当减速比大于 1 时，则减速；当减速比小于 1 时，则加速。减速比必须大于或等于 0。

当遇到以下两种情况时，系统自动使用独立仿真模式：①减速比小到一定程度；②区间长度小于 1 ms。

(3) 分布式显示：将服务器仿真数据通过网络传输到客户端，以便在客户端查看模型的曲线、动画等相关信息，具体的使用方法请参见 6.8 节。

4.13.2　配置文件

软件第一次启动后，配置文件自动生成于用户文件夹 C:\Users\(CurrentUser)\AppData\Local\MWorks2018\setting\(MWorks.ConfigOption) xml 下，由多个 xml 文件组成。下面对常用配置文件进行介绍。

4.13.2.1　模型库选项

配置文件为 MWorks.Environment.PreInstallLibs.xml 和 MWorks.Environment.UserLibs.xml，选项列表如表 4-5 所示，等同于菜单“工具”→“选项”→“环境”→“模型库”→“模型库配置”。

表 4-5　模型库选项列表

选项名	类型	描述
ModelicaPath location	String	模型库目录
Library name	String	模型库库名
version	String	模型库版本号
file	String	文件名
preload	String	启动时加载

4.13.2.2 系统目录选项

配置文件为 MWorks.Environment.Path.xml，选项列表如表 4-6 所示，等同于菜单“工具”→“选项”→“环境”→“系统目录”。

表 4-6 系统目录选项列表

选项名	类型	缺省值	描述
WorkPath	String		工作目录
SimResultPath	String		仿真结果目录

4.13.2.3 外观选项

配置文件为 MWorks.Environment.General.xml，选项列表如表 4-7 所示，等同于菜单“工具”→“选项”→“环境”→“外观”。

表 4-7 外观选项列表

选项名	类型	缺省值	描述
Language	String	zh	语言
CustomToolbarIconSize	Interger	32	自定义工具栏图标大小
ToolbarIconSizeSelection	String	Middle	选择工具栏图标大小
UndoLevels	Interger	50	撤销重做栈大小

4.13.2.4 模型浏览器选项

配置文件为 MWorks.Modeling.ClassBrowser.xml，选项列表如表 4-8 所示，等同于菜单“工具”→“选项”→“建模”→“模型浏览器”。

表 4-8 模型浏览器选项列表

选项名	类型	缺省值	描述
IconSizeSelection	String	Middle	选择图标大小
CustomIconSize	Interger	20	自定义图标大小
ShowProtectedClass	Boolean	true	显示保护类型
TreeViewLabels	String	Name	模型节点文字
ShowReplaceableClass	Boolean	true	显示可替换类型

4.13.2.5 图形视图选项

配置文件为 MWorks.Modeling.GraphicalView.xml，选项列表如表 4-9 所示，等同于菜单“工具”→“选项”→“建模”→“图形视图”。

表 4-9　图形视图选项列表

选项名	类型	缺省值	描述
ShowGrid	String	When view is editable	显示网格
AlignDraggedComponentsToGridlines	Boolean	true	对齐到网络
ShowComponentNavigationBar	Boolean	true	显示组件导航栏
HigherQualityShapeDisplay	Boolean	true	高质量图形渲染
HigherQualityBitmapDisplay	Boolean	true	高质量位图渲染
HigherQualityTextDisplay	Boolean	true	高质量文字渲染
HilightReplaceableAndRedeclareComponent	Boolean	true	可替换和重声明组件高亮
GraphicsPageLeft	Real	-140.0	图形层页面左边界位置
GraphicsPageRight	Real	140.0	图形层页面右边界位置
GraphicsPageTop	Real	100.0	图形层页面顶部边界位置
GraphicsPageBottom	Real	-100.0	图形层页面底部边界位置
GraphicsGridHorizontal	Real	2.0	图形层网格水平间距
GraphicsGridVertical	Real	2.0	图形层网格垂直间距
GraphicsComponentScale	Real	0.1	图形层组件缩放系数
GraphicsLockRatio	Boolean	false	图形层锁定纵横比
IconPageLeft	Real	-100.0	图标层页面左边界位置
IconPageRight	Real	100.0	图标层页面右边界位置
IconPageTop	Real	100.0	图标层页面顶部边界位置
IconPageBottom	Real	-100.0	图标层页面底部边界位置
IconGridHorizontal	Real	2.0	图标层网格水平间距
IconGridVertical	Real	2.0	图标层网格垂直间距
IconComponentScale	Real	0.1	图标层组件缩放系数
IconLockRatio	Boolean	false	图标层锁定纵横比

4.13.2.6　文本视图选项

配置文件为 MWorks.Modeling.TextView.xml，选项列表如表 4-10 所示。

表 4-10 文本视图选项列表

选项名	类型	缺省值	描述
CollapseAnnotation	Boolean	true	注解折叠
FontSize	Interger	10	字体大小
FontName	String	Courier New	字体名字
DefaultColor	String	RGB(255,255,255)	背景默认颜色
KeywordColor	String	RGB(0,0,255)	关键字颜色
TypeColor	String	RGB(255,0,0)	类型颜色
StringColor	String	RGB(0,128,0)	字符串颜色
CommentColor	String	RGB(0,128,0)	注释颜色
NumberColor	String	RGB(0,128,128)	数字颜色
OperatorColor	String	RGB(128,128,0)	操作符颜色
KeywordBold	Boolean	false	关键字是否加粗
MarkerMarginWidth	Interger	16	书签宽度
LineMarginWidth	Interger	32	行号宽度
FoldMarginWidth	Interger	12	折叠宽度
HilightSyntax	Boolean	true	语法高亮
ShowLineNumber	Boolean	true	显示行号
AllowCodeAssistant	Boolean	true	允许编码助手

4.13.2.7 模型翻译选项

配置文件为 MWorks.Compiling.ModelTranslate.xml，选项列表如表 4-11 所示，等同于菜单“工具”→“选项”→“编译”→“模型翻译”。

表 4-11 模型翻译选项列表

选项名	类型	缺省值	描述
CheckPackageRestrictionWhileLookingUpType	Boolean	false	类型查找时检查包(package)限制
CheckMultipleClassDefinitionInExtends	Boolean	false	检查基类与派生类之间的嵌套类型重名
GenerateFlatModelicaCode	Boolean	false	生成平坦化 Modelica 代码文件
AutoSaveModelBeforeCheck	Boolean	true	检查前自动保存模型

4.13.2.8 模型分析选项

配置文件为 MWorks.Compiling.ModelAnalyze.xml，选项列表如表 4-12 所示，等同于菜单“工具”→“选项”→“编译”→“模型分析”。

表 4-12 模型分析选项列表

选项名	类型	缺省值	描述
EvaluateParametersToReduceModels	Boolean	false	参数估值以便优化模型
ListContinuousTimeStatesSelected	Boolean	false	记录所选的连续时间状态变量
LogSelectedDefaultInitialConditions	Boolean	false	记录所选的缺省初始条件
OutputInfoWhenDifferentiatingForIndexReduction	Boolean	false	输出指标约减时的微分方程信息
OutputReadClassesToScreenDuringParsing	Boolean	false	输出解析时查找到的模型信息

4.13.2.9 C 编译器选项

配置文件为 MWorks. Compiling.CCompiler.xml，启动软件时自动检测用户计算机上的编译器信息，计算机使用的编译器不同，xml 文件中对应的选项内容会有差异。下面以编译器 Microsoft Visual Studio 2010 为例来说明 xml 中选项内容，选项列表如表 4-13 所示，等同于菜单“工具”→“选项”→“编译”→“C 编译器”。

表 4-13 C 编译器选项列表

选项名	类型	缺省值	描述
CompilerSelection	Boolean	Built-in	选择编译器：内置(Gcc)
CustomCompilerPath	String		编译器路径
SelectedAutoCheckedCompiler	String		选择编译器：自动检测到的编译器
Compiler name	String	Microsoft Visual Studio 2010	编译器名字
RegPath	String	HKEY_LOCAL_MACHINE \SOFTWARE \Microsoft\VisualStudio\14.0 \Setup\VC	编译器路径
RegItem	String	ProductDir	编译器平台

4.13.2.10 常规选项

配置文件为 MWorks. Simulation.General.xml，选项列表如表 4-14 所示，等同于菜单“工具”→“选项”→“仿真”→“常规”。

表 4-14　常规选项列表

选项名	类型	缺省值	描述
ShowWarningMessageBeforeCloseUnsavedInsts	Boolean	false	关闭未保存的实例时给出提醒
ShowAnimationVarInVarTree	Boolean	false	在仿真实例的变量树上显示动画变量
ShowUnvisibleVarInVarTree	Boolean	false	在仿真实例的变量树上显示不可见的变量
MoFuncEncodingAsUTF8	Boolean	true	Modelica 函数编码是否为 UTF-8
ViewFollowWithTimeLine	Boolean	false	播放动画时保持窗口跟随
IsPlotTimeRangeFixed	Boolean	false	限定时间范围
PlotTimeRange	Real	10	限定时间范围值

4.13.2.11　调试选项

配置文件为 MWorks. Simulation.Debugging.xml，选项列表如表 4-15 所示，等同于菜单“工具”→“选项”→“仿真”→“调试”。

表 4-15　调试选项列表

选项名	类型	缺省值	描述
LogNormalWarningMessage	Boolean	false	输出记录正常的警告信息
LogEventsDuringSimulation	Boolean	false	输出记录仿真中的事件
LogDynamicStateSelection	Boolean	false	输出记录动态状态变量选择
NonlinearSolution	Boolean	false	非线性解
NonlinearIterations	Boolean	false	非线性迭代
LogSingularLinear	Boolean	false	记录线性奇异
CheckMinMaxRestriction	Boolean	false	检查 Min/Max 限制
AllowedError	Real	0.0	Min/Max 断言：允许误差
LogFunctionCallInErrorMessage	Boolean	false	错误信息中包含函数调用环境

4.13.2.12　仿真模式选项

配置文件为 MWorks.Simulation.Mode.xml，选项列表如表 4-16 所示，等同于菜单“工具”→“选项”→“仿真”→“缺省模式”。

表 4-16　仿真模式选项列表

选项名	类型	缺省值	描述
StepSimMode	Boolean	true	连续仿真
SlowDownFactor	Real	1.0	减速因子
AsSlave	Boolean	false	显示客户端
SolverIP	String	127.0.0.1	服务器地址
CommandPort	Interge	35156	命令端口
NotifyPort	Interge	35157	数据端口
ControlSolver	Boolean	true	仿真服务器
TerminalMode	Boolean	false	分布式显示

4.13.2.13　License 配置选项

配置文件为 MWorks.License.Info.xml，选项列表如表 4-17 所示，等同于菜单“帮助”→“使用许可”。

表 4-17　License 配置选项列表

选项名	类型	缺省值	描述
LicenseType	String	Standalone	单机版或网络版
ServerIP	String		服务器地址
ServerPort	Interge		端口号
FilePath	String		license 文件地址

4.13.2.14　显示单位选项

配置文件为 MWorks.DisplayUnit.xml，该文件定义了一些 SI 单位与工程常用的显示单位之间的换算关系，关于单位的介绍参见 5.1 节。

4.14　键盘快捷键

本节列出所有的键盘快捷键组合。其中全局快捷键在所有区域内都有效，其他快捷键当鼠标停留在指定区域时有效。

4.14.1　全局快捷键

- Ctrl+Q ——快速新建模型。
- Ctrl+O ——打开模型。
- Ctrl+S ——保存当前激活模型。

- Ctrl+Shift+S ——保存所有模型。
- Alt+1 ——打开图标视图。
- Alt+2 ——打开组件视图。
- Alt+3 ——打开文本视图。
- Ctrl+Alt+B ——控制模型浏览器的显示。
- Ctrl+Alt+C ——控制组件浏览器的显示。
- Ctrl+Alt+P ——控制参数面板的显示。
- Ctrl+Alt+V ——控制监视变量面板的显示。
- Ctrl+Alt+O ——控制输出面板的显示。
- F8 ——检查当前激活模型。
- F7 ——翻译当前激活模型。
- F5 ——仿真当前激活模型。
- Ctrl+Shift+O ——打开仿真结果。
- Ctrl+F4 ——关闭当前激活的模型。
- F1 ——查看文档主页。

4.14.2 模型浏览器

- Enter ——打开模型视图窗口。
- Ctrl+Shift+N ——在选中的类中新建模型。
- Ctrl+D ——复制模型。
- Delete ——删除/卸载选中的模型。
- F2 ——重命名当前选中的模型。
- Alt+Enter ——打开模型属性窗口。
- Up Arrow ——在浏览器中向上移动一个节点。
- Down Arrow ——在浏览器中向下移动一个节点。
- Left Arrow ——当前选中对象有子节点，如果子节点已经展开，则折叠其子节点；如果子节点未展开，则光标定位到父节点。如果选中对象无子节点，则回到父节点。
- Right Arrow ——当前选中对象有子节点，如果子节点已经折叠，则展开其子节点；如果子节点未折叠，则光标定位到第一个子节点。

4.14.3 组件浏览器

- Enter ——进入组件浏览器所选中的组件中。
- Up Arrow ——在浏览器中向上移动一个节点。
- Down Arrow ——在浏览器中向下移动一个节点。
- Left Arrow ——当前选中对象有子节点，如果子节点已经展开，则折叠其子节点；如果子节点未展开，则光标定位到父节点。
- Right Arrow ——当前选中对象有子节点，如果子节点已经折叠，则展开其子节点；如果子节点未折叠，则光标定位到第一个子节点。

4.14.4 模型视图

- Ctrl+Z ——撤销上一步操作。
- Ctrl+Y ——重做上一步操作。
- Ctrl+X ——剪切选中对象到剪切板。
- Ctrl+C ——复制选中对象到剪切板。
- Ctrl+V ——粘贴剪切板内容。
- Delete ——删除选中对象。
- Ctrl+A ——选中当前视图内所有对象。
- Ctrl+鼠标中键向上滚动 ——放大当前视图。
- Ctrl+鼠标中键向下滚动 ——缩小当前视图。

4.14.5 图标视图和组件视图

- Enter ——进入图形视图所选中的组件中。
- F2 ——重命名当前选中组件。
- Ctrl+R——逆时针旋转 90° 所选对象。
- Ctrl+Shift+R ——顺时针旋转 90° 所选对象。
- Ctrl+Shift+W ——适应窗口。
- Up Arrow ——若当前有选中对象，则每单击一次选中对象原点向上移动一个网格间距的十分之一；若无选中对象，则将滚动条向上移动。
- Down Arrow ——若当前有选中对象，则每单击一次选中对象原点向下移动一个网格间距的十分之一；若无选中对象，则将滚动条向下移动。
- Left Arrow ——若当前有选中对象，则每单击一次选中对象原点向左移动一个网格间距的十分之一；若无选中对象，则将滚动条向左移动。
- Right Arrow ——若当前有选中对象，则每单击一次选中对象原点向右移动一个网格间距的十分之一；若无选中对象，则将滚动条向右移动。

4.14.6 文本视图

- Alt+G ——转到<class>定义，从当前模型直接跳转到<class>模型。“<class>”为当前鼠标光标所在处的文本。
- Ctrl+F ——查找和替换文本。
- Ctrl+G ——转到指定行。

4.14.7 输出面板

- Ctrl+C ——复制选中的输出信息。
- Ctrl+A ——选中所有的输出信息。

4.14.8 曲线窗口

- Ctrl+X ——剪切选中曲线到剪切板。
- Ctrl+C ——复制选中曲线到剪切板。
- Ctrl+V ——粘贴剪切板曲线。
- Ctrl+A ——选中所有曲线。
- Delete ——删除所选曲线。

4.14.9 文档中心

- Ctrl+C ——复制所选对象。
- Ctrl+F ——在当前页面中查找。

4.14.10 html 编辑器

- Ctrl+Z ——撤销上一步操作。
- Ctrl+Y ——重做上一步操作。
- Ctrl+X ——剪切选中对象到剪切板。
- Ctrl+C ——复制选中对象到剪切板。
- Ctrl+V ——粘贴剪切板内容。
- Delete ——删除选中对象。
- Ctrl+A ——选中编辑器内所有对象。
- Ctrl+F ——查找和替换编辑器内容。
- Ctrl+K ——插入或编辑链接。
- Ctrl+Alt+F ——在面板中全屏显示编辑器内容。
- Ctrl+B ——将所选文字设置为粗体。
- Ctrl+I ——将所选文字设置为斜体。

第 5 章 MWorks.Sysplorer 高级特性

5.1 单位检查与单位推导

物理系统建模中，物理量通常用变量值与单位表示，Modelica 内置类型 Real 包含“quantity”“unit”和“displayUnit”等属性。

MWorks.Sysplorer 支持单位检查与推导的功能。它包括变量单位合法性和等式单位匹配性检查，并且还可以自动推导单位。

5.1.1 支持的单位

Modelica 规范中指出，“Modelica 中支持的基本单位应该包括 SI 体系的基本单位和导出单位”，MWorks.Sysplorer 满足该要求。

MWorks.Sysplorer 建议采用不带系数前缀的标准单位描述变量的单位属性，这样有利于单位的检查与推导。也就是说，在给变量赋单位时，最好不要使用单位前缀，如“km”“mg”最好用“m”和“kg”代替。但您可能会采用不同的单位输入参数或者绘制变量曲线，为此，MWorks.Sysplorer 提供对显示单位(displayUnit)的支持。

5.1.1.1 SI 单位前缀

MWorks.Sysplorer 支持以下全部的 20 个 SI 单位前缀，它们表示 SI 单位 10 的倍数，如表 5-1 所示。

表 5-1 SI 单位前缀

Factor	Name	Symbol	Factor	Name	Symbol
10^1	deca	da	10^{-1}	deci	d
10^2	hecto	h	10^{-2}	centi	c
10^3	kilo	k	10^{-3}	milli	m
10^6	mega	M	10^{-6}	micro	μ(u)
10^9	giga	G	10^{-9}	nano	n
10^{12}	tera	T	10^{-12}	pico	p
10^{15}	peta	P	10^{-15}	femto	f

续表

Factor	Name	Symbol	Factor	Name	Symbol
10^{18}	exa	E	10^{-18}	atto	a
10^{21}	zetta	Z	10^{-21}	zepto	z
10^{24}	yotta	Y	10^{-24}	yecto	y

5.1.1.2 SI 基本单位

MWorks.Sysplorer 支持 SI 规定的 7 种基本单位，如表 5-2 所示。

表 5-2 SI 基本单位

Name	Symbol	Name	Symbol
metre	m	kelvin	K
kilogram	kg	mole	mol
second	s	candela	cd
ampere	A		

5.1.1.3 SI 推导单位

MWorks.Sysplorer 支持 SI 定义的 24 种推导单位，如表 5-3 所示。

表 5-3 SI 推导单位

Name	Symbol	Definition	Name	Symbol	Definition
radian	rad	1	siemens	S	A/V
steradian	sr	1	weber	Wb	V • s
hertz	Hz	1/s	tesla	T	Wb/m^2
newton	N	kg • m/s^2	henry	H	Wb/A
pascal	Pa	N/m^2	degree Celcius	degC	K
joule	J	N • m	lumen	lm	cd • sr
watt	W	J/s	lux	lx	lm/m^2
S(视在功率)	VA	J/s	Q(无功功率)	Var	J/s
coloumb	C	A • s	becquerel	Bq	1/s
volt	V	W/A	gray	Gy	J/kg
farad	F	C/V	sievert	Sv	J/kg
ohm	Ohm	V/A	katal	kat	mol/s

5.1.1.4 非 SI 单位

有一些常用单位不属于 SI 系统，但 MWorks.Sysplorer 也能识别这些单位，它们与 SI 系统的换算关系如表 5-4 所示。

表 5-4 非 SI 单位

Name	Symbol	Expressed in SI units
minute	min	60 s
hour	h	60 min
day	d	24 h
degree(Angle)	deg	(π/180) rad
litre	l	dm^3
decibel	dB	1
electronvolt	eV	0.160218 aJ
bar	bar	0.1 MPa
phon	phon	1
sone	sone	1
degree Fahrenheit	degF	(K–273.15) *(9/5) + 32
degree Rankine	degRk	(9/5) * K
revolutions	rev	
minute	′	1′ = (1/60)° = (π/ 10 800) rad
second	″	1″ = (1/60)′ = (π/ 648 000) rad
hectare	ha	1 ha = 1 hm^2 = 10^4 m^2
litre	L	dm^3
tonne	t	1 t = 10^3 kg

5.1.2 单位检查

MWorks.Sysplorer 对包、模型或函数中各个方程做单位检查，包括变量单位本身是否合法以及方程两边表达式的单位是否匹配。

目前，MWorks.Sysplorer 单位检查是基于实例化过的方程系统进行的。MWorks.Sysplorer 的单位检查比较灵活。空字符串被认为是未知单位，可进行单位推导。如单位是字符串类型但不能被解析，即不是基本单位也不能根据基本单位推导得到，如“ssss”或“2”，这些单位不可识别，MWorks.Sysplorer 会给出警告，但该单位可以显示。

MWorks.Sysplorer 认为带前缀下标数组中的所有元素单位应该是相同的，若不相同，则给出警告，并被忽略。

示例 1：

```
Real x[2,2](unit = {{"s", "s"}, {"s", "s"}}) = {{1, 2}, {3, 4}};
Real x[2,2](unit = {{"m", "m"}, {"s", "s"}}) = {{1, 2}, {3, 4}}
```

上述第一个声明方程是合法的，第二个声明方程会给出警告。因此，建议给数组变量单位属性变型时赋相同的单位。

下面基于两个有错误的模型做单位检查。

示例 2：

```
model CheckUnit_Example1      //变量单位的合法性检查
  Real x(unit = 1) = 1;
  Real y(unit = "m") = 1;
  Real z;
equation
  z = x + y;
end CheckUnit_Example1;
```

执行该模型的模型检查或编译，输出如下信息：

```
[MWorks.Sysplorer] 警告(2710)：组件 x 的属性 unit 的变型表达式 1 的类型不合法。变型表达式类型为 Integer。该属性值被忽略。
```

该警告信息表明，变量 x 的单位不是字符串常量，需要改正此声明方程以避免该警告。

示例 3：

求解一个恒力在直线方向做功，其中用速度(“Velocity”)代替位移(“Distance”)：

```
model CheckUnits_Example2     //等式单位的匹配性检查
  Modelica.SIunits.Velocity V = 2 "Velocity";
  Modelica.SIunits.Force F = 3 "Force";
  Modelica.SIunits.Energy E "Energy";
equation
  F * V = E;
end CheckUnits_Example2;
```

选择模型检查或编译，输出如下信息：

```
[MWorks.Sysplorer] 警告(5002)：方程 F * V = E 的单位不匹配：
F * V 的单位为 W，
E 的单位为 J。
```

上述警告说明方程两边的单位不匹配，用位移(“Distance”)替换速度(“Velocity”)即可消除该警告。

为了便于单位检查与单位推导，建议在设置变量单位时采用国际标准单位(SI 单位制)，这也是进行单位检查的前提条件。

提示：单位检查时，MWorks.Sysplorer 认为“km”与“m”这两个单位是不匹配的，尽管它们都是长度单位。

5.1.3 单位推导

单位推导以单位运算为基础。表达式是由变量、运算符等组成。变量指定其“quantity”及“unit”属性，即可代表某个物理量。物理量的值经过运算，可得出表达式的值，根据各物理量单位的运算可得出表达式的单位。如物理量 s(unit = “m”)为长度，t(unit = “s”)为时间，则表达式 s/t 经运算可得其单位为“m/s”，该表达式的量纲为速度。

单位推导本身就隐含了“根据一个表达式导出另外一个表达式单位”的含义，因此一元表达式不涉及单位推导。单位推导仅涉及 4 种运算：+ (-)、*、/以及=，其他二元表达式的运算则转化为这 4 种基本运算之后进行推导，否则推导终止。

单位推导遵循如下简单规则：

unknown unit * "unit1" → unknown unit
unknown unit + "unit1" → "unit1"

提示，单位“1”例外，因为未知单位“”与单位“1”具有不同含义。单位“1”表示无单位，而未知单位则表示单位不确定。“1”作为已知单位，在单位检查时，不要求“1”与其他单位匹配，如“+”运算左单位为“1”，右单位为“m”，合法，结果为“m”。

示例 4：

以 Modelica.Blocks.Examples.PID_Controller 为例(见图 5-1)。

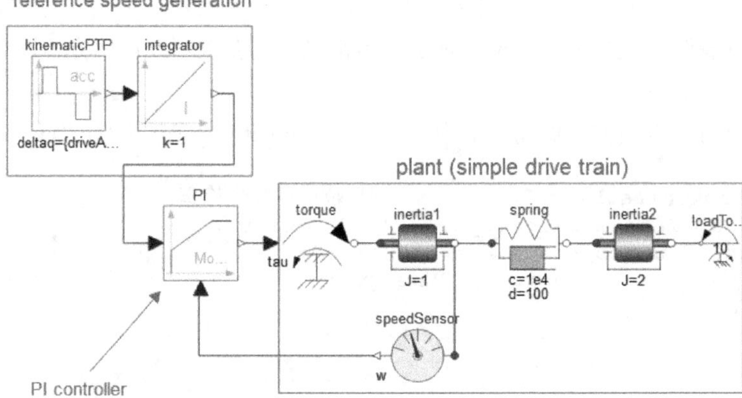

图 5-1 模型 Modelica.Blocks.Examples.PID_Controller

求解后推导单位在仿真浏览器中的显示如图 5-2 所示。

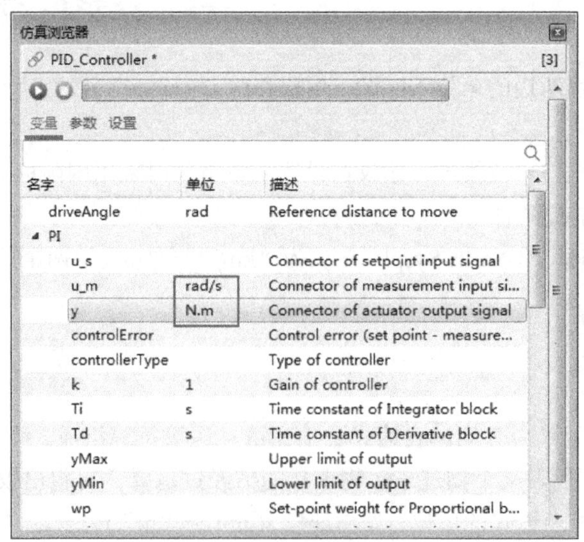

图 5-2 仿真浏览器

从仿真浏览器中可以看到，PI 的参数 u_m 和 y 原先是没有明确的单位，在模型编译后它们的单位被推导出来并在仿真浏览器中显示。

5.1.4 单位显示

在建立物理系统模型时，MWorks.Sysplorer 建议使用 SI 基本单位。但有时，非 SI 单位可能更适合实际应用场景需要。MWorks.Sysplorer 提供对显示单位(displayUnit)的支持以满足实际需求。一般地，unit 对应 SI 单位，displayUnit 对应工程单位。

5.1.4.1 显示单位配置

一个 SI 单位可能对应多个显示单位，如 SI 单位“m”对应“km”“cm”“mm”这三个显示单位。通过用户目录下的显示单位配置文件 C:\Users\(Current User)\AppData\Local\MWorks.Sysplorer2015\setting \MWorks.Sysplorer.DisplayUnit.xml 定制候选显示单位。该文件定义了一些 SI 单位与工程常用的显示单位之间的换算关系。

以下内容摘自配置文件中对 SI 单位 rad/s 和 m/s 的显示单位配置：

```
<unit name="rad/s">
  <displayUnit name = "deg/s" scale = "57.295779" />
  <displayUnit name = "rpm" scale = "9.549297" />
  <displayUnit name = "rev/min" scale = "9.549297" />
</unit>
<unit name="m/s">
  <displayUnit name = "km/h" scale = "3.6" />
  <displayUnit name = "mm/s" scale = "1e3" />
  <displayUnit name = "knots" scale = "1.9438445" />
</unit>
```

其中，<unit name="rad/s">中的 name 定义了 SI 单位的名称，<displayUnit name = "deg/s" scale = "57.295779" />中的 name 定义了显示单位的名称，scale 是显示单位与国际标准单位的换算比例。

另外，有些显示单位的定义中还包含了 offset 属性。例如，对温度的 SI 单位 K(开尔文)的显示单位定义如下：

```
<unit name="K">
  <displayUnit name = "degC" scale = "1" offset = "-273.15" />
</unit>
```

其中，offset 定义了显示单位与国际单位之间换算时的偏移量。

SI 单位与显示单位之间的换算公式为：

```
unit = displayUnit * scale + offset
```

从上述说明可以知道，用户可自定义显示单位，但需要在显示单位配置文件中正确定义，要明确自定义显示单位与 SI 基本单位之间的换算关系(换算比例和偏移量)。如无必要，不建议自定义显示单位。

5.1.4.2 单位选项配置

变量单位与其显示单位之间的转化关系依赖于显示单位配置文件中的配置，参见上一节。

另外，还可通过曲线窗口修改显示单位，即在仿真浏览器中选择相应变量，右击“显示变量曲线”，在曲线窗口界面右击，在弹出的菜单中选择“属性”，在弹出的“曲线窗口属性”对话框(见图 5-3)中的在“曲线”标签页设置显示单位。

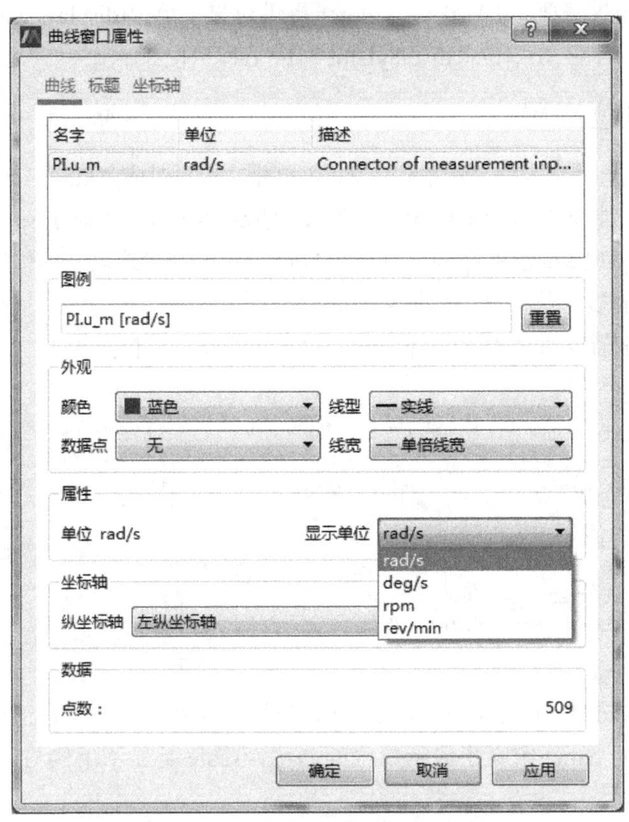

图 5-3 “曲线窗口属性”对话框

从“曲线窗口属性”对话框可以看到，变量 PI.u_m 的单位为“rad/s”，当前显示单位为“deg/s”，如希望更改显示单位，可以单击下拉列表选择合适的显示单位。此处显示单位的候选项可通过显示单位配置文件进行定制。

还可以通过在曲线窗口界面右击，在弹出的菜单中选择“显示单位”，该菜单提供配置文件中显示单位的候选项，直接选择其中一项即可设置显示单位。

但是，通过曲线窗口修改显示单位不会对文本视图中的内容产生影响。

5.2 外部资源使用说明

使用 MWorks.Sysplorer 建模时，有可能用到数据文件等外部资源。要使模型仿真时能正确找到相应的文件，建模时需要遵循相应的规范。

本节针对外部资源的使用进行说明，用以指导在 MWorks.Sysplorer 中建模和仿真。

5.2.1 外部资源表示

5.2.1.1 Modelica 模式 URI

外部资源统一以 Modelica 模式的 URI 表示，其形式为：

```
modelica://Package_Name/Relative_Path
```

Package_Name 是 Modelica 模型中 package 的名字，Relative_Path 是相对路径。

这种 URI 在模型翻译后得到绝对路径，取 Package_Name 文件所在文件夹作为基准路径，与 Relative_Path 组合形成完整的本地路径。例如：

```
modelica://Modelica.Mechanics/C.jpg
modelica://Modelica/Mechanics/C.jpg
```

假设 Modelica 所在的 package.mo 文件位于"C:\MSL\Modelica3.2.1\Modelica"，而 Modelica. Mechanics 所在的.mo 文件位于 "C:\MSL\Modelica3.2.1\Modelica\Mechanics"，那么，这两个都表示同一个文件 "C:\MSL\Modelica3.2.1\Modelica\Mechanics\C.jpg"。

Package_Name 文件所在文件夹称为基准路径。

5.2.1.2 几何形体

三维动画的外部几何形体资源由参数 shapeType 保存，以 Modelica 模式的 URI 表示。

```
shapeType= "modelica://Modelica/Resources/Data/Shapes/RobotR3/b1.dxf"
```

5.2.1.3 数据文件

文件以 Modelica 模式的 URI 表示，在需要文件名的位置，取以 URI 为参数调用 loadResource(或 Modelica.Utilities.Files.loadResource)函数的结果值。

```
parameter String fileName=loadResource(
   "modelica://Modelica/Resources/Data/Tables/test_v4.mat");
Modelica.Blocks.Types.ExternalCombiTable2D tableID=
   Modelica.Blocks.Types.ExternalCombiTable2D(
   "akima2D",
   fileName,
   fill(0,0,2),
   Modelica.Blocks.Types.Smoothness.ContinuousDerivative)
   "External table object";
```

loadResource 返回该 URI 表示的绝对路径。

MWorks.Sysplorer 只收集 loadResource 或 Modelica.Utilities.Files.loadResource 中的数据文件。因此，建模时建议外部数据文件名使用 loadResource 调用的结果。

5.2.1.4 外部函数

外部函数的 IncludeDirectory 和 LibraryDirectory 也以 Modelica 模式的 URI 表示。

```
function getUsertab
   input Real dummy_u;
   output Real dummy_y;
external "C" dummy_y=mydummyfunc(dummy_u)
annotation (IncludeDirectory=
"modelica://Modelica/Resources/Data/Tables",
Include = "#include \"usertab.c\"
Double mydummyfunc(double dummy_in) {
 return 0;}
");
end getUsertab;
```

5.2.2 资源路径配置

Modelica 模式的 URI 在仿真时会转换为绝对路径，其通过组合基准路径和相对路径而成。

在仿真之前，修改实例文件夹下配置文件 ExternalResources.xml 中的基准路径设置，可变更资源文件的指向。

```
<ExternalResources>
<BasePaths>
  <BasePath name=">root<">C:/Users/cloud/Documents/MWorks.Sysplorer<
/BasePath>
  <BasePath
name="Modelica">C:/Users/cloud/Documents/MWorks.Sysplorer/Library/Modelica
</BasePath>
</BasePaths>
<Resources>
  <Path BasePath="Modelica">Resources/Images/Blocks/BusUsage.png</Path>
</Resources>
</ExternalResources>
```

名为“>root<”(XML 中表示为“>root<”)的基准路径是工作文件夹的位置，必然存在。

如果将名为“Modelica”的基准路径修改为“D:/MWorks.Sysplorer/Library/Modelica”，则“modelica://Modelica/Resources/Images/Blocks/BusUsage.png”的绝对路径由“C:/Users/cloud/Documents/MWorks.Sysplorer/Library/Modelica/Resources/Images/Blocks/BusUsage.png”变更为“D:/MWorks.Sysplorer/Library/Modelica/Resources/Images/Blocks/BusUsage.png”。

```
<ExternalResources>
<BasePaths>
   <BasePath
name=">root<">C:/Users/cloud/Documents/MWorks.Sysplorer</BasePath>
   <BasePath name="Modelica">D:/MWorks.Sysplorer/Library/Modelica
   </BasePath>
</BasePaths>
<Resources>
   <Path BasePath="Modelica">Resources/Images/Blocks/BusUsage.png</Path>
</Resources>
</ExternalResources>
```

仿真器运行时，对于不是 Modelica 模式的 URI 表示的所有相对路径，都与名为“>root<”的基准路径组合成绝对路径。

5.3 外部函数调试指南

Modelica 作为陈述式建模语言，有着直观、易用、表达能力强等诸多特点，并能够在模型中集成外部函数，使建模过程更加灵活、方便，那么如何在模型中集成外部函数，在集成过程中运行发生错误时如何调试模型呢？ 针对这些问题，本文对外部函数调用方法做了简单介绍，列举了外部函数的高级特性，包括数组、条件调用以及如何跟踪和控制外部函数，对常见问题给予了解决方案。

在这里不详细罗列语法，具体细节参见《Modelica3.2.1 规范》第 12.9 节。

这里分为以下三个部分：

(1) 外部函数的调用。

(2) 外部函数的高级特性。

(3) 常见问题。

5.3.1 外部函数的调用

模型中除了可以调用 Modelica 语言编写的函数外，还可以调用其他语言(目前支持 C、C++和 FORTRAN77)编写的函数，这些其他语言编写的函数称为外部函数。Modelica 中调用外部函数是通过 Modelica 函数进行的，这种 Modelica 函数没有算法(algorithm)区域，取而代之的是外部函数接口声明语句“external”，以表示调用的是外部函数。

5.3.1.1 C

MWorks.Sysplorer 中，C 语言编译的外部函数定义方式主要有以下三种：

(1) 使用 C 文件(如.c、.h 文件)，在 annotation 中用 Include 注解包含被调用函数实现的 C 文件；

(2) 使用链接库文件(.lib 文件)，在 annotation 中用 Library 注解指定链接库，从而调用指定库中的函数。MWorks.Sysplorer 既支持动态链接库(包含.lib、.dll 文件)，也支持静态链接库(包含.lib 文件)；

(3) 无外部文件，在 annotation 中用 Include 注解直接嵌入 C 代码。

1. 头文件

Modelica 中外部函数声明时用 Include 注解指定所需的.c 文件(或.h 文件)。IncludeDirectory 注解指定所需的.c 文件(或.h 文件)所在的位置。

调用的外部函数(该函数的目的是将输入值乘以 2)如下：

```
#include <string.h>
double getreal_arg(double a)
{
  return a*2;
}
```

示例 5(示例文件位置：Example\ExternalFunctions\UriTest1.mo)：

```
model UriTest1
  //将外部函数封装成 function
  function IncTest1
    input Real dummy_u;
    output Real dummy_y;
    //外部函数声明
    //IncludeDirectory 注解指定包含文件所在的位置，以 URI 的 modelica 模式表示
    //Include 指定外部函数所需的头文件
  external "C" dummy_y = getreal_arg(dummy_u)
  annotation (IncludeDirectory =
"modelica://ExternalFunctions/Resources/Include", Include =
"#include\"useabc.c\"");
  end IncTest1;
  //调用函数 IncTest1
  Real y = IncTest1(2.5);
end UriTest1;
```

Include 注解：Include = "#include\"useabc.c\""表示 useabc.c 为外部函数所需的头文件。

IncludeDirectory 注解：IncludeDirectory = "modelica://ExternalFunctions/Resources/Include" 表示 useabc.c 位于 ExternalFunctions/Resources/Include 文件夹中。这里 IncludeDirectory 注解中.c 文件所在路径采用了 Modelica 模式 URI 的方式来表示，关于 Modelica 模式 URI 的具体内容详见 5.2.1.1 节。

2. 链接库文件

Modelica 中外部函数声明时用 Library 注解指定链接库名(注意：不带扩展名)。LibraryDirectory 注解指定链接库文件和 dll(或 so)文件所在的位置。

示例 6(示例文件位置：Example\ExternFuncUseDll\pacakage.mo)：

```
package ExternFuncUseDll
  model TestExternFuncUseDll
    function Fac "factorial"
      input Integer n;
      output Real res;
      //Library 指定链接库
      //LibraryDirectory 指定库文件所在的位置
    external "C" res = Fac(n)annotation (Library = "Fac", LibraryDirectory
= "modelica://ExternFuncUseDll/win32");
    end Fac;
    Real x[10];
    output Real y = x[4];
  algorithm
    if true then
      for i in 1:size(x, 1) loop
        x[i] :=Fac(i);
      end for;
    else
      x := zeros(size(x, 1));
    end if;
  end TestExternFuncUseDll;
  end ExternFuncUseDll;
```

上例中指定的链接库名是“Fac”，那么完整的链接库名称是 Fac.lib(vc 编译生成)或

libFac.a(gcc 编译生成)，指定的链接库文件和 dll(或 so)文件所在的位置是"ExternFuncUseDll/win32"。此处 MWorks.Sysplorer 求解器设置为"32 位求解器"。

LibraryDirectory 指定位置中可以使用不同的平台文件夹存放各平台的库文件和 dll(或 so)文件：

(1) win32 (32 位 Microsoft Windows)；

(2) win64 (64 位 Microsoft Windows)；

(3) linux32 (Intel 32 位 Linux)；

(4) linux64 (Intel 64 位 Linux)。

目前 MWorks.Sysplorer 支持 win32、win64 平台文件夹。如果没有平台文件夹，就位于指定目录中。也就是说，假设示例 6 中，ExternFuncUseDll 文件夹和其平台文件夹 ExternFuncUseDll/win32 都存在 Fac.lib 文件。那么仿真的时候，求解器会优先选择 ExternFuncUseDll/win32 下的 Fac.lib；只有当 ExternFuncUseDll /win32 下不存在 Fac.lib 文件时，才会查找 ExternFuncUseDll 文件夹；如果文件夹 ExternFuncUseDll 下同时存在 win32 和 win64 两个文件夹，则由求解器的位数决定在哪个文件夹中搜索文件。求解器的位数是和 MWorks.Sysplorer 平台一致的，在菜单"帮助"→"关于 MWorks.Sysplorer"中可以查看到 MWorks.Sysplorer 的平台信息(见图 5-4)。也就是说，使用的是 32 位的 MWorks.Sysplorer，仿真过程中调用 32 位的求解器。在 win32 文件夹下搜索，示例 6 中就是如此。

图 5-4　MWorks.Sysplorer 平台信息

MWorks.Sysplorer 要求保持求解器和链接库文件的一致性，当求解器为 32 位时，相对的链接库文件在 vc 或 gcc 中编译时必须也由 32 位平台生成。

注意：①一般情况下要求同时具有 IncludeDirectory 注解和 LibraryDirectory 注解，具体示例参见 5.3.2 节；②要使模型仿真时能正确找到外部函数相关的资源文件，IncludeDirectory 注解和 LibraryDirectory 注解中指定的文件位置需要遵循 Modelica 模式 URI。

3. 无外部文件

在没有外部文件(C 文件或库文件)的情况下，可以直接将 C 代码嵌入 Include 注解中。但是由于这种方式不适合调试，所以不建议使用这种方式。

示例 7(示例文件位置：Example\ExternalFunctions\ UriTest2.mo)：

```
 model UriTest2
//将外部函数封装成 function
function IncTest2
    input Real x;
output Real y;
//外部函数声明
  external "C" y = myDouble(x)
//Include 引用外部函数的关键字
    //myDouble(double x){return 2*x;} 外部函数的具体实现
  annotation (Include = "double myDouble(double x){return 2*x;}");
  end IncTest2;
  //调用函数 IncTest2
    Real y = IncTest2(2.5);
end UriTest2;
```

对应于如下的 C 函数原型：

```
double myDouble(double);
```

翻译为 C 中的调用：

```
y = myDouble (2.5);
```

返回值 y=2.5*2=5。

4. 头文件和库文件的默认搜索路径

如果没有 IncludeDirectory 注解，外部函数所需头文件默认位置是包含外部函数的模型文件夹中的“Resources/Include”子文件夹。同样，若没有 LibraryDirectory 注解，外部函数所需库文件默认位置是包含外部函数的模型文件夹中的“Resources/Library”子文件中。

示例 8(示例文件位置：Example\Functions\package.mo)：

```
package Functions
  function ExternalFunc1 "没有 LibraryDirectory 注解，调用该函数时搜索
“Resources/Library”子文件"
    input Real x;
    output Real y;
  external "C" y = getreal_arg(x)
  annotation (Library = "ExternFunction");
  end ExternalFunc1;

  function ExternalFunc2 "没有 IncludeDirectory 注解，调用该函数时搜索
“Resources/Include”子文件"
    input Real x;
    output Real y;
  external "C" y = getreal_arg(x)
  annotation (Include = "#include\"ExportFuncs2.c\"");
  end ExternalFunc2;

  function ExternalFunc3 "调用该函数时同时搜索“Resources/Library”、
“Resources/Include”子文件"
    input Real x;
```

```
    output Real y;
  external "C" y = getreal_arg(x)
  annotation (Library = "ExternFunction",
    Include = "#include\"ExportFuncs.h\"");
  end ExternalFunc3;
end Functions;
```

示例 8 中外部函数有 Include、Library 注解，但没有 IncludeDirectory、LibraryDirectory 注解。那么，头文件和库文件的默认搜索路径如下所示：

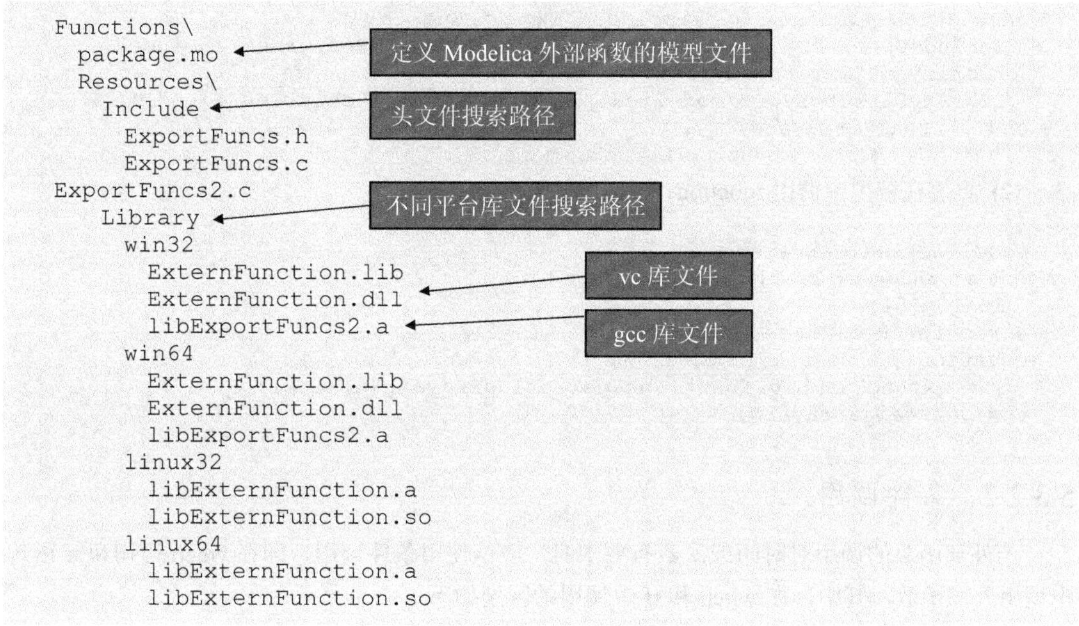

5.3.1.2 C++

用 C++编写的函数，在函数声明中需添加 extern "C"，再将代码通过编译即可使用，使用方法同前。

5.3.1.3 FORTRAN

用 FORTRAN 编写的外部函数可以通过工具“f2c” 转换为 C 代码，再将 C 代码编译即可使用，使用方法同前。

5.3.2 外部函数的高级特性

5.3.2.1 数组类型输入/输出调用

当模型中希望借助外部函数计算获取数组型数据时，外部函数形式如下：

```
void getrealarray_arrayarg3(double* v,double* z,int array_size)
```

其中，v 为传入参数，z 为输出参数，用来接收函数计算结果，对外部函数的包装和调用过程如下。

示例 9(示例文件位置：Example\exfuncExample\functions\getreal_arrayarg.mo、Example\exfuncExample\models\getreal_arrayarg.mo)：

(1) 将外部函数封装成 function：

```
function getreal_arrayarg
    input Real x[5];
    input Real size;
    output Real y[5];
external "C" getrealarray_arrayarg3(x, y, size)
annotation (Include = "#include\"ExportFuncs.h\"",
  IncludeDirectory = "modelica://exfuncExample/Resources/include",
  Library = "ExternFunction",
  LibraryDirectory = "modelica://exfuncExample/Resources/libs");
end getreal_arrayarg;
```

(2) 直接在模型中调用 function：

```
model getReal_arrayarg
  Real x[5] = {1, 5, 2, 3, 6};
  Real y[5];
parameter Real size = 5;
equation
  y = exfuncExample.functions.getreal_arrayarg(x,size);
end getReal_arrayarg;
```

5.3.2.2 条件调用

当外部函数的调用对时间或次数有要求时，应该使用条件调用，即在 when 语句和 if 语句中调用外部函数，其中，在 when 和 if 中调用的区别如下。

(1) when 语句中调用外部函数(见图 5-5)。

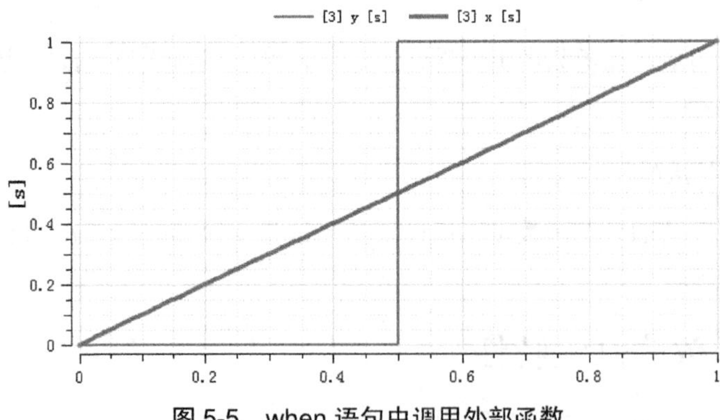

图 5-5 when 语句中调用外部函数

示例 9(示例文件位置：Example\ exfuncExample\models\getReal_inwhen.mo)：

```
model getReal_inwhen
"调用外部函数,输入一个 real 参数获取 real 数据, getreal_arg(x):y=2x"
  Real x = time;
  Real y;
equation
```

```
  when time > 0.5 then
    y = exfuncExample.functions.getreal_arg(x);
  elsewhen time <= 0.5 then
    y = -1 * time;
  end when;
end getReal_inwhen;
```

(2) if 语句中调用外部函数(见图 5-6)。

示例 10(示例文件位置：Example\ exfuncExample\ models\getReal_inif.mo)：

```
model getReal_inif
"调用外部函数,输入一个 real 参数获取 real 数据,getreal_arg(x):y=2x"
  Real x = time;
  Real y;
equation
  y = if time > 0.5 then
exfuncExample.functions.getreal_arg(x) else
    -1 * time;
end getReal_inif;
```

从图 5-5 和图 5-6 中可以看出，在 when 条件句中调用外部函数，仅在 when 条件成立时被调用一次。而在 if 条件句中调用外部函数，在满足 if 条件的所有时间点均会被调用。因此在使用外部函数时，应注意两者之间的区别，当严格限制外部函数的执行次数和执行条件时，应在 when 条件句中调用。

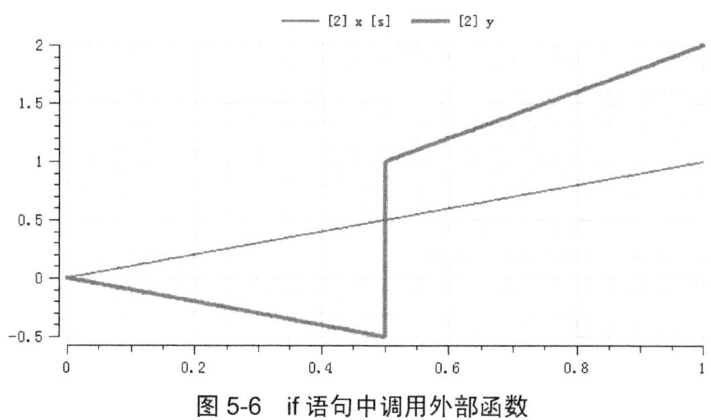

图 5-6　if 语句中调用外部函数

5.3.2.3　外部函数库中调用了其他函数库

若模型中使用了外部函数库 libraryA.dll 中的函数，且 libraryA.dll 中的部分函数依赖 libraryB.dll，则应该将 libraryB 与 libraryA 放在同一目录下。

5.3.2.4　跟踪外部函数调用点

由于 Modelica 陈述式建模的特点，平台自动把模型转换为可执行程序，用户往往难以观察函数调用过程。如果想要像 C 语言那样跟踪程序，那么该怎么做？我们可以在模型中手动添加打印代码，对可能出现的异常以打印求解器输出信息的方式直观检测，在模型中添加如下代码：

```
Modelica.Utilities.Streams.print("变量 y:  " + y);
```

以下面模型为例，想观察函数 testfunc 被调用的情况，则可以在函数执行语句前面(或后面)添加打印信息，模型代码如示例 11。

示例 11(示例文件位置：Example\ExternFuncDebug\testlog.mo)：

```
model testlog
  function testfunc
  external "C" testfunc()
annotation (Include = "void testfunc(){return;}");
  end testfunc;
  Real i(start = 0);
equation
  i = time;
  testfunc();
  Modelica.Utilities.Streams.print("testfunc 函数被调用：当前仿真时间为" +
String(i));
end testlog;
```

该模型在输出栏中打印出如图 5-7 所示的信息。

上例中由于算法语句在同一个行为段，因此它们的执行时机完全一致。通过在 testfunc 接口后增加一行打印代码，就可在求解器输出信息中观察函数的调用情况。建议仅在调试时使用算法语句，正常建模尽量不使用。

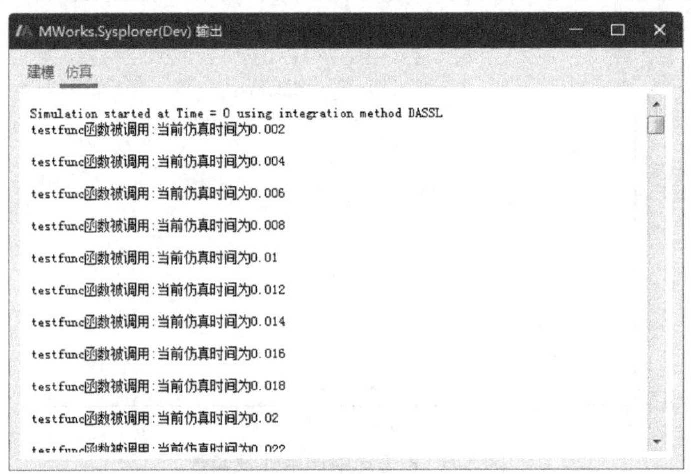

图 5-7 打印输出信息

结合前面介绍的观察打印信息的方法，就能观察到函数被调用几次，可以发现，函数调用的次数与求解步数没有必然的联系。

5.3.2.5 控制外部函数调用顺序

当模型中需要多次调用外部函数，且规定了外部函数的调用顺序时，若写作：

```
model incorrect_example
  Real x = time;
  Real y(start = 13);
Real z(start = 31);
equation
```

```
    y = exfuncExample.getreal_arg(x);  //语句 1
    z = exfuncExample.getreal_arg(x);  //语句 2
  end incorrect_example;
```

则语句 1 和语句 2 的执行顺序是不确定的。为严格限定函数执行顺序“语句 1”→“语句 2”，可以在语句 2 中调用语句 1 的返回值。

具体解决方法如下：对原函数进行修改，即修改 function getreal_arg。

“修改前”：

```
function getreal_arg
  input Real x;
  output Real y;
external "C" y = getreal_arg(x)
annotation (Include = "#include \"ExportFuncs.h\"",
  IncludeDirectory = "modelica://exfuncExample/Resources/include",
  Library = "ExternFunction",
  LibraryDirectory = "modelica://exfuncExample/Resources/libs");
end getreal_arg;
```

“修改后”：

```
function getreal_arg_showorder
  input Real x;
input Real x2=0;
  output Real y;
external "C" y = getreal_arg(x)
annotation (Include = "#include \"ExportFuncs.h\"",
  IncludeDirectory = "modelica://exfuncExample/Resources/include",
  Library = "ExternFunction",
  LibraryDirectory = "modelica://exfuncExample/Resources/libs");
end getreal_arg_showorder;
```

修改 function，为其添加了一个输入参数 x2，并赋初始值 0，该初始值对函数功能不会产生影响，修改原模型如下：

```
model incorrect_example
  Real x = time;
  Real y(start = 13);
Real z(start = 31);
equation
  y = exfuncExample. getreal_arg_showorder(x,x);  //语句 1
  z = exfuncExample. getreal_arg_showorder(x,y);  //语句 2
end incorrect_example;
```

即在语句 2 中调用语句 1 的返回值作为函数的第二个参数传入，则模型求解过程中，将首先计算语句 1 方程，然后计算语句 2 方程。

5.3.2.6 控制外部函数调用频率

如果想要控制函数调用频率(或调用时机)，则可以采用如下两种方法。

1. 方法一：条件调用

Modelica 模型中的函数调用受模型特点以及求解算法影响，可能在一步求解过程中被多次调用，这往往不是用户期望的行为。如 5.3.2.2 节所述，可以通过条件语句来实现精确控制函数调用时机。下面具体举例说明。

例如，某 dll 模块 ExtLib.dll，其中有两个接口 Initial()、StepRun()，希望能够在求解前调用初始化接口 Initial()，在求解过程中，每隔 2 s 调用一次 StepRun，那么 Modelica 代码可以如下编写。

示例 12(示例文件位置：Example\ExternFuncDebug\testlog1.mo)：

```
model testlog1
  function ExtLib_Initial
  external "C" Initial()
  annotation (Include = "void Initial (){return;}");
  end ExtLib_Initial;
  function ExtLib_StepRun
    input Real x;
  external "C" StepRun()
  annotation (Include = "void StepRun (){return;}");
  end ExtLib_StepRun;
  Integer i(start = 0);
initial algorithm
  ExtLib_Initial();// 初始算法段中初始化外部函数
  Modelica.Utilities.Streams.print("Initial has been called.");
algorithm
  when sample(0, 2) then // 通过 when 控制函数的调用时机
    ExtLib_StepRun(1);
    i := i + 1;// 用 i 做计数器
    Modelica.Utilities.Streams.print(String(i));// 打印 i 以观察调用次数
  end when;
end testlog1;
```

如果是初始化函数，可以放置到 initial algorithm 算法段中，保证只在求解前被调用一次。用 sample(0,2)作为 when 条件，可以保证 when 中的语句每隔 2 s 行为才被执行 1 次。在 MWorks.Sysplorer 中把求解时间设置为 10 s，然后运行此模型，可以看到，初始化函数 Initial 仅执行了 1 次，SetpRun 从 0 时刻开始，每隔 2 s 执行一次，共执行了 6 次，如图 5-8 所示。

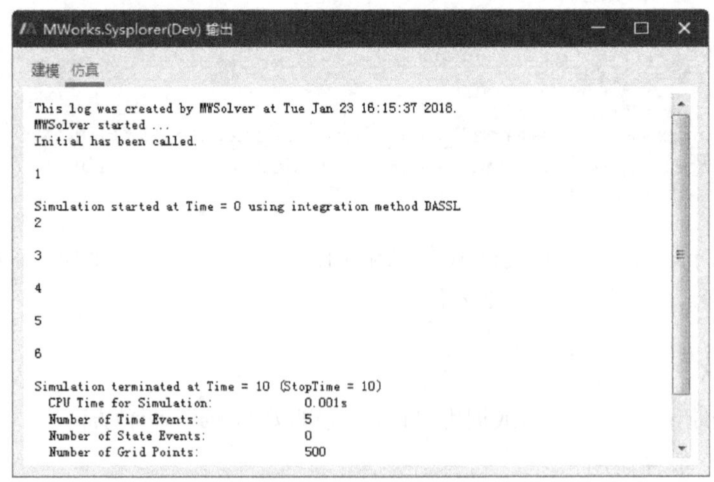

图 5-8　打印输出信息

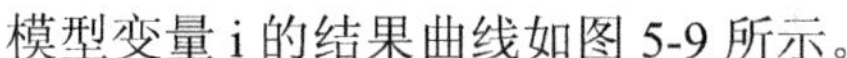

模型变量 i 的结果曲线如图 5-9 所示。

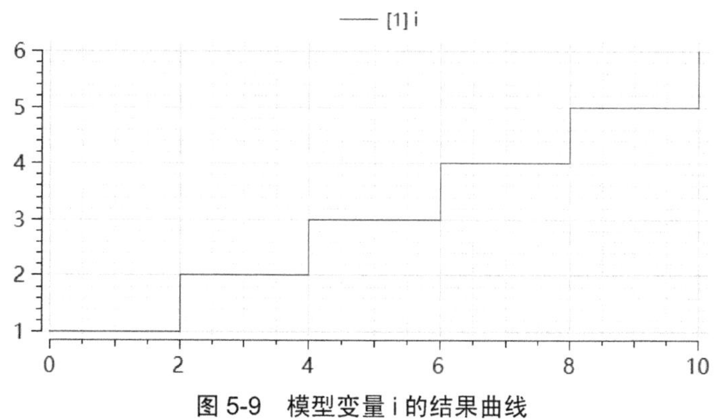

图 5-9　模型变量 i 的结果曲线

通过以上方法，可以精确控制函数的调用频率。除此之外，可以通过 if、when 等条件组合，实现特定的控制逻辑。

2. 方法二：避免非线性迭代

在求解器中非线性方程需要迭代求解，如外部函数出现在非线性方程块中，会导致在一次求解过程中外部函数被多次调用，因此需要避免外部函数出现在非线性方程块中。

示例 13(示例文件位置：Example\ExternFuncDebug\testlog2.mo)：

```
  model testlog2
    function ExtLib_StepRun
      input Real x;
      output Real y;
      output Real z;
    external "C" y = StepRun(x, z)annotation (Include = "double i = 0; double
StepRun(double x, double *z){i++; *z = i;return 1;}");
    end ExtLib_StepRun;
    Real x;
    Real y;
  equation
    when sample(0, 0.1) then
      (x,y) = ExtLib_StepRun(x);
    end when;
  end testlog2;
```

该模型仿真时间设定为 0~1 s，仿真步长设定为 0.002，即仿真 500 步，在此条件下 when 的条件将触发 10 次，即方程“(x,y) = ExtLib_StepRun(x)”被求解 10 次。

方程“(x,y) = ExtLib_StepRun(x)”存在代数环(函数输出依赖函数输入，函数输入又依赖函数输出，出现循环依赖)，从模型编译打印信息中可看到该非线性方程信息，如图 5-10 所示。

模型变量 y 记录了外部函数调用次数，由图 5-11 可知，方程“(x,y) = ExtLib_StepRun(x)”在求解 10 次的过程中外部函数被调用了1600 次(外部函数被调用次数与求解器以及求解器设置有关)，其原因就是该函数出现在非线性方程块中。

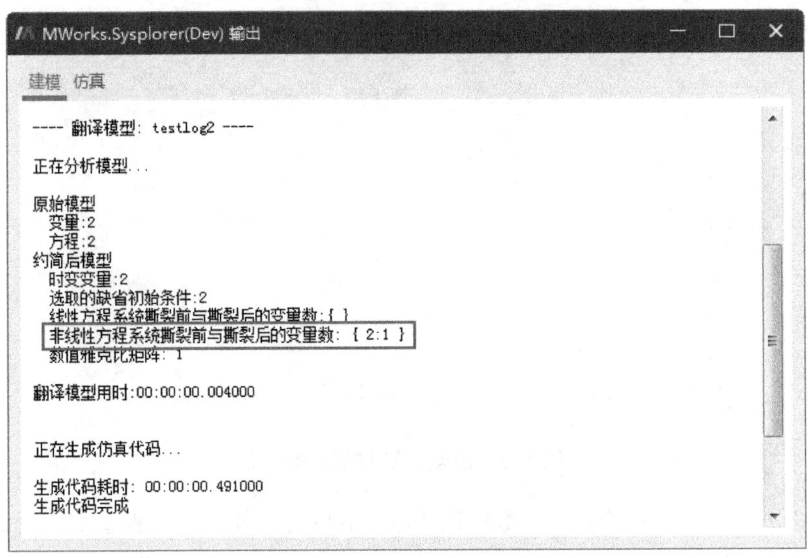

图 5-10 模型编译打印信息

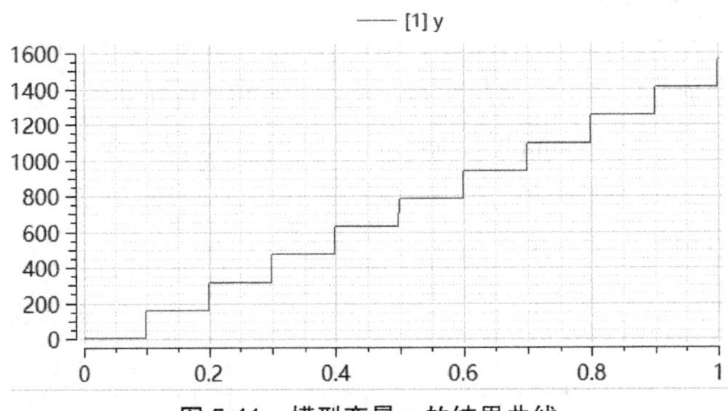

图 5-11 模型变量 y 的结果曲线

示例 14(示例文件位置：Example\ExternFuncDebug\testlog3.mo)：

```
model testlog3
  function ExtLib_StepRun
    input Real x;
    output Real y;
    output Real z;
  external "C" y = StepRun(x, z)annotation (Include = "double i = 0; double
StepRun(double x, double *z){i++; *z = i;return 1;}");
  end ExtLib_StepRun;
  Real x;
  Real y;
equation
  when sample(0, 0.1) then
    (x,y) = ExtLib_StepRun(pre(x));
  end when;
end testlog3;
```

ExtFuncExmple_2 与 ExtFuncExmple_1 的主要区别为方程“(x,y) = ExtLib_StepRun(pre(x))”，即通过添加 pre 打破代数环。该例子编译打印信息和结果分别如图 5-12、图 5-13 所示。

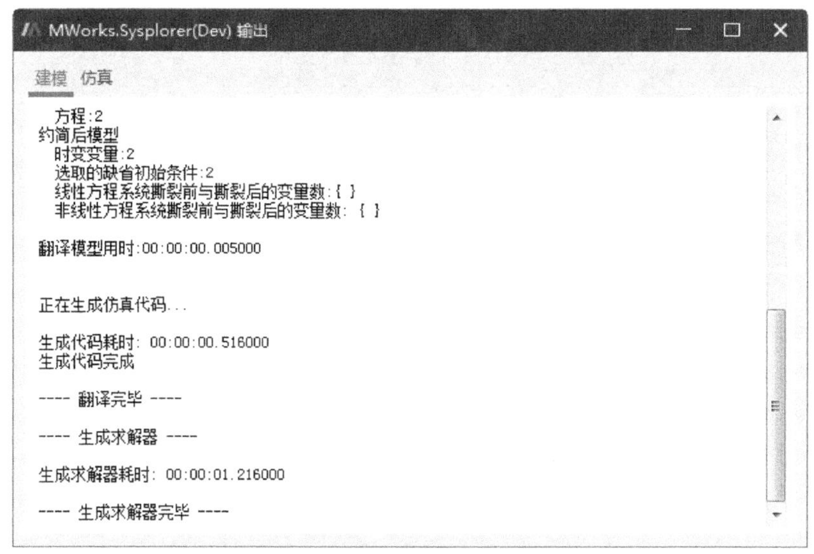

图 5-12　模型编译的打印信息

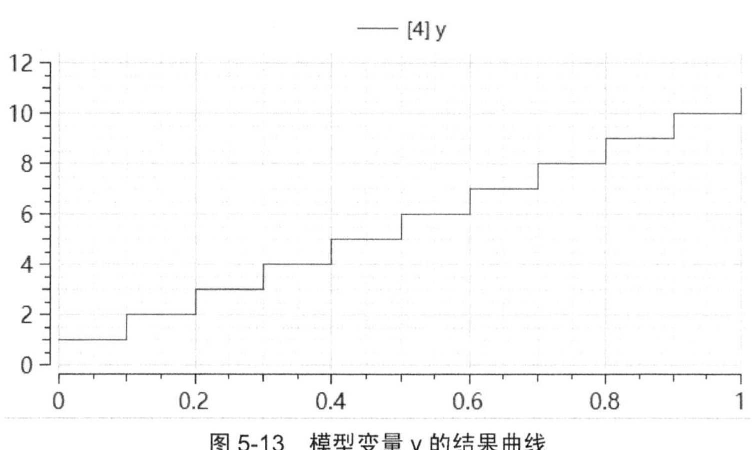

图 5-13　模型变量 y 的结果曲线

由以上两图可知，通过打破代数环，消除了非线性方程，避免了迭代求解，保证了外部函数的调用次数在可控范围内。

5.3.3　常见问题

5.3.3.1　问题 1：找不到文件

1. 问题详述

(1) 找不到头文件。

编译时输出栏提示找不到头文件。例如，如果 5.3.1.1 节中示例 5 的 Include 文件夹中不存在头文件“useabc.c”，则编译时输出栏提示找不到头文件，如图 5-14 所示。

(2) 找不到 lib 文件。

编译时输出栏提示找不到 lib 文件。例如，如果 5.3.1.1 节中示例 6 的 win32 文件夹中不存在头文件“Fac.lib”，则编译时输出栏提示找不到库文件，如图 5-15 所示。

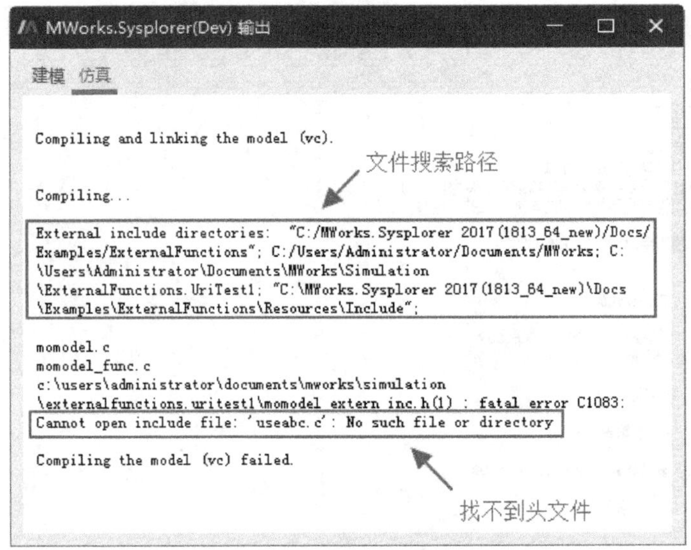

图 5-14　输出栏提示找不到头文件

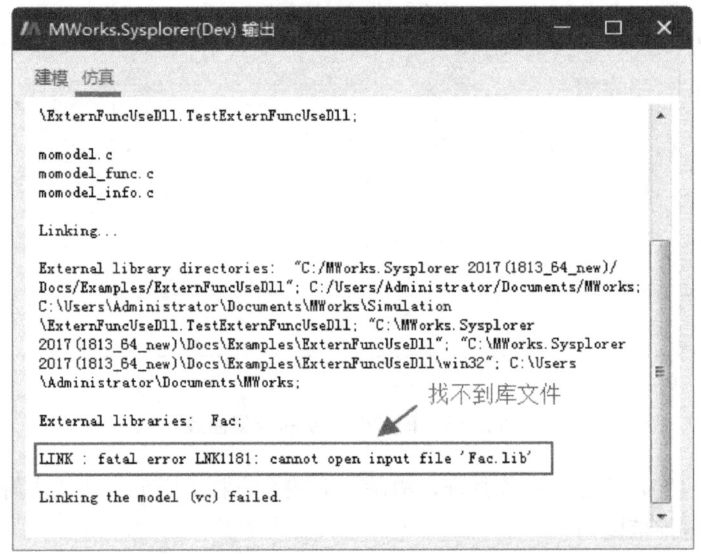

图 5-15　输出栏提示找不到库文件

(3) 找不到 dll 文件。

仿真时输出栏提示无法加载动态链接库文件。例如，如果 5.3.1.1 节中示例 6 的 win32 文件夹中不存在头文件“Fac.dll”，则仿真时提示无法加载动态库文件，如图 5-16 所示。

2. 解决方案

通过输出面板查看打印出的文件搜索路径，确认文件是否存在于搜索路径中，并且有访问权限。也可能是相关文件的路径没有加入 IncludeDirectory(或 LibraryDirectory)中，输出栏显示了有效的搜索路径。查看“IncludeDirectory”(或“LibraryDirectory”)，更改模型中的 IncludeDirectory(或 LibraryDirectory)注解。对于“找不到 lib 文件”的情况，还可以用 dumpbin 工具查看 lib 文件，确认依赖的接口是否存在于该 lib 文件中。

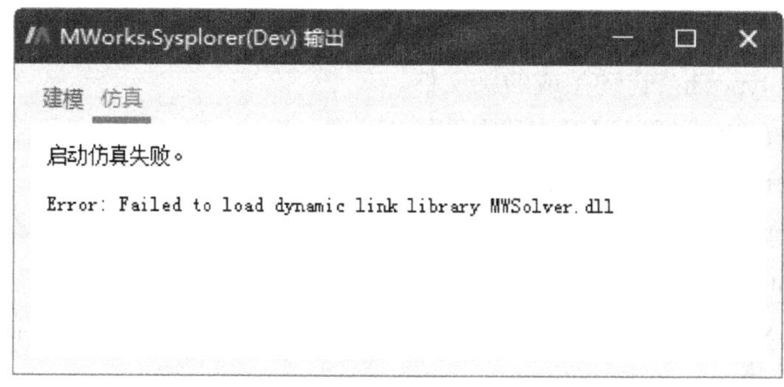

图 5-16 输出栏提示无法加载库文件

5.3.3.2 问题 2：运行错误

1. 问题详述

运行期间求解器捕获到异常。

2. 解决方案

这种情况，一般而言是外部函数运行出错，需要在 C 语言环境中调试外部函数，建议编写外部函数代码时，将一些有用的信息打印到文件或控制台中进行运行时检测。

5.4 仿真数据文件

5.4.1 仿真实例文件

仿真实例文件由仿真程序、配置文件等组成，方便用户对实例进行仿真、查看仿真结果。仿真实例文件包含以下内容(见图 5-17)：

ExternalResources.xml	2016/10/24 11:27	XML 文件	1 KB
InitialValues.xml	2016/10/24 11:27	XML 文件	1 KB
momodel.c	2016/10/24 11:27	C Source	4 KB
momodel_func.c	2016/10/24 11:27	C Source	1 KB
momodel_types.h	2016/10/24 11:27	C/C++ Header	1 KB
MWSolver.dll	2016/10/24 11:27	应用程序扩展	564 KB
MWSolver.exe	2016/10/22 2:46	应用程序	1,646 KB
output_log.txt	2016/10/24 11:28	文本文档	1 KB
Result.msr	2016/10/24 11:28	MSR 文件	15 KB
Settings.xml	2016/10/24 11:27	XML 文件	1 KB
Variables.xml	2016/10/24 11:27	XML 文件	1 KB

图 5-17 仿真实例文件

从上到下依次为：

(1) ExternalResources.xml：用来保存外部资源文件路径。

(2) InitialValues.xml：用来保存有变更的仿真变量的初始值和更改值。

(3) momodel.c：用于求解器的模型描述文件，结合 InitialValues.xml、Variable.xml 和 Setting.xml 文件与求解器实现完整的模型求解。由 MWorks.Sysplorer 代码生成器 CodeGenerator 自动生成。

(4) momodel_func.c：自动生成的 C 文件。

(5) momodel_types.h：自动生成的头文件。

(6) MWSolver.dll: 求解器调用的动态链接库文件。

(7) MWSolver.exe：可执行的求解器文件。

(8) output_log.txt：用来保存求解器求解时间等输出栏输出的求解器仿真信息。

(9) Result.msr：求解结果文件。

(10) Settings.xml：求解设置文件，用来存储仿真设置条件，如仿真区间、输出步长、积分、结果文件格式等。

(11) Variables.xml：求解变量文件。存储求解出的变量的相关信息，如变量名、变量类型、变量数值、变量描述等。

通过菜单“仿真”→“打开仿真结果”，选择上述文件中的其中一个，即可打开相应的仿真实例，但必须保证上述文件目录的完整性。

模型仿真后，系统会生成唯一与之关联的实例，存放于临时目录中。若不保存新生成的实例，则存放在临时目录中的实例文件将被删除。仿真结果文件生成路径详见 4.13.1.1 节中的“系统目录”。

5.4.2 仿真数据文件

为方便查看仿真实例参数和仿真结果，MWorks.Sysplorer 提供了导入/导出参数、导出 Csv/Mat 结果文件的功能，下面介绍这几种仿真数据文件具体内容。

5.4.2.1 导入/导出参数文件

导入/导出参数文件都是.txt 的文本文件，文件格式为“变量名=数值”。可通过仿真浏览器右键菜单“调节参数”→“导入”、“调节参数”→“导出”实现。

以多体机械手为例，展示了导出参数文件的部分内容，如图 5-18 所示。

图 5-18 fullRobot 导出参数文件

5.4.2.2 Csv 结果文件

导出 Csv 结果文件可通过仿真浏览器右键菜单“导出结果文件”→“Csv”实现。

以多体机械手为例，展示了导出 Csv 结果文件的部分内容，如图 5-19 所示。

从图 5-19 可以看出，Csv 结果文件展示了仿真时间、仿真参数以及仿真结果数据这三项内容，表头显示时间和变量名，第一列为时间点，以后的每一列展示每个时间点对应变量的变量值，时间点间隔与仿真步长保持一致。

	A	B	C	D
1	Times	mechanics.r1.phi	mechanics.r2.phi	mechanics.r3.phi
2	0	-1.0472	0.349066	1.5708
3	0.002	-1.0472	0.349066	1.5708
4	0.004	-1.0472	0.349066	1.5708
5	0.006	-1.0472	0.349064	1.57079
6	0.008	-1.04719	0.349059	1.57077
7	0.01	-1.04718	0.349047	1.57074
8	0.012	-1.04715	0.349027	1.57067
9	0.014	-1.04711	0.348996	1.57058
10	0.016	-1.04705	0.34895	1.57046
11	0.018	-1.04696	0.348886	1.5703
12	0.02	-1.04683	0.348799	1.57011

图 5-19　fullRobot Csv 结果文件

5.4.2.3 Mat 结果文件

导出的 Mat 结果文件内容与 Csv 结果文件内容一致，只是文件格式不同。可通过仿真浏览器右键菜单“导出结果文件”→“Mat”实现。

Mat 文件将文件内容分别存储在 Aclass、names、data 中。其中，Aclass 展示模型名和文件格式；names 展示变量名，如图 5-20 所示；data 与 names 对应，data 每一列的数据对应 names 中的每一个变量，如图 5-21 所示。

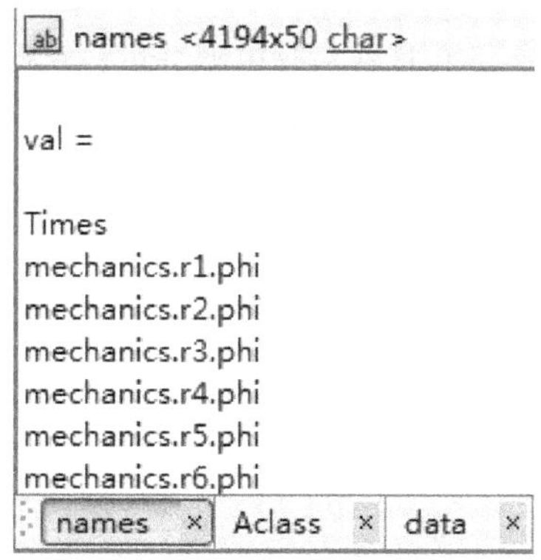

图 5-20　names 文件内容

	1	2	3	4
1	0	-1.0472	0.3491	1.5708
2	0.0020	-1.0472	0.3491	1.5708
3	0.0040	-1.0472	0.3491	1.5708
4	0.0060	-1.0472	0.3491	1.5708
5	0.0080	-1.0472	0.3491	1.5708
6	0.0100	-1.0472	0.3490	1.5707
7	0.0120	-1.0472	0.3490	1.5707
8	0.0140	-1.0471	0.3490	1.5706
9	0.0160	-1.0471	0.3490	1.5705
10	0.0180	-1.0470	0.3489	1.5703
11	0.0200	-1.0468	0.3488	1.5701

图 5-21　data 文件内容

第6章 MWorks.Sysplorer 工具箱

6.1 模型发布

仿真模型中包含了建模对象的全部信息，包括模型开发者所作的各种假定和近似，对模型使用者来说，了解这些信息对于正确理解模型和使用模型非常重要。

使用 MWorks.Sysplorer 开发的仿真模型和模型库以开放语言规范 Modelica 进行描述，并采用.mo 的文本格式进行存储。MWorks.Sysplorer 提供多种可视化的形式支持进行模型细节浏览，如组件视图、Modelica 模型文本等。

然而，Modelica 模型库作为一种具有知识产权的工业软件，在开发过程中要耗费大量的资源，其中涵盖丰富的与专业相关的知识与经验，甚至涉及开发者独有的且不希望公开的核心数据。

MWorks.Sysplorer 模型发布支持对 Modelica 模型库进行有效的保护，在允许正常使用的同时隐藏必要的模型细节。

6.1.1 功能特征

Modelica 模型代码必须在 MWorks.Sysplorer 环境中载入，并且参与到模型分析、方程生成等过程，经过加密的模型库只能对外隐藏模型细节，在 MWorks.Sysplorer 系统内必须允许完全访问。因此，常见的适用于可执行程序或目标代码的软件保护方式不适用于加密 Modelica 模型库。

MWorks.Sysplorer 采用支持多种粒度、多种层次的模型保护级别，对模型使用、代码浏览、代码复制等显示和操作场景进行必要的控制。模型保护级别由模型库开发者指定，MWorks.Sysplorer 确保外部用户不能对其进行非法访问或篡改。

6.1.2 模型的保护级别

MWorks.Sysplorer 对加密模型的各种操作场景进行控制，确保在模型正常使用的同时，隐藏必要的模型细节。一个加密的模型库通常由可见的部分和隐藏的部分组成。

根据模型库开发者对加密模型隐藏信息的不同要求，MWorks.Sysplorer 提供了 8 个不同等级的模型保护级别，开发者可以从中指定一个作为模型的保护级别。

(1) Access.hide：仅在模型库内部使用。模型对外部用户不公开，不显示在模型浏览器上。

(2) Access.icon：模型可以使用，仅可查看模型的接口信息，如模型图标(Icon)、参数、连接器等。

(3) Access.documentation：模型可以使用，同时还可查看模型的说明视图(Documentation)内容。

(4) Access.diagram：可以查看模型的组件视图(Diagram)内容，但不能查看文本视图(Modelica Text)内容。

(5) Access.nonPackageText：可以查看非 package 类型模型的文本视图内容。

(6) Access.packageText：可以查看任意类型模型的文本视图内容。

(7) Access.nonPackageDuplicate：可以查看、复制非 package 类型模型的文本视图内容。

(8) Access.packageDuplicate：可以查看、复制任意类型模型的文本视图内容。

以上各个加密保护级别对模型的功能许可与限制，仅限于该模型自身的相关功能，不包含嵌套模型。嵌套模型的相关功能限制，如是否许可复制、文本是否可见等，由嵌套模型自身的加密保护级别确定，详见 6.1.3.3 节。

如果想要查询各个保护级别对模型功能的详细控制情况，可以参见 6.1.6 节。

6.1.3 建立加密模型库

建立加密模型库与一般模型库的建模过程一样，但是在建模完成后，需要设置模型的加密保护级别。

模型的加密保护级别可以在菜单“文件”→“发布模型”中进行设置，也可以通过编辑 Annotation 进行定义。

本节以一个简单的示例，分别说明如何在菜单“文件”→“发布模型”中设置保护级别，以及如何在 annotation 中定义模型的保护级别。

6.1.3.1 设置模型保护级别

新建一个结构化的 package，命名为 ExampleLib。在 ExampleLib 中插入两个模型，分别命名为 IconModel 和 HideModel，且保存为单个文件。

将模型 ExampleLib 的保护级别设置为 Access.packageText，模型 IconModel 的保护级别设置为 Access.icon。HideModel 保护级别设置为 Access.Hide 的步骤如下：

(1) 打开模型 ExampleLib。

(2) 选择菜单“文件”→“发布模型”，弹出模型发布面板。

(3) 在“加密等级”栏的下拉列表中，设置 ExampleLib 加密等级为“Access.packageText”，设置后会弹出提示框，提示是否将修改应用到所有嵌套模型，若选择“是”，IconModel 和 HideModel 的加密级等自动设置为“Access.packageText”，本例中选择“否”，如图 6-1 所示。

(4) 依次将 IconModel 和 HideModel 的加密等级设置为 Access.icon 和 Access.hide，如图 6-2 所示。

(5) 单击“保存加密配置”按钮，关闭对话框，完成设置。注意：若单击“确定”按钮，模型将直接发布。

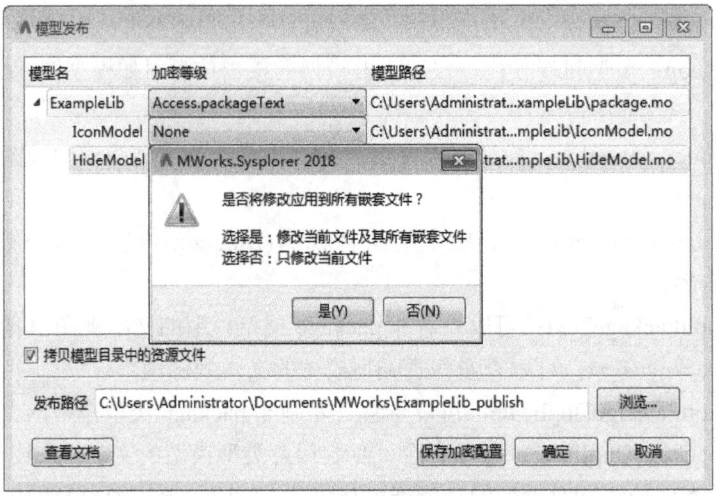

图 6-1　设置 ExampleLib 的加密保护级别

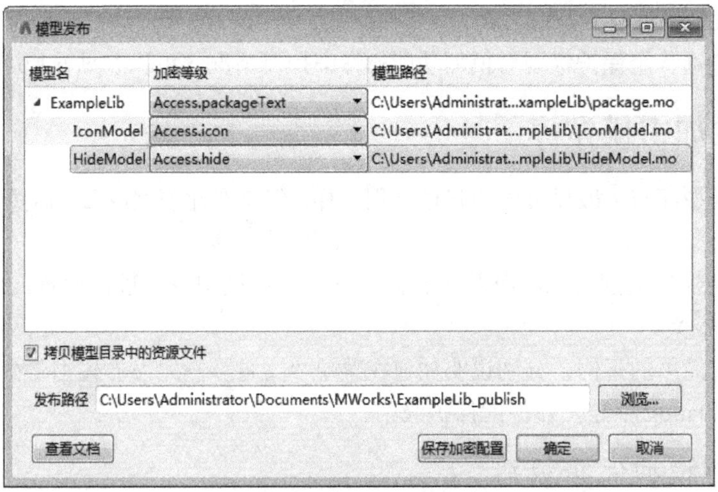

图 6-2　设置加密保护级别

此时模型 ExampleLib 的保护级别设置为 Access.packageText，模型加密后，该模型的文本视图和图形视图都可查看，但不可以复制和另存为；模型 IconModel 的保护级别设置为 Access.icon，模型库加密以后，该模型只可查看图标视图的内容，不能查看其他视图的内容；模型 HideModel 的保护级别设置为 Access.hide，模型库加密以后，该模型在模型浏览器上不显示，不能打开该模型。

6.1.3.2　修改保护级别注解(Annotation)

1. 查看保护属性

打开模型 ExampleLib 的文本视图，可以看到如下的 Modelica 文本：

```
package ExampleLib
  annotation ( Protection(access = Access.packageText));
end ExampleLib;
```

ExampleLib 的保护级别设置为 Access.packageText，相应的，在模型的 annotation 语句中有一个 Protection 子项，在 Protection 中有一个 access 的变型并赋值为 Access.packageText。

同样的，打开 IconModel 和 HideModel 模型的文本视图，可以查看模型的 Modelica 文本，其中 annotation 中的 access 赋值为 Access.icon 或 Access.hide。

```
model IconModel
  annotation (Protection(access = Access.icon));
end IconModel;
```

也就是说，若模型的保护级别设置为 Access.xxxx，则在模型中生成对应的 annotation 语句：

```
  annotation( Protection( access = Access.xxxx ));
```

2. 修改保护属性

同样的，如果在模型的 annotation 中写入有效的 access 项，也能定义该模型的保护级别。

在模型 ExampleLib 中插入一个模型 DiagramModel，并输入如下的 annotation 语句：

```
model DiagramModel
  annotation( Protection( access = Access.diagram ));
end DiagramModel;
```

则模型 DiagramModel 的保护级别定义为 Access.diagram。模型库加密以后，该模型可以查看组件视图的内容，但不能查看文本视图的内容。

6.1.3.3 嵌套模型的保护级别

嵌套模型的功能限制，由嵌套模型自身的保护级别确定，但前提是要满足以下的约束：

(1) 约束以文件为单位，每个文件是一棵独立的树，树与树 (不同文件) 之间互不影响，如 6.1.3.1 中的 ExampleLib 例子，但该约束不适用第二条的情况；

(2) 父的保护级别为 hide，则子的保护级别自动变成 hide，即便子与父不在同一个文件中；

(3) 同一个文件中，当有节点被设置保护级别，而根节点没有设置保护级别时，根节点默认为 Access.documentation；

(4) 在同一个文件中，除根节点外，没有设置保护级别的节点继承父的保护级别。

如果在嵌套模型的 annotation 中没有定义有效的 access 项，则查询父级模型的保护级别。如果父级模型的 annotation 中也没有定义有效的 access 项，则逐级向上查询。

例如，在模型库 ExampleLib 中定义了如下的模型及 annotation 语句：

```
package ExampleLib
  ......
  package TextPackage_NPT
    annotation( Protection( access = Access.nonPackageText ));
    model NestedModel "nested model"
    end NestedModel;
  end TextPackage_NPT;

  package TextPackage
    annotation( Protection( access = Access.packageText ));
```

```
    model NestedModel "nested model"
    end NestedModel;
  end TextPackage;

  package DefaultPackage
    model NestedModel "nested model"
    end NestedModel;
  end DefaultPackage;
end ExampleLib;
```

(1) 模型 TextPackage_NPT 中定义了保护级别 Access.nonPackageText，该模型是一个 package，因此不能查看模型文本视图的内容。

(2) 嵌套模型 TextPackage_NPT.NestedModel 中没有定义保护级别，采用父级模型 TextPackage_NPT 的保护级别 Access.nonPackageText。NestedModel 不是 package 类型，可以查看模型文本视图的内容。

(3) 模型 TextPackage 中定义了保护级别 Access.packageText，不区分模型类型是否为 package，可以查看模型文本视图的内容。

(4) 嵌套模型 TextPackage.NestedModel 中没有定义保护级别，采用父级模型 TextPackage 的保护级别 Access.packageText，不区分模型类型是否为 package，模型 NestedModel 也可以查看文本视图的内容。

(5) 嵌套模型 DefaultPackage.NestedModel 中没有定义保护级别，向上查询父级模型 DefaultPackage。

(6) 父级模型 DefaultPackage 中也没有定义保护级别，继续向上查询，直到顶层模型 ExampleLib 都没有查询到保护级别的定义。这种情况下，模型 ExampleLib、模型 ExampleLib.DefaultPackage 和 ExampleLib.DefaultPackage.NestedModel 均采用默认的保护级别 Access.documentation。

特殊的嵌套模型：有一个特殊现象，对于加密保护级别为 Access.hide 的模型，其下包含的嵌套模型对保护级别的设置是无效的，即不论其下的嵌套模型设置何种保护级别，模型的保护级别始终是 Access.hide。

例如，在模型 HideModel 中有嵌套模型 ConcealedModel：

```
model HideModel
  annotation( Protection( access = Access.hide ));
  model ConcealedModel "nested model"
    annotation( Protection( access = Access.packageText ));
  end ConcealedModel;
end HideModel;
```

由于模型 HideModel 的保护级别为 Access.hide，那么对于嵌套模型 ConcealedModel，无论其定义何种保护级别，它的实际加密保护级别始终是 Access.hide，在模型浏览器(PackageBrowser)上都看不到该模型。

6.1.4 发布加密模型库

通过 6.1.3 节建立加密模型库后，通过菜单“文件”→“发布模型”可以打开“模型发布”

窗口(见图 6-3)，进行模型库发布。注意，对于同一个文件中的模型，“模型发布”窗口中只显示根节点。

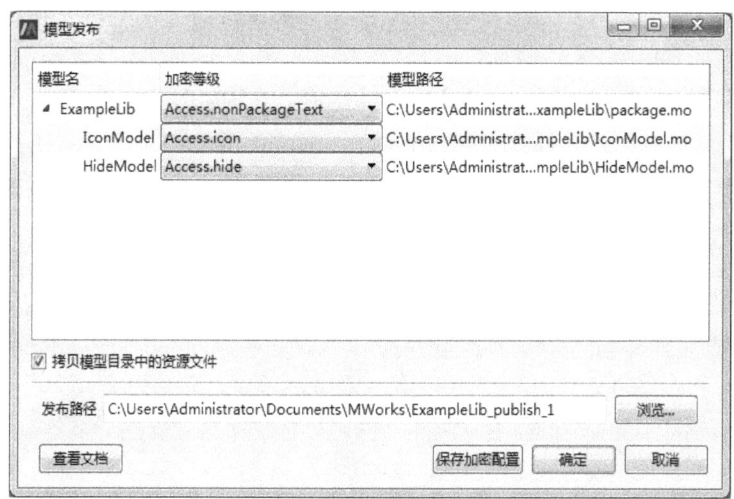

图 6-3 “模型发布”窗口

(1) 拷贝模型目录中的资源文件。勾选该项，发布后将模型中的资源文件(即模型库所在文件夹下的.html、.png、.txt 等文件)一起拷贝到发布目录中。注意，对于非结构化模型，该功能置灰。

(2) 发布路径。系统会默认给出一个发布路径，单击“浏览...”按钮，可以指定发布路径，但需要注意的是，发布的路径必须是个空文件夹。

(3) 查看文档。可以查看模型发布的用户文档。

(4) 单击“确定”按钮，系统自动进行模型库发布。

模型发布完成后，会在输出栏中输出发布模型的目录(见图 6-4)，单击该链接后，系统直接打开目录所在的文件夹。

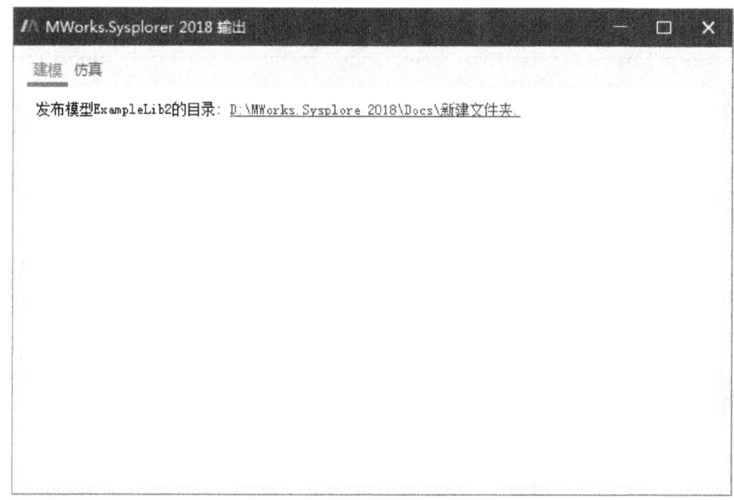

图 6-4 输出栏输出发布路径

在发布的文件夹中，可查看到加密.mef 文件，如图 6-5 所示。

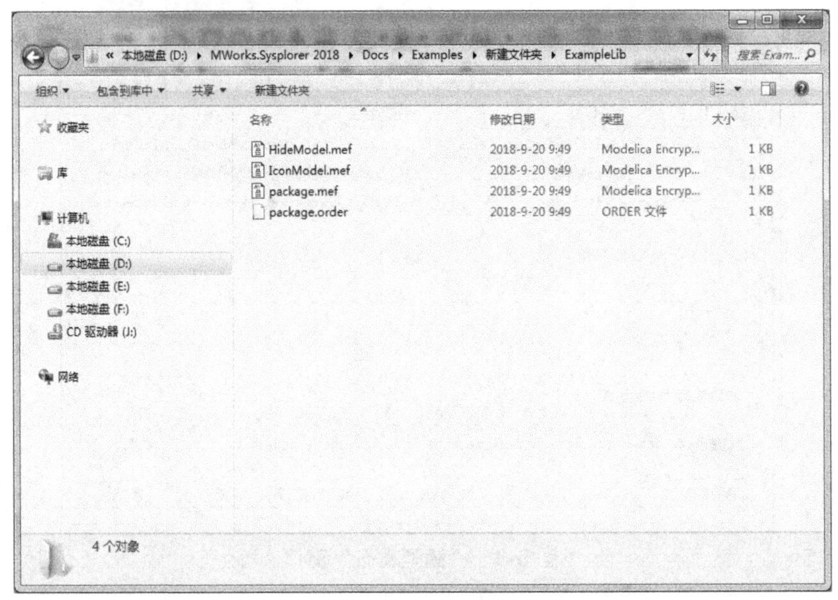

图 6-5　发布后的文件

6.1.5　使用加密模型库

模型库作者将模型库加密之后，将加密模型库发布给模型库用户使用。

打开加密模型库，与打开普通模型库的过程一致。选择菜单“文件”→“打开”，选择加密.mef 文件所在文件夹，即可以加载该模型。

6.1.6　保护级别对模型操作的控制

保护级别对模型操作的控制如表 6-1 所示。

表 6-1　保护级别对模型操作的控制

保护级别	功能限制	备注
Access.packageDuplicate	● 对于任意类型的模型(含 package 类型)，可以复制模型，也可另存； ● 除以上功能限制外，其他功能不做限制	不区分 package 类型
Access.nonPackageDuplicate	● 对于非 package 类型的模型，可以复制模型，也可另存； ● 对于 package 类型的模型，不能复制模型，且不能另存； ● 对于非 package 类型的模型，可以查看模型的所有内容，包括模型文本视图内容； ● 对于 package 类型的模型，可以查看模型的所有内容，除了模型文本视图内容； ● 除以上功能限制外，其他功能不做限制	区分模型是否为 package 类型

续表

保护级别	功能限制	备注
Access.packageText	● 对于任意类型的模型(含 package 类型)，可以查看模型的文本视图内容； ● 可以查看模型的组件视图、图标视图、Documentation 内容； ● 不能复制模型及模型中的元素(如组件)，且不能另存； ● 除以上功能限制外，其他功能不做限制	不区分 package 类型
Access.nonPackageText	● 对于非 package 类型的模型，可以查看模型的文本视图内容； ● 对于 package 类型的模型，不能查看模型的文本视图内容； ● 可以查看模型的组件视图、图标视图、Documentation 内容； ● 不能复制模型及模型中的元素(如组件)，且不能另存； ● 除以上功能限制外，其他功能不做限制	区分模型是否为 package 类型
Access.diagram	● 支持 Access.documentation 级别所支持的所有功能； ● 可以查看模型的组件视图、图标视图、Documentation 内容； ● 不能查看模型的文本视图内容； ● 不能复制模型及模型中的元素(如组件)，且不能另存； ● 可以引用该模型，可以实例化为组件	
Access.documentation	● 支持 Access.icon 级别所支持的所有功能； ● 可以查看模型 Documentation 内容； ● 其他功能限制与 Access.icon 级别一致	
Access.icon	● 在模型浏览器上显示； ● 模型可以打开； ● 可以查看模型的图标视图内容； ● 不能查看模型的文本视图、组件视图、Documentation 内容； ● 不能复制模型及模型中的元素(如组件)，且不能另存； ● 可以引用该模型，可以实例化为组件	
Access.hide	● 在模型浏览器上不显示； ● 模型不能打开； ● 不能引用该模型，不能实例化为组件	仅在模型库内部使用

6.2 二维动画

当模型图元具有动态属性，在实时仿真过程中，可以根据模型在实时仿真某个时刻的变量值，动态地估算出模型图元的显示属性值，以实现二维动画显示效果，供用户观察模型的状态变化。配合曲线动态窗口，可以更直观地查看系统仿真运行情况。

6.2.1 二维动画效果展示

首先以一个简单例子展示一下二维动画的效果。

(1) 新建一模型，命名为“Demo”。

(2) 切换到文本视图，输入文本。

```
model Demo
Real x = time * 20;
  annotation (
    Diagram(coordinateSystem(extent = {{-150.0, -100.0}, {150.0, 100.0}},
      preserveAspectRatio = false,
      grid = {2.0, 2.0}), graphics = {Ellipse(origin = {54.0, -25.0},
      fillColor = DynamicSelect({0, 128, 0}, {x * 5, 128, x * 6}),
      fillPattern = FillPattern.Solid,
      extent = {{-34.0, -35.0}, {34.0, 35.0}},
      startAngle = 10.0,
      endAngle = DynamicSelect(30, x * 2)), Rectangle(origin = {64.0, -104.0},
      fillColor = {0, 0, 128},
      fillPattern = FillPattern.Solid,
      extent = DynamicSelect({{-10.0, 50.0}, {10.0, 10.0}}, {{-10.0, 50.0},
{x, 10}}))}),
    Icon(coordinateSystem(extent = {{-100.0, -100.0}, {100.0, 100.0}},
      preserveAspectRatio = false,
      grid = {2.0, 2.0})),
    experiment(StartTime = 0, StopTime = 3, NumberOfIntervals = 500, Algorithm
= "Dassl", Tolerance = 0.0001, IntegratorStep = 0.006, DoublePrecision = false));
end Demo;
```

(3) 切换到组件视图，单击工具栏上的仿真按钮，在仿真的过程中，查看组件视图。

动画演示效果如图 6-6 所示，随着仿真时间，矩形的宽度、椭圆的终止角度和填充颜色都在不断的变化。

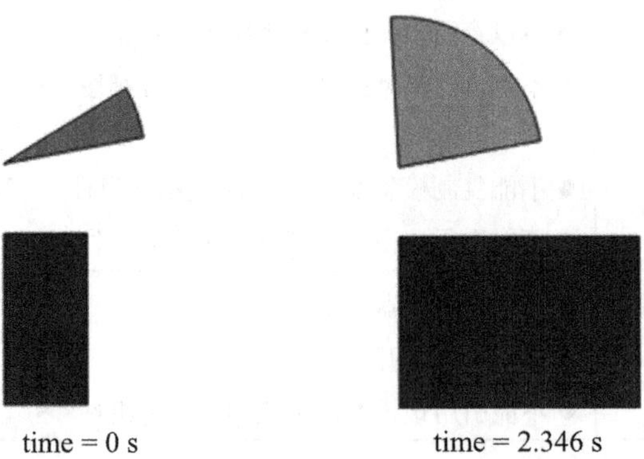

图 6-6 Demo 动画效果

注意，查看二维动画效果，必须在仿真启动前切换到需观察动画的图形视图，然后再启动仿真。

组件的二维动画支持离线播放(见图 6-7)，仿真结束后，单击工具栏上的播放动画按钮，可实时查看到播放时间和进度。

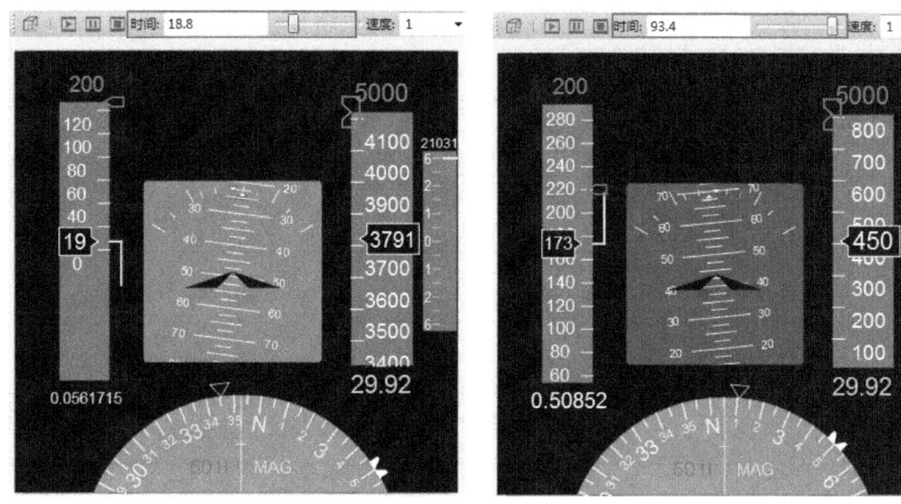

图 6-7　离线动画

6.2.2　动态属性

若想查看到二维动画，模型的图元中必须含有动态属性。MWorks.Sysplorer 支持以下两种动态属性表示方式，用任意一种都可以绘制二维动画图元。

(1) Modelica 规范中的 DynamicSelect 函数。

(2) MWorks.Sysplorer 扩展的动态属性：

① textString = "%var"，var 为变量名；

② dynamicFillColorR 等其他动态属性。

6.2.2.1　标准语义 DynamicSelect

根据 Modelica 规范，图元属性值如果是 DynamicSelect 函数，该属性跟仿真变量建立了联系，具有动态更新功能。语义中规定：

(1) DynamicSelect 可用于引用模型变量的图元属性值(如坐标、颜色、文字等)；

(2) DynamicSelect 有两个参数，第一个参数表示默认状态下的属性值，第二个参数表示仿真状态下的属性值；

(3) DynamicSelect 的第一个参数必须是文字常量表达式，第二个参数可能包括变量引用，该参数表示动态行为。

示例：在图标视图中，定义一个矩形，矩形的坐标(extent 关键字表示坐标)具有动态属性，默认状态下为“{{0,0},{20,20}}”，在仿真的时候，会根据变量 level 的值，动态显示矩形的高度。

```
annotation (
Icon(graphics={Rectangle(
extent=DynamicSelect({{0,0},{20,20}},{{0,0},{20,level}}))}));
```

1. 图元的属性

DynamicSelect 可作用的图元属性如表 6-2 所示。

表 6-2　DynamicSelect 可作用的图元属性

名称	值类型	默认值	示例
点 (Points)	Point[:]		points = {{-22.0,11.0}, {-22.0,49.0}, {-14.0, 49.0}}
坐标 (Extent)	Extent		extent = {{-100.0, -100.0}, {100.0, 100.0}}
原点 (Origin)	Point	{0,0}	origin = {-4.0, -5.0}
旋转角度 (Rotation)	Real	0	rotation = 6.0
线宽 (thickness)	Real	0.25	thickness = 0.6
箭头尺寸 (arrowSize)	Real	3	arrowSize = 5.0
圆角半径 (radius)	Real	0	radius = 20.0
起始角度 (startAngle)	Real	0	startAngle = 20.0
终止角度 (endAngle)	Real	360	endAngle = 60.0
字号 (fontSize)	Real	0	fontSize = 10
线条颜色 (linecolor)	Color	{0,0,0}	color = {128, 0, 0}
填充颜色 (fillColor)	Color	{0,0,0}	fillColor = {255, 0, 0}
光滑 (Smooth)	Smooth	Smooth.None	smooth = Smooth.Bezier
边界效果 (borderPattern)	BorderPattern	BorderPattern.None	borderPattern = BorderPattern.Sunken
线型 (Pattern)	LinePattern	LinePattern.Solid	pattern = LinePattern.Dot
填充样式 (fillPattern)	FillPattern	FillPattern.None	fillPattern = FillPattern.Cross
对齐 (horizontalAlignment)	TextAlignment	TextAlignment.Center	horizontalAlignment= TextAlignment.Left
箭头 (Arrow)	Arrow[2]	{Arrow.None,Arrow.None}	arrow = {Arrow.None, Arrow.Open}
字形 (textStyle)	TextStyle[:]		textStyle = {TextStyle.Bold}
文字 (textString)	String		textString= "ABC"
字体 (fontName)	String		fontName = "宋体"

2. DynamicSelect 函数的参数

DynamicSelect 函数的表达式如下：

```
DynamicSelect(x, expr)
```

(1) x 是文字常量表达式，在图元编辑阶段，DynamicSelect 函数调用表达式作为图元属性值。支持的文字常量表达式如下。

① 整型文字常量：20；

② 布尔文字常量：False，True；

③ Real 文字常量：–18.28；

④ string 文字常量："ABC"；

⑤ 数组构造：{255,0,0}；

⑥ 数组连接：[–100.0, –100.0; 100.0, 100.0]。

(2) expr 是可能含有变量的表达式，在模型求解过程中，DynamicSelect 函数调用该表达式作为图元属性值。变量每个时刻的值对应不同的图元属性值，以达到动态效果。支持的图元属性值含变量表达式，其表达式可以是如下表达式或者如下表达式的组合(见表 6-3)。

① 一元表达式：not、–；

② 二元表达式：and、or、+、–、*、/、^、.+、.–、.*、./、.^；

③ if 表达式：if condition then expr1 else expr2；

④ 函数调用：min, max, integer, String；

⑤ 模型变量：Real, Integer, Boolean, String；

⑥ String 类型的参量:String x="aabc"; 或 String x[2]={ "A", "B"}；

⑦ 数组构造:{{1,2,3},{4,5,6}}。

表 6-3 常用的场景

表达式	示例	备注
if 表达式	fillColor=DynamicSelect({255,255,255}, if active > 0.5 then {0,255,0} else {255,255,255})	—
函数调用	extent=DynamicSelect({{-100,22},{0,-22}}, {{-100,max(0.1,min(1,diameter_a/max (diameter_a, diameter_b)))*60},{0,-max(0.1, min (1, diameter_a/max(diameter_a, diameter_b)))* 60}})	—

模型变量	textString = DynamicSelect("String3", m)	(1) String 类型的变量变型必须直接为其本身，不可为其他表达式：
		m="A" ; //ok
		m=n; n="A"; //看不到动画效果
		(2) 这里的模型变量只可为顶层模型的变量，不可引用组件中的变量

续表

表达式	示例	备注
多种表达式组合	points=DynamicSelect({{-100,0},{100,-0}, {100,0},{0,0},{-100,-0},{-100,0}}, {{-100,50*opening_actual}, {-100,50*opening_actual}, {100,-50*opening_actual}, { 100,50*opening_actual}, {0,0}, {-100,-50*opening_actual}, {-100,50*opening_actual}})	—
多种表达式组合	extent=DynamicSelect({{-60,-40},{-60,-40}}, {{-60,-40},{80,(-40+level*100)}})	—

3. 演示模型 DynamicSelectString

MWorks.Sysplorer 在 DynamicSelect 函数中特别支持了 String 类型的数组参量，但在使用时会有一些限制。

```
model DynamicSelectString
  String x[8] = {"A", "B", "C", "D", "E", "F", "G", "H"};
   Integer i = integer(time);
   Integer y[8] = {1, 2, 3, 4, 5, 6, 7, 8};
   Integer u = y[y[i + 1]];
  String z = x[i + 1];
   annotation (
     Diagram(coordinateSystem(extent = {{-150.0, -100.0}, {150.0, 100.0}},
       preserveAspectRatio = false,
       grid = {2.0, 2.0}), graphics = {Text(origin = {-40.0, 5.0},
       extent = {{-42.0, -37.0}, {42.0, 37.0}},
       textString = DynamicSelect("String1", x[i + 1]),
       textStyle = {TextStyle.None}), Text(origin = {62.0, 4.0},
       extent = {{-32.0, -18.0}, {32.0, 18.0}},
       textString = DynamicSelect("String2", String(u)),
       textStyle = {TextStyle.None})}),
     Icon(coordinateSystem(extent = {{-100.0, -100.0}, {100.0, 100.0}},
       preserveAspectRatio = false,
       grid = {2.0, 2.0})),
     experiment(StartTime = 0, StopTime = 8, NumberOfIntervals = 500, Algorithm
= "Dassl", Tolerance = 0.0001, IntegratorStep = 0.016, DoublePrecision = false));
  end DynamicSelectString;
```

DynamicSelectString 动画演示效果如图 6-8 所示。

String1 String2　　　　C　3

t=0 s　　　　t=2.704 s

图 6-8　DynamicSelectString 动画

注意以下几点：

(1) String 数组的赋值形式必须是数组构造{…}，且其中元素为字符串文字常量。

```
String x[8] = {"A", "B", "C", "D", "E", "F", "G", "H"}//ok
String x[1,8] = ["A", "B", "C", "D", "E", "F", "G", "H"]//无法显示动画效果
```

(2) 对于字符串数组，直接引用字符串分量，不能用中间变量代替。

```
textString = DynamicSelect("String1", x[i + 1])//ok
textString = DynamicSelect("String1", z)// 无法显示动画效果
```

6.2.2.2 扩展动态属性

1. textString = "%var"

组件中可见的变量在图形层进行定义，格式为"%var"，var 为变量名，根据环境进行替换为变量值。在仿真中，图形视图呈现不断变化的变量值。

示例：

(1) 新建一个模型，名为 textString；

(2) 切换到文本，输入“Real x=time*2;”；

(3) 切换到图形视图，插入文字，文字内容为%x；

```
model textString
  Real x = time*2;
  annotation (Diagram(coordinateSystem(extent = {{-150.0, -100.0}, {150.0,
100.0}},
    preserveAspectRatio = false,
    grid = {2.0, 2.0})),

    Icon(coordinateSystem(extent = {{-100.0, -100.0}, {100.0, 100.0}},
      preserveAspectRatio = false,
      grid = {2.0, 2.0}), graphics = {Text(origin = {-6.0, 11.0},
      extent = {{-70.0, -43.0}, {70.0, 43.0}},
      textString = "%x",
      textStyle = {TextStyle.None})}));
end textString;
```

(4) 切换到图形视图，单击“仿真”按钮，即可看到不同时刻显示不同的数字，如图 6-9 所示。

0.16　　0.24

time=0.08 s　　time=0.12 s

图 6-9　textString 的动画

2. 动态颜色

新建一个模型，命名为 DynamicFillColor。切换到图标视图(Icon)，画一个填充矩形，矩形的填充方式为“实填充”。

切换到模型的文本视图(Text)，为模型添加 3 个 Real 变量，为矩形添加 3 个属性 dynamicFillColorR、dynamicFillColorG、dynamicFillColorB：

```
model DynamicFillColor
  Real r;
  Real g;
  Real b;
  annotation (Icon(graphics = {
    Rectangle(extent = {{-100, 100}, {100, -100}}, color = {0, 0, 255},
fillColor = {255, 255, 255}, fillPattern = FillPattern.Solid,
    dynamicFillColorR = r, dynamicFillColorG = g, dynamicFillColorB = b)}));
end DynamicFillColor;
```

这样，就定义了一个简单的具有动态填充颜色矩形的模型。

示例：

(1) 新建一个模型，命名为 CustomDynamic，设置仿真时间为 12 s。

```
model CustomDynamic
  annotation (experiment(StartTime = 0, StopTime = 12));
  constant Real experiment_time = 12;
end CustomDynamic;
```

(2) 切换到模型的组件视图(Diagram)，向其中插入一个 DynamicFillColor 组件，组件名为 dynamicfillcolor。插入一个 VariantColor 组件，组件名为 variantcolor。模型 VariantColor 参见 6.2.2.3 节，是一个输出 3 个动态数值的模型。

(3) 设置组件的 variantcolor 的参数值 T = experiment_time。

(4) 切换回模型的文本视图(Text)，为模型添加 3 个方程式：

```
equation
  dynamicfillcolor.r = variantcolor.r;
  dynamicfillcolor.g = variantcolor.g;
  dynamicfillcolor.b = variantcolor.b;
```

(5) 在模型的组件视图中插入一个 Modelica.Mechanics.MultiBody.World 组件。

(6) 对模型 CustomDynamic 进行编译求解，在仿真窗口中查看模型组件视图的动画，如图 6-10 所示。

3. 对称矩形

新建一个模型，命名为 DynamicWidth。切换到图标视图(Icon)，画一个矩形，并使矩形的基点(origin)位于矩形的中心位置，如图 6-11 所示。

切换到模型的文本视图(Text)，为模型添加 1 个 Real 变量，为矩形添加 1 个属性 dynamicWidth。

```
model DynamicWidth
  Real width;
  annotation (Icon(graphics = {
    Rectangle(extent = {{-100, -40}, {100, 40}}, color = {0, 0, 255}, fillColor
= {0, 0, 255}, fillPattern = FillPattern.Solid, rotation = 0, origin = {0, 0},
dynamicWidth = width),
```

```
    Line(points = {{0, 80}, {0, -80}}, color = {0, 0, 255})}));
end DynamicWidth;
```

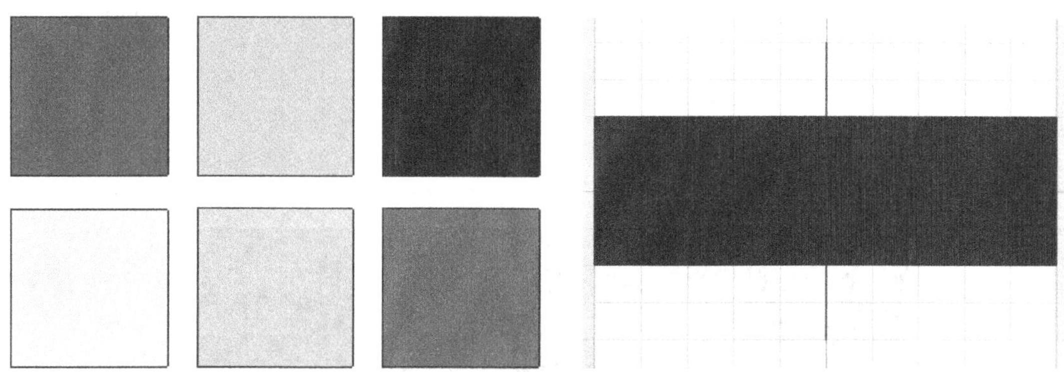

图 6-10　动态颜色动画　　　　图 6-11　DynamicWidth

在模型 CustomDynamic 中插入一个 DynamicWidth 组件及 VariantSize 组件(模型 VariantSize 参见 6.2.2.3 节)，同时切换到文本视图，添加如下语句：

```
equation
  dynamicwidth.width = variantsize.width;
```

求解并仿真，可以查看动态横条的动画效果，如图 6-12 所示。

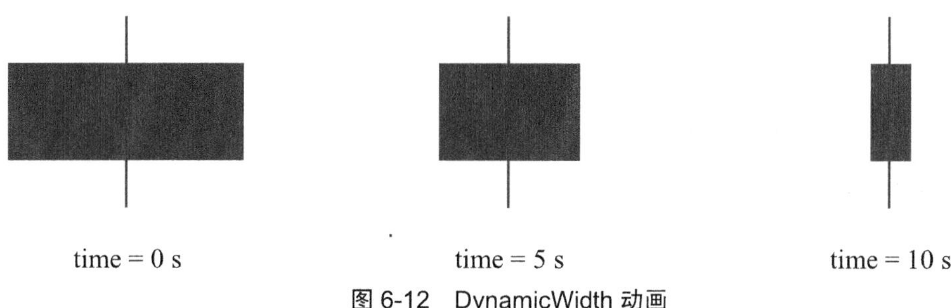

time = 0 s　　　　time = 5 s　　　　time = 10 s

图 6-12　DynamicWidth 动画

以上示例中，要求 DynamicWidth 的矩形基点(origin)位于矩形的中心位置。播放动画时，矩形保持形状相对于基点(origin)是对称的。

如果矩形的基点(origin)不在矩形的中心位置，则是另一种情况。

4. 偏心矩形

新建一个模型，命名为 DynamicWidth2。切换到图标视图(Icon)，画一个矩形，并使矩形的基点(origin)位于矩形的左端，如图 6-13 所示。

切换到模型的文本视图(Text)，为模型添加 1 个 Real 变量，为矩形添加 1 个属性 dynamicWidth。

```
model DynamicWidth2
  Real width;
  annotation (Icon(graphics = {
```

```
      Rectangle(extent = {{0, -40}, {200, 40}}, color = {0, 0, 255}, fillColor
= {0, 0, 255}, fillPattern = FillPattern.Solid, rotation = 0, origin = {-100, 0},
dynamicWidth = width),
      Line(points = {{-100, 80}, {-100, -80}}, color = {0, 0, 255})}));
   end DynamicWidth2;
```

图 6-13　DynamicWidth2

在模型 CustomDynamic 中插入一个 DynamicWidth2 组件及 VariantSize 组件，如对称矩形添加方程后，求解并仿真，可以查看动态横条的动画效果，如图 6-14 所示。

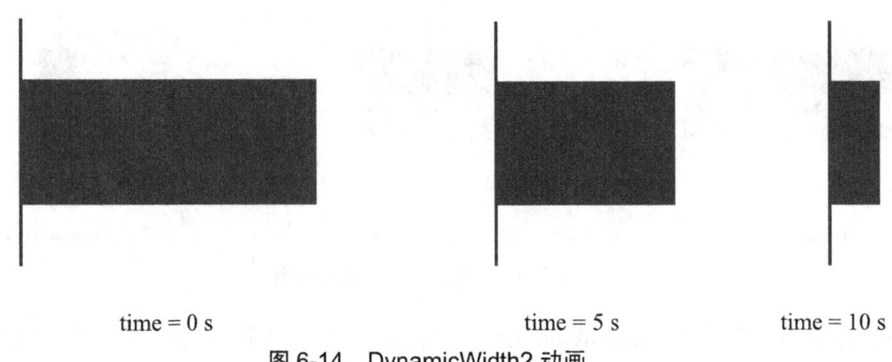

图 6-14　DynamicWidth2 动画

从以上两个示例可以看出，当矩形的基点(origin)位于不同的位置(矩形中心位置与矩形左端)时，即使为矩形定义同样的 dynamicWidth 属性，在播放组件视图的动画时，矩形的动画形式也是不同的。

当矩形的基点(origin)位于矩形的中心位置时，矩形的动画是以中心为固定位置的，矩形始终保持对基点(origin)的对称。

当矩形的基点(origin)位于矩形的左端时，矩形的动画是以左端为固定位置。

另一个动态属性 dynamicHeight 也具有同样的特性。

除了矩形的动态宽度外，还有矩形的高度、图形的旋转角度、扇形的起始角度和终止角度，也可以作为动态属性。更多的动态属性如表 6-4 所示。

表 6-4　动态属性列表

动态属性	说明	属性段
dynamicFillColorR	填充颜色 R 分量的动态值，有效取值范围为 0~255	FillColor
dynamicFillColorG	填充颜色 G 分量的动态值，有效取值范围为 0~255	
dynamicFillColorB	填充颜色 B 分量的动态值，有效取值范围为 0~255	
dynamicFillPattern	填充方式的动态值，取值为枚举值。枚举常量可参见模型 DynamicBlocks.Basic.FillPattern	FillPattern
dynamicLineColorR	线条颜色 R 分量的动态值，有效取值范围为 0~255	LineColor
dynamicLineColorG	线条颜色 G 分量的动态值，有效取值范围为 0~255	
dynamicLineColorB	线条颜色 B 分量的动态值，有效取值范围为 0~255	
dynamicLinePattern	线条样式的动态值，取值为枚举值。枚举常量可参见模型 DynamicBlocks.Basic.LinePattern	LinePattern
dynamicWidth	矩形、椭圆等图形的宽度的动态值	Extent
dynamicHeight	矩形、椭圆等图形的高度的动态值	
dynamicRotation	旋转角度的动态值	Rotation
dynamicStartAngle	扇形起始角度的动态值，仅用于 Ellipse	Angles
dynamicEndAngle	扇形终止角度的动态值，仅用于 Ellipse	

6.2.2.3　演示模型

示例 1：VariantColor

VariantColor 是一个为动态颜色动画而准备的模型，该模型向外输出 3 个根据时间变化的 Real 变量 r、g、b，可以作为颜色的 RGB 分量使用。

```
block VariantColor
  parameter Real T;
  output Real r;
  output Real g;
  output Real b;
protected
  Real t;
  Real tt;
  parameter Real Tt = T / 6;
  parameter Real K = 255 / Tt;
equation
  t = time - RealToInt(time / T) * T;
  tt = time - RealToInt(time / Tt) * Tt;
  if t < Tt then
    r = K * tt;
    g = 255;
    b = 255;
```

```
    elseif t < 2 * Tt then
      r = 255;
      g = K * tt;
      b = 255;
    elseif t < 3 * Tt then
      r = 255;
      g = 255;
      b = K * tt;
    elseif t < 4 * Tt then
      r = K * tt;
      g = K * tt;
      b = 255;
    elseif t < 5 * Tt then
      r = 255;
      g = K * tt;
      b = K * tt;
    elseif t < 6 * Tt then
      r = K * tt;
      g = 255;
      b = K * tt;
    else
      r = 255; g = 255; b = 255;
    end if;
    annotation (Icon(graphics = {
      Line(points = {{-120, -100}, {100, -100}}, color = {0, 0, 255}, arrow
= {Arrow.None, Arrow.Filled}),
      Line(points = {{-100, -120}, {-100, 100}}, color = {0, 0, 255}, arrow
= {Arrow.None, Arrow.Filled}),
      Rectangle(extent = {{-60, 80}, {100, 40}}, color = {255, 255, 255}, pattern
= LinePattern.None, fillPattern = FillPattern.VerticalCylinder, fillColor =
{255, 0, 0}),
      Rectangle(extent = {{-60, 20}, {100, -20}}, color = {255, 255, 255},
pattern = LinePattern.None, fillPattern = FillPattern.VerticalCylinder,
fillColor = {0, 255, 0}),
      Rectangle(extent = {{-60, -40}, {100, -80}}, color = {255, 255, 255},
pattern = LinePattern.None, fillPattern = FillPattern.VerticalCylinder,
fillColor = {0, 0, 255}),
      Rectangle(extent = {{60, 100}, {100, -90}}, color = {255, 255, 255},
fillColor = {255, 255, 255}, fillPattern = FillPattern.Solid)}));
  end VariantColor;
```

示例 2：VariantSize

```
  block VariantSize
    parameter Real T;
    output Real width;
  protected
    Real t;
    parameter Real Tt = T / 3;
    parameter Real K = 200;
  equation
    t = time - RealToInt(time / T) * T;
    if t < Tt then
      width = K;
    elseif t < 2 * Tt then
      width = K / 2;

    elseif t < 3 * Tt then
      width = K / 4;
```

```
  else
    width = 2;
  end if;
end VariantSize;
```

示例 3：RealToInt

示例 2 中引用到的 RealToInt 是一个将 Real 数值取整为一个 Integer 数值的函数。该函数舍弃 Real 数值的小数位，取整为 Integer 数值。

```
function RealToInt
  input Real u;
  output Integer y;
algorithm
  y := if (u > 0) then integer(floor(u)) else 0;
end RealToInt;
```

6.2.3 DynamicBlock 库

MWorks.Sysplorer 在 DynamicBlock 库中提供了丰富的动态组件，可供直接使用。

动态组件库中有 7 个动态组件模型，包括：

(1) 指示灯(Bulb)，以灯泡演示关联变量的变化。

(2) 多级指示灯(Polychrome Bulb)，以灯泡演示关联变量的多级变化。

(3) 横条(Horizontal Bar)，以横条演示关联变量的值的变化。

(4) 百分比条(Percentum Bar)，以横条演示变量的百分比变化。

(5) 速度计(Speedometer)，以仪表盘演示关联变量的值的变化。

(6) 百分比饼图(Percentum Pie)，以饼图演示关联变量的百分比变化。

(7) 数值显示器(Numeric Display)，显示关联变量的数值。

本节将逐个介绍各个动态组件模型的动态行为模式及应用场景，并给出应用实例。

6.2.3.1 指示灯

图标：

英文名称：Bulb

指示灯用于关联一个变量，当这个变量的值低于某个临界值时，指示灯显示为一种状态，通常为“指示灯关”的状态；当变量的值达到或高于临界值时，指示灯显示为另一种状态，通常为“指示灯开”的状态。

指示灯有 2 个主要的参数，各个参数的含义如表 6-5 所示。

表 6-5 指示灯参数

参数	类型	说明
coupling_variable	Real	关联变量，输入动态组件所关联的变量名
critical_value	Real	临界值，表示关联变量达到该值时，指示灯的状态发生变化

应用示例：在 SimpleTank 模型中插入一个指示灯(Bulb)组件，并为其设置参数值，如图 6-15 所示。

(1) coupling_variable：设为 tank.outflow，表示将该指示灯组件与 tank 的出水流量 outflow 关联。

(2) critical_value：临界值，设为 0+err，表示当关联变量大于 0，即 tank 开始出水时，指示灯状态发生变化。

(3) lower_color：低界颜色值，在下拉列表中选择 White，表示当关联变量 tank.outflow 的值小于临界值，即 tank 的出水量为 0 时，指针灯显示为白色，显示效果为“指示灯关”。

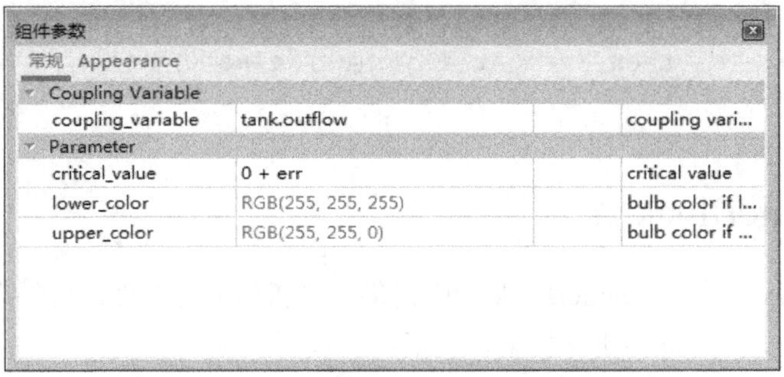

组件参数

常规 Appearance

Coupling Variable			
coupling_variable	tank.outflow		coupling vari...
Parameter			
critical_value	0 + err		critical value
lower_color	RGB(255, 255, 255)		bulb color if l...
upper_color	RGB(255, 255, 0)		bulb color if ...

图 6-15 设置多级指示灯参数

(4) upper_color：高界颜色值，在下拉列表中选择 Yellow，表示当关联变量 tank.outflow 的值大于临界值，即 tank 的出水量大于 0 时，指示灯显示为黄色，显示效果为“指示灯开”。

多级指示灯的动画演示效果如图 6-16 所示。

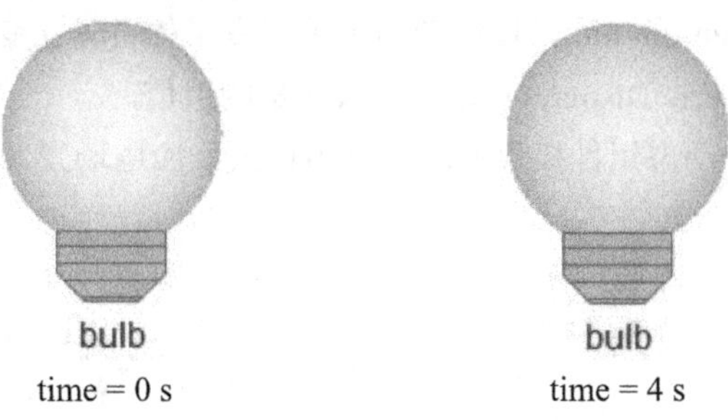

time = 0 s　　time = 4 s

图 6-16 指示灯动画

6.2.3.2 多级指示灯

图标：

英文名称：Polychrome Bulb

多级指示灯用于关联一个变量，以演示该变量值的多级变化(通常为 2 次变化)。

多级指示灯有一个临界值序列和一个状态颜色值数组。当关联变量的值低于临界值序列中的第一个值时，指示灯显示为给定的低界颜色值；当关联变量达到或高于临界值序列中的某个值时，指示灯显示为对应的状态颜色值。

多级指示灯有 3 个主要参数，各个参数的含义如表 6-6 所示。

表 6-6　多级指示灯参数

参数	类型	说明
coupling_variable	Real	关联变量，输入动态组件所关联的变量名
N	Integer	多级指示灯的状态变换次数，默认为 2
step_criticals	Real[N]	临界值序列，表示关联变量达到某个值时，指示灯的状态发生变化，step_criticals 的序列长度为 N

注意，step_criticals 序列长度应与 N 的值保持一致，因此在设置参数时，给定的数组值长度也应与 N 的值保持一致。

应用示例：在 SimpleTank 模型中插入一个多级指示灯(Polychrome Bulb)组件，并为其设置参数值，如图 6-17 所示。

组件参数

常规　Appearance

Coupling Variable		
coupling_variable	tank.outflow + tank.overflow	coupling variable
Parameter		
N	2	number of steps
step_criticals	{0 + err, tank.outflow_limit + err}	critical of steps
lower_color	RGB(255, 255, 255)	bulb color if lower than fir...
step_colors	{RGB(255, 255, 0), RGB(255, 0, 0)}	bulb color of steps

图 6-17　设置多级指示灯参数

(1) coupling_variable：设为 tank.outflow + tank.overflow，将该多级指示灯与 tank 的出水与溢水的总量关联。

(2) N：保留默认值 2，表示指示灯的状态变化 2 次。

(3) step_criticals：设为{0+err, tank.outflow_limit+err}，表示当 tank 的出水量大于 0，即出水口开始出水时，指示灯状态发生第一次变化；当 tank 的出水量大于 tank 出水口的最大出水量，即开始溢水时，指示灯状态发生第二次变化。

(4) lower_color：保持默认值(RGB(255,255,255))，当 tank 的出水量为 0 时，指示灯显示为“指示灯关”的状态。

(5) step_colors：保持默认值{RGB(255, 255, 0), RGB(255, 0, 0)}，当 tank 的出水量大于 0，即出水口开始出水时，指示灯显示为“黄灯亮”；当 tank 开始溢水时，指示灯显示为“红灯亮”。

多级指示灯的动画演示效果如图 6-18 所示。

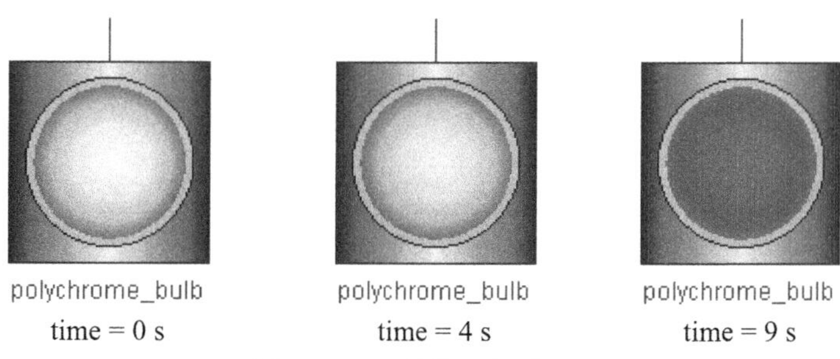

图 6-18　多级指示灯动画

6.2.3.3 横条

图标：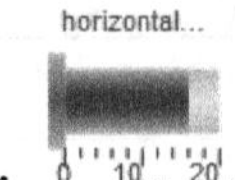

英文名称：Horizontal Bar

横条用于关联一个变量，显示变量值的绝对值变化。横条可以设置一个显示比例，变量值发生变化时，以一定的比例反映为横条的长度变化。

横条组件可以进行拖动与缩放，以改变图形的基本大小。也可以单击或旋转 90°，将横条变为竖条。

横条有 4 个主要参数，各个参数的含义如表 6-7 所示。

表 6-7 横条参数

参数	类型	说明
coupling_variable	Real	关联变量，输入动态组件所关联的变量名
K	Real	长度系数，表示横条长度与关联变量值的比例系数，默认为 1
min_limit	Real	限制最小值，表示当关联变量的值小于该值时，动态组件不再显示其变化，默认值为 0
max_limit	Real	限制最大值，表示当关联变量的值大于该值时，动态组件不再显示其变化，默认值为 1e15。

max_limit 的默认值为 1e15，对于一般的应用实例而言，该默认值基本上等同于对关联变量的最大值不作限制。

同样的，如果要对关联变量的最小值不作限制，则可以将 min_limit 的值设为-1e15。

当然，如果关联变量的值超出了-1e15 至 1e15 的范围，则以上设置并没有达到不作限制的效果。

应用实例：在 SimpleTank 模型中插入一个横条(Horizontal Bar)组件，单击将其变为竖条，并为其设置参数值，如图 6-19 所示。

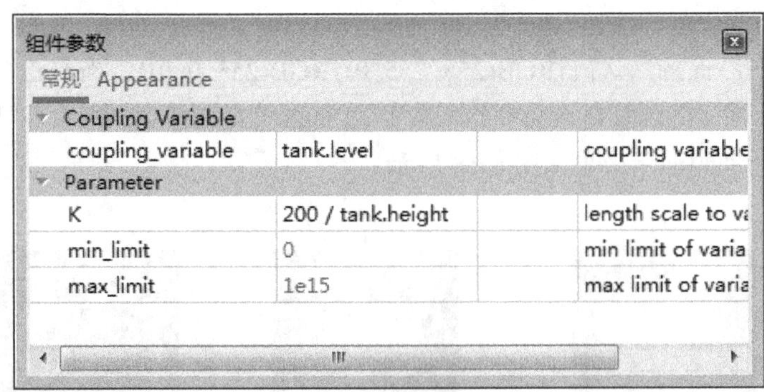

图 6-19 设置横条参数

(1) coupling_variable：设为 tank.level，将该动态组件与 tank 的水平位关联。

(2) K：设为 200 / tank.height，表示当 tank 的水平位达到 tank 的最高位置时，横条的长度显示为动态组件的最大长度 200。

(3) min_limit：保持默认值 0，水平位 tank.level 最小为 0。

(4) max_limit：保持默认值 1e15，在显示上不对其作限制。

横条/竖条的动画演示效果如图 6-20 所示。

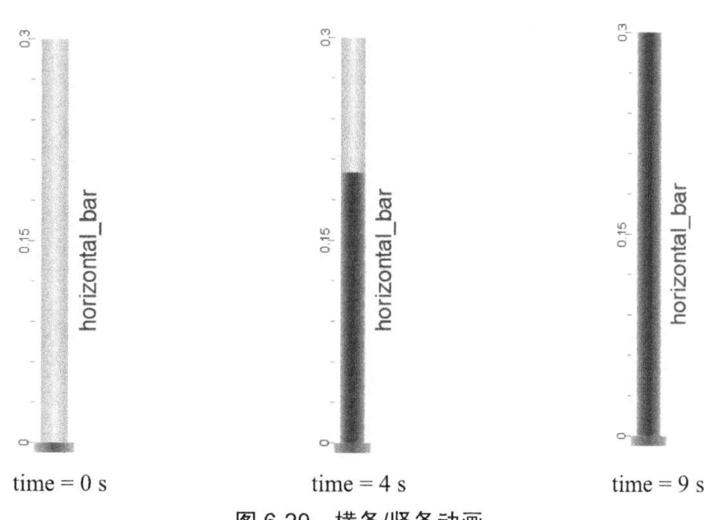

图 6-20　横条/竖条动画

6.2.3.4　百分比条

图标：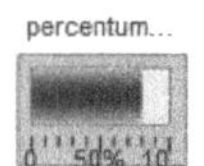

英文名称：Percentum Bar

百分比条用于关联一个关联变量，并以百分比的形式显示关联变量的值的变化。

百分比条组件有一个最小值参数 min_limit 与一个最大值参数 max_limit。当关联变量的值 value 等于最小值 min_limit 时，百分比条显示为 0%；当变量值 value 等于最大值 max_limit 时，百分比条显示为 100%。

当关联变量的值在最小值和最大值区间时，则按比例显示为百分比：

per = (value – min_limit) / (max_limit – min_limit) * 100%

当关联变量的值在区间外时，百分比条不显示其变化。

百分比条有 3 个主要参数，各个参数的含义如表 6-8 所示。

表 6-8　百分比条参数

参数	类型	说明
coupling_variable	Real	关联变量，输入动态组件所关联的变量名
min_limit	Real	最小值，表示当关联变量的值等于该值时，百分比条显示为 0%，默认值为 0
max_limit	Real	最大值，表示当关联变量的值等于该值时，百分比条显示为 100%，默认值为 100

应用实例：在 SimpleTank 模型中插入一个百分比(Percentum Bar)组件，将组件拉伸到合适的大小，并为其设置参数值，如图 6-21 所示。

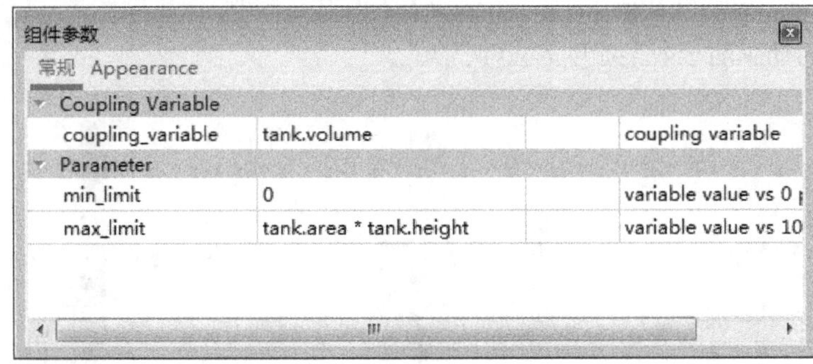

图 6-21　设置百分比条参数

(1) coupling_variable：设为 tank.volume，将百分比条与 tank 中的水量(体积)关联。

(2) min_limit：设为 0，水的体积最小为 0。

(3) max_limit：设为 tank.area * tank.height，最大为水箱的容积。

百分比条的动画演示效果如图 6-22 所示。

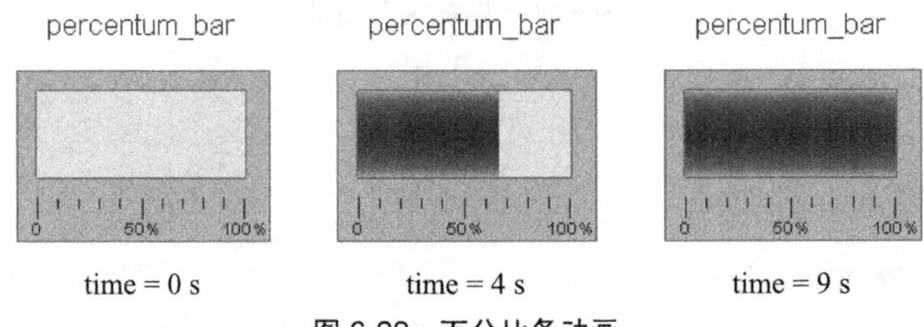

图 6-22　百分比条动画

6.2.3.5　速度计

图标：

英文名称：Speedometer

速度计用于关联一个变量，以指针的指向显示变量值的变化。速度计可以设置一个显示比例，变量值发生变化时，以一定的比例反映为仪表指针与 0 位置的角度。

可以单击或翻转组件，将速度计的指针从顺时针转变为逆时针转。

速度计有 4 个主要参数，各个参数的含义如表 6-9 所示。

表 6-9　速度计参数

参数	类型	说明
coupling_variable	Real	关联变量，输入动态组件所关联的变量名
K	Real	角度系数，表示指针角度与关联变量值的比例系数，默认为 1

续表

参数	类型	说明
min_limit	Real	限制最小值，表示当关联变量的值小于该值时，动态组件不再显示其变化，默认值为 0
max_limit	Real	限制最大值，表示当关联变量的值大于该值时，动态组件不再显示其变化，默认值为 300

参考 6.2.3.3 节横条对限制最大值的默认值，如果要对关联变量的最大值不做限制，则可以将 max_limit 的值设为 1e15；如果要对关联变量的最小值不做限制，则可以将 min_limit 的值设为-1e15。

同样的，如果关联变量的值超出了-1e15 至 1e15 的范围，则以上设置并没有达到不作限制的效果。

应用实例：在 SimpleTank 模型中插入一个速度计(Speedometer)组件，将组件名改为 level_meter，即作为水平计使用，并为其设置参数值，如图 6-23 所示。

组件参数

常规 Appearance

Coupling Variable		
coupling_variable	tank.level	coupling variable
Parameter		
K	300 / tank.height	speed scale to varia
min_limit	0	min limit of speed
max_limit	tank.height	max limit of speed

图 6-23 设置水平计参数

(1) coupling_variable：设为 tank.level，将该动态组件与 tank 的水平位关联。

(2) K：设为 300 / tank.height，表示当 tank 的水平位达到 tank 的最高位时，速度计的指针角度显示为速度计的最大角度 300。

(3) min_limit：设为 0，水平位 tank.level 最小为 0。

(4) max_limit：设为 tank.height，水平位最大为水箱的高度。

水平计的动画演示效果如图 6-24 所示。

图 6-24 水平计动画

6.2.3.6 百分比饼图

图标：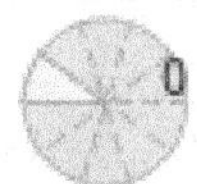

英文名称：Percentum Pie

百分比饼图用于关联一个关联变量，并以百分比的形式显示关联变量的值的变化。

百分比饼图有一个最小值参数 min_limit 和一个最大值参数 max_limit。当关联变量的值 value 等于最小值 min_limit 时，百分比饼图显示为 0%；当关联变量的值 value 等于最大值 max_limit 时，百分比饼图显示为 100%。

当关联变量的值在最小值和最大值区间时，按比例显示为百分比：

$$per = (value - min\_limit) / (max\_limit - min\_limit) * 100\%$$

当关联变量的值在区间外时，百分比饼图不显示其变化。

百分比饼图有 3 个主要参数，各个参数的含义如表 6-10 所示。

表 6-10　百分比饼图参数

参数	类型	说明
coupling_variable	Real	关联变量，输入动态组件所关联的变量名
min_limit	Real	最小值，表示当关联变量的值等于该值时，百分比饼图显示为 0%，默认值为 0
max_limit	Real	最大值，表示当关联变量的值等于该值时，百分比饼图显示为 100%，默认值为 100

应用实例：在 SimpleTank 模型中插入一个百分比饼图(Percentum Pie)组件，并为其设置参数值，如图 6-25 所示。

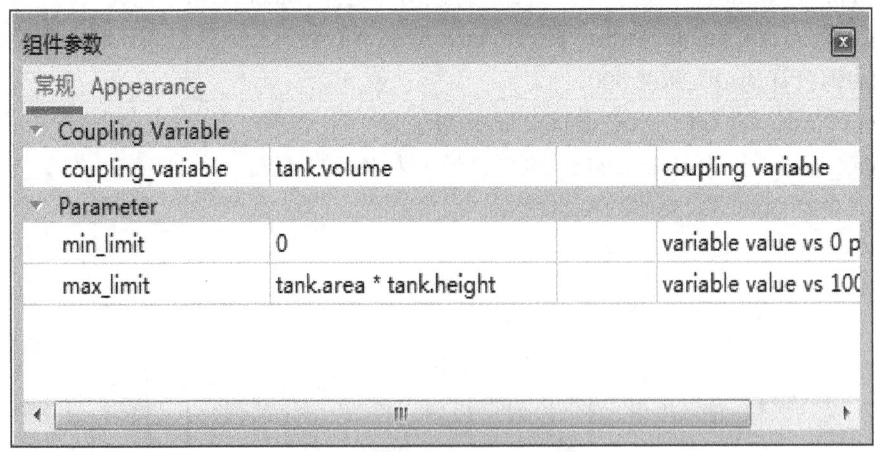

图 6-25　设置百分比饼图参数

(1) coupling_variable：设为 tank.volume，将百分比饼图组件与 tank 中的水量(容积)关联。

(2) min_limit：设为 0，水箱的容积最小为 0。

(3) max_limit：设为 tank.area * tank.height，最大为水箱的容积。

百分比饼图的动画演示效果如图 6-26 所示。

图 6-26　百分比饼图动画

6.2.3.7　数值显示器

图标：

英文名称：Numeric Display

数值显示器用于关联一个变量，以数值的方式显示变量值的变化。

数值显示器有 1 个主要参数，其含义如表 6-11 所示。

表 6-11　数值显示器参数

参数	类型	说明
coupling_variable	Real	关联变量，输入动态组件所关联的变量名

应用实例：在 SimpleTank 模型中插入一个数值显示器(Numeric Display)组件，并为其设置参数值，如图 6-27 所示。

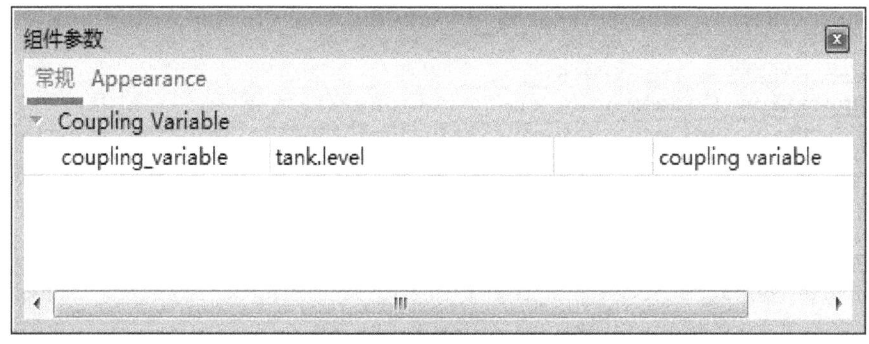

图 6-27　设置数值显示器参数

coupling_variable：设为 tank.level，将该动态组件与 tank 的水平位关联。

数值显示器的动画演示效果如图 6-28 所示。

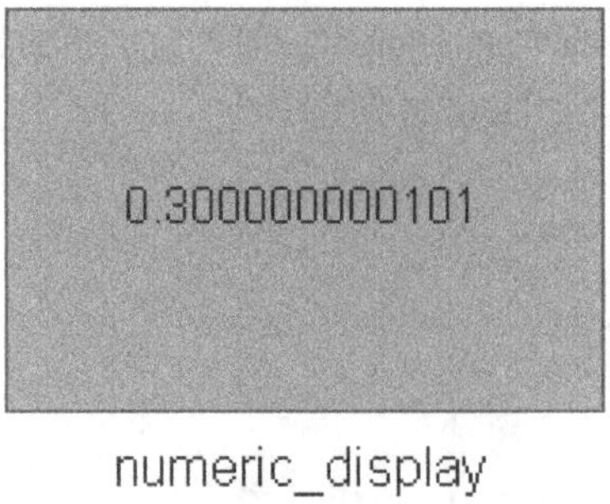

0.300000000101

numeric_display

time = 9 s

图 6-28　数值显示器动画

6.2.3.8　演示模型

示例 1：SimpleTank

SimpleTank 是简单水箱与动态组件的应用实例，从 0 时刻开始向水箱 tank 注水。若干个动态组件反映水箱水位等信息的状态变化。

```
  model SimpleTank
    extends Modelica.Icons.Example;
    annotation (experiment(StartTime = 0, StopTime = 10));
    import DynamicBlocks.Basic.*;
    DynamicBlocks.Examples.Tank tank(inflow = 0.005,
      outflow_limit = 0.003,
      area = 0.1,
      height = 0.3,
      outflow_level = 0.2)
      annotation (Placement(transformation(extent = {{-80, -40}, {-19.97,
93.25}})));
    DynamicBlocks.Bulb bulb(coupling_variable = tank.outflow,
      critical_value = 0 + err)
      annotation (Placement(transformation(extent = {{10, 50}, {30, 70}})));
    DynamicBlocks.Polychrome_Bulb    polychrome_bulb(coupling_variable    =
tank.outflow + tank.overflow,
      step_criticals = {0 + err, tank.outflow_limit + err})
      annotation (Placement(transformation(extent = {{60, 50}, {80, 70}})));
    DynamicBlocks.Horizontal_Bar     horizontal_bar(coupling_variable     =
tank.level,
      K = 200 / tank.height,
      base_negative_thick = 5)
      annotation (Placement(transformation(extent = {{60, -10}, {-60, 10}},
rotation = -90, origin = {-90, 20})));
    DynamicBlocks.Percentum_Bar      percentum_bar(coupling_variable      =
tank.volume,
      min_limit = 0,
      max_limit = tank.area * tank.height)
      annotation (Placement(transformation(extent = {{0, -20}, {40, 20}})));
    DynamicBlocks.Speedometer level_meter(coupling_variable = tank.level,
      K = 300 / tank.height,
      min_limit = 0,
      max_limit = tank.height)
      annotation   (Placement(transformation(extent   =   {{-20,   -80},   {20,
-40}})));
    DynamicBlocks.Percentum_Pie      percentum_pie(coupling_variable      =
tank.volume,
```

```
      min_limit = 0,
      max_limit = tank.area * tank.height)
      annotation (Placement(transformation(extent = {{60, -20}, {100, 20}})));
    DynamicBlocks.Numeric_Display    numeric_display(coupling_variable    =
tank.level)
      annotation   (Placement(transformation(extent   =   {{40,   -80},   {100,
-40}})));
    inner Modelica.Mechanics.MultiBody.World world
      annotation  (Placement(transformation(extent  =  {{-100,  -100},  {-80,
-80}})));
  protected
    constant Real err = 1e-15
      annotation (Hide = true);
    annotation (Diagram(graphics = {
      Line(points = {{5, 40}, {20, 40}, {20, 60}}, color = {0, 0, 255}),
      Line(points = {{-15, 80}, {70, 80}, {70, 60}}, color = {0, 0, 255})}));
  end SimpleTank;
```

示例 2：Tank

Tank 是一个简单的水箱模型，可以向其中以固定流程进水。当水位达到出水口的高度时，出水口开始出水。如果进水流量比出水流量大，水箱的水位继续上升，当达到水箱顶部时，开始从顶部溢水。

```
  model Tank "水箱"
    import SI = Modelica.SIunits;
    parameter SI.VolumeFlowRate inflow = 1 "固定的进水流量";
    parameter SI.VolumeFlowRate outflow_limit = 0.5 "出水口的出水流量限制";
    parameter SI.Area area = 1 "水箱的底面面积";
    parameter SI.Height height = 1 "水箱的高度";
    parameter SI.Height outflow_level = 0.8 "出水口的高度";
    SI.Height level(start = 0) "水位";
    SI.Volume volume "水箱内的水量";
    SI.VolumeFlowRate outflow "出水口的流量";
    SI.VolumeFlowRate overflow "从顶部溢出的流量";
  protected
    constant Real error = 1e-12 annotation (Hide = true);
  equation
    volume = level * area;
    der(volume) = inflow - outflow - overflow;
    // 出水口流量的计算
    if level < outflow_level then
      outflow = 0;
    else
      outflow = min(inflow, outflow_limit);
    end if;
    // 溢水量的计算
    if level < height + error then
      overflow = 0;
    else
      overflow = inflow - outflow;
    end if;
    annotation (Icon(graphics = {
      Line(points = {{-100, 80}, {-80, 80}, {-80, 40}, {-80, -60}, {-80, -100},
      {80, -100}, {80, -60}, {80, 0}, {80, 20}, {110, 20}}, color = {0, 0, 255},
smooth = Smooth.Bezier, thickness = 0.5),
```

```
        Line(points = {{110, 40}, {80, 40}, {80, 60}, {80, 80}, {100, 80}}, color
= {0, 0, 255}, smooth = Smooth.Bezier, thickness = 0.5),
        Line(points = {{-80, 0}, {80, 0}}, color = {0, 0, 255}),
        Line(points = {{-80, -20}, {80, -20}}, color = {0, 0, 255}, pattern =
LinePattern.Dash),
        Line(points = {{-60, -40}, {60, -40}}, color = {0, 0, 255}, pattern =
LinePattern.Dash),
        Line(points = {{-40, -60}, {40, -60}}, color = {0, 0, 255}, pattern =
LinePattern.DashDot),
        Line(points = {{-110, 90}, {-80, 90}, {-60, 80}}, color = {125, 158, 192},
pattern = LinePattern.Solid, arrow = {Arrow.None, Arrow.Filled}, smooth =
Smooth.Bezier),
        Line(points = {{60, 80}, {80, 90}, {110, 90}}, color = {125, 158, 192},
arrow = {Arrow.None, Arrow.Filled}, smooth = Smooth.Bezier),
        Line(points = {{70, 30}, {120, 30}}, color = {125, 158, 192}, arrow =
{Arrow.None, Arrow.Filled}),
        Text(extent = {{-100, 10}, {100, -10}}, color = {127, 127, 127},
textString = "inflow", origin = {-90, 100}),
        Text(extent = {{-100, 10}, {100, -10}}, color = {127, 127, 127},
textString = "outflow", origin = {140, 20}),
        Text(extent = {{-100, 10}, {100, -10}}, color = {127, 127, 127},
textString = "overflow", origin = {135, 100})}));
    end Tank;
```

6.3 三维动画

三维动画窗口用于观察模型三维动画效果，设置窗口外观以及动画外观。

三维动画建立在仿真实例基础上，所以想观察到动画效果，不仅需要确保模型具有动画属性，还要对模型进行仿真。在仿真浏览器中生成仿真实例后，打开三维动画窗口进行动画播放；也可在仿真模型前打开三维动画窗口，在仿真时实时显示动画。

可通过以下三种方式打开三维动画窗口：单击工具栏上的按钮；选择菜单“仿真”→“新建动画窗口”；右击仿真浏览器实例名，在弹出的菜单中选择“新建三维动画窗口”。

6.3.1 动画窗口

三维动画窗口如图 6-29 所示。

可以看到窗口标题为模型实例的名字，窗口中的工具栏提供了基本的图形操作按钮，从左到右依次如下。

(1) ：选择，按下左键并移动鼠标，可选中动画窗口中的实体。

(2) ：平移模型，按下左键并移动鼠标，三维模型随着鼠标一起移动。

(3) ：旋转模型，按下左键并移动鼠标，三维模型随着鼠标旋转。

(4) ：动态缩放，按下左键并移动鼠标，可以实现三维模型的动态缩放，鼠标向上移动则放大视图，鼠标向下移动则缩小视图。

(5) ：窗口缩放，按下左键并移动鼠标，将被选中实体缩放至窗口最大范围。

(6) ：显示选中模型，将被选中实体缩放至窗口最大范围。

(7) ：全部显示，将动画窗口恢复至初始显示状态。

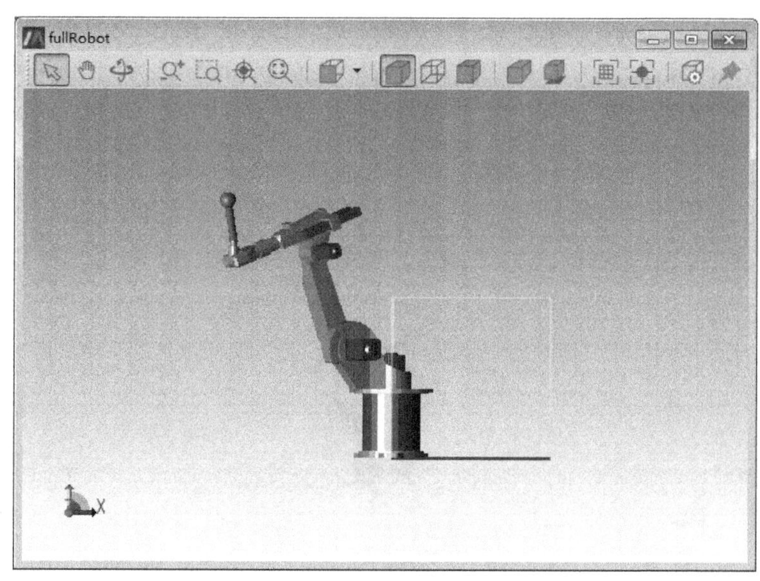

图 6-29　fullRobot 三维动画窗口

(8) ：主视，设置实体在动画窗口中的视图，从不同的视角观察模型视图，下拉框提供如下六种视图。

① ：主视，沿 Z 轴逆向查看模型。

② ：后视，沿 Z 轴正向查看模型。

③ ：左视，沿 X 轴正向查看模型。

④ ：右视，沿 X 轴逆向查看模型。

⑤ ：仰视，沿 Y 轴逆向查看模型。

⑥ ：俯视，沿 Y 轴正向查看模型。

(9) ：渲染图，为缺省设置，三维模型的所有面是可见的。

(10) ：线框图，三维模型的面隐藏，曲面边界可见。

(11) ：消隐图，从观察视角来看，三维模型中被遮挡的一部分面和边界线被隐藏，其他线条可见。

(12) ：透视图，以透视投影方式显示三维模型。

(13) ：显示阴影，显示三维模型的阴影效果图。

(14) ：跟踪所有，实时显示所有实体的运动轨迹(见图 6-30)。

(15) ：跟踪选中模型，实时显示选中实体的运动轨迹，可以在动画播放前或动画播放过程中选中实体。

(16) ：设置，打开“三维动画设置”对话框。显示标签页如图 6-31 所示。

① 显示操纵系：设置是否在动画窗口左下角显示一个操纵坐标系，缺省设置为勾选。如果勾选该选项，则显示操纵坐标系，它由三条线段组成，分别代表 X 轴(蓝色)、Y 轴(绿色)和 Z 轴(红色)，移动操纵坐标系，窗口中对应的实体也跟随坐标系相应移动。

② 显示单位立方体参考：设置是否在全局坐标系原点处显示一个单位立方体，缺省不勾选。

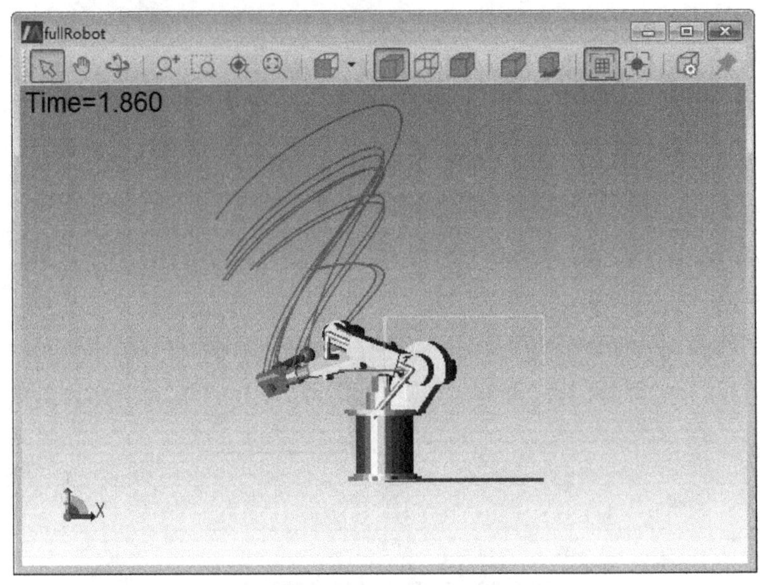

图 6-30　运动轨迹跟踪

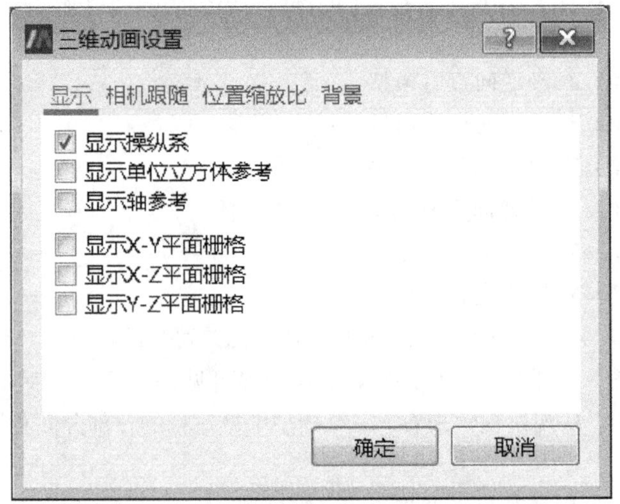

图 6-31　“三维动画设置”对话框——显示标签页

③ 显示轴参考：设置是否在全局坐标系原点处显示一个参考坐标系，缺省设置为不勾选。如果勾选该选项，则显示参考坐标系，它由三条 1 米长的线段组成，分别代表 X 轴(蓝色)、Y 轴(绿色)和 Z 轴(红色)。

④ 显示 X-Y/X-Z/Y-Z 平面栅格：设置是否显示 X-Y/X-Z/Y-Z 平面栅格，缺省设置为不勾选。勾选该选项的显示效果如图 6-32 所示。

相机跟随标签页如图 6-33 所示。

⑤ 跟随实体 X/Y/Z 方向移动：控制相机方位是否跟随选中实体在 X/Y/Z 轴方向上同步平移，缺省设置为不勾选。

⑥ 跟随实体旋转：控制相机方位是否跟随选中实体进行旋转，缺省设置为不勾选。

图 6-32　不同平面栅格

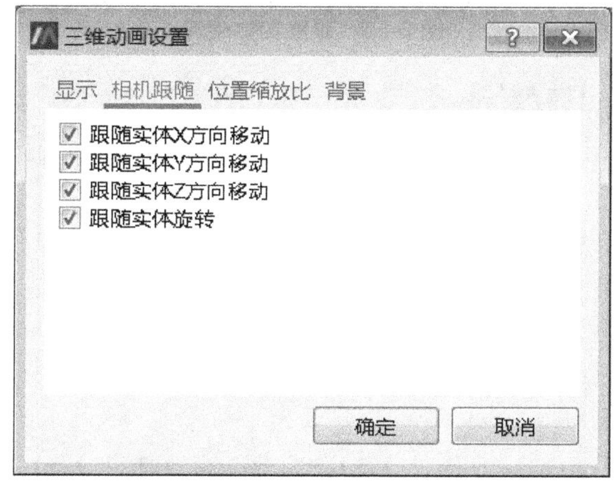

图 6-33　“三维动画设置”对话框——相机跟随标签页

提示：要想看到相机跟随的效果，除了在“三维动画设置”对话框中选择“跟随实体旋转”外，还要选中三维窗口中的动画实体，右击，在弹出的菜单中选择“选中的实体”→“相机跟随”(见图 6-34)，动画效果如图 6-35 所示。

位置缩放比标签页如图 6-36 所示。

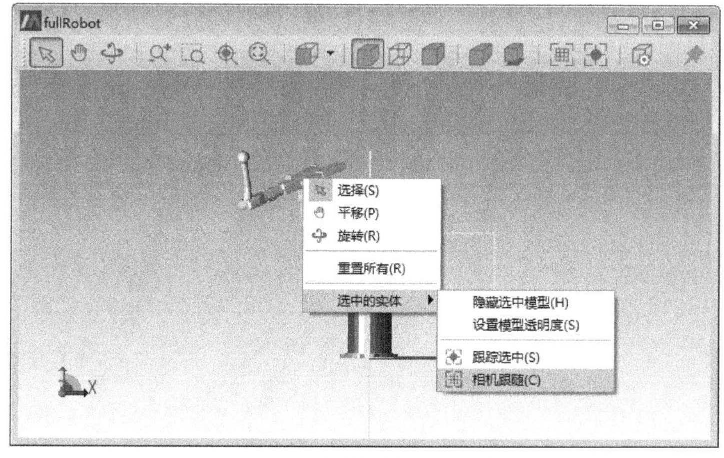

图 6-34　选择“相机跟随”

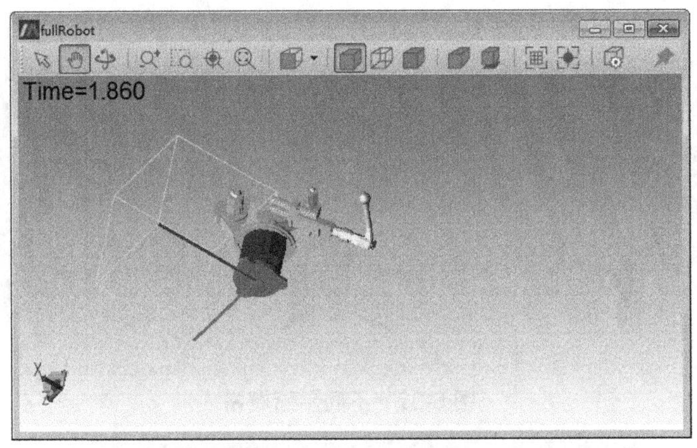

图 6-35　跟随实体旋转

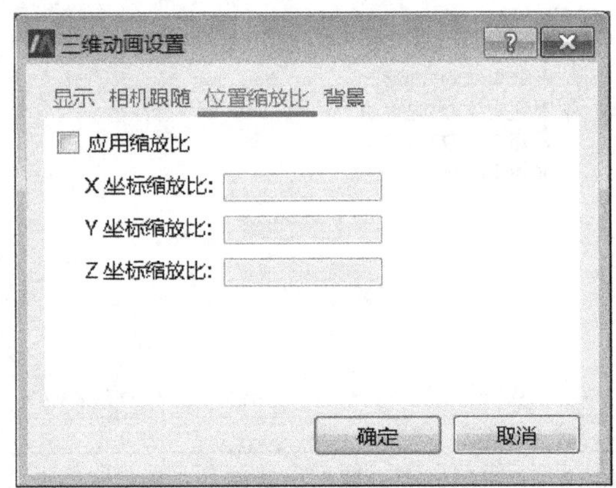

图 6-36　“三维动画设置”对话框——位置缩放比标签页

⑦ 勾选“应用缩放比”后，模型的位置坐标中的 X、Y、Z 坐标值分别乘以 X 坐标缩放比、Y 坐标缩放比、Z 坐标缩放比，生成新的位置坐标，模型以新的位置坐标显示。位置比例不影响模型尺寸。示例如图 6-37 所示。

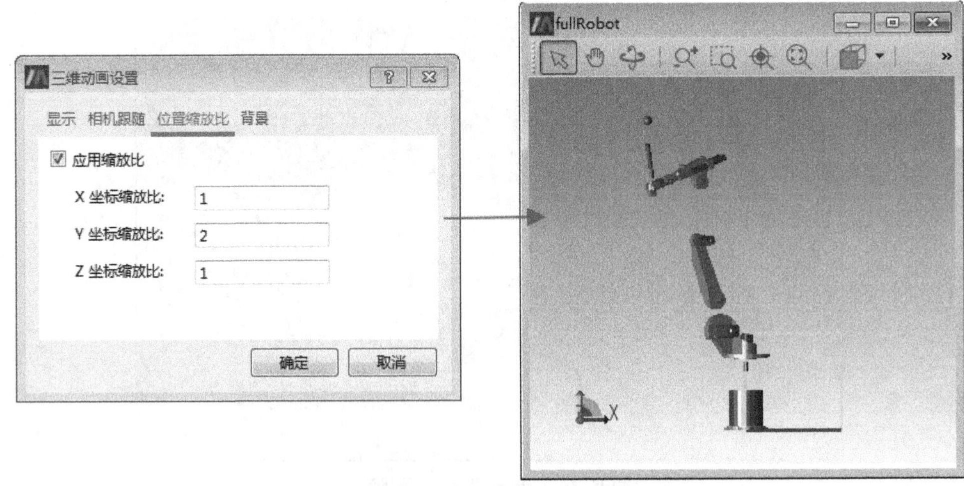

图 6-37　设置 Y 轴方向上的位置比例为“2”

背景标签页中颜色选项如图 6-38 所示。

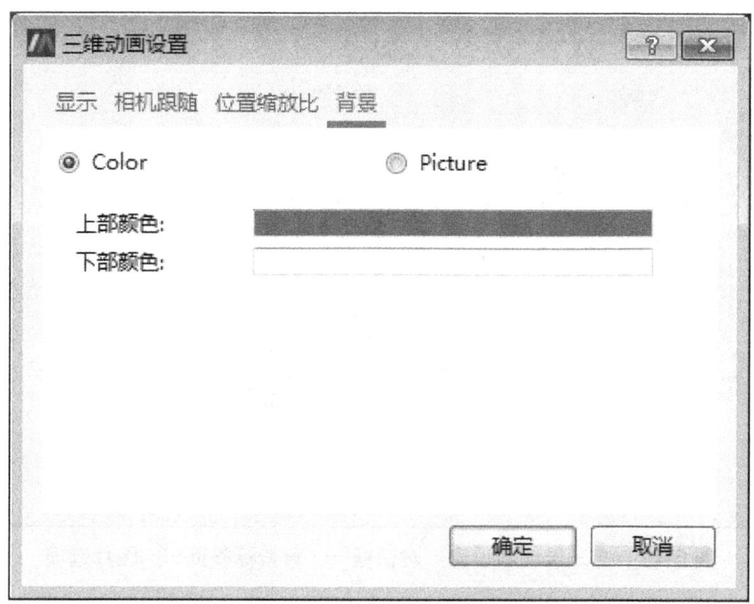

图 6-38 “三维动画设置”对话框——背景标签页——颜色选项

⑧ 上部颜色：设置三维动画窗口上半部分的显示颜色。在“选择颜色”对话框中提供了所需添加的颜色，如图 6-39 所示。

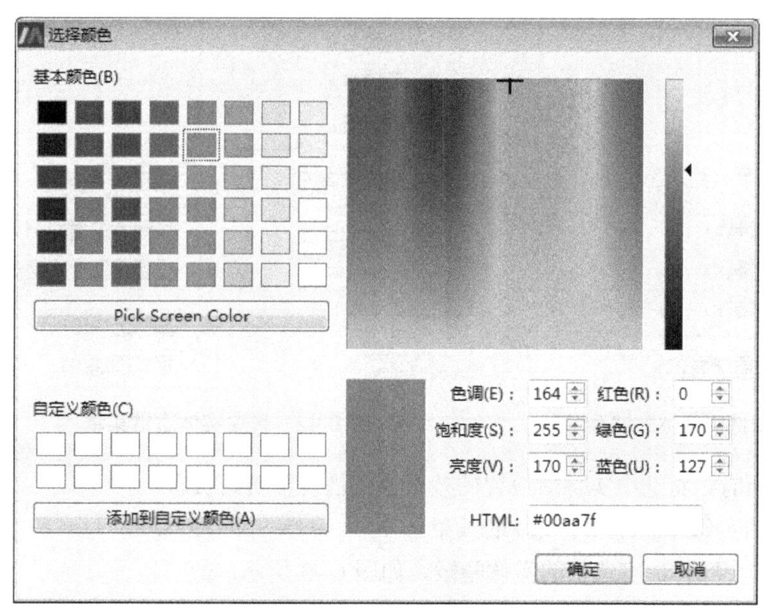

图 6-39 选择颜色

⑨ 下部颜色：设置三维动画窗口下半部分的显示颜色。

背景图片标签页中图片选项如图 6-40 所示。

⑩ 设置三维动画窗口的背景图片，右击，在弹出对话框的窗口中选择图片路径。

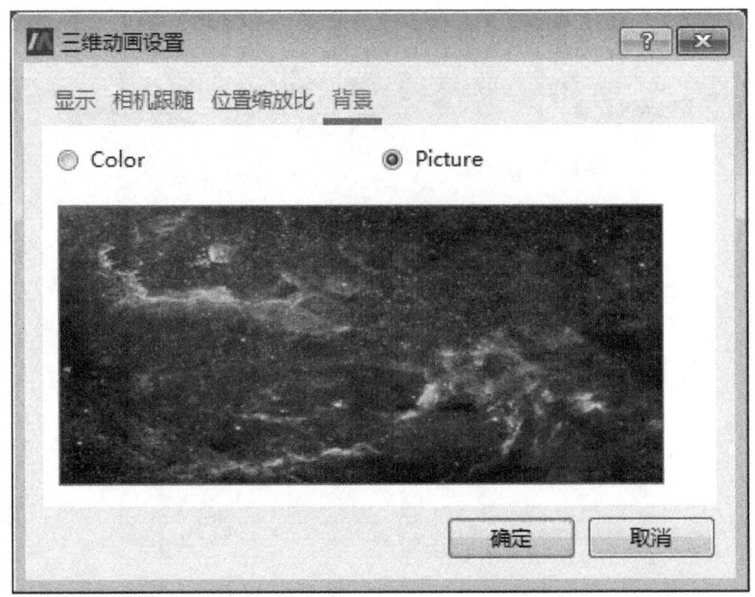

图 6-40 “三维动画设置”对话框——背景标签页——图片选项

6.3.2 动画窗口右键菜单

动画窗口不选中实体和选中实体的右键菜单分别如图 6-41、图 6-42 所示。其中，“选择”“平移”“旋转”功能与工具栏上对应按钮的功能相同。

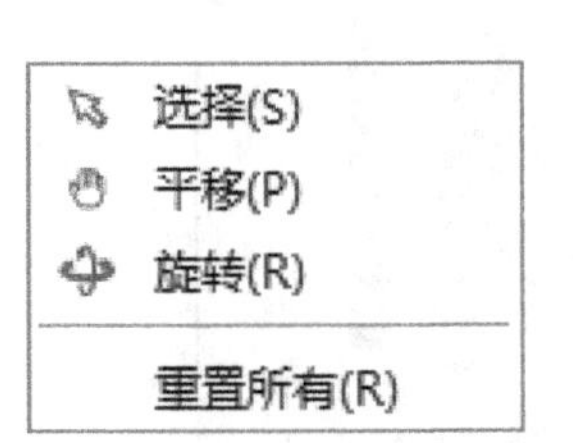

图 6-41 未选中实体右键菜单

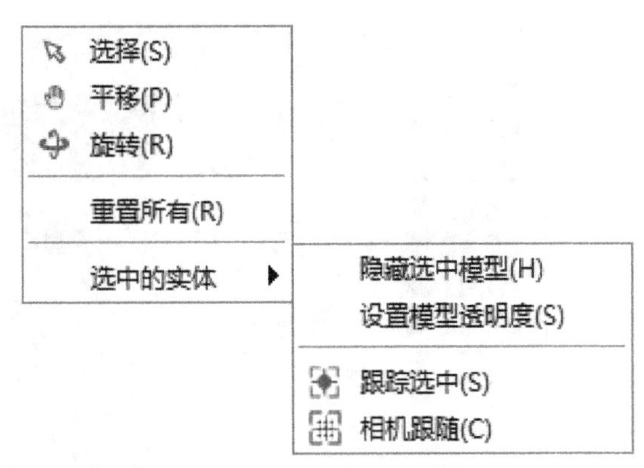

图 6-42 选中实体右键菜单

(1) 重置所有：将选中实体后设置的效果全部恢复至初始状态。

(2) 选中的实体：设置选中实体的效果。

① 隐藏选中实体：将选中的实体隐藏，如图 6-43 所示。

② 设置模型透明度：设置不同的透明程度，从左到右透明程度依次加强，设置最高的透明度则相当于隐藏实体，如图 6-44 所示。

③ 跟随选中：同工具栏上“跟踪选中模型”。

④ 相机跟随：设置选中实体进行相机跟随，与“设置”→“相机跟随”标签页结合使用。

图 6-43　隐藏选中实体

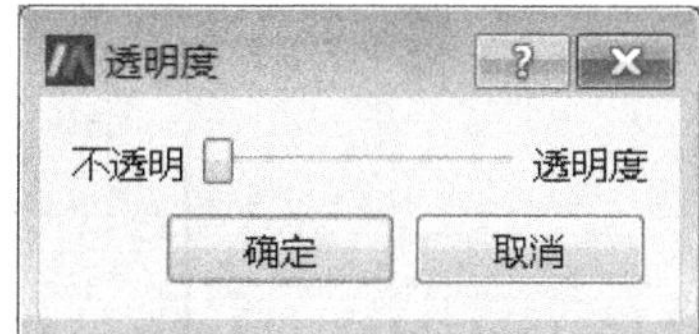

图 6-44　设置透明度

6.3.3　动画播放控制

控制三维动画播放的按钮位于主界面工具栏中，动画播放工具栏(见图 6-45)只针对当前实例，不仅作用于 3D 动画窗口，还能同时控制曲线窗口。

图 6-45　动画播放工具栏

动画播放工具栏主要功能如下。

(1) ：播放按钮，从头或从上次暂停的时刻播放当前实例动画。

(2) ：暂停按钮，暂停播放。

(3) ：停止按钮，停止播放动画并恢复初始状态。

(4) 时间：实时显示动画播放时间。

(5) ：进度条，显示动画播放进度，在播放前拖动进度条可从指定时间开始播放。

(6) 速度：调节动画播放速度的快慢，提供文本输入框和下拉框供用户输入和选择速度。

提示：以下情况下动画窗口动画会恢复初始状态：

(1) 检查、编译、仿真模型；

(2) 新建动画窗口；

(3) 与当前动画关联的实例进行另存为、保存、复制操作。

6.4　频率估算

MWorks.Sysplorer 频率估算工具箱适用于针对一般模型(Modelica 模型、FMU 模型、黑箱模型等)进行频率特性估算，可以给出系统频率响应图并获取系统频域相关的属性，从而支持后续控制回路的设计。

6.4.1 流程简介

在系统稳态工作点(steady-state operating points)处，针对待估算的模型，通过一组由不同频率的正弦信号构造而成的 Sinestream 信号进行激励，获取系统在时域上的输出。频率估算流程如图 6-46 所示。

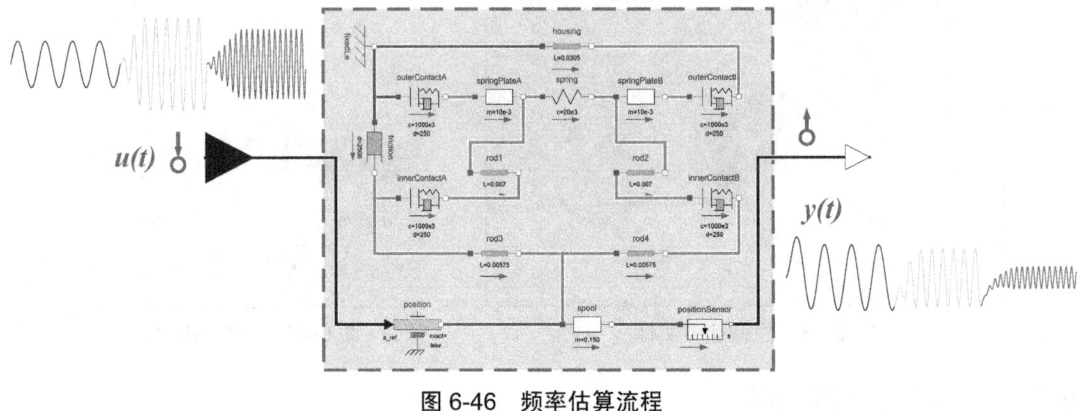

图 6-46 频率估算流程

针对系统输出信号进行处理，包括滤波、采样、切片等，获得系统的稳态输出信号，根据相应的算法对系统频率特性进行估算，最终估算结果可以通过典型的频率特性图(如 Bode 图)进行可视化呈现。

6.4.2 功能介绍

频率估算窗口的布局如图 6-47 所示。

(1) ：打开创建输入信号窗口。

(2) ：打开编辑模型输入/输出窗口。

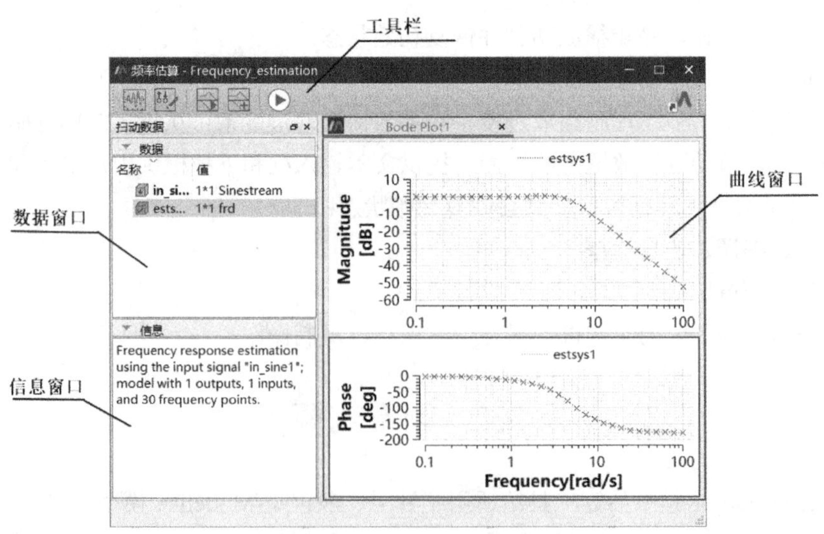

图 6-47 频率估算窗口

(3) ：估算并打开新的曲线窗口生成曲线。

(4) ：当前有曲线窗口时激活可用，估算并在当前曲线窗口生成曲线。

(5) ：估算，只生成结果文件。

(6) ：回到主程序窗口。

(7) 数据窗口：显示创建的输入信号和生成的结果文件。

(8) 信息窗口：输出相关信息。

(9) 曲线窗口：以曲线形式显示生成的结果文件。

6.4.2.1 创建扫频信号

单击工具栏上的扫频信号按钮，弹出创建输入信号窗口，设置变量名、频率单位、稳态点、频率及其参数值，如图 6-48 所示。

图 6-48　创建输入信号

(1) 变量名：输入信号的名称，确定后显示在数据子窗口下，若与当前存在的输入信号同名，则覆盖原有信号。

(2) 频率单位：当前支持单位为 rad/s 和 Hz。

(3) 稳态点：频率的偏正。

(4) ：重置，频率曲线最佳显示。

(5) ：放大，在频率曲线窗口单击鼠标左键，以单击位置为中心放大曲线。

(6) ：缩小，在频率曲线窗口单击鼠标左键，以单击位置为中心缩小曲线。

(7) ：移动，按下鼠标左键，移动鼠标，视图随鼠标实时平移，松开鼠标终止本次操作。

(8) ：添加新频率，单击后弹出“添加频率”对话框(见图 6-49)，其中：

① 当前“添加频率”对话框表示从 10 到 1000 以“对数”形式取 30 个点；

② 添加频率后再次打开时，在当前取值基础上增加取值点；

③ logarithmically 表示以对数形式取值；

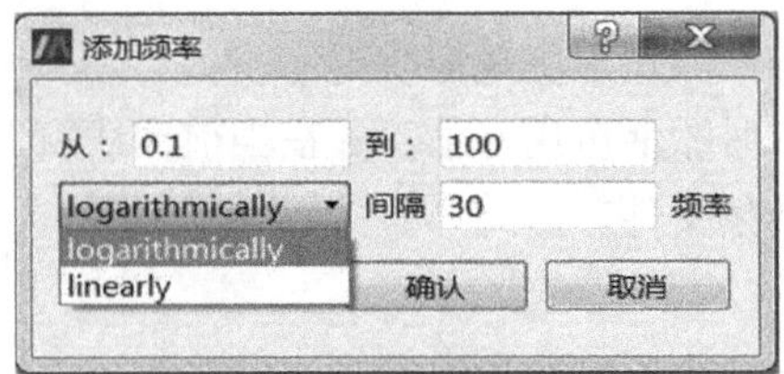

图 6-49 “添加”频率

④ linearly 表示以线性形式取值。

(9) ：删除所选频率，在频率曲线中，可以选中单个，也可以通过框选选中多个数据点。

(10) 参数：设置选中频率的幅值、最大振幅周期数、调整周期数、上升周期数和每个周期采用点数。修改参数值，如图 6-50 所示。

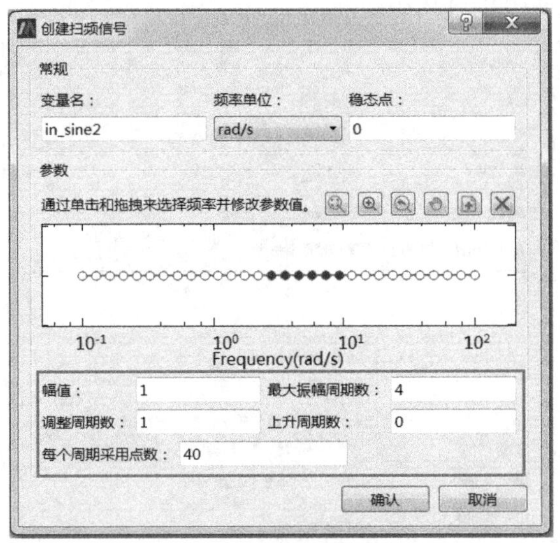

图 6-50 修改参数值

(11) 设置完成后单击“确认”按钮，在数据子窗口下生成扫频信号，如图 6-51 所示。

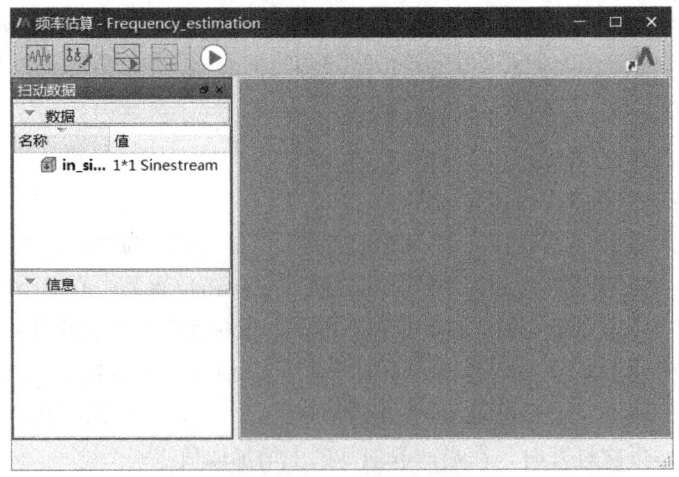

图 6-51 生成扫频信号

提示：

(1) 双击数据子窗口下生成的输入信号可打开编辑窗口进行修改，如图 6-52 所示。

图 6-52　编辑输入信号

(2) 数据子窗口的输入信号提供右键菜单，如图 6-53 所示。

① 设置当前：存在多个输入数据时，设置为估算时采用的输入信号，此时输入信号加粗显示；

② 重命名：可对当前输入信号进行重命名，若重名，则覆盖重名输入信号；

③ 删除：删除当前选中输入信号。

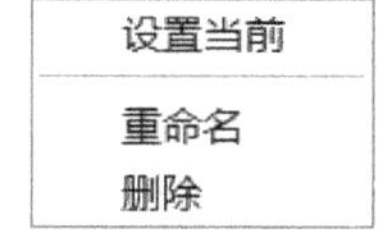

图 6-53　输入信号右键菜单

6.4.2.2　创建输入/输出

(1) 单击工具栏上的输入/输出按钮，弹出“编辑模型输入输出”对话框(见图 6-54)，对话框中显示模型中所有的端口。

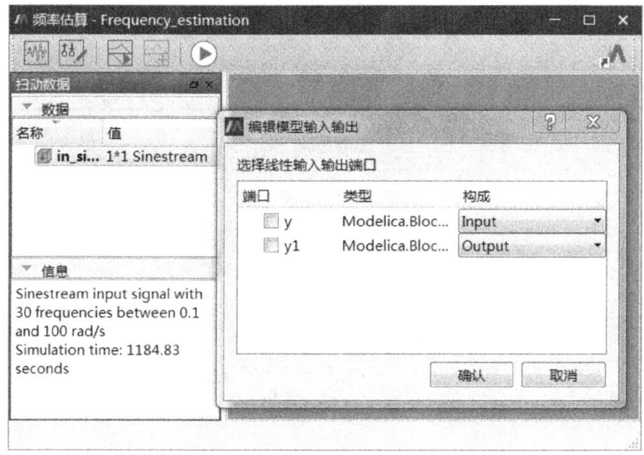

图 6-54　“编辑模型输入输出”对话框

(2) 设置输入/输出端口，如图 6-55 所示。

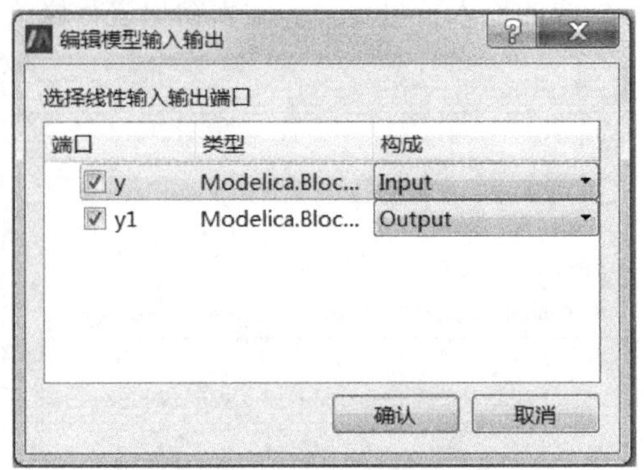

图 6-55　设置输入/输出端口

注意：编辑模型输入/输出时，必须保证勾选一个 Input 输入和一个 Output 输出，否则单击“确认”按钮时都会弹出错误提示(见图 6-56)。

图 6-56　错误提示

6.4.2.3　频率估算

单击工具栏上的频率估算按钮进行估算，如图 6-57 所示。

注意：频率估算时除了扫频信号按钮，其他按钮置灰。

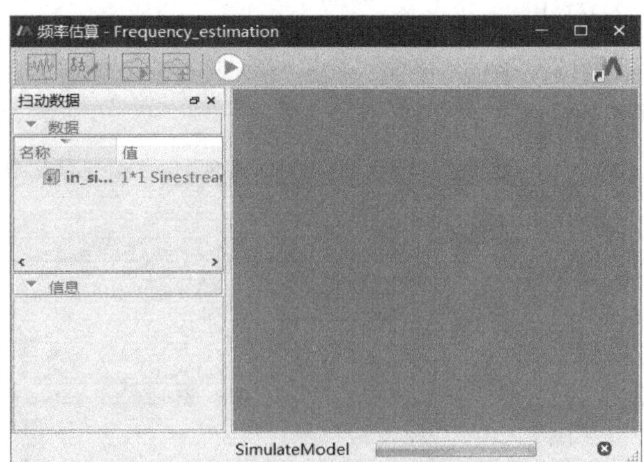

图 6-57　频率估算

6.4.2.4　查看结果

(1) 估算完成后，在数据子窗口生成默认名为“estsys1”的结果数据，如图 6-58 所示。

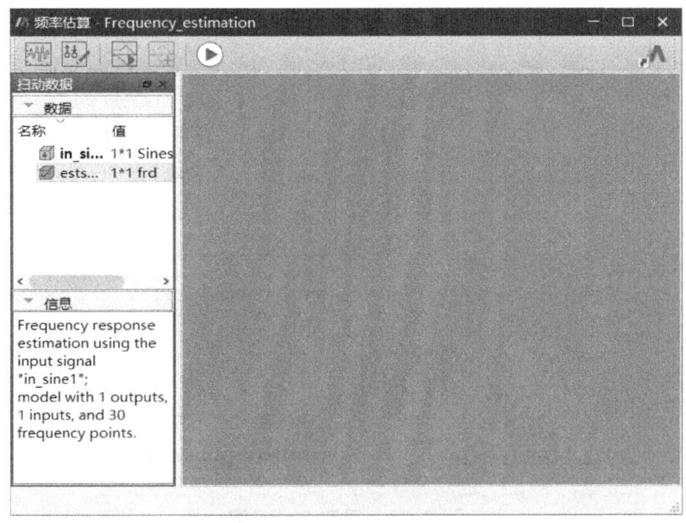

图 6-58 显示结果数据

(2) 双击节点“estsys1”，可显示结果数据，如图 6-59 所示。

(3) 右击节点“estsys1”，弹出右键菜单，如图 6-60 所示。

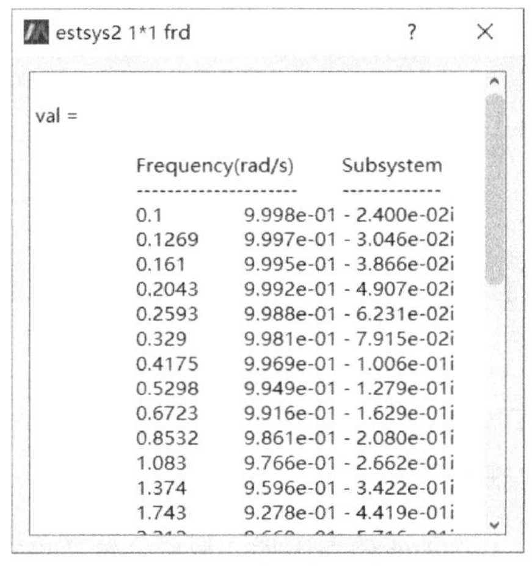

图 6-59 结果数据点

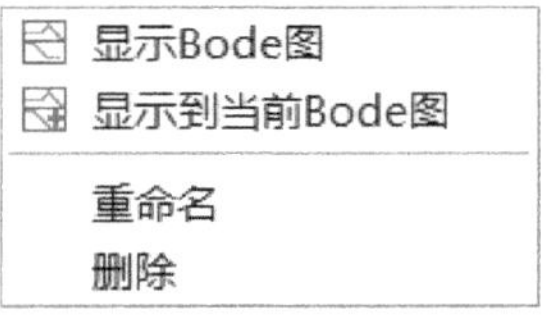

图 6-60 右键菜单

① 显示 Bode 图：打开新的曲线窗口并生成曲线。

② 显示到当前 Bode 图：在当前打开的曲线窗口中显示 Bode 曲线图。

③ 重命名：可对当前生成的结果文件重命名，若重名，则覆盖重名结果，曲线窗口删除覆盖的结果曲线。

④ 删除：删除当前结果文件。若 Bode 图中只含有该结果的曲线，则删除时 Bode 图也会被关闭。

(4) 选择“显示 Bode 图”，弹出曲线窗口并显示相应曲线，如图 6-61 所示。

提示：

(1) 选中曲线，在曲线上右击，在弹出的菜单中选择“删除所选变量”，即可删除所选的曲线，如图 6-62 所示。

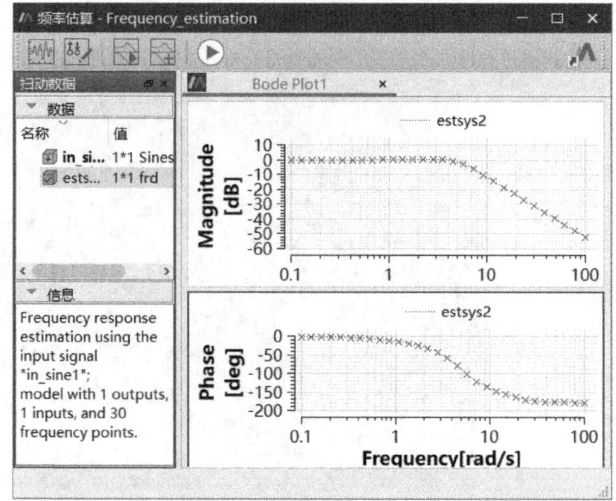

图 6-61　显示 Bode 图

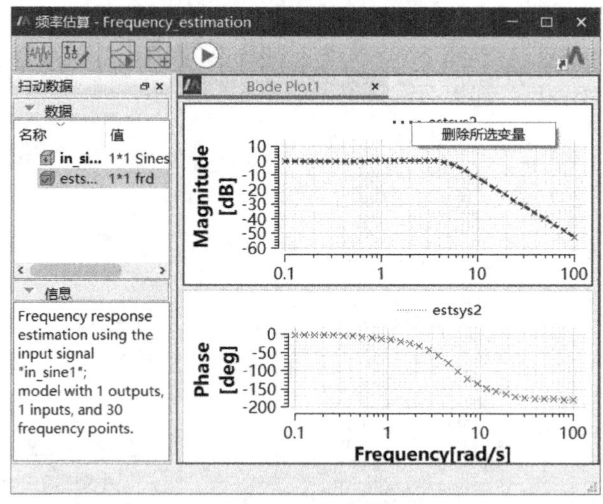

图 6-62　删除所选变量

(2) 框选曲线，可局部放大以便查看曲线。在曲线窗口中按下鼠标左键并拖动鼠标框选一个矩形，当松开鼠标左键时，曲线窗口将缩放到该指定的矩形。

(3) 曲线窗口提供右键菜单，如图 6-63 所示。

① 撤销缩放：在当前曲线窗口以显示比例缩小显示，当曲线窗口缩放至最佳后无法再缩小；

② 缩放至最佳：曲线窗口恢复到初始显示状态；

③ 横(纵)轴缩放至最佳：曲线窗口横轴或纵轴最佳显示；

④ 平移：按下鼠标左键，移动鼠标，视图随鼠标实时平移，松开鼠标左键终止本次操作；

⑤ 设置坐标轴范围：精确设置曲线窗口纵轴和横轴的显示范围(见图 6-64)；

⑥ X 轴单位：设置 X 轴的单位为 Hz 或 rad/s；

⑦ 峰值：幅频特性中最大值；

⑧ 带宽：–3db 处的频率值。

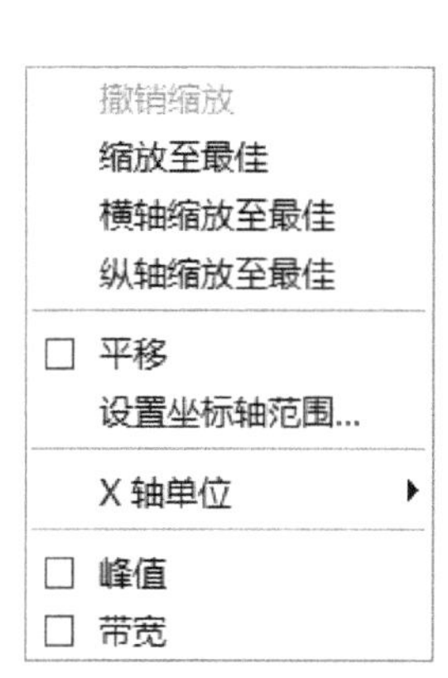

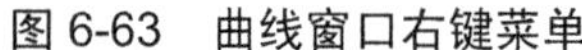

图 6-63　曲线窗口右键菜单

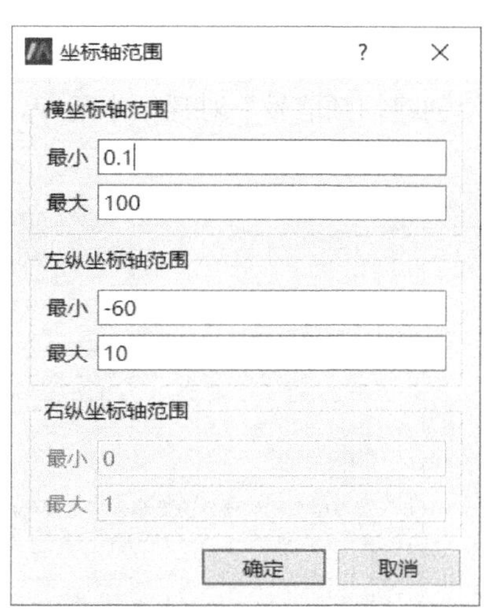

图 6-64　坐标轴范围

6.4.3　示例演示

本节以示例模型 Frequency_estimation 为例，介绍频率估算的具体使用流程。示例模型位于"安装目录\Docs\Examples\Frequency_estimation.mo"。

(1) 加载标准库 Modelica3.2.1，打开示例模型后选择菜单"试验"→"频率估算"，弹出"频率估算"窗口，如图 6-65 所示。

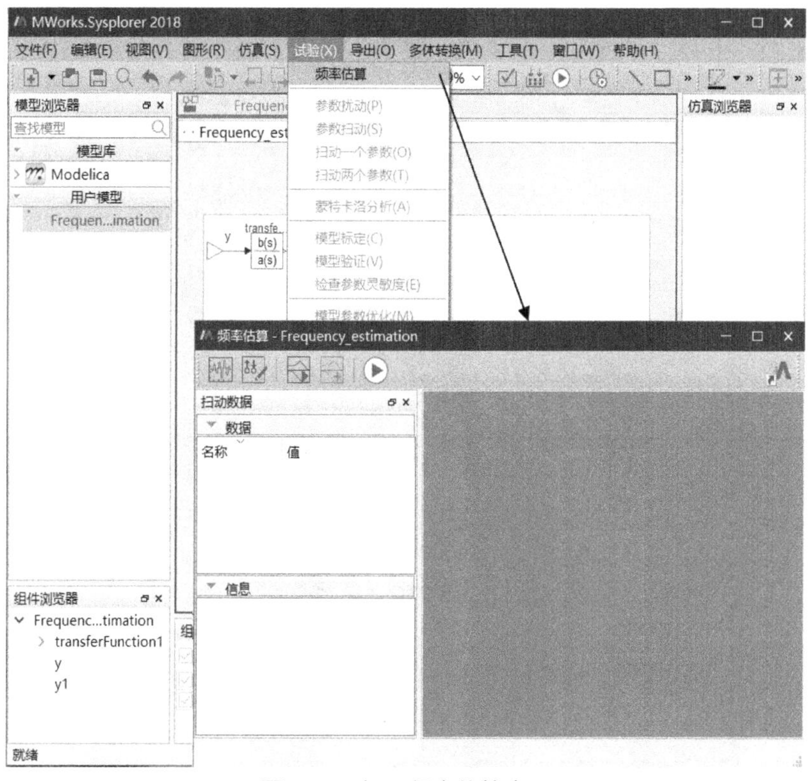

图 6-65　打开频率估算窗口

(2) 单击工具栏上的扫频信号按钮，创建扫频信号，如图 6-66 所示。

(3) 单击“创建扫频信号”对话框中的，弹出“添加频率”对话框，采用默认值，点击“确定”按钮，添加的频率如图 6-67 所示。

图 6-66　创建输入信号

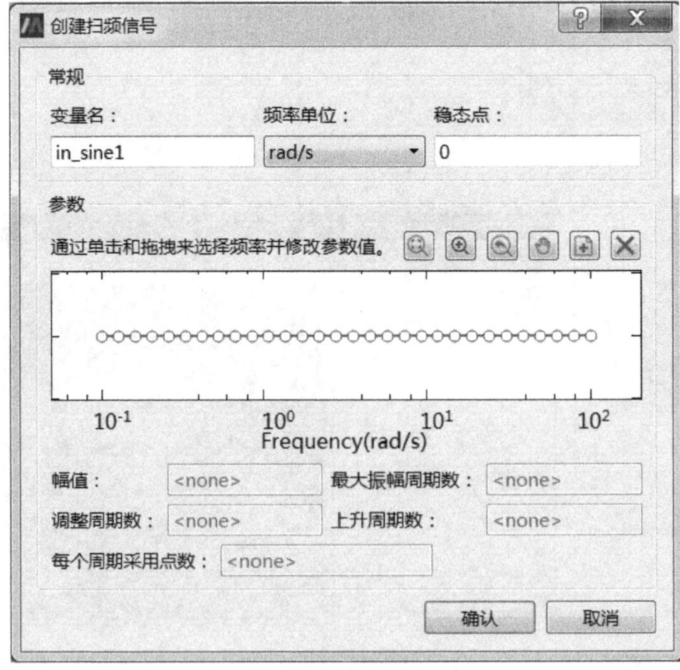

图 6-67　添加频率

(4) 根据需要修改变量名、频率单位、稳态点和频率属性值，本例均采用默认值。单击“确定”按钮，添加的扫频信号“in_sine1”显示在扫动数据面板中，如图 6-68 所示。

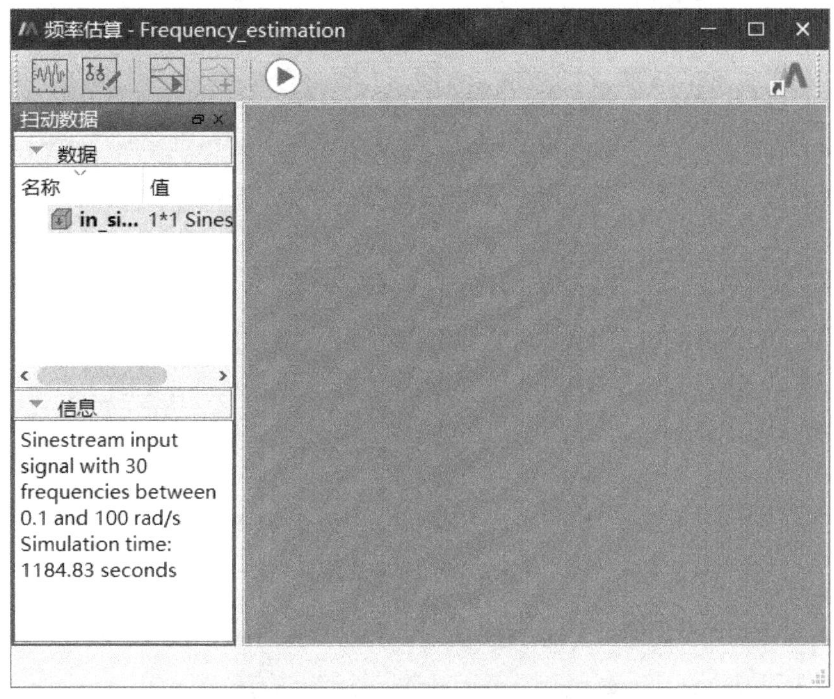

图 6-68　扫动数据面板显示扫频信号

(5) 单击工具栏上的输入/输出按钮，弹出“编辑模型输入输出”对话框，勾选 y 和 y1，并设置 y 为 Input，y1 为 Output，单击“确认”按钮，如图 6-69 所示。

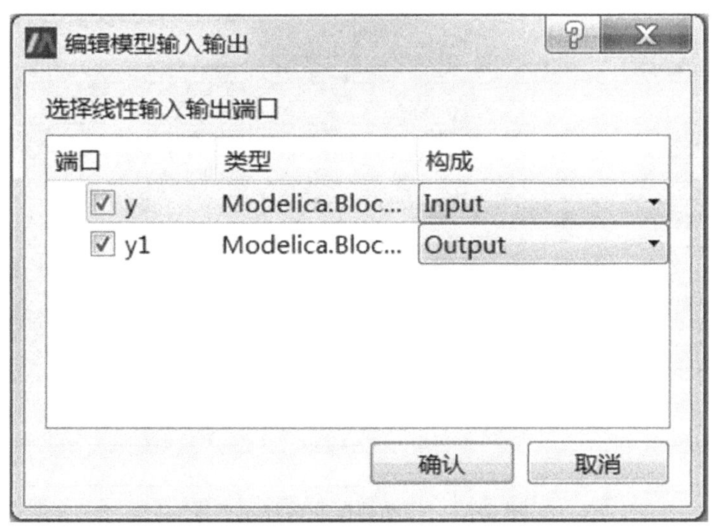

图 6-69　“编辑模型输入输出”对话框

(6) 单击工具栏上的估算按钮进行估算，如图 6-70 所示。

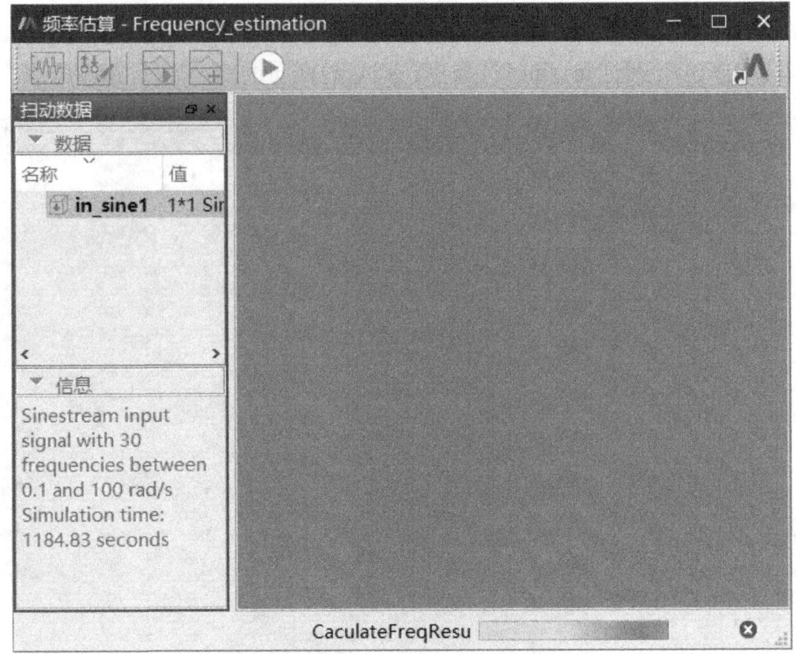

图 6-70　频率估算

(7) 估算结束后，估算结果“estsys1”显示在扫动数据面板中，如图 6-71 所示。

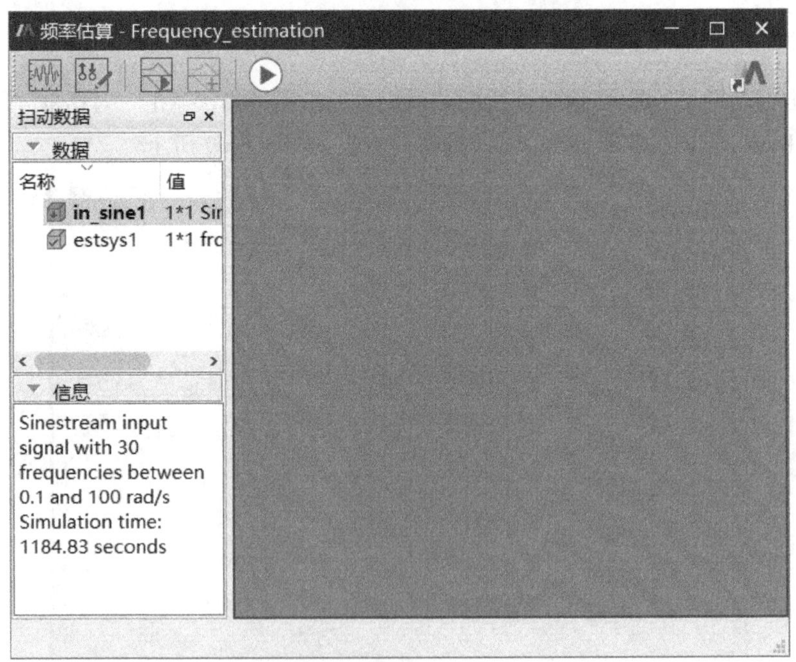

图 6-71　扫动数据面板显示结果

(8) 右击“estsys1”，选择“显示 Bode 图”(见图 6-72)，查看 Bode 曲线图，如图 6-73 所示。

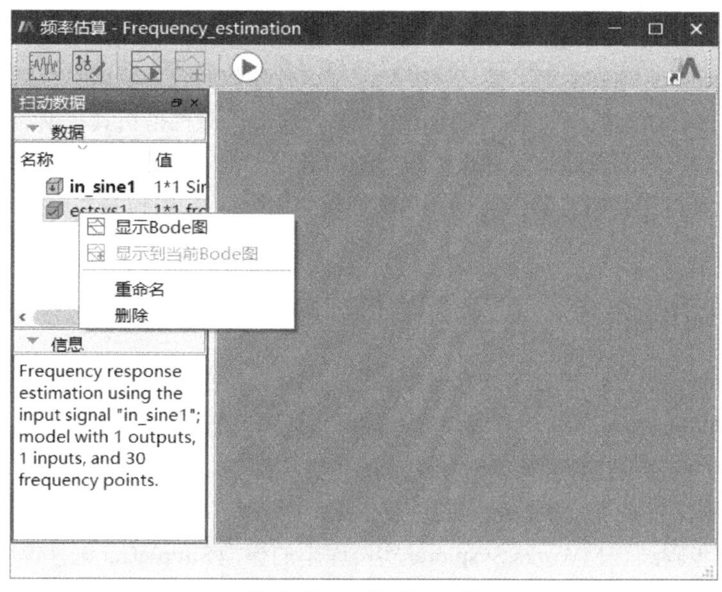

图 6-72　显示 Bode 图

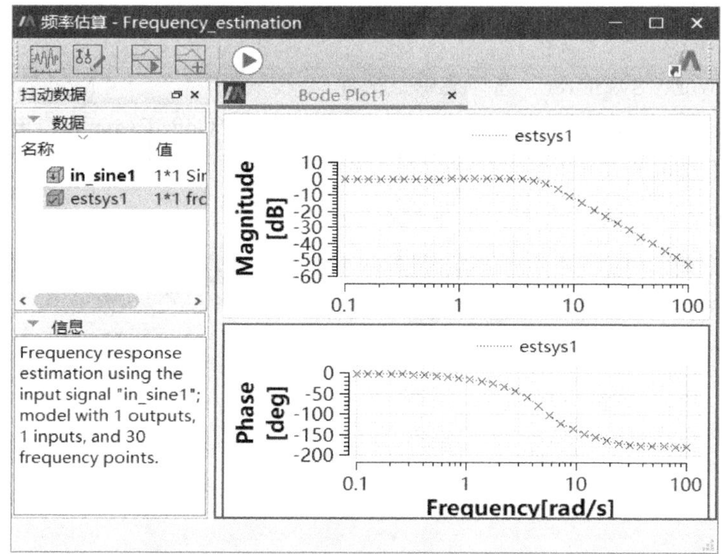

图 6-73　查看曲线

6.5　模型标定

对于物理系统建模与仿真，一般情况下其中的组件(部件或子系统)会包含很多参数，这些参数对应实际的环境参数、运行工况等。在这些参数中，一部分可以很容易地从设计资料中获取，一部分来自物理实验中的测量结果。

然而，有些参数通常不是很容易得到，如惯性矩、摩擦力、质量损失等。如果通过多次试验的方式来确定，不仅效率低，而且得到的结果也不够精确。对仿真模型的参数标定(也称参数预估)可以满足这种需求，在数学上，参数调节过程实际为一种优化过程，旨在最小化仿真结果与测量数据之间的误差。

MWorks.Sysplorer 参数标定工具支持用户进行这种参数研究，以试验得到的测量数据为依据，在某一范围内自动调整参数值并同时进行仿真，通过比对模型仿真数据与试验测量数据的差异，使得模型输出与测量结果达到最大程度的吻合。

参数标定工具在仿真浏览器中运行，与物理模型的编译结果(仿真实例及其对应的求解器)紧密集成。

6.5.1 使用前的准备

使用参数分析工具之前做好下列准备工作。

(1) 启动 MWorks.Sysplorer，打开模型，翻译生成可运行的求解器。

(2) 在仿真浏览器中找到并确认对应生成的仿真实例。

(3) 测量数据文件是进行参数标定的重要依据，要求其尽可能准确。

具体的操作步骤结合 MWorks.Sysplorer 实例库中的模型 SimpleCar 进行说明(详细的文件路径为“安装目录\Docs\Examples\SimpleCar.mo”)。

1. SimpleCar 模型

操作步骤如下：

(1) 启动 MWorks.Sysplorer，选择菜单“文件”→“模型库”→“Modelica2.2.2”，加载模型库 2.2.2；选择菜单“文件”→“打开”，选择“安装目录\Docs\Examples\Utilities.mo”，打开所需的库文件；再次选择菜单“文件”→“打开”，选择“安装目录\Docs\Examples\ SimpleCar.mo”，打开 SimpleCar 模型。初始界面如图 6-74 所示。

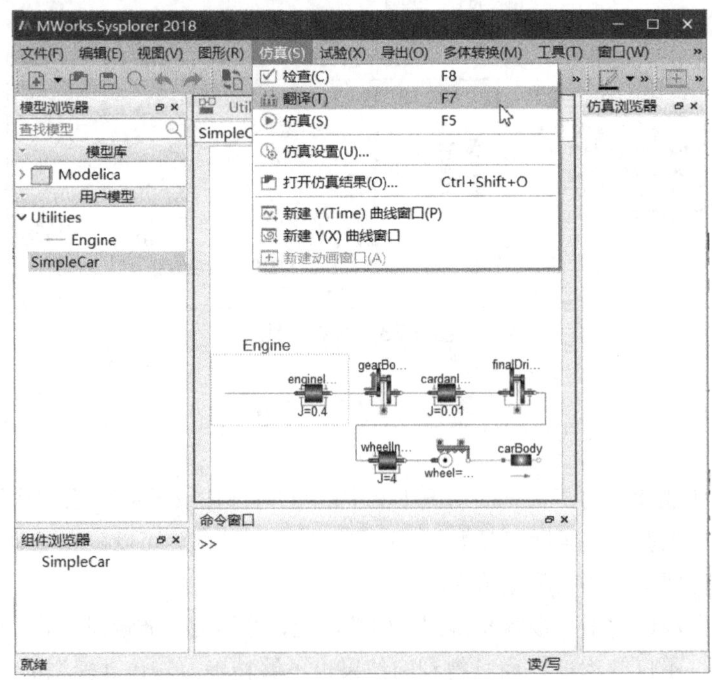

图 6-74 打开 SimpleCar 模型并进行翻译

图 6-74 左半部分表示汽车发动机(Engine)，输出的扭矩通过变速箱(gearBox)连接到 4 个轮子(wheel)，轮子的转动使得汽车产生平移。设 R 表示轮子半径，那么 1/R 可理解为转动与平移之间的比例因子。模型中定义了初始参数 R=0.34，并且关联到另外一个参数 wheel.ratio = 1/R，参考图 6-74 所示的模型组件图。汽车质量(carBody.m)设为 1810 kg，包括车身、发动机以及测量设备等质量。

(2) 选择菜单“仿真”→“翻译”，编译生成可运行的求解器。

(3) 此时仿真浏览器会自动打开，并且包含仿真实例“SimpleCar”；若未出现，则选择菜单“视图”→“仿真浏览器”，打开仿真浏览器。

(4) 选中仿真浏览器中的“设置”选项卡，将其中的终止时间设置为 6；然后单击仿真实例中的求解按钮(三角图标)进行求解，结果如图 6-75 所示。

图 6-75　生成仿真实例 SimpleCar

至此试验准备工作结束，选择仿真实例右键菜单中“试验”子菜单的菜单项进行各项参数分析，本文中参数分析的目的是对影响汽车加速度的性能参数进行估值。

2. 测量数据文件

本例中使用的测量数据文件采用标准 CSV 格式(Comma Separated Values)，具体参考“安装目录\Docs\Examples\Acceleration_measurements.csv”。其中第一行表示测量指标“名字”，从第二行开始逐行记录各个时间点的指标“值”，并且必须有一列表示时间(time)数据，如图 6-76 所示。

该测量数据是使用某型号汽车在试验环境中得到的，测量区间为 0～6.24 s，测量时间间隔为 0.02 s，测量指标包括速度(speed，km/h)、距离(dist)和加速度(acc)，其中“acc”将用于仿真模型的参数标定，其时域曲线如图 6-77 所示。

	A	B	C	D
1	time	speed	dist	acc
2	0	0	0	0.22
3	0.02	0.2	0	0.33
4	0.04	0.3	0	0.45
5	0.06	0.4	0.01	0.56
6	0.08	0.5	0.01	0.68
7	0.1	0.6	0.01	0.82

图 6-76　测量数据文件(部分)

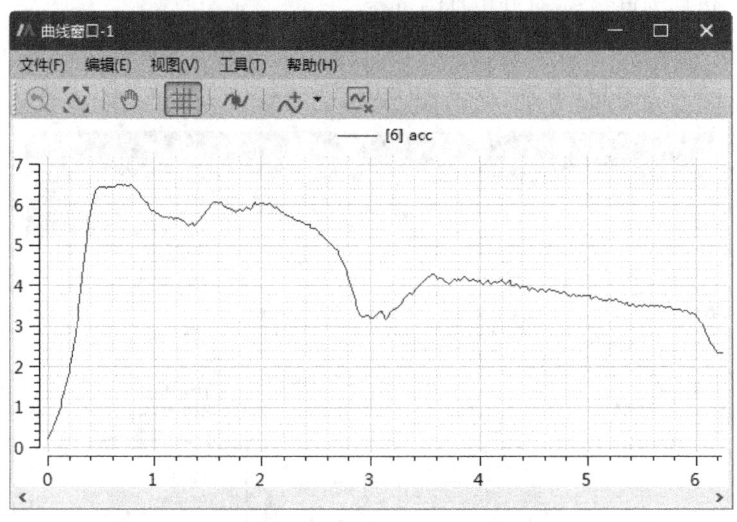

图 6-77　某型号汽车的加速度曲线

本文模拟的运行时间区间为 3.8～6 s，此时第 2 级齿轮处于啮合状态。

3. 模型验证与标定准则

本文借鉴最小二乘法的思路，通过计算模型仿真结果变量 y_s 与对应的测量指标变量 y_m 在各个测量时间点上残差的平方和 $\sum(y_{si}-y_{mi})^2$，以此作为模型验证准则，并将该值的最小化作为参数标定的目标。

具体方法与效果在下文详述。

6.5.2　模型验证

模型验证用于比较模型仿真结果变量与测量指标变量之间的差异，可以在模型标定的前后进行，前者适用于名义参数，从中查看二者差异；后者适用于优化参数，检查经过标定的参数值是否适用于其他场景。

从操作过程上来看，模型验证类似模型标定，但比后者简单，区别是模型验证不需要设置调节参数。具体的操作步骤通过下面的实例介绍。

从图 6-75 开始，选择菜单“试验”→“模型验证”，弹出参数配置界面(见图 6-78)。

模型验证参数配置向导包括 5 个属性页。

(1) 源模型：选择将要进行模型验证的仿真实例，系统将自动调用与该实例关联的求解器。

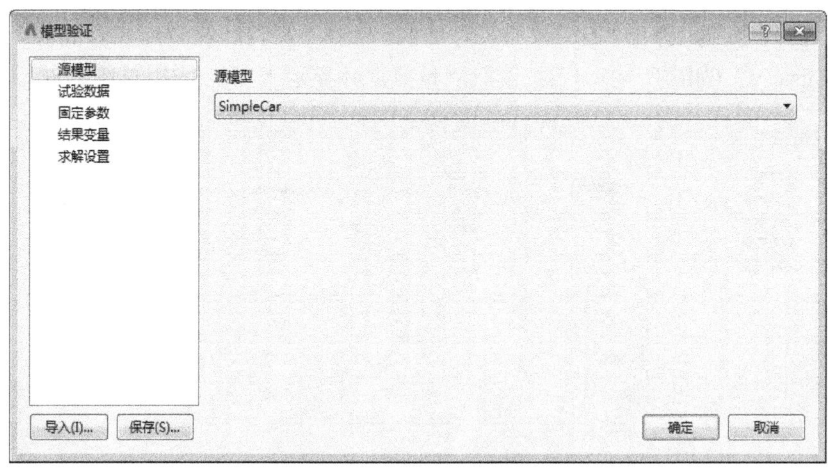

图 6-78　模型验证参数配置向导

(2) 试验数据：浏览外部测量数据。

(3) 固定参数：选择一个或多个固定不变的参数。如果把模型的参数关联到具体的产品参数、运行工况选项等，则这些参数在实际的物理场景中保持不变。

(4) 结果变量：选择一个或多个结果变量，并指定所关联的测量指标。这些变量将以曲线形式进行展示，从中可以直观地看出二者之间的差异。

(5) 求解设置：设置求解起止时间、步长、算法、误差等选项。

下面结合 SimpleCar 模型详细介绍操作步骤。

1. 选择源模型

首先选择进行参数分析的仿真实例。如图 6-78 所示，“源模型”列表中显示了当前候选的仿真实例，当前实例“SimpleCar”缺省已被选中。

2. 浏览试验数据

下一步，切换到“试验数据”属性页，选择测量数据文件。

单击图 6-78 左侧列表中的“试验数据”，切换到该属性页(见图 6-79)。

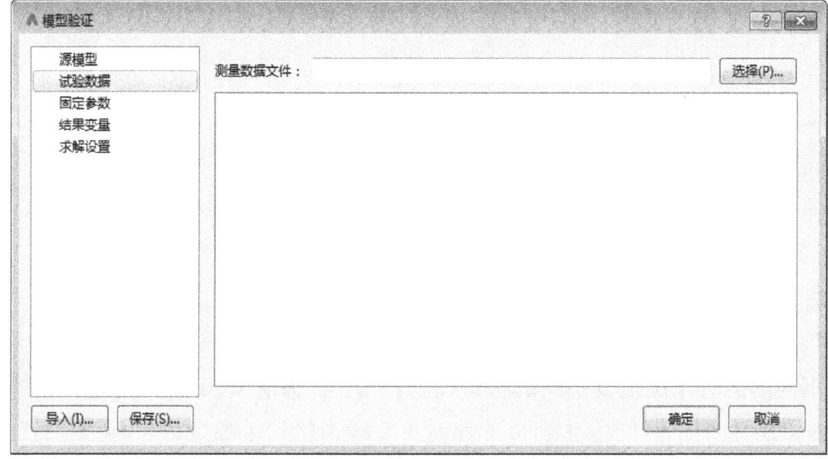

图 6-79　试验数据属性页(初始页面)

单击“选择”按钮，弹出“打开文件”对话框，选择“安装目录\Docs\Examples\Acceleration_measurements.csv”(如前所述)，系统读取测量数据并显示于列表框中(见图 6-80)。

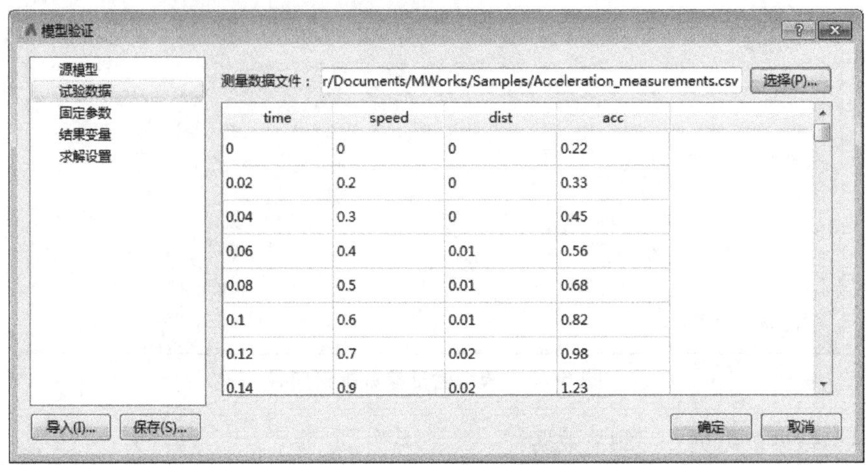

图 6-80 试验数据属性页

图 6-80 列出了包含“时间(time)”在内的所有变量。注意，为了后续在采样时间点上进行计算，要求测量数据文件中必须包含时间数据，并且变量名必须为“time”。

3. 选择固定参数

下一步，切换到“固定参数”属性页，选择固定不变的参数。

单击图 6-80 左侧列表中的“固定参数”，切换到该属性页(见图 6-81)。

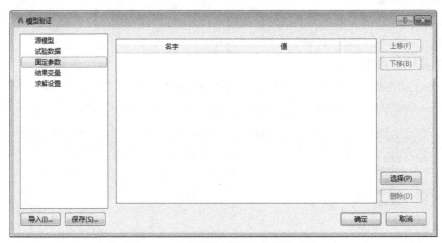

图 6-81 固定参数属性页(参数集为空)

固定参数来自仿真模型，通过交互方式进行选择。单击“选择”按钮，弹出“选择变量”对话框(见图 6-82)。

注意，不同的运行工况需要不同的参数设置，对于状态变量，还需要设置对应的变量初值。回顾本文模拟的运行时间区间为 3.8～6 s，此时第 2 级齿轮处于啮合状态，需要设置汽车在 3.8 s 时的初始速度(变量初值已设定)以及第 2 级齿轮的传动比。

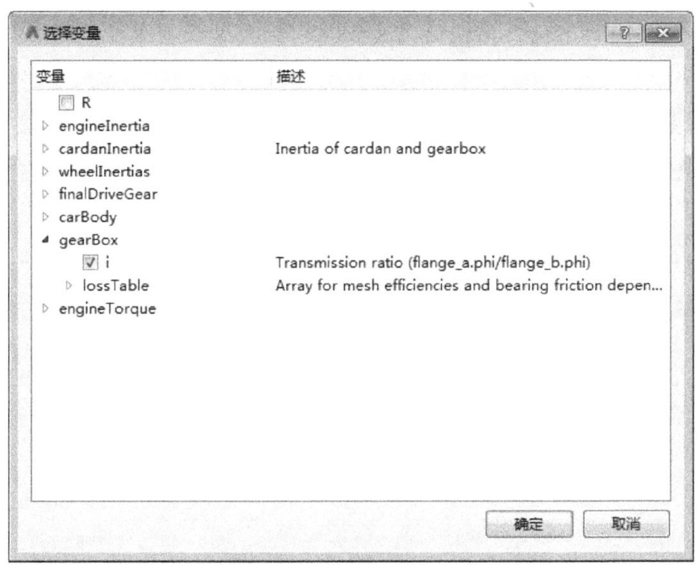

图 6-82　选择固定参数

对应图 6-82，本例选择参数 gearBox.i(传动比)。注意，“选择变量”对话框与 MWorks.Sysplorer 仿真浏览器参数面板中的显示内容有点不同，这一步中只列出允许修改的参数(非独立参数和非参数节点已排除)。

完成参数选择之后，单击“确定”按钮回到固定参数属性页，在其中的列表框中显示出已选中的参数集(见图 6-83)。

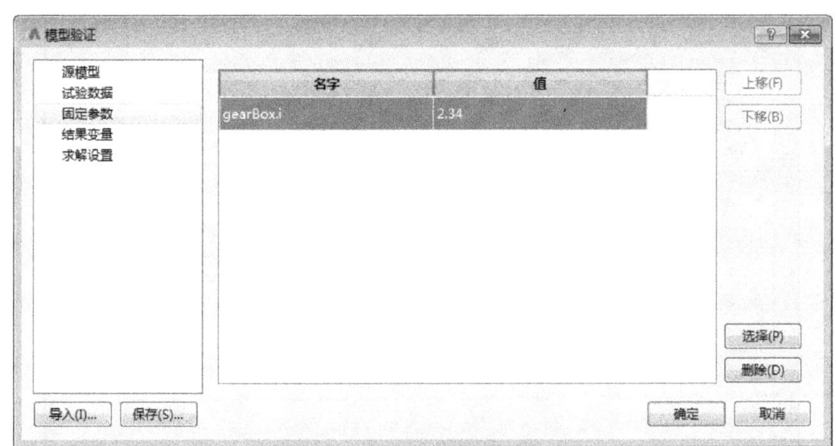

图 6-83　固定参数属性页

图 6-83 中列出了选中的参数列表及其全部属性。

(1) 名字：即参数全名。为避免出错，限制不能修改参数名。

(2) 值：固定参数值，缺省来自仿真实例，允许修改。注意，如果此处“值”表示变量初值(start)，那么该值必须与求解选项中的“开始时间”相关，对应求解开始时刻的数值。

本例中，carBody.v 初值设为 19，gearBox.i 初值设为 2.34。其中速度根据测量数据计算得到，68.4 km/h 换算到 SI 单位为 19 m/s。

提示：使用“上移”“下移”按钮可以改变固定参数显示顺序；使用“删除”按钮可以去除多余的参数。

4. 选择结果变量

下一步，切换到“结果变量”属性页，选择将要进行比较的结果变量，它们分别来自仿真模型和测量数据文件。

单击图 6-83 左侧列表中的“结果变量”，切换到该属性页(见图 6-84)。

图 6-84 结果变量属性页(变量集为空)

结果变量同样来自仿真模型，单击“选择”按钮，弹出图 6-85 所示的对话框。

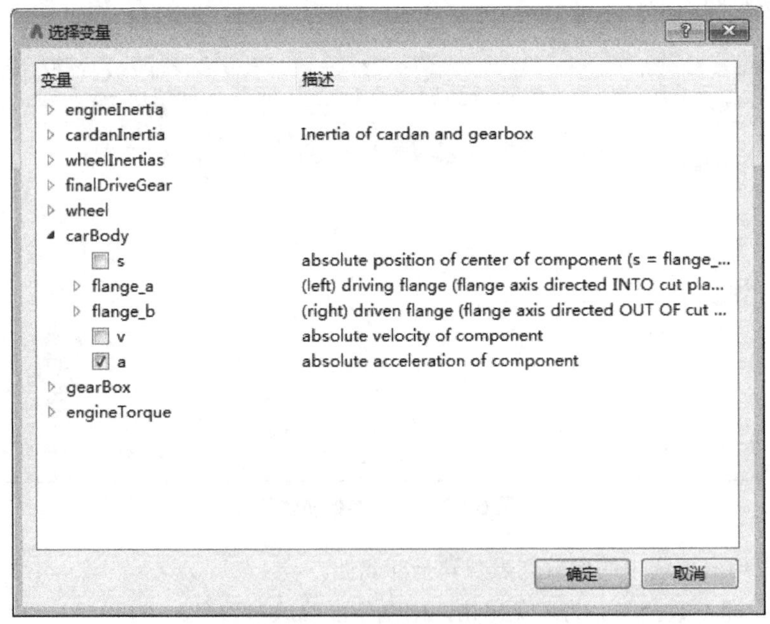

图 6-85 选择结果变量

按本例要求，从中勾选变量“carBody.a”，即汽车加速度。注意，这一步的显示内容与图 6-82 所示的不同，树形列表中不显示参数。

完成选择之后，单击“确定”按钮回到结果变量属性页，在其中的列表框中显示出已选中的变量集(见图 6-86)。

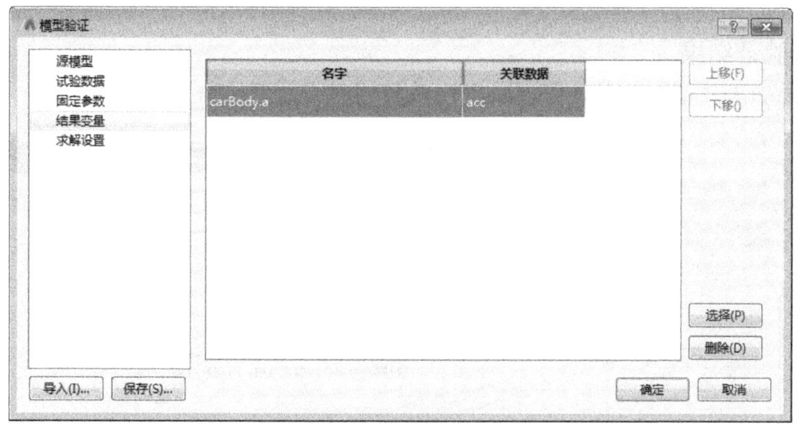

图 6-86　结果变量属性页

图 6-86 中列出了选中的变量列表及其全部属性。

(1) 名字：即变量全名。为避免出错，限制不能修改变量名。

(2) 关联数据：此时，该栏以下拉列表形式显示测量数据文件中的指标变量(时间“time”除外)。

本例中选择“carBody.a”作为输出变量，设置加速度指标“acc”与之关联，二者在仿真区间内各个测量时间点上残差的平方和将作为验证准则。注意，测量数据所使用的单位必须与仿真变量的单位(“unit”属性)相同，若不同，则应预先进行换算(这种数值换算操作在 Excel 中很容易实现)。本例中二者均取 SI 单位制“m/s^2”。

提示：使用“上移”“下移”按钮可以改变输出变量在列表中的显示顺序，同时改变了结果变量的输出顺序；使用“删除”按钮可以去除多余的变量。

5. 设置求解选项

最后一步，设置求解器运行选项。

单击图 6-86 左侧列表中的“求解设置”，切换到该属性页(见图 6-87)。

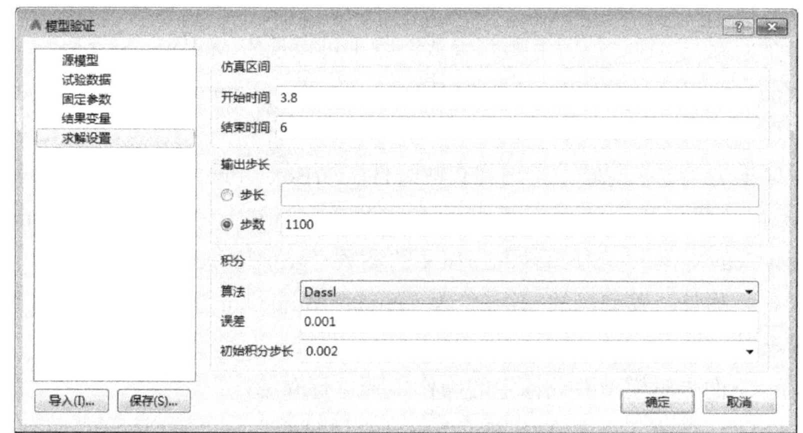

图 6-87　求解设置属性页

本例中，求解起止时间设为 3.8～6 s，步数设为 1100，误差设为 0.001，步长与积分算法等取缺省选项。

6. 查看验证结果

参数配置完成，单击“确定”按钮执行模型验证，结果如图 6-88 所示。

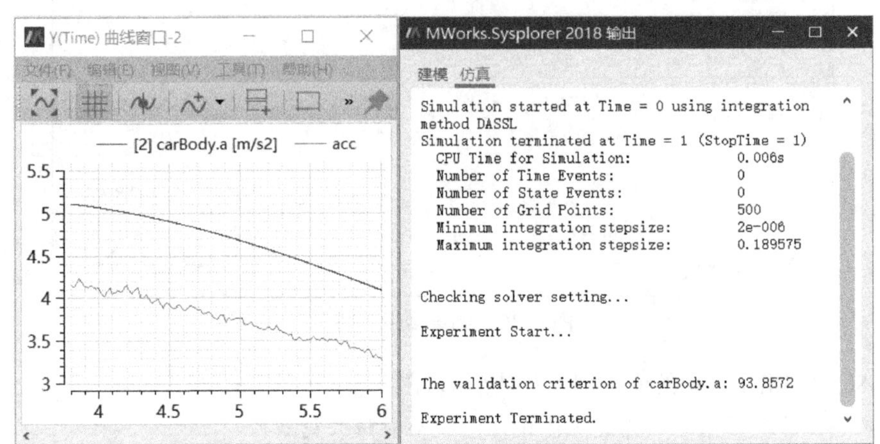

图 6-88　模型验证的输出结果

其中：

(1) 曲线窗口中显示了仿真结果变量以及与其关联的测量数据在仿真区间内的变化趋势，其中，蓝色曲线表示测量指标“acc”，红色曲线表示仿真数据“carBody.a”。

(2) 输出栏中给出了具体的差值，$\sum(y_{si}-y_{mi})^2=93.8572$。

图 6-88 展示了仿真模型在 3.8～6 s 范围内的结果曲线，二者在时间轴上有相似的趋势，但偏差较大。仿真结果变量给出的加速度相比测量数据更大一些，这个差异将由模型标定进行解决，通过调整模型参数使之达到吻合。

6.5.3　模型参数标定

如前所述，模型标定是通过改变一些模型参数使得仿真结果变量与测量数据达到吻合。首先要解决的一个问题是，到底该调节哪些参数？除了可以使用 MWorks.Sysplorer 其他试验功能来分析参数变动对结果变量的影响(参见“MWorks_Toolkit _Parameter_Analysis.pdf”)外，一般情况下可以考虑：哪些参数最不容易确定。

本例中，摩擦力等已被忽略，考虑到有些组件(gearBox、finalDriveGear)的效率损耗不太容易精确估算，有必要将其合并到一起来考虑。参考 gearBox 的类型“Modelica.Mechanics.Rotational.LossyGear”，可以选择组件 gearBox 的参数“gearBox.lossTable[1,2]”，合并考虑仿真模型的效率损耗。另外，发动机的扭矩(参数“engineTorque.tau_0”)对结果变量起决定作用，也可作为调节参数。

结合本例，下面先对模型参数标定的操作步骤进行介绍。

从图 6-75 开始，在仿真实例的右键菜单中选择“试验”→“模型标定”，弹出参数配置界面(见图 6-89)。

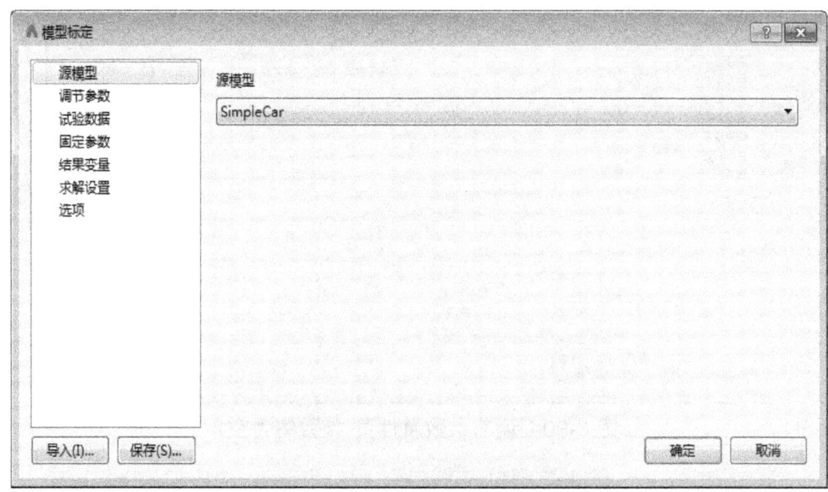

图 6-89 模型标定参数配置向导

模型标定参数配置向导包括 7 个属性页。

(1) 源模型：选择将要进行模型标定的仿真实例，系统将自动调用与该实例关联的求解器。

(2) 调节参数：选择一个或多个需进行调节的参数。显然，所选择的参数必须对结果变量有影响才是可行的，如果改变调节参数之后结果变量输出不变，则参数标定将失败。

(3) 试验数据：浏览外部测量数据。

(4) 固定参数：选择一个或多个固定不变的参数。如果把模型的参数关联到具体的产品参数、运行工况选项等，则这些参数在实际的物理场景中保持不变。

(5) 结果变量：选择一个或多个结果变量，并指定所关联的测量指标。这些变量将以曲线形式进行展示，从中可以直观地看出二者之间的差异。如前所述，模型仿真结果变量与对应的测量指标变量在各个测量时间点上残差的平方和作为模型验证准则，将该值的最小化作为参数标定的目标。

(6) 求解设置：设置求解起止时间、步长、算法、误差等选项。

(7) 选项：设置参数标定过程选项，如收敛误差、最大迭代步数等。

下面结合 SimpleCar 模型详细介绍操作步骤(部分操作可参考模型验证)。

1. 选择源模型

首先选择进行参数分析的仿真实例。如图 6-89 所示，“源模型”列表中显示了当前候选的仿真实例，当前实例“SimpleCar”缺省已被选中。

2. 选择调节参数

下一步，切换到“调节参数”属性页选择调节参数。

单击图 6-89 左侧列表中的“调节参数”，切换到该属性页(见图 6-90)。

调节参数来自仿真模型，通过交互方式进行选择。单击“选择”按钮，弹出“选择变量”对话框(见图 6-91)。

按本例要求，从中勾选参数 gearBox.lossTable[1,2](变速箱效率损耗)和 engineTorque.tau_0 (发动机扭矩)。

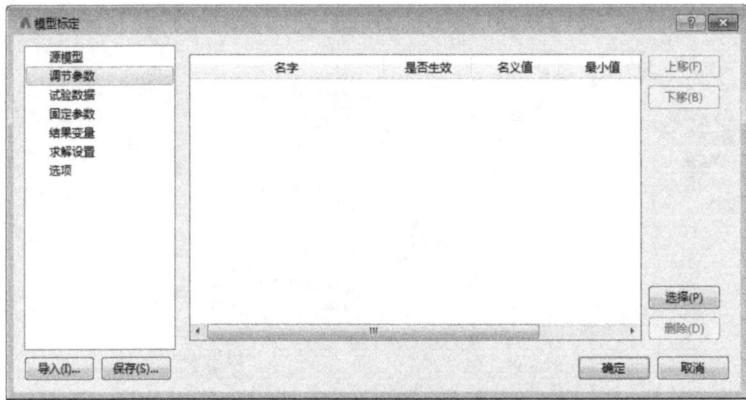

图 6-90　调节参数属性页(参数集为空)

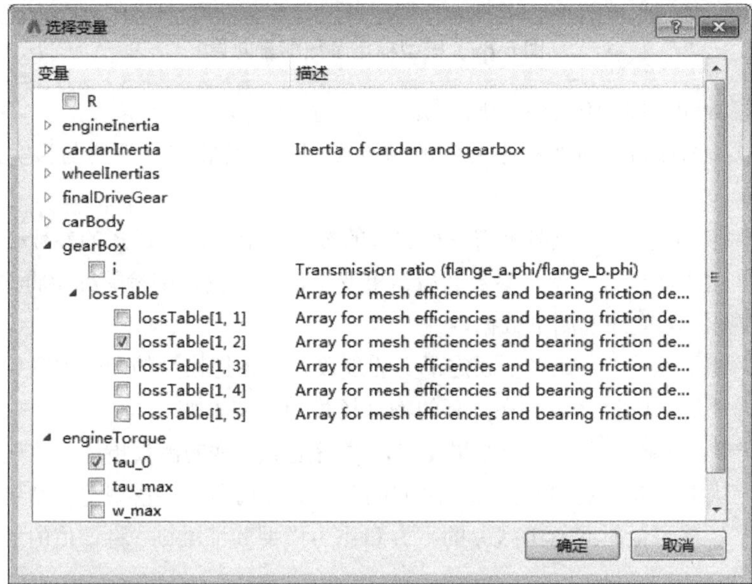

图 6-91　选择调节参数

完成参数选择之后，单击“确定”按钮回到调节参数属性页，在其中的列表框中显示出已选中的参数集(见图 6-92)。

图 6-92　调节参数属性页

图 6-92 中列出了选中的参数列表及其全部属性。

(1) 名字：即参数全名。为避免出错，限制不能修改参数名。

(2) 是否生效：设置该参数是否要进行调节(缺省为 true)。如果选择不生效(设为 false)，则参数在模型标定过程中视为固定参数(将调节参数设为不生效，实际上改变了模型参数的缺省值，对应改变了模型的运行状态)。

(3) 名义值：调节参数初始值，缺省来自仿真实例，允许修改。

(4) 最小值：设置调节参数的下界，“−1e100”表示不做限制。

(5) 最大值：设置调节参数的上界，“1e100”表示不做限制。

本例中，调节参数“gearBox.lossTable[1,2]”和“engineTorque.tau_0”的名义值分别设为 1.0 和 320.0，参数上下界均不做限制。

提示：使用“上移”“下移”按钮可以改变调节参数生效顺序；使用“删除”按钮可以去除多余的参数。

3. 浏览试验数据

下一步，切换到“试验数据”属性页，选择测量数据文件。

操作细节参考模型验证部分(见图 6-79、图 6-80)。

本例中选择“安装目录\Docs\Examples\Acceleration _measurements.csv”。

4. 选择固定参数

下一步，切换到“固定参数”属性页，选择固定不变的参数。

操作细节参考模型验证部分(见图 6-81、图 6-82、图 6-83)。

本例中选择参数 gearBox.i(传动比)，并设为“2.34”。

5. 选择结果变量

下一步，切换到“结果变量”属性页，选择将要进行比较的结果变量，它们分别来自仿真模型和测量数据文件。

操作细节参考模型验证部分(见图 6-84、图 6-85、图 6-86)。

除了选择模型变量与测量指标之外，在模型标定参数配置向导中，该属性页对结果变量增加了 2 个选项(见图 6-93)。

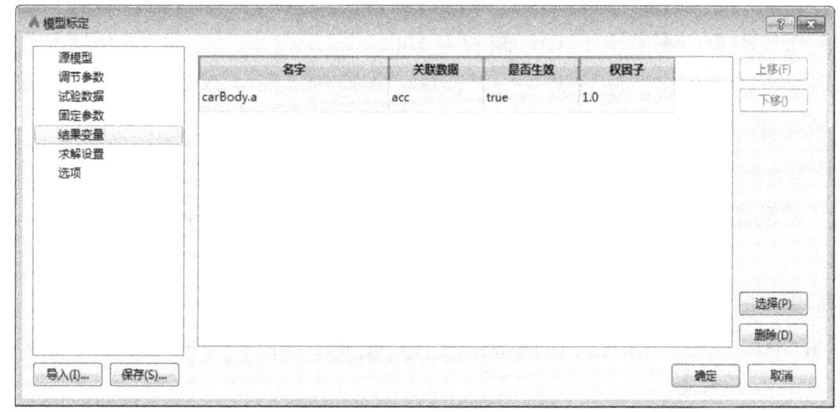

图 6-93　结果变量属性页

(1) 是否生效：缺省为 true，如果选择不生效(设为 false)，则该变量在模型标定过程中将不作为计算验证准则，当然也不作为优化目标。

(2) 权因子：当有多个结果变量参与标定时，可适当设置各自对应的权因子，缺省为 1。

本例中选择“carBody.a”作为输出变量，设置加速度指标“acc”与之关联，二者在仿真区间内各个测量时间点上残差的平方和将作为验证准则，该值的最小化作为参数标定的目标。

6. 设置模型求解选项

下一步，设置求解器运行选项。

操作细节参考模型验证部分(见图 6-87)。

本例中，求解起止时间设为 3.8～6 s，步数设为 1100，误差设为 0.001，步长与积分中的算法等取缺省选项。

7. 设置参数标定过程选项

最后一步，设置参数标定过程选项。

单击图 6-93 左侧列表中的“选项”，切换到该属性页(见图 6-94)。

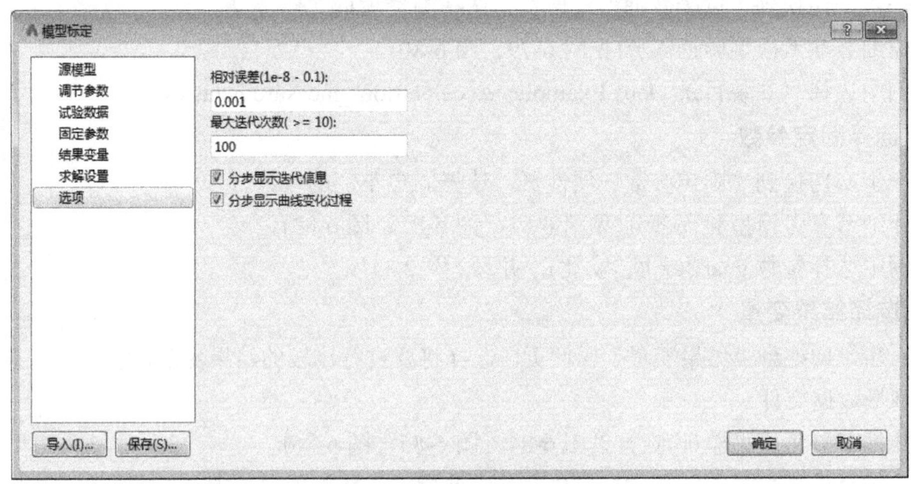

图 6-94　模型标定选项

(1) 相对误差：作为迭代收敛误差，该值范围为 1e-8～0.1，缺省值为 1e-3。

(2) 最大迭代次数：不能小于 10，缺省为 100。

(3) 分步显示迭代信息：缺省为 true，这样，在迭代过程中输出栏将显示参数变动细节，同时给出仿真结果变量与测量指标在各个时间点残差的平方和(即验证准则)。

(4) 分步显示曲线变化过程：缺省为 true，每当调节参数变化时，系统自动运行源模型对应的求解器，并动态显示仿真结果变量与测量指标的时变曲线，从中可直观了解二者之间差异的变化情况。

8. 查看模型标定结果

参数配置完成，单击“保存”按钮将本次参数配置结果保存为外部脚本文件，供后续操作“检查参数灵敏度”复用。

单击“确定”按钮执行模型标定，经过 15 次迭代之后得到结果，如图 6-95 所示。

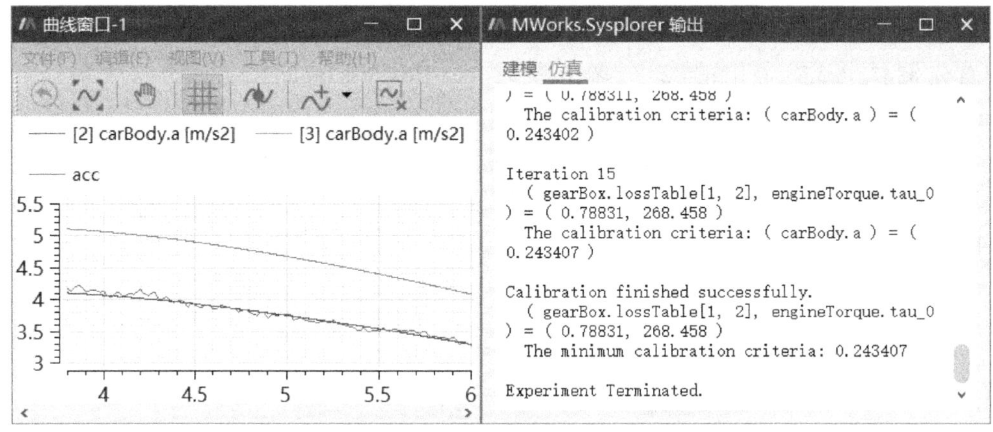

图 6-95　模型标定的输出结果

(1) 曲线窗口中显示了仿真结果变量以及与其关联的测量数据在仿真区间内的变化趋势，其中，绿色曲线表示测量指标“acc”，蓝色曲线和红色曲线分别表示当调节参数在标定前后对应的仿真数据“carBody.a”。

(2) 在输出窗口中给出了调节参数的最优解，gearBox.lossTable[1,2] = 0.788311，engineTorque.tau_0 = 268.458，以及对应的验证结果，$\sum(y_{si}-y_{mi})^2$=0.243407。如果选中了“分步显示迭代信息”(见图 6-94)，在迭代过程中输出栏还将显示参数变动细节，同时给出仿真结果变量与测量指标在各个时间点残差的平方和(即验证准则)。

(3) 变量浏览器中生成了模型标定之后的仿真实例“SimpleCar-1”，该实例中调节参数已设为最优解， gearBox.i 设为“2.34”，可以从中观察模型其他变量指标在标定前后的差异情况。

(4) 如果选中了“分步显示曲线变化过程”(见图 6-94)，每当参数发生变化时，系统自动运行源模型对应的求解器，并动态显示仿真结果变量与测量指标的时变曲线，从中可直观了解二者之间差异的变化情况。

从图 6-95 可以看到，参数标定后的仿真模型在 3.8～6 s 内的结果曲线与测量数据达到最大程度上的吻合，参数标定得到期望的结果。

提示：由于模型参数对输出变量的影响是复杂多变的，适当改变模型结构或增加调节参数的数目，模型标定过程也许比较“巧合”地达到收敛，但是并不能保证这组参数能够适应其他仿真环境。因此，对于标定出的最优参数组合，应该使用另外一组测量数据进行验证，检查仿真结果与试验数据是否也趋向一致。

6.5.4　检查参数灵敏度

根据前面的分析，对于进行调节的模型参数有一个基本要求，即必须能影响关联变量的结果，否则，优化过程不会收敛，模型标定必定失败。但是仅仅了解这些是不够的。有时候，两个或多个参数可能以某种相似的方式对关联变量产生影响，这意味着不能独立地调节其中一个或某几个参数。

检查参数灵敏度功能是使用模型标定算法对参数之间的相关性进行分析，指出它们是否存在某种线性组合关系。

1. 检查 gearBox.lossTable[1,2]、engineTorque.tau_0

首先测试 6.5.3 节中的 2 个调节参数 gearBox.lossTable[1,2](变速箱效率损耗)和 engineTorque.tau_0(发动机扭矩)，如图 6-92 所示。

从图 6-75 开始，选择菜单“试验”→“检查参数灵敏度”，弹出参数配置界面，这时读入上次进行参数标定时保存的配置文件。为便于阅读，下面列出了“调节参数”属性页的截屏(见图 6-96)，其他属性页配置如前所述。

图 6-96　检查 gearBox.lossTable[1,2]、engineTorque.tau_0

单击“确定”按钮执行，参数标定结果如表 6-12 所示。

表 6-12　检查 gearBox.lossTable[1,2]、engineTorque.tau_0

调节参数	是否生效	初始值	最优解	验证准则	迭代次数
gearBox.lossTable[1,2] engineTorque.tau_0	是 是	1.0 320.0	0.788311 268.457	0.243393	15
gearBox.lossTable[1,2] engineTorque.tau_0	是 否	1.0 320.0	0.763358 320.0	1.04996	5
gearBox.lossTable[1,2] engineTorque.tau_0	否 是	1.0 320.0	1.0 74.9618	25.2023	9

特别提示，上表中标记的“是否生效”是由检查参数灵敏度工具在处理过程中自动设置，目的在于检查参数扰动之后验证结果能够回到最优解的状态，因此对于图 6-92 所示的界面设置，不要人为改变参数的“是否生效”标记。

从后面 2 组数据可以看出，如果给 gearBox.lossTable[1,2]或 engineTorque.tau_0 增加一点扰动，验证结果无法回到最优解的状态(超出最优解 0.243393)，表明验证准则对于 gearBox.lossTable[1,2]和/或 engineTorque.tau_0 的变动相当敏感。

输出栏提示如下：

The calibration criteria are sensitive for small variations around the nominal values in all tuner parameters and in all their linear combinations.

检查结果表明，参数 gearBox.lossTable[1,2]与 engineTorque.tau_0 之间不存在任何相关性，二者可以独立地进行调节。

2. 检查 engineInertia.J、cardanInertia.J

考虑另外一组参数，engineInertia.J、cardanInertia.J，参数初值分别设为 0.4 和 0.01，如图 6-97 所示(注意限制不小于 0.001)。

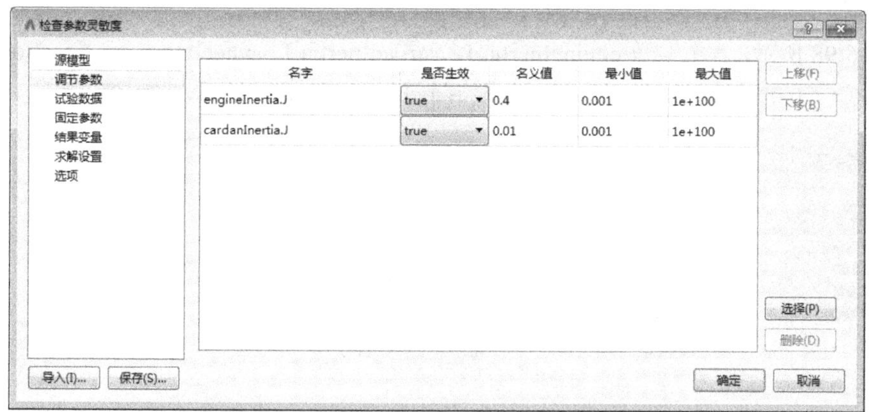

图 6-97　检查 engineInertia.J、cardanInertia.J

参数标定结果如表 6-13 所示。

表 6-13　检查 engineInertia.J、cardanInertia.J

调节参数	是否生效	初始值	最优解	验证准则	迭代次数
engineInertia.J cardanInertia.J	是 是	0.4 0.01	1.13512 1.44932	1.03865	5
engineInertia.J cardanInertia.J	是 否	0.4 0.01	1.3916 0.01	1.03857	5
engineInertia.J cardanInertia.J	否 是	0.4 0.01	0.4 5.44501	1.03851	6

从后面 2 组数据可以看出，如果给 engineInertia.J 或 cardanInertia.J 增加一点扰动，验证结果仍会回到最优解的状态(小于最优解 1.03865)，表明验证准则对于 engineInertia.J 和/或 cardanInertia.J 的变动是不敏感的。

输出栏提示如下：

The calibration criteria are sensitive for small variations around the nominal values in all tuner parameters and in all their linear combinations.

检查结果表明，参数 engineInertia.J 与 cardanInertia.J 之间有较强的依赖关系，尽管可以改变 engineInertia.J 和/或 cardanInertia.J 的初始值，但只要保持“engineInertia.J + 0.18284×cardanInertia.J”的结果不变，对模型验证结果来说，总可以回到最优解的状态。

这意味着，不能对参数 engineInertia.J 或 cardanInertia.J 单独进行调节，但可以对

engineInertia.J 与 cardanInertia.J 的参数组合进行调节。

对照模型组件图(见图 6-74)，注意到 engineInertia 与 cardanInertia 是通过减速齿轮 gearBox 刚性连接的，参数 engineInertia.J 与 cardanInertia.J 共同对汽车性能参数“加速度”产生影响。

3. 检查 engineInertia.J、cardanInertia.J、wheelInertias.J、carBody.m

接下来测试更多的参数组合，engineInertia、cardanInertia、wheelInertias、carBody 共 4 个部件之间都是刚性连接，可以通过类似的操作进行相关性测试。

如图 6-98 所示，4 个参数 engineInertia.J、cardanInertia.J、wheelInertias.J、carBody.m 初值分别设为 0.4、0.01、4、1810(注意分别设置不小于 0.01、0.01、1.0、1000.0)。

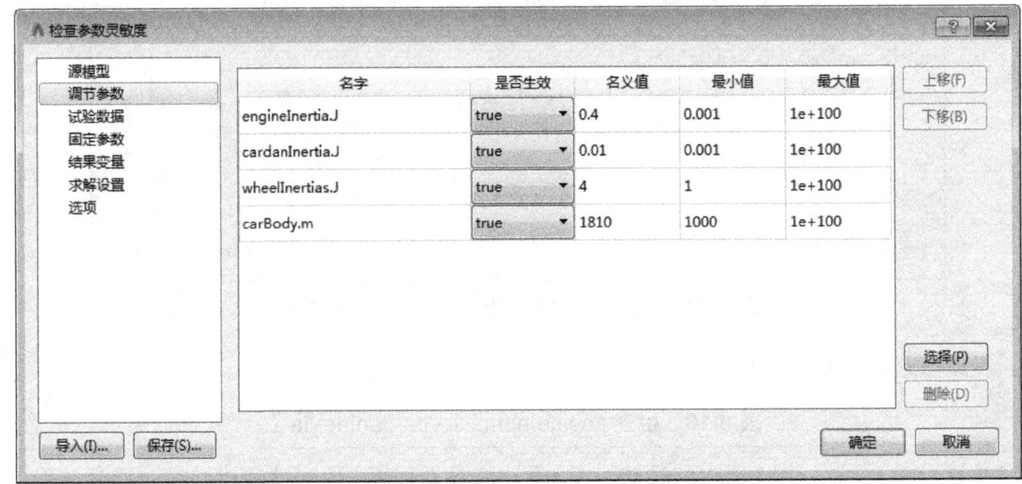

图 6-98　检查 engineInertia.J、cardanInertia.J、wheelInertias.J、carBody.m

参数标定结果如表 6-14 所示。

表 6-14　检查 engineIntertia.J、cardanInertia.J、wheelInertias.J、carBody.m

调节参数	是否生效	初始值	最优解	验证准则	迭代次数
engineInertia.J cardanInertia.J wheelInertias.J carBody.m	是 是 是 是	0.4 0.01 4 1810	1.11859 1.43814 5.12244 1810.89	1.03869	5
engineInertia.J cardanInertia.J wheelInertias.J carBody.m	是 否 否 否	0.4 0.01 4 1810	1.3916 0.01 4 1810	1.03867	5
engineInertia.J cardanInertia.J wheelInertias.J carBody.m	否 是 否 否	0.4 0.01 4 1810	0.4 5.44501 4 1810	1.03851	6

续表

调节参数	是否生效	初始值	最优解	验证准则	迭代次数
engineInertia.J cardanInertia.J wheelInertias.J carBody.m	否 否 是 否	0.4 0.01 4 1810	0.4 0.01 69.0563 1810	1.03856	9
engineInertia.J cardanInertia.J wheelInertias.J carBody.m	否 否 否 是	0.4 0.01 4 1810	0.4 0.01 4 2373.74	1.03818	11

从后面 4 组数据可以看出，如果给 engineInertia.J、cardanInertia.J、wheelInertias.J、carBody.m 分别增加一点扰动，验证结果仍会回到最优解的状态(小于最优解 1.03869)，表明验证准则对于 engineInertia.J、cardanInertia.J、wheelInertias.J、carBody.m 的变动是不敏感的。

输出栏提示如下：

The calibration criteria are insensitive for small variations around the nominal values in the following linear parameter combinations: engineInertia.J + 0.182873 * cardanInertia.J + 0.0152781 * wheelInertias.J + 0.00176528 * carBody.m

6.5.5 高级选项

完成参数配置之后，可以保存为外部脚本文件供下次使用。例如，因某种原因改变了仿真模型，当再次进行参数分析时可避免重复配置。

以模型验证为例，参考图 6-78、图 6-80、图 6-83、图 6-85、图 6-86，参数配置完成后，单击“保存”按钮，在弹出的文件对话框中输入 xml 文件名，如“ValidateModel”，可将本次参数配置结果保存到该文件“ValidateModel.xml”。

当需要再次进行参数配置时，参考图 6-78，此时无需进行类似图 6-80、图 6-83、图 6-85、图 6-86 中的交互操作，单击“导入”按钮，选择之前保存的配置文件，可将其中的参数配置信息载入，随后立即执行参数分析。

6.6 参数分析

很多情况下，有必要使用不同的参数集来运行仿真模型，通过参数变化对输出变量的影响来观察物理系统的行为，进而深入理解系统的内部机理。

MWorks.Sysplorer 参数分析工具以一种更方便、更有效的方式支持用户进行这种参数研究，提供参数选择与赋值界面建立参数集，并且自动调用求解器得到批次结果。

参数分析工具在仿真浏览器中运行，与物理模型的编译结果(仿真实例及其对应的求解器)紧密集成。

参数分析工具的界面入口位于仿真浏览器中仿真实例右键菜单中的“试验”子菜单，包括参数扰动、参数扫动、扫动一个参数、扫动二个参数和蒙特卡洛分析。

6.6.1 使用前的准备

使用参数分析工具之前做好下列准备工作。

(1) 启动 MWorks.Sysplorer，打开模型，翻译生成可运行的求解器。

(2) 在仿真浏览器中找到并确认对应生成的仿真实例。

具体的操作步骤结合 Modelica 标准库中的模型 CoupledClutches(详细路径为 Modelica.Mechanics.Rotational.Examples.CoupledClutches)进行说明。

(1) 启动 MWorks.Sysplorer，加载 Modelica 标准库，打开 CoupledClutches 模型，初始界面如图 6-99 所示。

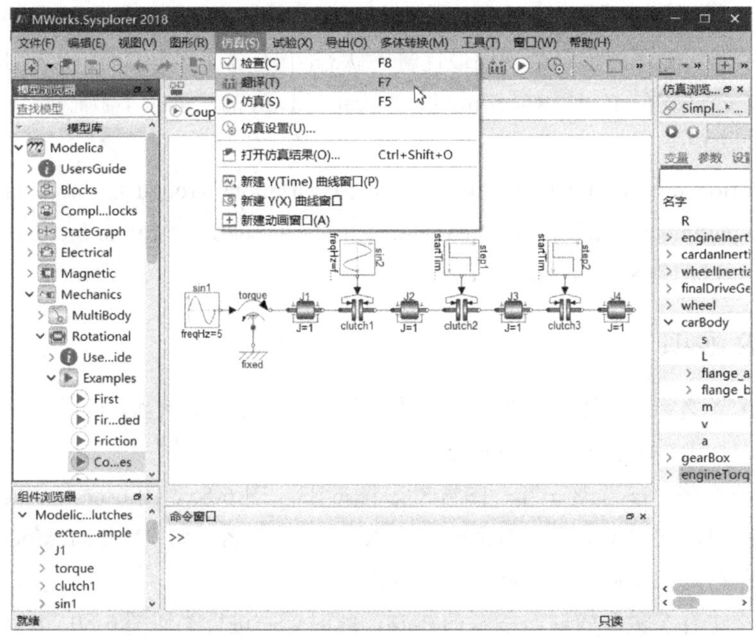

图 6-99 打开模型 CoupledClutches 并进行翻译

模型 CoupledClutches 包含 4 个转动元件 J1、J2、J3、J4，通过 3 个离合器 clutch1、clutch2、clutch3 连接起来并相互作用。

(2) 选择菜单“仿真”→“翻译”，编译生成可运行的求解器，此时仿真浏览器会自动弹出。若没有弹出，选择菜单“视图”→“仿真浏览器”，打开仿真浏览器面板。结果如图 6-100 所示。

至此准备工作结束，在后续设置中选择将要进行分析的参数，随着参数变动自动调用对应的求解，并查看结果变量。

右击仿真实例，在弹出的菜单“试验”的子菜单中的菜单项进行各项参数分析。本文中参数分析的目的是考察转动元件的参数——转动惯量 J1.J、J2.J、J3.J、J4.J 对输出变量——角速度 J1.w、J2.w、J3.w、J4.w 的影响。

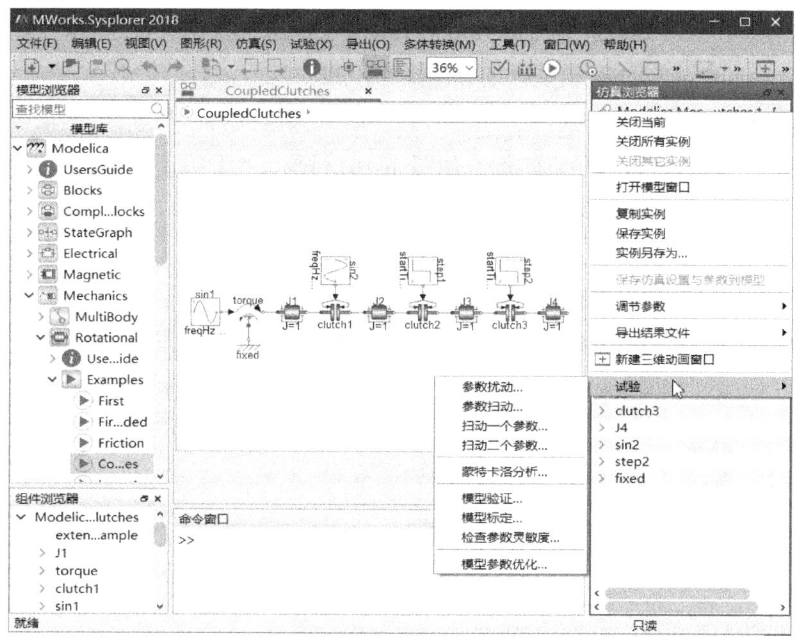

图 6-100　生成仿真实例 CoupledClutches

6.6.2　参数扰动

首先介绍参数扰动，这是考察参数变动对系统行为影响的最简单方式。从图 6-100 开始，选择菜单“试验”→“参数扰动”，弹出参数配置界面(见图 6-101)。

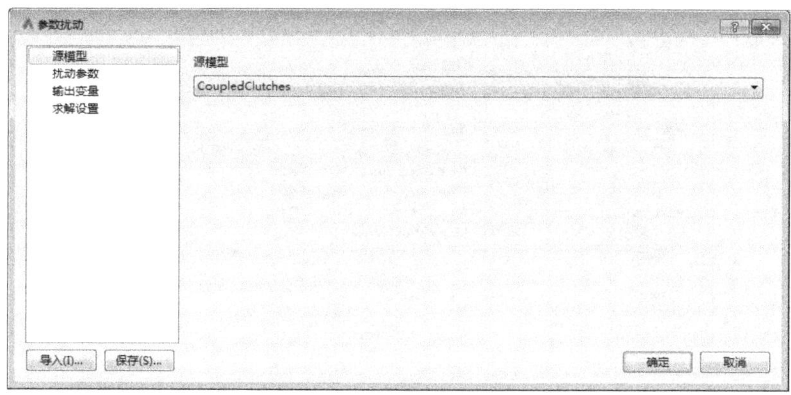

图 6-101　参数扰动向导

参数扰动向导包括 4 个属性页。

(1) 源模型：选择将要进行参数分析的仿真实例，当参数变动时，系统自动调用与该实例关联的求解器。

(2) 扰动参数：选择一个或多个进行变动的参数。注意，其他没有纳入考察范围的参数将以仿真实例中预置的数值为准。

(3) 输出变量：选择一个或多个结果变量。这些变量结果将以曲线形式进行展示，从中可以直观地看出参数变动对输出变量的影响。

(4) 求解设置：设置求解起止时间、步长、算法、误差等选项。

下面结合 CoupledClutches 模型详细介绍操作步骤。

1. 选择源模型

首先选择进行参数分析的仿真实例。如图 6-101 所示，“源模型”列表中显示了当前候选的仿真实例，当前实例“CoupledClutches”缺省已被选中。

2. 选择扰动参数

下一步，切换到“扰动参数”属性页，选择进行变动的参数。

单击图 6-101 左侧列表中的“扰动参数”，切换到该属性页(见图 6-102)。

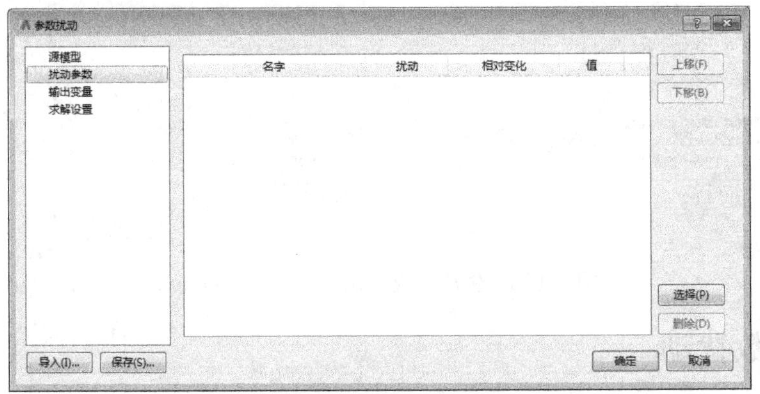

图 6-102　扰动参数属性页(参数集为空)

扰动参数来自仿真模型，通过交互方式进行选择。单击“选择”按钮，弹出“选择变量”对话框(见图 6-103)。

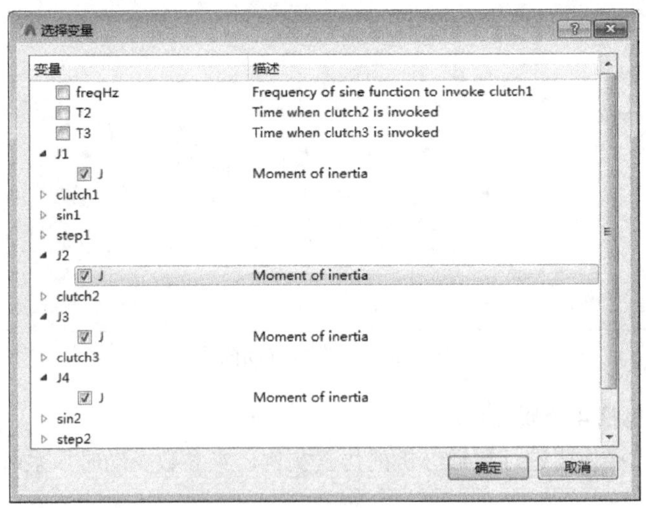

图 6-103　选择扰动参数

按本例要求，从中勾选参数 J1.J、J2.J、J3.J、J4.J。注意，“选择变量”对话框与仿真浏览器变量面板中的显示内容有点不同，这一步中只列出允许修改的参数(非独立参数和非参数节点已排除)。

完成参数选择之后，单击“确定”按钮回到扰动参数属性页，在其中的列表框中显示出已选中的参数集(见图 6-104)。

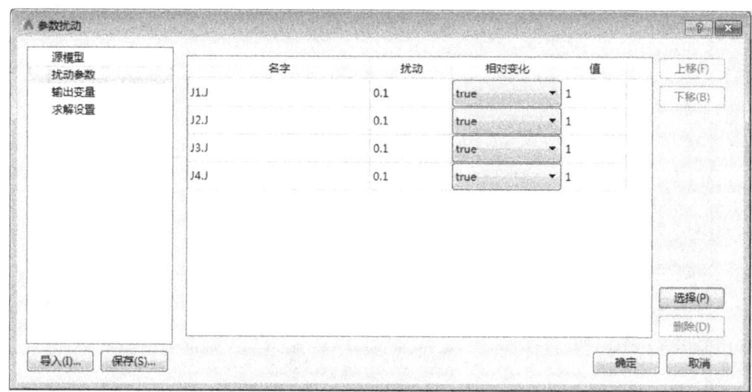

图 6-104　扰动参数属性页

图 6-104 中列出了选中的参数列表及其全部属性。

(1) 名字：即参数全名。为避免出错，限制不能修改参数名。

(2) 扰动：设置扰动值(change)。

(3) 相对变化：设置在参数名义值基础上进行相对变化(缺省为 true)或非相对变化(false)。

(4) 值：参数名义值(value)，缺省来自仿真实例，允许修改。

参数变动之后的数值 $value_p$ 根据 change 和 value 计算得到。

① 相对变化：$value_p$= value×(1+change)；

② 非相对变化：$value_p$= value+change。

本例中，J1.J、J2.J、J3.J、J4.J 取缺省值，扰动设为按相对 10%来变化。

提示：使用“上移”“下移”按钮可以改变扰动参数生效顺序；使用“删除”按钮可以去除多余的参数。

3. 选择输出变量

下一步，切换到“输出变量”属性页，选择所关心的结果变量。

单击图 6-104 左侧列表中的“输出变量”，切换到该属性页(见图 6-105)。

图 6-105　输出变量属性页(变量集为空)

输出变量同样来自仿真模型，单击“选择”按钮，弹出图 6-106 所示的对话框。

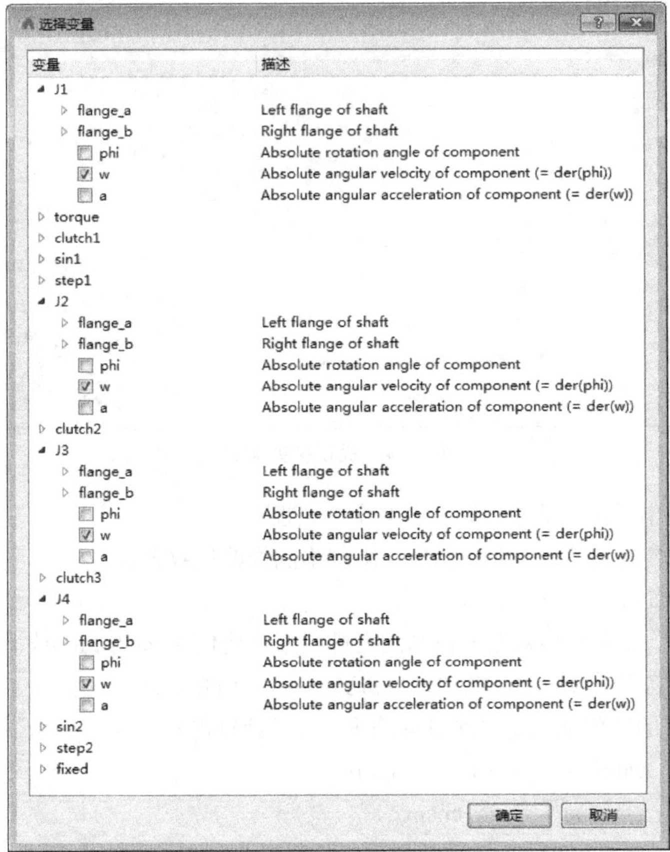

图 6-106　选择输出变量

按本例要求，从中勾选变量 J1.w、J2.w、J3.w、J4.w。注意，这一步的显示内容与图 6-103 所示的不同，树形列表中不显示参数。

完成选择之后，单击“确定”按钮回到输出变量属性页，在其中的列表框中显示出已选中的变量集(见图 6-107)。

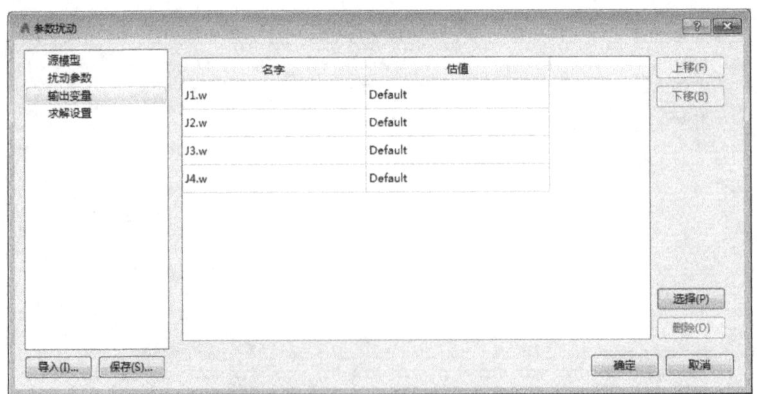

图 6-107　输出变量属性页

图 6-107 中列出了选中的变量列表及其全部属性。

(1) 名字：即变量全名。为避免出错，限制不能修改变量名。

(2) 估值：其中“Default”表示查看变量随时间变化的结果，不允许修改。

提示：使用“上移”“下移”按钮可以改变输出变量在列表中的显示顺序，同时改变了结果变量的输出顺序；使用“删除”按钮可以去除多余的变量。

4. 设置求解选项

最后一步，设置求解器运行选项。

单击图 6-107 左侧列表中的“求解设置”，切换到该属性页(见图 6-108)。

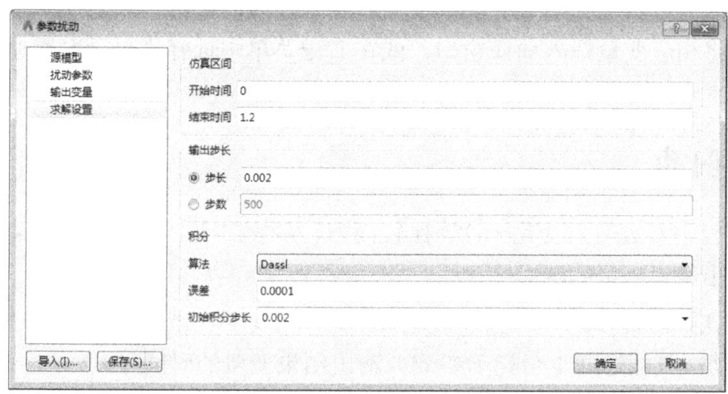

图 6-108　求解设置属性页

本例中，求解起止时间设为 0～1.2 s，步长设为 0.002，积分的算法与误差等取缺省选项。

5. 查看参数扰动结果

参数配置完成，单击“确定”按钮执行参数扰动，结果如图 6-109 所示。

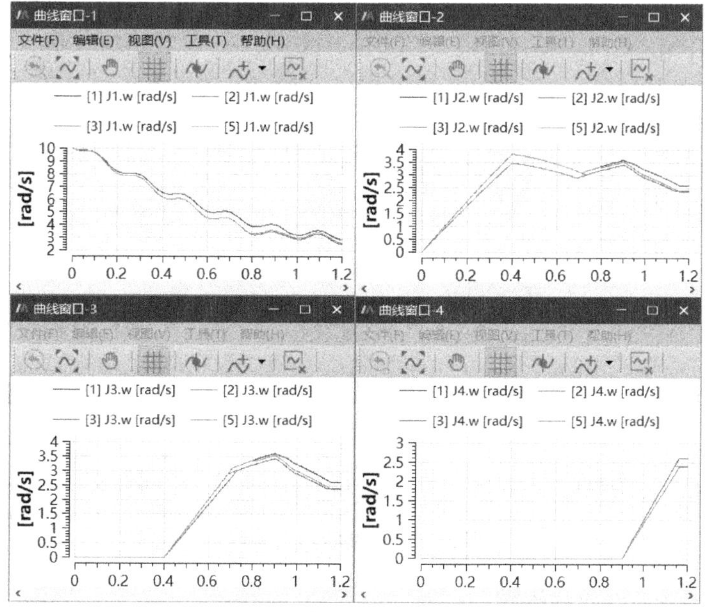

图 6-109　参数扰动的输出结果

(1) 针对参数变动自动生成对应的仿真实例，并且调用该模型所关联的求解器进行求解。本例有 J1.J、J2.J、J3.J、J4.J 共 4 个扰动参数，故在“CoupledClutches”(对应地称为源实例)之外生成 4 个结果(称为扰动实例)，每次变动一个参数。具体可以查看 CoupledClutches-1/2/3/4 中扰动参数的数值。

(2) 为了方便观察对比结果变量的时序变化趋势(包括来自源实例和扰动实例的变量)，将结果变量分散到单独的曲线窗口中进行显示。本例有 J1.w、J2.w、J3.w、J4.w 共 4 个输出变量，故创建了 4 个曲线窗口显示其时序曲线。

图 6-109 展示了 J1.J、J2.J、J3.J、J4.J 扰动 10%之后，对应 J1.w、J2.w、J3.w、J4.w 所得到的结果曲线，从中可以直观地了解参数变动对系统行为的影响。如果需要查看其他变量，可以在变量面板中将相应变量拖入曲线窗口，或在右键菜单中选择“显示变量曲线”→“曲线窗口-x”。

6.6.3 参数扫动

参数扰动过程中参数值只变化一次，比较而言，参数扫动中参数值是按某一序列进行变化的，从中可以看出结果变量的细微变化。

参数扫动有 3 种运行方式。

(1) 参数扫动：只能选择 1 个扫动参数，输出结果变量的时间序列。

(2) 扫动一个参数：限制选择 1 个扫动参数，输出结果变量的某种特性值。

(3) 扫动二个参数：要求选择 2 个扫动参数，以 3D 曲面的形式输出结果变量的某种特性值。

具体的操作步骤通过下面的实例分别介绍。

6.6.3.1 参数扫动

从图 6-100 开始，右击选择弹出的菜单中的“试验”→“参数扫动”，弹出参数配置界面(见图 6-110)。

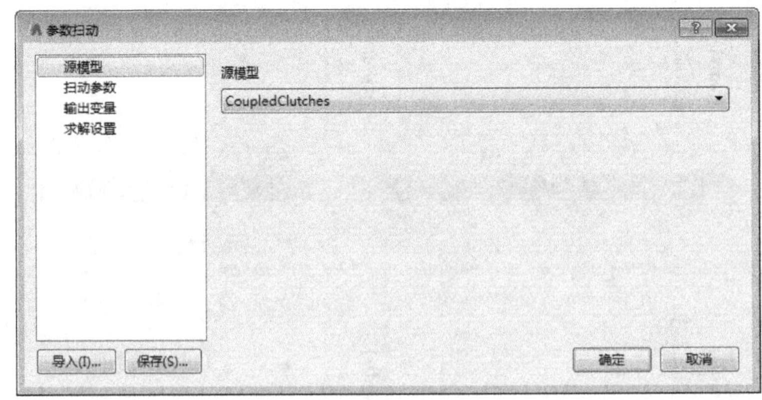

图 6-110 参数扫动向导

参数扫动向导包括 4 个属性页。

(1) 源模型：选择将要进行参数分析的仿真实例，当参数变动时，系统自动调用与该实例关联的求解器。

(2) 扫动参数：选择 1 个进行变动的参数。注意，其他没有纳入考察范围的参数将以仿真实例中预置的数值为准。

(3) 输出变量：选择 1 个或多个结果变量。这些变量结果将以曲线形式进行展示，从中可以直观地看出参数变动对输出变量的影响。

(4) 求解设置：设置求解起止时间、步长、算法、误差等选项。

下面结合 CoupledClutches 模型详细介绍操作步骤。

1. 选择源模型

首先选择进行参数分析的仿真实例。如图 6-110 所示，“源模型”列表中显示了当前候选的仿真实例，当前实例“CoupledClutches”缺省已被选中。

2. 选择扫动参数

下一步，切换到“扫动参数”属性页，选择进行变动的参数。

单击图 6-110 左侧列表中的“扫动参数”，切换到该属性页(见图 6-111)。

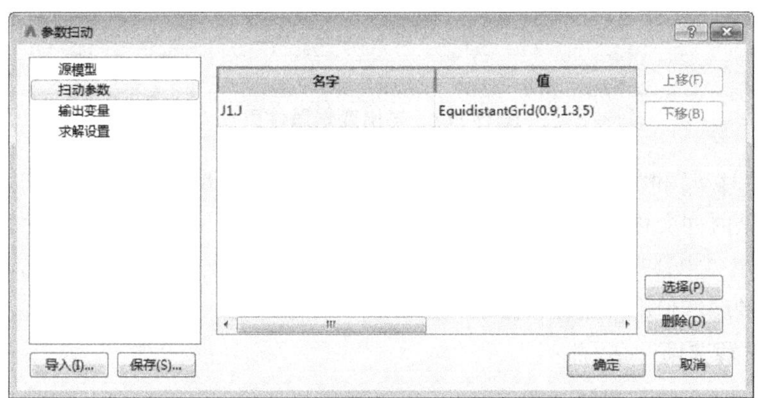

图 6-111　扫动参数属性页(限选一个参数)

扫动参数来自仿真模型，单击“选择”按钮进行选择，注意这时只允许选择 1 个参数，本例选择参数“J1.J”。

图 6-111 中列出了选中的参数及其全部属性。

(1) 名字：即参数全名。为避免出错，限制不能修改参数名。

(2) 值：定义参数扫动序列，允许修改。

参数扫动序列使用等距网格函数 EquidistantGrid 来定义，原型如下：

vector<Real>EquidistantGrid(Real lower, Real upper, Integer number)

① 输入参数：lower、upper 分别表示扫动参数的下界和上界，number 表示扫动序列的长度，即参数变动次数

② 返回值：输出参数扫动序列

参数扫动序列缺省设为 EquidistantGrid(value×0.7, value×1.3,5)，其中 value 来自仿真实例，其上下变动界限为 value×(1±0.3)，参数序列长度为 5。

本例中输入了 EquidistantGrid(0.9, 1.3, 5)，表示参数变动序列：0.9、1.0、1.1、1.2、1.3，

合计 5 个数值。

提示：使用“上移”“下移”按钮可以改变扰动参数生效顺序；使用“删除”按钮可以去除多余的参数。

3. 选择输出变量

下一步，切换到“输出变量”属性页，选择所关心的结果变量。

单击图 6-111 左侧列表中的“输出变量”，切换到该属性页(见图 6-112)。

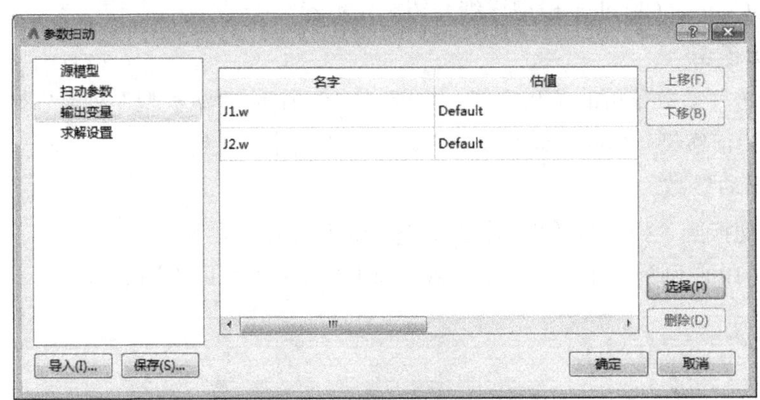

图 6-112　输出变量属性页

本例选择“J1.w”和“J2.w”，其中，“名字”一栏限制不能修改；“估值”一栏中显示“Default”，表示查看变量随时间变化的结果，也不允许修改。

提示：使用“上移”“下移”按钮可以改变输出变量在列表中的显示顺序，同时改变了结果变量的输出顺序；使用“删除”按钮可以去除多余的变量。

4. 设置求解选项

最后一步，设置求解器运行选项。

单击图 6-112 左侧列表中的“求解设置”，切换到该属性页(见图 6-113)。

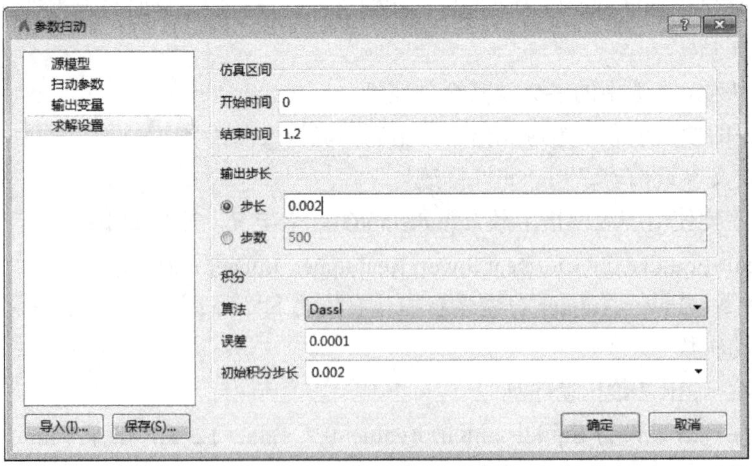

图 6-113　求解设置属性页

本例中求解起止时间设为 0～1.2 s，步长设为 0.002，积分算法与误差等取缺省选项。

5. 查看参数扫动结果

参数配置完成，单击“确定”按钮执行参数扫动，结果如图 6-114 所示。

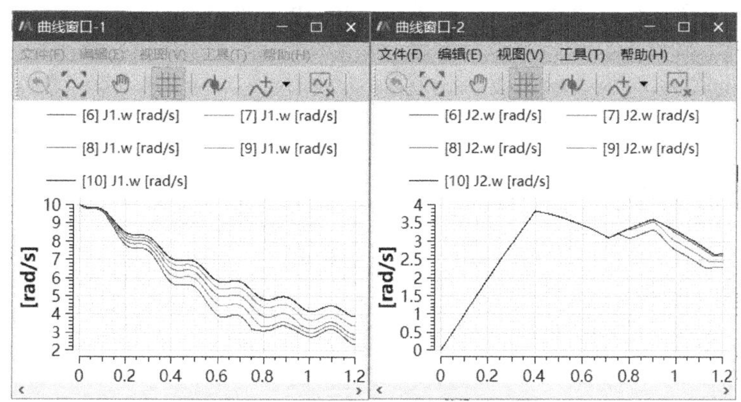

图 6-114　参数扫动的输出结果

(1) 针对参数变动自动生成对应的仿真实例，并且调用该模型所关联的求解器进行求解。本例只有 1 个扫动参数“J1.J”，但合计变化了 5 次，故在源实例“CoupledClutches”之外生成 5 个扰动实例，每次取该参数一个变动值。具体可以查看 CoupledClutches-1/2/3/4/5 中扰动参数的数值。

(2) 为了方便观察对比结果变量的时序变化趋势(包括来自源实例和扰动实例的变量)，将结果变量分散到单独的 Plot 窗口中进行显示。本例有“J1.w”和“J2.w”共 2 个输出变量，故创建了 2 个 Plot 窗口显示其时序曲线。

图 6-114 展示了“J1.J”变动 5 次之后，对应得到“J1.w”和“J2.w”的结果曲线，从中可以直观地了解参数变动对系统行为的影响。如果需要查看其他变量，可以在变量浏览器中选择输出它们的结果曲线。

6.6.3.2　扫动其他参数

上面的过程演示了扫动 J1.J 对 J1.w 和 J2.w 的影响，现在考察扫动 J2.J 对 J1.w 和 J2.w 的影响。如图 6-115 所示，扫动参数改为“J2.J”，其他设置不变。

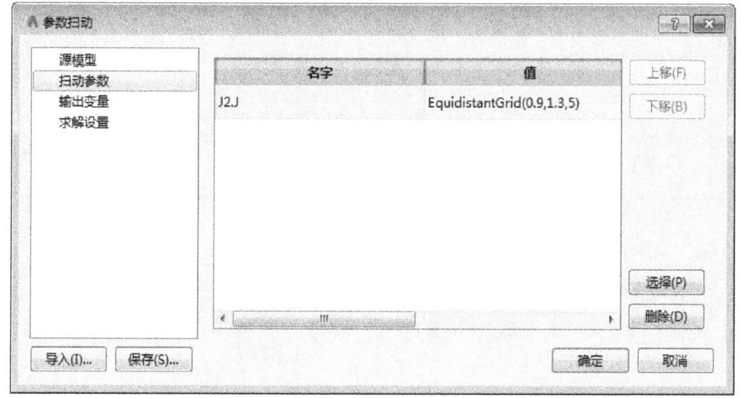

图 6-115　扫动参数改为 J2.J

参数“J2.J”的值设为 EquidistantGrid(0.9,1.3,5)，表示参数变动序列：0.9、1.0、1.1、1.2、1.3，合计 5 个数值。

单击“确定”按钮执行参数扫动，结果如图 6-116 所示。

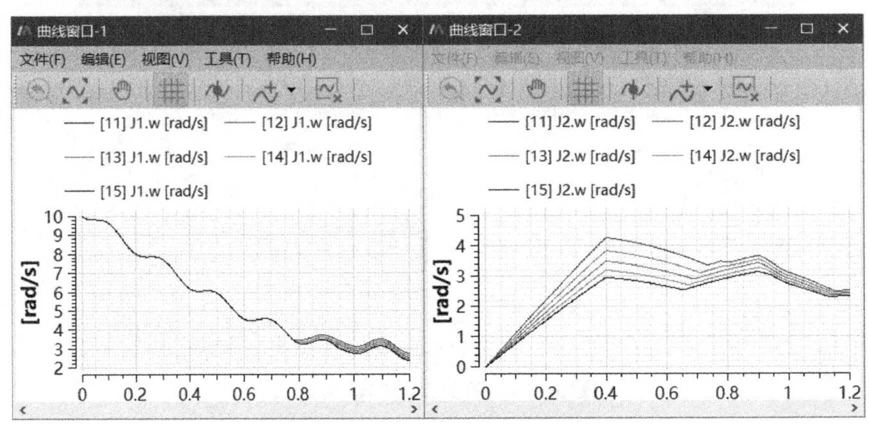

图 6-116　扫动 J2.J 的输出结果

可以看出，在仿真区间的开头部分，变量“J1.w”的数值对参数“J2.J”的变动显得不敏感，而在仿真区间的后半部分，随着转动元件惯性矩的耦合作用，变量“J1.w”的变化开始增大。

6.6.3.3　扫动一个参数

扫动一个参数用于观察结果变量的某种特性值，如求解终止时刻的值。从图 6-100 开始，选择菜单“试验”→“扫动一个参数”，弹出参数配置界面(见图 6-117)。

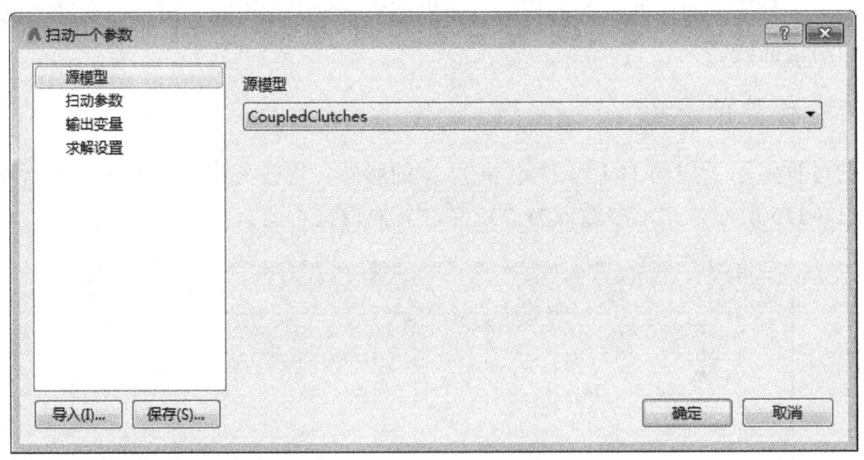

图 6-117　扫动一个参数向导

扫动一个参数向导包括 4 个属性页。

(1) 源模型：选择将要进行参数分析的仿真实例，当参数变动时，系统自动调用与该实例关联的求解器。

(2) 扫动参数：选择 1 个进行变动的参数。注意，其他没有纳入考察范围的参数将以仿真实例中预置的数值为准。

(3) 输出变量：选择 1 个或多个结果变量。这些变量结果将以曲线形式进行展示，从中可以直观地看出参数变动对输出变量的影响。

(4) 求解设置：设置求解起止时间、步长、算法、误差等选项。

下面结合 CoupledClutches 模型详细介绍操作步骤。

1. 选择源模型

首先选择进行参数分析的仿真实例。如图 6-117 所示，“源模型”列表中显示了当前候选的仿真实例，当前实例“CoupledClutches”缺省已被选中。

2. 选择扫动参数

下一步，切换到“扫动参数”属性页，选择进行变动的参数。

单击图 6-117 左侧列表中的“扫动参数”，切换到该属性页(见图 6-118)。

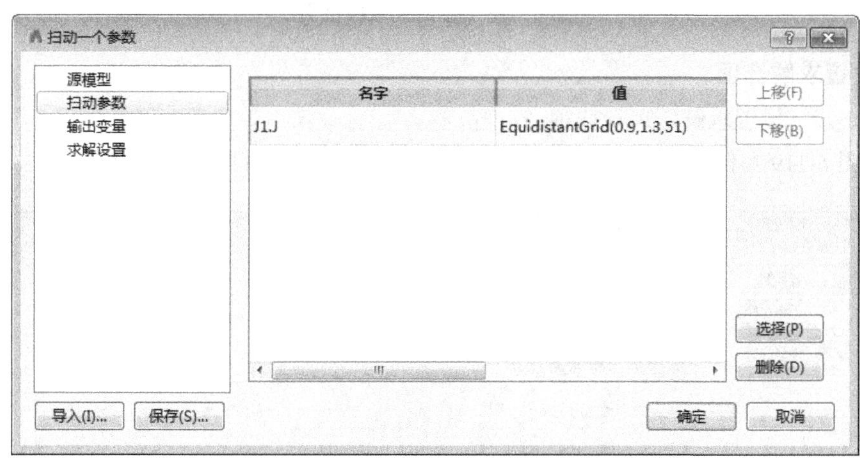

图 6-118　扫动参数属性页(限选一个参数)

扫动参数来自仿真模型，单击“选择”按钮进行选择，注意这时只允许选择 1 个参数，本例选择参数“J1.J”。

参数扫动序列改为 EquidistantGrid(0.9,1.3,51)，表示如下参数序列：0.9、0.908、0.916、0.924、…、1.292，1.3，合计 51 个数值。

提示：使用“上移”“下移”按钮可以改变扰动参数生效顺序；使用“删除”按钮可以去除多余的参数。

3. 选择输出变量

下一步，切换到“输出变量”属性页，选择所关心的结果变量。

单击图 6-118 左侧列表中的“输出变量”，切换到该属性页(见图 6-119)。

本例选择“J1.w”和“J2.w”，其中，“名字”一栏限制不能修改；“估值”一栏中使用缺省选项“FinalValue”，表示观察变量在求解终止时刻的值。更多其他选项参见 6.6.3.5 节——使用变量估值函数。

提示：使用“上移”“下移”按钮可以改变输出变量在列表中的显示顺序，同时改变了结果变量的输出顺序；使用“删除”按钮可以去除多余的变量。

图 6-119　输出变量属性页

4. 设置求解选项

最后一步，设置求解器运行选项。

单击图 6-119 左侧列表中的“求解设置”，切换到该属性页(见图 6-120)。

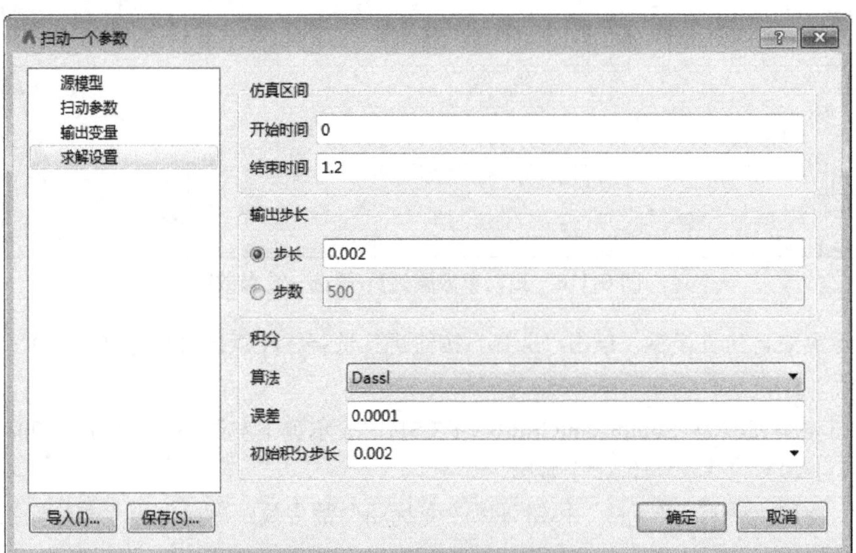

图 6-120　求解设置属性页

本例中，求解起止时间设为 0～1.2 s，步长设为 0.002，积分的算法与误差等取缺省选项。

5. 查看参数扫动结果

参数配置完成，单击“确定”按钮执行参数扫动，结果如图 6-121 所示。

(1) 曲线标签后面的“FinalValue”表示结果变量为求解结束时刻的值。

(2) 曲线窗口的横轴坐标对应扫动变量(本例中为“J1.J”，从 0.9 渐变到 1.3)；纵轴坐标表示输出变量随扫动参数变动时的特性值(本例中为“FinalValue”，即每次参数变动之后输出变量在求解结束时刻的数值)。

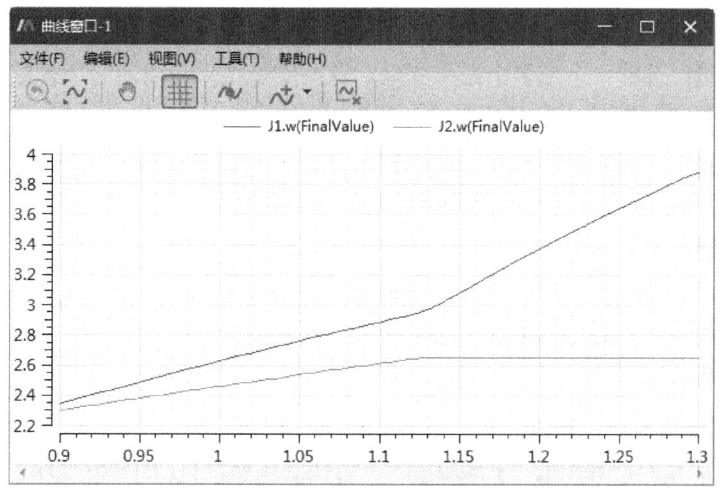

图 6-121　扫动一个参数的输出结果

(3) 为了方便观察对比结果变量特性值随着扫动参数的变化趋势，将结果变量集中于一个 Plot 窗口中进行显示(如在本例中有“J1.w”和“J2.w”共 2 个变量曲线)。

图 6-121 展示了“J1.J”变动 51 次，对应“J1.w”和“J2.w”在求解结束时刻的变化趋势，从中可以直观地了解参数变动对系统行为的影响。如果需要查看其他变量，请先在输出变量属性页中进行选择。

6.6.3.4　扫动二个参数

扫动二个参数用于观察当 2 个参数变动时结果变量的某种特性值，输出结果为 3D 曲面。从图 6-100 开始，选择菜单“试验”→“扫动二个参数”，弹出参数配置界面(见图 6-122)。

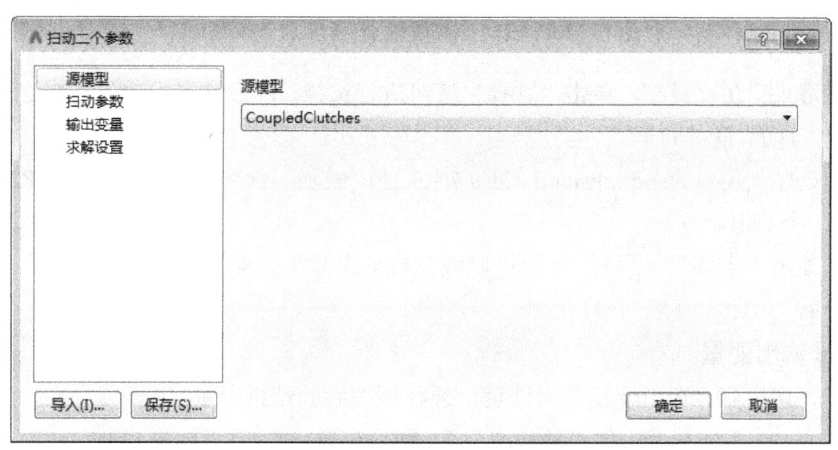

图 6-122　扫动二个参数向导

扫动二个参数向导包括 4 个属性页。

(1) 源模型：选择将要进行参数分析的仿真实例，当参数变动时，系统自动调用与该实例关联的求解器。

(2) 扫动参数：选择 2 个进行变动的参数。注意，其他没有纳入考察范围的参数将以仿真实例中预置的数值为准。

(3) 输出变量：选择一个或多个结果变量。这些变量结果将以曲面形式进行展示，从中可以直观地看出参数变动对输出变量的影响。

(4) 求解设置：设置求解起止时间、步长、算法、误差等选项。

下面结合 CoupledClutches 模型详细介绍操作步骤。

1. 选择源模型

首先选择进行参数分析的仿真实例。如图 6-122 所示，“源模型”列表中显示了当前候选的仿真实例，当前实例“CoupledClutches”缺省已被选中。

2. 选择扫动参数

下一步，切换到“扫动参数”属性页，选择进行变动的参数。

单击图 6-122 左侧列表中的“扫动参数”，切换到该属性页(见图 6-123)。

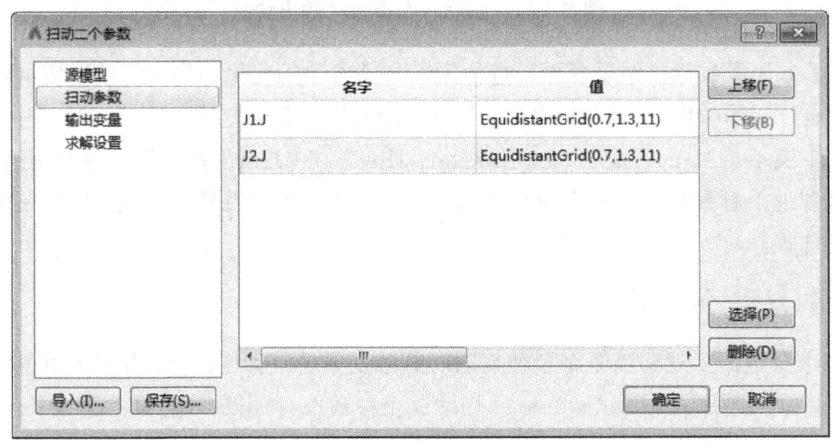

图 6-123　扫动参数属性页(要求二个参数)

扫动参数来自仿真模型，单击“选择”按钮进行选择，注意这时只允许选择 2 个参数，本例选择参数“J1.J”和“J2.J”。

参数扫动序列均设为 EquidistantGrid(0.7,1.3,11)，表示参数序列：0.7、0.76、0.82、…、1.24，1.3，合计 11 个数值。

提示：使用“上移”“下移”按钮可以改变扰动参数生效顺序；使用“删除”按钮可以去除多余的参数。

3. 选择输出变量

下一步，切换到“输出变量”属性页，选择所关心的结果变量。

单击图 6-123 左侧列表中的“输出变量”，切换到该属性页(见图 6-124)。

本例选择“J1.w”和“J2.w”，其中，“名字”一栏限制不能修改；“估值”一栏中使用缺省选项“FinalValue”，表示观察变量在求解终止时刻的值。更多其他选项参见 6.6.3.5 节——使用变量估值函数。

提示：使用“上移”“下移”按钮可以改变输出变量在列表中的显示顺序，同时改变了结果变量的输出顺序；使用“删除”按钮可以去除多余的变量。

图 6-124　输出变量属性页

4. 设置求解选项

最后一步，设置求解器运行选项。

单击图 6-124 左侧列表中的“求解设置”，切换到该属性页(见图 6-125)。

图 6-125　求解设置属性页

本例中求解起止时间设为 0～1.2 s，步长设为 0.002，积分的算法与误差等取缺省选项。

5. 查看参数扫动结果

参数配置完成，单击“确定”按钮执行参数扫动，结果如图 6-126 所示。

(1) 窗口标题中的注解“FinalValue”表示结果变量为求解结束时刻的值。

(2) 由于有 2 个变动参数各自独立变化，因此采用 3D 曲面表示输出结果比较合适。曲面窗口的 X/Y 轴坐标分别对应 2 个扫动参数(本例中为“J1.J”和“J2.J”，均从 0.7 渐变到 1.3)；Z 轴坐标表示输出变量随扫动参数变动时的特性值(本例中为“FinalValue”，即每次参数变动之后输出变量在求解结束时刻的数值)。

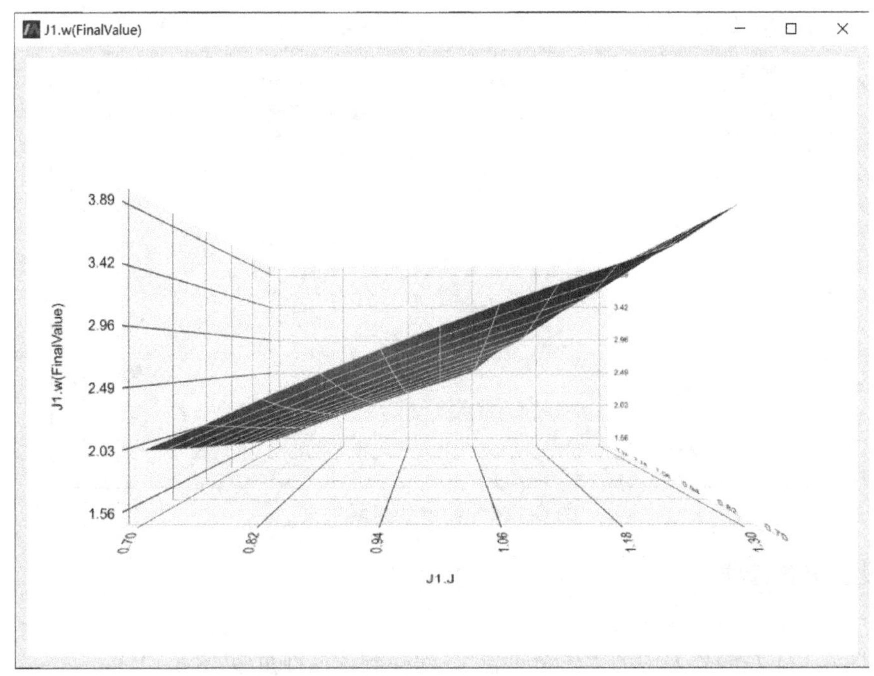

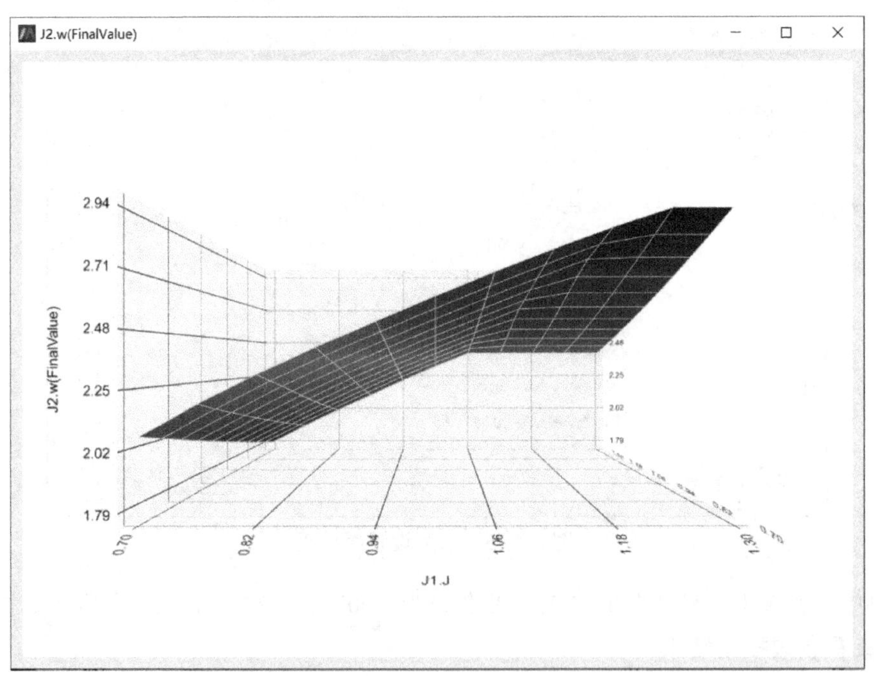

图 6-126　扫动二个参数的输出结果

(3) 为了方便观察结果变量特性值随着扫动参数的变化趋势，将结果变量分散到独立的Plot 窗口中进行显示(如在本例中展示的“J1.w”和“J2.w”的特性值曲面)。

图 6-126 展示了“J1.J”和“J2.J”各自独立变动 11 次，对应“J1.w”和“J2.w”在求解结束时刻的变化趋势，从中可以直观地了解参数变动对系统行为的影响。如果需要查看其他变量，请先在输出变量属性页中进行选择。

6.6.3.5 使用变量估值函数

在参数扫动过程中求解器输出的结果变量均为时间序列数据，MWorks.Sysplorer 参数分析工具提供了多个常用估值函数，用于从时序数据中提取并输出某种特性值。

前面已提到了最常用的一个估值函数“FinalValue”，用于返回求解结束时刻的数值(见图 6-119、图 6-124)。如果需要观察某一时间点的数值，可在“求解设置”属性页中将“停止时间”设为该时间点值。

更多估值函数及其使用说明如表 6-15 所示。

表 6-15　变量估值函数

函数	返回值	参数列表	估值算法描述
Maximum	返回仿真区间内的最大值	无	略
Minimum	返回仿真区间内的最小值	无	略
Average	返回仿真区间内的平均值	无	略
InitialValue	返回仿真开始时刻值	无	略
FinalValue	返回仿真停止时刻值	无	略
Integral	返回仿真区间内在时域上的积分值	无	Integral(u*dt)
IntSqDeviation	仿真区间内相对参考值残差的平方的积分	Real fRefVal	Integral((u–fRefVal)^2*dt)
MaxDeviation	仿真区间内相对参考值的最大偏差	Real fRefVal Real fMaxDev Real fTol	当 fabs(u–fRefVal)大于容差 fTol 时返回 max(fabs(u–fRefVal)) 返回值不小于 0，不大于 fMaxDev
Overshoot	相对于稳态值的最大超调量	Real fFinalVal	返回 max(0, u–fFinalVal) 返回值不小于 0
SettlingTime	从仿真开始时刻计算到达稳态值的时间	Real fFinalVal Real fTol	仿真开始时刻记为 t0，根据容差 fTol 判断是否到达稳态值 fFinalVal，该时刻记为 t1 返回 t1–t0
RiseTime	以稳态值为依据计算上升时间	Real fFinalVal Real fLow Real fHigh	变量到达 fFinalVal*fLow 时刻记为 t1，将到达 fFinalVal*fHigh 时刻记为 t2 返回 t2–t1

如果选用其中带有参数的函数(MaxDeviation、Overshoot、SettlingTime、RiseTime 共 4 个)，必须输入合适的参数值。

参考图 6-119、图 6-124，当在“估值”下拉列表中选用上述 5 个带有参数的函数之一时，随即弹出“参数列表”对话框，输入数据值，如表 6-16 所示。

表 6-16　变量估值函数的实参输入窗口

函数	几何意义	实参输入窗口
IntSqDeviation	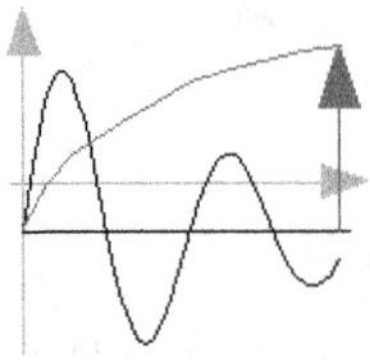	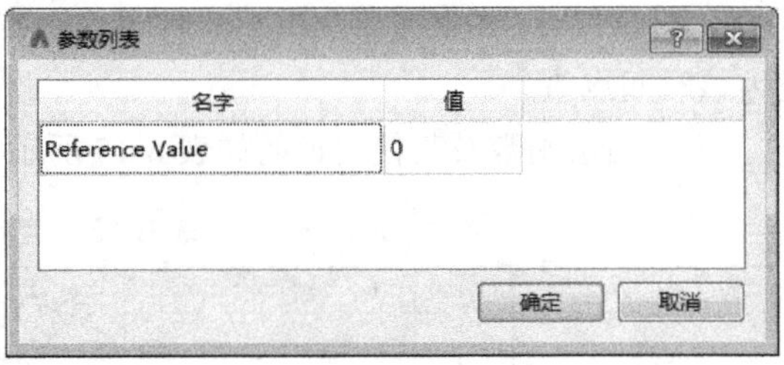 参数列表 名字 | 值 Reference Value | 0 确定　取消
MaxDeviation	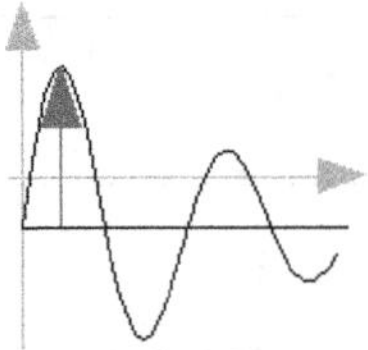	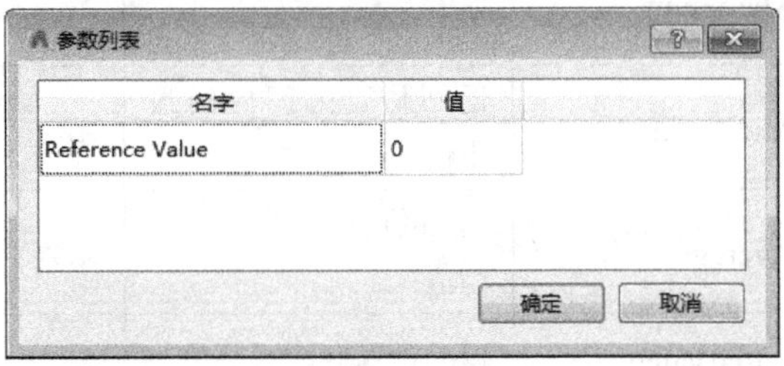 参数列表 名字 | 值 Reference Value | 0 确定　取消
Overshoot	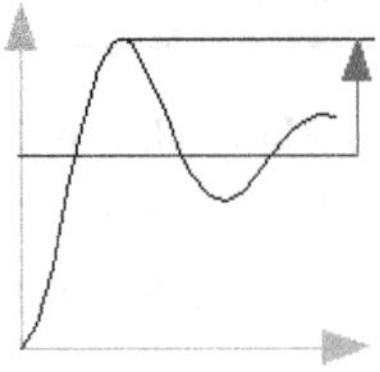	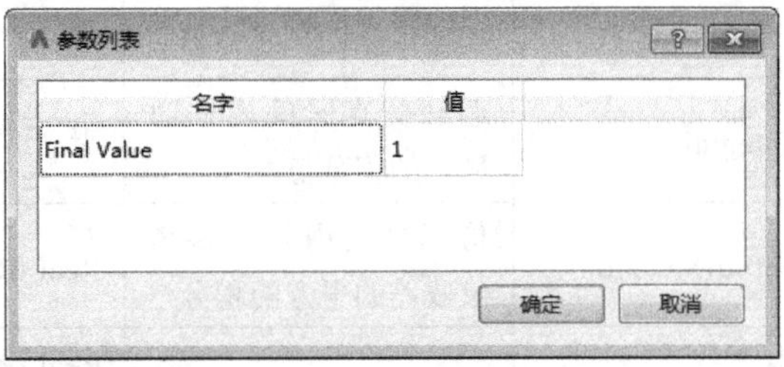 参数列表 名字 | 值 Final Value | 1 确定　取消
SettlingTime	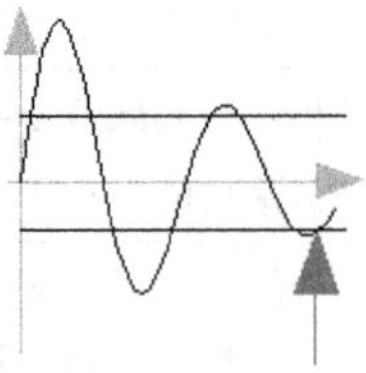	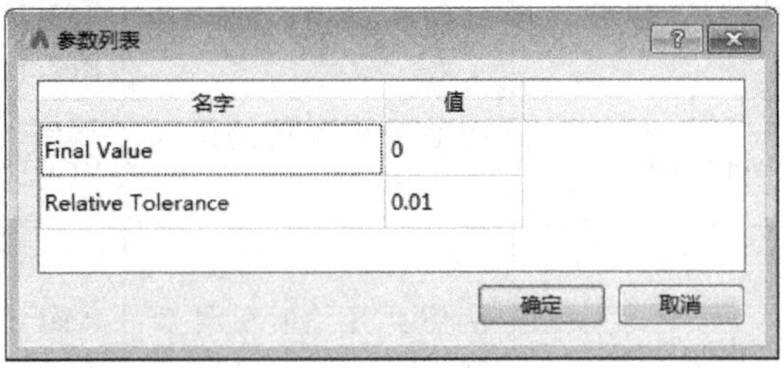 参数列表 名字 | 值 Final Value | 0 Relative Tolerance | 0.01 确定　取消
RiseTime	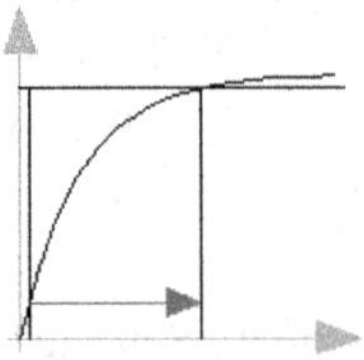	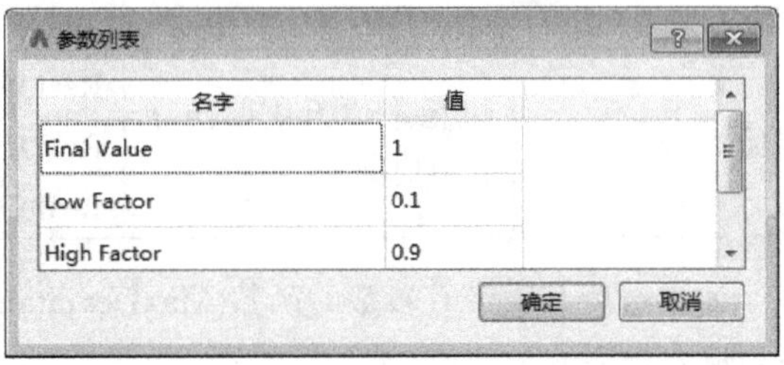 参数列表 名字 | 值 Final Value | 1 Low Factor | 0.1 High Factor | 0.9 确定　取消

6.6.4　蒙特卡洛分析

6.6.4.1　蒙特卡洛分析

蒙特卡洛分析(Monte-Carlo analysis)广泛地用于研究当输入参数是多维时的模型行为。从图 6-100 开始，选择菜单“试验”→“蒙特卡洛分析”，弹出参数配置界面(见图 6-127)。

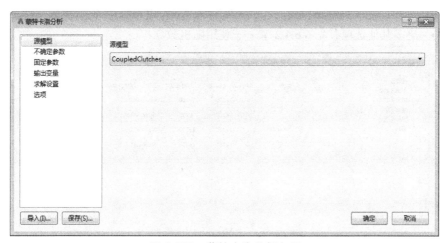

图 6-127　蒙特卡洛分析向导

蒙特卡洛分析包括 6 个属性页。

(1) 源模型：选择将要进行参数分析的仿真实例，当参数变动时，系统自动调用与该实例关联的求解器。

(2) 不确定参数：选择 1 个或多个进行随机变动的参数。注意，参数的变动方式是随机的，用于模拟仿真模型所处的实际场景。

(3) 固定参数：选择 1 个或多个固定不变的参数。如果把模型的参数关联到具体的产品参数、运行工况选项等，则这些参数在实际的物理场景中保持不变。显然，固定参数集与不确定参数集中不能包含相同名字的参数。

(4) 输出变量：选择 1 个或多个结果变量。这些变量结果将以曲线形式进行展示，从中可以直观地看出参数变动对输出变量的影响。

(5) 求解设置：设置求解起止时间、步长、算法、误差等选项。

(6) 选项：设置随机样本数目、输出的曲线图等选项。其中，随机样本数目在蒙特卡洛分析中非常关键，一般设为一个较大的数值。

下面结合 CoupledClutches 模型详细介绍操作步骤。

1. 选择源模型

首先选择进行参数分析的仿真实例。如图 6-127 所示，“源模型”列表中显示了当前候选的仿真实例，当前实例“CoupledClutches”缺省已被选中。

2. 选择随机参数

下一步，切换到“不确定参数”属性页，选择进行变动的参数。

单击图 6-127 左侧列表中的“不确定参数”，切换到该属性页(见图 6-128)。

随机参数来自仿真模型，单击“选择”按钮进行选择，本例选择参数 J1.J、J2.J、J3.J、J4.J。图 6-128 中列出了选中的参数及其全部属性。

(1) 名字：即参数全名。为避免出错，限制不能修改参数名。

(2) 最小值：设置进行随机变动时的参数下界，–1e100 表示对参数下界不做限制。

(3) 最大值：设置进行随机变动时的参数上界，+1e100 表示对参数上界不做限制。

(4) 随机分布：定义参数随机变动序列，缺省为 Normal(1,0,1)，表示参数变动服从正态分布 N(1,0,1)。更多其他选项参见 6.6.4.2 节——使用随机数。

图 6-128　随机参数属性页

提示：使用“上移”“下移”按钮可以改变随机参数生效顺序；使用“删除”按钮可以去除多余的参数。

3. 选择固定参数

下一步，切换到“固定参数”属性页选择固定不变的参数。

单击图 6-128 左侧列表中的“固定参数”，切换到该属性页(见图 6-129)。

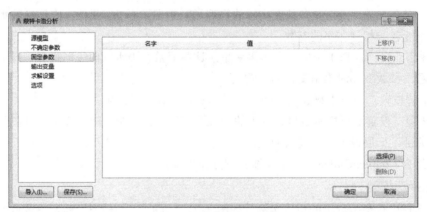

图 6-129　固定参数属性页

固定参数属性只有 2 项。

(1) 名字：即参数全名。为避免出错，限制不能修改参数名。

(2) 值：输入固定参数值。

本例中没有设置固定参数。

提示：使用“上移”“下移”按钮可以改变固定参数显示顺序；使用“删除”按钮可以去除多余的参数。

4. 选择输出变量

下一步，切换到“输出变量”属性页选择所关心的结果变量。

单击图 6-129 左侧列表中的“输出变量”，切换到该属性页(见图 6-130)。

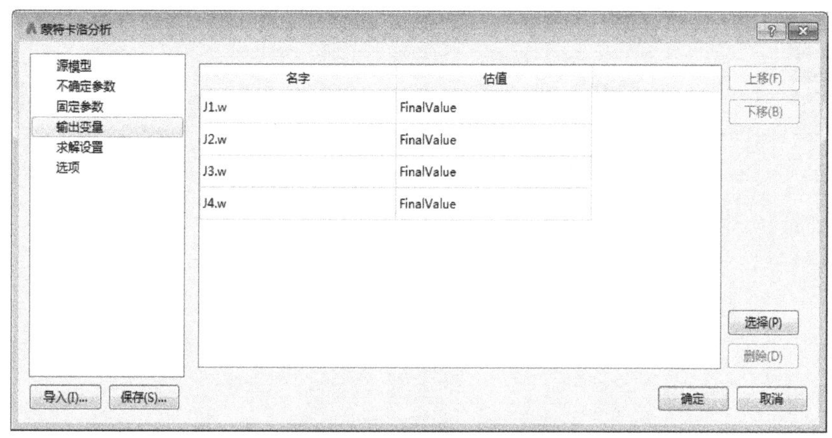

图 6-130　输出变量属性页

本例选择 4 个变量：J1.w、J2.w、J3.w、J4.w，其中，“名字”一栏限制不能修改；“估值”一栏中使用缺省选项“FinalValue”，表示观察变量在求解终止时刻的值。更多其他选项参见 6.6.3.5 节——使用变量估值函数。

提示：使用“上移”“下移”按钮可以改变输出变量在列表中的显示顺序，同时改变了结果变量的输出顺序；使用“删除”按钮可以去除多余的变量。

5. 设置求解选项

下一步，设置求解器运行选项。

单击图 6-130 左侧列表中的“求解设置”，切换到该属性页(见图 6-131)。

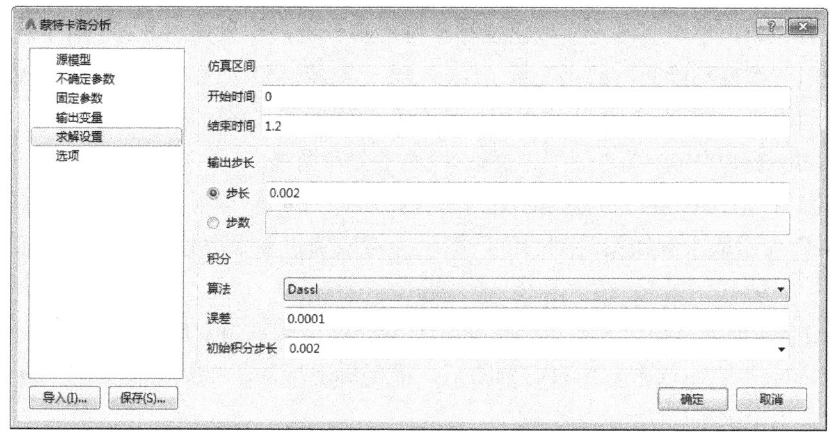

图 6-131　求解设置属性页

本例中求解起止时间设为 0～1.2 s，步长设为 0.002，积分算法与误差等取缺省选项。

6. 设置蒙特卡洛分析选项

最后一步，设置蒙特卡洛分析选项。

单击图 6-131 左侧列表中的“选项”，切换到该属性页(见图 6-132)。

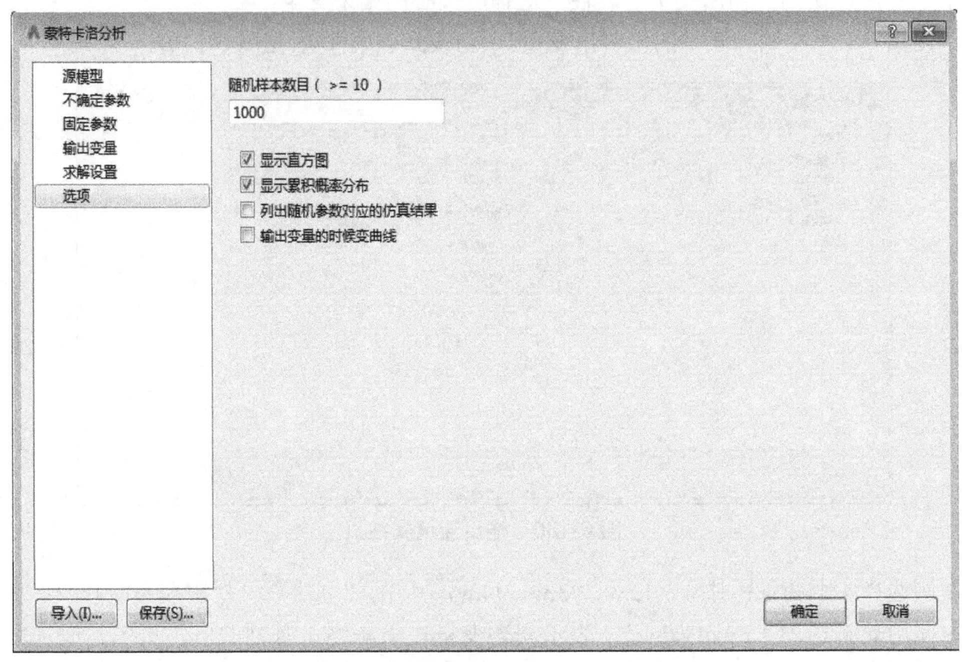

图 6-132　蒙特卡洛分析向导——选项属性页

本例中，随机样本数目取缺省值 1000，另外由于随机参数变动缘故，结果变量的特性值(如本例中的“FinalValue”)同样呈现随机变动趋势，故以直方图和/或累积概率分布曲线的形式进行展示。

提示：直方图和累积概率分布要求选择一项或二项全部选中。

7. 查看参数变动结果

参数配置完成，单击“确定”按钮执行蒙特卡洛分析，结果如图 6-133 所示。

由于随机参数变动缘故，结果变量 J1.w～J4.w 的特性值(如本例中的“FinalValue”)同样呈现随机变动趋势，故以直方图和/或累积概率分布曲线的形式进行展示。本例有 4 个输出变量，故创建 8 个 Plot 窗口分别显示其直方图和累积概率分布曲线。

(1) 左边 4 个曲线窗口分别显示结果变量 J1.w～J4.w 特性值对应的直方图，其中的“FinalValue”表示取求解结束时刻的值，横坐标对应随机参数取值范围，纵坐标对应变量特性值。

(2) 右边 4 个曲线窗口分别显示结果变量 J1.w～J4.w 特性值对应的累积概率分布曲线，其中的“FinalValue”表示取求解结束时刻的值，横坐标对应随机参数取值范围，纵坐标对应变量特性值的累积概率密度(从 0 趋向 1)。

另外，在曲线窗口的上方中给出了 J1.w～J4.w 特性值对应的标准差(Standard Deviation)。

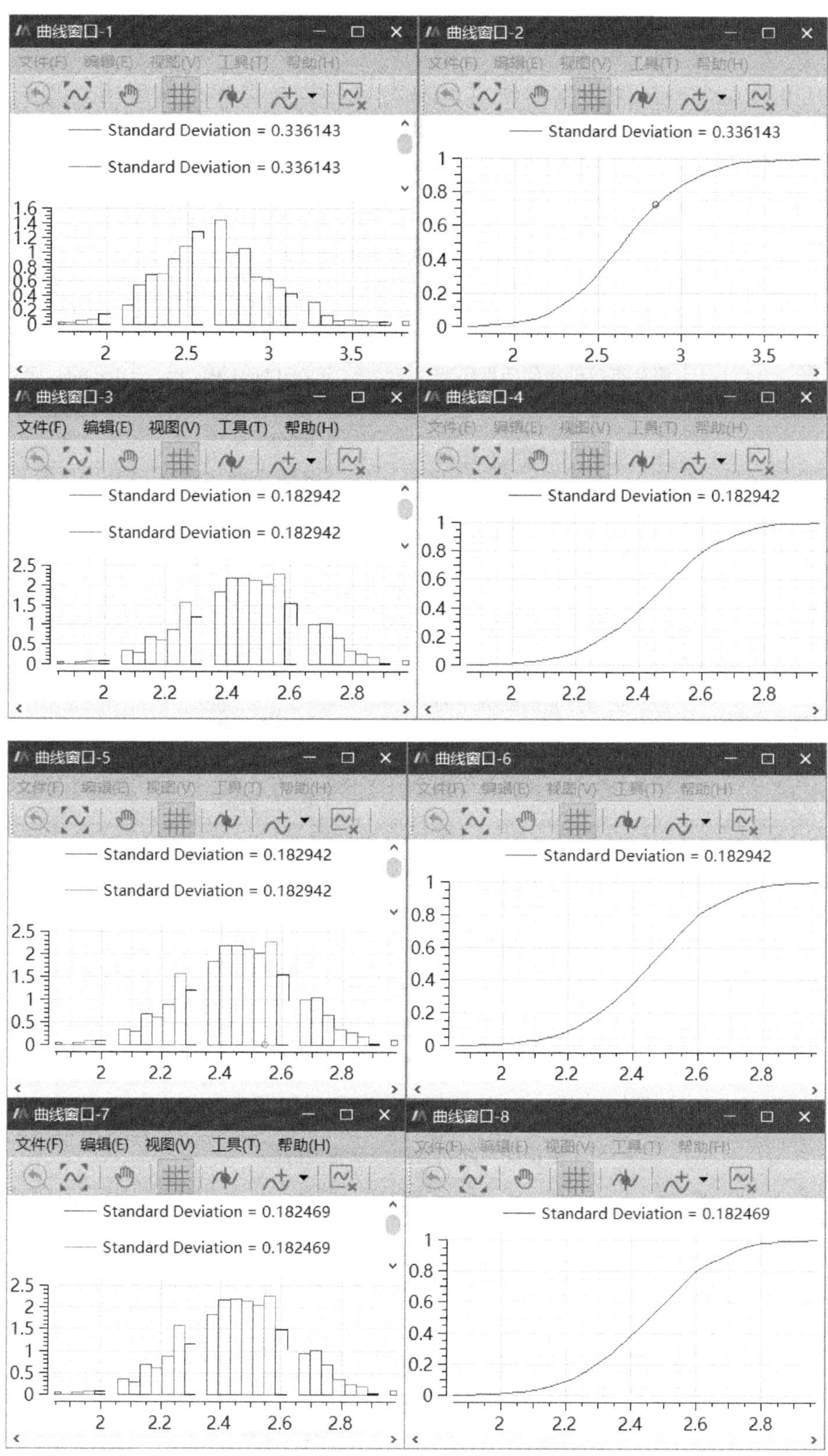

图 6-133　蒙特卡洛分析的的输出结果

6.6.4.2 使用随机数

如前所述，不确定参数使用随机分布来模拟仿真模型所处的实际场景，为此 MWorks.Sysplorer 参数分析工具提供了多个随机函数，用于产生服从不同分布的参数变动序列。

前面已提到了最常用的一个随机函数“Normal”，用于生成服从正态分布的参数变动序列(见图 6-128)。更多随机函数及其使用说明如表 6-17 所示。

表 6-17 随机数及其参数列表

函数	返回值	参数列表	参数约束
Exponential (指数分布)	服从指数分布的随机序列	Real lambda	lambda > 0
Gamma (伽玛分布)	服从伽玛分布的随机序列	Integer K Real theta	K >= 1 theta > 0
GeneralizedPareto (帕累托分布)	服从帕累托分布的随机序列	Real alpha	alpha > 2
Lognormal (对数正态分布)	服从对数正态分布的随机序列	Real mean Real sigma	sigma > 0
Normal (正态分布)	服从正态分布的随机序列	Real mean Real sigma	sigma > 0
Uniform (均匀分布)	服从均匀分布的随机序列	Real lower Real upper	lower < upper
CircularUniform (圆形均匀分布)	服从圆形均匀分布的随机序列	Real mean Real arc	0 < arc < 2*pi
Weibull (韦伯分布)	服从韦伯分布的随机序列	Real alpha Real beta	alpha > 0 beta > 0

注意选用随机函数时，必须输入合适的参数值。参考图 6-128，当在“估值”下拉列表中选择随机函数时，随即弹出“参数列表”对话框，输入数据值。

各种函数的实参及其输入窗口，对应的概率密度和累积概率分布如表 6-18 所示。

表 6-18 随机数的概率密度分布

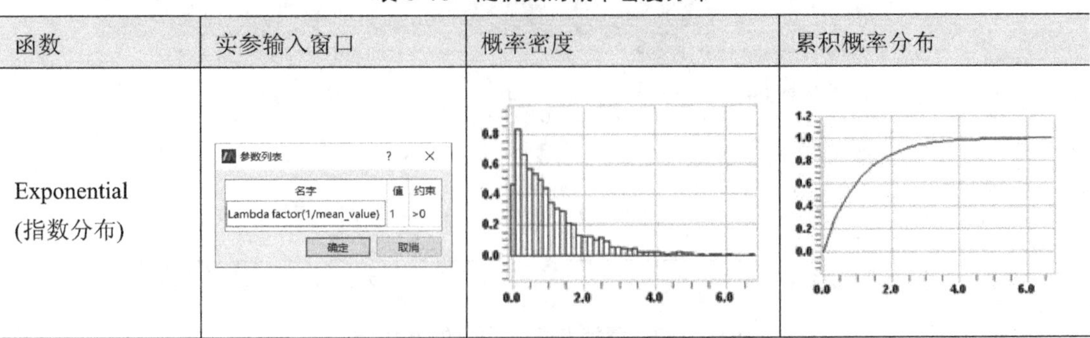

函数	实参输入窗口	概率密度	累积概率分布
Exponential (指数分布)			

续表

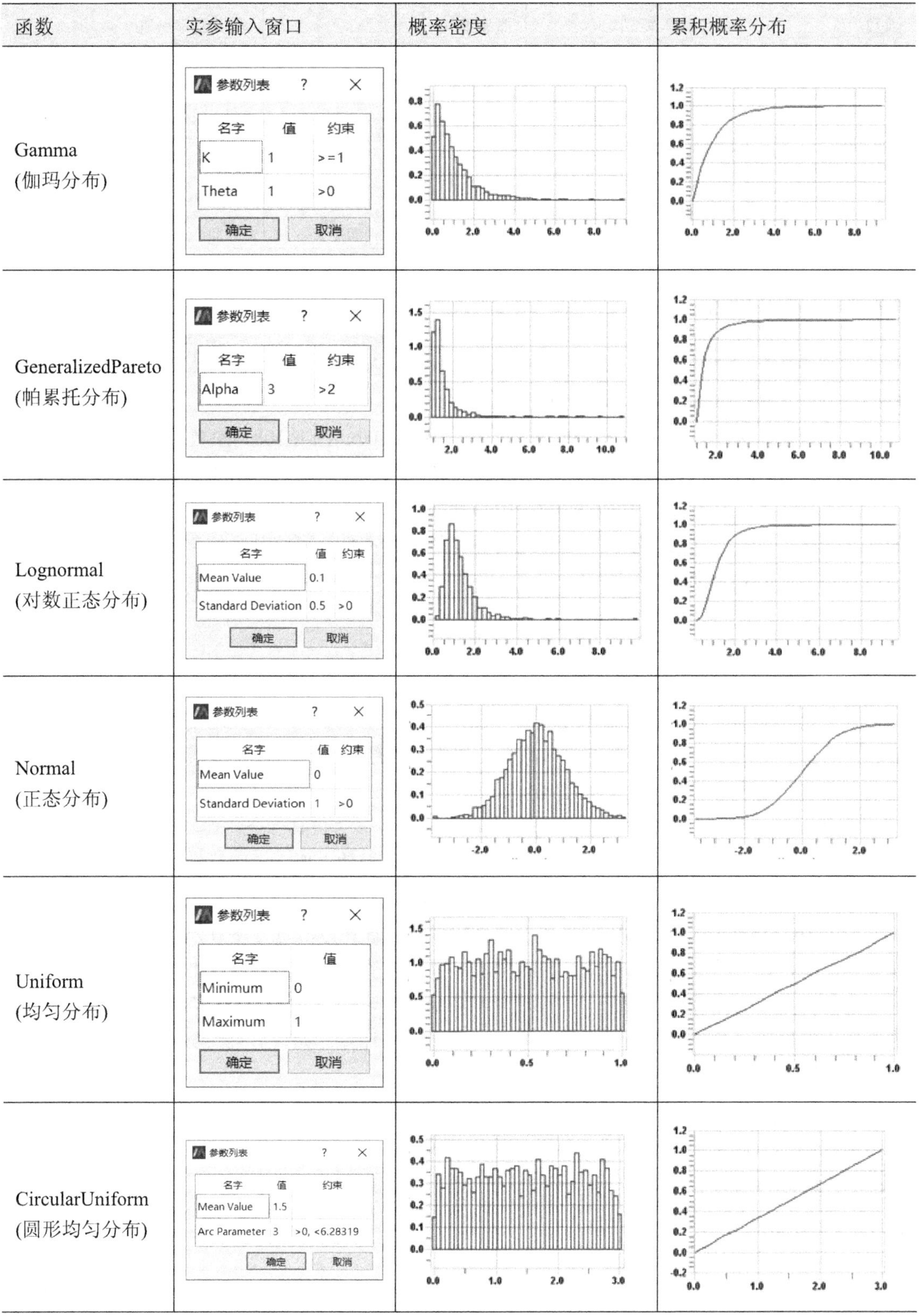

函数	实参输入窗口	概率密度	累积概率分布
Gamma (伽玛分布)	参数列表 名字 / 值 / 约束 K / 1 / >=1 Theta / 1 / >0 确定 取消		
GeneralizedPareto (帕累托分布)	参数列表 名字 / 值 / 约束 Alpha / 3 / >2 确定 取消		
Lognormal (对数正态分布)	参数列表 名字 / 值 / 约束 Mean Value / 0.1 Standard Deviation / 0.5 / >0 确定 取消		
Normal (正态分布)	参数列表 名字 / 值 / 约束 Mean Value / 0 Standard Deviation / 1 / >0 确定 取消		
Uniform (均匀分布)	参数列表 名字 / 值 Minimum / 0 Maximum / 1 确定 取消		
CircularUniform (圆形均匀分布)	参数列表 名字 / 值 / 约束 Mean Value / 1.5 Arc Parameter / 3 / >0, <6.28319 确定 取消		

续表

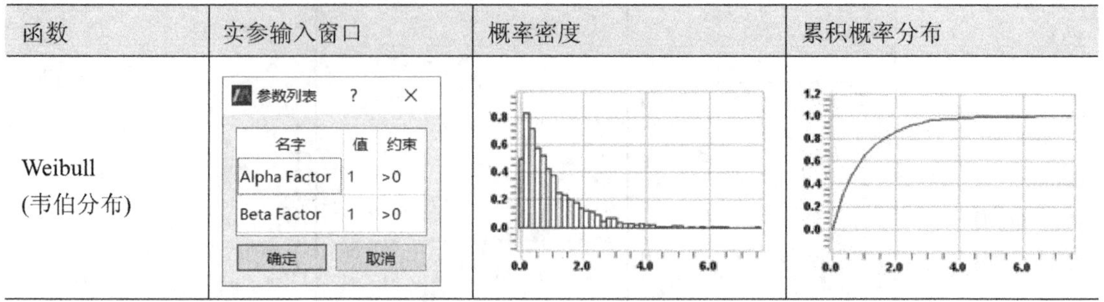

函数	实参输入窗口	概率密度	累积概率分布
Weibull (韦伯分布)	参数列表 名字 | 值 | 约束 Alpha Factor | 1 | >0 Beta Factor | 1 | >0 确定 取消		

6.6.5 高级选项

完成参数配置之后，可以保存为外部脚本文件供下次使用。例如，因某种原因改变了仿真模型，当再次进行参数分析时可避免重复配置。

以参数扰动为例，参考图 6-101、图 6-104、图 6-107、图 6-108，参数配置完成后，单击“保存”按钮，在弹出的文件对话框中输入 xml 文件名，可将本次参数配置结果保存到该文件。

当需要再次进行参数配置时(见图 6-101)，此时无需进行类似图 6-104、图 6-106、图 6-107 的交互操作，单击“导入”按钮，选择之前保存的配置文件，可将其中的参数配置信息载入，随后立即执行参数分析。

6.7 模型优化

针对物理系统开发的仿真模型包含许多决定系统行为的参数，如变速箱的传动比、弹簧系数、控制器的结构参数等，调节这些参数值可以改变系统行为，寻找使得系统整体性能趋向最优的参数值是建模与仿真的关键问题之一。

常见的“启发式”方式，即反复进行“修改参数”→“仿真”→“比较结果”，可以起到一定的参数优化效果，但得到的结果精度不高，而且显得效率低下。对线性 SISO 系统，一般的分析方法(如最小二乘法)也能得到近似优化的结果。

MWorks.Sysplorer 参数优化采用基于仿真的多目标优化方法进行参数分析，帮助解决复杂系统建模与仿真中的参数调节问题。在数学上，参数调节过程实为一种优化过程：将调节参数视为优化变量，不断改变参数值，如果优化目标达到某种意义上的“最小”，则将当前参数值视为最优参数值。其中，优化目标通常根据仿真结果来计算，如针对某种响应的最大超调量、上升时间等。

参数优化工具在仿真浏览器中运行，与物理模型的编译结果(仿真实例及其对应的求解器)紧密集成，入口位于仿真浏览器中仿真实例右键菜单中的“试验(Experiment)”→“模型优化(Model Optimization)”子菜单。

6.7.1 功能特征

MWorks.Sysplorer 参数优化工具提供向导式的窗口，支持设置参数研究所要求的各种细节规则，主要特征如下。

(1) 允许多个调节参数，每个参数可设置不同的上下界。

(2) 支持针对多个优化变量定义相应的优化目标，并使用“权值”进行多目标聚合。

(3) 通过多实例优化，使得不同工作条件下的产品性能均达到最优。

(4) 输出调节参数和目标变量迭代过程，优化结束时生成结果变量差异图。

6.7.2 基于仿真的多目标优化

考虑优化问题的三要素：优化变量、目标函数、约束条件，其中，优化变量对应仿真模型中的参数，通过优化算法进行调整；目标函数作为优化算法的计算准则，是对模型性能的一种期望；约束条件限制了变量的变动范围，是必须满足的性能指标。

在基于仿真的优化过程中，优化目标通常根据仿真结果来计算，实际上是将模型求解器作为目标函数来调用，参数优化的执行过程大致如下。

(1) 根据算法需要收集优化变量、目标函数和约束条件，建立优化模型。

(2) 将参数初值或优化算法返回的参数值作为输入参数送入求解器。

(3) 运行求解器得到目标变量的时间序列。

(4) 调用变量估值函数对时序数据进行分析，计算得到一个标量值，将该值作为目标函数值提交给优化算法。更复杂的计算可借助其他分析过程实现，如频域分析、特征值分析等。

(5) 根据优化变量值和目标函数值判断算法是否达到期望目标，如果达到则迭代过程终止；否则，根据目标函数和约束条件计算得到新的参数值(其中决策过程因算法而异)，转(2)继续迭代。

对于多目标优化情况，通常情况下最优解不是唯一的。为此需要对优化目标进行权衡，以获得一种使所有目标“最小化”并且符合用户设计意图的最优解。实际应用一般采用“加权法”将多个目标函数值聚合为一个标量值，将该值作为最终的目标函数值提交给优化算法进行处理。

MWorks.Sysplorer 在具体操作时，也使用“加权法”这种比较实用的方法支持多目标优化与多实例优化。

6.7.3 单目标优化

下面结合具体实例介绍 MWorks.Sysplorer 参数优化工具的使用方法。

6.7.3.1 简单的数学算例

1. 问题描述

首先看一个简单的算例。已知一个矩形的周长，求当长度和宽度分别为何值时矩形的面积最大？

这个问题的答案是众所周知的：当长度等于宽度时矩形的面积最大。

下面建立该问题对应的 Modelica 模型，使用参数优化工具进行求解。

对应的模型文件参考“安装目录\Docs\Examples\rectangle_area.mo”。

```
model rectangle_area
  parameter Real perimeter = 400 "矩形周长";
  parameter Real length = 10 "矩形长度";
  Real width "矩形宽度";
  Real area "矩形面积";
equation
  width = perimeter / 2 - length;
  area = length * width;
end rectangle_area;
```

其中，矩形初值设为：周长 perimeter = 400，长度 length = 10。此时，宽度 width = 190，面积 area = 1900。

该问题的精确解为：length = width = 100，面积最大值 area = 10000。

对上述问题，可取参数 length 为优化变量、area 为优化目标建立优化模型，该问题视为无约束的单目标优化问题。

2. 使用前的准备

进行参数优化之前的操作步骤如下：

(1) 启动 MWorks.Sysplorer，选择菜单“文件”→“打开”，选择“安装目录\Docs\Examples\rectangle_area.mo”，打开 rectangle_area 模型，初始界面如图 6-134 所示。

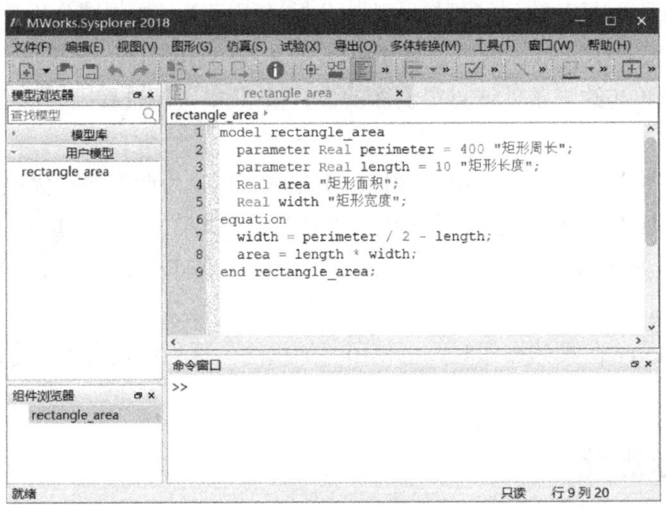

图 6-134 打开 rectangle_area 模型并进行编译

(2) 选择菜单“仿真”→“翻译”，编译生成可运行的求解器。编译完成后仿真实例“rectangle_area”会出现在仿真浏览器中，如图 6-135 所示。如果仿真浏览器未出现，可以通过菜单“视图”→“仿真浏览器”打开仿真浏览器。

至此准备工作结束，选择仿真实例右键菜单中的“试验”→“模型参数优化”进行参数优化。

3. 参数优化

下面介绍如何通过参数优化求解矩形面积问题，并详细说明参数配置过程。

从图 6-135 开始，选择菜单“试验”→“模型参数优化”，弹出图 6-136 所示的参数配置界面。

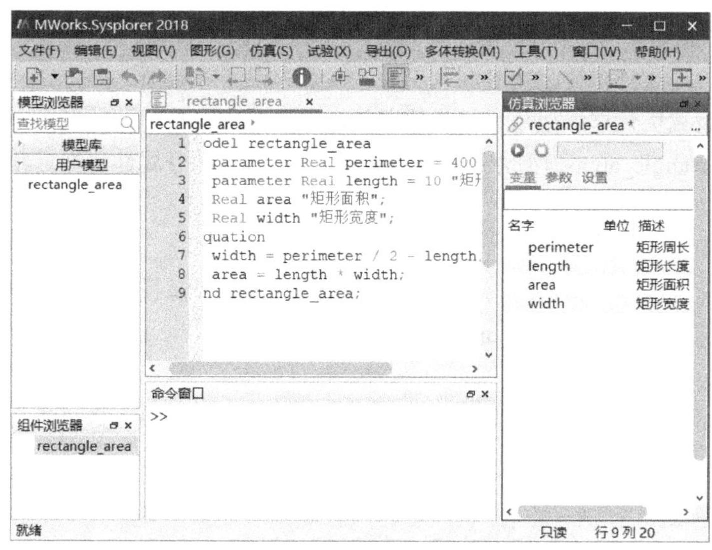

图 6-135　生成仿真实例 rectangle_area-1

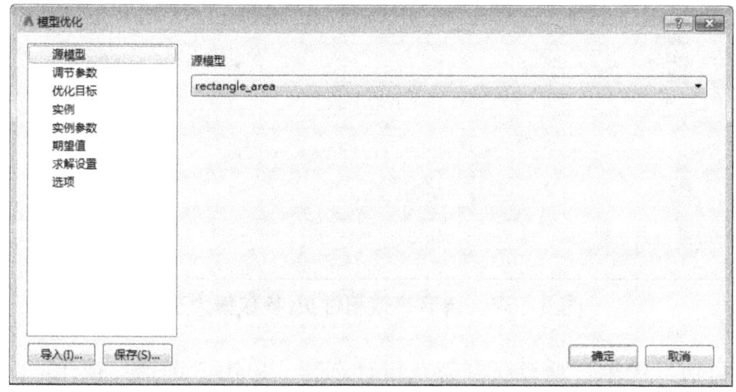

图 6-136　模型优化参数配置向导

模型优化参数配置向导包括 8 个属性页。

(1) 源模型：选择将要进行参数优化的仿真实例，当参数变动时，系统自动调用与该实例关联的求解器。

(2) 调节参数：选择 1 个或多个进行调节的参数，对应优化问题的优化变量。显然，所选择的参数必须对目标变量有影响才是可行的，如果改变调节参数之后目标变量输出不变，参数优化将失败。

(3) 优化目标：选择 1 个或多个目标变量。目标变量泛指模型所需要优化的性能指标，对于优化问题来说，目标变量既可用来计算目标函数值，也可以用来计算约束条件值。

(4) 实例：设置进行多实例优化的实例选项。这里，“实例”对应仿真模型所处的工作条件，由实例参数来定义，如不同的产品型号、运行工况等。多实例优化是通过改变调节参数，使得仿真模型在不同情况下的性能指标均达到最优。

(5) 实例参数：选择 1 个或多个固定不变的参数，设置各个实例所对应的参数值，这些参数在优化过程中是保持不变的。在多实例优化中，通过不同的实例参数来区分“实例”。

(6) 期望值：设置目标变量对应的期望值。目标变量用来计算目标函数值时，该值视为“权值”；否则视为约束值。对于单目标优化问题，“权值”被忽略。

(7) 求解设置：设置求解起止时间、步长、算法、误差等选项。

(8) 选项：设置优化算法选项，如收敛误差、最大迭代步数等。

下面结合 rectangle_area 模型介绍具体的操作步骤(其中部分属性页在后续的实例中进行说明)。

1) 选择源模型

首先选择进行参数优化的仿真实例。如图 6-136 所示，“源模型”列表中显示了当前候选的仿真实例，当前实例“rectangle_area”缺省已被选中。

2) 选择调节参数

下一步，单击图 6-136 左侧列表中的“调节参数”切换属性页，选择进行优化的参数，如图 6-137 所示。

图 6-137　调节参数属性页(参数集为空)

调节参数来自仿真模型，通过交互方式进行选择。单击“选择”按钮，弹出图 6-138 所示的“选择变量”对话框。

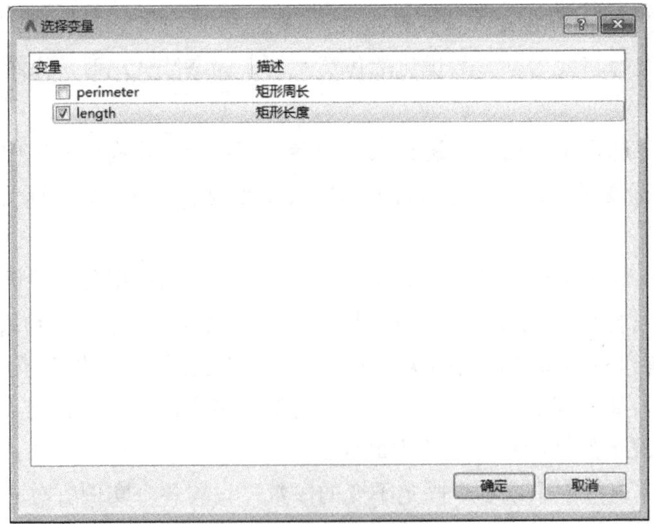

图 6-138　选择调节参数

按本例要求，从中勾选参数“length”(矩形长度)。注意，“选择变量”对话框与仿真浏览器参数面板中的显示内容有点不同，这一步中只列出允许修改的参数(非独立参数和非参数节点已排除)。

完成参数选择之后，单击“确定”按钮回到调节参数属性页，在其中的列表框中显示出已选中的参数集，如图 6-139 所示。

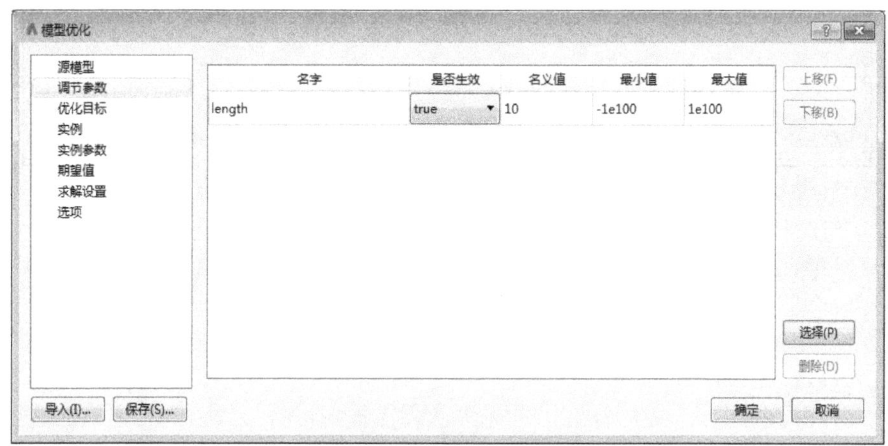

图 6-139　调节参数属性页

图 6-139 中列出了选中的参数列表及其全部属性。

(1) 名字：即参数全名。为避免出错，限制不能修改参数名。

(2) 是否生效：指定该参数是否要进行调节(缺省为 true)。如果选择不生效(设为 false)，则该参数在模型优化过程中视为固定参数(将调节参数设为不生效实际上改变了模型参数的缺省值，对应改变了模型的运行状态)。MWorks. Sysplorer 参数优化工具要求必须提供至少 1 个有效的调节参数。

(3) 名义值：调节参数初始值，缺省来自仿真模型实例，允许修改。

(4) 最小值：设置调节参数的下界，−1e100 表示不做限制。

(5) 最大值：设置调节参数的上界，1e100 表示不做限制。

调节参数由优化算法根据优化目标来确定，并且保证不会超出所指定的参数范围。另外，调节参数的最小值和最大值可以简化算法运行，建议设置参数上、下界。

本例中，调节参数“length”的名义值设为“10”，参数上、下界均不做限制。

提示：使用“上移”“下移”按钮可以改变调节参数生效顺序；使用“删除”按钮可以去除多余的参数。

3) 设置优化目标

下一步，单击图 6-139 左侧列表中的“优化目标”切换属性页，选择目标变量，如图 6-140 所示。

结果变量同样来自仿真模型，单击“选择”按钮，弹出图 6-141 所示的对话框。

按本例要求，从中勾选变量“area”(矩形面积)。注意，这一步的显示内容与图 6-138 所示的不同，树形列表中不显示参数。

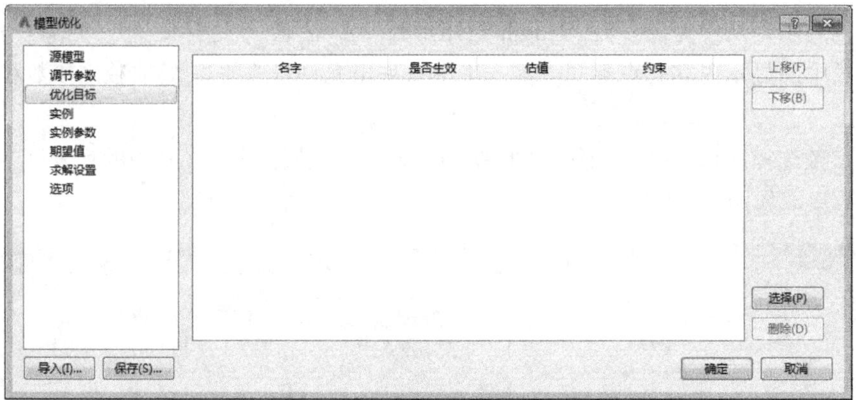

图 6-140　优化目标属性页(变量集为空)

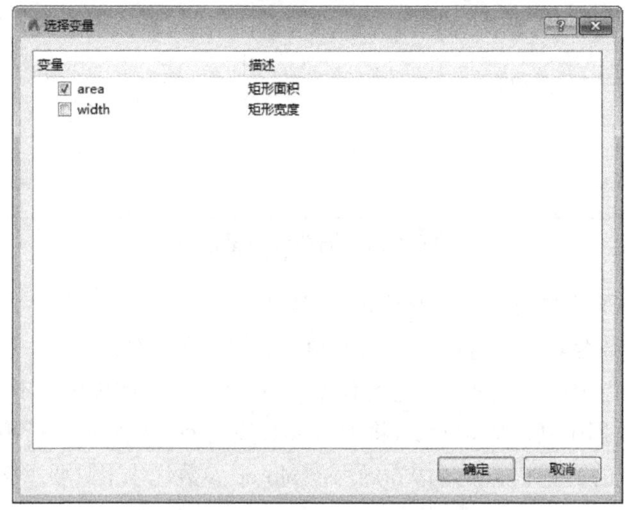

图 6-141　选择优化目标变量

完成选择之后，单击“确定”按钮回到结果变量属性页，在其中的列表框中显示出已选中的变量集，如图 6-142 所示。

图 6-142　优化目标属性页

图 6-142 中列出了选中的变量列表及其全部属性。

(1) 名字：即变量全名。为避免出错，限制不能修改变量名。

(2) 是否生效：缺省为 true，如果选择不生效(设为 false)，则该变量在模型优化过程中将不参与计算目标函数(或约束条件)。

(3) 估值：选择变量估值函数，本例中的仿真模型为一般非线性时不变模型，选择缺省选项“FinalValue”表示使用变量在求解终止时刻的值计算目标函数(或约束条件)。更多其他选项参见 MWorks_Toolkit_Parameter_Analysis.pdf。

(4) 约束：根据“估值”一栏中选择的变量估值函数对仿真结果进行处理后得到一个标量值，“约束”一栏中的属性确定该值的用途，或者是目标函数值，或者是约束条件值。图中选择“Maximize”(最大化)是根据优化问题来确定的，表示矩形面积越大越好。对应的目标权值或约束值在“期望值”属性页设置。

提示：使用“上移”“下移”按钮可以改变目标变量在列表中的显示顺序，同时改变了其计算顺序；使用“删除”按钮可以去除多余的变量。

与约束相关的目标类型和约束条件如表 6-19 所示。

表 6-19　变量约束类型

约束类型	含义	备注
Minimize	作为目标函数使用	希望目标最小化
Maximize	作为目标函数使用	希望目标最大化
EqualTo	作为约束条件使用	要求等于(= =)期望值
GreaterThan	作为约束条件使用	要求大于或等于(≥)期望值
LessThan	作为约束条件使用	要求小于或等于(≤)期望值

4) 设置优化实例

下一步，单击图 6-142 左侧列表中的“实例”切换属性页，设置实例及其选项，如图 6-143 所示。

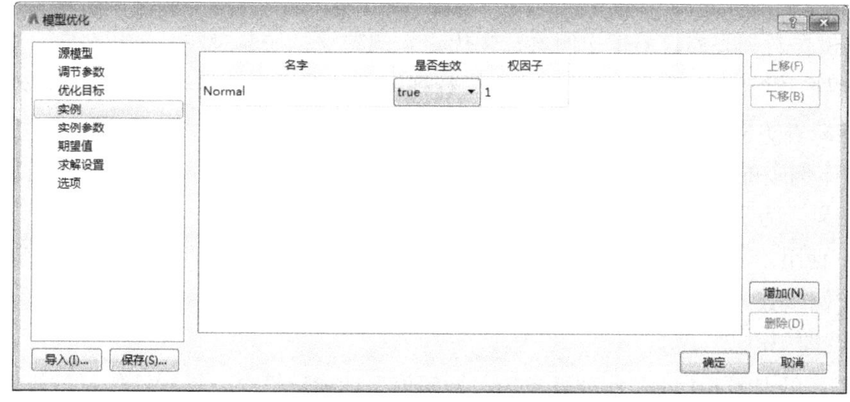

图 6-143　优化实例属性页

(1) 名字：用于标识不同的优化实例，允许修改。如果有多个实例，实例名不能重复。

(2) 是否生效：缺省为 true。如果选择不生效(设为 false)，该实例将不参与优化过程计算，等同于没有定义。MWorks.Sysplorer 参数优化工具要求必须提供至少 1 个有效的优化实例。

(3) 权值(权因子)：使用“权值”设置优化实例对于优化目标的不同期望，只有 1 个实例时，该值被忽略。显然，权值必须大于 0。

本例中使用缺省实例“Normal”，关于多实例优化相关的应用场景以及界面操作详见 6.7.5 节——多实例优化。

提示：使用“上移”“下移”按钮可以改变优化实例在列表中的显示顺序，同时改变了其生效顺序；使用“增加”按钮设置新的(缺省)实例；使用“删除”按钮可以去除多余的实例。

5) 选择实例参数

下一步，单击图 6-143 左侧列表中的“实例参数”切换属性页，选择实例参数并赋值，如图 6-144 所示。

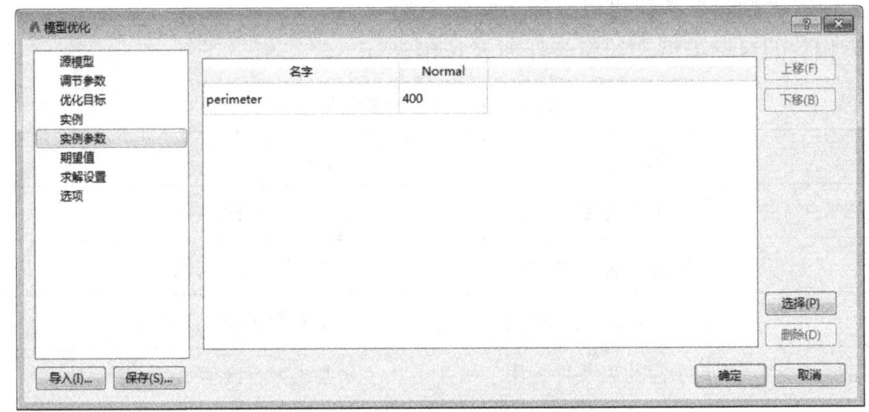

图 6-144　实例参数属性页

如前所述，实例参数与优化实例对应的工作条件相关，对于一个具体的实例来说，实例参数是固定不变的。

本例中实际不需要设置实例参数，但为了说明界面元素，选择“perimeter”(矩形周长)作为示例(更一般的情况参见 6.7.4.4 节——多目标优化、6.7.5 节——多实例优化)。

(1) 实例参数列表栏目根据实例参数和优化实例建立，横向对应：参数名字、实例 1，实例 2，…；纵向逐行显示所选择的实例参数，行列顺序与对应属性页中的参数和实例保持一致，如本例中的缺省实例“Normal”。

(2) 对本例中的优化问题，改变“perimeter”没有使问题的性质发生变化，但直接影响最终的优化结果。为了不破坏前述假设，仍然设置 perimeter = 400。

提示：使用“上移”“下移”按钮可以改变实例参数在列表中的显示顺序；使用“选择”按钮选择实例参数；使用“删除”按钮可以去除多余的参数。

6) 设置期望值

下一步，单击图 6-144 左侧列表中的“期望值”切换属性页，设置优化目标权值或约束条件值，如图 6-145 所示。

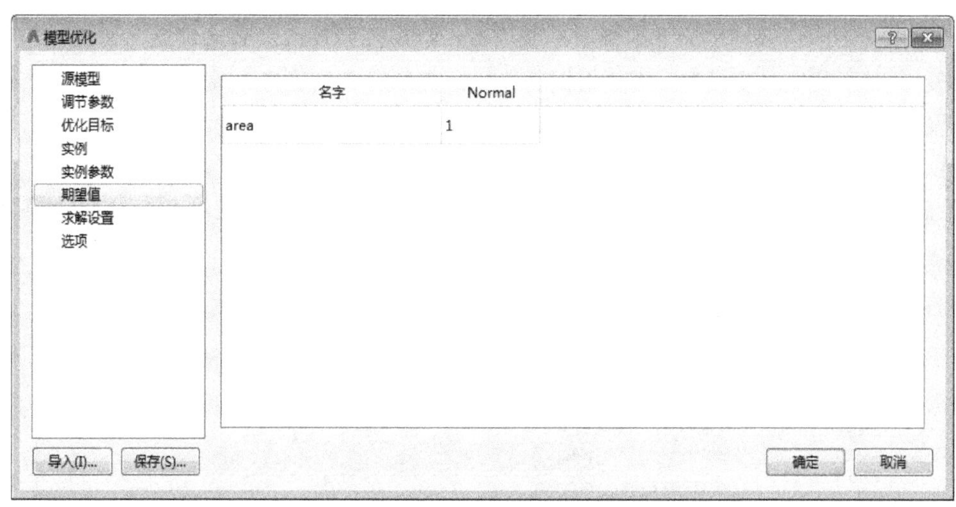

图 6-145 期望值属性页

(1) 期望值列表栏目根据“优化目标”和“实例”属性页中设置的目标变量和优化实例建立，横向对应：目标变量名字，实例 1，实例 2，…；纵向逐行显示具体的目标变量，行列顺序与对应属性页中的变量和实例保持一致，如本例中的目标变量“area”和实例“Normal”。更一般的情况参见 6.7.4.4 节——多目标优化、6.7.5 节——多实例优化。

(2) 目标变量作为优化目标使用时，期望值视为“权值”(要求大于 0)；如果作为约束条件，期望值根据优化问题进行赋值。

本例中优化实例为 1 个缺省实例“Normal”(见图 6-143)，目标变量有 1 个“area”(见图 6-142)，并且作为优化目标使用，故期望值视为“权值”，此处设为缺省值“1”(单目标优化时该值被忽略)。

7) 设置模型求解选项

下一步，单击图 6-145 左侧列表中的“求解设置”切换属性页，设置求解器运行选项，如图 6-146 所示。

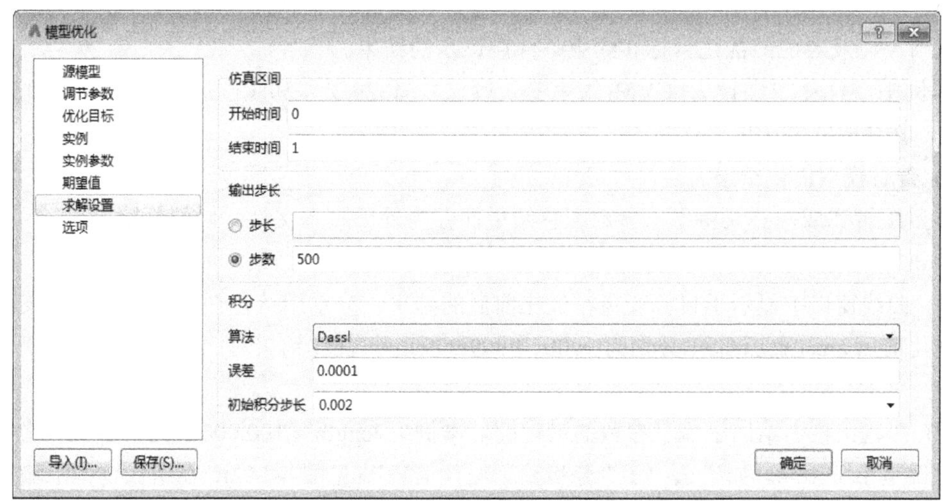

图 6-146 求解设置属性页

考虑本例中的仿真模型为非线性时不变模型，故全部属性取缺省选项。

提示：对于其他时变模型，需要根据所选目标变量的变化趋势、对应的变量估值函数等因素设置合理的仿真区间、输出步长和积分选项。

8) 设置优化算法选项

最后一步，单击图 6-146 左侧列表中的“选项”切换属性页，设置优化算法选项，如图 6-147 所示。

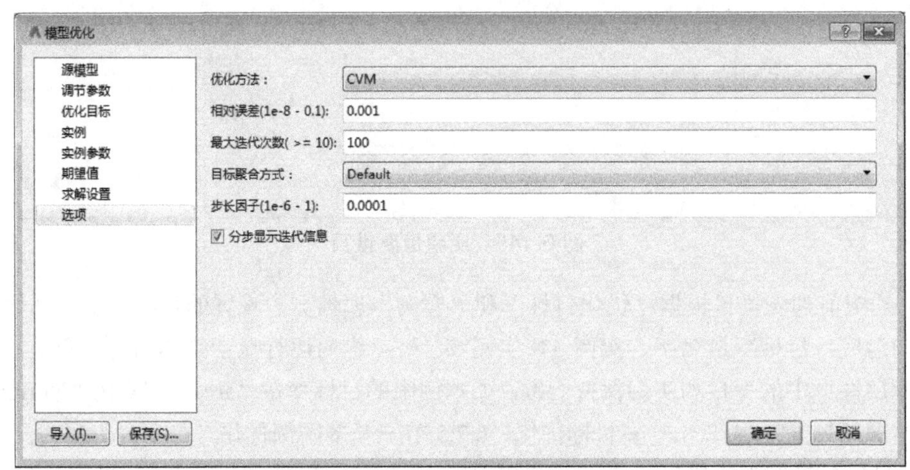

图 6-147　优化算法选项

(1) 优化方法：选择优化算法，缺省为“IPOPT”。

(2) 相对误差：作为迭代收敛误差，该值范围为 1e-8～0.1，缺省值为 1e-5。

(3) 最大迭代步数：不能小于 10，缺省为 100。

(4) 目标聚合方式：适用于多目标优化，只有 1 个优化目标时该选项被忽略。缺省为“Default”，表示由优化算法决定如何处理。

(5) 步长因子：控制调节参数变更精度，该值范围为 1e-6～1，缺省为 5e-3。

(6) 分步显示迭代信息：缺省为 true，这样，在迭代过程中输出栏将分步显示调节参数的变动细节，以及对应的优化目标和约束条件在该步的结果。

本例中，优化方法设为 CVM(约束变尺度法)，相对误差和步长因子分别设为 0.001 和 0.0001，其余取缺省选项。

9) 查看模型优化结果

参数配置完成，建议将本次参数配置结果保存为外部脚本文件，以便复用。

单击“确定”按钮执行模型优化，经过 7 次迭代之后得到结果，如图 6-148 所示。

(1) 曲线窗口中显示了目标变量在优化前后的结果，分别用蓝色曲线和红色曲线表示。本例中优化前后 area(矩形面积)分别为 1900、9999.999964，优化结果对比精确解的相对误差小于 1e-8。

(2) 在输出栏中给出了调节参数的最优解。本例中 length = 100.006，优化结果对比精确解的相对误差小于 1e-4。如果选中了“分步显示迭代信息”(见图 6-147)，在迭代过程中输出栏还将分步显示调节参数的变动细节，以及对应的优化目标值和约束条件值。

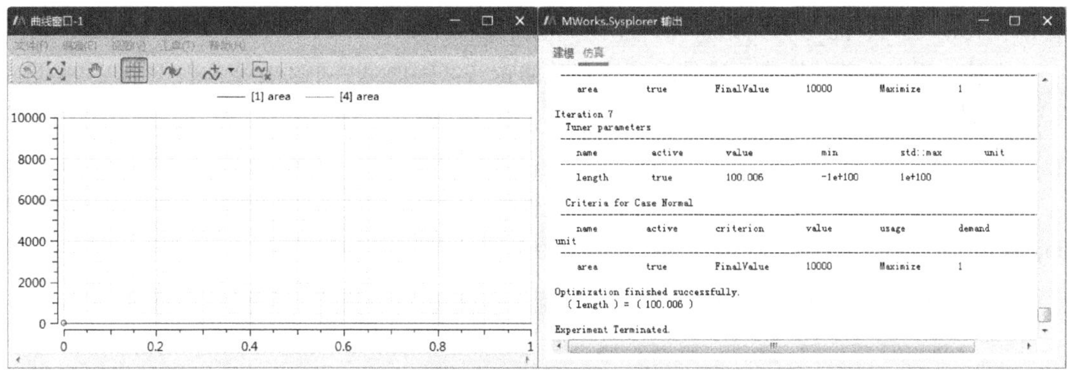

图 6-148　参数优化的输出结果

(3) 变量浏览器中生成了模型标定之后的仿真实例“rectangle_area-1”，其中调节参数已设为其最优解(如果存在实例参数，其参数值也并入实例中)，可以从中观察模型其他变量指标在优化前后的差异情况。

从图 6-148 可以看出，参数优化后得到期望的结果。

6.7.3.2　典型的 OPB 算例

1. 问题描述

接下来测试 OPB 算法库中的考题 7，这是一个典型的非线性、单目标约束优化问题，数学模型如下。

$\min f(x)=x_1*x_4*(x_1+x_2+x_3)+x_3$

$\text{s.t. } 25-x_1*x_2*x_3*x_4\leqslant 0$

$x_1^2+x_2^2+x_3^2+x_4^2-40=0$

$1\leqslant x_i\leqslant 5$，$i=1,2,3,4$

该问题的理论最优值如下：

x[]={1,4,7429994,3.8211503,1.3794082}; minf(x)=17.0140173

下面建立该问题对应的 Modelica 模型，使用参数优化工具进行求解。对应的模型文件参见“安装目录\Docs\Examples\opb_cvm_ex7.mo”。

```
model opb_cvm_ex7
  parameter Real x1 = 1 "参数1";
  parameter Real x2 = 5 "参数2";
  parameter Real x3 = 5 "参数3";
  parameter Real x4 = 1 "参数4";
  Real f "目标函数";
  Real eq_c "等式约束 == 40";
  Real ne_c "不等式约束 >= 25";
equation
  f = x1 * x4 * (x1 + x2 + x3) + x3;
  eq_c = x1 * x1 + x2 * x2 + x3 * x3 + x4 * x4;
  ne_c = x1 * x2 * x3 * x4;
end opb_cvm_ex7;
```

本例中，取参数 x_1、x_2、x_3、x_4 为优化变量，初值 x[]={1,5,5,1}，f 为优化目标(初始时极

值等于 16)，eq_c、nc_c 为约束条件，建立优化模型。

注意，所选的参数初值不满足等式约束条件 nc_c，因而是“不可行点”。

2. 使用前的准备

进行参数优化之前的操作步骤如下：

(1) 启动 MWorks.Sysplorer，选择菜单“文件”→“打开”，选择“安装目录\Docs\Examples\opb_cvm_ex7.mo”，打开 opb_cvm_ex7 模型，初始界面如图 6-149 所示。

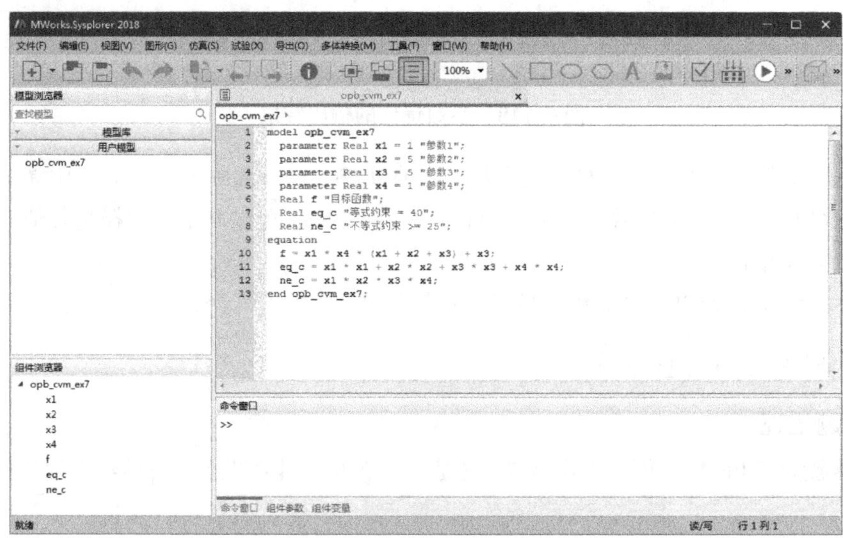

图 6-149　打开 opb_cvm_ex7 模型并进行编译

(2) 选择菜单“仿真”→“翻译”，编译生成可运行的求解器。编译完成后仿真实例“opb_cvm_ex7”会出现在仿真浏览器中，如图 6-150 所示。如果仿真浏览器未出现，可以通过菜单“视图”→“仿真浏览器”打开仿真浏览器。

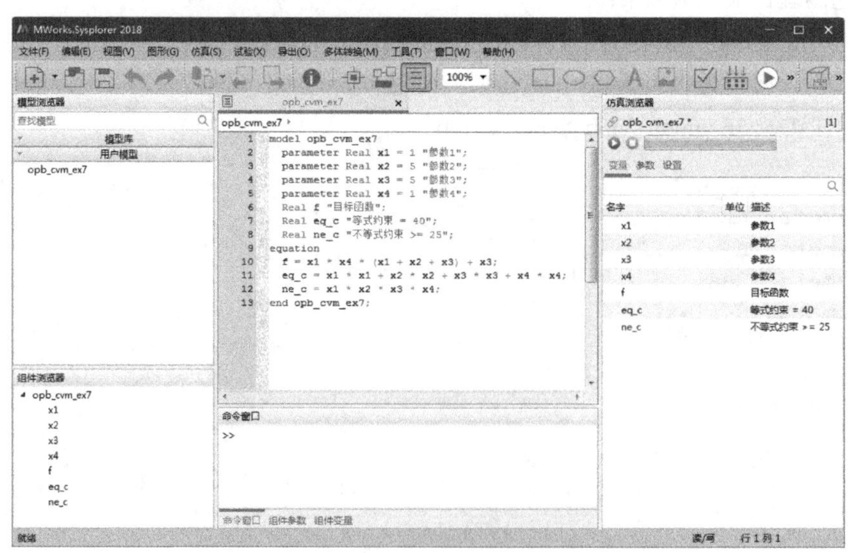

图 6-150　生成仿真实例 opb_cvm_ex7

至此准备工作结束，选择菜单“试验”→“模型参数优化”进行参数优化。

3. 参数优化

下面简要介绍如何通过参数优化求解该优化问题。

从图 6-150 开始，选择菜单“试验”→“模型参数优化”，弹出参数配置界面，如图 6-151 所示。

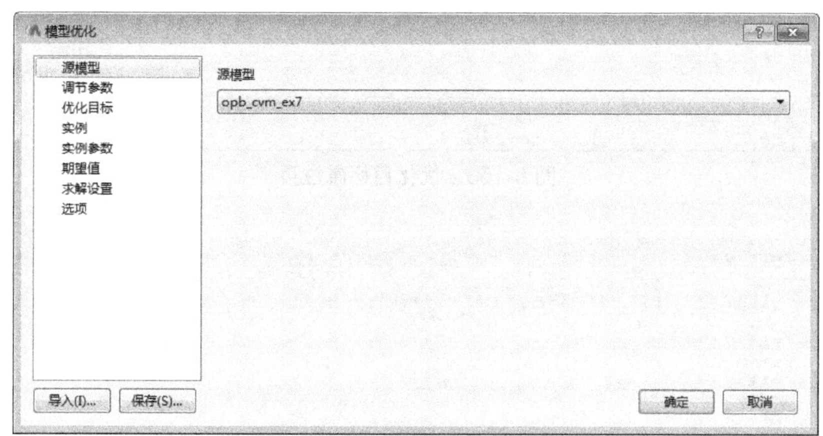

图 6-151　模型优化参数配置向导

各个属性页的参数配置情况如下。

1) 选择调节参数

按本例要求，选择 x_1、x_2、x_3、x_4 为调节参数，初值 x[]={1,5,5,1}，参数上下界为 $1 \leqslant x_i \leqslant 5$，i=1,2,3,4，如图 6-152 所示。

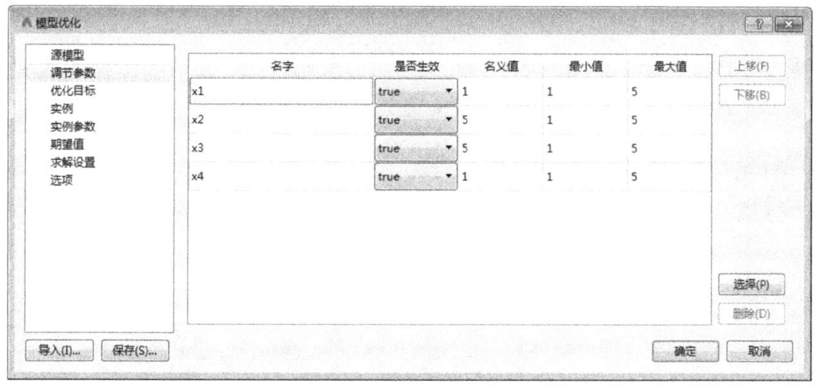

图 6-152　调节参数属性页

2) 设置优化目标

按本例要求，选择 f、eq_c、ne_c 为目标变量，其中 f 作为目标函数，eq_c 为等式约束条件(“EqualTo”)，ne_c 为不等式约束条件(“GreaterThan”)，如图 6-153 所示。

3) 设置期望值

按本例要求，目标变量 f 权值取缺省值 1，等式约束变量 eq_c 约束值设为 40 (表示 eq_c=40)、不等式约束变量 ne_c 约束值设为 25(表示 ne_c≥25)，如图 6-154 所示。

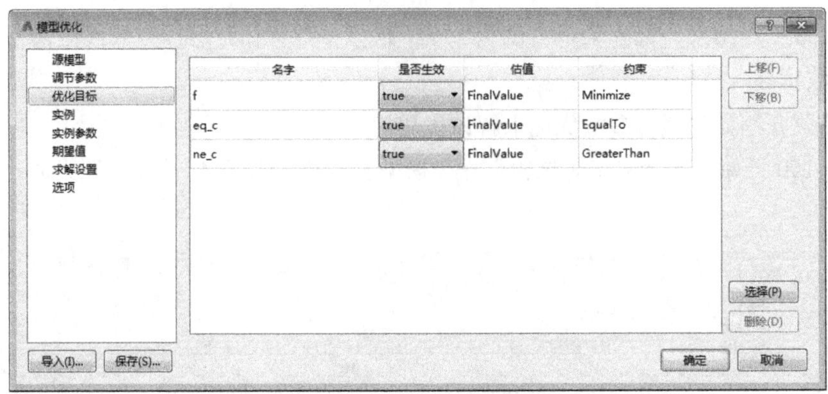

图 6-153　优化目标属性页

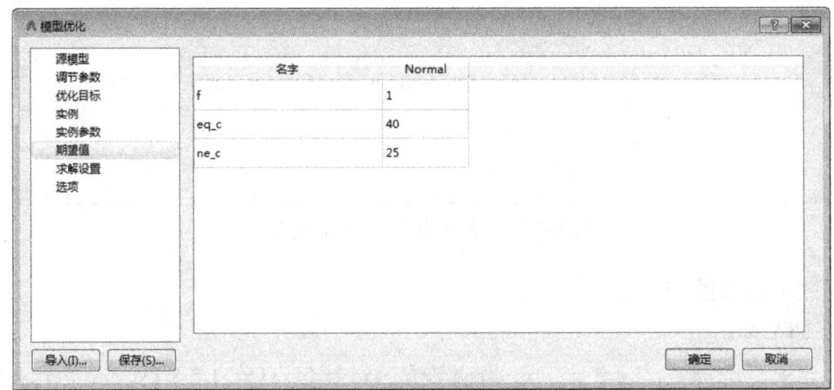

图 6-154　期望值属性页

4) 设置优化算法选项

最后一步，单击图 6-154 左侧列表中的“选项”切换属性页，设置优化算法选项，如图 6-155 所示。

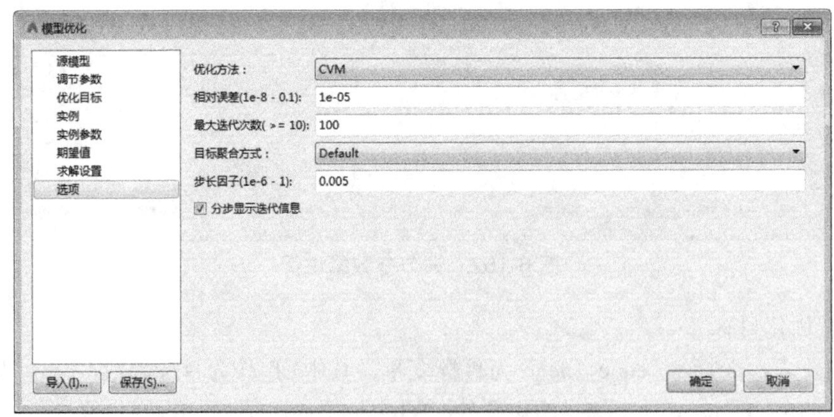

图 6-155　优化算法选项

5) 查看模型优化结果

本例中没有特别说明的选项全部取缺省值。参数配置完成，建议将本次参数配置结果保存为外部脚本文件，以便复用。单击“确定”按钮执行模型优化，经过 6 次迭代之后得到结果，如图 6-156 所示。

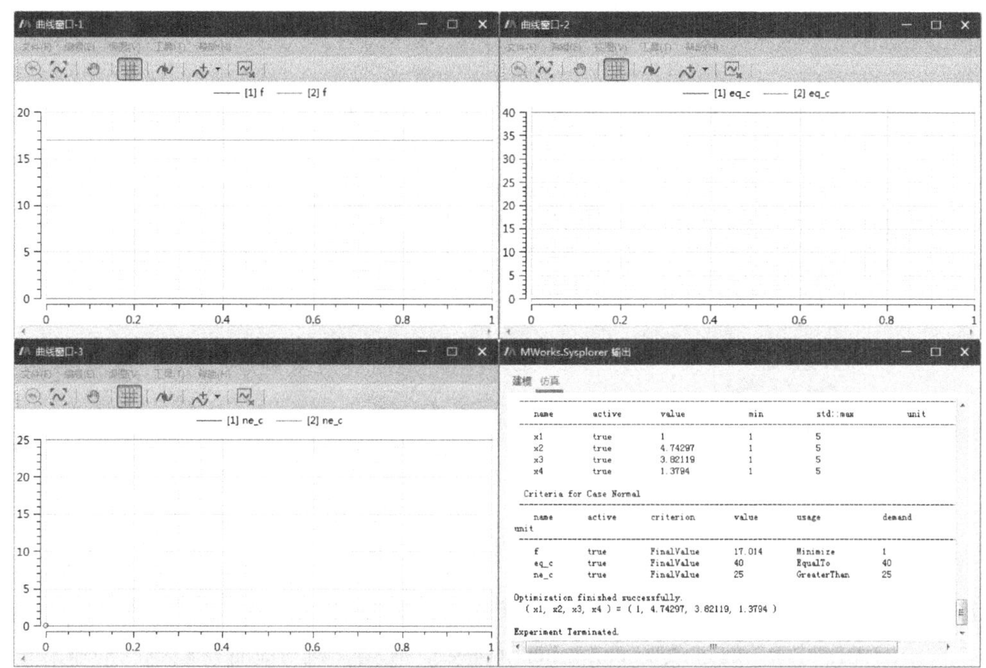

图 6-156　参数优化的输出结果

参数优化工具得到的最优解如下：

x[]={1,4.74309,3.82104,1.37942}; minf(x)=17.014

可以看出与理论最优值非常接近：

x[]={1,4.74299943,3.8211503,1.3794082};minf(x)=17.0140173

如果提高求解器的计算精度和优化算法的收敛精度，适当减小其步长因子，结果精度会进一步提高，但迭代次数会因此增加。

6.7.4　多目标优化

6.7.4.1　多领域仿真模型 F14

下面以一个简化的飞机模型 F14 为例(参考“安装目录\Docs\Examples\F14.mo”)介绍 MWorks.Sysplorer 参数优化工具在复杂仿真模型参数分析中的应用。具体的模型路径为“F14.ControllerDesign_F14”，如图 6-157 所示。

该模型用于飞机纵向运动过程的仿真和分析。

(1) 控制器仿真模型 ControllerDesign_F14 使用阶跃信号“const”来驱动；

(2) 组件“aircraft”包含飞机的动力学方程；

(3) 组件“controller”对应飞机纵向运动的控制器，本例中将要进行调节的控制参数在该组件中定义，并与实际使用的界面参数通过变型方程来关联，变量“controller.alpha”作为反馈单元用于跟踪飞机的相对运动；

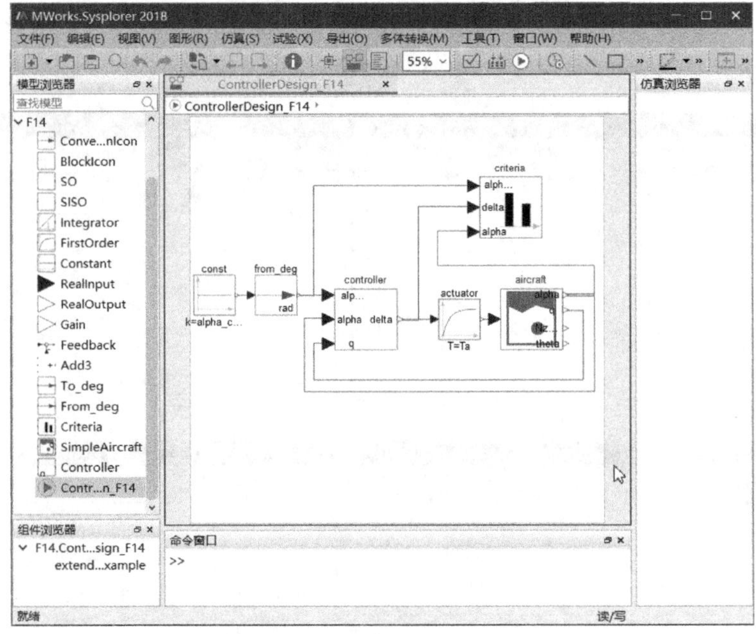

图 6-157　简化的飞机模型 F14

(4) 组件“criteria”中包含本例中将要进行优化的目标变量。

本例中的优化目标是通过改变 controller 的参数，使得飞机对某种阶跃响应的输出——纵向运动保持在最合理的范围之内。

1. 问题描述

下面先给出模型在初始情况下(Ki=–2, Kf=–6, Kq=0.5)仿真 10 s 的结果曲线，如图 6-158 所示，分别对应 alpha_c_deg(俯仰角)、alpha_deg(攻角)、q_degs(俯仰角速度)、delta_deg(升角偏离量)。

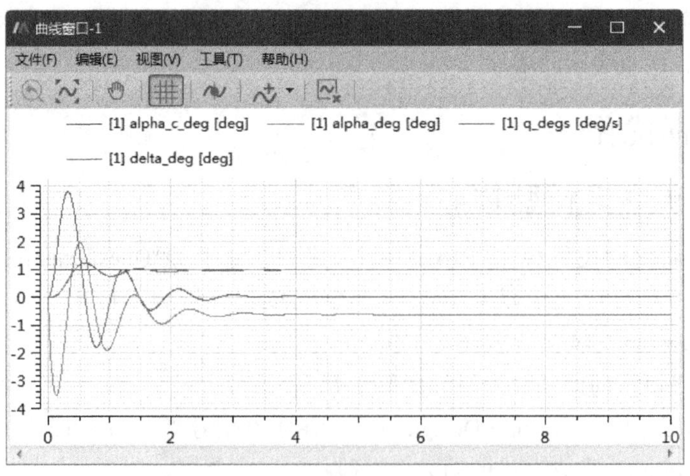

图 6-158　初始情况下飞机运动曲线

存在的问题是，alpha_deg(攻角)与 q_degs(俯仰角速度)相对 alpha_c_deg(=1°)的超调量太大，delta_deg(升角偏离量)在开始一段时间以及达到稳态之后远离期望值。

本例中，通过参数优化将 alpha_deg(攻角)相对于 q_degs(俯仰角速度)的超调量减小到 1%以下，同时保持 delta_deg(升角偏离量)在 2°以内。

对上述问题建立优化模型如下。

(1) 优化变量：选择控制器参数“Ki”“Kf”“Kq”;

(2) 目标变量：选择 alpha_deg(攻角)、delta_deg(升角偏离量);

(3) 优化目标：减小 alpha_deg 相对 alpha_c_deg 的最大超调量，并且使得 delta_deg 在期望值范围内。

提示：为便于访问组件内部的参数与变量，模型 ControllerDesign_F14 使用了很多外层别名变量，参考下面给出的代码片段，后续操作中直接使用这些短名变量。

```
parameter Real Ki(max = -0.5, min = -10) = -2;
parameter Real Kf(max = -0.5, min = -10) = -6;
parameter Real Kq(max = 10, min = 0.1) = 0.5;
......
Controller controller(Kf = Kf, Ki = Ki, Kq = Kq, Ts = Ts);
......
Angle_deg alpha_deg = criteria.to_alpha.degree;
Angle_deg delta_deg = criteria.to_delta.degree;
......
Criteria criteria(alpha_c_deg = alpha_c_deg);
......
```

2. 使用前的准备

进行参数优化之前的操作步骤如下。

(1) 启动 MWork.Sysplorer，打开“安装目录\Docs\Examples\F14.mo”。在模型浏览器中找到“F14.ControllerDesign_F14”，双击打开该模型，初始界面如图 6-159 所示。

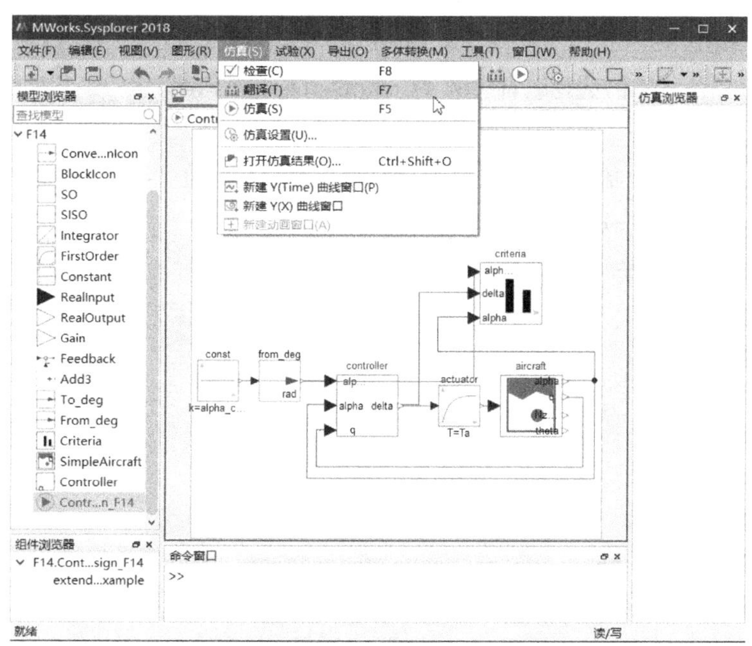

图 6-159 生成仿真实例 ControllerDesign_F14

(2) 选择菜单“仿真”→“翻译”，编译生成可运行的求解器。编译完成后仿真实例“F14”会出现在仿真浏览器中，如图 6-159 所示。如果仿真浏览器未出现，可以通过菜单“视图”→“仿真浏览器”打开仿真浏览器。

至此准备工作结束，下面将依次介绍单个调节参数、多个调节参数、多目标优化与多实例优化的使用场景，通过参数优化，使得期望的设计目标得到满足。

6.7.4.2 单个调节参数

先测试只调节 1 个控制参数的情况。从图 6-159 开始，选择仿真实例右键菜单中的“试验”→“模型参数优化”，弹出如图 6-160 所示的参数配置界面。

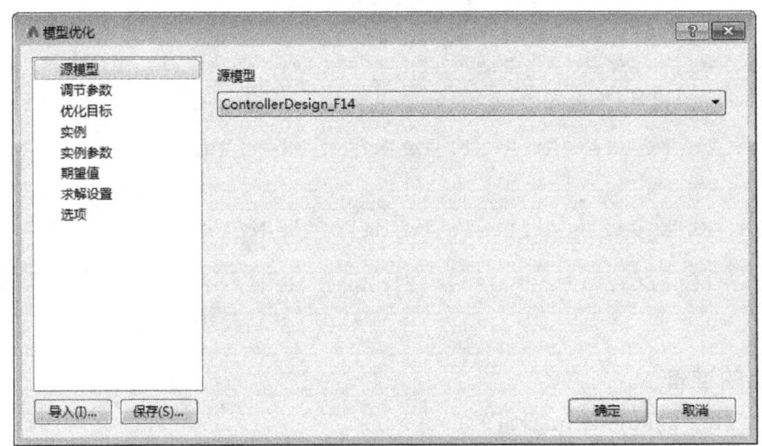

图 6-160 模型优化参数配置向导

下面依次介绍各个属性页的参数配置情况。

1. 选择源模型

如图 6-160 所示，本例选择缺省实例“ControllerDesign_F14”。

2. 选择调节参数

按本例要求，选择控制器参数“Kf”作为调节参数，名义值“−6”缺省取自模型实例，最小值、最大值分别设为“−10”“0”，如图 6-161 所示。

图 6-161 调节参数属性页

3. 设置优化目标

按本例要求，选择 alpha_deg(攻角)、delta_deg(升角偏离量)作为目标变量，如图 6-162 所示。其中，alpha_deg 的“估值”函数选择“Overshoot(最大超调量)”，实参设为“1”(注意俯仰角 alpha_c_deg = 1)；delta_deg 的“估值”函数选择“MaxDeviation(最大偏差)”，实参设为“0”“5”“0.05”(表示相对“0”的偏差，最大值不超过“5”)。

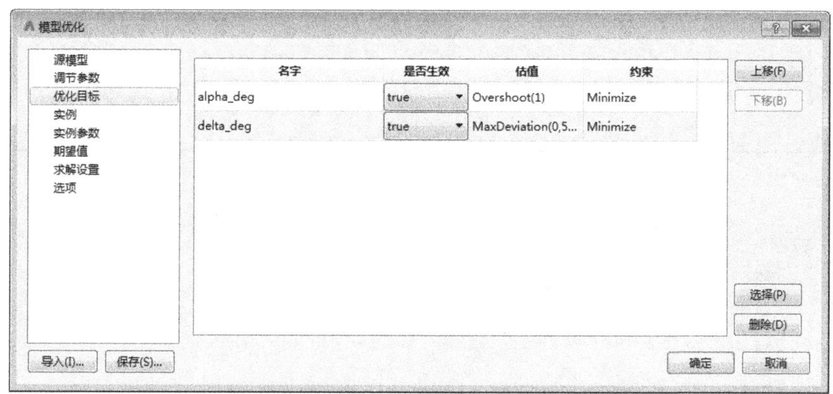

图 6-162　优化目标属性页

变量估值函数“Overshoot(最大超调量)”和“MaxDeviation(最大偏差)”的参数输入界面如图 6-163 所示。

图 6-163　函数 Overshoot 和 MaxDeviation 的参数列表

关于变量估值函数的说明参见 MWorks_Toolkit_Parameter_Analysis.pdf。

4. 设置优化实例

本例中使用缺省实例“Normal”，关于多实例优化相关的应用场景以及界面操作详见 6.7.5 节——多实例优化。

5. 选择实例参数

按本例要求，选择 alpha_c_deg(俯仰角)作为实例参数，设为“1”(注意按“角度”单位赋值)，如图 6-164 所示。

6. 设置期望值

参考图 6-162，本例中的 2 个目标变量均作为优化目标，故此处的期望值视为“权值”，用于考量不同优化目标之间的关系。

本例中，alpha_deg(攻角)、delta_deg(升角偏离量)的权值分别设为“100”“0.5”，表示期望的 alpha_deg(攻角)小于 0.01=1/100°，delta_deg(升角偏离量)小于 2=1/0.5°，如图 6-165 所示。

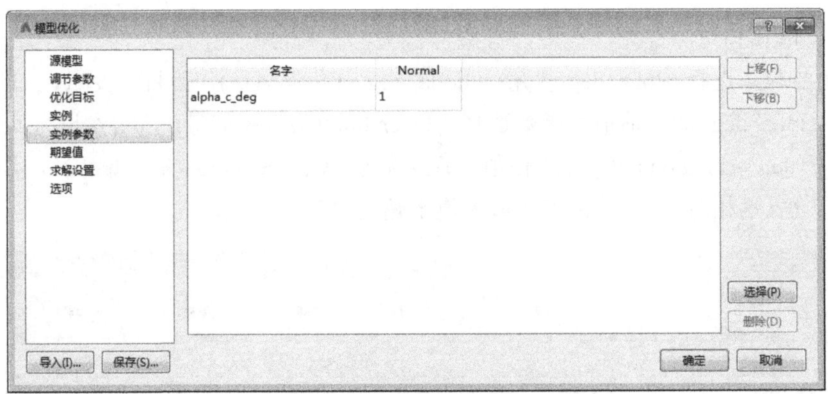

图 6-164　实例参数属性页

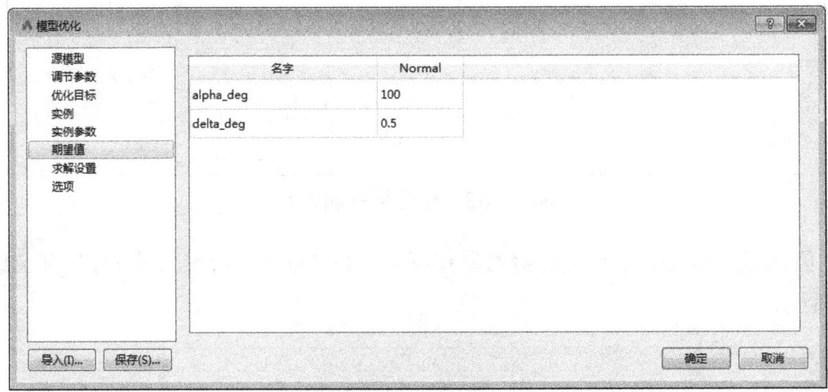

图 6-165　期望值属性页

7. 设置模型求解选项

本例中，求解起止时间设为 0～10 s，步数设为 100000，其他求解选项取缺省值，如图 6-166 所示。

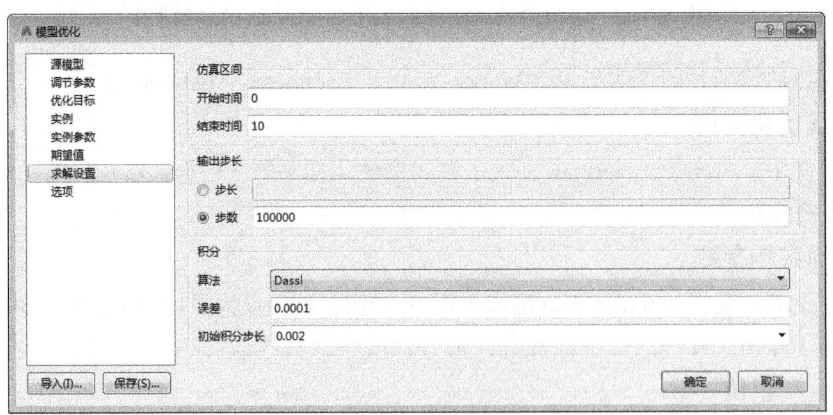

图 6-166　求解设置属性页

8. 设置优化算法选项

本例中，优化方法设为 CVM，步长因子设为 1e-5，其他选项取缺省值，如图 6-167 所示。

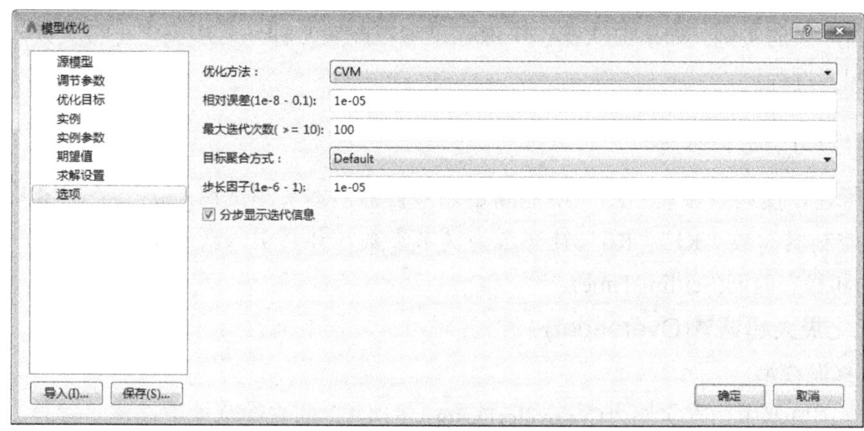

图 6-167　优化算法选项

9. 查看模型优化结果

参数配置完成，建议将本次参数配置结果保存为外部脚本文件，以便复用。执行模型优化，经过 8 次迭代之后得到结果，如图 6-168 所示。

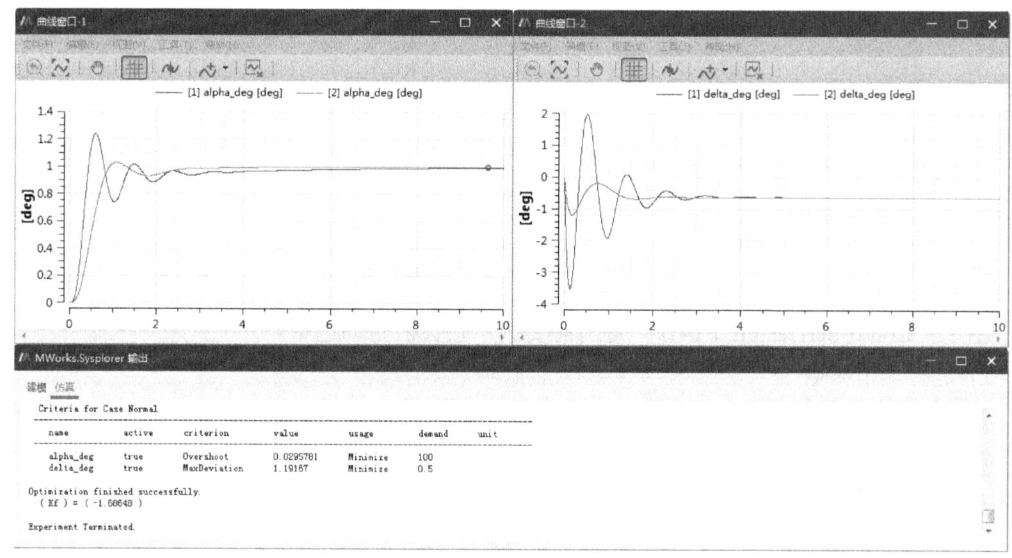

图 6-168　参数优化的输出结果

(1) 输出栏中给出了控制器参数“Kf”的最优解“-1.68648”，变化幅度为“+4.31649”。

(2) 观察迭代过程信息，优化前后，alpha_deg(攻角)对 alpha_c_deg(俯仰角)的最大超调量从“0.23787”(=24%)减小至“0.0295781”(=3.0%>1/100)，delta_deg(升角偏离量)的最大偏移量从“3.53007”减小至“1.19167”(小于 1/0.5)。

可以看出，改变调节参数“Kf”使得升角偏离量 delta_deg 达到预期目标，但 alpha_deg(攻角)相对于 q_degs(俯仰角速度)的超调量仍然大于 1%。

注意，在变量浏览器中生成了新的优化实例“ControllerDesign_F14-1”，其中调节参数设为最优解，并且实例参数也同时写入，接下来测试增加调节参数“Ki”和“Kq”的优化效果。

提示：后续操作将基于新的模型实例“ControllerDesign_F14-1”进行，注意不要关闭仿真浏览器中新产生的实例。如果前次操作中保存了参数配置文件，后续操作可将其读入，此举可加快参数配置过程。

6.7.4.3 多个调节参数

如前所述，仅调节参数“Kf”不能满足期望目标，本节测试调节多个控制器参数的优化效果，将控制器参数“Ki”“Kq”补充选为调节参数，并且引入新的优化目标——上升时间(RiseTime)和稳态时间(SettlingTime)。

1. 优化最大超调量(Overshoot)

1) 选择源模型

在仿真浏览器中仿真实例“ControllerDesign_F14-1”的右键菜单中选择“试验”→“模型参数优化”，弹出图 6-169 所示的参数配置界面。

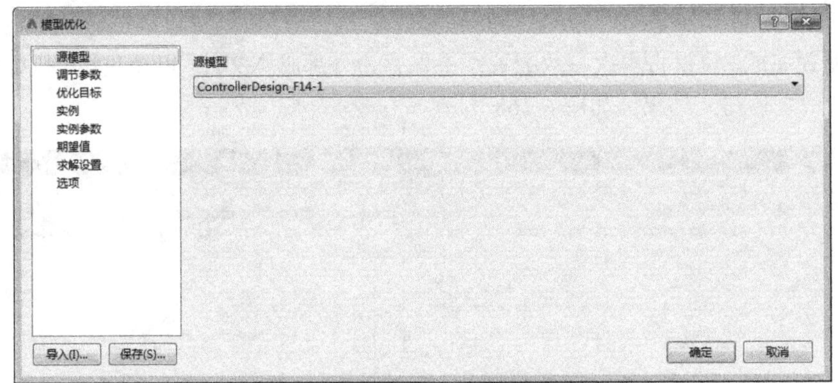

图 6-169 模型优化参数配置向导

由于“ControllerDesign_F14-1”是当前实例，它会被自动选中。

2) 选择调节参数

按本例要求，选择控制器参数“Ki”“Kf”“Kq”作为调节参数，名义值取自模型实例“ControllerDesign_F14-1”，分别为“−2”“−1.67465”“0.5”，参数范围分别为−10≤Ki，Kf≤0，0≤Kq≤10，如图 6-170 所示。

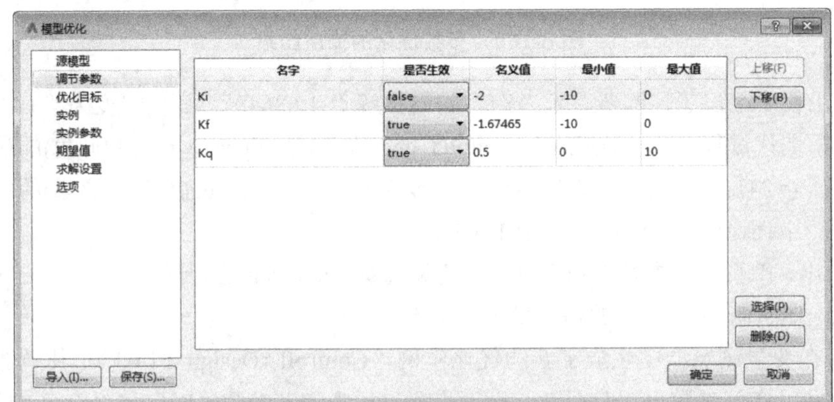

图 6-170 调节参数属性页

注意，这里先将参数“Ki”的生效状态设为“false”，意味着“Ki”在本次优化过程中视为固定参数，看看通过调节“Kf”“Kq”能否满足期望目标。

3) 设置优化目标

本例中，在前次基础上增加 alpha_deg(攻角)的上升时间(RiseTime)和 criteria.feedback.y 的稳态时间(SettlingTime)作为新的优化目标，参考图 6-171，其中，函数 RiseTime 实参设为“1”“0.1”“0.9”(注意 alpha_c_deg = 1.0)；函数 SettlingTime 实参设为“0”“0.01”。

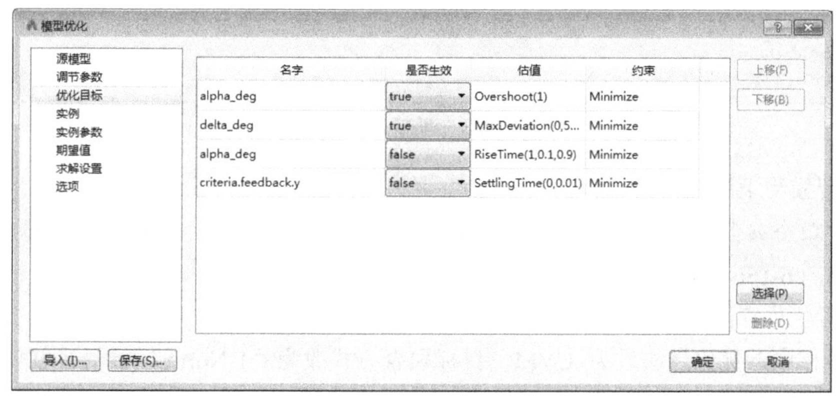

图 6-171　优化目标属性页

注意，这里先将此次新增优化目标的生效状态设为“false”，意味着在优化过程中不参与计算目标函数(或约束条件)。

变量估值函数“RiseTime(上升时间)”和“SettlingTime(稳态时间)”的参数输入界面如图 6-172 所示。

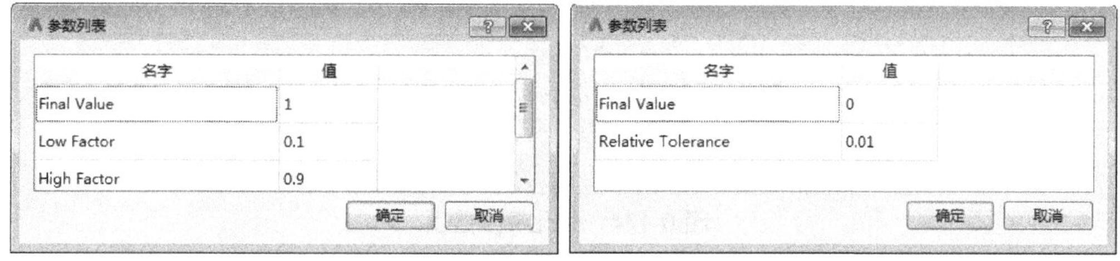

图 6-172　函数 RiseTime 和 SettlingTime 的参数列表

关于变量估值函数的说明参见 MWorks_Toolkit_Parameter_Analysis.pdf。

4) 选择实例参数

与优化单个参数时相同，仍选择 alpha_c_deg(俯仰角)作为实例参数，设为“1”(注意按“角度”单位赋值)，如图 6-164 所示。

5) 设置期望值

注意上一步中增加了新的优化目标，尽管上升时间(RiseTime)和稳态时间(SettlingTime)的生效状态设为“false”(本次优化中被忽略)，还是应该设置其期望值。本例中分别设为“2”“0.2”，表示期望的上升时间 RiseTime 小于 0.5=1/2 s，稳态时间 SettlingTime 小于 5=1/0.2 s，如图 6-173 所示。

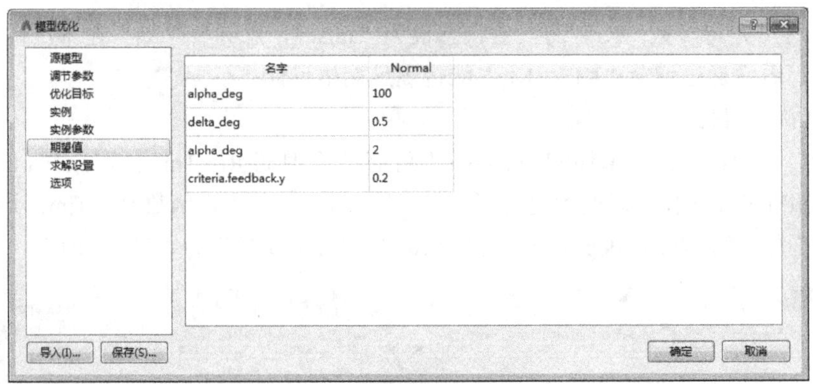

图 6-173　期望值属性页

6) 设置模型求解选项

与优化单个参数时相同，求解起止时间设为 0～10 s，步数设为 100000，其他求解选项取缺省值，如图 6-166 所示。

7) 设置优化算法选项

本次操作中，优化算法设为 CVM，目标聚合方式改为“1-Norm”(线性加权法)，其他选项保持不变(同 6.7.4.2 节)，如图 6-174 所示。

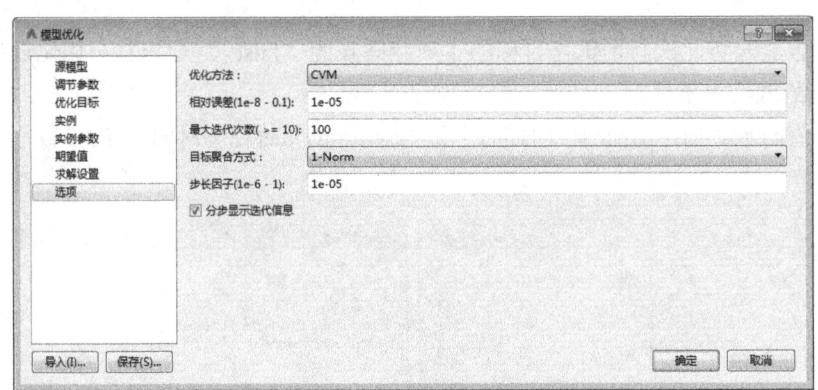

图 6-174　优化算法选项

8) 查看模型优化结果

参数配置完成，建议将本次参数配置结果保存为外部脚本文件，以便复用。执行模型优化，经过 21 次迭代之后得到结果，如图 6-175 所示。

(1) 输出栏中给出了调节参数的最优解，(Ki, Kf, Kq) = (-2, -1.73472, 1.05433)，注意“Ki”保持不变。

(2) 观察迭代过程信息，优化前后，alpha_deg(攻角)对 alpha_c_deg(俯仰角)的最大超调量从“0. 029582”减小至“2.72989e-005”(远小于 1/100)，同时 delta_deg(升角偏离量)从“1.1902”减小至“0.992223”(小于 1/0.5)。

可以看出，改变调节参数“Kf”“Kq”使得 alpha_deg(攻角)对 alpha_c_deg(俯仰角)的最大超调量、delta_deg(升角偏离量)均达到预期目标。但由于“Kq”的因素，使得 alpha_deg(攻角)的上升时间(RiseTime)延长了。

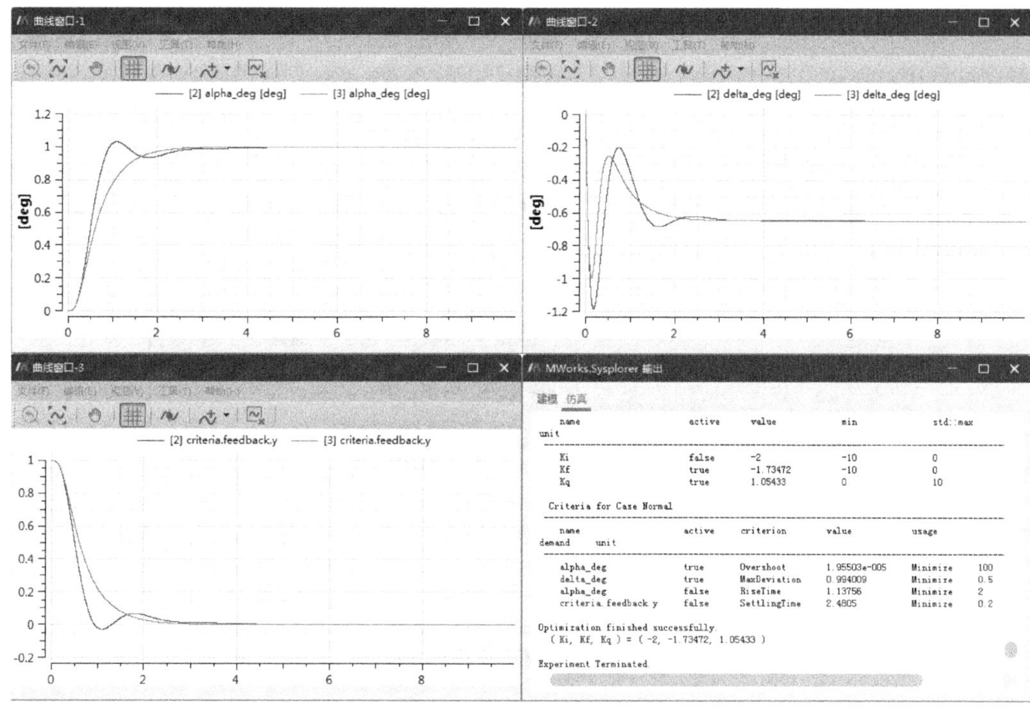

图 6-175　参数优化的输出结果

注意，在变量浏览器中生成了新的优化实例“ControllerDesign_F14-2”，其中调节参数“Kf”“Kq”已设为最优解，接下来测试调节参数“Ki”的优化效果。

2. 优化上升时间(RiseTime)

这一小节中将使用 3 个控制器参数作为调节参数，并将新增优化目标恢复为有效，参数配置过程如下。

1) 选择源模型

选择 MWorks.Sysplorer 菜单“试验”→“模型优化”，弹出参数配置界面，如图 6-176 所示。

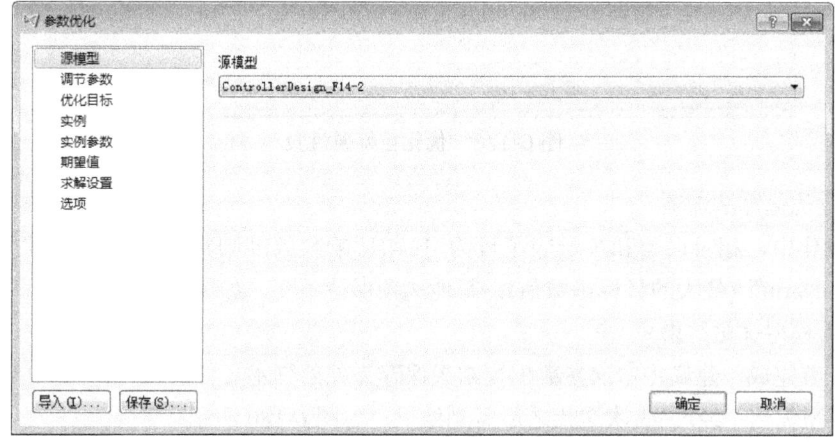

图 6-176　模型优化参数配置向导

这次选择前次操作所生成的模型实例“ControllerDesign_F14-2”，如果该实例是当前实例，会被自动选中。

2) 选择调节参数

本次优化中，控制器参数“Ki”“Kf”“Kq”的生效状态全部设为“true”，其中“Kf”“Kq”的名义值“-1.73472”“1.05433”取自前次优化结果，该值已写入模型实例“ControllerDesign_F14-3”，其他设置保持不变，如图 6-177 所示。

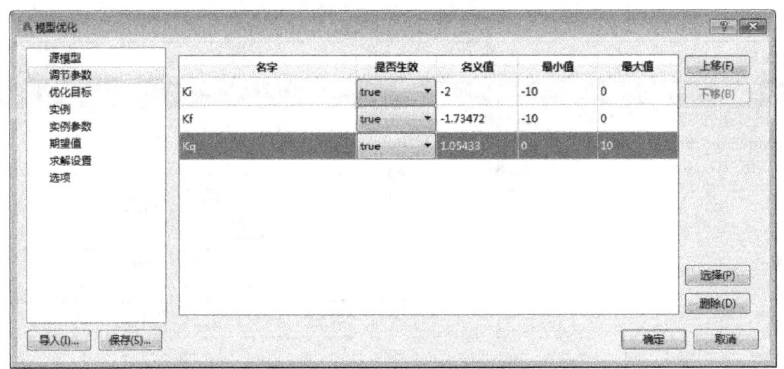

图 6-177　调节参数属性页

3) 设置优化目标

本次优化中，对于在前次操作中新增的优化目标：上升时间(RiseTime)、稳态时间(SettlingTime)，将其生效状态改为“true”(对比图 6-171)，其他设置保持不变，如图 6-178 所示。

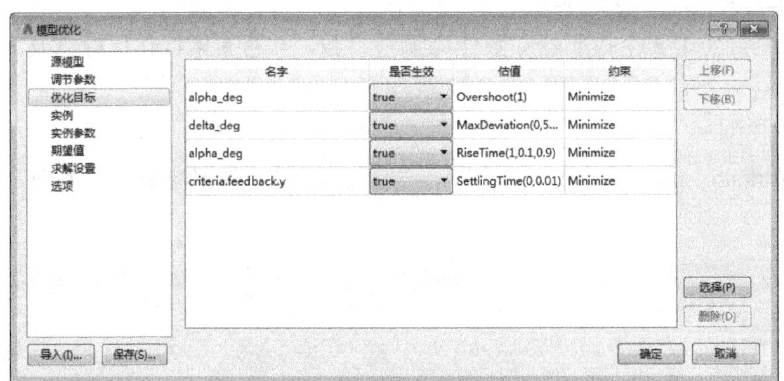

图 6-178　优化目标属性页

4) 设置优化算法选项

本次操作中，相对误差和步长因子设为 1e-4(影响收敛准则判断)，将目标聚合方式设为“MaximumNorm”(最大的目标函数值)，其他选项保持不变，如图 6-179 所示。

5) 查看模型优化结果

参数配置完成，建议将本次参数配置结果保存为外部脚本文件，以便复用。单击“确定”按钮执行模型优化，经过 93 次迭代之后得到结果，如图 6-180 所示。

(1) 输出栏中给出了调节参数的最优解，(Ki, Kf, Kq) = (-2.79875, -2.91966, 0.739711)。

(2) 观察迭代过程信息，优化前后，alpha_deg(攻角)对 alpha_c_deg(俯仰角)的最大超调量从“2.72989e-005”略有增加，现为“0.008883”(0.88%＜1%)，delta_deg(升角偏离量)从“0.992221”增加到“1.77722”，但处于期望值以内(小于 1/0.5)。

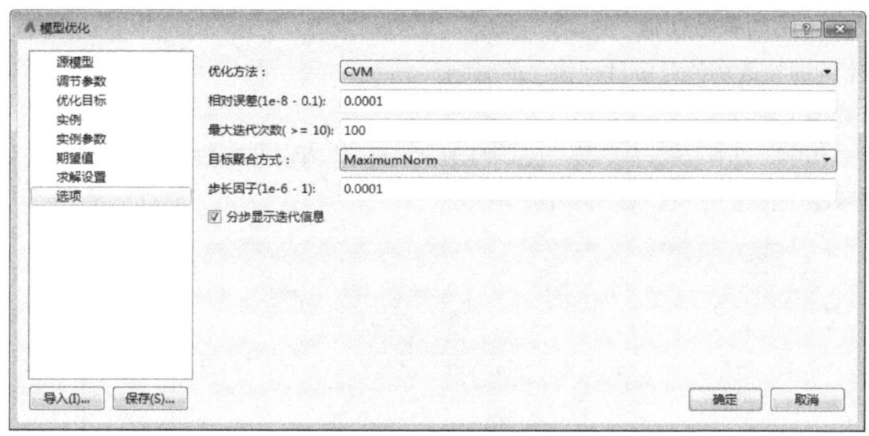

图 6-179　优化算法选项

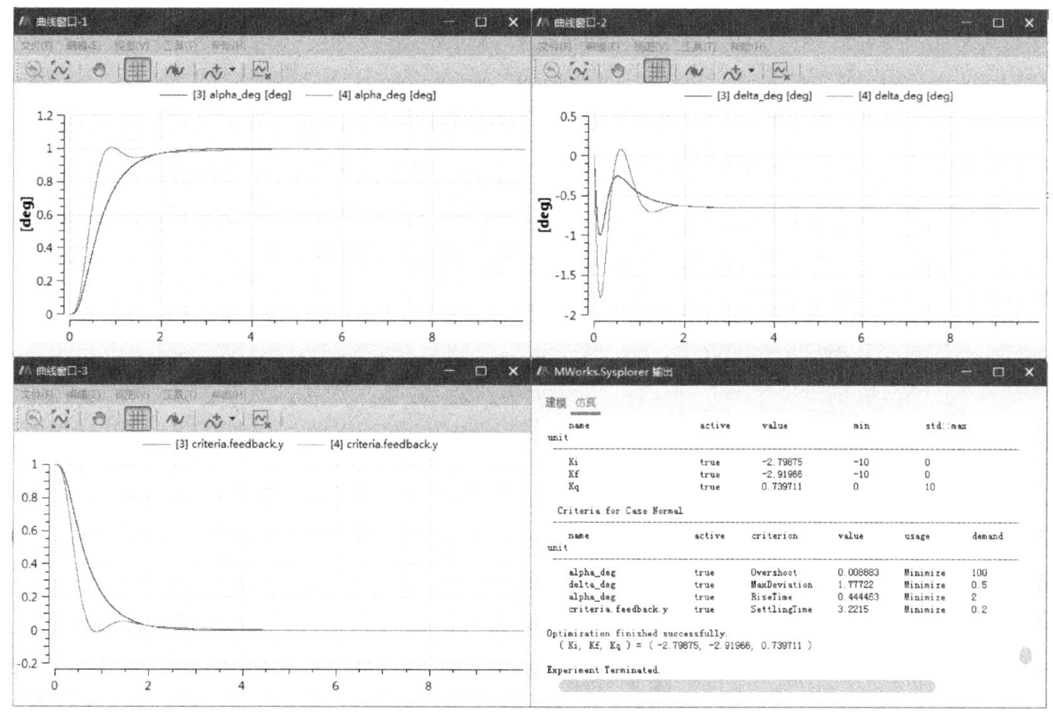

图 6-180　参数优化的输出结果

(3) 本次操作中增加的优化目标中，alpha_deg(攻角)的上升时间(RiseTime)从“1.12323”秒缩短到“0.444463”(小于 1/2)秒；criteria.feedback.y 的稳态时间(SettlingTime)也从“2.4509”秒变为“3.22215”(小于 1/0.2)秒。

注意，在变量浏览器中生成了新的优化实例“ControllerDesign_F14-3”，其中控制器参数“Ki”“Kf”“Kq”已设为最优解，可以从中观察其他指标变量。

6.7.4.4 多目标优化

在上一节中已提及多目标优化，并测试了一组参数配置。下面通过更多测试来考察参数初值、目标权值和约束条件对多目标优化结果的影响。

1. 使用不同的参数初值

先看不同的参数初值对多目标优化的影响。

1) 选择调节参数

本次操作中，选择控制器参数“Ki”“Kf”“Kq”作为调节参数，名义值改为“–2”“–3”“0.5”，参数范围保持不变，如图 6-181 所示。

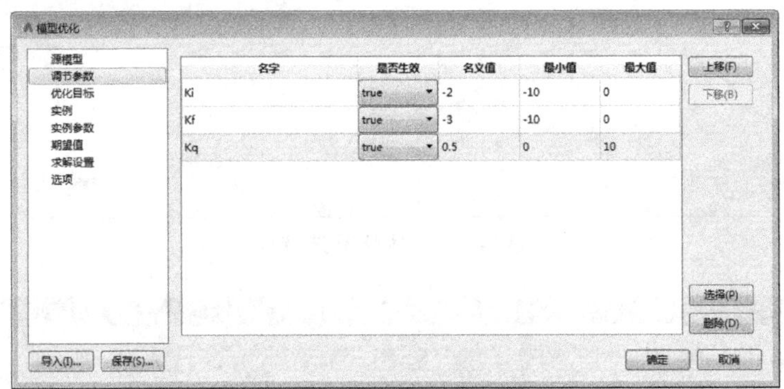

图 6-181 调节参数属性页

2) 设置优化目标

本次操作中，有效的优化目标包括 4 项：Overshoot、MaxDeviation、RiseTime、SettlingTime，函数实参保持不变，约束类型均为“Minimize”(最小化)，如图 6-182 所示。

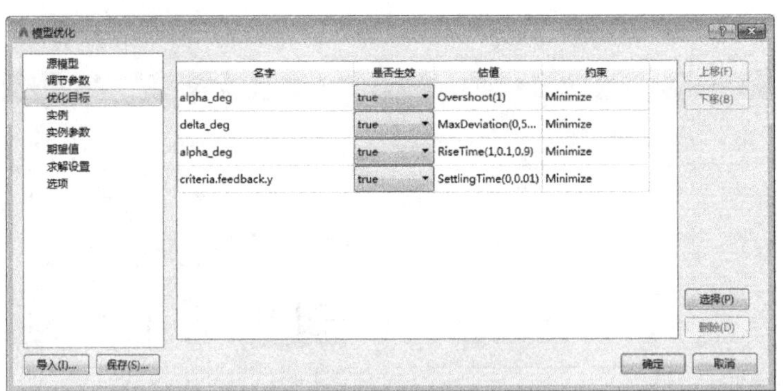

图 6-182 优化目标属性页

3) 设置期望值

本次操作中，目标变量“权值”分别设为“100”“0.3”“2”“0.4”，表示期望的 alpha_deg(攻角)小于 0.01=1/100°，delta_deg(升角偏离量)小于 2.5=1/0.4°，上升时间 RiseTime 小于 0.5=1/2 s，稳态时间 SettlingTime 小于 3=1/0.3 s，如图 6-183 所示。

4) 设置模型求解选项

本次操作中，求解起止时间设为 0～10 s，步数设为 10000，其他求解选项取缺省值，如图

6-184 所示。

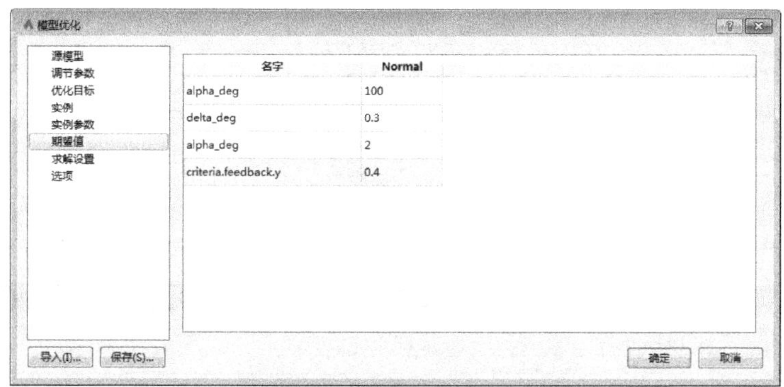

图 6-183　期望值属性页

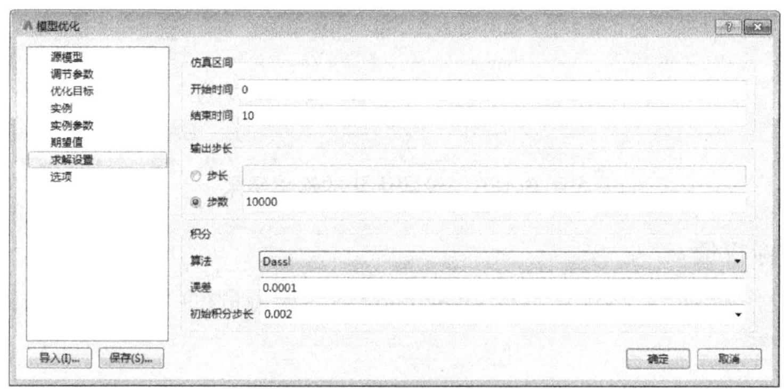

图 6-184　求解设置属性页

5) 设置优化算法选项

本次操作中，优化方法设为 CVM，目标聚合方式选择“MaximumNorm”(最大的目标函数值)，步长因子设为 0.0001，其他选项取默认值，如图 6-185 所示。

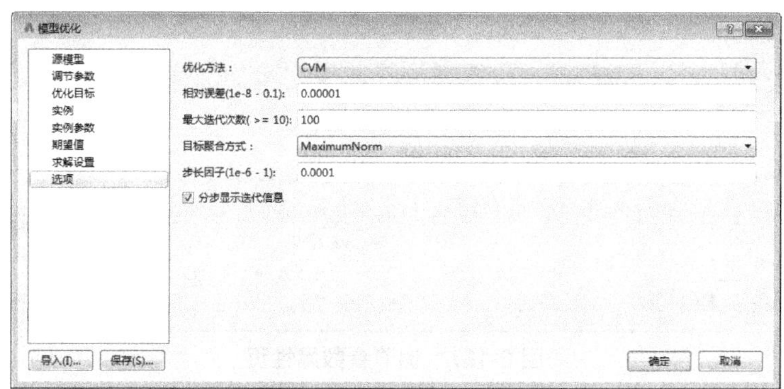

图 6-185　优化算法选项

6) 查看模型优化结果

执行模型优化，经过 73 次迭代之后得到结果，最优解(Ki, Kf, Kq)=(–4.51969, –4.6363, 1.05065)，优化前后目标变量结果对比如图 6-186 所示。

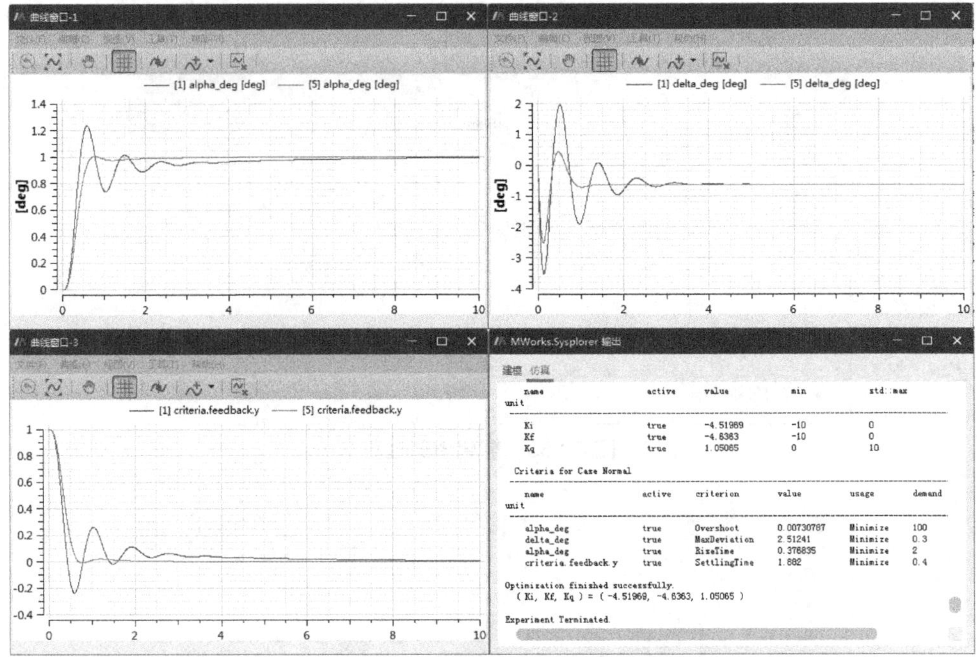

图 6-186　参数优化的输出结果

2. 改变目标权值

在上一节操作基础上，将优化目标 Overshoot(最大超调量)的“权值”从“100”改为“10”，参数配置过程如下。

1) 选择调节参数

本次操作在前次操作基础上进行，控制器参数“Ki”“Kf”“Kq”设为“−4.51969”“−4.6363”“1.05065”，参数范围保持不变，如图 6-187 所示。

图 6-187　调节参数属性页

2) 设置期望值

本次操作中，目标权值分别设为“10”“0.3”“2”“0.4”，表示期望的 alpha_deg(攻角)小于 0.1=1/10°，delta_deg(升角偏离量)小于 3=1/0.3°，上升时间 RiseTime 小于 0.5=1/2 s，稳态时间 SettlingTime 小于 2.5=1/0.4 s，如图 6-188 所示。

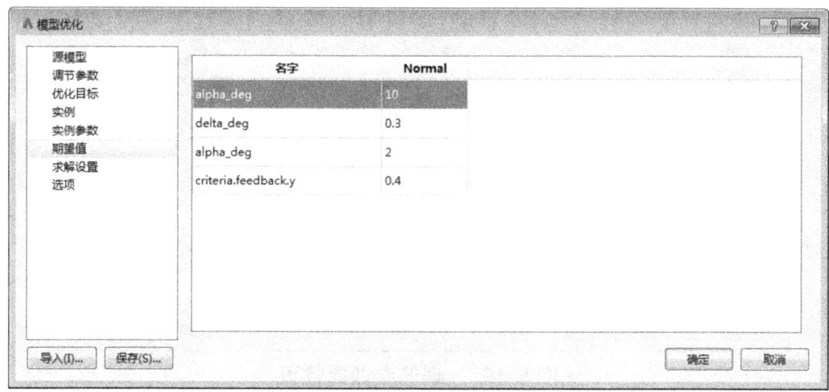

图 6-188　期望值属性页

3) 查看模型优化结果

其他未特别说明的选项使用前次操作相同的配置。执行模型优化，经过 26 次迭代之后得到结果，最优解 (Ki, Kf, Kq) = (–4.82015, –4.037301, 0.98999)，优化前后目标变量曲线如图 6-189 所示。

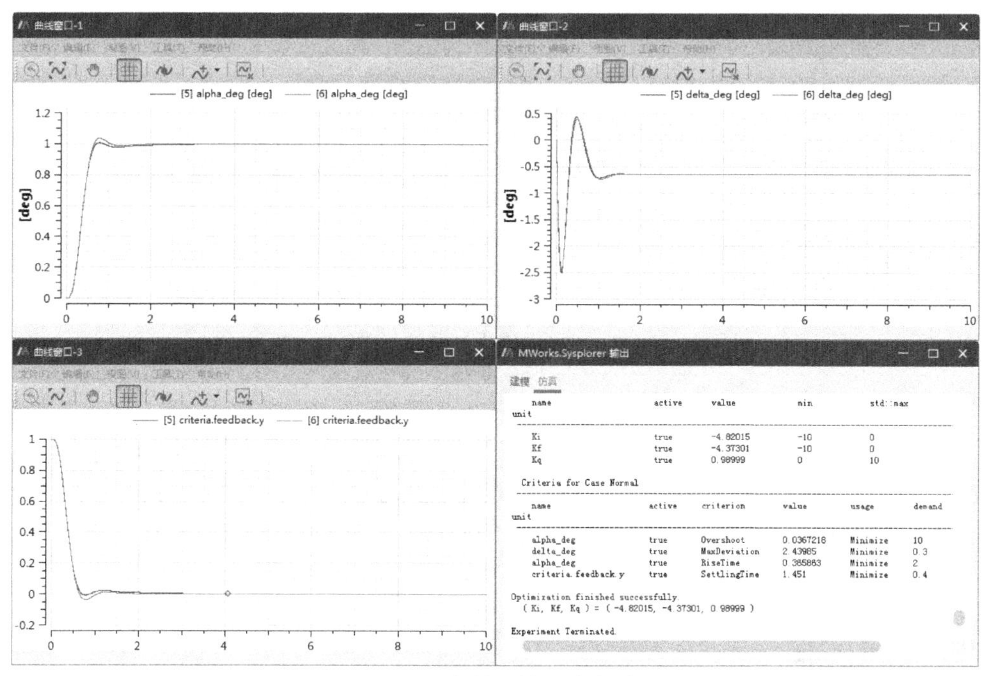

图 6-189　参数优化的输出结果

3. 使用不等式约束条件

在上一节操作基础上，将优化目标 “MaxDeviation(最大偏差)” 改为不等式约束，参数配置过程如下。

1) 选择调节参数

本次操作是在前次操作基础上进行，控制器参数“Ki”“Kf”“Kq”设为“–4.82015”“–4.37301”“0.98999”，参数范围保持不变，如图 6-190 所示。

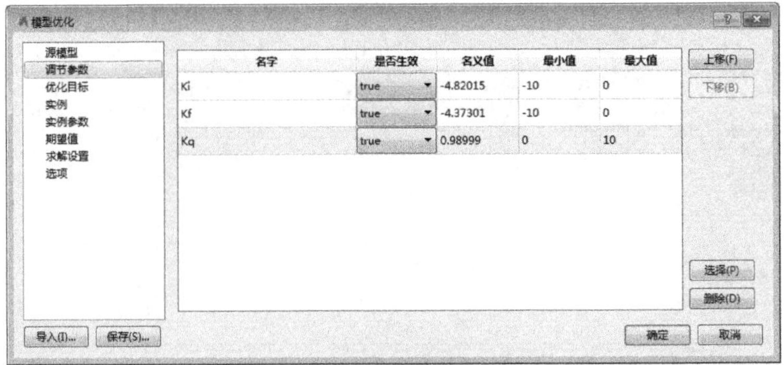

图 6-190 调节参数属性页

2) 设置优化目标

本次操作中，有效的优化目标包括 4 项：Overshoot、MaxDeviation、RiseTime、SettlingTime，函数实参保持不变，注意 MaxDeviation 约束类型设为“LessThan”，表示该目标变量用作不等式约束条件“≤”，如图 6-191 所示。

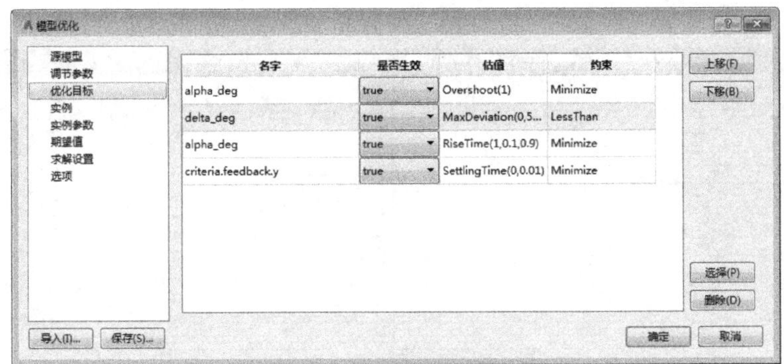

图 6-191 优化目标属性页

3) 设置期望值

本次操作中，期望值分别设为“10”“3”“2”“0.4”，表示期望的 alpha_deg(攻角)小于 0.1=1/10°，delta_deg(升角偏离量)小于 3.0°(注意此处视为约束值，即要求 delta_deg≤3.0)，上升时间 RiseTime 小于 0.5=1/2 s，稳态时间 SettlingTime 小于 2.5=1/0.4 s，如图 6-192 所示。

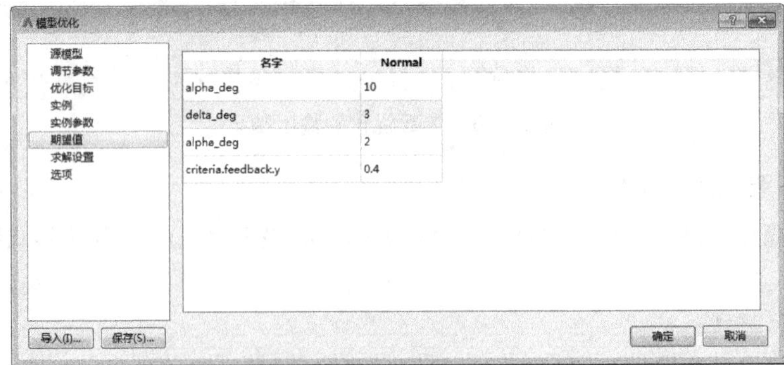

图 6-192 期望值属性页

4) 查看模型优化结果

其他未特别说明的选项使用前次操作相同的配置。执行模型优化，经过 13 次迭代之后得到结果，最优解(Ki, Kf, Kq) = (–4.86162, –4.85932, 0.925789)，优化前后目标变量曲线如图 6-193 所示。

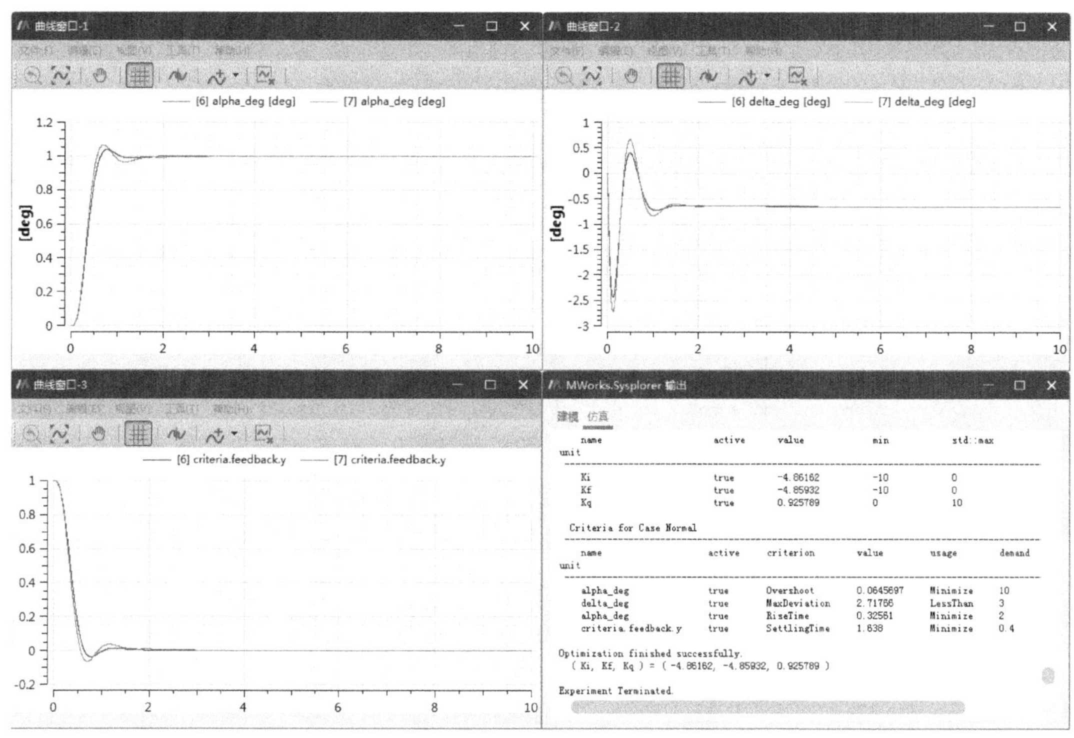

图 6-193 参数优化的输出结果

4. 结果分析与小结

从上述结果中可以看出，多目标优化结果对调节参数、目标权值和约束条件是比较敏感的，不同的参数配置情况得到不同的参数最优解(属于 Pareto 解集)，但优化结果能够满足预期目标。注意到算法迭代次数也受到这些因素影响，本例中迭代次数分别是 73 次、58 次、17 次。实际使用时需根据具体的场景进行多次测试，以期得到最满意的结果。

6.7.5 多实例优化

如前所述，多实例优化旨在解决不同工作条件下产品性能最优化问题。这里工作条件可对应实例的产品型号、运行工况等，由实例参数来定义。多实例优化是通过改变调节参数，使得仿真模型在不同情况下的性能指标均达到最优。

6.7.5.1 定义实例参数

本例中，选择空气动力学参数 { Ma, Md, Mq, Za, Zd } 定义仿真模型所处的工作条件，选择控制器参数 { Ki, Kf, Kq } 作为调节参数，并沿用前文提及的 4 个优化目标 { Overshoot, MaxDeviation, RiseTime, SettlingTime }。

6.7.5.2 使用前的准备

从图 6-159 开始(注意先不对仿真实例“ControllerDesign_F14”进行求解)，操作步骤如下：

(1) 在仿真浏览器的参数面板中输入下列参数，如图 6-194 所示。

控制器参数 { Ki, Kf, Kq } = { –2, –1.72, 0.5 },

空气动力学参数 { Ma, Md, Mq, Za, Zd } = { –5, –7.5, –0.7, –0.67, –0.2 }。

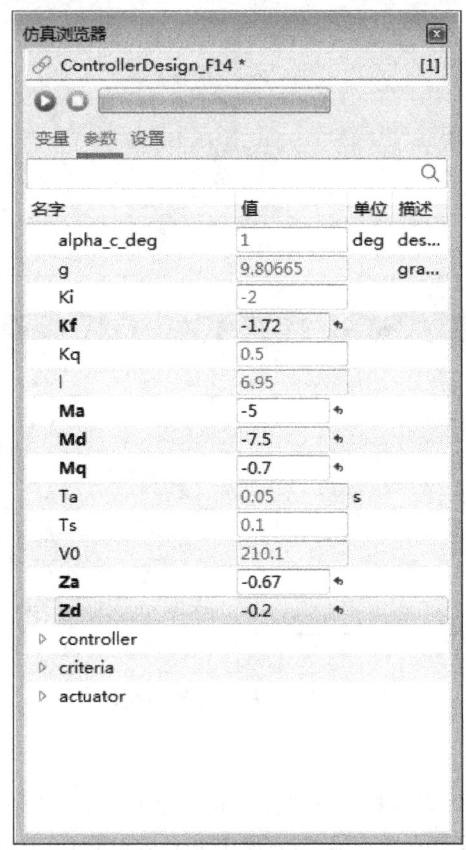

图 6-194　输入控制器参数和空气动力学参数

(2) 单击仿真浏览器中的求解按钮(三角按钮)，调用求解器进行求解。

6.7.5.3 优化上升时间

本次优化试图解决“alpha_deg”(攻角)性能指标“RiseTime”(上升时间)不符合期望值的问题。参数配置过程如下。

1. 选择调节参数

本次操作中，选择控制器参数“Ki”“Kf”“Kq”作为调节参数，名义值设为“–2”“–1.72”“0.5”，如图 6-195 所示。

2. 设置优化目标

本次操作中，有效的优化目标包括 4 项：Overshoot、MaxDeviation、RiseTime、SettlingTime，函数实参保持不变，约束类型均为“Minimize”(最小化)，如图 6-196 所示。

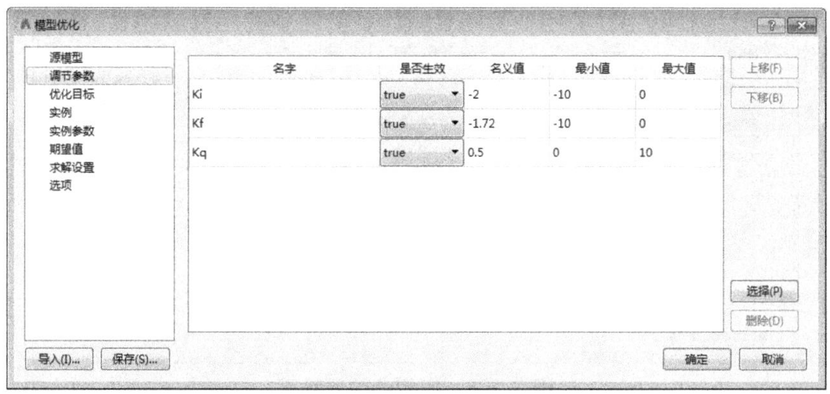

图 6-195　调节参数属性页

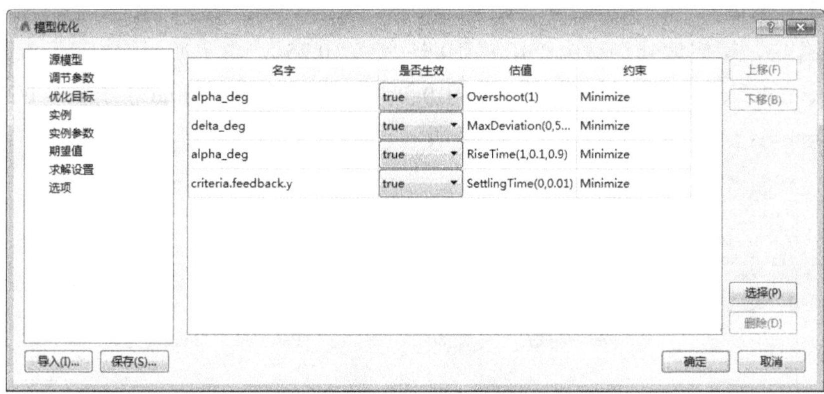

图 6-196　优化目标属性页

3. 设置实例选项

本次操作中，使用缺省实例“Normal”，如图 6-197 所示。

图 6-197　设置实例选项

4. 选择实例参数

本次操作中，选择{ Ma, Md, Mq, Za, Zd }作为实例参数，参数值设为{ –5, –7.5, –0.7, –0.67, –0.2 }，如图 6-198 所示。

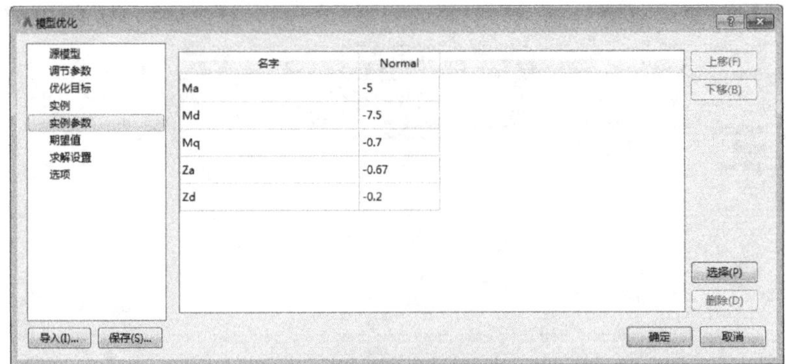

图 6-198　实例参数属性页

5. 设置期望值

本次操作中，期望值分别设为“100”“0.5”“2”“0.25”，表示期望的 alpha_deg(攻角)小于 0.01=1/100°，delta_deg(升角偏离量)小于 2=1/0.5°，上升时间 RiseTime 小于 0.5=1/2 s，稳态时间 SettlingTime 小于 4=1/0.25 s，如图 6-199 所示。

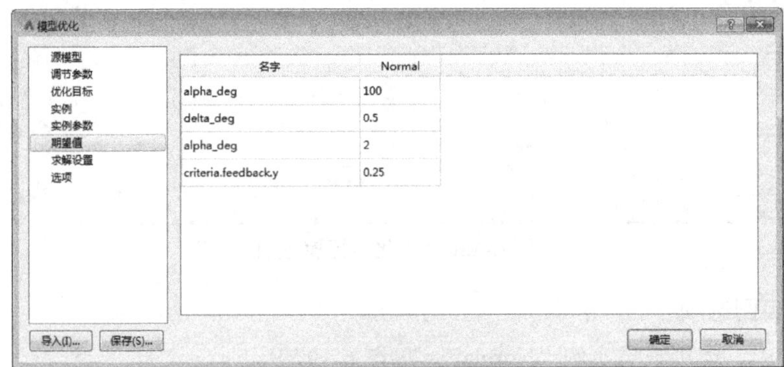

图 6-199　期望值属性页

6. 设置模型求解选项

本次操作中，求解起止时间设为 0～10 s，步数设为 10000，其他选项设为缺省值，如图 6-200 所示。

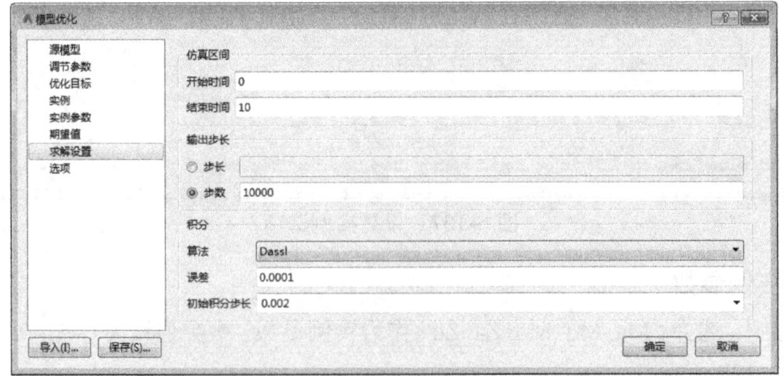

图 6-200　求解选项属性页

7. 设置优化算法选项

本次操作中，优化方法设为 CVM，目标聚合方式选择“MaximumNorm”(最大值作为目标值)，步长因子设为 1e-05，如图 6-201 所示。

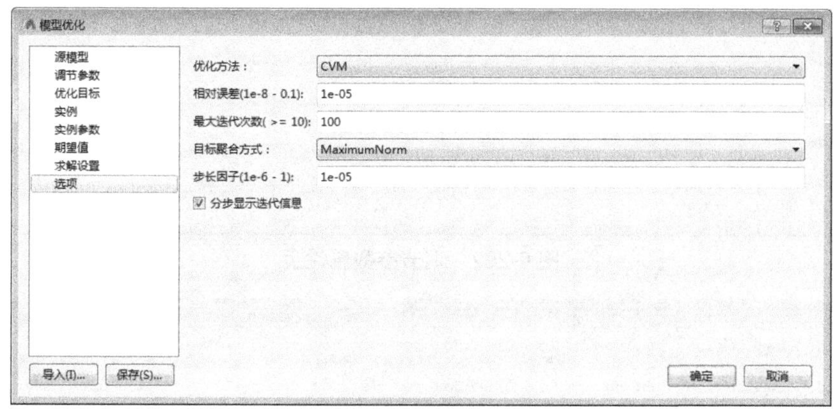

图 6-201　优化算法选项

8. 查看模型优化结果

执行模型优化，经过 7 次迭代之后得到结果，最优解(Ki, Kf, Kq) = (–2.13526, –3.12547, 0.595156)，优化前后目标变量的性能指标如表 6-20 所示，结果符合预期。

表 6-20　优化前后性能指标对比

优化目标	期望值	优化前	优化后	是否满足
Overshoot	0.01	0	0.00608885	是
MaxDeviation	2	1.170	1.8692	是
RiseTime	0.5	0.556	0.404131	是
SettlingTime	4	3.66	5.233	是

6.7.5.4　优化最大超调量

本次操作通过多实例优化解决“Overshoot”(最大超调量)不符合期望值的问题。增加一个新的实例，不失一般性，命名为“worstOvershoot”，对应的实例参数为{ Ma, Md, Mq, Za, Zd } = { -4.5, -6.75, -0.63, -0.603, -0.18 }。

参数配置过程如下。

1. 选择调节参数

本次操作中，控制器参数“Ki”“Kf”“Kq”的名义值取前次优化得到的最优值，分别为“–2.13526”“–3.12547”“0.595156”，如图 6-202 所示。

2. 设置实例选项

本次操作中，除了前次操作使用的缺省实例“Normal”之外，增加新的实例“worstOvershoot”，如图 6-203 所示。

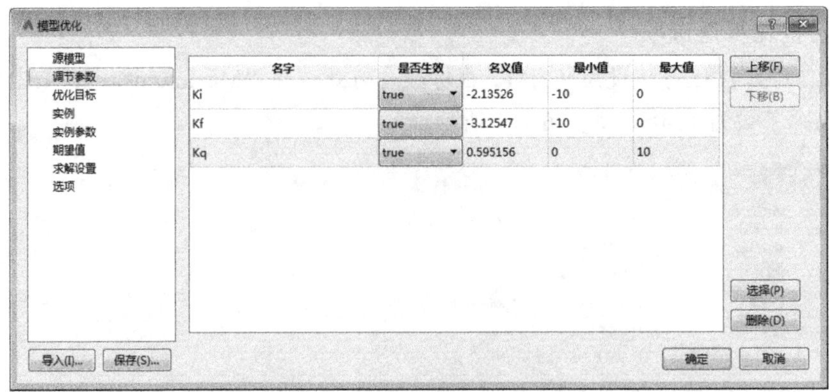

图 6-202　调节参数属性页

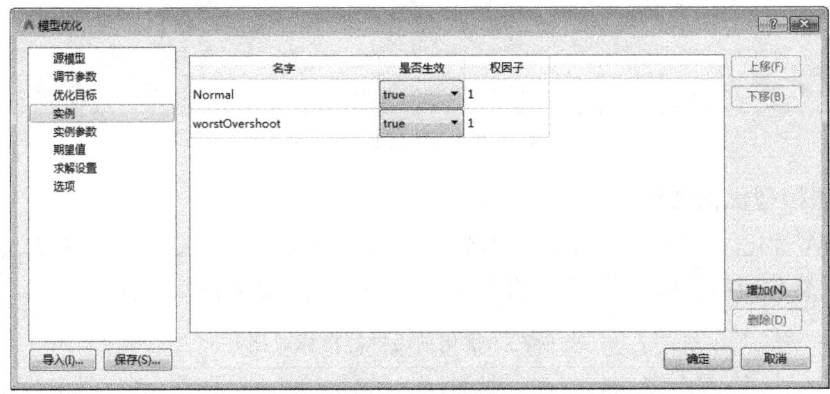

图 6-203　设置实例选项

3. 选择实例参数

本次操作中，需要分别为“Normal”和“worstOvershoot”设置两组参数值，分别为{ –5, –7.5, –0.7, –0.67, –0.2 }、{ –4.5, –6.75, –0.63, –0.603, –0.18 }，如图 6-204 所示。

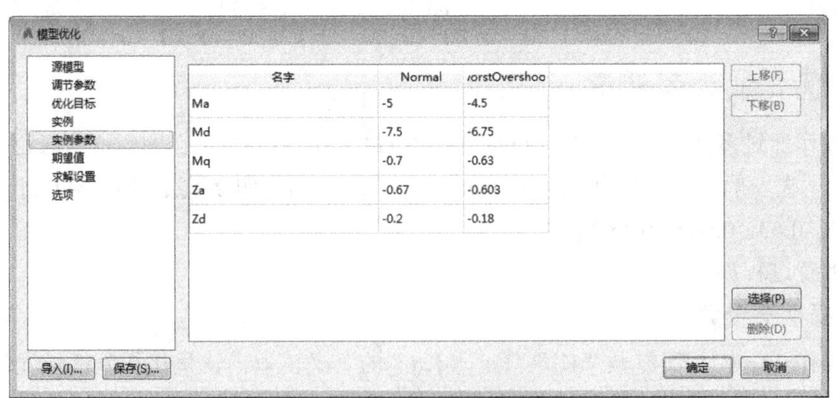

图 6-204　实例参数属性页

4. 设置优化算法选项

优化算法选项与前次操作略有差异，相对误差和步长因子均设为 0.0001，如图 6-205 所示。

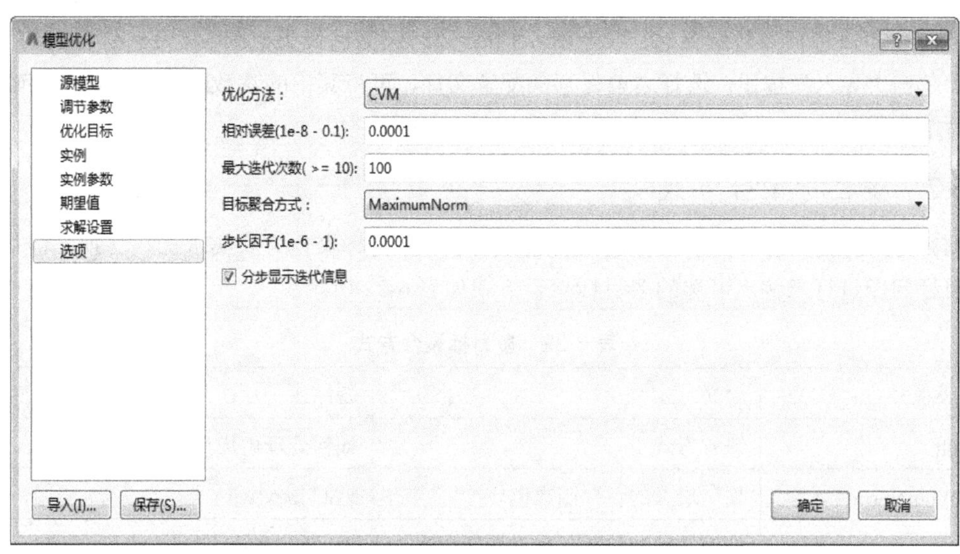

图 6-205　优化算法选项

5. 查看模型优化结果

执行模型优化，经过 82 次迭代之后得到结果，最优解 (Ki, Kf, Kq) = (-4.0224, -3.42926, 0.980449)，优化前后目标变量的性能指标如表 6-21 所示，结果符合预期。

表 6-21　优化前后性能指标对比

优化目标	期望值	优化前 (Normal)	优化后 (Normal)	优化前 (worstOvershoot)	优化后 (worstOvershoot)	是否满足
Overshoot	0.01	0.00608885	3.57628e-7	0.0391716	0.00953579	是
MaxDeviation	2	1.4186	1.81935	1.75874	1.94476	是
RiseTime	0.5	0.468734	0.486274	0.421763	0.460751	是
SettlingTime	4	3.766	1.065	3.255	0.812	是

6.7.5.5　结果分析与小结

从上述优化结果看，多实例优化能够解决不同工作条件下的指标优化问题。注意到两次操作中的参数配置略有差异，特别是相对误差和步长因子对算法迭代次数以及算法是否能够收敛有一定影响，实际使用时需根据具体的场景进行多次测试，以期得到最满意的结果。

6.7.6　高级选项

6.7.6.1　复用先前的设置

完成参数配置之后，可以保存为外部脚本文件供下次使用。例如，因某种原因改变了仿真模型，当再次进行参数优化时可避免重复配置。

参见图 6-136～图 6-147，参数配置完成后，单击“保存”按钮，在弹出的“文件”对话框中输入 xml 文件名，可将本次参数配置结果保存到该文件。

当需要再次进行参数配置时，参考图 6-136，此时无需进行类似图 6-139～图 6-147 的交互操作，单击“导入”按钮，选择之前保存的配置文件，可将其中的参数配置信息载入，随后立即执行参数优化。

6.7.6.2 多目标聚合方式

MWorks.Sysplorer 针对多目标优化问题提供了多种目标聚合方式实现加权转换，将其转化为单目标问题进行求解。可选的多目标聚合方式如表 6-22 所示。

表 6-22 多目标聚合方式

约束类型	含义	备注
Default	缺省方式	如何处理由优化算法决定
MaximumNorm	使用最大的目标函数值	返回 $\max(w_i f_i)$
1-Norm	使用线性加权法计算目标函数值	返回$\sum(w_i f_i)$
2-Norm	使用平方加权法计算目标函数值	返回$\sum(w_i f_i)^2$

6.8 分布式显示

分布式显示功能是将服务器仿真数据通过网络传输到客户端，以便在客户端查看模型的曲线、动画等相关信息。

以标准库 Modleica3.2.1 的模型 Modelica.Fluid.Examples.Tanks.EmptyTanks 为例介绍分布式显示功能的使用方法。

6.8.1 服务器与客服端配置

准备两台以上的计算机并安装 MWorks.Sysplorer，其中一台作为服务器，其他计算机作为客户端。

1. 服务器设置

(1) 在服务器上打开 MWorks.Sysplorer 软件

(2) 选择菜单“工具”→“选项”，在选项窗口切换到“仿真模式”标签页，如图 6-206 所示。

(3) 选择仿真模式，本例中将仿真模式设置为独立仿真，勾选“分布式显示”，设置角色为“仿真服务器”，IP 地址设置为当前计算机的 IP 地址，单击右边按钮可自动获取当前计算机 IP 地址。命令端口和数据端口默认即可，设置如图 6-206 所示。

(4) 单击“确定”按钮，完成设置。

2. 客户端设置

参照服务器设置，在客户端上完成上述步骤(1)和步骤(2)，步骤(3)中仿真模式设置为独立仿真(注意：若服务器设置为实时仿真，客户端也必须设置为实时仿真模式，两者要保持一致)，如图 6-207 所示。

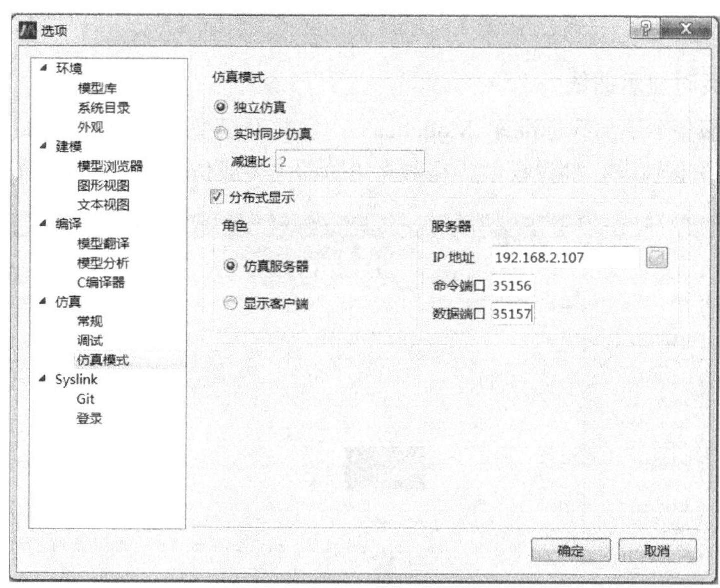

图 6-206　选项——仿真模式

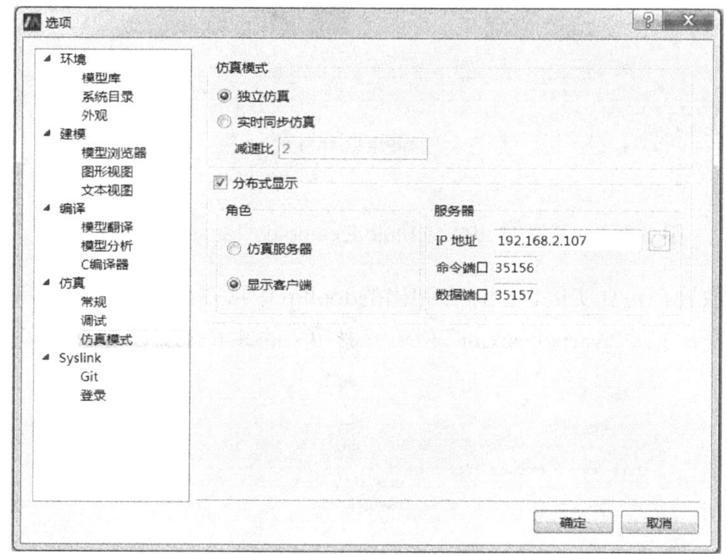

图 6-207　客户端设置

与服务器设置不同的是设置分布式显示角色为“显示客户端”，此时 IP 地址右侧获取当前计算机 IP 按钮置灰，IP 地址设置为服务器计算机的 IP。命令端口和数据端口设置必须与服务器的设置相同。

注：客户端可设置一台，也可设置多台。

6.8.2　仿真并显示

将服务器和客户端设置成功后，可将仿真服务器数据传输到显示客户端。以模型 Modelica.Fluid.Examples.Tanks.EmptyTanks 和 Modelica.Fluid.Examples.Tanks.ThreeTanks 为例，

详细介绍操作步骤。

1. 客户端实时显示曲线

(1) 首先在服务器端加载标准库 Modelica3.2.1，打开模型 Modelica.Fluid.Examples.Tanks.EmptyTanks。单击按钮▦，翻译模型，在仿真浏览器上生成仿真实例，如图 6-208 所示。

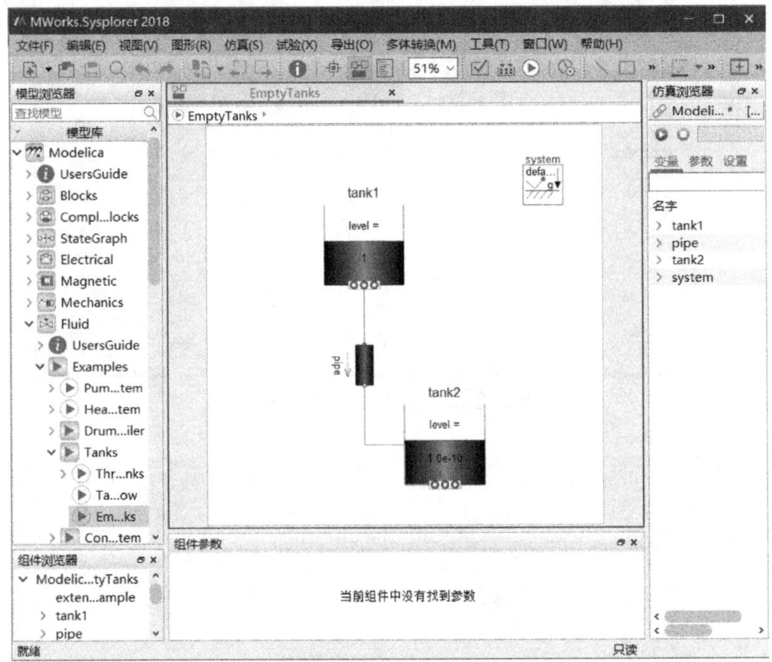

图 6-208　翻译 Modelica.Fluid.Examples.Tanks.EmptyTanks

(2) 将鼠标放置在仿真实例名上，在弹出的 tooltip 中可以查看到该实例所在的本地路径。进入该目录，将变量文件“Variables.xml”和求解器相关的共 6 个文件复制到客户端，如图 6-209 所示。

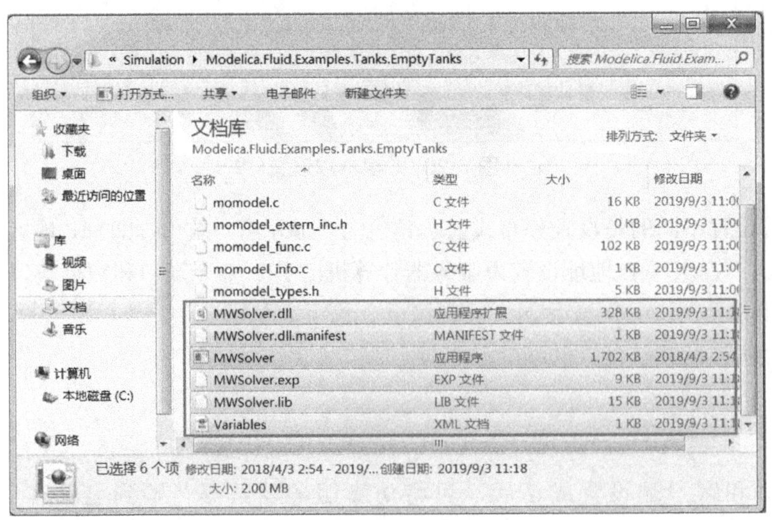

图 6-209　Modelica.Fluid.Examples.Tanks.EmptyTanks 实例文件

(3) 在客户端新建一文件夹，名为“Test”，将(2)中的文件，粘贴在 Test 文件夹中，如图 6-210 所示。

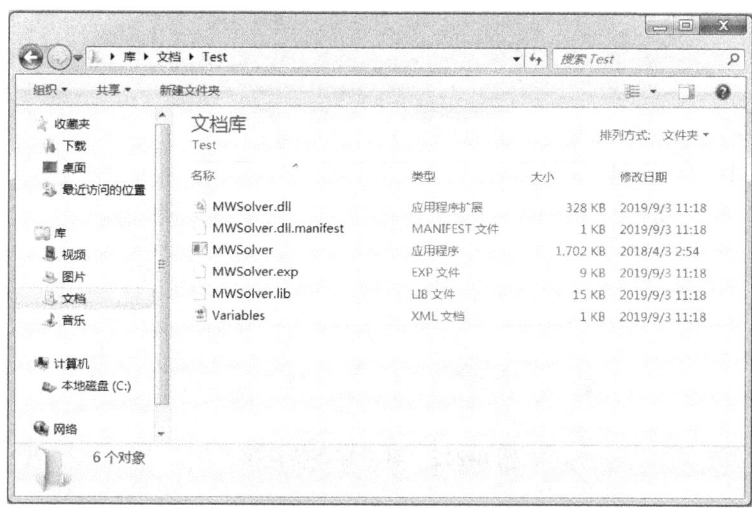

图 6-210　将服务器上的实例中的文件复制到客户端

(4) 在客户端，打开 MWorks.Sysplorer，选择菜单“仿真”→“打开仿真结果”，在弹出的“打开仿真结果”对话框中，选择“Test”文件夹中的 Variables.xml，单击“打开”按钮，在仿真浏览器上生成名为“Test”的仿真实例，如图 6-211 所示。

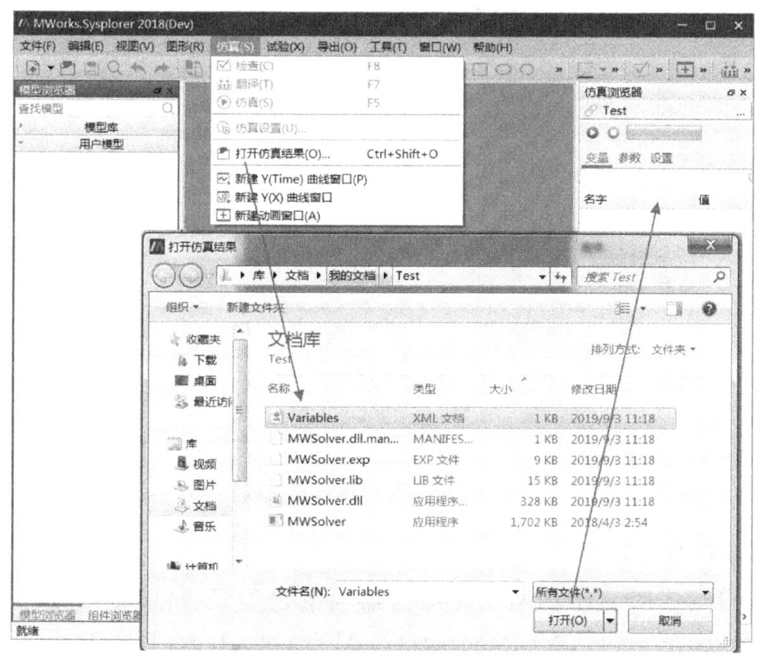

图 6-211　在客户端打开仿真实例

(5) 在客户端上拖曳出想要查看的变量曲线，如 tank1.mb_flow。单击仿真浏览器按钮，仿真实例，实例名显示为“Test-RTSimulating”，表示客户端正等待连接服务器，如图 6-212 所示。

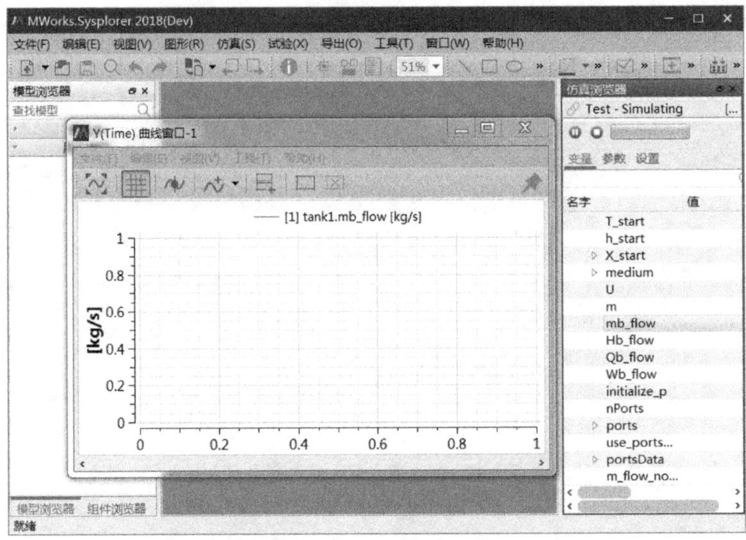

图 6-212　客户端等待连接

(6) 此时单击服务器端实例 EmptyTanks 前的仿真按钮(见图 6-208)，系统自动建立服务器与客户端的连接，并将服务器端的数据实时发送至客户端，在客户端实时查看曲线，如图 6-213 所示。

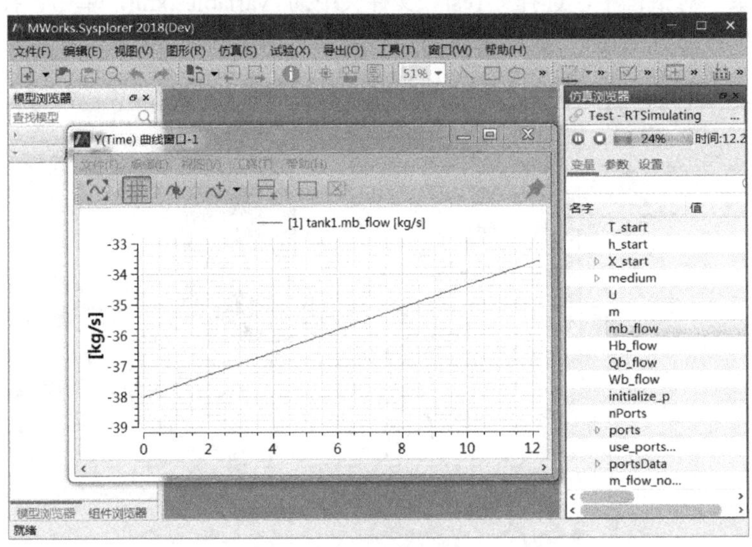

图 6-213　客户端查看曲线

2. 客户端实时显示动画

要想在客户端实时显示动画，如服务器端的模型是 Modelica.Fluid.Examples.Tanks.EmptyTanks，而想在客户端上显示 Modelica.Fluid.Examples.Tanks.ThreeTanks 的动画，操作步骤如下。

(1) 同前所述，在服务器上生成实例，并复制实例中的部分文件。

(2) 在客户端新建一个名为 ThreeTanks 的文件夹，并将服务器上复制的文件粘贴在

ThreeTanks 文件夹中，如图 6-214 所示。

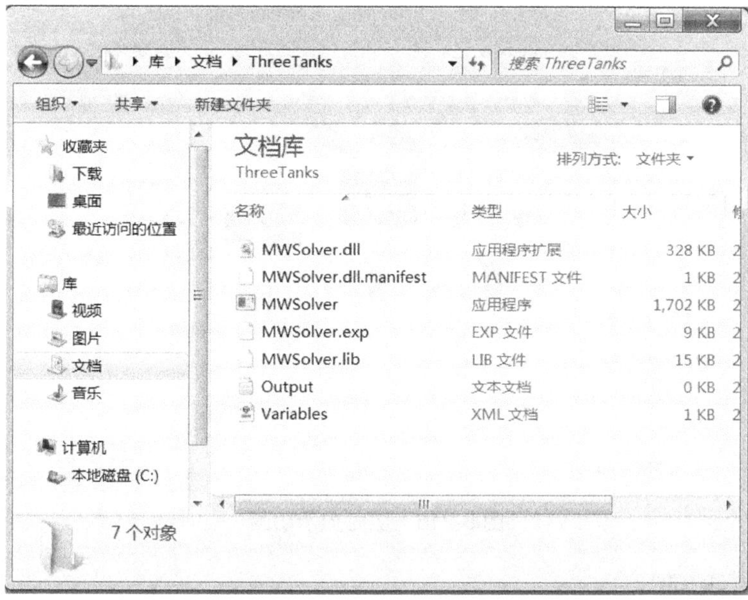

图 6-214　将服务器上的实例中的文件复制到客户端

(3) 打开(2)中的结果文件，在客户端上生成名为 ThreeTanks 的实例(实例名与文件夹名一致)，加载模型库 Modelica3.2.1，并打开 Modelica.Fluid.Examples.Tanks.ThreeTanks 的组件视图，如图 6-215 所示。

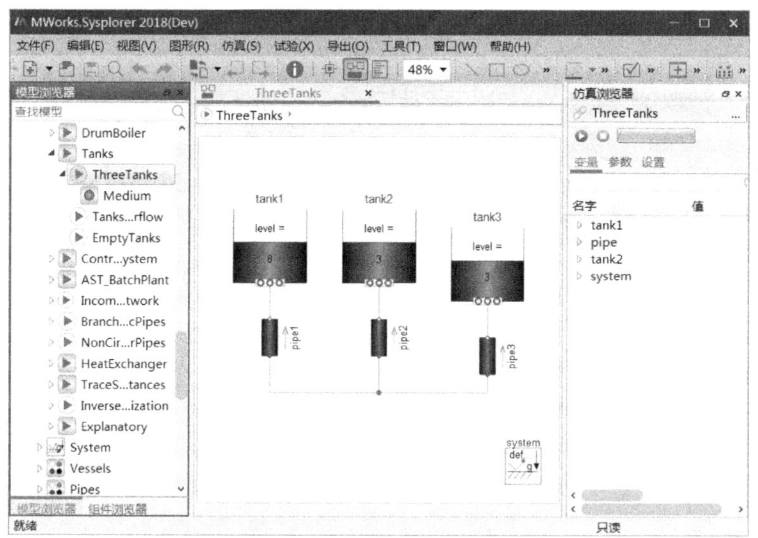

图 6-215　客户端打开模型和实例

(4) 单击客户端和服务器端实例前的，服务器端和客户端建立连接，传递数据。在客户端，可查看 ThreeTanks 中组件 tank1 和 tank2 的动态变化(这里只有 tank1 和 tank2 有动态变化，而 tank3 没有，是因为服务器端的实例中没有 tank3 的数据)，如图 6-216 所示。

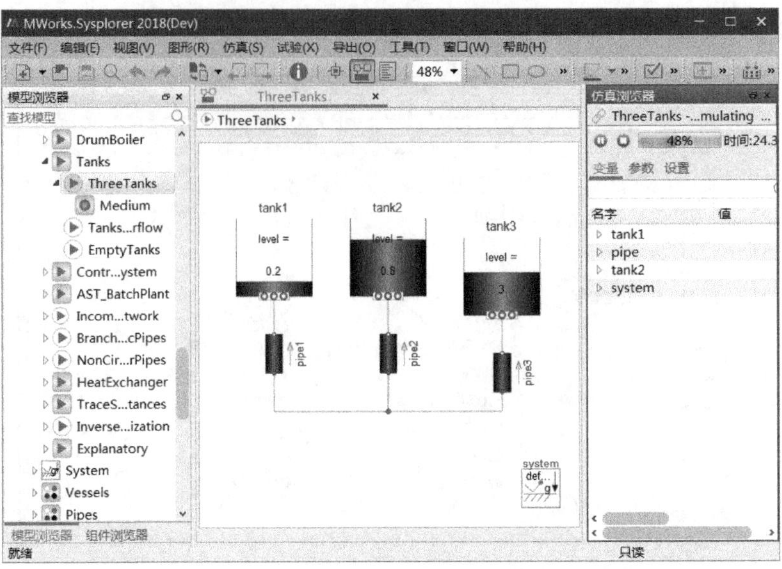

图 6-216 实时显示动画

6.8.3 注意事项

在设置分布式仿真时必须注意如下事项：

(1) 在服务器设置时，若自动获取 IP 按钮失效，无法获取 IP 地址，则可能是由于防火墙或者杀毒软件造成的，可关闭防火墙和杀毒软件后再次打开选项窗口进行设置。

(2) 仿真服务器配置不正确或者网络存在问题，求解器无法启动，或者启动后无法与 MWorks.Sysplorer 通信，这时一般会有如图 6-217 所示的提示信息。

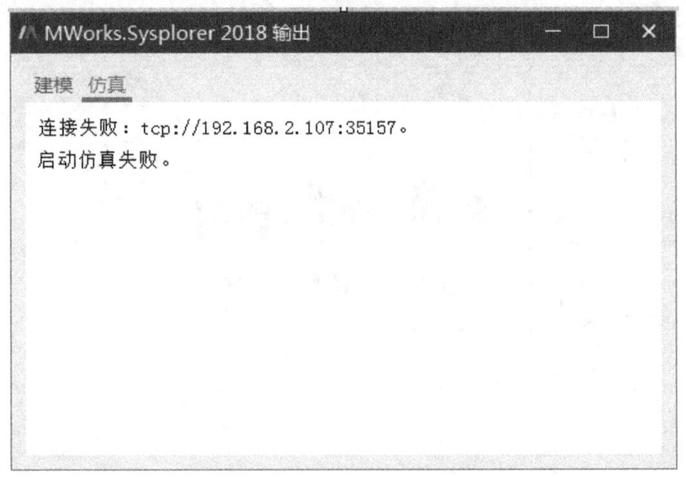

图 6-217 服务器端启动失败

此时，首先确认“连接失败”后显示的服务器的配置是否正确，然后检查网络的问题。

(3) 显示客户端的服务器配置不正确或者网络存在问题，客户端无法与服务器通信，这时一般会有如图 6-218 所示的提示信息。

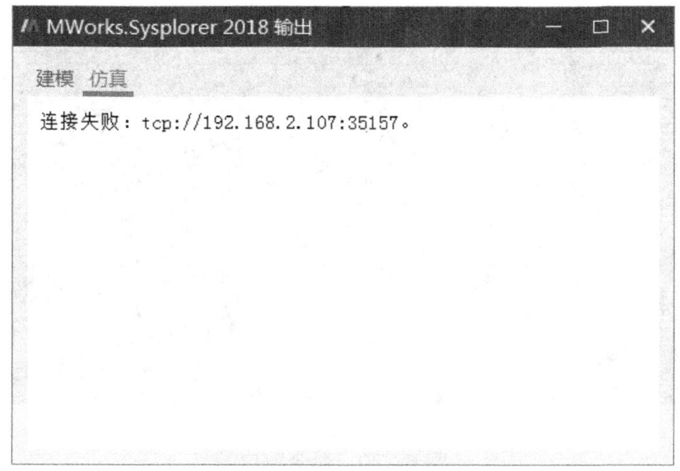

图 6-218 客户端连接失败

此时，首先确认“连接失败”后显示的服务器配置是否正确。如果服务器配置没有问题，可能是仿真服务器还没有启动，待仿真服务器正常启动后，如果客户端仍然没有显示“已连接”，可查看仿真服务器的输出，如图 6-219 所示。

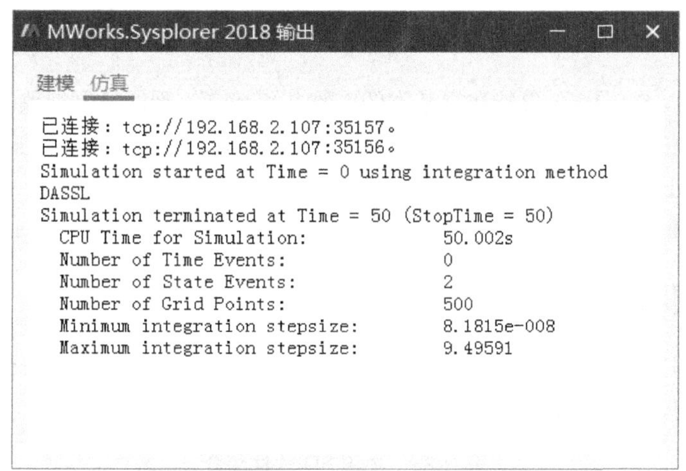

图 6-219 服务器端的输出

仿真服务器“已连接”显示的地址中如果没有客户端的地址，可能是客户端的服务器配置不正确或网络问题。

(4) 当完成所有设置后执行仿真客户端无法接受仿真数据时，可通过命令窗口使用 ping 命令查看计算机之间网络是否通畅，如图 6-220 所示。

(5) 由于客户端不存储仿真数据，必须在服务器仿真前拖曳变量至曲线窗口才能在仿真时查看完整曲线。

(6) 必须保证服务器端和客户端实例中的 Variables.xml 一致，否则会导致数据传输不正确。

(7) 二维动画显示必须在服务器仿真前将视图模式切换到观察动画的模型视图方可正常播放动画。

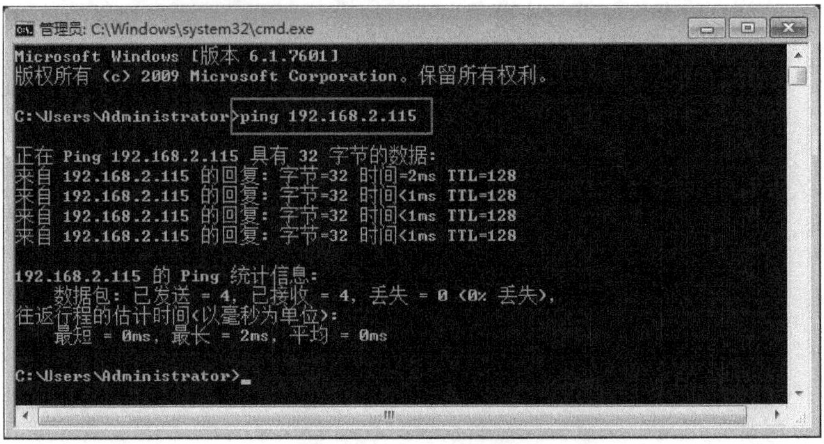

```
管理员: C:\Windows\system32\cmd.exe
Microsoft Windows [版本 6.1.7601]
版权所有 (c) 2009 Microsoft Corporation。保留所有权利。

C:\Users\Administrator>ping 192.168.2.115

正在 Ping 192.168.2.115 具有 32 字节的数据:
来自 192.168.2.115 的回复: 字节=32 时间=2ms TTL=128
来自 192.168.2.115 的回复: 字节=32 时间<1ms TTL=128
来自 192.168.2.115 的回复: 字节=32 时间<1ms TTL=128
来自 192.168.2.115 的回复: 字节=32 时间<1ms TTL=128

192.168.2.115 的 Ping 统计信息:
    数据包: 已发送 = 4，已接收 = 4，丢失 = 0 (0% 丢失)，
往返行程的估计时间(以毫秒为单位):
    最短 = 0ms，最长 = 2ms，平均 = 0ms

C:\Users\Administrator>_
```

图 6-220　命令窗口

(8) 二维动画必须在客户端中显示，当前打开的模型简名和当前接收数据的实例名(不含后缀，实例名是由打开的实例文件夹名决定的)相同，方可正常播放(如模型简名为 ThreeTanks，实例名为 ThreeTanks 或形如 ThreeTank-1 等形式的都可正常播放)。

6.9　3D 模型外部文件格式转换

目前，MWorks.Sysplorer 仅能建立基本的三维几何元素，无法绘制细致的几何外形，但可将专业的 3D 软件建立的几何外形文件转换为 MWorks 可识别的格式：.hsf/.hmf/.stl/.dxf/.mnf/.shl，并关联到机械多体模型，从而导入 MWorks 中，在后处理界面的动画窗口显示出关联的几何外形，以达到逼真的仿真效果。

6.9.1　运行环境和工具

本节主要是对文档中用到的 3D 软件、格式转换工具及 MWorks.Sysplorer 可识别图形文件格式进行简单说明，如表 6-23 所示，软件安装环境为 win7 32 位操作系统。

表 6-23　主流 3D 软件简介

3D 软件	安装版本	自有文件格式	公用文件格式
Autodesk 3Dmax	2013	.max/.chr	
Pro/ENGINEER	5.0	.prt	
UG	8.0	.prt	.stl/.igs/.stp/.step/.obj
CATIA	P3 V5R20	.CATPart/.CATProduct	
SolidWorks	2009 SP0.0	.sldprt/. sldasm/.slddrw	
Adams	2013	.shl	

MWorks.Sysplorer 可识别文件格式说明如表 6-24 所示。

表 6-24　MWorks.Sysplorer 可识别文件格式说明

MWorks.Sysplorer 可识别图形文件格式	格式说明
.hsf	Hoops 特有的文件类型，是二进制格式，携带面片及颜色信息
.hmf	Hoops 特有的文件类型，是字符格式，携带面片及颜色信息
.stl	stl 文件格式是一种为快速原型制造技术服务的三维图形文件格式，携带面片信息，但不携带颜色信息
.dxf	AutoCAD 绘图交换文件，用于 AutoCAD 与其他软件之间进行 CAD 数据交换的 CAD 数据文件格式，是一种基于矢量的 ASCII 文本格式。以带标记数据的形式表示 AutoCAD 图形文件中包含的所有信息。目前，MWorks 只支持 3DFACE 组码的 dxf 文件
.mnf	柔性体的模态中性文件
.shl	*.shl 是 Adams 的一种几何形状文件，外形全是由多边形(直线连接的节点组成)表示的，不携带颜色

注：格式转换工具主要有 HOOPS、TransMagic 及 3D-Tool，有免费提供的 HOOPS2005、HOOPS2010 及 TransMagicR8，而 3D-Tool 只能下载试用版，本章给出了上述三种转换工具的下载网站，用户可根据需要下载最新版本。

6.9.2　几何外形导入

本节将以单摆为例，简单介绍单摆的摆件关联外界导入图形文件(以.stl 格式图形文件为例)的步骤及导入前后的效果分析。

缺省情况下，动画窗口中单摆模型显示如图 6-221 所示。

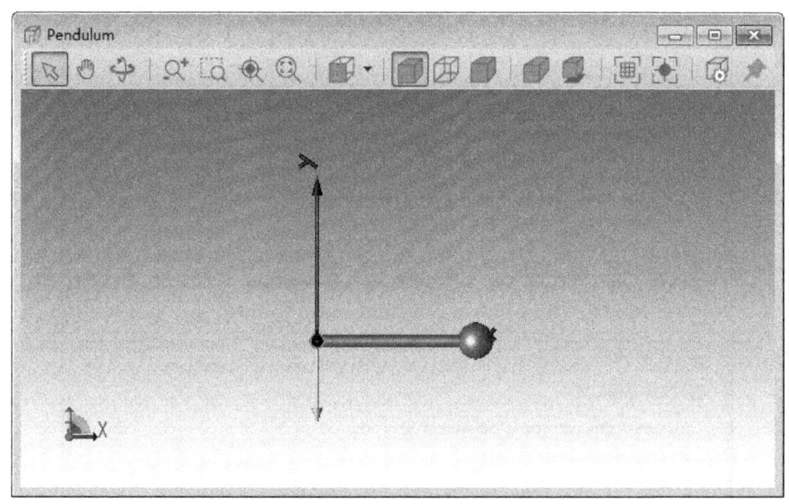

图 6-221　单摆原型

导入过程如下。

(1) 模型浏览器中选择 Modelica→Mechanics→MuitiBody→Examples→Elementary→

Pendulum，右击，在弹出的菜单中选择“复制模型”，如图 6-222 所示。

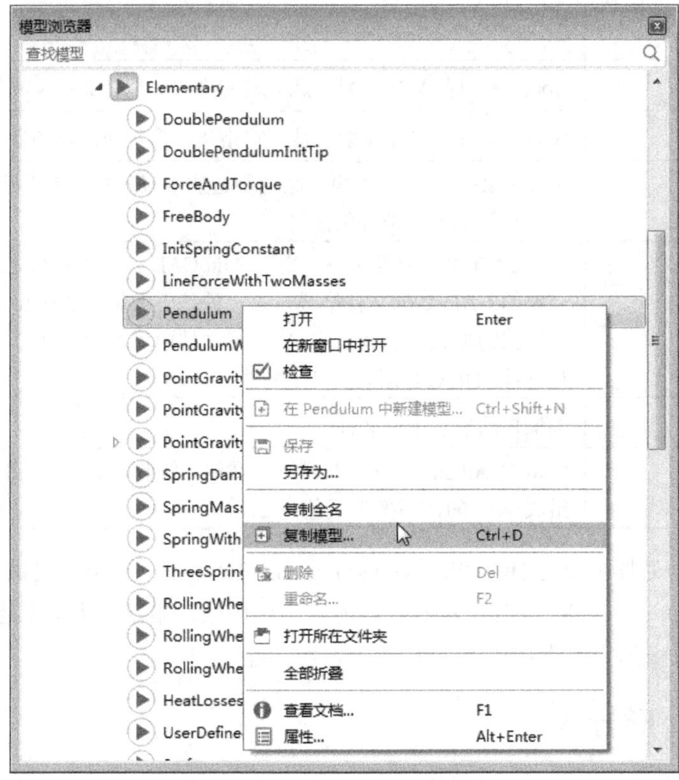

图 6-222　选中“复制模型”

(2) 出现“复制”对话框，选择“插入到”<Top Model>，如图 6-223 所示。

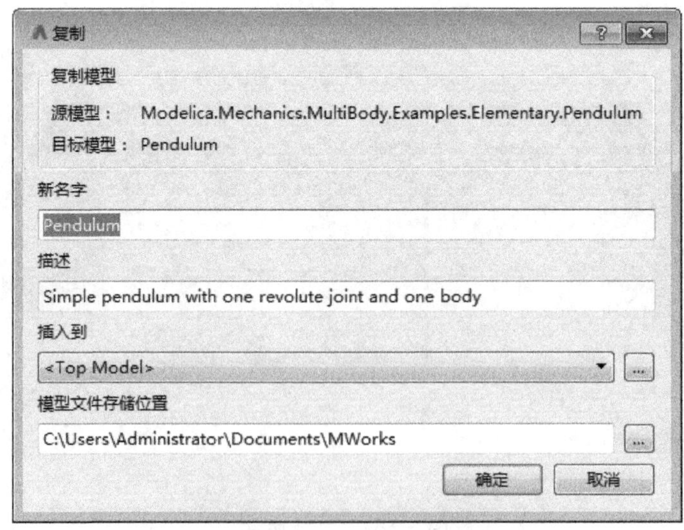

图 6-223　“复制”对话框

(3) 模型 Pendulum 复制为顶层模型，如图 6-224 所示。

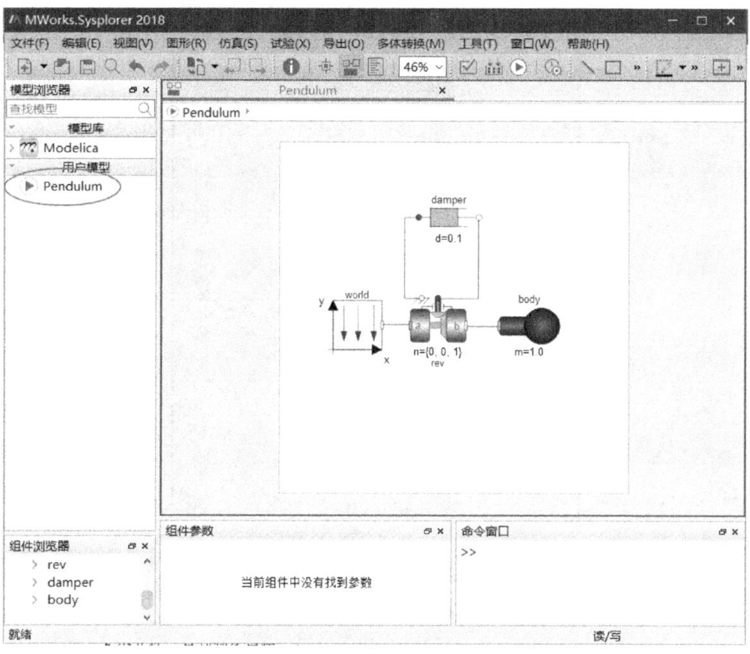

图 6-224　单摆变为顶层模型

(4) 在模型的组件视图中右击组件 body，在弹出的菜单中选择“改变组件类”，如图 6-225 所示。

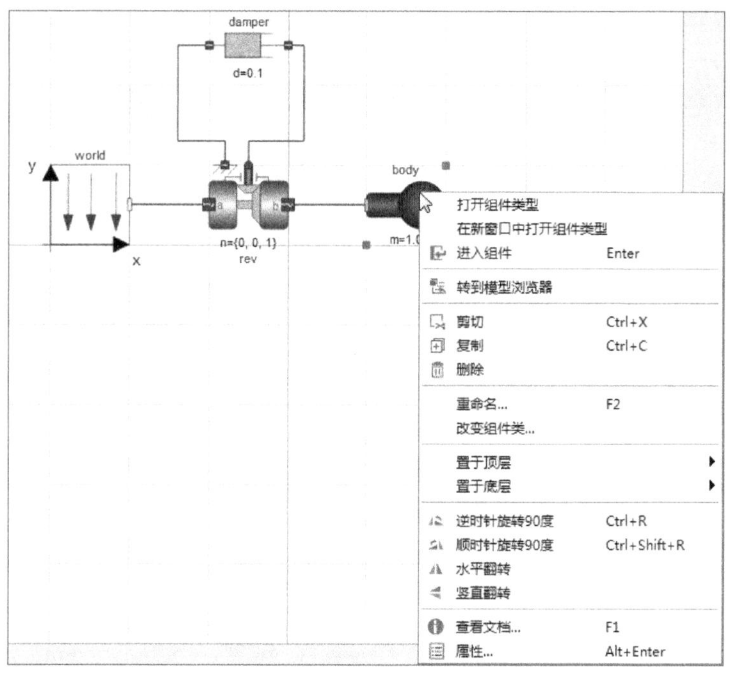

图 6-225　改变组件类

(5) 弹出“选择模型”对话框，选择 Modelica.Mechanics.MultiBody.Parts.BodyShape，单击“确定”按钮(见图 6-226)，结果如图 6-227 所示。

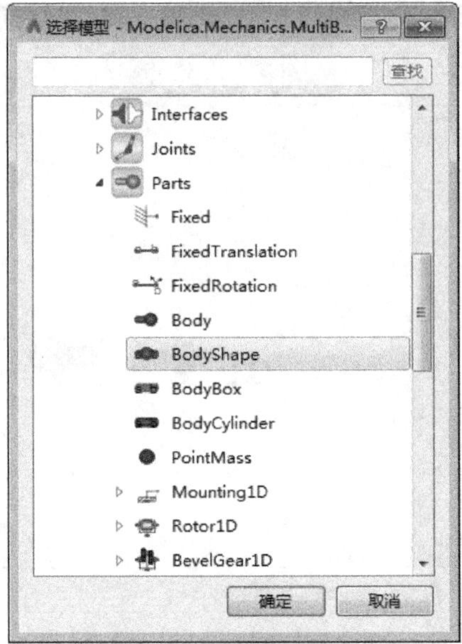

图 6-226 选择 BodyShape

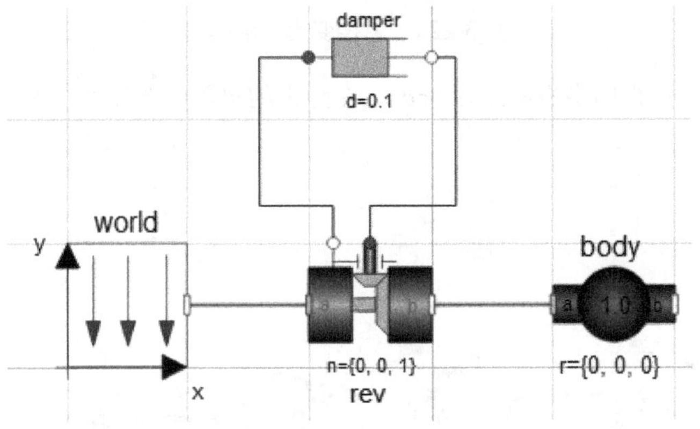

图 6-227 组件改变

(6) 在组件视图选中 body，查看“组件参数”窗口，切换到“Animation”属性页，将 shapeType 改为 1～7000 的数字，此处设为 1，如图 6-228 所示。

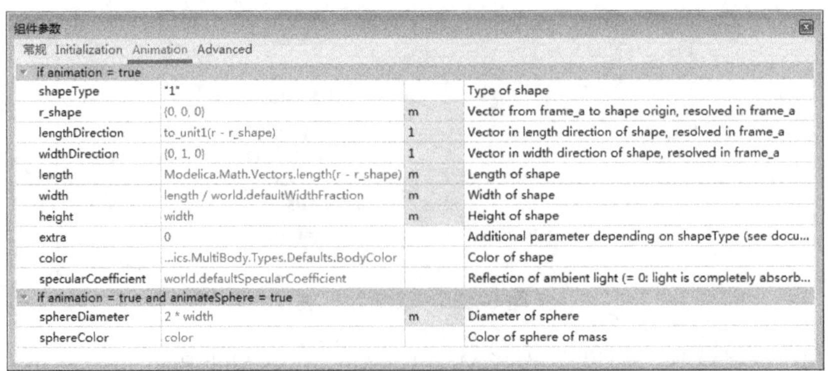

图 6-228 修改参数

(7) 将上述修改参数后的单摆模型保存到 C:\Users\Administrator\Documents\MWorks，如图 6-229 所示。

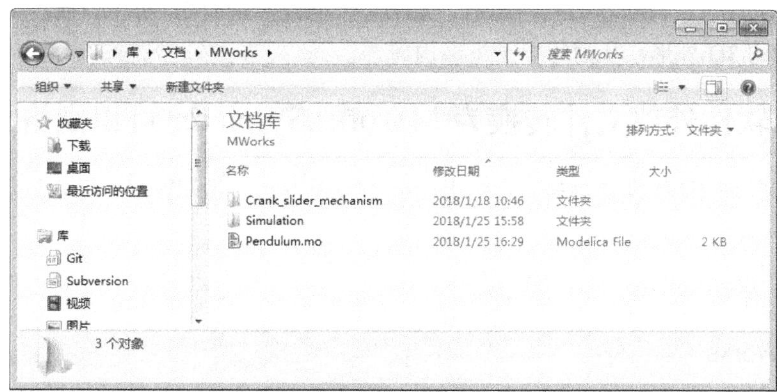

图 6-229　存储模型文件

(8) 将.stl 格式的图形文件重命名为 1.stl 后，保存到 C:\Users\Administrator\Documents\MWorks，如图 6-230 所示。

图 6-230　存储.stl 文件

(9) 编译求解模型 Pendulum，生成仿真实例，选择菜单“仿真”→“新建动画窗口”，适当改变图形位置，则出现如图 6-231 所示的动画模型。

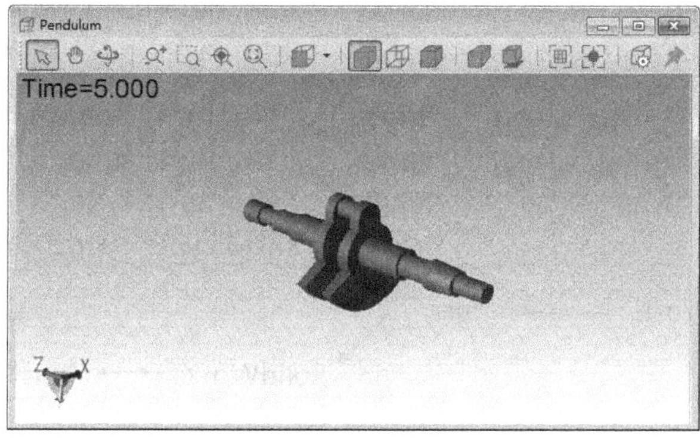

图 6-231　动画显示

(10) 在动画工具栏上设置播放速度 0.5，单击播放动画按钮后，模型将摆动。

通过单摆原型和导入关联外形文件后动画的对比分析可见，缺省情况下 MWorks 具备 3D 几何效果，由于这只针对基本的几何元素，无法直接创建复杂的 3D 外形，故需要借助专业 3D 软件创建复杂的 3D 外形，从而给出了下节内容。

6.9.3 3D 软件外部文件转换为 MWorks.Sysplorer 可识别格式的方法

本节根据各种 3D 软件自身特点，给出相应的转换方法。SolidWorks 与 Adams 只给出一种推荐方法。

6.9.3.1 推荐方法

1. SolidWorks

将 SolidWorks 中模型文件另存为.hsf 格式(见图 6-232)即可，转换后的模型导入 MWorks. Sysplorer 后系统显示未发生变化。转换前后结果对比如图 6-233、图 6-234 所示。

图 6-232 SolidWorks 模型转换方法

图 6-233 转换前

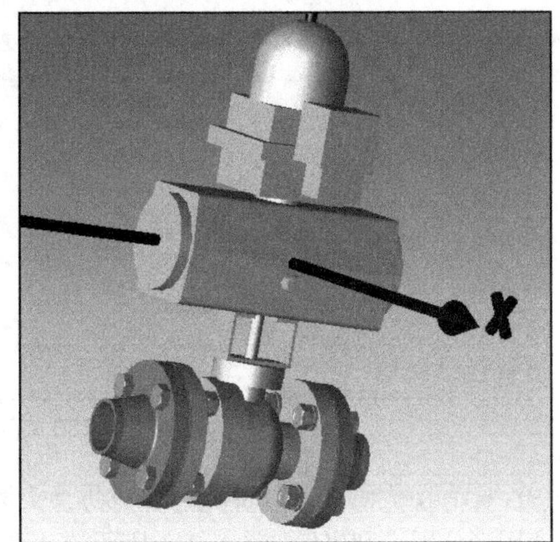

图 6-234 转换后

2. Pro/E

Pro/E 的图形文件自有格式为.prt，结合转换工具和 3D 软件 SolidWorks 的文件格式转换(见图 6-235)，且转换前后无差异，结果对比如图 6-236、图 6-237 所示。

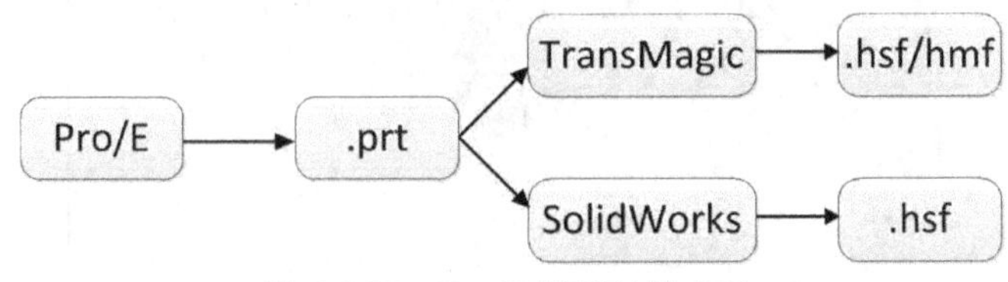

图 6-235 Pro/E 模型转换方法

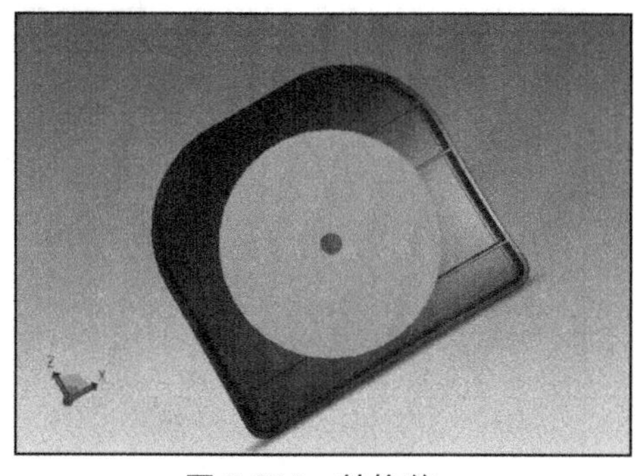

图 6-236　转换前

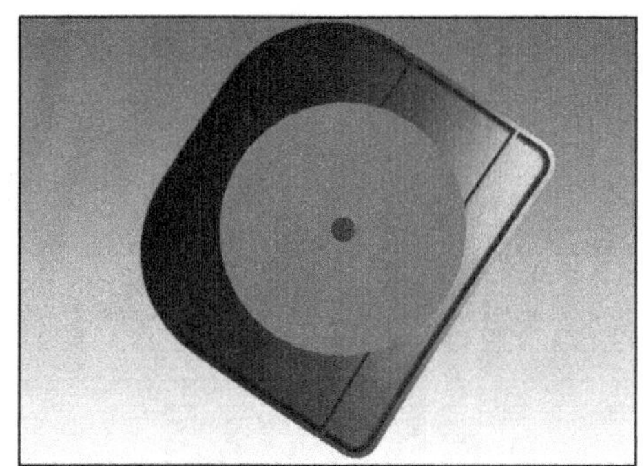

图 6-237　转换后

3. CATIA

CATIA 的图形文件自有格式为.CATPart，结合转换工具和 3D 软件 Solidworks 的文件格式转换(见图 6-238)，且转换前后无差异，结果对比如图 6-239、图 6-240 所示。

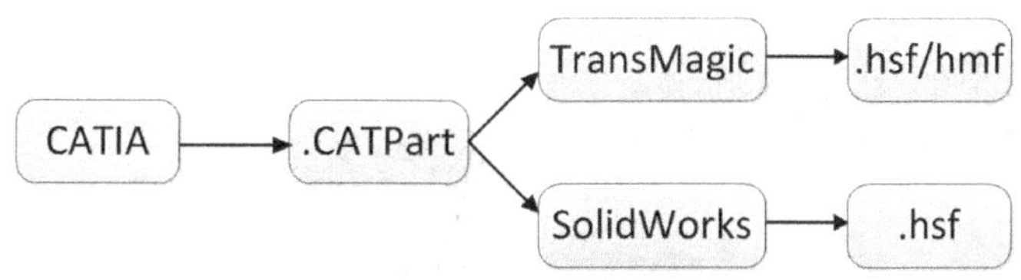

图 6-238　CATIA 模型转换方法

图 6-239　转换前

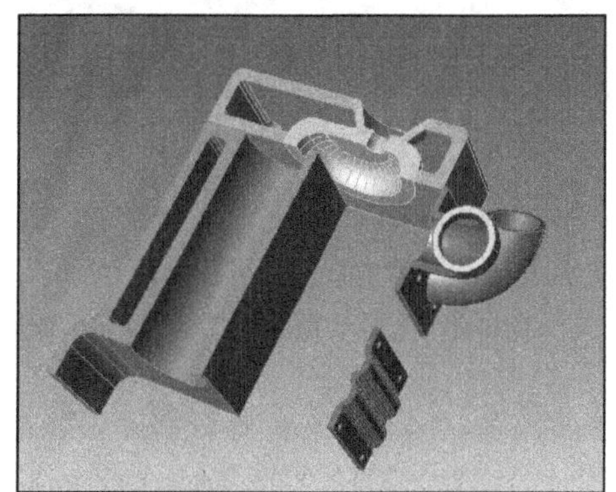

图 6-240　转换后

4. UG

UG 的图形文件自有格式为.prt，结合转换工具的文件格式转换(见图 6-241)，且转换前后无差异，结果对比如图 6-242、图 6-243 所示。

图 6-241　UG 模型转换方法

5. 3Dmax

图 6-244 所示的是 3Dmax 中模型文件转换为 MWorks.Sysplorer 可识别格式的过程，转换后模型无变化，结果对比如图 6-245、图 6-246 所示。

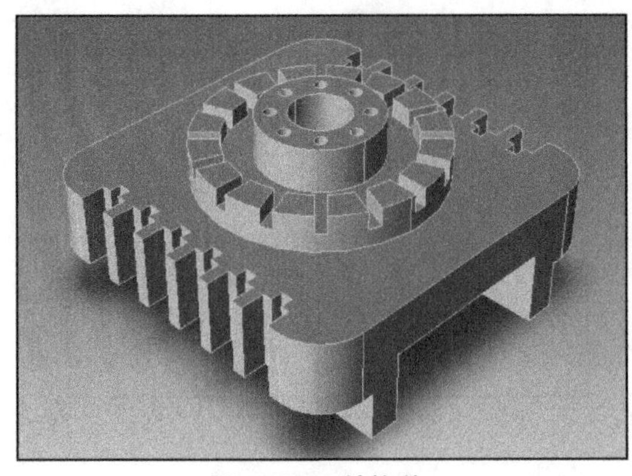

图 6-242　转换前　　　　图 6-243　转换后

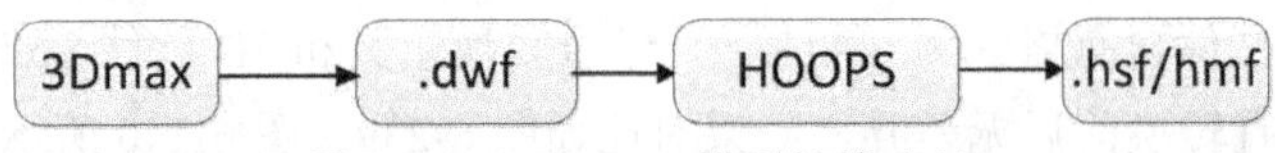

图 6-244　3Dmax 模型转换方法

图 6-245　转换前

图 6-246　转换后

6. Adams

将 Adams 中模型直接导出为.shl 格式即可(见图 6-247)，转换后模型的颜色丢失，导入 MWorks.Sysplorer 后显示系统的默认颜色。转换前后结果对比如图 6-248、图 6-249 所示。

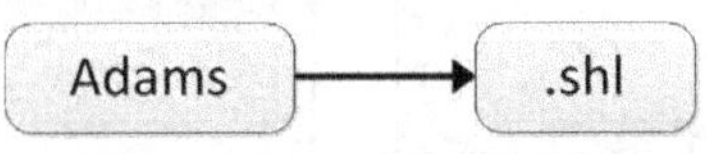

图 6-247　Adams 模型转换方法

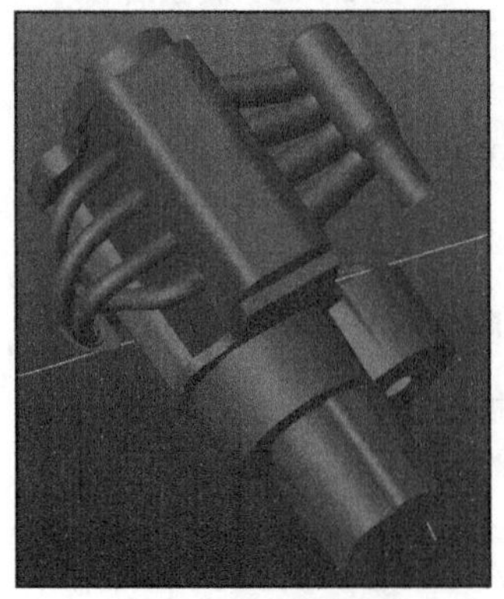

图 6-248　转换前

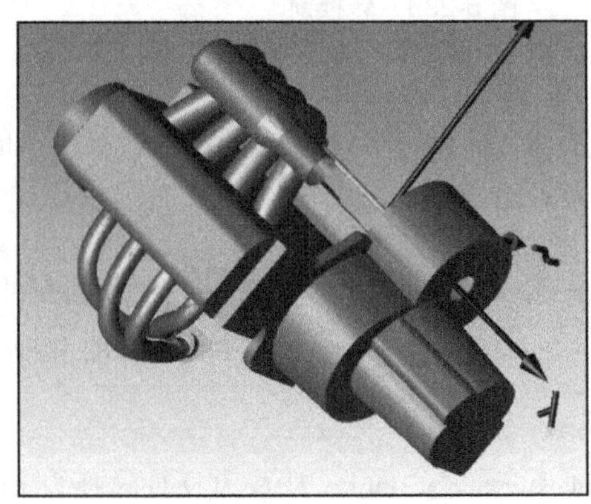

图 6-249　转换后

6.9.3.2 其他方法

1. 非.stl 格式

1) Pro/E

图 6-250 所示是 Pro/E 通过公有文件格式并结合转换工具 TransMagic 转换为 MWorks.Sysplorer 支持的.hsf/hmf 格式；转换后模型的曲面颜色发生改变，结果对比如图 6-251、图 6-252 所示。

注：Pro/E 首先转换为.iv 格式，然后经 HOOPS 转换为.hsf 格式，最后导入 MWorks 中，此时模型比例发生改变，其他均未变化。

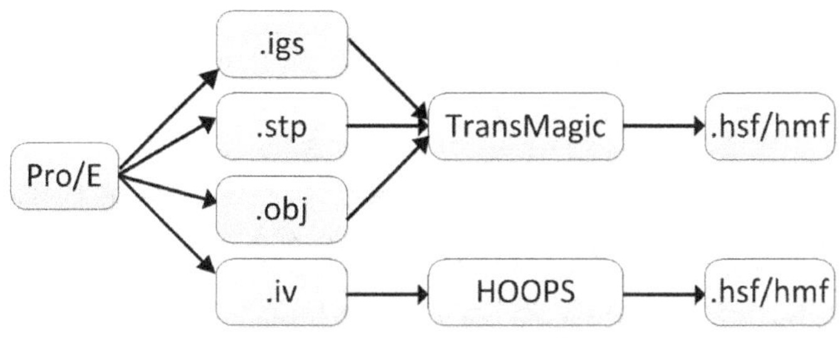

图 6-250　Pro/E 非.stl 格式转换方法

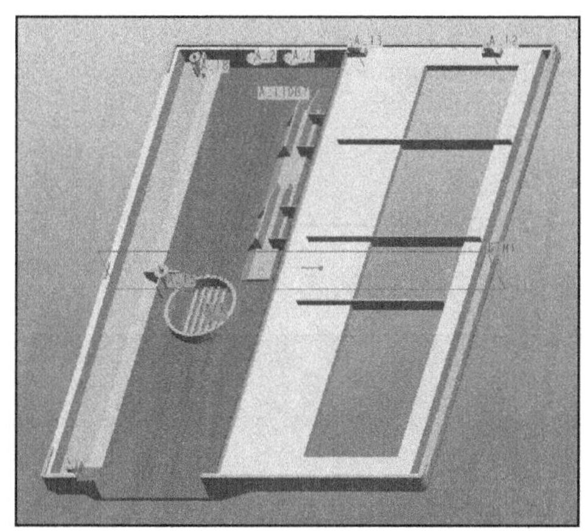

图 6-251　转换前

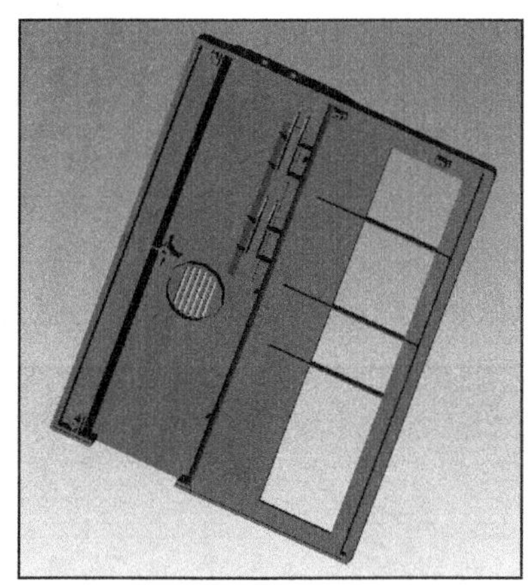

图 6-252　转换后

2) CATIA

图 6-253 所示的是 CATIA 通过公有文件格式并结合转换工具 TransMagic 转换为 MWorks.Sysplorer 支持的.hsf/hmf 格式；转换后模型的曲面颜色改变，结果对比如图 6-254、图 6-255 所示。

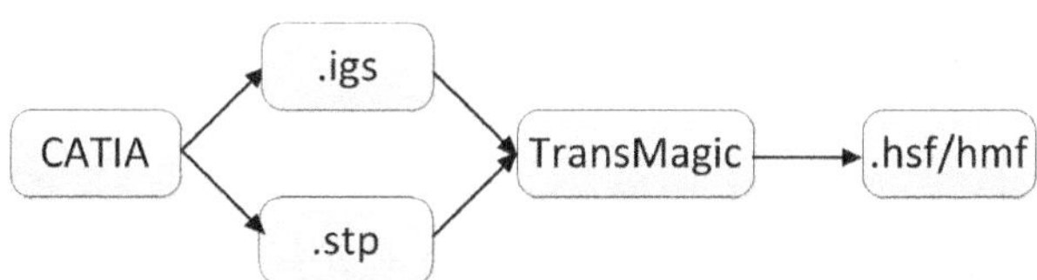

图 6-253　CATIA 非.stl 格式转换方法

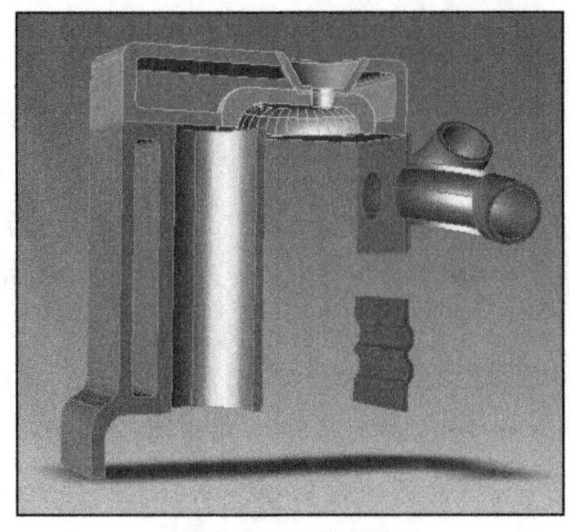

图 6-254　转换前

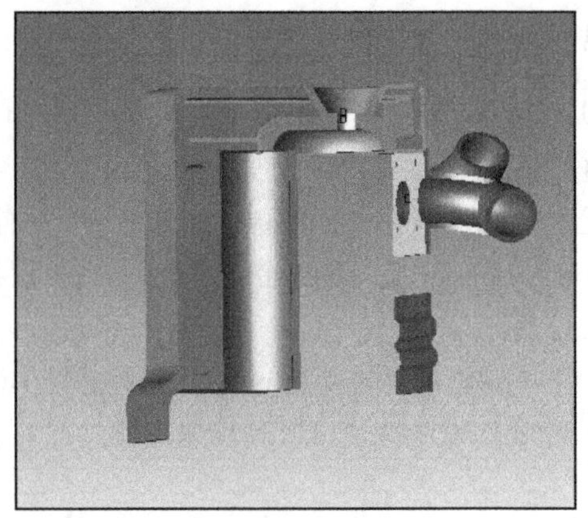

图 6-255　转换后

3) UG

图 6-256 所示的是 UG 通过公有文件格式并结合转换工具 TransMagic 转换为 MWorks.Sysplorer 支持的.hsf/hmf 格式；转换后模型的颜色改变，结果对比如图 6-257 与图 6-258 所示。

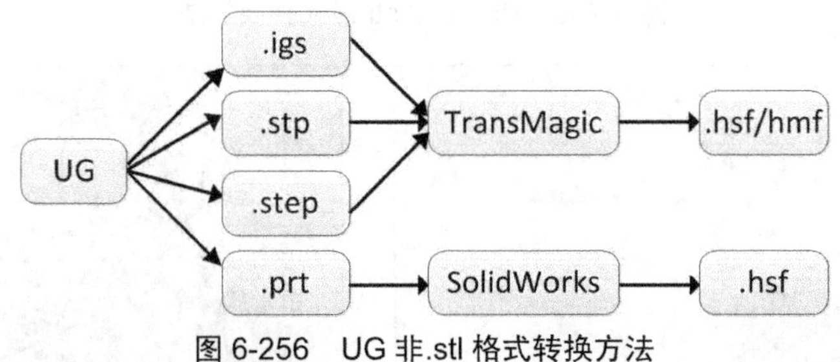

图 6-256　UG 非.stl 格式转换方法

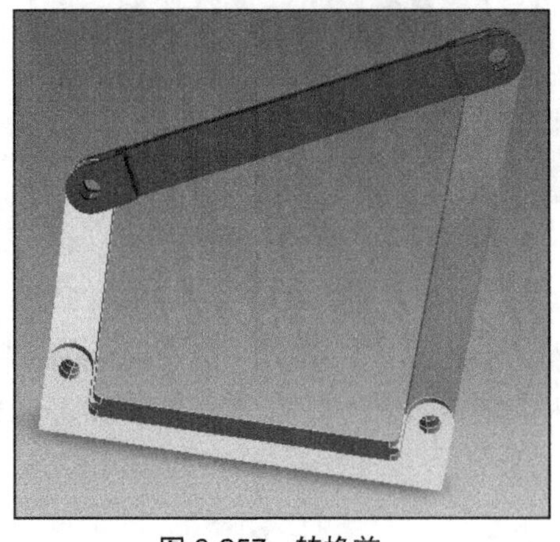

图 6-257　转换前

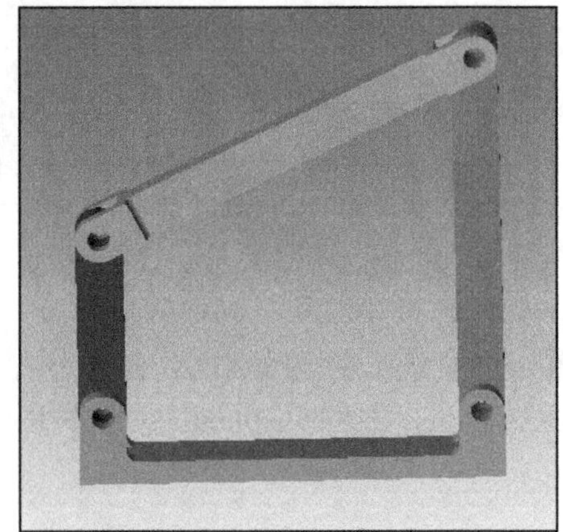

图 6-258　转换后

4) 3Dmax

图 6-259 所示的是 3Dmax 通过公有文件格式并结合转换工具 TransMagic 转换为 MWorks.Sysplorer 支持的.hsf/hmf 格式；转换后模型的颜色改变，失去透明度，曲面的光泽度变差。结果对比如图 6-260、图 6-261 所示。

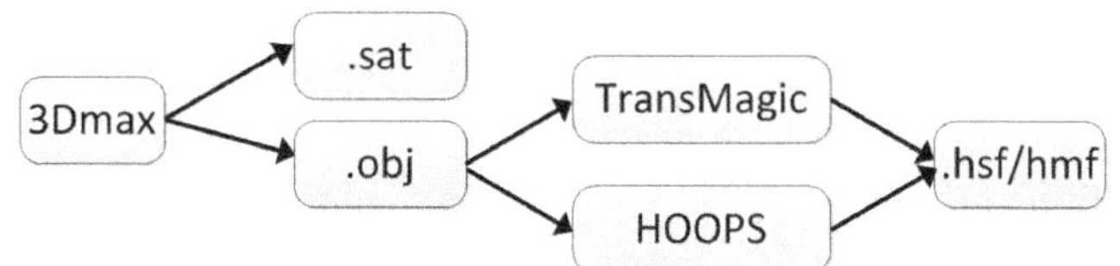

图 6-259　3Dmax 非.stl 格式转换方法

图 6-260　转换前

图 6-261　转换后

2. .stl 格式

图 6-262 所示的 5 种 3D 软件的文件格式可另存为或导出 MWorks.Sysplorer 支持的.stl 格式；转换后模型的颜色丢失，曲面不光滑，某些情况下失去透明度，分辨率变低，以 3Dmax 为例，其结果对比如图 6-263、图 6-264 所示。

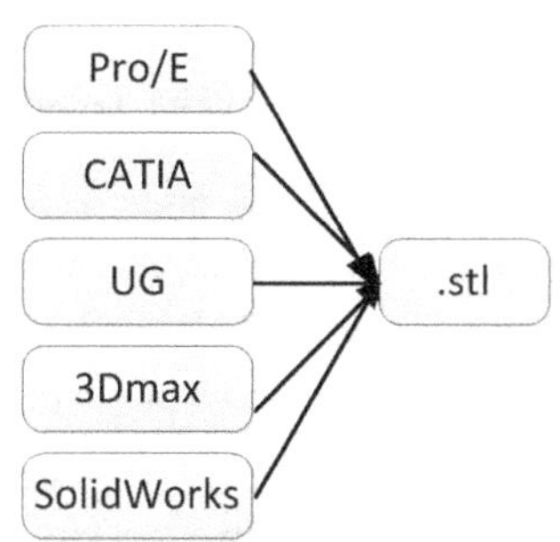

图 6-262　三维模型转为.stl 格式

图 6-263　转换前

图 6-264　转换后

第 7 章 MWorks.Sysplorer 接口

7.1 命令接口与选项索引

MWorks.Sysplorer.Sysporer 命令接口与选项索引完整地记录了 MWorks.Sysplorer.Sysporer 界面功能命令、界面选项、编译器命令等接口，供开发脚本程序时参考。

7.1.1 数据类型说明

命令接口与选项的参数/返回值类型如下。

(1) 关键字“void”表示无返回值。

(2) 布尔类型 bool，按照 Python 语法，输入/返回 True/False。

(3) 整型 int 和浮点数 double 无需特别解释。

(4) 字符串类型 string 作为参数输入时使用单引号或双引号表示，如 CheckModel('Simple') 或 CheckModel("Simple")

(5) 集合类型 list 表示数组。

7.1.2 缺省参数

如果某个命令接口带有缺省参数，调用时可以不给出实参，这时系统自动取其缺省值。以命令接口 SimulateModel() 为例进行说明。

接口原型：

```
bool  SimulateModel (
    string  model_name,   /*模型名称*/
    double  start_time= 0,   /*开始时间*/
    double  stop_time = 1,   /*终止时间*/
    int  number_of_intervals=500,   /*输出步数*/
    string  algo='Dassl',   /*算法*/
    double  tolerance=0.0001,   /*精度*/
    double  integral_step= 0.002,   /*积分步长*/
    double  store_double=False,   /*结果是否保存为 double*/
    double  store_event =False)   /*是否保存事件点*/
```

在命令窗口输入：

```
SimulateModel ("Simple")
```

表示仿真模型 Simple，仿真开始时间为 0，结束时间为 1，输出步数为 500，选用 Dassl 算法，精度为 0.0001，初始积分步长为 0.002，结果保存为 Float 精度，不保存事件点，将结果文件保存在仿真目录下。

对于路径参数，若为空，则表示默认为工作目录或者仿真目录。

7.1.3 命令交互输入

在命令窗口“>>”标识符后输入命令(见图 7-1)，键盘“↑”和“↓”方向键可以在历史输入记录中前后查找，输入完毕后按回车键执行命令。

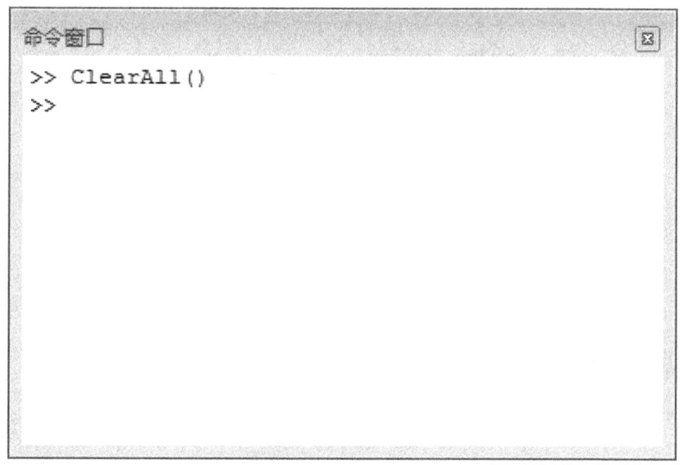

图 7-1　命令交互

7.1.4 脚本批量执行

可以将命令脚本文件(*.mos、*.scr 或*.py)用鼠标拖曳到命令窗口执行脚本，如图 7-2 所示。

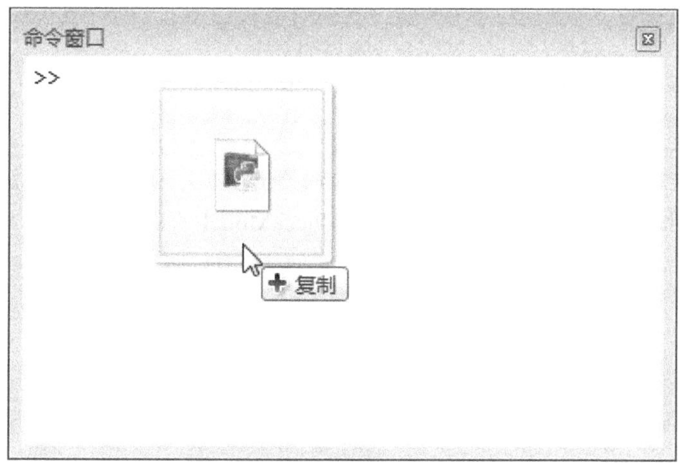

图 7-2　脚本批量执行

7.1.5 命令输出

执行命令后，根据命令的定义，返回相应的值。

命令原型：

```
Boolean CheckModel(String model_name="")
```

检查模型，若命令正确执行，则返回 True；若命令错误执行，则返回 False，并说明错误的可能原因，如图 7-3 所示。

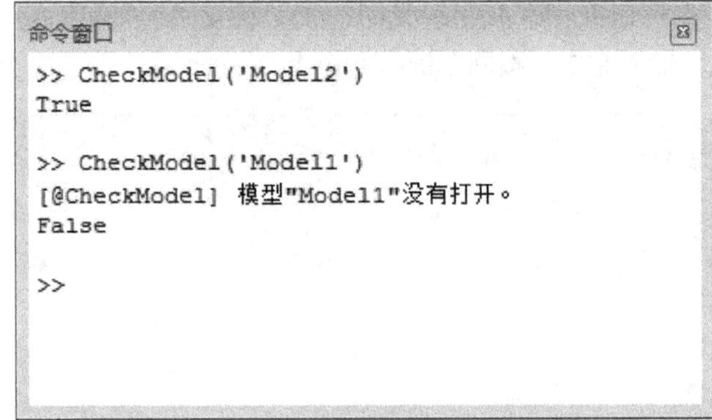

命令窗口
>> CheckModel('Model2')
True
>> CheckModel('Model1')
[@CheckModel] 模型"Model1"没有打开。
False
>>

图 7-3 命令输出

7.1.6 基本帮助命令

7.1.6.1 Help

显示帮助信息。

```
Help()
```

输出如下：

```
help():显示本信息。
help(String command_name):显示指定命令的文档。
ListFunctions():列出所有函数。
ListVariables():列出所有变量。
```

使用 Help("COMMAND_NAME") 可显示命令的含义及其使用方法，如输入 Help ("CheckModel")，按下 Enter 键，命令窗口输出 CheckModel 的语法和说明，具体如下：

```
Help ("CheckModel")
```

语法：

```
Boolean CheckModel(String model_name="")
```

说明：检查模型。

model_name：模型名。

7.1.6.2 ListFunctions

列出所有命令接口的函数名，包括返回类型和参数列表。

```
ListFunctions ()
```

输出如下：

```
AnimationSpeed "设置动画播放速度。"
CalibrateModel "模型标定，通过比对模型仿真数据与试验测量数据的差异，使得模型输出与
测量结果达到最大程度的吻合。"
ChangeDirectory "更改工作目录。"
ChangeSimResultDirectory "更改仿真结果目录。"
CheckModel "检查模型。"
CheckParameterSenstivity"检查参数灵敏度，使用模型标定算法对参数之间的相关性进行分析。"
ClearAll "移除所有。"
ClearPlot "清除曲线窗口内容。"
ClearScreen "清空命令窗口。"
CreateAnimation "新建动画窗口。"
CreatePlot "按指定的设置创建曲线窗口。"
…… 此处省略部分输出
```

7.1.6.3 ListVariables

列举出所有已定义变量。

```
ListVariables()
```

输出如下：

```
Advanced.CheckExtendsRestriction "检查基类限制性。"
Advanced.CheckTransitivelyNonReplaceable "检查递归非可替换限制性。"
Advanced.CheckTypeOfClassCompatibility "检查类的类别相容限制性。"
AxisTiTleType.Custom "自定义的轴标题。"
AxisTiTleType.Default "使用默认的轴标题。"
AxisTiTleType.None_ "无轴标题。"
FMI.Type.CoSimulation "联合仿真类型的 FMI。"
FMI.Type.ModelExchange "模型交换类型的 FMI。"
…… 此处省略部分输出
```

7.1.6.4 Status.ExitCode

Status.ExitCode 表示脚本退出代码(整型)，用于多个脚本之间执行状态存取。在 CMD 命令行运行“-r xxx -q”时，xxx 脚本有错误则返回 4096；脚本没错误则返回设置的 Status.ExitCode。

注意，Status.ExitCode 设置的范围为 0～4095(默认为 0)，否则不论脚本是否执行正确，返回的都为 4096。

新建一个名为 test.py 文件，并在其中输入以下文本并保存。

```
Status.ExitCode =9
OpenModelFile(r'E:\Test.mo')
```

新建一个名为 run.bat 文件，并在其中输入以下文本并保存。

```
@echo on
set ExePath="D:\MWorks.Sysplorer 2018\Bin\mworks.exe"
set PyPath="E:\03_workspath\test.py"
call %ExePath% -r %PyPath% -q
echo %errorlevel%
pause
```

双击 run.bat，若执行正确，则在控制台将打印返回值 9，如图 7-4 所示。

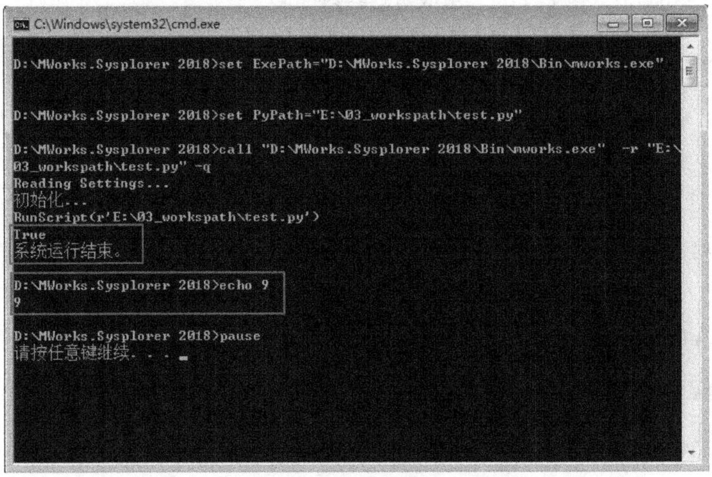

```
C:\Windows\system32\cmd.exe

D:\MWorks.Sysplorer 2018>set ExePath="D:\MWorks.Sysplorer 2018\Bin\mworks.exe"

D:\MWorks.Sysplorer 2018>set PyPath="E:\03_workspath\test.py"

D:\MWorks.Sysplorer 2018>call "D:\MWorks.Sysplorer 2018\Bin\mworks.exe" -r "E:\
03_workspath\test.py" -q
Reading Settings...
初始化...
RunScript(r'E:\03_workspath\test.py')
True
系统运行结束。

D:\MWorks.Sysplorer 2018>echo 9
9

D:\MWorks.Sysplorer 2018>pause
请按任意键继续. . .
```

图 7-4　运行 run.bat

若 py 命令中的某命令在程序中执行错误，如在 test.py 添加 CheckModel("Test")，检查模型 Test(Test 有错误，会检查失败)，但整个脚本是执行正确的，则仍返回 Status.ExitCode，如图 7-5 所示。

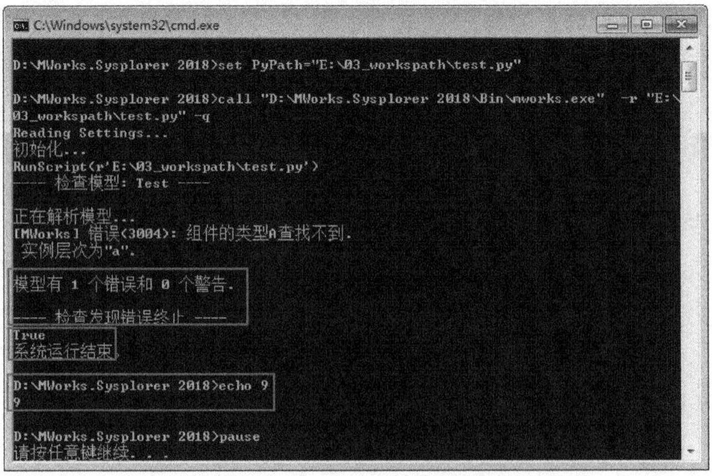

```
C:\Windows\system32\cmd.exe

D:\MWorks.Sysplorer 2018>set PyPath="E:\03_workspath\test.py"

D:\MWorks.Sysplorer 2018>call "D:\MWorks.Sysplorer 2018\Bin\mworks.exe" -r "E:\
03_workspath\test.py" -q
Reading Settings...
初始化...
RunScript(r'E:\03_workspath\test.py')
---- 检查模型: Test ----

正在解析模型...
[MWorks] 错误(3004): 组件的类型A查找不到.
 实例层次为"a".

模型有 1 个错误和 0 个警告.

---- 检查发现错误终止 ----
True
系统运行结束

D:\MWorks.Sysplorer 2018>echo 9
9

D:\MWorks.Sysplorer 2018>pause
请按任意键继续. . .
```

图 7-5　返回 Status.ExitCode

修改 test.py，添加一行不可识别的命令行，如“ErrorCommand”，再次双击 run.bat，则返回 4096，如图 7-6 所示。

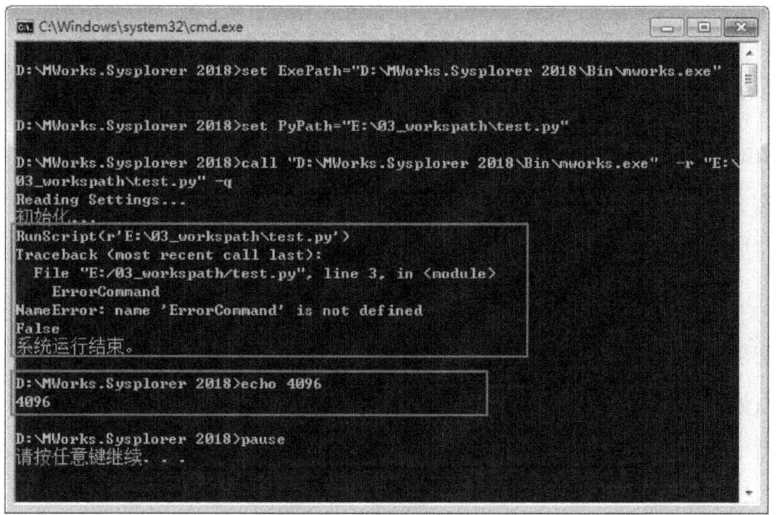

图 7-6　返回 4096

7.1.7　系统命令

7.1.7.1　ClearScreen

1. 功能说明

语法：

```
ClearScreen()
cls()
```

说明：清空命令窗口。

2. 举例

例子：

```
ClearScreen()
```

说明：将命令行中的所有内容清除。

7.1.7.2　SaveScreen

1. 功能说明

语法：

```
Boolean SaveScreen(String file_name)
```

说明：保存命令窗口内容至文件。

file_name：文件名。

2. 举例

例子：

```
SaveScreen(r"E:\a.txt")
```

说明：将命令行中的所有输出内容保存到 E:\a.txt 中。

7.1.7.3 ChangeDirectory

1. 功能说明

语法：

```
Boolean ChangeDirectory(String work_dir="")
Boolean cd(String work_dir="")
```

说明：更改工作目录。

work_dir：工作目录更改为此目录，如果是空字符串，则显示当前工作目录。

2. 举例

例子：

```
ChangeDirectory(r"E:\03_workspath")
```

说明：将工作目录修改为 E:\03_workspath。

7.1.7.4 ChangeSimResultDirectory

1. 功能说明

语法：

```
Boolean ChangeSimResultDirectory(String sim_result_dir="")
```

说明：更改仿真结果目录。

sim_result_dir：仿真结果目录更改为此目录，如果是空字符串，则显示当前仿真结果目录。

2. 举例

例子：

```
ChangeSimResultDirectory(r"E:\03_workspath")
```

说明：将仿真结果工作目录修改为 E:\03_workspath。

7.1.7.5 RunScript

1. 功能说明

语法：

```
Boolean RunScript(String script_file)
```

说明：执行脚本文件。

script_file：脚本文件。

2. 举例

例子：

```
RunScript(r"E:\03_workspath\test.py")
```

说明：运行 E:\03_workspath 下 test.py 脚本。

7.1.7.6 GetLastErrors

1. 功能说明

语法：

```
String[:] GetLastErrors()
```

说明：获取上一条命令的错误信息，若上一条的命令是正确的，即没有错误信息，则返回空。

2. 举例

例子：

```
GetLastErrors()
```

说明：获取上一条命令的错误信息。

7.1.7.7 ClearAll

1. 功能说明

语法：

```
ClearAll()
```

说明：清除系统所有内容，恢复到启动状态。

2. 举例

例子：

```
ClearAll()
```

说明：软件恢复到启动状态。

7.1.7.8 Echo

1. 功能说明

语法：

```
Bool Echo (Bool on=None)
```

说明：设置/获取是否反馈每条语句的执行结果。如果不传入参数，则返回当前状态。

on：是否反馈，当默认值为 None 时获取当前状态。

2. 举例

例子：

```
Echo(on=True)
```

说明：返回此命令的执行结果。

7.1.7.9 Exit

1. 功能说明

语法：

```
Exit()
```

说明：退出 MWorks.Sysplorer，若此时存在修改而未保存的实例或模型，则不会弹出是否保存提示框。

2. 举例

例子：

```
Exit()
```

说明：退出 MWorks.Sysplorer。

7.1.8 文件命令

7.1.8.1 OpenModelFile

1. 功能说明

语法：

```
Boolean OpenModelFile(String path, Boolean auto_reload = True)
```

说明：加载指定的 Modelica 模型文件，支持.mef 和.mo 文件。

path：Modelica 模型文件的全路径。

auto_reload：如果文件已经加载，则说明是否自动重新加载。

2. 举例

例子：

```
OpenModelFile(r"E:\03_workspath\TestModel101.mef",True)
```

说明：打开 TestModel101.mef 文件，若已经打开了，则重新加载。

7.1.8.2 LoadLibrary

1. 功能说明

语法：

```
Boolean LoadLibrary(String lib_name,
String lib_version=MSLVersion.Default)
```

说明：加载 Modelica 模型库。如果已经加载，则不再加载；如果加载了不同版本的模型库，则卸载已加载的模型库并重新加载。

lib_name：Modelica 模型库名。

lib_version：模型库版本(参见变量"MSLVersion")。

2. 举例

例子：

```
LoadLibrary('Modelica','3.2')或
LoadLibrary('Modelica', MSLVersion.V3_2)
```

说明：加载 Modelica3.2。

7.1.8.3 ImportFMU

1. 功能说明

语法：

```
Boolean ImportFMU(String fmu_path)
```

说明：导入 FMU 文件，若已经导入，则自动卸载并重新导入。

fmu_path：FMU 文件的全路径。

2. 举例

例子：

```
ImportFMU(r"E:\03_workspath\TestModel.fmu")
```

说明：导入 TestModel.fmu 文件。

7.1.8.4 EraseClasses

1. 功能说明

语法：

```
Boolean EraseClasses(String[:] class_list)
```

说明：删除子模型或卸载顶层模型。

class_list：模型名列表。

2. 举例

例子 1：

```
EraseClasses(['TestModel.M2','TestModel.P1'])
```

说明：删除 TestModel 模型下的子模型 M2、P1。

例子 2：

```
EraseClasses(['TestModel'])
```

说明：卸载 TestModel。

7.1.8.5 ExportIcon

1. 功能说明

语法：

```
Boolean ExportIcon(String model_name, String image_file, Integer width=400,
Integer height=400)
```

说明：把图标视图导出为图片。

model_name：模型名。

image_file：图片文件路径。

width：图片宽度，默认为 400 像素。

height：图片高度，默认为 400 像素。

2. 举例

例子：

```
ExportIcon ('TestModel', r'E:\03_workspath\Icon.png',600,600)
```

说明：将 TestModel 的图标视图生成为 600×600 像素的图片，导出到 E:\03_workspath 下，命名为 Icon.png。

7.1.8.6 ExportDiagram

1. 功能说明

语法：

```
Boolean ExportDiagram (String model_name, String image_file, Integer width=
400, Integer height=400)
```

说明：把组件视图导出为图片。

model_name：模型名。

image_file：图片文件路径。

width：图片宽度，默认为 400 像素。

height：图片高度，默认为 400 像素。

2. 举例

例子：

```
ExportDiagram ('TestModel', r'E:\03_workspath\Diagram.png',600,600)
```

说明：将 TestModel 的组件视图生成为 600×600 像素的图片，导出到 E:\03_workspath 下，命名为 Diagram.png。

7.1.8.7 ExportDocumentation

1. 功能说明

语法：

```
Boolean ExportDocumentation(String model_name, String doc_file)
```

说明：把模型文档信息导出到文件(只能为网页格式文件)。

model_name：模型名。

doc_file：文档文件名。

2. 举例

例子：

```
ExportDocumentation ('TestModel', r'E:\03_workspath\aa.html')
```

说明：将 TestModel 的文档视图导出到 E:\03_workspath\aa.html 文件中。

7.1.8.8 ExportFMU

1. 功能说明

语法：

```
Boolean ExportFMU(String model_name, String fmi_type=FMI.Type.
ModelExchange, String fmi_verision=FMI.Version.V1, String fmu_path="")
```

说明：模型导出为 FMU。

model_name：模型名。

fmi_type：FMI 类型(参见变量"FMI.Type")。

fmi_verision：FMI 版本(参见变量"FMI.Version")。

fmu_path：FMU 文件保存路径。

2. 举例

例子：

```
ExportFMU('TestModel', FMI.Type.CoSimulation, FMI.Version.V2,
r'E:\03_workspath')
```

说明：将模型 Tsetmodel 导出为 FMU，导出的 FMI 版本为 V1，类型为 CoSimulation，保存位置为 E:\03_workspath。

7.1.8.9 ExportVeristand

1. 功能说明

语法：

```
Boolean ExportVeristand(String model_name, String veristand_file)
```

说明：模型导出为 Veristand 模型。

model_name：模型名。

veristand_file：Veristand 模型文件。

2. 举例

例子：

```
ExportVeristand('TestModel', r'E:\03_workspath\TestModel.dll')
```

说明：将模型 TestModel 导出为 Veristand 文件，导出文件的全路径为 E:\03_workspath\TestModel.dll。

7.1.8.10 ExportSFunction

1. 功能说明

语法：

```
Boolean ExportSFunction(String model_name, String sfunction_path, String
sfunction_name = "")
```

说明：模型导出为 Simulink 的 S-Function。

model_name：模型名。

sfunction_path：S-function 文件保存路径。

sfunction_name：S-function 名字。

2. 举例

例子：

```
ExportSFunction('TestModel', r'E:\03_workspath','AA')
```

说明：将模型 TestModel 导出为 S-Function 文件，并生成在 E:\03_workspath 下，生成的文件名为 AA.c、AA_func.c、momodel_info.c。

7.1.9 仿真命令

7.1.9.1 OpenModel

1. 功能说明

语法：

```
Boolean OpenModel(String model_name, String view_type=ModelView.Diagram)
```

说明：打开模型窗口。

model_name：模型名。

view_type：视图类别(参见变量"ModelView")。

2. 举例

例子：

```
OpenModel ('TestModel', ModelView.Text)
```

说明：打开模型 TestModel 的文本视图。

7.1.9.2 CheckModel

1. 功能说明

语法：

```
Boolean CheckModel(String model_name="")
```

说明：检查模型。

model_name：模型全名。

2. 举例

例子：

```
CheckModel('TestModel')
```

说明：检查 TestModel。

7.1.9.3 TranslateModel

1. 功能说明

语法：

```
Boolean TranslateModel (String model_name="")
```

说明：翻译模型。

model_name：模型全名。

2. 举例

例子：

```
TranslateModel ('TestModel')
```

说明：翻译 TestModel。

7.1.9.4 SimulateModel

1. 功能说明

语法：

```
Boolean SimulateModel(String model_name="", Real start_time=0, Real
stop_time=1, Integer number_of_intervals=500, String algo=Integration.Dassl,
Real tolerance=0.0001, Real integral_step=0.002, Boolean store_double=True,
Boolean store_event=False, String result_file = "")
```

说明：仿真模型。

model_name：模型名。

start_time：仿真开始时间。

stop_time：仿真终止时间。

number_of_intervals：输出区间个数。

algo：积分算法(参见变量"Integration")。

tolerance：积分算法误差。

integral_step：初始积分步长或定步长。

store_double：结果是否存为双精度。

store_event：是否存储事件时刻的变量值。

result_file：仿真结果的文件存放的文件夹路径。

2. 举例

例子：

```
SimulateModel(model_name="TestModel",algo=Integration.Euler, result_file
=r"E:\aa")
```

说明：仿真模型 TestModel，选用 Euler 算法，将实例文件生成在 E:\aa 文件夹下，其余仿真设置采用缺省设置，即仿真开始时间为 0，结束时间为 1，输出步数为 500，精度为 0.0001，积分步长为 0.002，结果保存为 Float 精度，不保存事件点。

7.1.9.5 RemoveResults

1. 功能说明

语法：

```
Boolean RemoveResults()
```

说明：移除所有结果。

2. 举例

例子：

```
RemoveResults()
```

说明：清除所有实例，包括未保存的。

7.1.9.6 ImportInitial

1. 功能说明

语法：

```
Boolean ImportInitial(String initial_file)
```

说明：导入初值文件。

initial_file：初值文件路径，注意初值文件只可以为.txt 文件。

2. 举例

例子：

```
ImportInitial(r'E:\03_workspath\Initial.txt')
```

说明：导入初值文件 Initial.txt 至仿真浏览器当前的实例中。

7.1.9.7 ExportInitial

1. 功能说明

语法：

```
Boolean ExportInitial(String initial_file)
```

说明：导出初值文件。

initial_file：初值文件路径。注意初值文件只可以导出到.txt 文件中。

2. 举例

例子：

```
ExportInitial(r'E:\03_workspath\Initial.txt')
```

说明：导出当前实例的初值至 Initial.txt。

7.1.9.8 ExportResult

1. 功能说明

语法：

```
Boolean ExportResult(String file_name, String format_type=ResultFormat.
Default, String[:] vars=[])
```

说明：导出结果文件，支持.csv、.mat 格式，并支持导出整个实例。

file_name：文件名。

format_type：文件格式(参见变量"ResultFormat")。

vars：变量名，默认为空，表示导出所有结果变量。

2. 举例

例子 1：

```
ExportResult(r'E:\03_workspath\FirstData.csv',ResultFormat.Csv)
```

说明：将当前实例结果保存至 FirstData.csv 文件中。

例子 2：

```
ExportResult(r'E:\03_workspath',ResultFormat.Default)
```

说明：在 E:\03_workspath 下生成与实例名相同的文件夹，文件夹中放置该实例的所有文件。

7.1.10 曲线命令

7.1.10.1 CreatePlot

1. 功能说明

语法：

```
Bool CreatePlot (Int id = 1, Int position[4], String x="time", List y, String heading="", Bool grid=True, Bool legend=True, Int legend_location=1, Bool legend_horizontal=True, Bool legend_frame=False, List legends, string x_display_unit = "s",List y_display_units,Int left_title_type=1, String left_title="", Int bottom_title_type=1, String bottom_title="", Int right_title_type=1, String right_title="", Bool curve_vernier=False, Bool fix_time_range=False, Real fix_time_range_value=10, String result_file="", Int sub_plot = 1);
```

说明：新建曲线窗口。当 x 使用默认参数时，创建 y(time)窗口。当 x 被设置时，检查 x 与所有 y 是否都来自同一个实例，来自同一个实例则创建 y(x)窗口，否则创建失败。如果 id 和 sub_plot 所唯一指定的子窗口已存在，则清空子窗口中已有变量。

id：窗口编号。id=0，表示新建曲线窗口；id>0，表示创建编号 id 的曲线窗口，若存在，直接覆盖创建。

position：窗口位置。以左上角坐标为位置坐标，宽和高表示窗口大小。计算机屏幕的最左上角为原点，即坐标为[0，0]，屏幕上边界向右为 x 轴正方向，屏幕左边界向下为 y 轴正方向。

x：x 轴的变量，即自变量，默认是 time。

y：y 轴的变量列表。

heading：标题。

grid：显示网格。

legend：是否绘制图例(暂不支持)。

legend_location：图例位置(暂不支持)。

legend_horizontal：是否水平放置图例(暂不支持)。

legend_frame：是否绘制图例边框(暂不支持)。

legends：图例文字列表。

x_display_unit：x 轴显示单位。

y_display_units：y 轴显示单位。

left_title_type：左纵坐标标题类型(参见变量"AxisTiTleType")。

left_title：自定义的左纵坐标标题。

bottom_title_type：横坐标标题类型(参见变量"AxisTiTleType")。

bottom_title：自定义的横坐标标题。

right_title_type：右纵坐标标题类型(参见变量"AxisTiTleType")。

right_title：自定义的右纵坐标标题。

curve_vernier：是否显示曲线游标。

fix_time_range：是否限定时间范围。

fix_time_range_value：限定的时间范围值。

result_file：结果文件，需填写结果文件的全路径。

sub_plot：子窗口序号。

2. 举例

例子：

```
CreatePlot(id=2,x='boxBody2.frame_b.r_0[2]',y=['boxBody2.frame_a.r_0[1]',
'boxBody2.frame_a.r_0[2]'],curve_vernier=True,
result_file=r'E:\03_workspath\DoublePendulum')
```

说明：创建编号为 2 的曲线窗口，显示实例 DoublePendulum 中变量 boxBody2.frame_a.r_0[1]、boxBody2.frame_a.r_0[2]随 boxBody2.frame_b.r_0[2]变化的曲线，并在该曲线窗口打开游标。

7.1.10.2 Plot

1. 功能说明

语法：

```
Boolean Plot(String[:] y, String[:] legends, Integer[:] colors, LineStyle[:]
line_styles, MarkerStyle[:] marker_styles, Integer[:] thicknesses, String[:]
display_units, VerticalAxis[:] vertical_axes)
```

说明：在最后一个窗口中绘制指定变量的曲线，如果没有窗口，则按系统默认设置新建一个窗口。

y：变量名列表。若某变量在最后一个曲线窗口中存在，则取消该变量的绘制。

legends：图例文字列表。

colors：曲线颜色(参见变量"LineColor")列表。

line_styles：曲线线型(参见变量"LineStyle")列表。

marker_styles：曲线数据点样式(参见变量"MarkerStyle")列表。

thicknesses：线宽(参见变量"LineThickness")列表。

display_units：显示单位列表。

vertical_axes：纵轴类型(参见变量"VerticalAxis")列表。

2. 举例

例子：

```
Plot(y=['boxBody2.frame_a.r_0[2]','boxBody1.frame_a.r_0[1]','damper.phi_
rel'], colors=[LineColor.Black, LineColor.Red, LineColor.Purple],
display_units=['cm','m','rad'],vertical_axes=[VerticalAxis.Left,
VerticalAxis.Left, VerticalAxis.Right])
```

说明：在曲线窗口按照如下设置显示以下三个曲线。

boxBody2.frame_a.r_0[2]：颜色为黑色，显示单位为 cm，显示为左纵坐标轴。

boxBody1.frame_a.r_0[1]：颜色为红色，显示单位为 m，显示为左纵坐标轴。

damper.phi_rel：颜色为紫色，显示单位为 rad，显示为右纵坐标轴。

7.1.10.3 RemovePlots

1. 功能说明

语法：

```
Boolean RemovePlots()
```

说明：关闭所有曲线窗口。

2. 举例

例子：

```
RemovePlots()
```

说明：关闭所有曲线窗口。

7.1.10.4 ClearPlot

1. 功能说明

语法：

```
Boolean ClearPlot(Boolean remove=False, Int id=-1)
```

说明：清除曲线窗口中当前子窗口内容。如果 remove 为 True，则移除当前子窗口。最后一个子窗口不会被移除，并且总是返回 True。

remove：是否移除子窗口。

id：窗口编号。

2. 举例

例子：

```
ClearPlot(remove=True,id=3)
```

说明：清除“曲线窗口-3”中的所有曲线，并移除当前子窗口。

7.1.10.5 ExportPlot

1. 功能说明

语法：

```
Boolean ExportPlot(String file_path, Int file_format, Int id=-1, Inf w=-1, 
Inf h=-1)
```

说明：曲线导出。

file_path：导出文件的全路径。

file_format：文件格式，支持图片(.jpg、.png、.bmp)、csv、mat、txt(参见变量"PlotFileFormat")。

id：窗口编号，默认为–1，表示最后一个窗口。

w：图片宽度，默认为–1，表示图片宽度为曲线窗口当前宽度。

h：窗口高度，默认为–1，表示图片高度为曲线窗口当前高度。

2. 举例

例子：

```
ExportPlot(r'E:\03_workspath\Plot.png',PlotFileFormat.Image,3,200,200)
```

说明：将"曲线窗口–3"作为 200×200 大小的图片导出，导出的文件路径为'E:\03_workspath\Plot.png。

7.1.11 优化命令

优化命令是基于试验相关的配置文件(.xml 文件)进行执行的，参考 6.5.5、6.6.5、6.7.6 节获取配置文件。

7.1.11.1 PerturbParameters

1. 功能说明

语法：

```
Boolean PerturbParameters(String config_file)
```

说明：参数扰动，考察参数变动对系统行为的影响。

config_file：配置文件。

2. 举例

例子：

```
PerturbParameters(r'E:\03_workspath\PerturbParameters.xml')
```

说明：基于配置文件 PerturbParameters.xml 进行参数扰动。

7.1.11.2 SweepParameter

1. 功能说明

语法：

```
Boolean SweepParameter(String config_file)
```

说明：参数扫动用于观察参数值按照某一序列变化时，结果变量的细微变化。

config_file：配置文件。

2. 举例

例子：

```
SweepParameter (r'E:\03_workspath\SweepParameter.xml')
```

说明：基于配置文件 SweepParameter.xml 进行参数扫动。

7.1.11.3 SweepOneParameter

1. 功能说明

语法：

```
Boolean SweepOneParameter(String config_file)
```

说明：限制扫动一个参数，观察结果变量的细微变化。

config_file：配置文件。

2. 举例

例子：

```
SweepOneParameter (r'E:\03_workspath\SweepOneParameter.xml')
```

说明：基于配置文件 SweepOneParameter.xml 进行一个参数扫动。

7.1.11.4 SweepTwoParameters

1. 功能说明

语法：

```
Boolean SweepTwoParameters(String config_file)
```

说明：限制扫动不多于两个参数，观察结果变量的细微变化。

config_file：配置文件。

2. 举例

例子：

```
SweepTwoParameters (r'E:\03_workspath\SweepTwoParameters.xml')
```

说明：基于配置文件 SweepTwoParameters.xml 进行不多于两个参数的扫动。

7.1.11.5 MonteCarloAnalysis

1. 功能说明

语法：

```
Boolean MonteCarloAnalysis(String config_file)
```

说明：蒙特卡洛分析。

config_file：配置文件。

2. 举例

例子：

```
MonteCarloAnalysis (r'E:\03_workspath\MonteCarloAnalysis.xml')
```

说明：基于配置文件 MonteCarloAnalysis.xml 进行蒙特卡洛分析。

7.1.11.6 ValidateModel

1. 功能说明

语法：

```
Boolean ValidateModel(String config_file)
```

说明：模型验证，比较模型仿真结果变量与参考指标变量之间的差异。

config_file：配置文件。

2. 举例

例子：

```
ValidateModel(r'E:\03_workspath\ValidateModel.xml')
```

说明：基于配置文件 ValidateModel.xml 进行模型验证。

7.1.11.7 CalibrateModel

1. 功能说明

语法：

```
Boolean CalibrateModel(String config_file)
```

说明：模型标定，通过比对模型仿真数据与试验测量数据的差异，使得模型输出与测量结果达到最大程度的吻合。

config_file：配置文件。

2. 举例

例子：

```
CalibrateModel(r'E:\03_workspath\CalibrateModel.xml')
```

说明：基于配置文件 CalibrateModel.xml 进行模型标定。

7.1.11.8 CheckParameterSenstivity

1. 功能说明

语法：

```
Boolean CheckParameterSenstivity(String config_file)
```

说明：检查参数灵敏度，使用模型标定算法对参数之间的相关性进行分析。

config_file：配置文件。

2. 举例

例子：

```
CheckParameterSenstivity(r'E:\03_workspath\CheckParameterSenstivity.xml')
```

说明：基于配置文件 CheckParameterSenstivity.xml 检查参数灵敏度。

7.2.11.9 OptimizeModel

1. 功能说明

语法：

```
Boolean OptimizeModel(String config_file)
```

说明：模型优化。

config_file：配置文件。

2. 举例

例子：

```
OptimizeModel(r'E:\03_workspath\OptimizeModel.xml")
```

说明：基于配置文件 OptimizeModel.xml 进行模型优化。

7.1.12 动画命令

7.1.12.1 CreateAnimation

1. 功能说明

语法：

```
Boolean CreateAnimation()
```

说明：新建动画窗口。

2. 举例

例子：

```
CreateAnimation()
```

说明：新建动画窗口。

7.1.12.2 RemoveAnimations

1. 功能说明

语法：

```
Boolean RemoveAnimations()
```

说明：关闭所有动画窗口。

2. 举例

例子：

```
RemoveAnimations()
```

说明：关闭所有动画窗口。

7.1.12.3 RunAnimation

1. 功能说明

语法：

```
Boolean RunAnimation()
```

说明：播放动画。

2. 举例

例子：

```
RunAnimation()
```

说明：播放动画。

7.1.12.4 AnimationSpeed

1. 功能说明

语法：

```
Boolean AnimationSpeed (Real speed)
```

说明：设置动画播放速度。

speed：加速因子。大于 1 表示加速，小于 1 表示减速，若在播放的过程中设置为 0，则停止播放。

2. 举例

例子：

```
AnimationSpeed (0.1)
```

说明：设置动画播放速度为 0.1。

7.1.13 模型对象操作命令

7.1.13.1 GetClasses

1. 功能说明

语法：

```
String[:] GetClasses(String model_name)
```

说明：获取指定模型的嵌套类型。

model_name：模型名。当给定空字符串时，获取模型浏览器上所有顶层模型列表。

2. 举例

例子：

```
GetClasses('Modelica')
```

说明：获取 Modelica 的嵌套模型，执行该命令后将返回('UsersGuide', 'Blocks', 'ComplexBlocks', 'StateGraph', 'Electrical', 'Magnetic', 'Mechanics', 'Fluid', 'Media', 'Thermal', 'Math', 'ComplexMath', 'Utilities', 'Constants', 'Icons', 'SIunits')。

7.1.13.2 GetComponents

1. 功能说明

语法：

```
String[:] GetComponents(String model_name)
```

说明：获取指定模型的嵌套组件。

model_name：模型名。

2. 举例

例子：

```
GetComponents('Modelica.Blocks.Examples.PID_Controller')
```

说明：获取模型 Modelica.Blocks.Examples.PID_Controller 中的所有嵌套组件，执行该命令后将返回('driveAngle', 'PI', 'inertia1', 'torque', 'spring', 'inertia2', 'kinematicPTP', 'integrator', 'speedSensor', 'loadTorque')。

7.1.13.3 GetParamList

1. 功能说明

语法：

```
(param_name, param_type)[:] GetParamList(String pre_name)
```

说明：获取指定组件前缀层次中的参数列表。返回值列表中的元素为：<参数名-参数类型名>的键-值对。

pre_name：组件前缀名。缺省值为空，表示获取模型顶层参数。

2. 举例

例子：

```
GetParamList('Modelica.Blocks.Examples.PID_Controller.kinematicPTP')
```

说明：获取模型 Modelica.Blocks.Examples.PID_Controller 中组件 kinematicPTP 的参数列表，执行该命令后将返回(('nout', 'Integer'), ('deltaq', 'Real'), ('qd_max', 'Real'), ('qdd_max', 'Real'), ('startTime', 'Modelica.SIunits.Time'))。

7.1.13.4 GetModelDescription

1. 功能说明

语法：

```
String GetModelDescription(String model_name)
```

说明：获取指定模型的描述文字。

model_name：模型名。

2. 举例

例子：

```
GetModelDescription('Modelica.Blocks.Examples.PID_Controller')
```

说明：获取 Modelica.Blocks.Examples.PID_Controller 的模型描述，执行该命令后将返回“Demonstrates the usage of a Continuous.LimPID controller”。

7.1.13.5 SetModelDescription

1. 功能说明

语法：

```
Boolean SetModelDescription(String model_name, String description)
```

说明：设置指定模型的描述文字,替换原来的描述。注意，对于模型库或加密模型，该命令不可用。

model_name：模型名。

description：描述文字。

2. 举例

例子：

```
SetModelDescription('TestModel.P1','测试 Test')
```

说明：设置模型 TestModel.P1 的描述信息为“测试 Test”。

7.1.13.6 GetComponentDescription

1. 功能说明

语法：

```
String GetComponentDescription(String model_name, String component_name)
```

说明：获取指定模型中组件的描述文字。

model_name：模型名。

component_name：组件名。

2. 举例

例子：

```
GetComponentDescription('Modelica.Blocks.Continuous.PI','u')
```

说明：获取模型 Modelica.Blocks.Continuous.PI 中组件 u 的描述，执行该命令后将返回“Connector of Real input signal”。

7.1.13.7 SetComponentDescription

1. 功能说明

语法：

```
Boolean SetComponentDescription(String model_name, String component_name,
String description)
```

说明：设置指定模型中组件的描述文字。注意，对于模型库或加密模型该命令不可用。

model_name：模型名。

component_name：组件名。

description：描述文字。

2. 举例

例子：

```
SetComponentDescription('TestModel','Con2','连接组件 2')
```

说明：设置模型 TestModel 中的组件 Con2 的描述信息为“连接组件 2”。

7.1.13.8 SetParamValue

1. 功能说明

语法：

```
Boolean SetParamValue(String param_name, String value)
```

说明：设置当前模型指定参数的值，支持设置内置类型属性。

param_name：参数全名。

value：参数值。

2. 举例

例子 1：

```
SetParamValue('integrator.k', '99')
```

说明：设置当前模型的组件 integrator 中参数 k 的值为 99。

例子 2：

```
SetParamValue('x.displayUnit ', 'cm')
```

说明：设置当前模型中参数 x 的显示单位为 cm。

7.1.13.9 SetModelText

1. 功能说明

语法：

```
Boolean SetModelText(string model_name, string model_txt)
```

说明：修改模型 Modelica 的文本内容。

model_name：模型名。

model_txt：Modelica 文本。

2. 举例

例子：

```
SetModelText('TestModel', 'model a Real x=time; end a;')
```

说明：将模型 TestModel 的文本修改为“model a Real x=time; end a;”。

7.1.13.10 GetExperiment

1. 功能说明

语法：

```
Experiment GetExperiment(String model_name)
```

说明：获取模型仿真配置。

model_name：模型名。

2. 举例

例子：

```
GetExperiment('Modelica.Mechanics.Rotational.Examples.First')
```

说明：获取 Modelica.Mechanics.Rotational.Examples.First 的仿真配置。

7.1.14 命令汇总

命令汇总如表 7-1 所示。

表 7-1 命令汇总

命令接口	含义
Help()	显示帮助信息
ListFunctions()	列出所有命令接口的函数名
ListVaraibles()	列举出所有已定义变量

续表

命令接口	含义
Status.ExitCode	退出码存/取
ClearScreen()	清空命令窗口
SaveScreen()	保存命令窗口内容至文件
ChangeDirectory()	更改工作目录
ChangeSimResultDirectory()	更改仿真结果目录
RunScript()	执行脚本文件
GetLastErrors()	获取上一条命令的错误信息
ClearAll()	移除所有模型
Echo()	打开或关闭命令执行状态的输出
Exit()	退出 MWorks.Sysplorer
OpenModelFile()	加载指定的 Modelica 模型文件
LoadLibrary()	加载 Modelica 模型库
ImportFMU()	导入 FMU 文件
EraseClasses()	删除子模型或卸载顶层模型
ExportIcon()	把图标视图导出为图片
ExportDiagram()	把组件视图导出为图片
ExportDocumentation()	把模型文档信息导出到文件
ExportFMU()	模型导出为 FMU
ExportVeristand()	模型导出为 Veristand 模型
ExportSFunction()	模型导出为 Simulink 的 S-Function
OpenModel()	打开模型窗口
CheckModel()	检查模型
TranslateModel()	翻译模型
SimulateModel()	仿真模型
RemoveResults()	移除所有结果
ImportInitial()	导入初值文件
ExportInitial()	导出初值文件
ExportResult()	导出结果文件

续表

命令接口	含义
CreatePlot()	按指定的设置创建曲线窗口
Plot()	在最后一个窗口中绘制指定变量的曲线
RemovePlots()	关闭所有曲线窗口
ClearPlot()	清除曲线窗口中的所有曲线
ExportPlot()	曲线导出
PerturbParameter()	参数扰动
SweepParameter()	参数扫动
SweepOneParameter()	限制扫动一个参数
SweepTwoParameters()	扫动两个参数
MonteCarloAnalysis()	蒙特卡洛分析
ValidateModel()	模型验证
CalibrateModel()	模型标定
CheckParameterSenstivity()	检查参数灵敏度
OptimizeModel()	模型优化
CreateAnimation()	新建动画窗口
RemoveAnimations()	关闭所有动画窗口
RunAnimation()	播放动画
AnimationSpeed()	设置动画播放速度
GetClasses()	获取指定模型的嵌套类型
GetComponents()	获取指定模型的嵌套组件
GetParamList()	获取指定组件前缀层次中的参数列表
GetModelDescription()	获取指定模型的描述文字
SetModelDescription()	设置指定模型的描述文字
GetComponentDescription()	获取指定模型中组件的描述文字
SetComponentDescription()	设置指定模型中组件的描述文字
SetParamValue()	设置当前模型指定参数的值
SetModelText()	修改模型 Modelica 的文本内容
GetExperiment()	获取模型仿真配置

7.1.15 变量汇总

变量汇总如表 7-2 所示。

表 7-2 变量汇总

变量	含义
Advanced.CheckExtendsRestriction	检查基类限制性
Advanced.CheckTransitivelyNonReplaceable	检查递归非可替换限制性
Advanced.CheckTypeOfClassCompatibility	检查类的类别相容限制性
AxisTiTleType.Custom	自定义的轴标题
AxisTiTleType.Default	使用默认的轴标题
AxisTiTleType.None_	无轴标题
FMI.Type.CoSimulation	联合仿真类型的 FMI
FMI.Type.ModelExchange	模型交换类型的 FMI
FMI.Version.V1	FMI 1.0
FMI.Version.V2	FMI 2.0
Integration.Dassl	积分算法：Dassl
Integration.Euler	积分算法：Euler
Integration.Radau5	积分算法：Radau5
Integration.Rkfix2	积分算法：Rkfix2
Integration.Rkfix3	积分算法：Rkfix3
Integration.Rkfix4	积分算法：Rkfix4
Integration.Rkfix6	积分算法：Rkfix6
Integration.Rkfix8	积分算法：Rkfix8
LegendLocation.Above	图例位置：上面
LegendLocation.Below	图例位置：下面
LegendLocation.BottomLeft	图例位置：左下
LegendLocation.BottomRight	图例位置：右下
LegendLocation.Left	图例位置：左边
LegendLocation.Right	图例位置：右边
LegendLocation.TopLeft	图例位置：左上
LegendLocation.TopRight	图例位置：右上
LineColor.Black	黑色
LineColor.Brown	棕色
LineColor.Green	绿色

续表

变量	含义
LineColor.Magent	洋红
LineColor.Purple	紫色
LineColor.Red	红色
LineColor.Yellow	黄色
LineStyle.DashDot	点划线
LineStyle.DashDotDot	双点划线
LineStyle.Dashed	虚线
LineStyle.Dotted	点线
LineStyle.Solid	实线
LineThickness.Double	双倍线宽
LineThickness.Quad	四倍线宽
LineThickness.Single	单倍线宽
MSLVersion.Default	MWorks.Sysplorer 使用的最新 Modelica 标准库
MSLVersion.V2_2_2	Modelica 标准库版本 2.2.2
MSLVersion.V3_0	Modelica 标准库版本 3.0
MSLVersion.V3_2	Modelica 标准库版本 3.2
MSLVersion.V3_2_1	Modelica 标准库版本 3.2.1
MSLVersion.V3_2_2	Modelica 标准库版本 3.2.2
MarkerStyle.Circle	圆形
MarkerStyle.Cross	交叉形
MarkerStyle.Diamond	菱形
MarkerStyle.FilledCircle	实心圆
MarkerStyle.FilledSquare	实心正方形
MarkerStyle.None	不显示数据点
MarkerStyle.Square	正方形
MarkerStyle.TriangleDown	倒三角形
MarkerStyle.TriangleUp	正三角形
ModelView.Diagram	组件视图
ModelView.Documentation	文档视图
PlotFileFormat.Csv	曲线导出为 csv 文件
PlotFileFormat.Image	曲线导出为图片
PlotFileFormat.Mat	曲线导出为 mat 文件

续表

变量	含义
PlotFileFormat.Text	曲线导出为文本文件
ResultFormat.Csv	csv(逗号分隔)文件格式
ResultFormat.Default	默认的结果文件格式
VerticalAxis.Left	左纵轴
VerticalAxis.Right	右纵轴

7.1.16 Python 脚本示例

Python 示例文件位于"...\Docs\Examples\PythonDemo\"下，打开 MWorks.Sysplorer，将示例脚本"Demo.py"拖入命令窗口即可执行。该示例命令包括：加载模型、参数修改、仿真、曲线查看与保存、动画播放。其他命令示例可参见 7.1.6～7.1.13 节。

7.2 FMI

FMI(Functional Mock-up Interface)是 Modelisar 协会基于 Modelica 技术提出的不同仿真环境下进行模型重用、互换、集成的接口标准。

FMI 规范包括基于 C 语言的标准函数接口和模型变量属性描述文件两个部分；建模工具根据 FMI 标准生成模型时必须生成相应的模型文件(可以为源码或库的形式)，以及与模型文件对应的模型描述文件。

FMI 规范分为模型交换(Model-Exchange)规范和协同仿真(Co-Simulation)规范两种，前者用来实现一个建模工具以输入/输出块的形式生成一个动态系统模型的 C 代码，供其他建模工具使用；后者用于耦合多个建模工具构建协同仿真环境。

遵照 FMI 规范可以实现 Modelica 工具和非 Modelica 工具之间生成和交换模型，基于 FMI 规范生成的模型称为 FMU 模型(Functional Mock-up Unit)，即执行 FMI 规范的模型单元。

FMU 包含如下内容：内部包含 FMI 规范接口函数的模型文件、描述模型变量属性的模型描述文件(ModelDescription.xml)、模型资源文件(如图片、文档、表格、源码等文件)。

目前 FMI 规范由 Modelica 协会管理，最新版本是 FMI v2.0 RC2，详细介绍可以参见 https://www.fmi-standard.org。

7.2.1 支持情况

FMI 支持情况如图 7-7 所示。

MWorks.Sysplorer 支持 Model-Exchange 和 Co-Simulation(包括 1.0 和 2.0)的导入和导出。

注意：(1) 目前 MWorks.Sysplorer 封装的 FMU 中包含模型文件、模型描述文件和模型中引用的资源，不包含文档等其他文件。

(2) 只支持 Windows 平台的导入和导出。

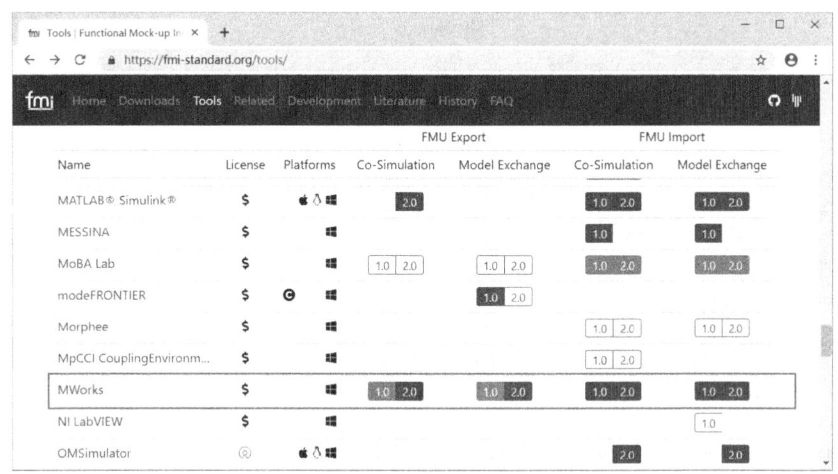

Name	License	Platforms	FMU Export Co-Simulation	FMU Export Model Exchange	FMU Import Co-Simulation	FMU Import Model Exchange
MATLAB® Simulink®	$		2.0		1.0 2.0	1.0 2.0
MESSINA	$				1.0	1.0
MoBA Lab	$		1.0 2.0	1.0 2.0	1.0 2.0	1.0 2.0
modeFRONTIER	$			1.0 2.0		
Morphee	$				1.0 2.0	1.0 2.0
MpCCI CouplingEnvironm...	$				1.0 2.0	
MWorks	$		1.0 2.0	1.0 2.0	1.0 2.0	1.0 2.0
NI LabVIEW	$					1.0
OMSimulator					2.0	2.0

图 7-7　FMI 支持情况

7.2.2　FMU 导出

在 MWorks.Sysplorer 的“文件”菜单中通过“导出”即可生成 FMI for model-exchange 或 FMI for co-simulation 的 FMU 文件。

步骤一：在菜单“工具”→“选项”的 C 编译器标签页设置编译器，如图 7-8 所示。

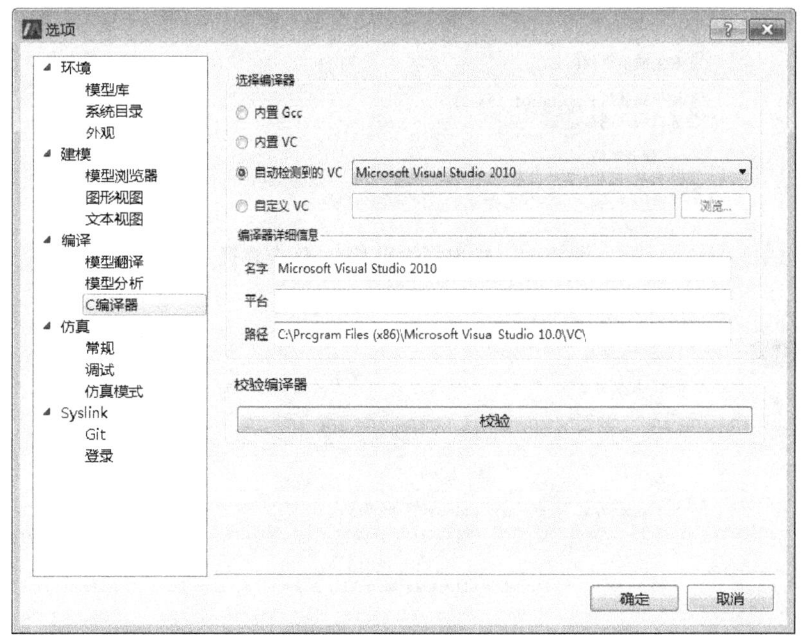

图 7-8　设置编译器

步骤二：打开模型文件(以 Modelica.Mechanics.MultiBody.Examples. Systems.RobotR3. fullRobot 为例)，在导出菜单中选择“FMU”，如图 7-9 所示。

步骤三：弹出“导出 FMU”对话框，设置好 FMI 版本、FMI 类型和保存位置，单击“确定”按钮，如图 7-10 所示。

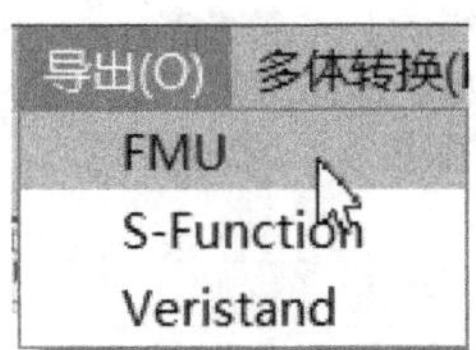

图 7-9　导出 FMU

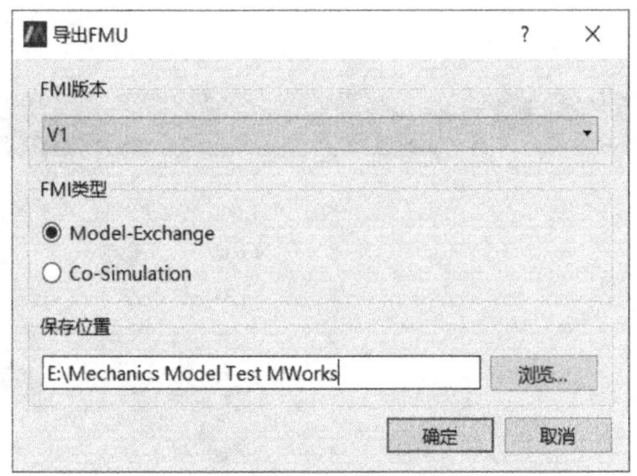

图 7-10　设置“导出 FMU”选项

步骤四：在保存路径中成功生成 FMU 文件，输出栏输出 FMU 保存路径，单击链接可打开保存路径文件，如图 7-11、图 7-12 所示。

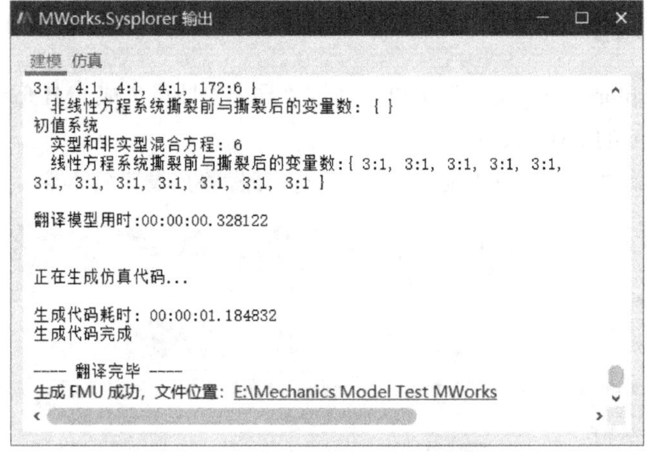

图 7-11　输出栏输出 FMU 保存路径

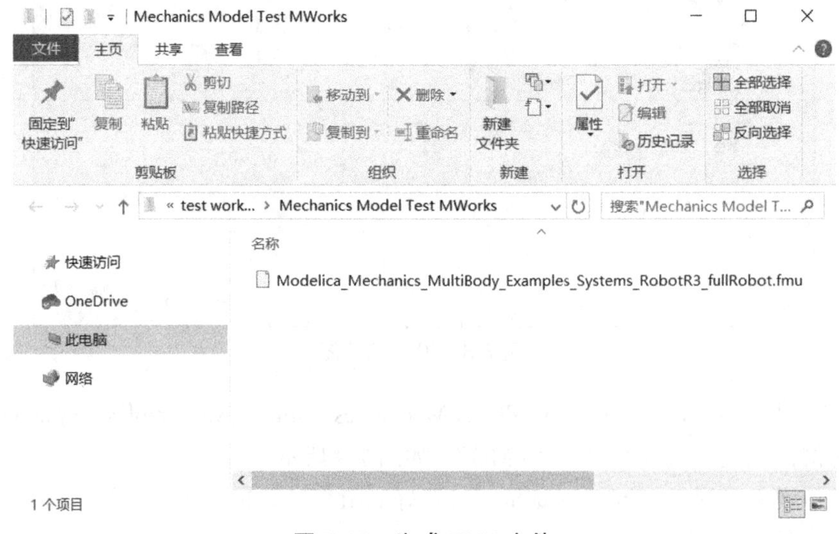

图 7-12　生成 FMU 文件

7.2.3 FMU 导入

在 MWorks.Sysplorer 的“文件”菜单中通过“导入”设置需要导入的 FMU 路径后即可成功导入 FMU 文件。

步骤一：设置编译器，配置过程与 7.2.2 节相同。

步骤二：在文件菜单中选择“导入”→“FMU”，如图 7-13 所示。

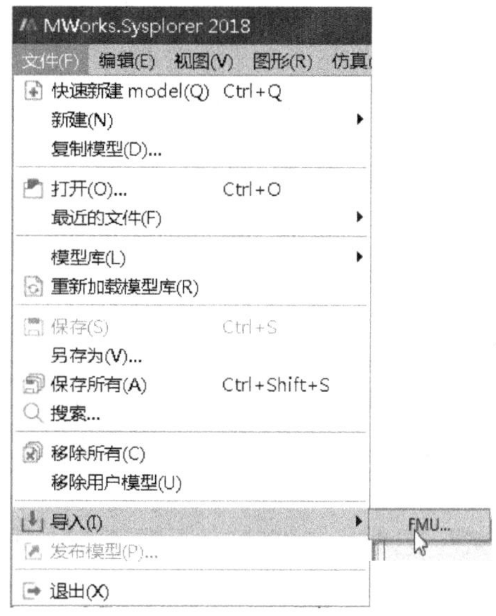

图 7-13　导入 FMU

步骤三：弹出“选择 FMU 文件”对话框，选择 FMU 文件，单击“打开”按钮，如图 7-14 所示。

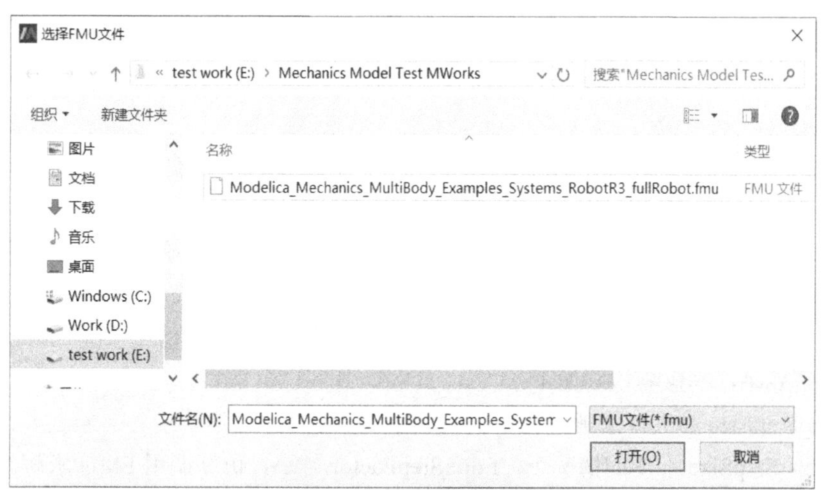

图 7-14　FMU 菜单

步骤四：弹出“导入 FMU”对话框，设置导入信息，如图 7-15 所示。单击“确定”按钮，导入成功。

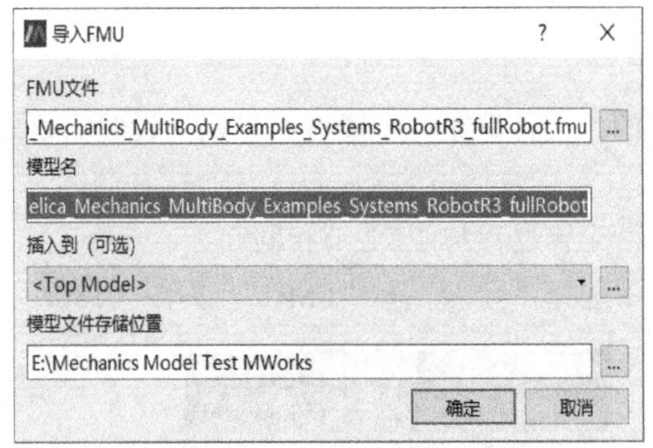

图 7-15　导入 FMU

7.2.4　常见问题

(1) 如果 FMU 文件生成失败，则在输出窗口提示，并可翻译模型，在输出栏中查看是否报错。

(2) FMU 文件通常被用于导入至其他工具，为确保 FMU 导入其他工具之后的可解性，导出 FMU 之前，应确保导出的原模型在平台中可正确仿真求解。

(3) 导出的联合仿真 FMU，记录了导出时的仿真设置，其求解的积分步长不会大于设置的积分步长。

(4) 关于 FMU 文件的内容，只要将 FMU 文件后缀名改为 zip，通过压缩软件即可查看其中的文件内容。FMU 文件的内容包括符合 FMI 规范的模型文件、模型描述文件和模型中引用的资源。

(5) 如果 FMU 导入失败，则在输出栏中提示。失败原因可从下面几方面检查：

① FMU 是否正确。判断标准是必须符合 FMI for model-exchange V1.0 或 V2.0 的规范，利用压缩文件工具打开 FMU，其中至少包含有 modelDescription.xml 和 dll 文件；否则，导入 FMU 失败。

② 编译器的设置是否正确。在生成 FMU 和导入 FMU 时，建模工具编译器位数不一致会使模型导入失败。

(6)导入 FMU 求解失败时，请确认在该 FMU 的导出工具中，被用于导出的模型是否可正常仿真求解。

(7) 如果导入 FMU 时，组件视图中有组件处于未显示状态，请确认该 FMU 所依赖的模型库是否加载。

(8) 导入联合仿真 FMU 之后的模型可通过模型参数“fmu_StepSize”和“fmu_StepFactor”综合调节求解效率，其影响规则如下：

① fmu_StepSize 越大，求解过程中的离散事件数越少。

②在 fmu_StepSize 不变的情况下，fmu_StepFactor 越小，仿真调用 FMU 求解的次数越少，可能会提升求解效率。

③ fmu_StepSize 与 fmu_StepFactor 的比值越小，模型的可解性越好。

(9) 导入联合仿真 FMU 之后，可通过模型参数“fmu_LoggingOn”控制是否输出该 FMU 的求解日志信息，用于调试。

(10) 导入联合仿真 FMU 之后，可通过参数“fmu_InputStartForInitialization”控制 FMU 的输入是否由用户设定。

7.3 S-Function

MWorks.Sysplorer 提供 Matlab/Simulink 接口，用于将 Modelica 模型转换为 Simulink 信号框图(Block)，转换后的信号框图可以在 Simulink 中以与内置的信号框图一致的方式使用。接口文件位于“安装目录...\Tools\Simulink”下。

7.3.1 支持情况

Win XP 和 Win 7/ Win 8 环境下 Matlab 对 VC 的支持情况分别如表 7-3、表 7-4 所示。

表 7-3 Win XP 环境下 Matlab 对 VC 的支持

VC	VC 2005	VC 2010
Matlab2008a	√	—
Matlab2011b	√	√
Matlab2013a	√	√

表 7-4 Win 7/Win 8 环境下 Matlab 对 VC 的支持

VC	VC 2005		VC 2010	
	32 位	64 位	32 位	64 位
Matlab2008a	√	√	—	—
Matlab2011b	√	√	√	√
Matlab2013a	√	√	√	√

注：√表示支持，—表示 Matlab 版本不支持该编译器。

7.3.2 示例模型准备

以弹跳小球为例，为了在 Simulink 中观察小球弹跳高度 h，增加输出变量 y，并使 y 等于 h(由于有导数的变量不能作为输出变量，故不能直接将 h 作为输出变量)。在 MWorks.Sysplorer 中输入模型并保存。

(1) 打开 MWorks.Sysplorer，新建模型，命名为 Bouncing_Ball，输入模型代码如下：

```
model Bouncing_Ball
  parameter Real g=9.8;
 parameter Real coef=0.75;
  Real h(start=10);
  Real v;
  Boolean flying;
  output Real y;
```

```
equation
  der(h) = v;
  der(v) = if flying then -g else 0;
  flying = not (h <= 0 and v <= 0);
 when h <= 0 then
   reinit(v, - coef * v);
 end when;
 y = h;
end Bouncing_Ball;
```

(2) 在模型浏览器中右击，在弹出的菜单中选择“Bouncing_Ball”→“属性”，弹出“模型属性”对话框，切换到“仿真”界面，如图 7-16 所示，进行仿真设置。

图 7-16 仿真设置

(3) 单击工具栏上的“仿真”按钮，对该模型进行仿真。

(4) 在组件参数面板中拖曳出 MWorks.Sysplorer 中的弹跳小球模型中小球高度(y)变化的曲线，如图 7-17 所示。

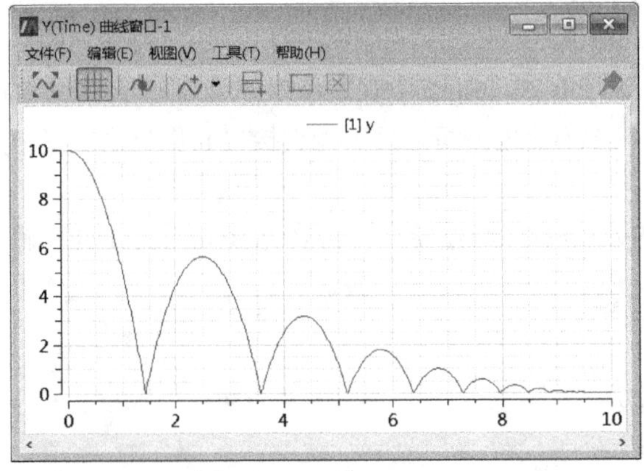

图 7-17 小球高度变化曲线-MWorks.Sysplorer

7.3.3 Matlab 设置

首次使用 Matlab/Simulink 接口之前，需要在 Matlab 中添加接口文件所在的目录。Matlab 主界面如图 7-18 所示。

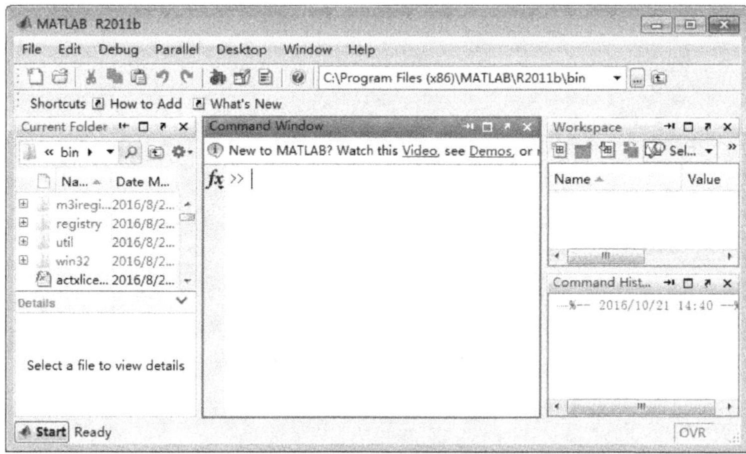

图 7-18　Matlab 主界面

(1) 选择菜单“File”→“Set Path”，弹出“Set Path”对话框，如图 7-19 所示。

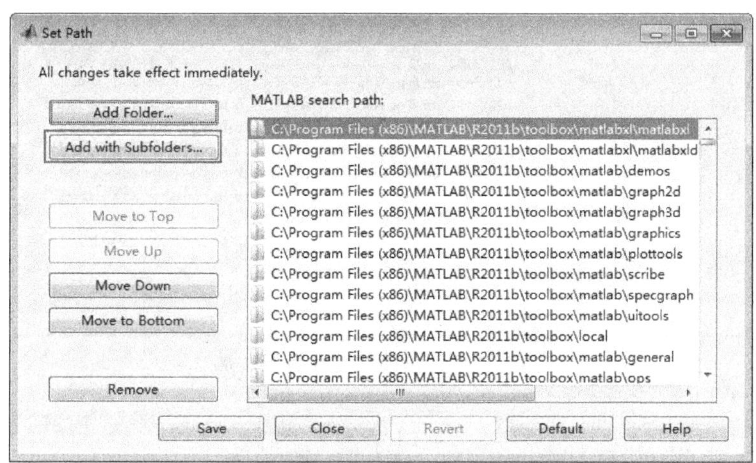

图 7-19　“Set Path”对话框

(2) 单击“Add with Subfolders”按钮，选择 MWorks 安装目录下 Tools 文件中的 Simulink 文件夹。注意，若使用的 Matlab 是 64 位的，则需要安装 64 位的 MWorks，加载的是位于安装目录\Tools 下的 Simulink64 文件夹；若使用的 Matlab 是 32 位的，则需要安装 32 位的 MWorks，加载的是位于安装目录\Tools 下的 Simulink 文件夹，如图 7-20 所示。

(3) 单击“确定”按钮，完成接口文件目录添加，如图 7-21 所示。单击“Save”按钮，退出“Set Path”对话框。

完成上述设置后，需要对 Matlab 的 mex 命令使用的 C 编译器进行设置。

(4) 在 Matlab 命名窗口中输入“mex -setup”(见图 7-22)，按回车键。

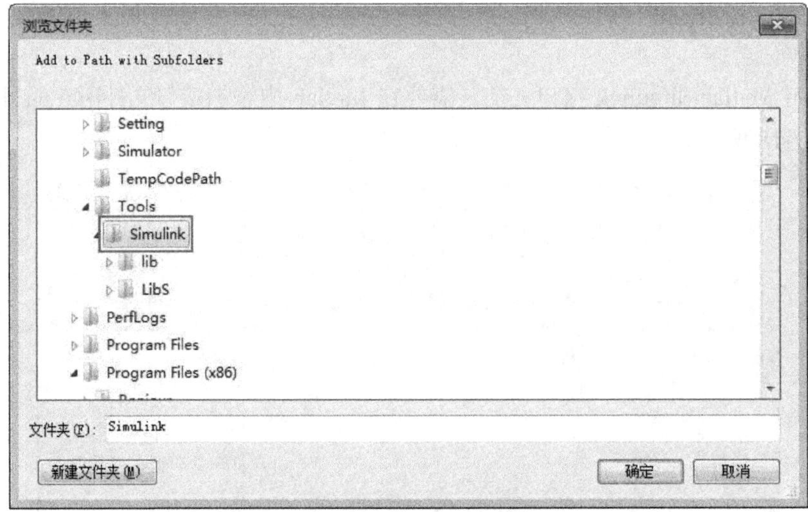

图 7-20　选择 Simulink 文件夹

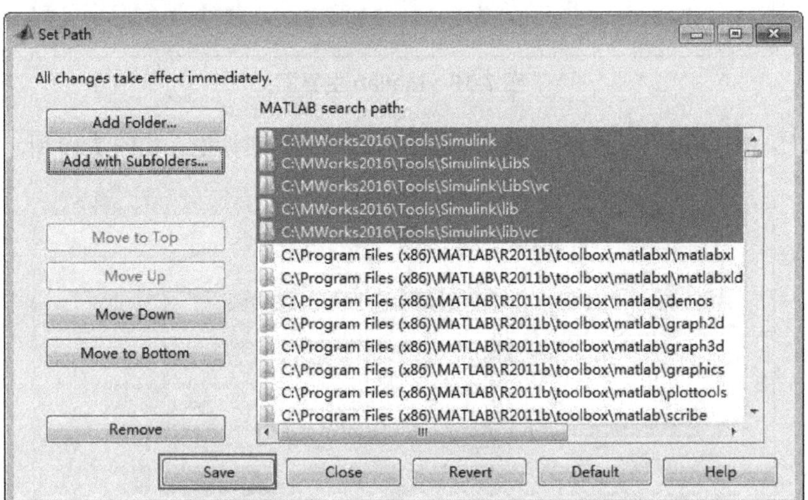

图 7-21　完成接口文件目录添加

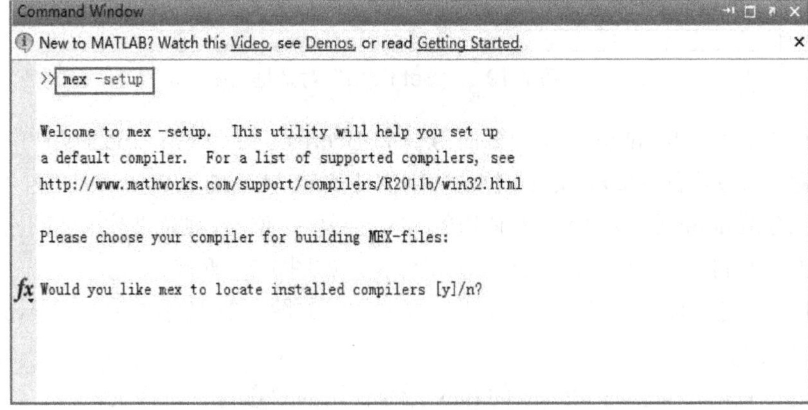

图 7-22　输入 “mex -setup”

(5) 输入“y”(见图 7-23)，按回车键。

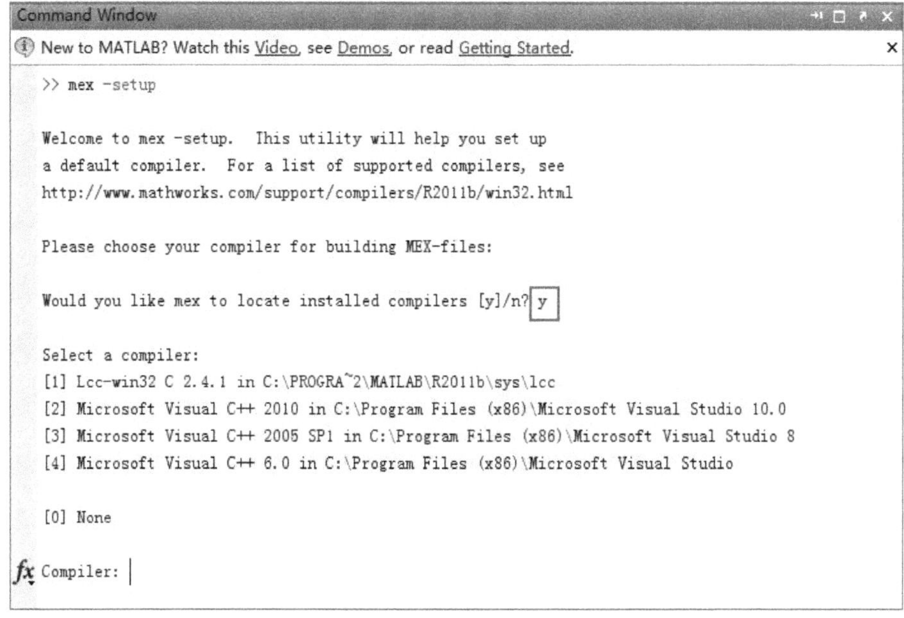

图 7-23 输入“y”

(6) 输入“2”(见图 7-24)，按回车键，选择 VC2010 为当前编译器。

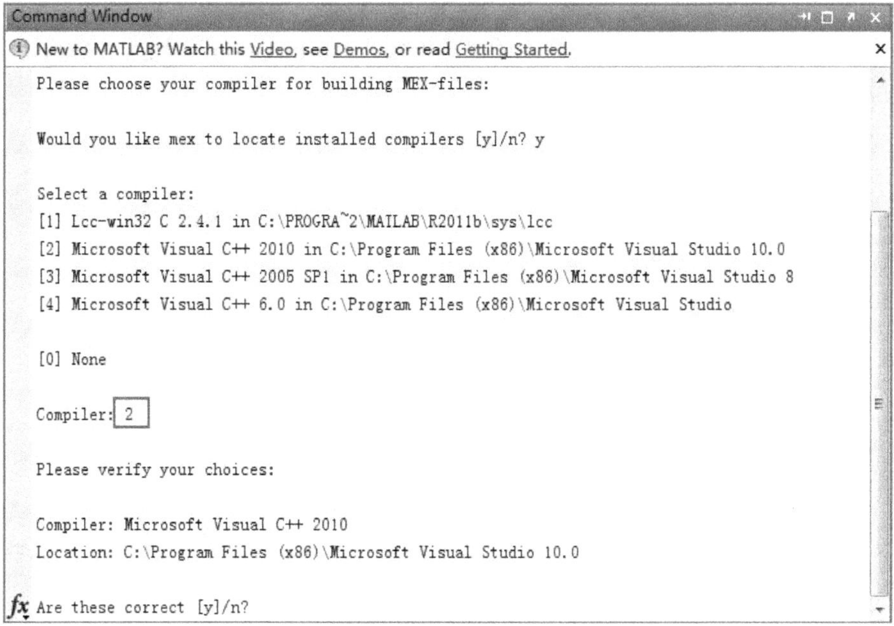

图 7-24 输入“2”

(7) 输入“y”(见图 7-25)，按回车键，完成 C 编译器设置。

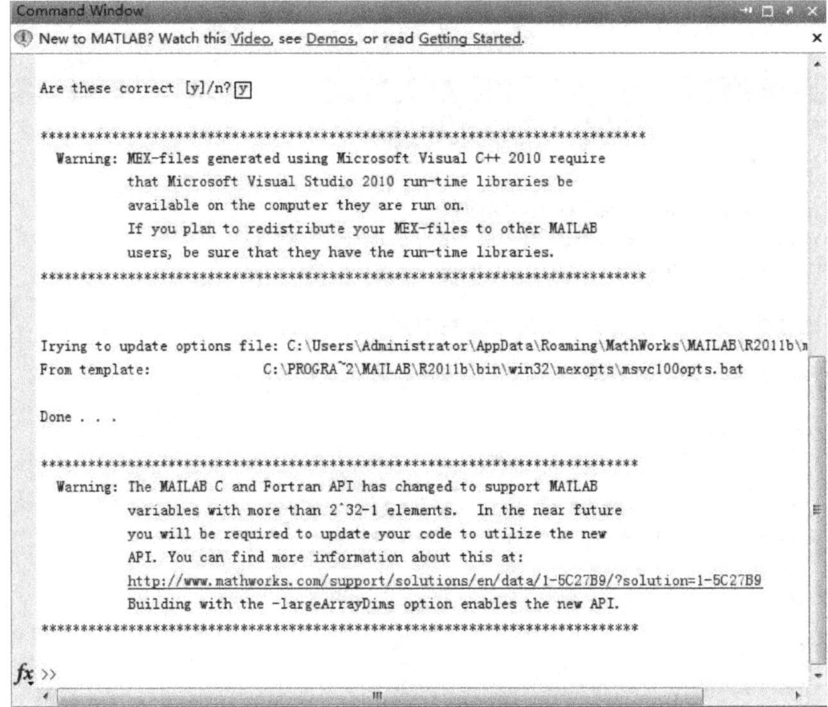

图 7-25　完成 C 编译器设置

7.3.4　S-Function 导出

(1) 单击 MWorks.Sysplorer 菜单栏上的“导出”→“S-Function”，输入 S-Function 名字和保存位置，如图 7-26 所示。

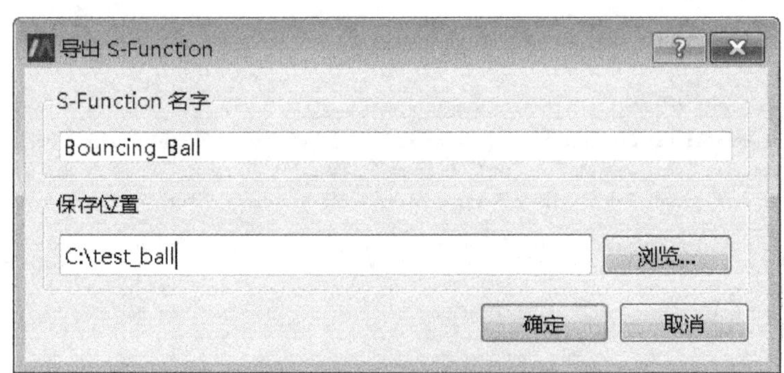

图 7-26　导出 S-Function

① S-Function 名字：默认为模型名，支持手动修改，命名必须符合 C/C++命名规范，超过 63 个字符则截取。该名字用于生成文件的命名。

② 保存位置：默认为工作目录，可修改。在保存路径下生成该模型 S-Function 的 C 文件和包含模型端口、自由参量等信息的 mat 文件。

(2) 单击“确定”按钮，在保存位置生成该模型的导出文件，如图 7-27 所示。

① Bouncing_Ball.c：模型方程信息；

图 7-27　S-Function 导出文件

② Bouncing_Ball.txt：模型的变量信息；

③ Bouncing_Ball_func.c：模型定义的函数和外部辅助函数；

④ Bouncing_Ball_types.h：函数声明和数据类型定义；

⑤ ExternalResources.xml：模型依赖的外部资源路径。

7.3.5　S-Function 导入

(1) 单击工具栏上的按钮，调出“Simulink Library Browser”界面，在 Libraries 中找到“MWorks Block”库，双击，显示出“ModelicaBlock”信号框图，如图 7-28 所示。

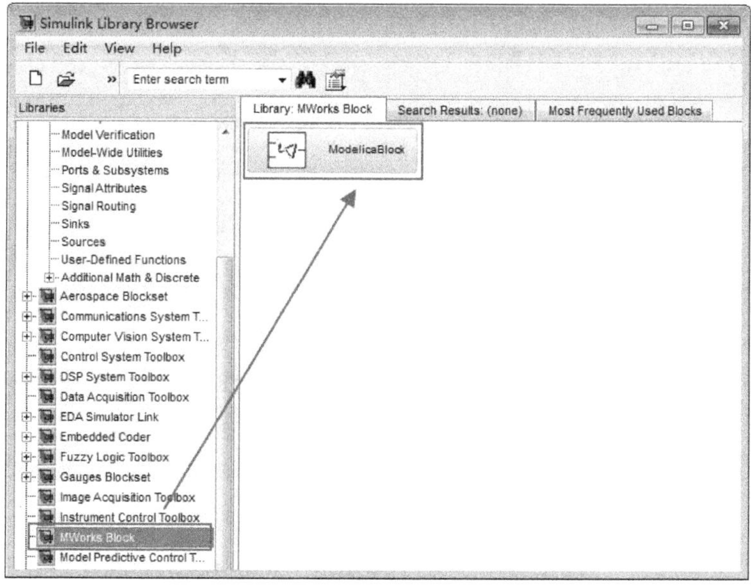

图 7-28　“ModelicaBlock”信号框图

(2) 右击“ModelicaBlock”，在弹出的菜单中选择“Add to a new model”，调出“untitled”界面，如图 7-29 所示。

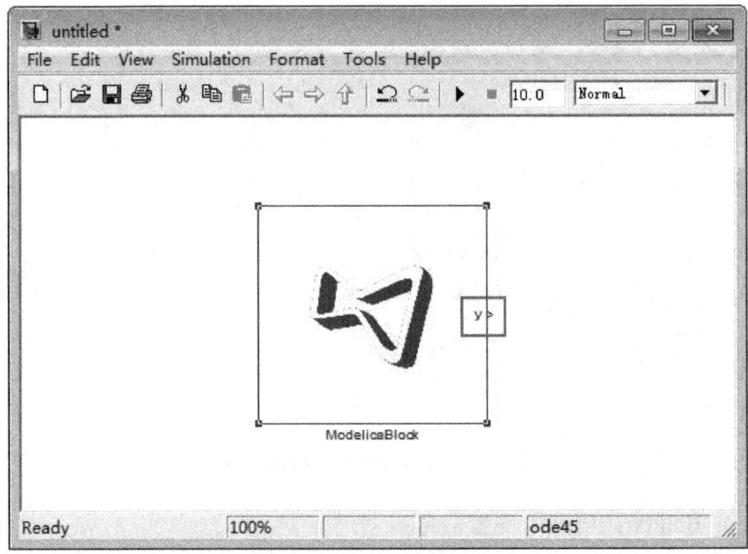

图 7-29 “untitled”界面

(3) 双击“ModelicaBlock”信号框图，调出“MoModel2SimBlock”界面，如图 7-30 所示。

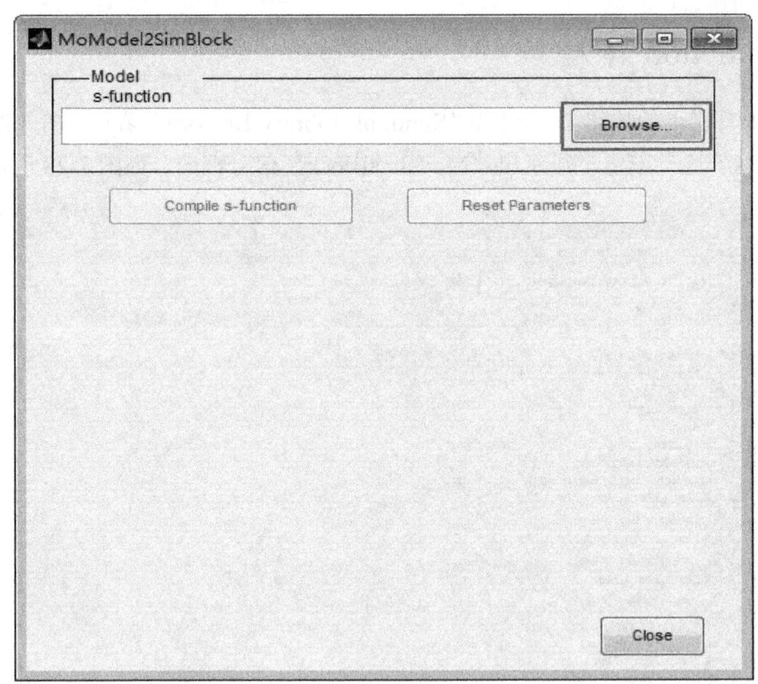

图 7-30 “MoModel2SimBlock”界面

(4) 单击“Browse…”按钮，选择弹跳小球模型在 MWorks.Sysplorer 中导出 S-Function 时生成的“Bouncing_Ball.c”文件，如图 7-31 所示。单击“打开”按钮，完成文件选择。

注：① 选择“Bouncing_Ball.c”；

② 在模型较大的情况下，导出 S-Function 时会对模型方程文件进行拆分。此时，选择模型名称的 C 文件即可，如图 7-32 中红框所示。

图 7-31　选择文件

图 7-32　多个模型方程信息

(5) 单击“Compile s-function”翻译模型，稍候片刻，模型翻译完成，如图 7-33 所示，保持默认值。

① Compile s-function：翻译模型；

② Reset Parameters：重置修改后的参数至初始化状态；

③ Parameter：列出了可以修改的参数；

④ Start：列出了可以修改的状态变量初始值。

(6) 单击“Close”按钮关闭界面。在“untitled”模型界面中可以看到刚才被双击的“ModelicaBlock”信号框图添加了一个输出端“y”，如图 7-34 所示。这个输出端是 Modelica 模型中的输出变量“y”转换形成的。

(7) 仿真成功后，可以查看输出端 y 的变化曲线，也就是小球高度变化的曲线，如图 7-35 所示，与图 7-17 进行比较，观察两图是否一样。

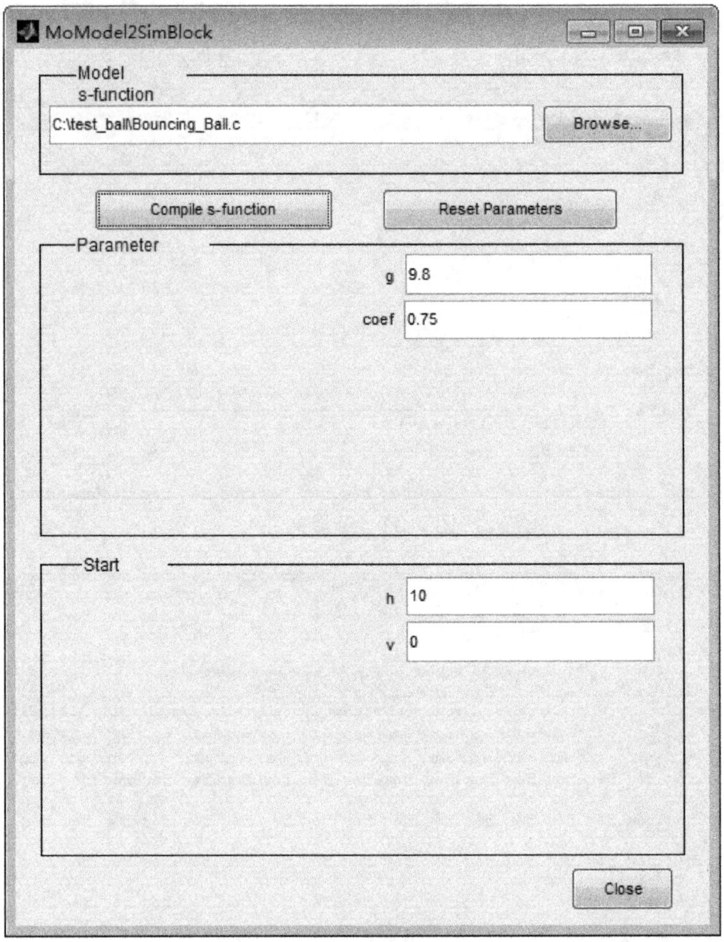

MoModel2SimBlock

Model
s-function
C:\test_ball\Bouncing_Ball.c
Browse...

Compile s-function
Reset Parameters

Parameter
g 9.8
coef 0.75

Start
h 10
v 0

Close

图 7-33　翻译模型

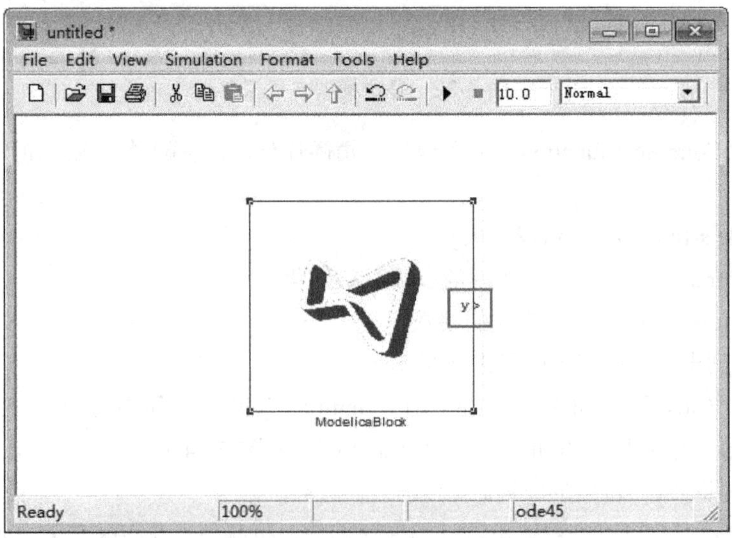

图 7-34　添加输出端“y”

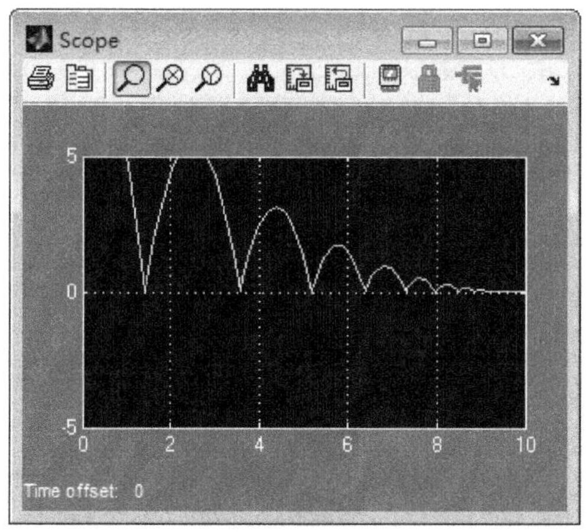

图 7-35　小球高度变化曲线-Matlab

假设要研究在月球上小球弹跳的高度变化情况，现在再次双击图 7-29 中的"ModelicaBlock"信号框图，弹出图 7-33 所示的界面，修改"g"为"1.63"，单击"Close"按钮关闭界面，重新仿真，通过"Scope"查看月球上 y 的变化曲线。

7.3.6　常见问题

(1) 在 Matlab 中翻译模型时提示"making mex file failed"。

在 Matlab 中翻译模型时提示"making mex file failed"(见图 7-36)的错误，一般是以下三种情况之一。

情况一：此时 Matlab 输出界面输出错误为无法解析的外部符号/命令，如图 7-37 所示。

图 7-36　"making mex file failed"信息

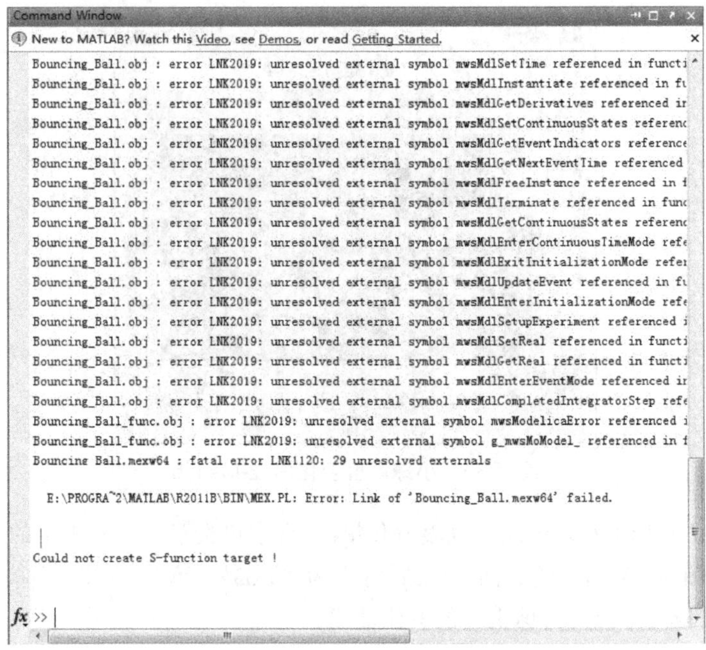

图 7-37　无法解析的外部命令

原因是 MWorks 安装版本为 64 位，但是设置 Matlab/Simlink 接口文件路径时，却选择安装目录\Tools 下的 Simulink 文件夹。解决方法如下：设置 Matlab/Simlink 接口文件路径时选择 Simulink64 文件夹，如图 7-38 所示。

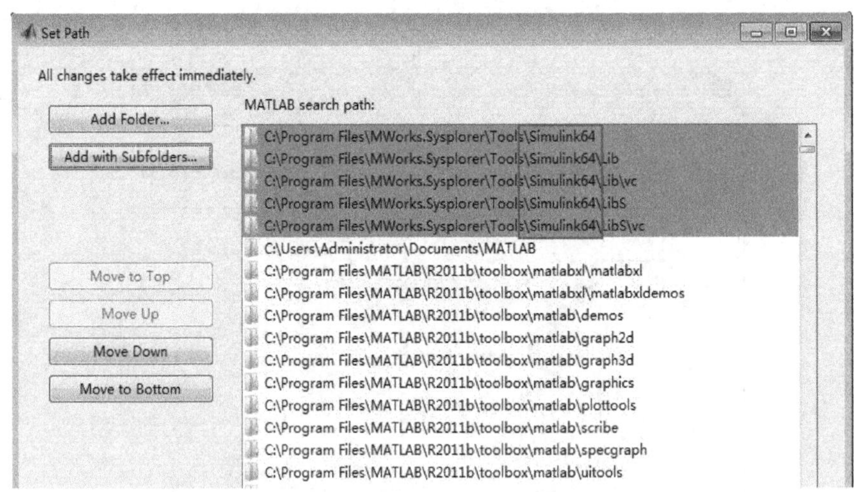

图 7-38　添加 Simulink64 接口文件

情况二：在 Matlab 中未设置 C 编译器，具体操作步骤参见 7.3.3 节；

情况三：除了提示上图中的错误，在 Matlab 的命令窗口中还提示“fatal error C1083:Cannot open include file:'simstruc.h':No such file or directory”，这时的解决方法如下：

在文件“C:\Users*yourUsername*\AppData\ Roaming\MathWorks\MATLAB*matlab 版本*\mexopts.bat”中找到“set INCLUDE =”行，在“=”后面直接添加“%MATLAB%\simulink\include;”，

该行最终结果为："set INCLUDE=%MATLAB%\simulink\include;%VCINSTALLDIR%\INCLUDE;%VCINSTALLDIR%\ATLMFC\INCLUDE;%LINKERDIR%\include;%INCLUDE%"。

(2) ModelicaBlock 信号框图乱码不可用。

提示 ModelicaBlock 信号框图乱码不可用的错误(见图 7-39)，是因为在 Matlab 中没有添加 Simulink 接口文件路径，具体操作步骤参见 7.3.3 节。

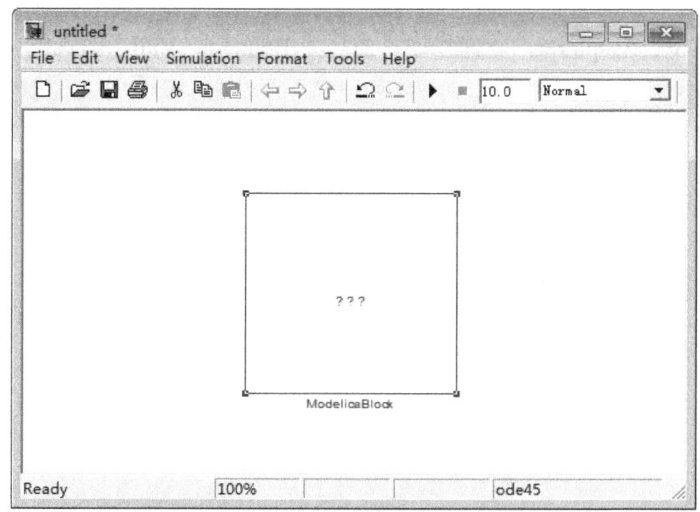

图 7-39 ModelicaBlock 信号框图乱码不可用

(3) 在 MWorks.Sysplorer 中可以仿真，但在 Simulink 中无法仿真。

当在 MWorks.Sysplorer 中可以仿真，但在 Simulink 中无法仿真时，可能是仿真设置的问题。此时可以选择菜单"Simulation"→"Configuration Parameters"，设置"Solver"中的各项，如图 7-40 所示。"Solver options"中的各项与模型在 MWorks.Sysplorer 中设置为一致即可。

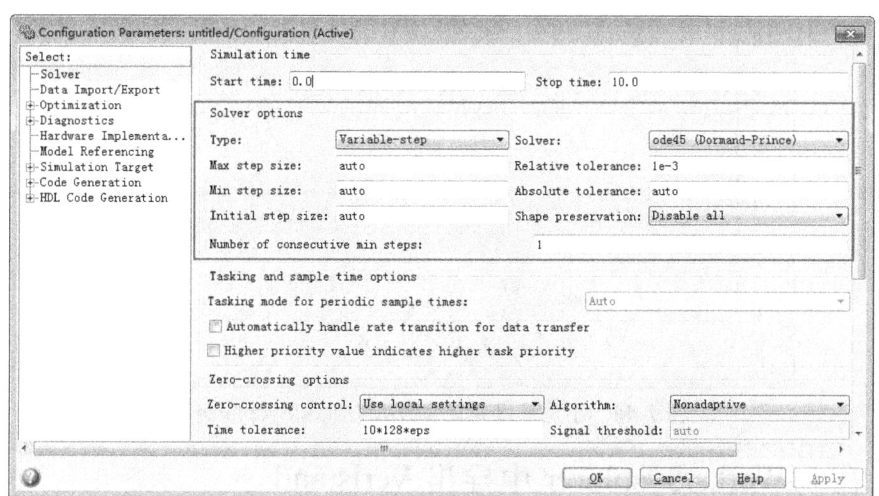

图 7-40 设置参数

7.4 Veristand

MWorks.Sysplorer 可直接将 Modelica 模型转换为 dll 文件并导出，导出的 dll 文件可在 Veristand 中直接使用。下面以弹跳小球为例，具体介绍操作步骤。

7.4.1 示例模型准备

(1) 打开 MWorks.Sysplorer，新建模型，命名为 Bouncing_Ball，输入模型代码如下。

```
model Bouncing_Ball
  parameter Real g=9.8;
 parameter Real coef=0.75;
  Real h(start=10);
  Real v;
  Boolean flying;
  output Real y;
equation
  der(h) = v;
  der(v) = if flying then -g else 0;
  flying = not (h <= 0 and v <= 0);
 when h <= 0 then
   reinit(v, - coef * v);
 end when;
 y = h;
end Bouncing_Ball;
```

(2) 设置仿真开始时间为 0，结束时间为 10。单击工具栏上的按钮⦿，对该模型进行仿真。

(3) 在组件变量面板中拖曳出 MWorks.Sysplorer 中的弹跳小球模型中小球高度(y)变化的曲线，如图 7-41 所示。

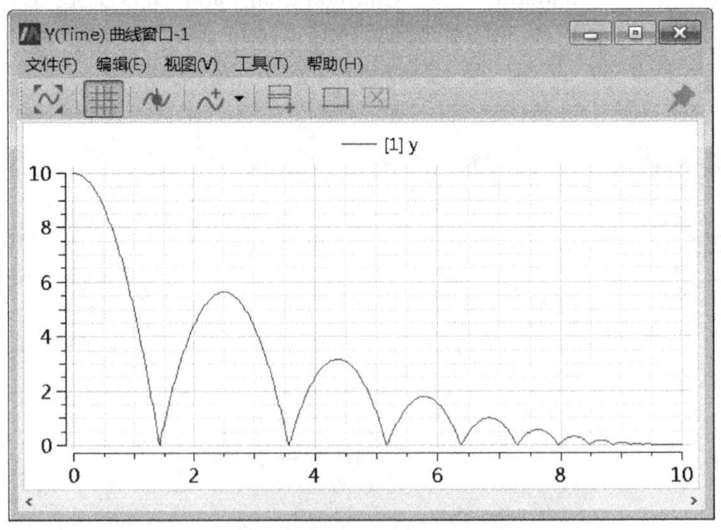

图 7-41 小球高度变化曲线-MWorks.Sysplorer

7.4.2 在 MWorks.Sysplorer 中导出 Veristand

(1) 在 MWorks.Sysplorer 中选择菜单“导出”→“Veristand”，弹出“导出 Veristand”对话

框，如图 7-42 所示。

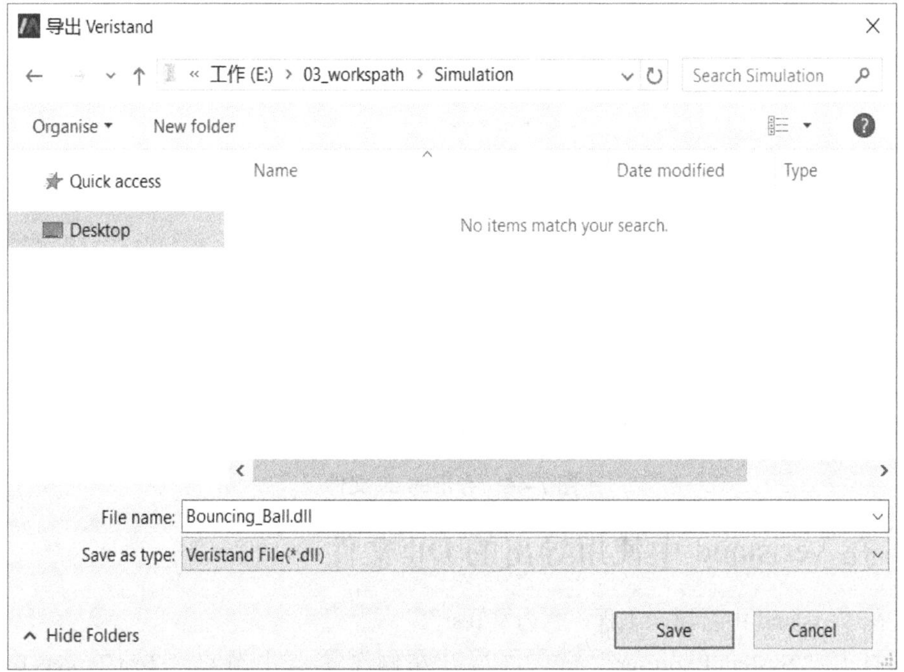

图 7-42　选择“导出”→“Veristand”文件目录

(2) 选择完成后单击“保存”按钮，MWorks.Sysplorer 自动编译后导出 dll 文件，并在输出栏输出导出地址，如图 7-43 所示。

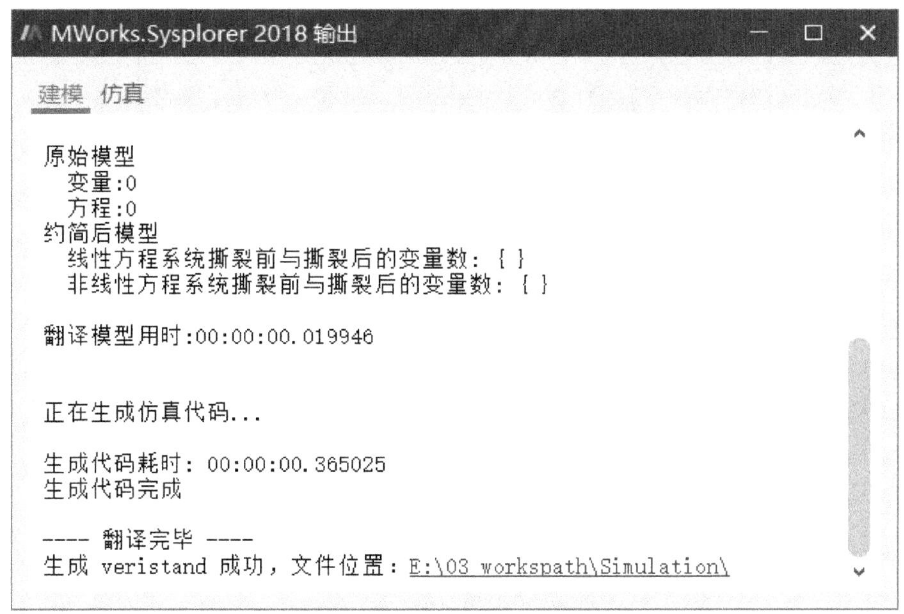

图 7-43　输出栏输出导出地址

(3) 在生成路径下即可查看到导出的 dll 文件，如图 7-44 所示。

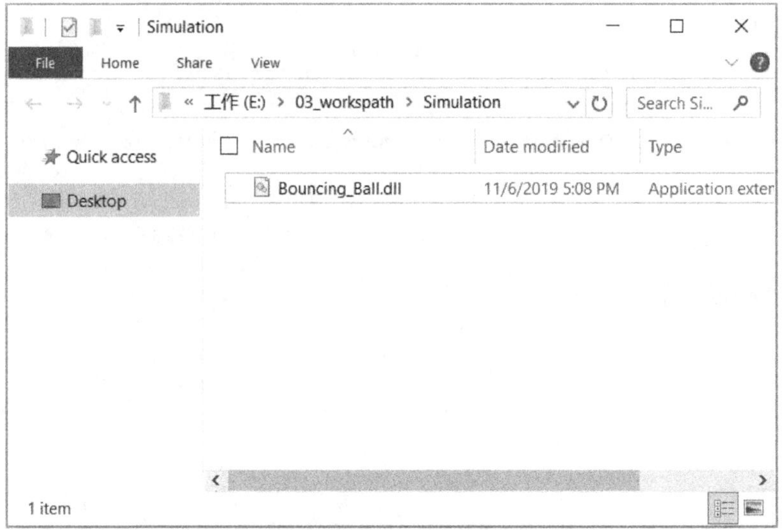

图 7-44　导出的 dll 文件

7.4.3　在 Veristand 中使用导出的 Dll 文件

(1) 在 Veristand 中新建一工程，名为“Test”。

(2) 打开“System.Exprorer”窗口，展开左侧浏览器中节点“Test.Targets.Controller.SimulationModels”并单击选中节点“SimulationModels”，单击工具栏上的按钮“AddaSimulationModel”，打开添加 dll 文件窗口。添加 7.4.2 节中导出的 dll 文件，如图 7-45 所示。

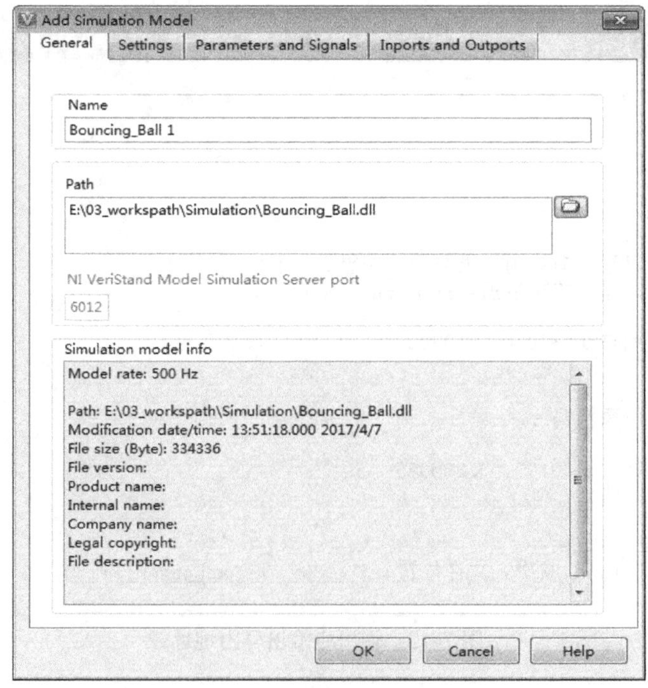

图 7-45　成功加载 dll 文件

(3) 单击 System.Exprorer 窗口工具栏上的按钮，保存后关闭该窗口。

(4) 在“ProjectExpoler”工程浏览器中双击“Test.nivsscrean”，打开“Workspace”界面。

(5) 在“Workspace”窗口选择菜单“Screen”→“EditMode”，进入编辑模式。

(6) 单击窗口右侧工具栏“WorkspaceControls”，展开“Model”。左击“ModelControl”不放，拖曳到 Workspace 编辑窗口，生成 ModelControl 组件，并弹出“ItemProperties”窗口。如图 7-46 所示，选中“Bouncing_Ball”，单击“OK”按钮，关联模型。

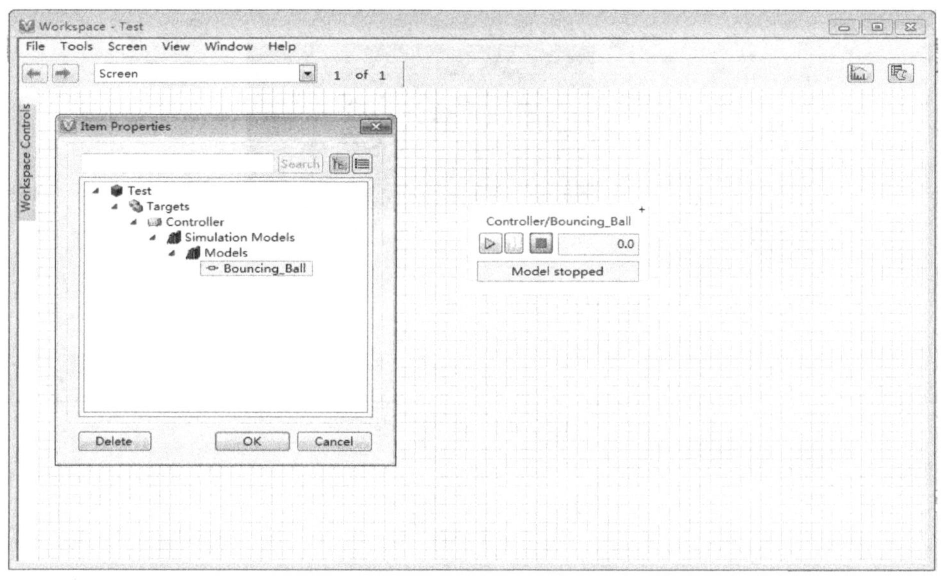

图 7-46 添加 ModelControl

(7) 参照“ModelControl”，将“Graph.Sample”拖曳到编辑窗口并关联输出 y，将“NumericControl”拖曳到编辑窗口并关联输入 x，如图 7-47 所示。

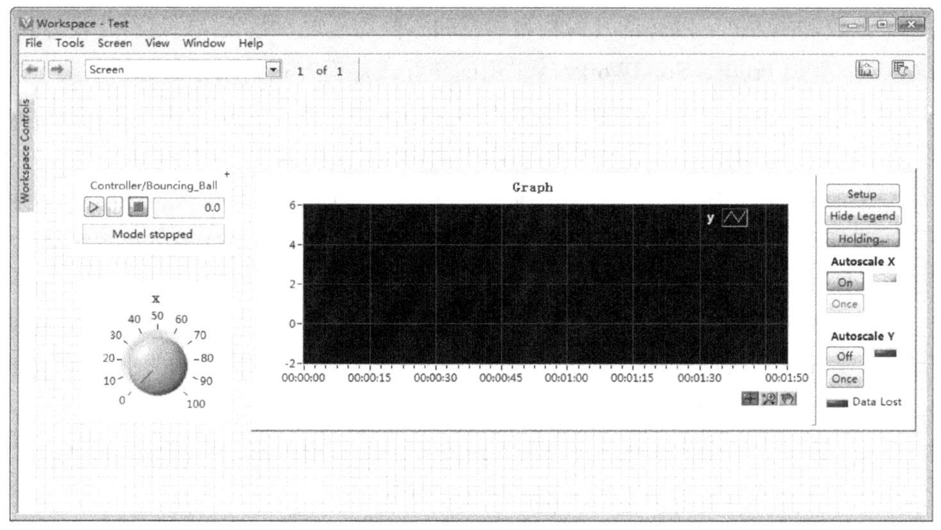

图 7-47 编辑完成

(8) 搭建完成 NI 模型后，在“ProjectExpoler”窗口选择菜单“Operate”→“Deploy”。

(9) 如图 7-48 所示，“Workspace”中显示输出曲线，该曲线与图 7-41 所示的一致。

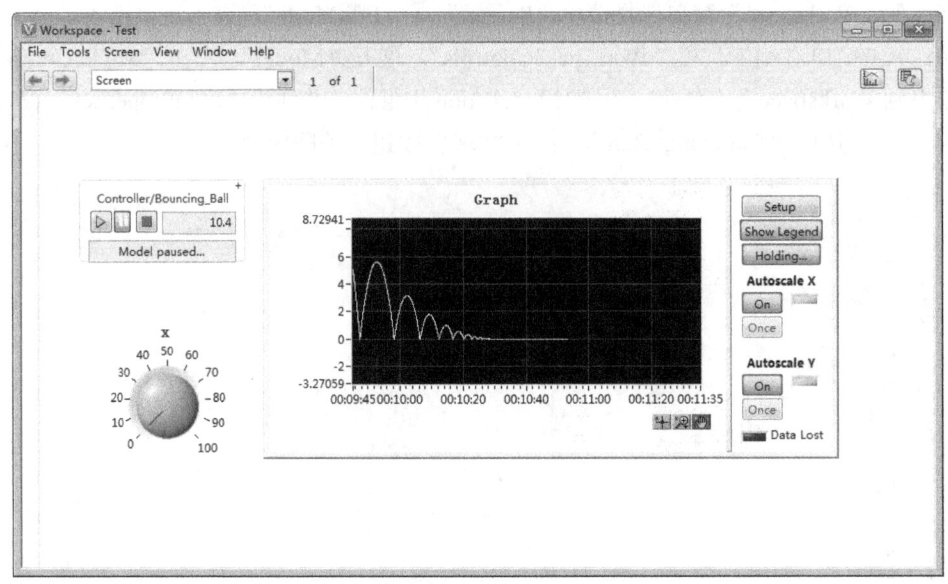

图 7-48　输出曲线

7.5　多体导入

机械系统的三维装配模型记录了装配体设计参数、装配层次和装配信息，支持从概念设计到零件设计阶段的装配仿真。但是，模型中缺少对系统的动态特性描述，不能用于动力学特性分析。

Modelica 多体模型描述了机械系统的动力学特性，支持系统动力学仿真与分析。但是，其采用的二维拖放建模方式、刚体的几何构型与空间方位均通过参数设定。这种建模方式与主流的三维 CAD 软件如 Pro/E、SolidWorks 等采用的交互式建模方式相比存在明显不足。

MWorks.Sysplorer 提供了三维装配模型到 Modelica 多体模型自动转换工具 Mechanics 中，支持将 Pro/E 或 SolidWorks 中建立的三维装配模型转换成使用 Modelica 2.2.2 多体库 Modelica.Mechanics.MultiBody 建立的 Modelica 模型。一方面，实现了几何模型向功能模型的转换，支持对模型进行动力学分析；另一方面，充分利用了三维 CAD 软件可视化建模特点，弥补了 MWorks 机械系统建模方式的缺陷。

将三维装配模型转换成 Modelica 模型，还可以充分发挥 Modelica 多领域统一建模的优势。在统一的建模环境下，将机械系统模型与控制、液压、电子等其他子系统模型集成，实现对机、电、液、控等多领域紧密耦合的复杂机电产品的统一建模与仿真。

Mechanics 以独立 COM 组件形式提供。功能入口位于 MWorks.Sysplorer 的“多体转换”→“导入”菜单，该菜单在安装 Mechanics 插件后可见。

三维装配模型到 Modelica 多体模型的转换方案如图 7-49 所示。

转换涉及三个模块：

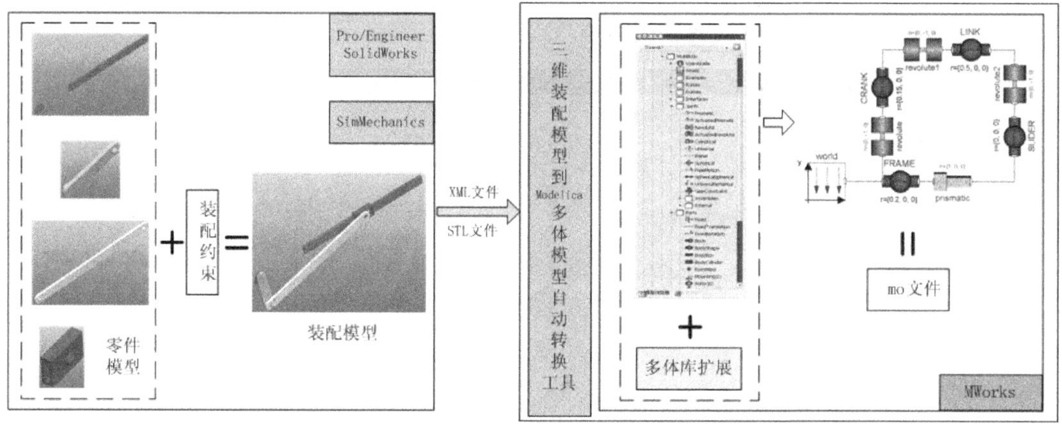

图 7-49　三维装配模型到 Modelica 多体模型转换方案

(1) Pro/E 或 SolidWorks，三维 CAD 建模软件，用于建立三维装配模型。

(2) SimMechanics，Matlab Simulink 提供的插件，安装在 Pro/E 或 SolidWorks 上，用于将三维装配模型导出为.xml 文件描述。

(3) Mechanics，MWorks.Sysplorer 提供的三维装配模型到 Modelica 多体模型自动转换组件。接收 SimMechanics 导出的以.xml 文件描述的三维装配模型，转换生成 Modelica 语言描述的多体模型.mo 文件。

转换流程分为两个步骤：

(1) 在 Pro/E 或 SolidWorks 中，利用 SimMechanics 插件将三维装配模型导出为.xml 文件和.stl 文件。

(2) 在 MWorks.Sysplorer 中，利用 Mechanics 组件，以(1)导出的.xml 和.stl 文件作为输入，转换生成 Modelica 模型的.mo 文件。

下文将详细介绍三维装配模型到 Modelica 多体模型自动转换组件 Mechanics。

7.5.1　功能特征

Mechanics 支持导入 Pro/E 或 SolidWorks 中的三维装配模型，具有以下功能特征：

(1) 支持将三维装配模型转换成 Modelica 模型。

(2) 自动将三维装配模型中的子系统(子装配体)封装成 Modelica 模型嵌套类，并引入外部连接器，为嵌套类定义缺省图标。

(3) 自动识别 Modelica 模型中的平面环，并标定切割铰。

(4) 支持 Modelica 模型组件在 Icon/Diagram 视图中的自动排列。

(5) 支持 Modelica 模型在 Diagram 视图中进行组件间的曼哈顿化布线。

7.5.2　安装 Mechanics 组件

Mechanics 组件作为插件可在安装时自由选择。以 4.1.0.1871 版本为例介绍如何正确安装 Mechanics 组件。

(1) 在 MWorks.Sysplorer 安装界面选择组件时勾选“插件“和“Mechanics”，如图 7-50 所

示。其他步骤参见《MWorks 安装使用手册》。

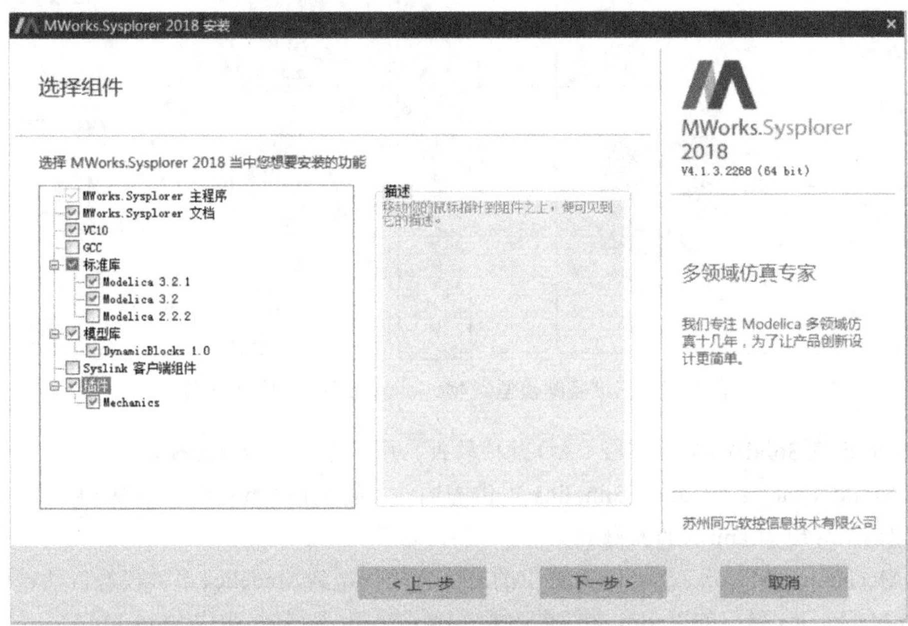

图 7-50　选择插件—Mechanics

(2) 软件安装完成后运行 MWorks.Sysplorer，可以看到菜单栏组件菜单“多体转换”，如图 7-51 所示。

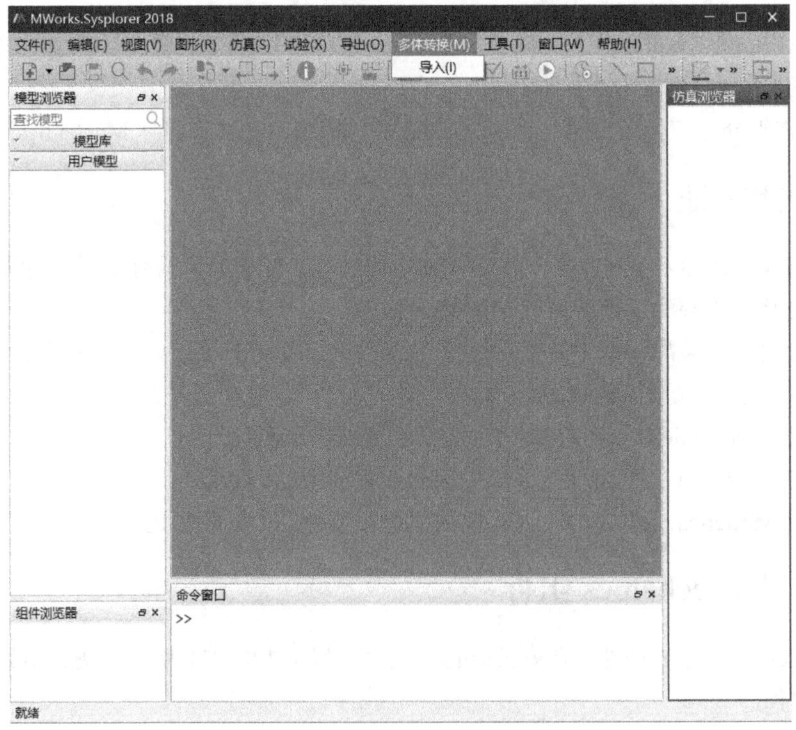

图 7-51　Mechanics 安装后的界面

7.5.3 准备模型输入文件

使用 Mechanics 之前，必须先在 Pro/E 或 SolidWorks 中将三维装配模型导出为.xml 和.stl 文件，作为 Mechanics 转换工具的输入。

(1) .xml 文件，描述三维装配模型各部件的物理特性，如质量、惯量和材料属性等，以及部件之间的运动约束，如空间位置、旋转矩阵和约束类型等。

(2) .stl 文件，对应三维装配模型各部件的几何外形。

7.5.4 模型转换

7.5.4.1 转换操作流程

下面以六自由度并联机构(stewart_platform)为例，说明模型转换的基本流程与操作。stewart_platform Pro/E 模型如图 7-52 所示。

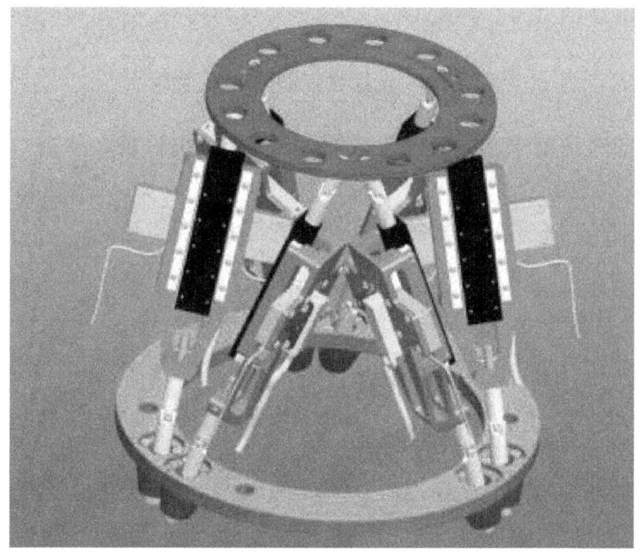

图 7-52　stewart_platform Pro/E 模型

1. 转换前的准备

在 Pro/E 中利用 SimMechanics 导出模型，导出结果如图 7-53 所示。

basering_prt.stl
carrierassm_asm.stl
drivenassm_asm.stl
spider_prt.stl
STEWART_PLATFORM.xml
swivelbearingbase_asm.stl
swivelbearingshaft_asm.stl
topplate_asm.stl

图 7-53　SimMechanics 导出 stewart_platform 结果

2. 转换生成 Modelica 模型

启动成功安装了 Mechanics 插件的 MWorks.Sysplorer，选择菜单“多体转换”→“导入(I)”，在图 7-54 所示的弹出对话框中选择“STEWART_PLATFORM.xml”，单击“打开”按钮。

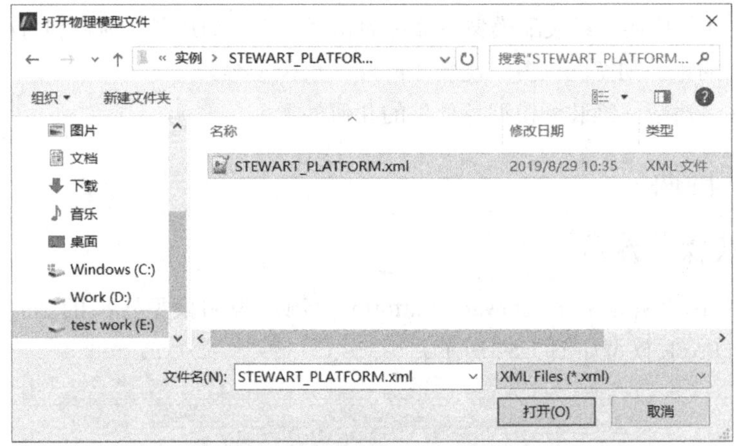

图 7-54　选择物理模型 XML 文件

在图 7-55 所示的对话框中选择转换生成的.mo 文件输出目录，单击“选择文件夹”按钮，即开始模型转换。

转换结束后弹出图 7-56 所示的转换成功与否的提示信息。

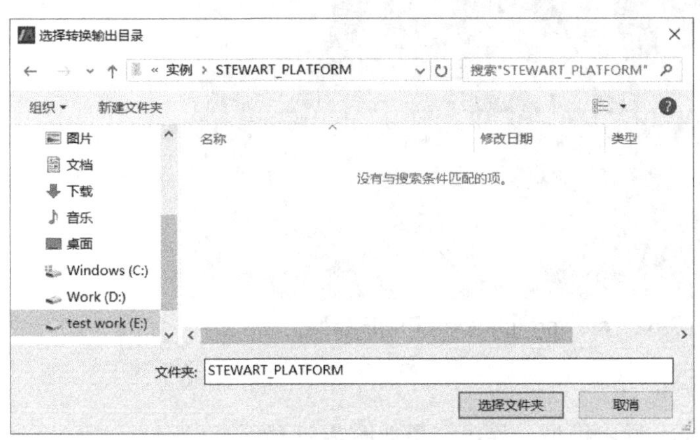

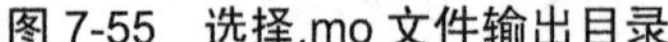
图 7-55　选择.mo 文件输出目录

图 7-56　提示模型转换成功

转换完成后，系统会自动打开转换生成的.mo 文件，且将主模型设置为 Main 模型。转换结果如图 7-57 所示。

3. 编译与仿真后处理

依次进行下列操作：

(1) 选择菜单“仿真”→“编译”(/F7)菜单，编译当前主模型 Stewart_platform.Main，生成仿真实例。

(2) 选择菜单“仿真”→“仿真”(/F5)菜单，仿真求解当前主模型 Stewart_platform.Main。

(3) 选择菜单“仿真”→“新建动画窗口”()菜单，新建一个动画窗口。

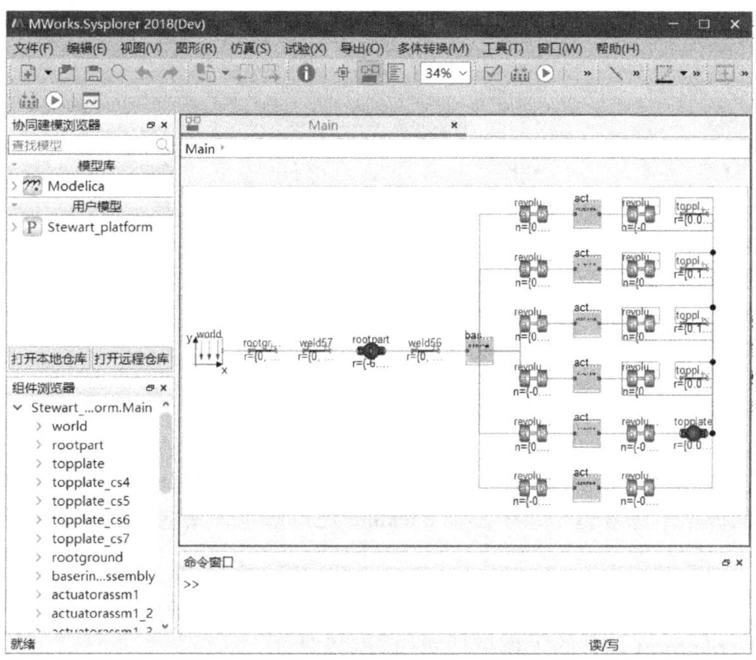

图 7-57　转换后的 Modelica 主模型

(4) 单击动画工具栏上的按钮“全部显示”，将动画视图缩放至最佳。

(5) 单击动画工具栏上的按钮“旋转模型”，在动画视图中移动光标旋转视图，得到的动画如图 7-58 所示。

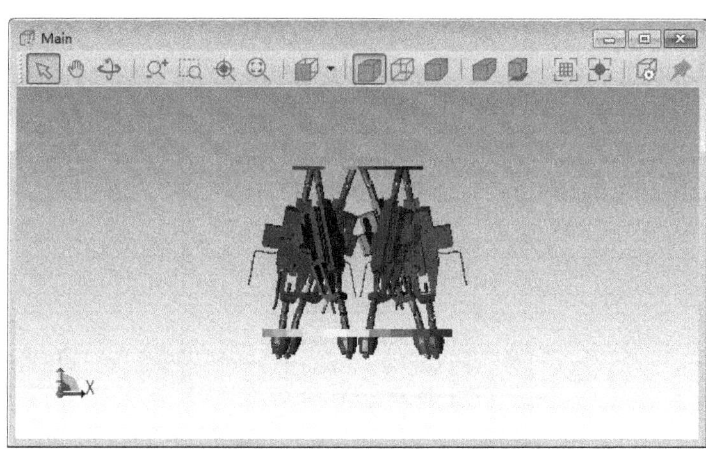

图 7-58　stewart_platform 动画

7.5.4.2　Modelica 结果文件说明

转换生成的 Modelica 多体模型文件存储于同一个文件夹下，文件夹与转换生成的.mo 文件同名。图 7-59 所示的是转换 stewart_platform 模型生成的文件。

(1) .mo 文件，存储 Modelica 语言描述的模型文本。

(2) .stl 文件，存储几何外形，作为 BodyShape 类型的组件参数。

(3) subsystem.bmp，嵌套类图标缺省图片。

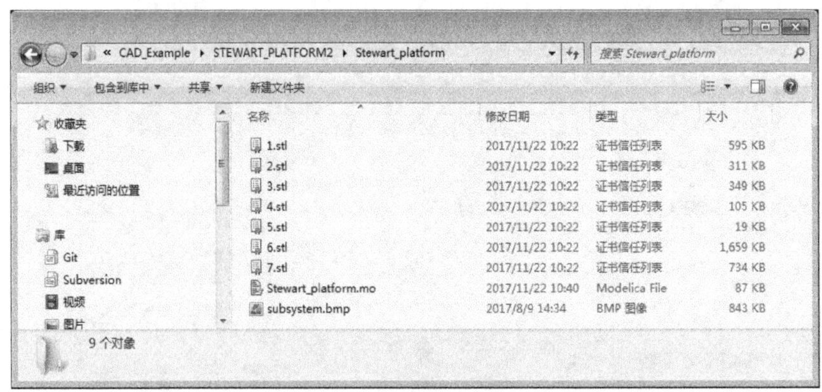

图 7-59　转换生成的文件

Modelica 多体模型以 package 形式组织，顶层模型为 package，其下必然包含一个 Main 模型。若三维装配模型中包含有子系统，则 package 还可以包含其他嵌套类，嵌套类下还可以包含嵌套类。

Stewart_platform 转换生成的 Modelica 多体模型层次结构如图 7-60 所示，顶层 package-Stewart_platform 包含的子模型功能如表 7-5 所示。

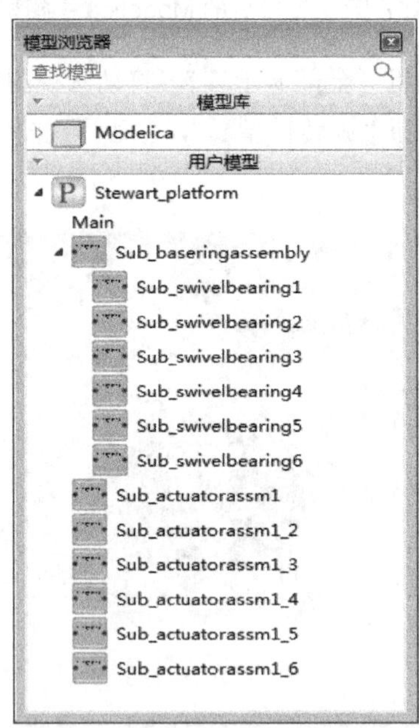

图 7-60　Stewart_platform-Modelica 模型层次结构

表 7-5　模型功能说明

模型名称	说明
Main	主模型，每个转换生成的 Modelica 多体模型均包含该模型
Sub_baseringassembly	子模型，由 Pro/E 模型中子装配体转换生成，其下还包含 6 个嵌套子模型，可选
Sub_actuatorassm1	子模型，由 Pro/E 模型中子装配体转换生成，可选

续表

模型名称	说明
Sub_actuatorassm1_1	子模型，由 Pro/E 模型中子装配体转换生成，可选
Sub_actuatorassm1_2	子模型，由 Pro/E 模型中子装配体转换生成，可选
Sub_actuatorassm1_3	子模型，由 Pro/E 模型中子装配体转换生成，可选
Sub_actuatorassm1_4	子模型，由 Pro/E 模型中子装配体转换生成，可选
Sub_actuatorassm1_5	子模型，由 Pro/E 模型中子装配体转换生成，可选

7.5.4.3 组件布局和连接布线

多体转换集成了组件布局和连接布线算法，支持自动将组件图标在 Icon/Diagram 视图中整齐排列，生成组件连接器之间的曼哈顿化连接线，使用户在组件视图中能直观地了解模型的结构和连接关系。

7.5.4.4 子系统封装与外部连接器

主模型 Stewart_platform.Main 中存在以下连接：

```
connect(actuatorassm1_2.frame_a, revolute48.frame_b)
```

其中，组件 actuatorassm1_2 是嵌套类 Stewart_platform.Sub_actuatorassm1_2 的实例，由输入 xml 文件中的子系统转换而来。

Mechanics 在转换过程中自动将子系统封装成 Modelica 模型的嵌套类，并在连接处引入外部连接器。

在模型浏览器中双击模型 Stewart_platform.Sub_actuatorassm1_2，打开其组件图(见图 7-61)，连接器 frame_a 和 frame_b 为转换时引入的外部连接器。

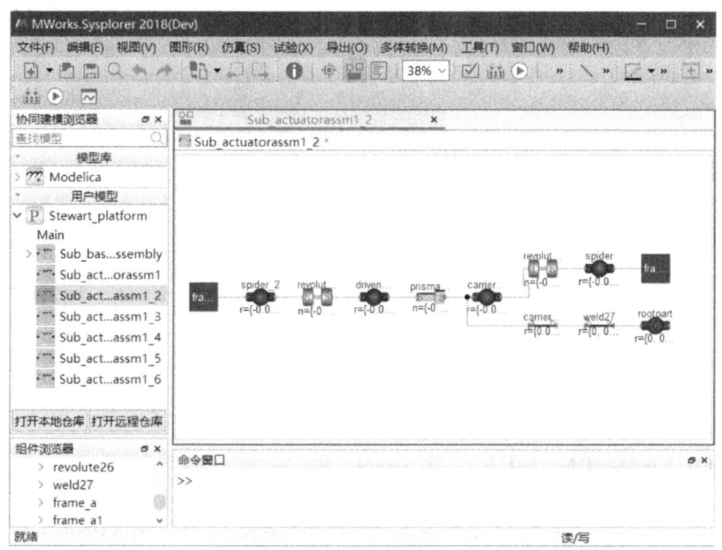

图 7-61 嵌套类 Sub_actuatorassm1_2 组件图

7.5.4.5 平面环与切割铰标定

Modelica 语言的建模特性决定了需要对模型中的平面环作特别处理：将平面环上其中一个约束设置为切割铰，即参数 planarCutJoint 设置为 true。

Mechanics 在转换过程中能自动标定 Modelica 模型中的切割铰，并以红色虚线矩形框突出显示。图 7-62 所示的是曲柄滑块(crank_slider_mechanism)模型转换结果，其中，组件 revolute2 即是标定的切割铰。

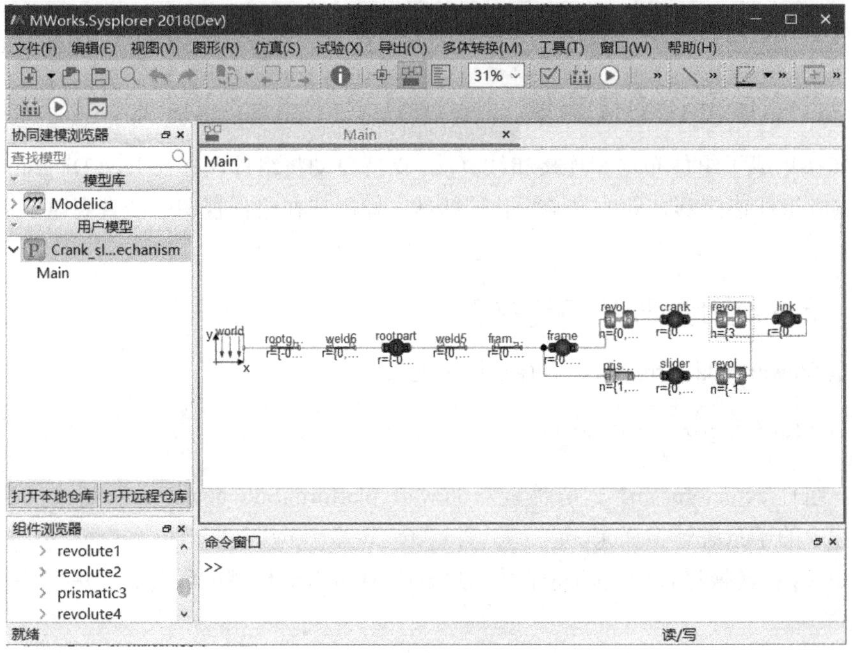

图 7-62 自动标定切割铰

在组件视图中选 revolute2，查看“组件参数”窗口，切换至“Advanced”页面，发现参数 planarCutJoint = true，如图 7-63 所示。

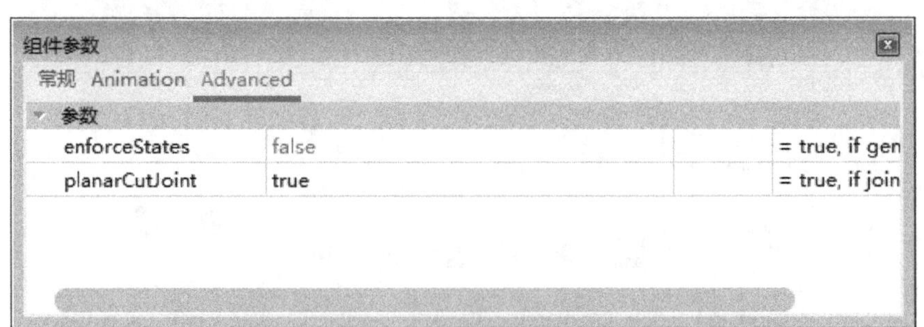

图 7-63 “组件参数”对话框

7.5.5 对装配模型的约定

由于 Modelica 多体动力学模型与三维装配模型的表达差异，Mechanics 对三维装配模型有一些特殊的要求和约定。

7.5.5.1 使用支持的运动副进行装配

Pro/E 中的连接类型有刚性连接、销钉连接、滑动杆连接、圆柱连接、平面连接、球连接、焊接、轴承、常规、6DOF(自由度)，而 SimMechanics 插件导出的 xml 仅支持刚性连接、销钉连接、滑动杆连接、圆柱连接、平面连接、球连接和焊接。所以 MWorks.Sysplorer_Mechanics 也仅支持刚性连接、销钉连接、滑动杆连接、圆柱连接、平面连接、球连接、焊接所装配的模型，Pro/E、SolidWorks 中定义的其他连接类型不支持。

7.5.5.2 严格按照机构运动简图进行装配

在 Pro/E、SolidWorks 等 3D 软件中进行模型装配时，应严格按照机构运动简图进行装配。只有遵循该约定的装配模型，在转换后才能成功编译、求解。下面以曲柄滑块机构在 Pro/E 中装配为例，来解释该约定。

图 7-64 所示的曲柄滑块机构，显示出其机构运动简图。

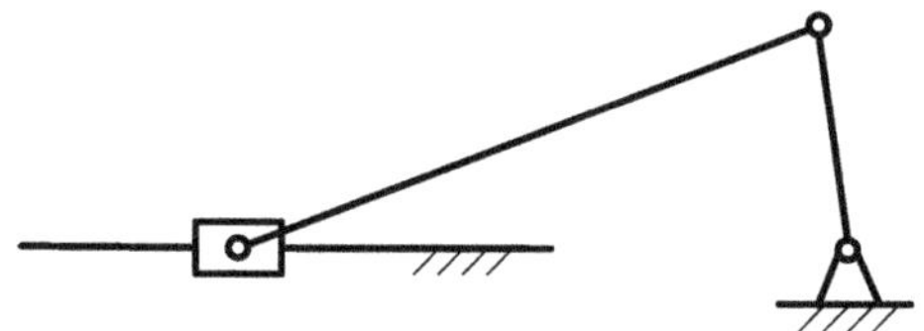

图 7-64　曲柄滑块机构运动简图

(1) 平面转动约束用销钉连接，而不用圆柱连接或球连接装配。

尽管在建立装配模型时，一些运动学上的转动约束也能以圆柱连接或球连接装配，但是这将导致转换生成的 Modelica 多体模型存在结构奇异问题，不能编译通过或不能正确求解。

如图 7-65 所示，如果将曲柄 crank 与连杆 link 以圆柱连接定义，在导出的 xml 文件中，该圆柱连接分解为一个平动连接和一个转动连接的组合，生成的 Modelica 模型如图 7-66 所示，元件 crank 与 link 间是移动副与转动副的组合。该模型在 Modelica 中存在奇异，不能识别为平面环，不能编译求解。

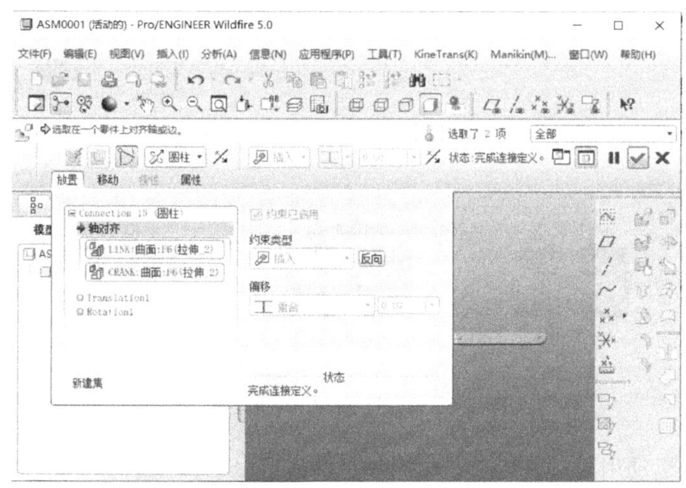

图 7-65　圆柱连接

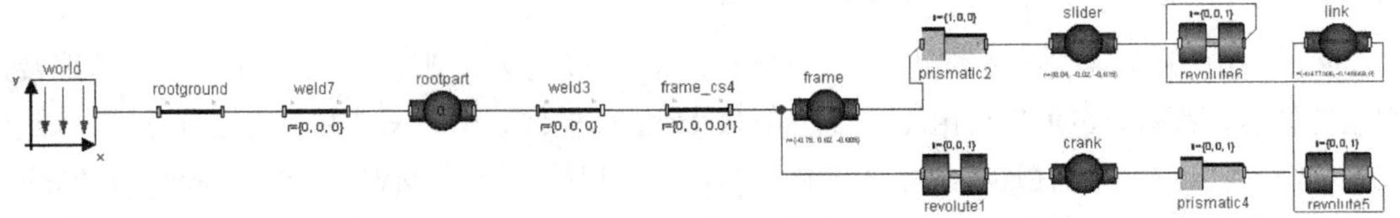

图 7-66　圆柱连接的曲柄滑块机构 Modelica 模型

如图 7-67 所示，如果将曲柄 crank 与连杆 link 以球连接定义，则生成的 Modelica 模型如图 7-68 所示，其中球连接如图 7-69 所示。该模型能通过编译，但是不能求解。

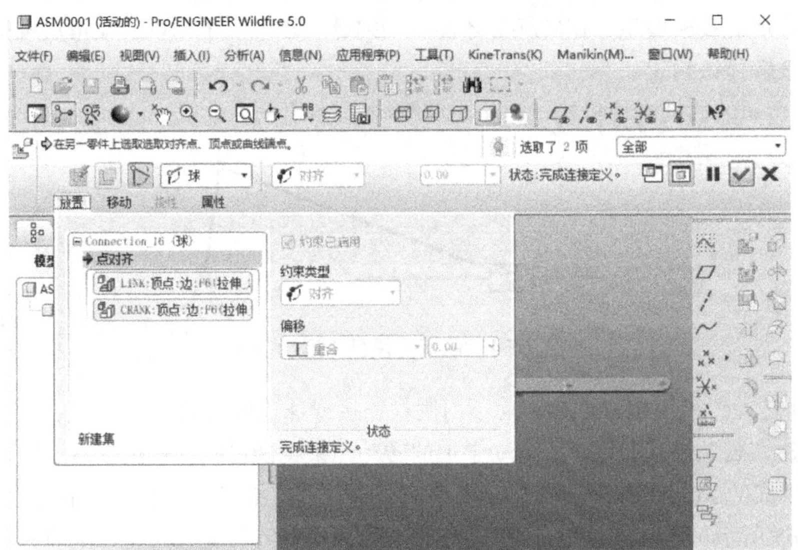

图 7-67　球连接

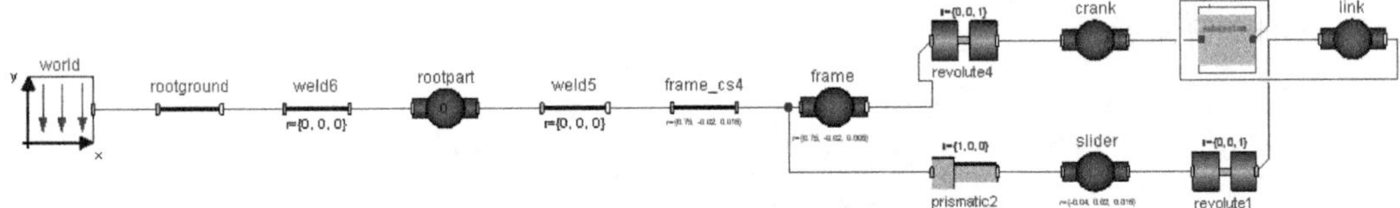

图 7-68　球连接的曲柄滑块机构 Modelica 模型

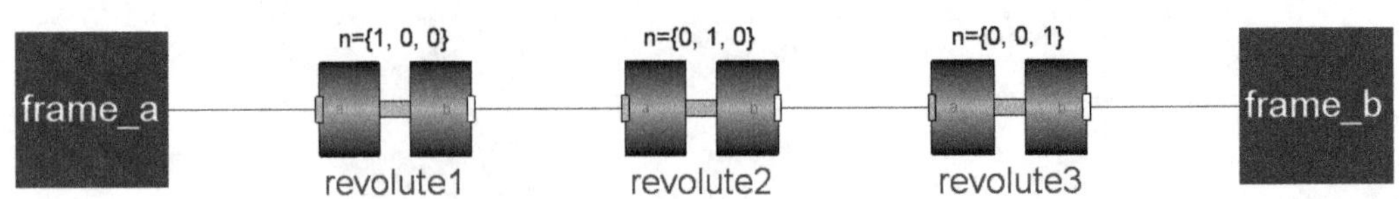

图 7-69　球连接 Modelica 模型

(2) 平面直线运动用滑动杆连接，而不用平面连接。

尽管在建立装配模型时，一些运动学上的直线约束也能以平面连接与销钉连接等组合进行装配，但是这将导致转换生成的 Modelica 多体模型存在结构奇异问题，不能编译通过或不能正确求解。

如图 7-70 所示，滑块 slider 与机架 frame 之间以平面连接，在导出的 xml 文件中，该平面连接分解为两个移动副和一个转动副的组合。

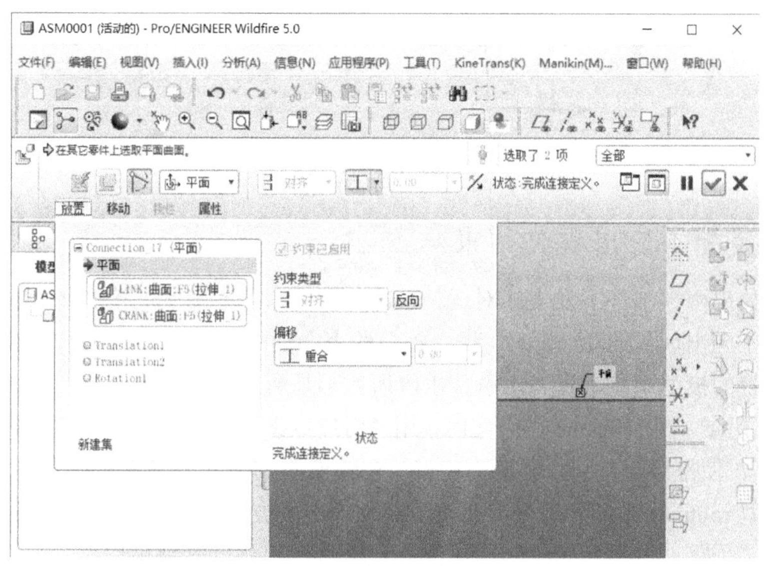

图 7-70 平面连接

虽然 MWorks.Sysplorer_Mechanics 在转换过程中，已经将该情况进行了处理，但是仍然建议用户在装配模型时，按照机构运动简图中的运动副进行装配，避免 Modelica 模型出现结构奇异而不能编译或求解。

7.5.5.3 定义连接时所选的多组参照应对应于两个零件

Modelica MultiBody 库中的元件都是采用相对坐标，如果在 Pro/E 或 SolidWorks 中以运动副连接的两个零件在装配时选用的参照基准不同，所生成的模型也会不同，可能导致 Modelica 模型不能编译或求解。

如图 7-71 所示，定义销钉连接时，选取的两组参照应在图示的两个零件上。即选取了两个零件上的轴作为对齐参照，面约束的图元也应选取这两个零件上的面。

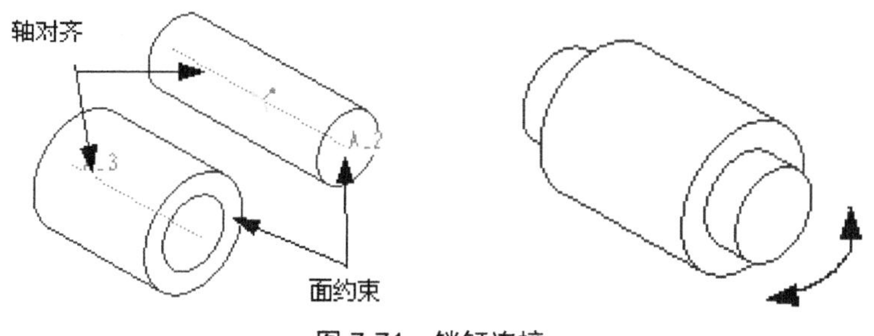

图 7-71 销钉连接

如图 7-72 所示，定义滑动杆连接时，选取的两组参照均在图示的两零件上。

其他连接形式，如圆柱连接、平面连接和球连接，只需要一组参照，不存在该问题。

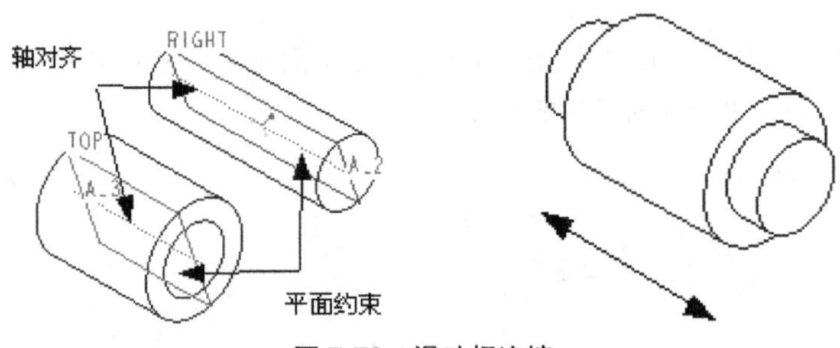

图 7-72　滑动杆连接

7.5.5.4　静装配不应出现欠约束

模型中，如果两零部件不发生相对运动，建议采用刚性连接或焊接连接，要使用“用户定义”连接时，不应出现欠约束(部分约束)。部分约束会使得零部件之间有相对运动的自由度，可能会导致转换的模型不能编译、求解或求解所得不是所期望的结果。

如图 7-73 所示，机架 frame 在装配时，用“用户定义”只设置了两个平面的配对关系，出现“部分约束”，使得机架有一个移动自由度。在转换的 Modelica 模型中，如图 7-74 所示，机架 frame 与模型 rootpart 之间出现一个移动副，MWorks 仿真结果如图 7-75 所示，机架相对世界坐标系发生了平移，这不是期望的结果。

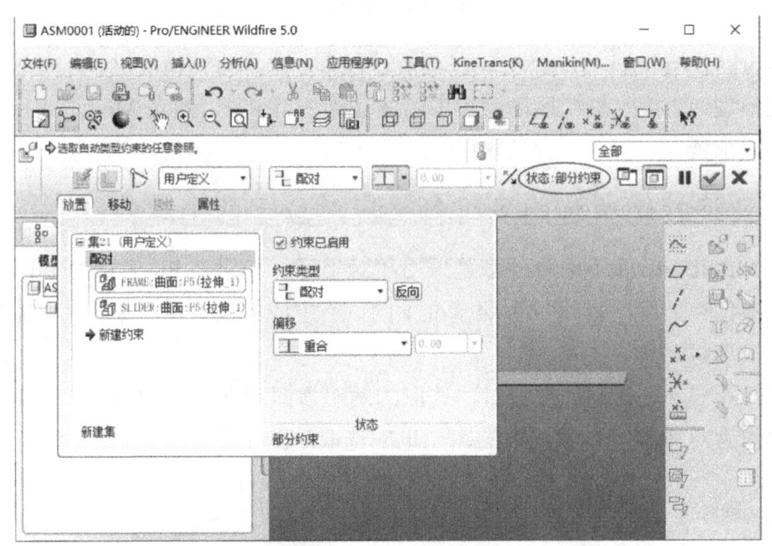

图 7-73　部分约束装配

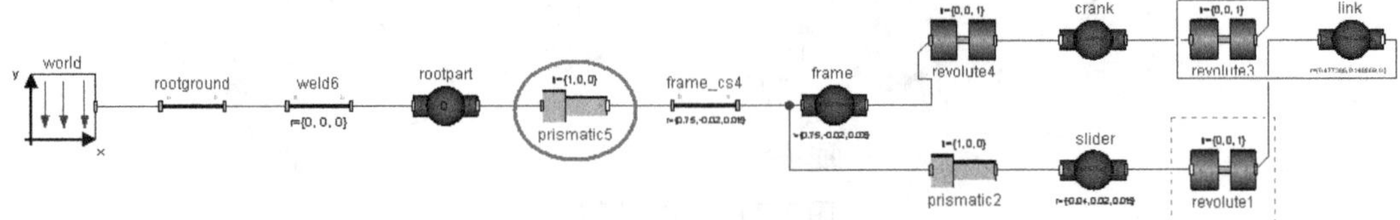

图 7-74　部分约束装配 Modelica 模型

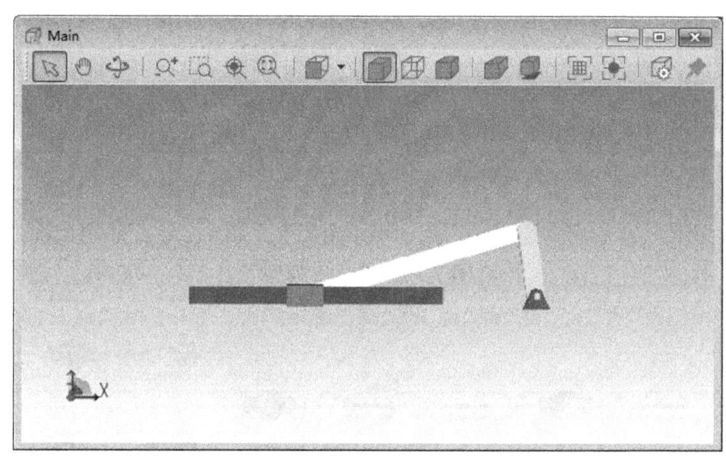

图 7-75　MWorks 仿真结果

使用“用户定义”装配时，应使模型达到“完全约束”状态，如图 7-76 所示。

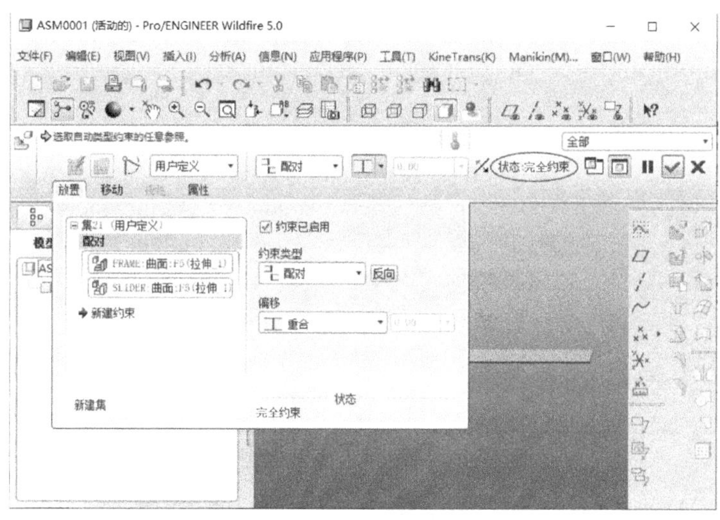

图 7-76　完全约束

7.5.5.5　在 xy 平面内进行装配

Modelica MultiBody 库中 World 元件默认重力方向为-y 方向，在 Pro/E、SolidWorks 中装配模型时，建议将零部件装配于 xy 平面内，以便在 MWorks 中查看模型在重力作用下的运动状态。否则需要手动修改 Modelica 模型中 world.n 的参数值，以调整重力方向来适配模型。

7.5.6　模型转换实例

7.5.6.1　曲柄滑块(Crank_slider_mechanism)

如图 7-77 所示，在 Pro/E 中曲柄滑块模型包含 1 个平面环，需在转换后的模型中设置 1 个切割铰。如图 7-78 所示，Mechanics 在转换时自动以红色矩形框标定该切割铰。曲柄滑块模型在 MWorks.Sysplorer 中显示的动画如图 7-79 所示。

图 7-77　Pro/E 模型

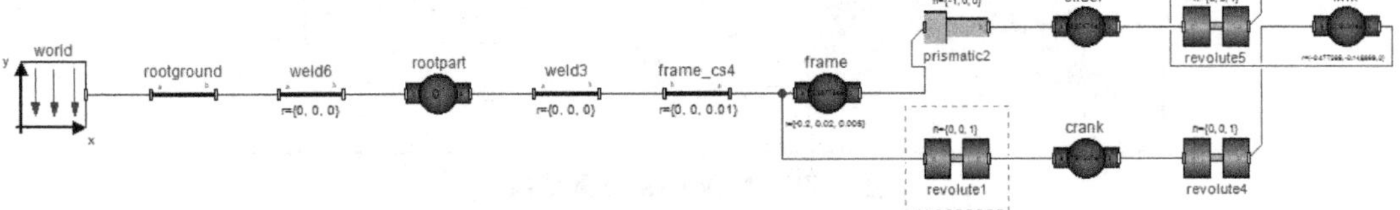

图 7-78　Modelica 多体模型

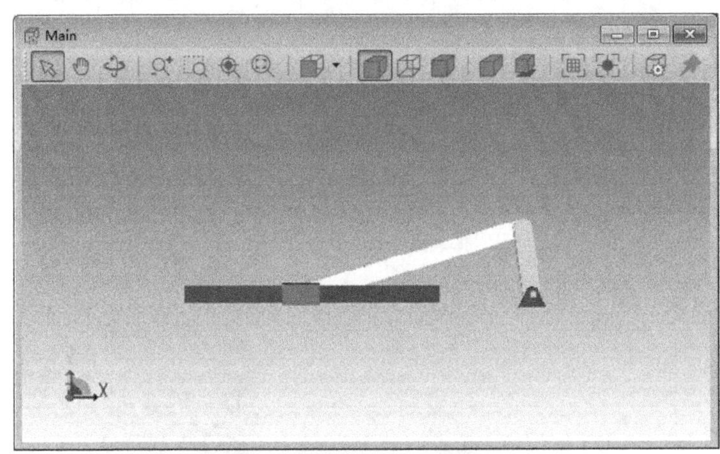

图 7-79　Modelica 多体模型动画

7.5.6.2　双滑块机构(Double_slider)

如图 7-80 所示，在 Pro/E 中双滑块机构模型包含 3 个平面环，需在转换后的模型中设置 3 个切割铰。如图 7-81 所示，Mechanics 在转换时自动以红色矩形框标定该切割铰。双滑块机构模型在 MWorks.Sysplorer 中显示的动画如图 7-82 所示。

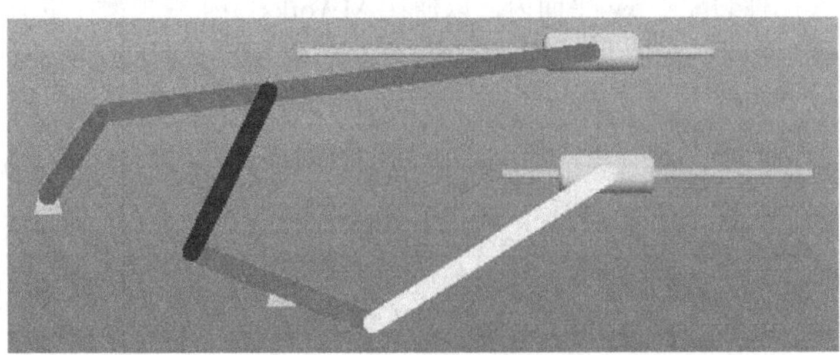

图 7-80　Pro/E 模型

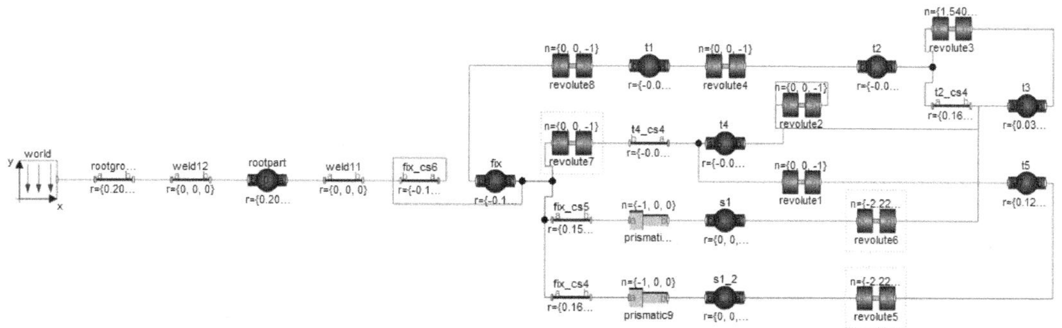

图 7-81　Modelica 多体模型

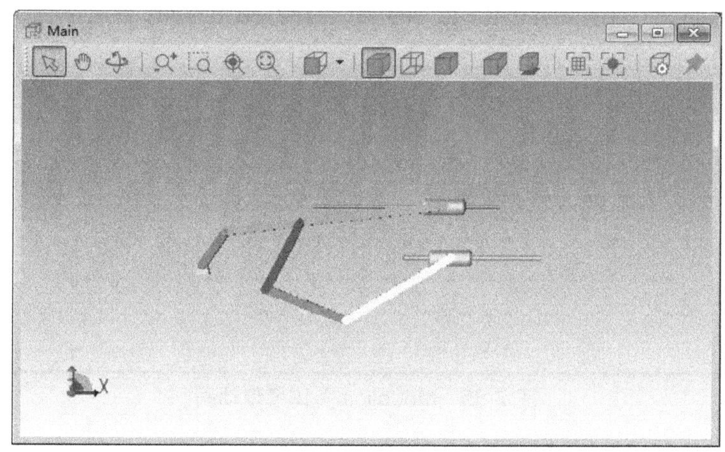

图 7-82　Modelica 多体模型动画

7.5.6.3　液压挖掘机(Hydraulic_grab)

如图 7-83 所示，在 Pro/E 中液压挖掘机模型包含 4 个平面环，需在转换后的模型中设置 4 个切割铰。如图 7-84 所示，Mechanics 在转换时自动以红色矩形框标定该切割铰。液压挖掘机模型在 MWorks.Sysplorer 中显示的动画如图 7-85 所示。

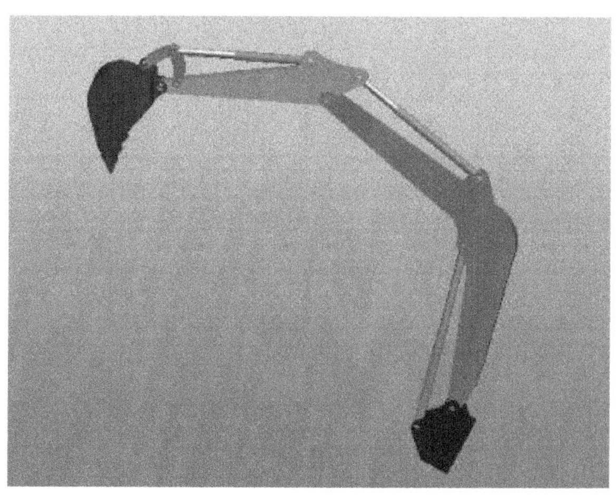

图 7-83　Pro/E 模型

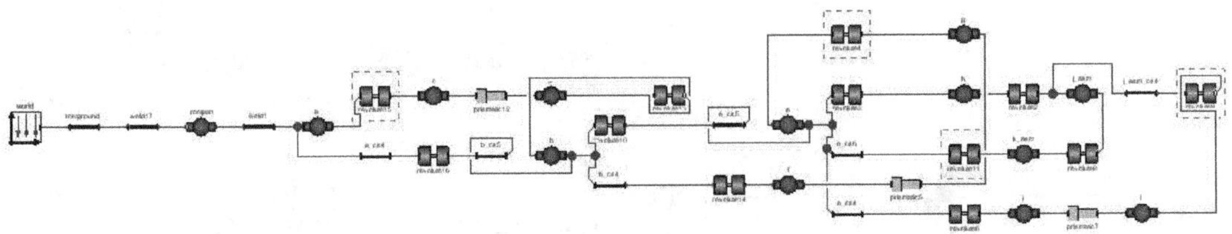

图 7-84　Modelica 多体模型

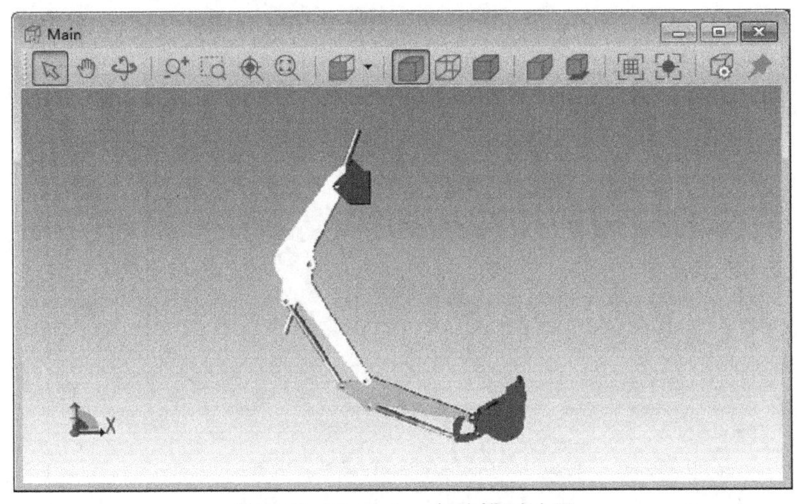

图 7-85　Modelica 多体模型动画

7.5.6.4　手动压水机(Manual_pump)

如图 7-86 所示，在 Pro/E 中手动压水机模型包含 1 个平面环，需在转换后的模型中设置 1 个切割铰。如图 7-87 所示，Mechanics 在转换时自动以红色矩形框标定该切割铰。手动压水机模型在 MWorks.Sysplorer 中显示的动画如图 7-88 所示。

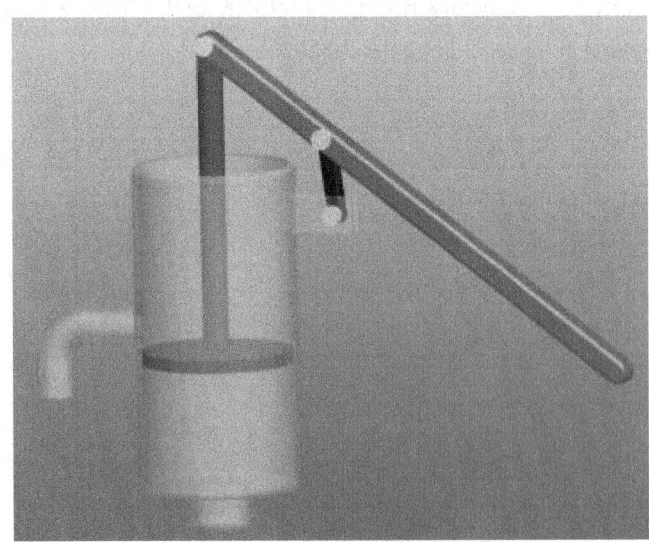

图 7-86　Pro/E 模型

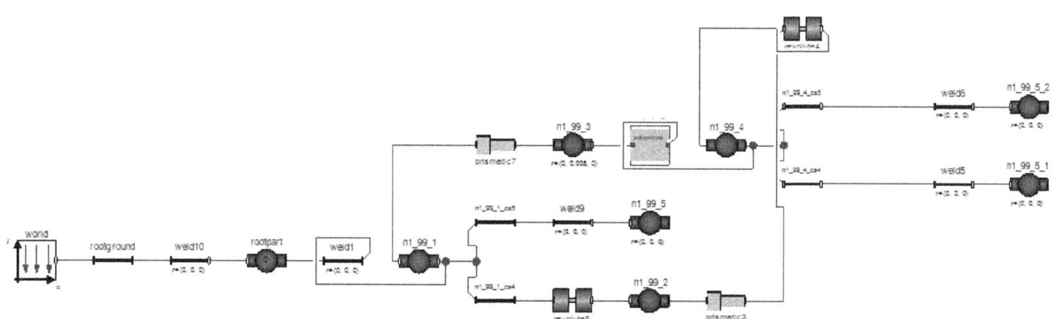

图 7-87　Modelica 多体模型

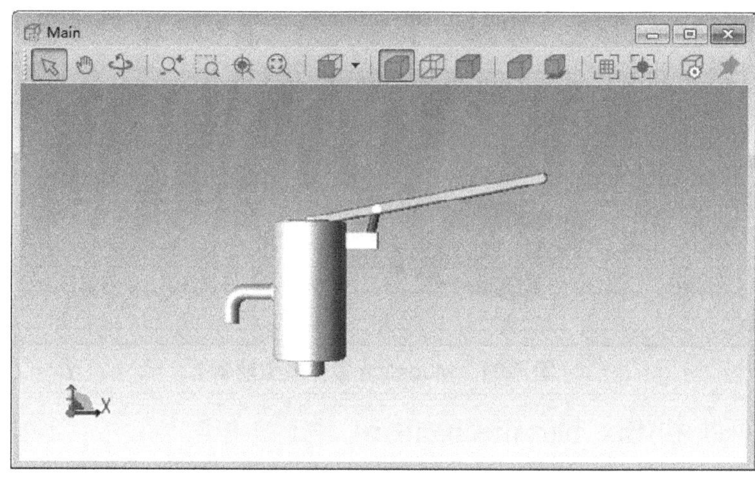

图 7-88　Modelica 多体模型动画

7.5.6.5　缝纫踏板机构(Sewing_machine_pedal)

如图 7-89 所示，在 Pro/E 中缝纫踏板机构模型包含 1 个平面环，需在转换后的模型中设置 1 个切割铰。如图 7-90 所示，Mechanics 在转换时自动以红色矩形框标定该切割铰。缝纫踏板机构模型在 MWorks.Sysplorer 中显示的动画如图 7-91 所示。

图 7-89　Pro/E 模型

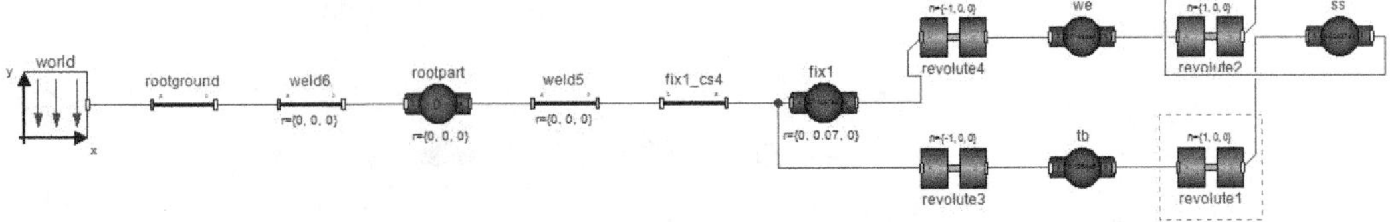

图 7-90　Modelica 多体模型

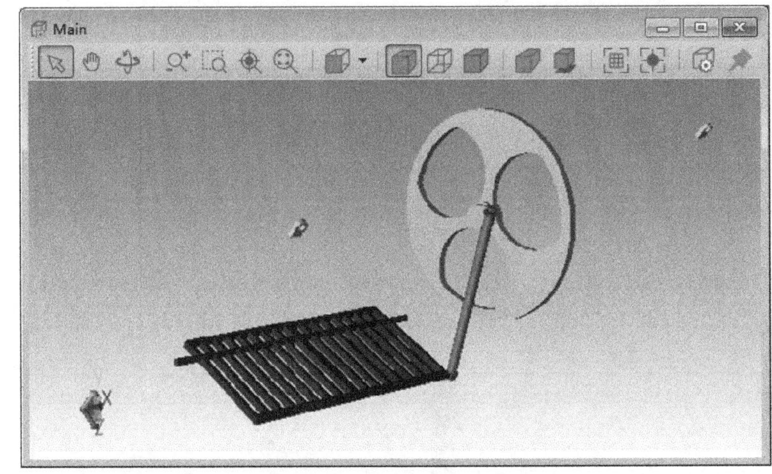

图 7-91　Modelica 多体模型动画

7.5.6.6　六杆机构(Six_bar_mechanism)

如图 7-92 所示，在 Pro/E 中六杆机构模型包含 2 个平面环，需在转换后的模型中设置 2 个切割铰。如图 7-93 所示，Mechanics 在转换时自动以红色矩形框标定该切割铰。六杆机构模型在 MWorks.Sysplorer 中显示的动画如图 7-94 所示。

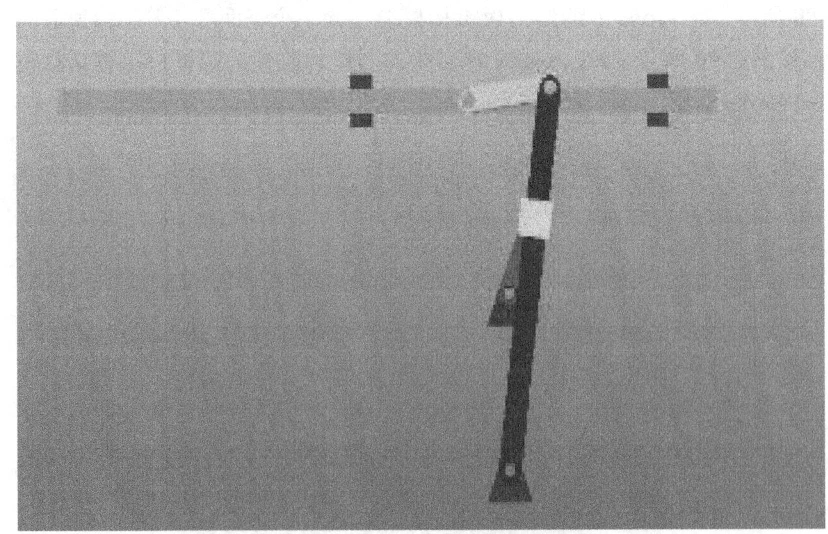

图 7-92　Pro/E 模型

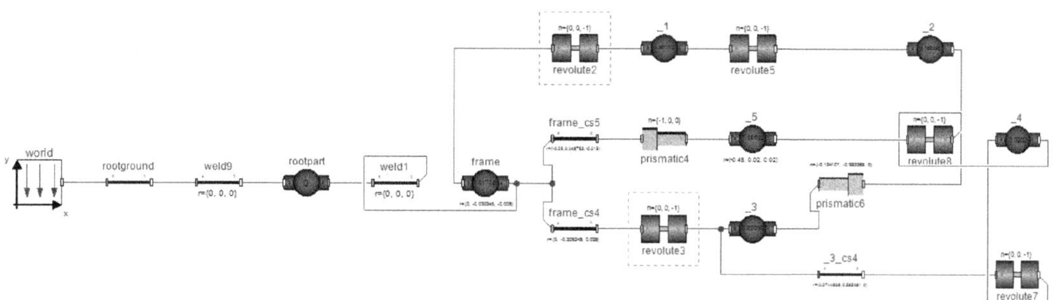

图 7-93　Modelica 多体模型

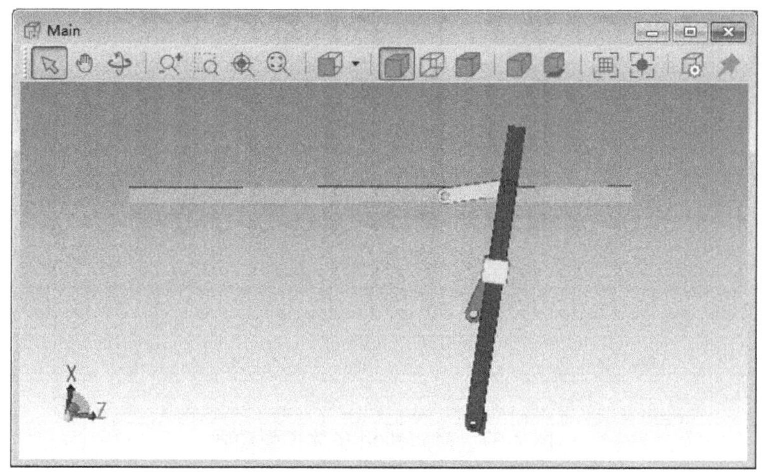

图 7-94　Modelica 多体模型动画

7.5.6.7　Stephenson 机构(Stephenson_mechanism)

如图 7-95 所示，在 Pro/E 中 Stephenson 机构模型包含 2 个平面环，需在转换后的模型中设置 2 个切割铰。如图 7-96 所示，Mechanics 在转换时自动以红色矩形框标定该切割铰。Stephenson 机构模型在 MWorks.Sysplorer 中显示的动画如图 7-97 所示。

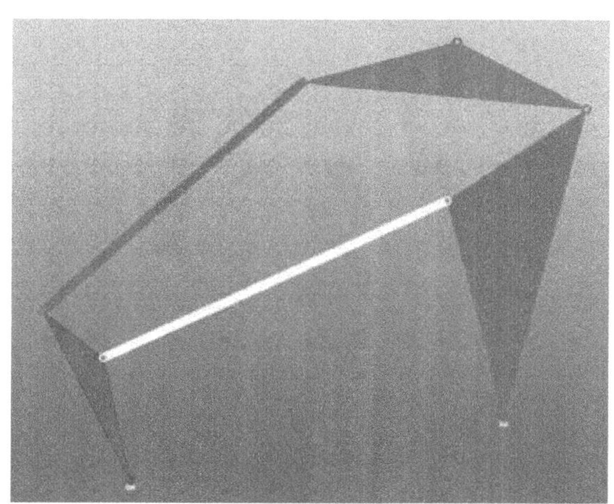

图 7-95　Pro/E 模型

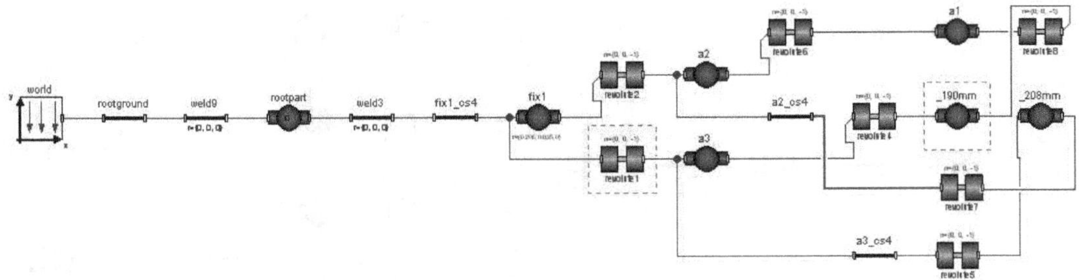

图 7-96 Modelica 多体模型

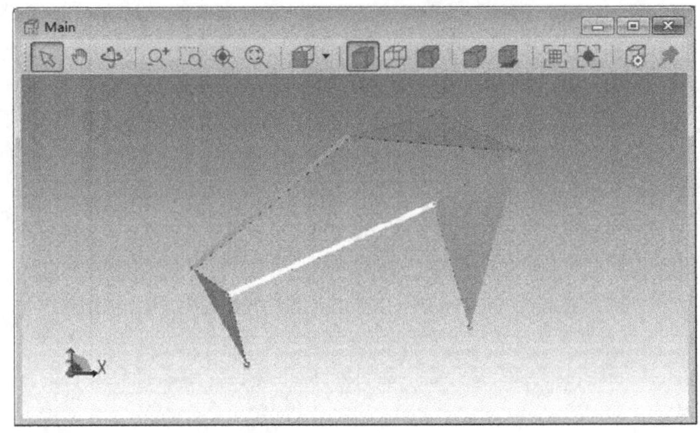

图 7-97 Modelica 多体模型动画

7.5.6.8 六自由度并联机构

如图 7-98 所示，在 Pro/E 中六自由度并联机构模型包含了多个子系统(见图 7-99)，因此 Mechanics 在转换时自动将这些子系统封装成了嵌套类。六自由度并联机构模型在 MWorks.Sysplorer 中显示的动画如图 7-100 所示。

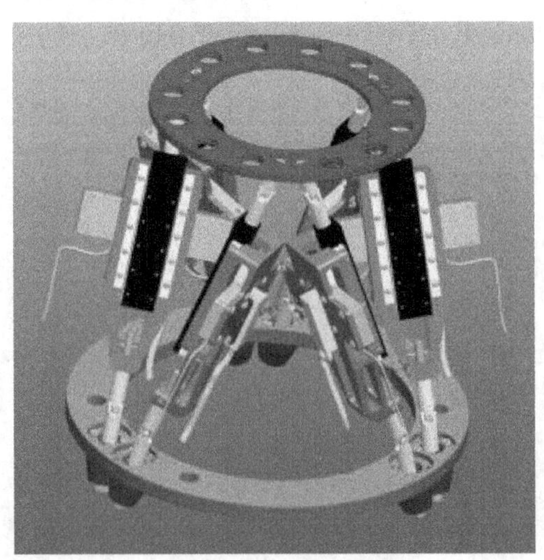

图 7-98 Pro/E 模型

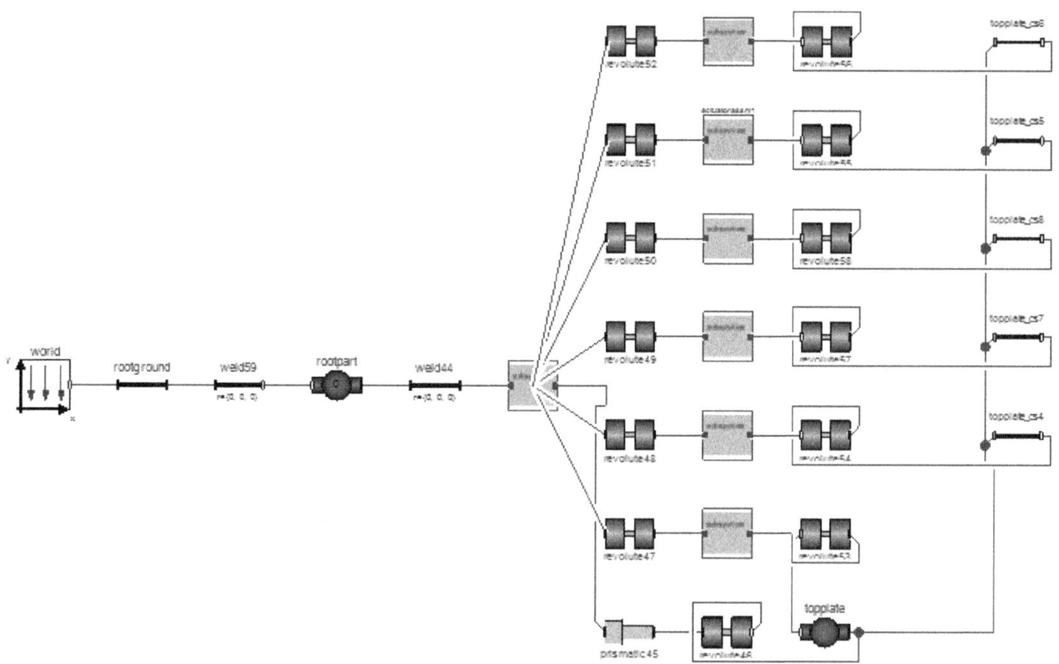

图 7-99　Modelica 多体模型

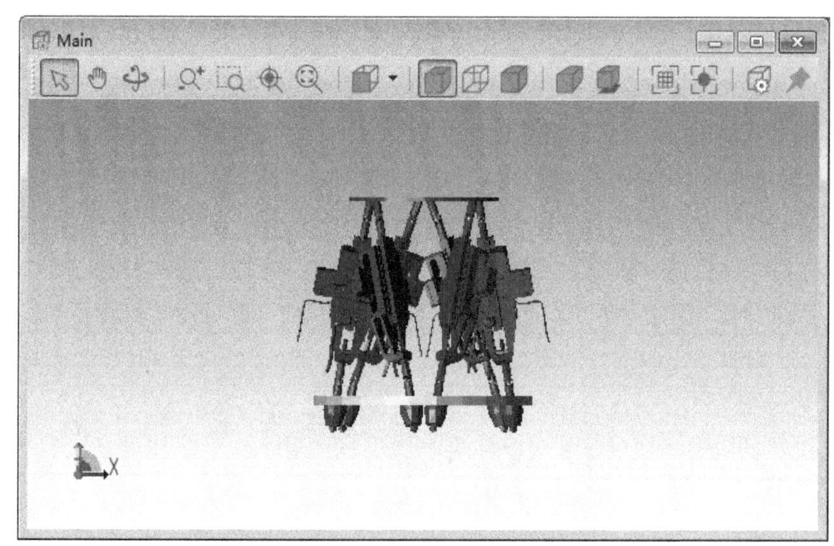

图 7-100　Modelica 多体模型动画

7.5.7　常见问题

(1) 提示模型转换成功，却没有加载模型。

这说明模型转换成功，已生成了.mo 文件，错误发生在打开.mo 文件的阶段，通常是由于已经加载了同名的模型造成的。详细的提示信息会输出在输出栏。

若模型同名，则移除已经加载的同名模型，再打开转换生成的.mo 文件即可。

(2) 模型求解成功，却没有运动动画。

三维装配模型中没有驱动力，转换生成的 Modelica 多体模型仅在重力作用下运动。检查重力方向或手动为模型添加驱动。

(3) 模型正常编译求解，但是动画初始位置与 Pro/E 或 SolidWorks 中装配位置不一致。

该情况偶尔发生在模型中有移动副连接或平面副连接的模型中，若遇到该问题，则重新导入原.xml 文件，编译求解。

第8章 MWorks.Sysplorer 安装配置

8.1 概述

8.1.1 MWorks.Sysplorer 安装包文件

MWorks.Sysplorer 的安装包分为 32 位和 64 位，可在 www.tongyuan.cc 上直接下载获取。

8.1.2 MWorks.Sysplorer 版本结构

MWorks.Sysplorer 版本由四级版本号组成：

(1) Major Version：主版本号；

(2) Minor version：次版本号；

(3) Revision Version：修订版本号；

(4) Build Version：安装包构建版本号。

例如，MWorks.Sysplorer (x64)_ 4.1.3.2132_Setup(dev)，主版本号“4”，次版本号“1”，修订版本号“3”，安装包构建版本号“2132”。

选择菜单“帮助(H)”→“关于 MWorks.Sysplorer (A)”，在弹出对话框中显示完整的四级版本号，其中安装包构建版本号在发行 MWorks.Sysplorer 版本时予以标记。

以下以 MWorks.Sysplorer(x64)为例说明系统安装与卸载过程。

8.2 安装 MWorks.Sysplorer

特别提示，为确保 Windows 环境下 MWorks.Sysplorer 能正确部署，MWorks.Sysplorer 应在系统管理员权限下进行安装。

8.2.1 首次安装

选择菜单“打开”→“以管理员身份运行”，以此启动 MWorks.Sysplorer 2018(x64)_4.1.3.2118_Setup(dev).exe，具体操作如图 8-1 所示。

名称 修改日期 类型 大小
MWorks.Sysplorer 2018(
打开(O)
以管理员身份运行(A)
兼容性疑难解答(Y)
用图形处理器运行
固定到"开始"屏幕(P)
固定到任务栏(K)
通过QQ发送到
还原以前的版本(V)
发送到(N)
剪切(T)
复制(C)
创建快捷方式(S)
删除(D)
重命名(M)
属性(R)

图 8-1　以管理员身份安装 MWorks.Sysplorer

另外在 Windows XP/Windows 7/Windows 10 操作系统下，每次单击 MWorks.Sysplorer(x64)快捷方式来启动 MWorks.Sysplorer 均要求“以管理员身份运行”，操作方式类同。

运行 MWorks.Sysplorer 2018(x64)_4.1.3.2118_Setup(dev).exe，启动 MWorks.Sysplorer，其安装过程如下。

(1) 检查系统运行所必需的组件是否已安装，如图 8-2 所示。注意：若此时不安装必需的系统组件，MWorks.Sysplorer 将无法启动。

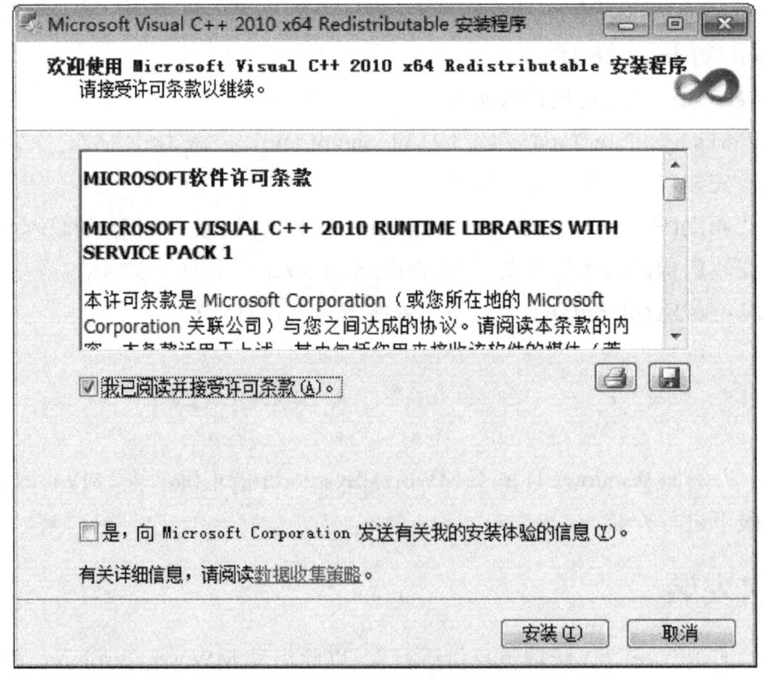

图 8-2　安装必需的系统组件

勾选“我已阅读并接受许可条款(A)”，单击“安装”按钮，安装系统组件，如图 8-3 所示。

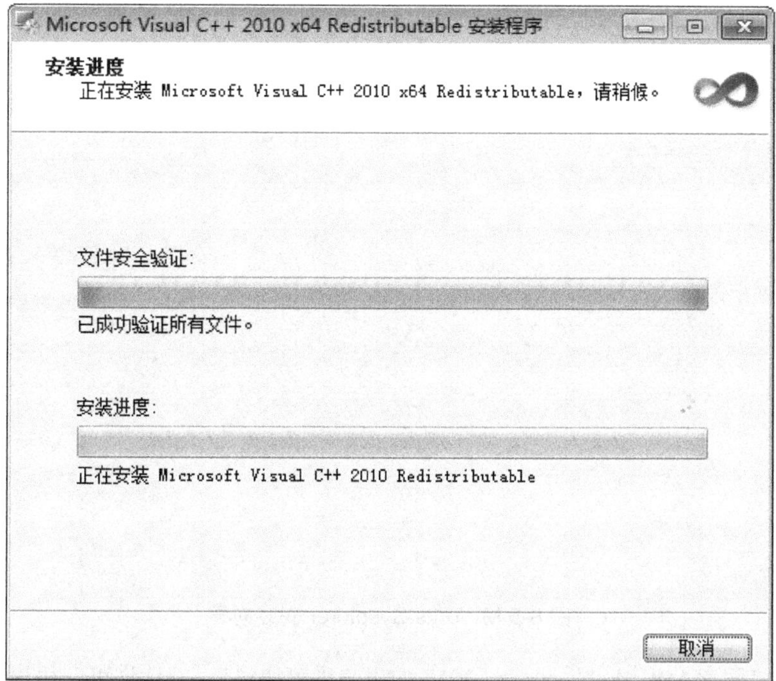

图 8-3　系统组件安装过程

如图 8-4 所示，系统组件安装完成。

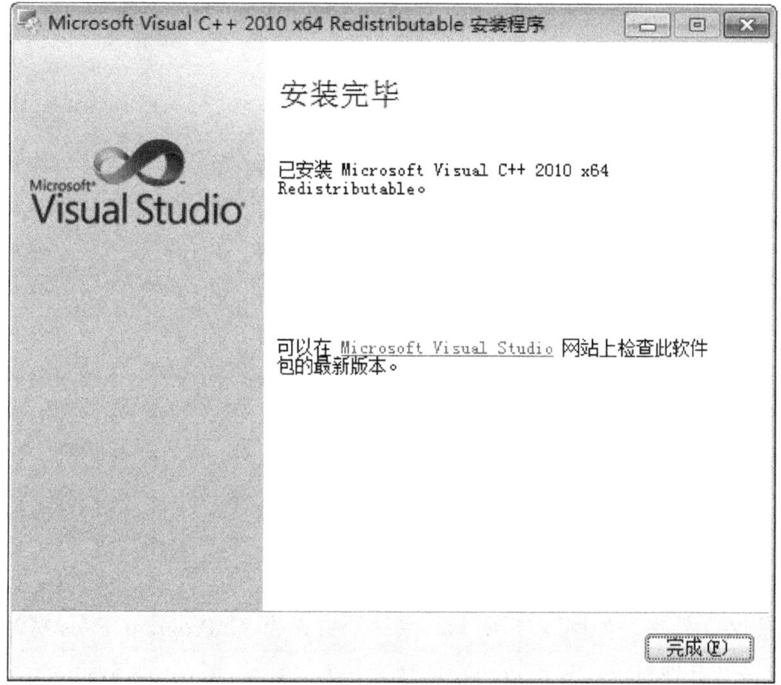

图 8-4　系统组件安装完成

(2) 进入 MWorks.Sysplorer 安装向导，如图 8-5 所示。

图 8-5 MWorks.Sysplorer 安装向导

(3) 单击“同意 MWorks.Sysplorer 2018 的用户许可协议”，阅读许可证协议，如图 8-6 所示。

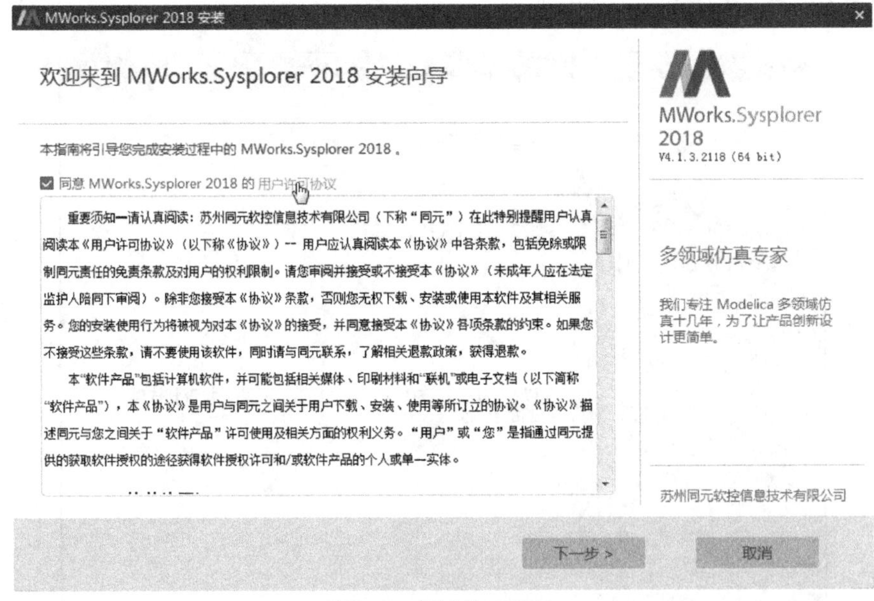

图 8-6　阅读许可协议

(4) 选择安装文件夹，如图 8-7 所示。系统缺省设为 C:\Program Files\MWorks.Sysplorer 2018\，如果安装在其他目录，单击按钮选择文件夹。建议 MWorks.Sysplorer 所在磁盘的空闲空间不少于 2 GB。

图 8-7　选择安装路径

(5) 选择安装内容，图 8-8 所示的为系统默认安装内容。用户可根据个人需求选择安装内容，节省安装时间和磁盘空间。

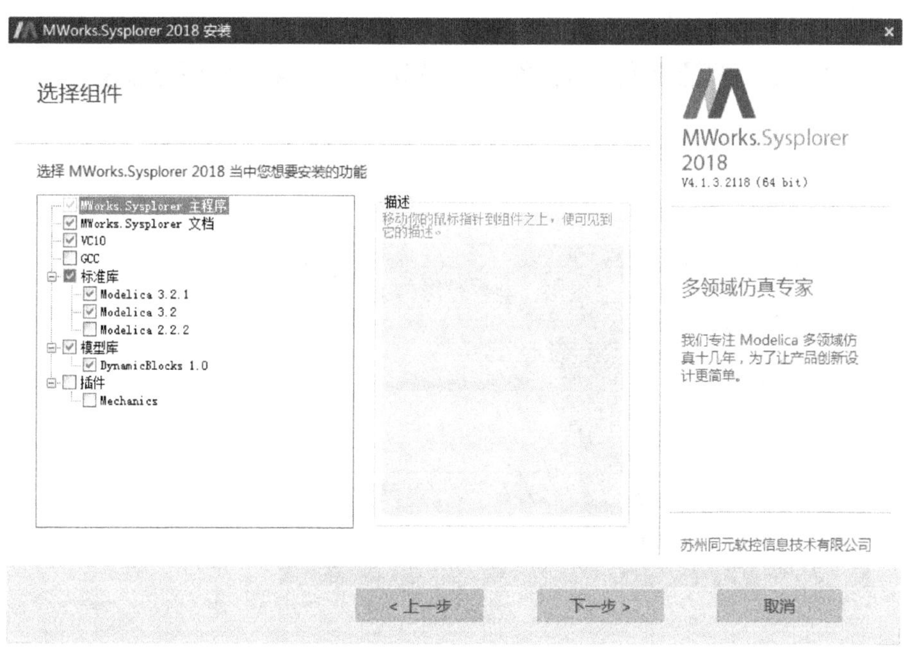

图 8-8　选择安装内容

(6) 截至这一步，安装程序允许单击"上一步"按钮依次退回步骤 2～5 重新设置安装选项。若单击"下一步"按钮，则开始安装，进入步骤(7)；若单击"取消"按钮，则弹出取消本次安装对话框信息，如图 8-9 所示。

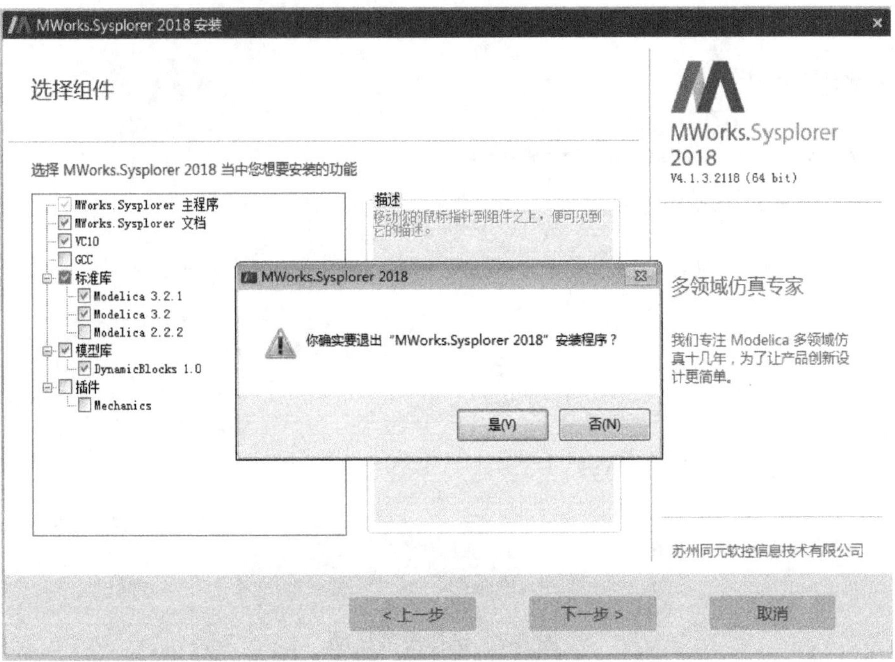

图 8-9　取消安装

(7) 正在安装 MWorks.Sysplorer，如图 8-10 所示。期间自动完成 MWorks.Sysplorer 文件复制、模型库解压、模型库序列化等操作。

图 8-10　正在安装 MWorks.Sysplorer

(8) 选择需要关联到 MWorks.Sysplorer 的文件格式，如图 8-11 所示。支持两种文件格式与 MWorks.Sysplorer 关联：.mo 文件和.mef 文件。

图 8-11　设置文件关联

(9) 安装完成，如图 8-12 所示。安装结束后在桌面生成快捷方式 MWorks.Sysplorer(x64)，并在 Windows“开始”程序组生成 MWorks.Sysplorer 程序组，其中有 MWorks.Sysplorer(x64) 和 uninstall(x64)两个快捷方式，分别用于启动 MWorks.Sysplorer，以及卸载 MWorks.Sysplorer。

图 8-12　安装完成

(10) 检查 MWorks.Sysplorer 版本。双击桌面快捷方式 MWorks.Sysplorer(x64)，打开 MWorks.Sysplorer 主窗口，选择菜单“帮助(H)”→“关于 MWorks.Sysplorer (A)”，弹出图 8-13 所示的对话框，对比 MWorks.Sysplorer 版本号，检查安装过程是否成功。

图 8-13 检查 MWorks.Sysplorer 版本

至此，MWorks.Sysplorer 在 Windows 系统上首次安装与简单验证过程完成，接下来通过配置使用许可完成 MWorks.Sysplorer 使用授权(参见第 8.3 节)。

8.2.2 升/降级安装

系统支持更新本机 MWorks.Sysplorer 程序到其他版本(高版本或低版本)。如系统中已安装 MWorks.Sysplorer，运行其他版本安装程序时，将会对原有版本进行覆盖安装。

8.2.3 程序文件夹结构

MWorks.Sysplorer 安装后的程序文件夹如表 8-1 所示。

表 8-1 MWorks.Sysplorer 程序文件夹

编号	目录或文件	功能	备注
1	桌面快捷方式 MWorks.Sysplorer(x64)	启动 MWorks.Sysplorer 建模环境主程序 MWorks.Sysplorer	卸载时删除
2	程序组 MWorks.Sysplorer 快捷方式 MWorks.Sysplorer(x64) uninstall(x64)	用于启动 MWorks.Sysplorer，以及卸载 MWorks.Sysplorer	卸载时删除
3	MWorks.Sysplorer\Bin64	MWorks.Sysplorer 主程序	卸载时删除
4	MWorks.Sysplorer\Docs	MWorks.Sysplorer 用户文档，对应“帮助(H)”→“查看文档主页(D)”	卸载时删除
5	MWorks.Sysplorer\external	MWorks.Sysplorer 运行所需要的外部工具	卸载时删除

续表

编号	目录或文件	功能	备注
6	MWorks.Sysplorer\initial_files	MWorks.Sysplorer 启动所需的初始化文件	卸载时删除
7	MWorks.Sysplorer\Library	包含 Modelica 标准库和 MWorks.Sysplorer 自带的其他模型库	卸载时删除
8	MWorks.Sysplorer\Setting	MWorks.Sysplorer 系统相关的配置文件，支持定制界面选项	卸载时删除
9	MWorks.Sysplorer\Simulator	MWorks.Sysplorer 求解器生成程序	卸载时删除
10	MWorks.Sysplorer\Tools	包含插件等其他工具	卸载时删除

8.3 配置使用许可(License)

MWorks.Sysplorer 在未授权状态下运行时，MWorks.Sysplorer 主窗口标题文字中显示“演示版”字样，此时部分系统功能是受限的。功能模块说明如表 8-2 所示。

表 8-2 功能模块说明

特征名称	功能说明	无此授权时功能限制
MW_Sysplr_Standard	基本环境	主窗口标题显示“演示版”字样，对于非标准库仅支持 500 个方程
MW_Sysplr_Model_Management	模型加密	在发布模型时，在输出栏提示用户
MW_Sysplr_Dynamic_Blocks	二维动画组件	播放组件动画时，在输出栏提示用户
MW_Sysplr_Animation	三维动画	在新建动画窗口时，在输出栏提示用户
MW_Sysplr_FMI	导入/导出 FMU	导入/导出 FMU 时，在输出栏提示用户
MW_Sysplr_SFunction	导出 S-Function	导出 S-Function 时，在输出栏提示用户
MW_Sysplr_Veristand	导出 Veristand	导出 Veristand 时，在输出栏提示用户
MW_Sysplr_ Script	Python 脚本命令行	在使用命令行时，在输出栏提示用户
MW_Sysplr_SDK	二次开发工具包	插件目录下有插件，则在输出栏提示用户
MW_Sysplr_Experiment	模型试验	使用模型试验时，在输出栏提示用户
MW_Sysplr_NetDisplay	分布式仿真	使用分布式仿真时，在输出栏提示用户

MWorks.Sysplorer 使用许可采用 License 文件方式进行授权，在系统安装后进行配置，提供单机版和网络版两种方式。其中单机版是一对一的使用授权方式，MWorks.Sysplorer 固定在某台机器使用；网络版是一对多的方式，MWorks.Sysplorer 安装机器比较灵活。

8.3.1 单机版配置

MWorks.Sysplorer 单机版使用许可配置步骤如下：

(1) 访问同元官网 http://www.tongyuan.cc；

(2) 在菜单“技术支持”→“许可申请”中填写相关信息；

(3) 苏州同元审核后生成 License 文件，发放给本机用户；

(4) 用户设置 License 文件，配置完毕。

其中，获取机器码和设置 License 文件的操作如下详述。

8.3.1.1 获取机器码

启动 MWorks.Sysplorer，选择菜单“帮助(H)”→“使用许可(L)”，弹出如图 8-14 所示的“使用许可”窗口，切换到“辅助”页面。

图 8-14 获取机器码

其中，“本机机器码 ID”一栏中的文字，即为本机机器码，单击“复制 ID”按钮将其拷贝下来，在苏州同元软控信息技术有限公司官网中申请许可时填写至相应位置。提示不能修改其中任何一个字符，包括大小写等均不能出错。

注意：在 Windows XP/Windows 7/Windows 10 环境下，必须选择“以管理员身份运行”MWorks.Sysplorer，然后获取系统认可的本机机器码。

8.3.1.2 设置 License 文件

打开“使用许可”窗口，如图 8-15 所示，切换到“设置”页面。

选择“单机版”，单击“浏览(B)...”按钮，选择苏州同元发放的 License 文件(缺省文件名为 License.lic)，单击“确定”按钮完成 License 文件设置。

图 8-15　设置 License 文件

8.3.1.3　查看授权状态

再次打开“使用许可”窗口，切换到“详细”页面，查看获得授权的 MWorks.Sysplorer 模块名称与授权状态信息，如图 8-16 所示。

图 8-16　MWorks.Sysplorer 模块授权状态

使用许可配置成功，MWorks.Sysplorer 主窗口标题文字中的“演示版”字样消失。

8.3.2　网络版配置

MWorks.Sysplorer 网络版使用许可的配置和运行模式如下。

(1) 首先将 License 服务端程序部署在一台称为“License 服务器”的机器上，启动并保持 License 服务程序一直运行。

(2) 进行服务端配置，即针对 License 服务器设置 License 文件。License 文件的申请与发放流程如 8.3.1 节所述，注意授权类型改为“网络版”。

(3) 在其他机器上安装 MWorks.Sysplorer。

(4) 连接 MWorks.Sysplorer 到 License 服务端，确保 MWorks.Sysplorer 所在机器与 License 服务器之间的网络连接畅通。

其中，启动 License 服务端程序、服务端配置、连接 MWorks.Sysplorer 到 License 服务端的操作如下详述。

8.3.2.1 准备工作

在服务器上部署 License 服务程序之前，需查看是否具有以下文件。

(1) License 服务器管理程序：lmgrd.exe；

(2) License 服务程序：lmtools.exe；

(3) 守护进程：SZTY.exe；

(4) 网络版 License 文件：由 MWorks.Sysplorer 供应商提供。

注意：程序 lmgrd.exe、lmtools.exe 以及 SZTY.exe 在 MWorks.Sysplorer 安装目录下可以找到，如“...\MWorks.Sysplorer\Tools\LicenseTools”。

8.3.2.2 服务端环境配置

MWorks.Sysplorer 的 License 服务端程序仅布置在相对稳定的服务器上。这里仅对如何将服务器部署在 Windows 系列操作系统上进行阐述。如需部署在其他操作系统上，请联系 MWorks.Sysplorer 供应商(苏州同元软控信息技术有限公司)的技术人员。

8.3.2.3 部署 License 服务器

1. 启动 License 服务程序

运行 lmtools.exe 程序，出现如图 8-17 所示的界面，选择“Service/License File”→“Configuration using Services”，该选项默认已为选中。

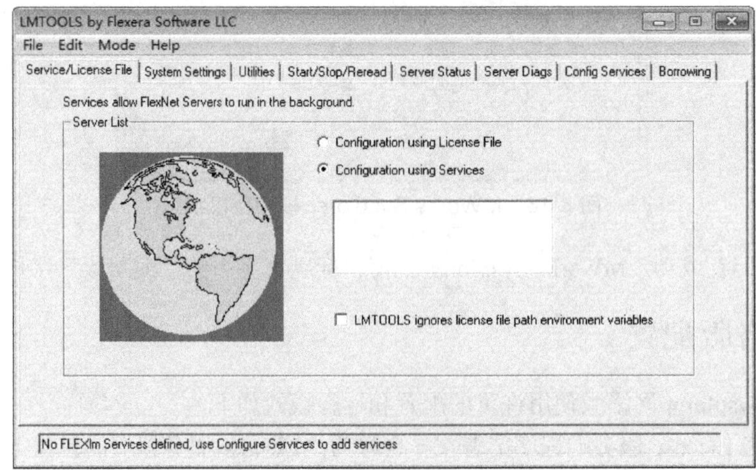

图 8-17 License 服务端程序

2. 配置服务器

切换到“Config Services”选项卡，如图 8-18 所示。

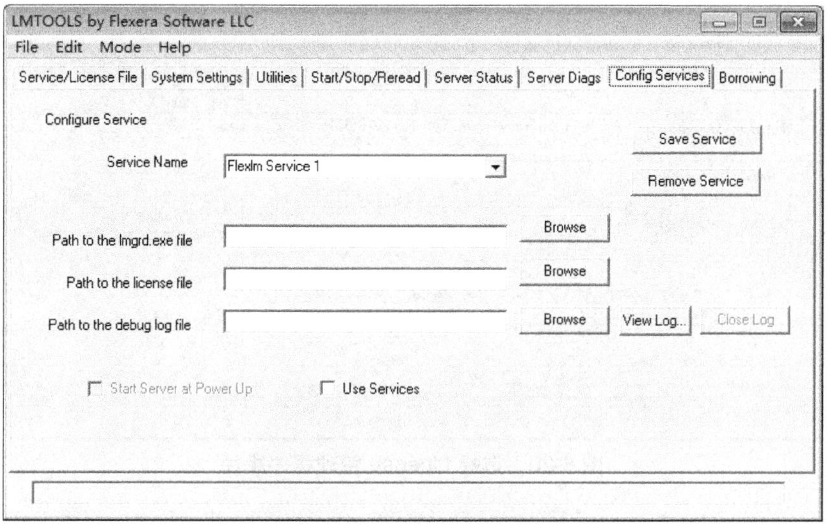

图 8-18　Config Services 选项卡页面

在标签“Service Name”右侧的输入框输入服务器名，如“MWorks_Service”，如图 8-19 所示。

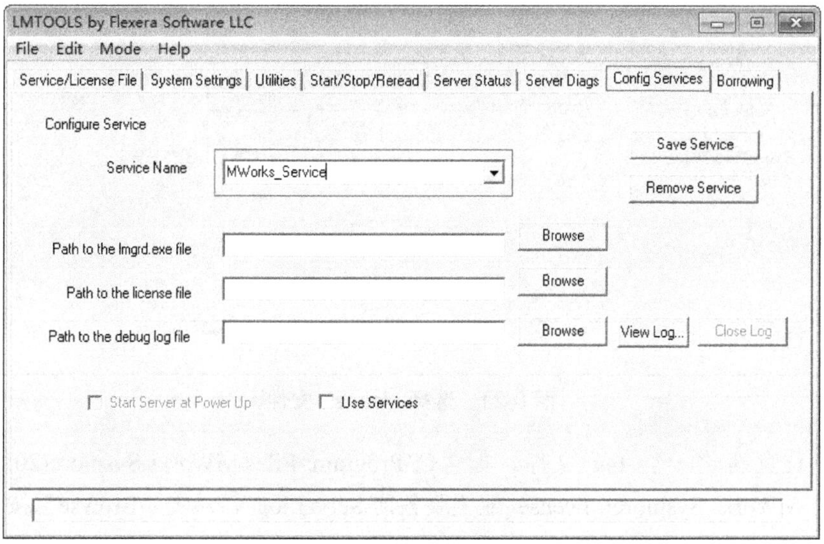

图 8-19　输入服务器名称

单击标签“Path the lmgrd.exe file”输入框右侧的“Browse”按钮，选择 lmgrd.exe 的路径，如图 8-20 所示。

单击标签“Path to the license file”输入框右侧的“Browse”按钮，选择 License.lic 文件的路径，如图 8-21 所示。

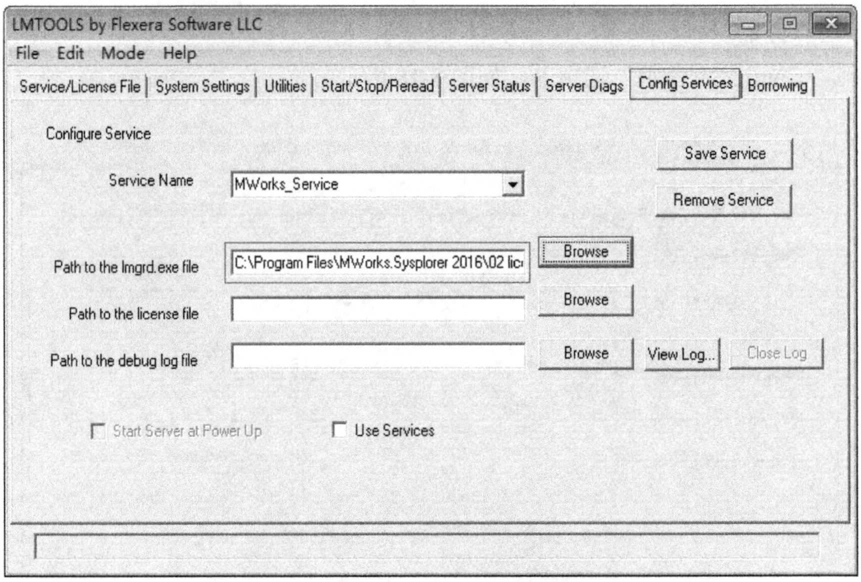

图 8-20　选择 License 管理程序路径

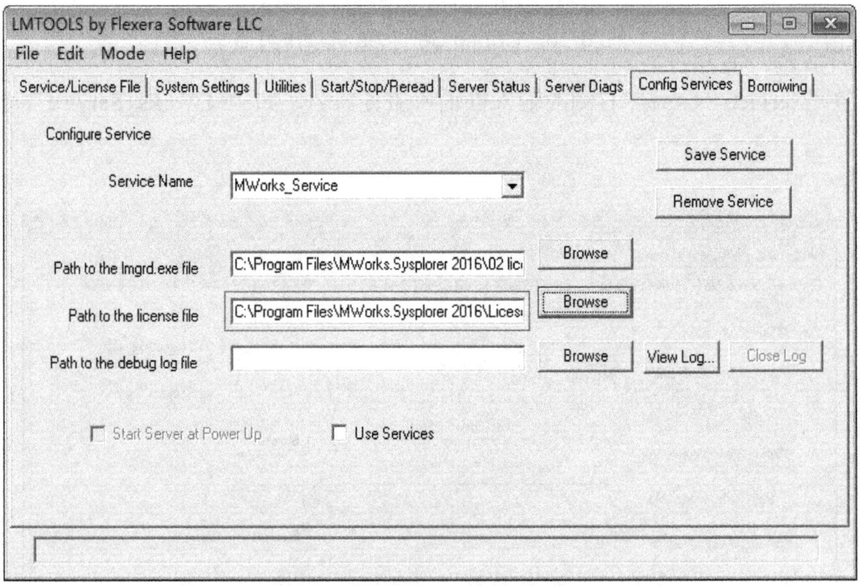

图 8-21　选择 License 文件

在任意位置新建一个 log 文件，如“C:\Program Files\MWorks.Sysplorer2016\02license\06_license\4_MWorks.Sysplorer_license 配置服务器\Server.log”，单击“Browse”按钮，选择该文件，如图 8-22 所示。该文件将负责记录服务器的日志。单击“View Log…”按钮，可查看此日志文件。

单击图 8-22 页面上的“Save Service”按钮，弹出如图 8-23 所示的对话框，单击“是(Y)”按钮，服务端配置完成。

注意：在 Windows XP/Windows 7/Windows 10 环境下，必须选择“以管理员身份运行”License 服务端程序，然后进行服务端配置。

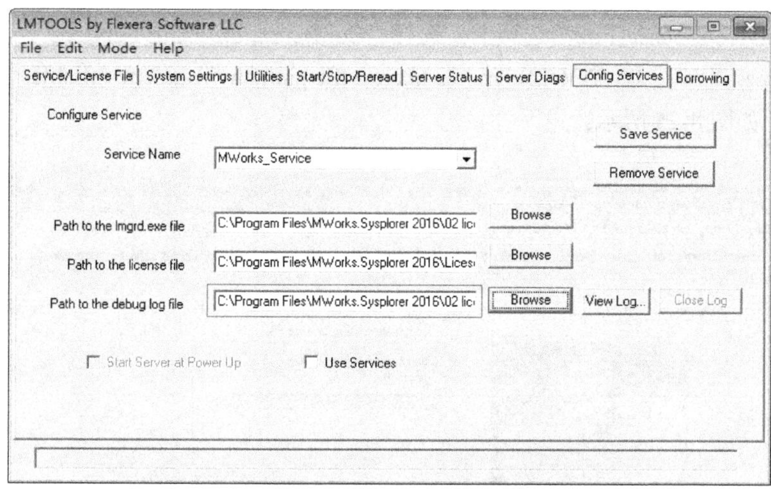

图 8-22　选择日志文件路径

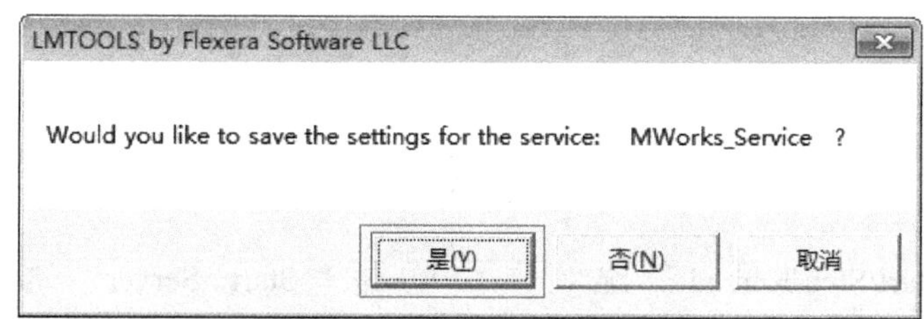

图 8-23　保存 License 服务配置

3. 启动 License 服务

正确配置 License 服务器后，就可以启动 License 服务了。启动 License 服务有手动启动和自动启动两种方式。

(1) 手动启动 License 服务。

运行 lsmtools.exe，出现如图 8-24 所示的界面。

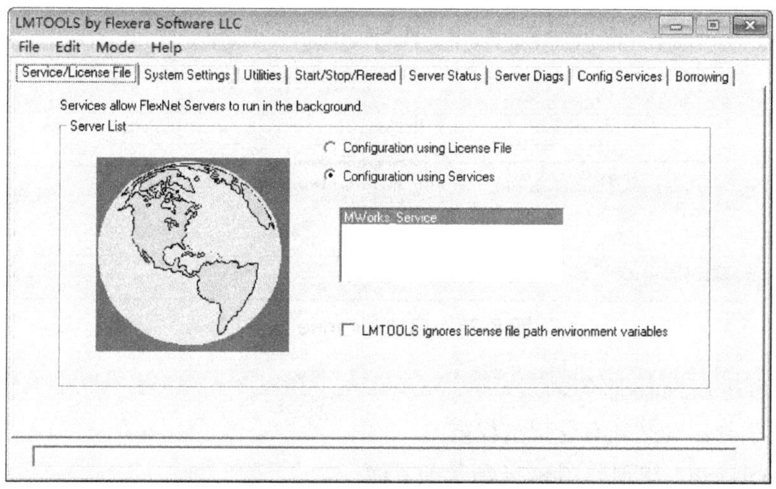

图 8-24　License 服务端程序

单击“Service/License File”选项卡，选择“Configuration using Services”，在列表中选择 MWorks_Service，并勾选 LMTOOLS ignores license file path environment variables(不使用环境变量中的路径)，如图 8-25 所示。

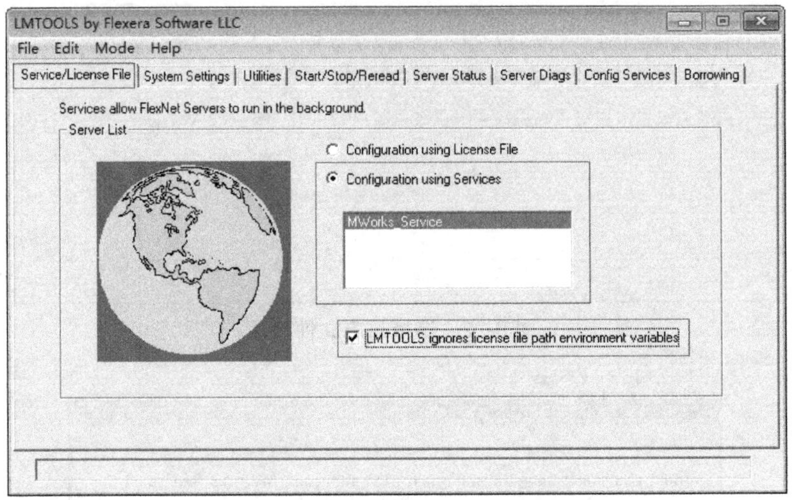

图 8-25 选择 License 服务名称

切换到“Start/Stop/Reread”选项卡，单击“Start Server”按钮，启动服务(“MWorks.Sysplorer_Service”)，界面下方文本框显示“Server Start Successful(服务启动成功)”如图 8-26 所示。

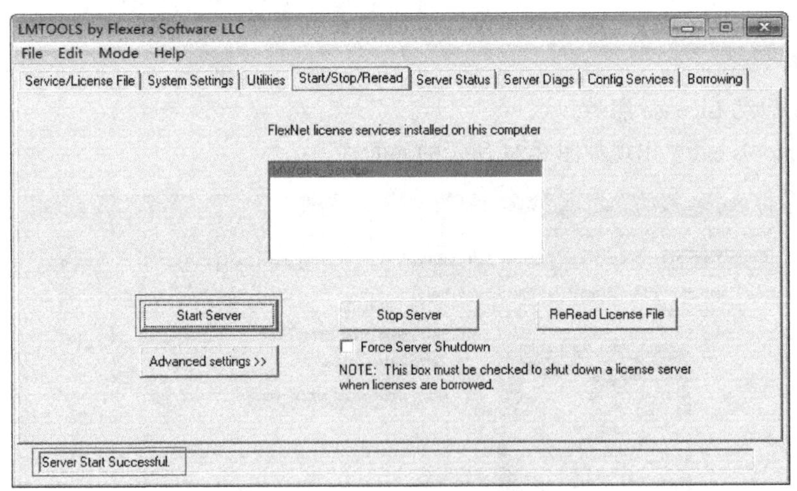

图 8-26 启动 License 服务

(2) 自动启动 License 服务。

注：配置引导启动必须有管理员权限。

运行 lmtools.exe，出现如图 8-24 所示的界面。

选择 license 服务器名称，配置参照图 8-25。

切换到“Config Services”选项卡，依次勾选复选框“Use Service”和“Start Server at Power Up”，如图 8-27 所示。

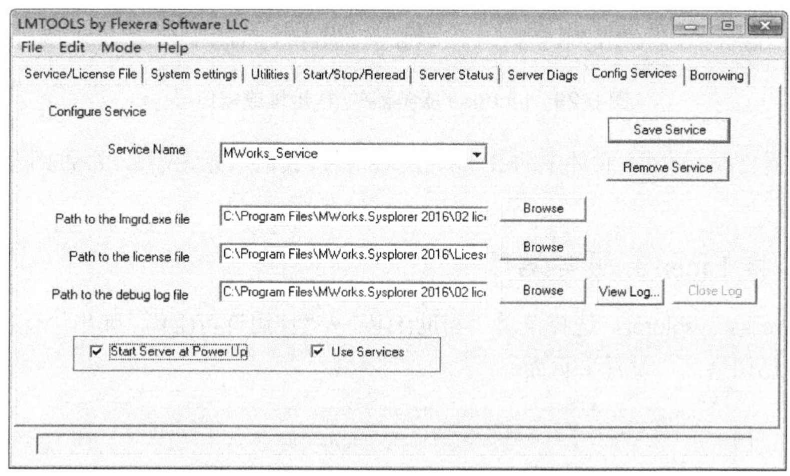

图 8-27　修改 Config Service 配置页面

单击“Save Service”按钮，保存配置。

如正确配置，以后随着机器启动，MWorks_Service 将会作为 Windows 服务启动。

注意：如果没有管理员权限，则会报错。

4. 服务器的 IP 地址和端口号

运行 lmtools.exe，切换到“Server Status”选项卡，单击“Perform Status Enquiry”按钮，在输出的信息中，可以查看到 License 服务器的 IP 地址和端口号，如图 8-28 所示。

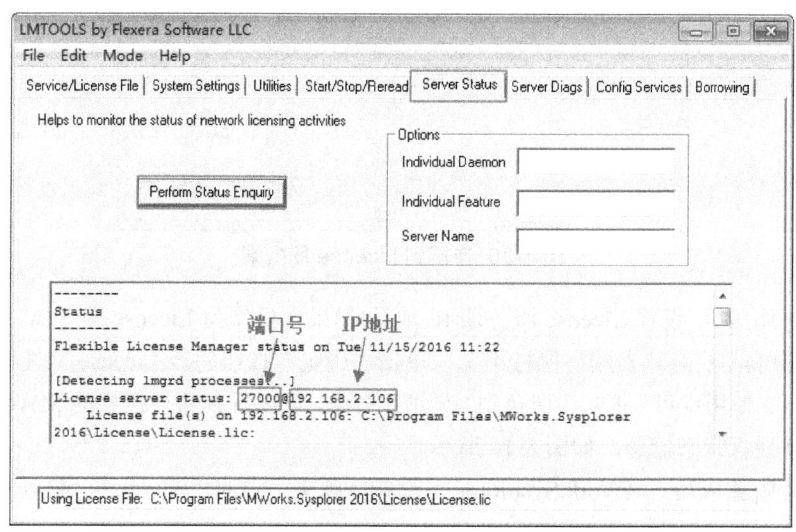

图 8-28　查看服务器的 IP 地址和端口号

5. 更改 IP 地址或端口号

如果 License 服务器 IP 地址变动或端口号需要更改，则需对 License 文件进行变更(见图 8-29)。

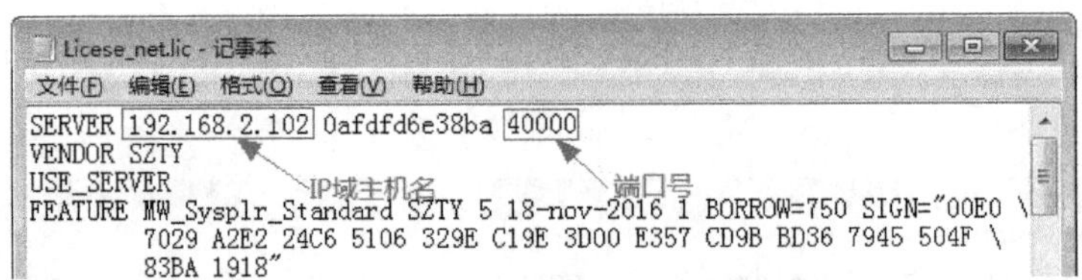

图 8-29 License 服务器的 IP 地址或端口号

注意：只需更改 License 文件中的 IP 地址及端口号，其他信息无需修改，否则会导致 License 文件不可用。

8.3.2.4 连接 License 服务端

启动 MWorks.Sysplorer，选择菜单“帮助(H)”→“使用许可(L)”，弹出“使用许可”窗口(见图 8-30)，已切换到“设置”页面。

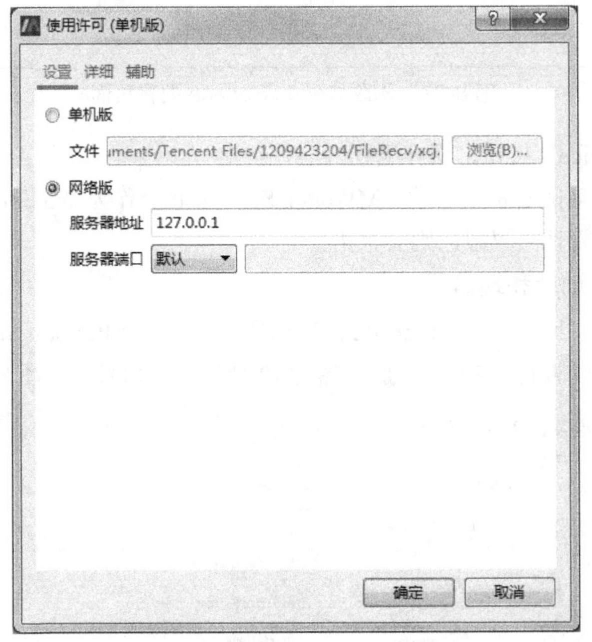

图 8-30 连接到 License 服务端

选择“网络版”，设置 License 服务器 IP 地址(如果本机作为 License 服务器，IP 地址可直接设为 127.0.0.1)，注意缺省端口保持不变，单击“确定”按钮完成 License 文件设置。

再次打开“使用许可”窗口，切换到“详细”页面，可以看到获得授权的 MWorks.Sysplorer 模块名称及其授权状态信息，如图 8-16 所示。

使用许可配置成功，MWork.Sysplorer 主窗口标题文字中的“演示版”字样消失。

8.3.2.5 License 借出

使用网络版 License 需要将 MWorks.Sysplorer 连接到 License 服务器，而该服务器一般部署在内网。若 MWorks.Sysplorer 安装在笔记本电脑上，且用户需外出办公，则无法连接到 License 服务器，此时 MWorks.Sysplorer 提供 License 借出功能。

启动 MWorks.Sysplorer，选择菜单“帮助(H)”→“使用许可(L)”，弹出“使用许可”窗口(见图 8-31)，已切换到“辅助”页面。

图 8-31　License 借出功能页面

(1) 选择归还日期。

单击归还日期右侧的下拉按钮，选择归还日期，如图 8-32 所示。

注意：“使用许可”借出时间最长不超过 30 天。

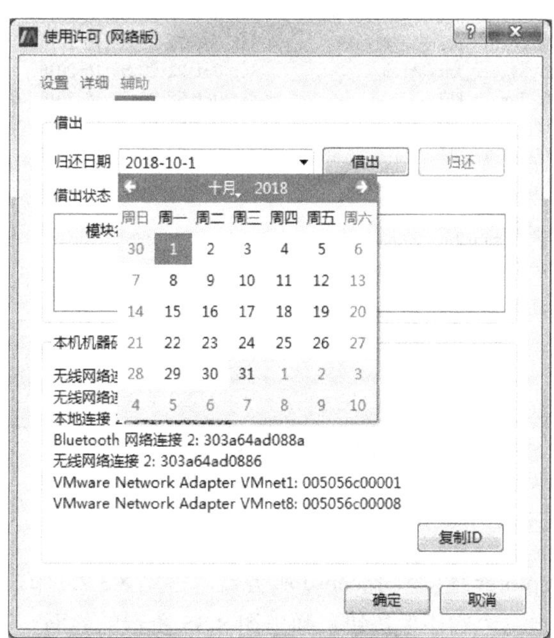

图 8-32　选择归还日期

(2) 确认借出。

选择完归还日期，单击“借出”按钮，弹出“License 借出成功”提示框，如图 8-33 所示。

图 8-33　确认借出

单击“确定”按钮，License 借出成功，“使用许可”窗口标题中显示“借出版”字样，如图 8-34 所示。若借出期限超过 30 天，则提示“License 借出失败”。

(3) 查看借出状态。

借出成功后，可查看各模型库及功能模块的有效期，如图 8-34 所示。

图 8-34　借出成功

8.3.2.6　License 归还

首先将 MWorks.Sysplorer 连接到 License 服务器，参见 8.3.2.4 节，然后“使用许可”窗口切换到“辅助”页面，单击“归还”按钮，弹出图 8-35 所示的界面。

图 8-35　License 归还页面

单击“确定”按钮，“使用许可”窗口页面如图 8-36 所示。

图 8-36　License 归还成功

8.4　卸载 MWorks.Sysplorer

8.4.1　快捷卸载程序

通过快捷程序卸载 MWorks.Sysplorer 是最简捷的方式。MWorks.Sysplorer 安装之后创建了两个卸载程序的快捷方式：

(1) 程序组 MWorks.Sysplorer，其中包含 uninstall(x64)快捷方式；

(2) MWorks.Sysplorer 安装文件夹(如 C:\Program Files\MWorks.Sysplorer)包含 uninstall(x64)快捷方式。

双击运行 uninstall(x64)程序，系统弹出如图 8-37 所示的窗口，卸载 MWorks.Sysplorer。

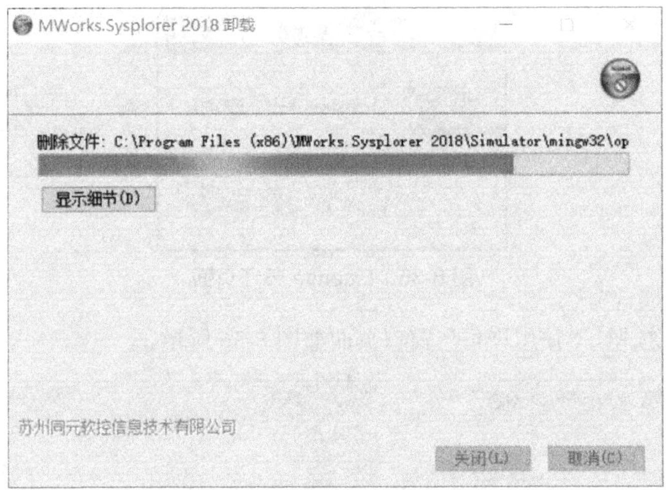

图 8-37 提示卸载 MWorks.Sysplorer

MWorks.Sysplorer 安装文件夹中所有内容都被删除。

8.4.2 通过控制面板卸载

打开控制面板，进入“程序”→“卸载程序”，选中“MWorks.Sysplorer(x64)”，单击“卸载/更改”，系统弹出图 8-38 所示的提示窗口。

图 8-38 通过控制面板卸载 MWorks.Sysplorer

如果单击“否(N)”按钮，则取消卸载 MWorks.Sysplorer；单击“是(Y)”按钮，则开始卸载 MWorks.Sysplorer，如图 8-39 所示。

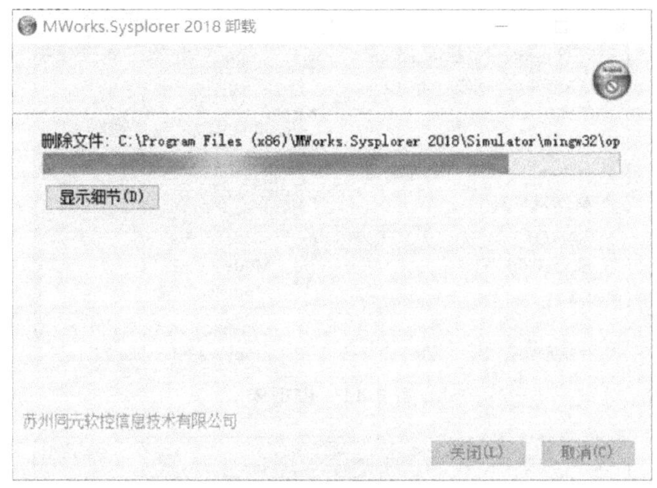

图 8-39　卸载 MWorks.Sysplorer

卸载完成，如图 8-40 所示。

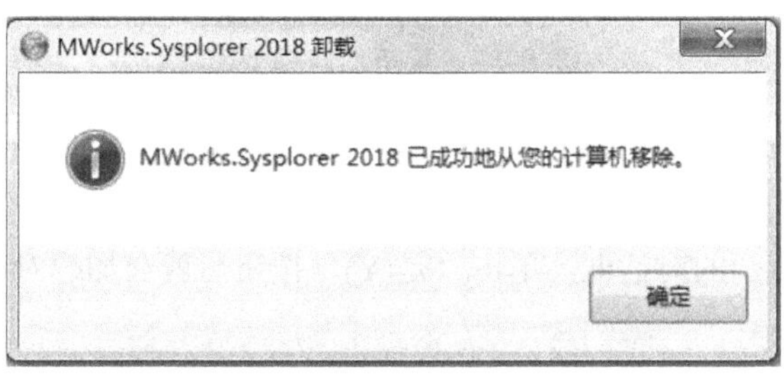

图 8-40　MWorks.Sysplorer 卸载完成

8.5　MWorks.Sysplorer 运行配置

8.5.1　运行主程序

打开 MWorks.Sysplorer 有以下三种方式：

(1) 双击桌面快捷方式 MWorks.Sysplorer(x64)；

(2) 单击程序组快捷方式 MWorks.Sysplorer”→“MWorks.Sysplorer(x64)；

(3) 使用 MWorks.Sysplorer 安装文件夹快捷方式 MWorks.Sysplorer(x64)。

8.5.2　加载模型库

8.5.2.1　加载标准库

添加标准库有以下两种方法。

(1) 启动 MWorks.Sysplorer 后选择菜单“文件(F)”→“模型库(L)”，如图 8-41 所示，可以选择任意一个标准库进行加载。

若已经存在加载的模型库，则会弹出如图 8-42 所示的对话框，单击“是(Y)”按钮重新加载模型库，单击“否(N)”按钮取消加载。

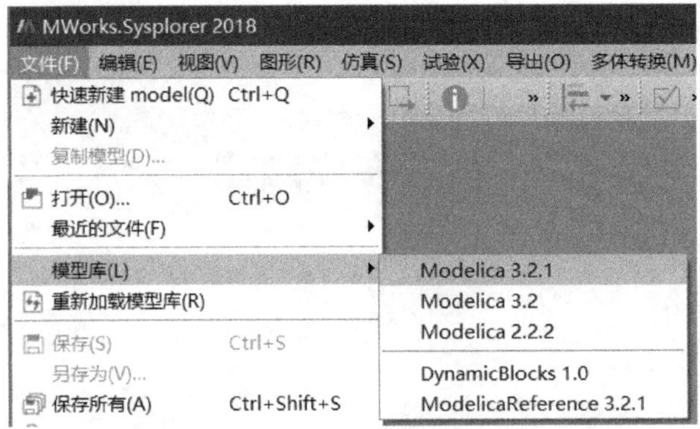

图 8-41　模型库

图 8-42　重新加载模型库

(2) 选择菜单“工具(T)”→“选项(O)”，弹出如图 8-43 所示的对话框，打开 Modelica 标准库的下拉菜单可以看到三个不同的标准库，如图 8-44 所示，选择一个模型库后单击“确定”按钮，弹出如图 8-45 所示的对话框，单击“是(Y)”按钮后就会加载对应的模型库。

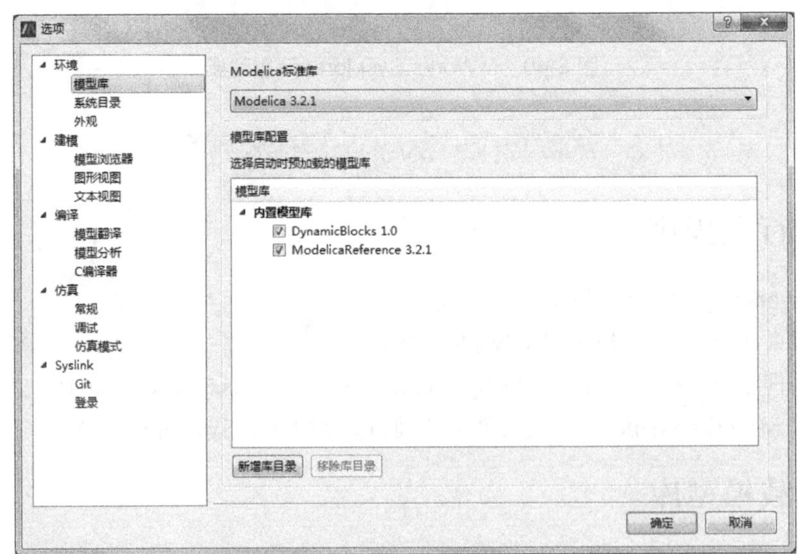

图 8-43　MWorks.Sysplorer 选项设置

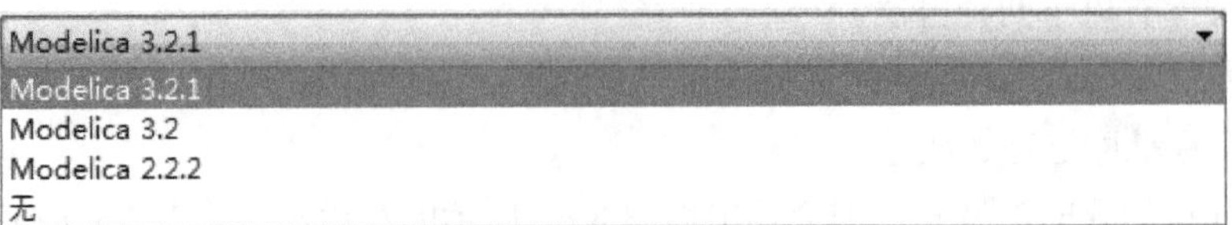

图 8-44　Modelica 标准库

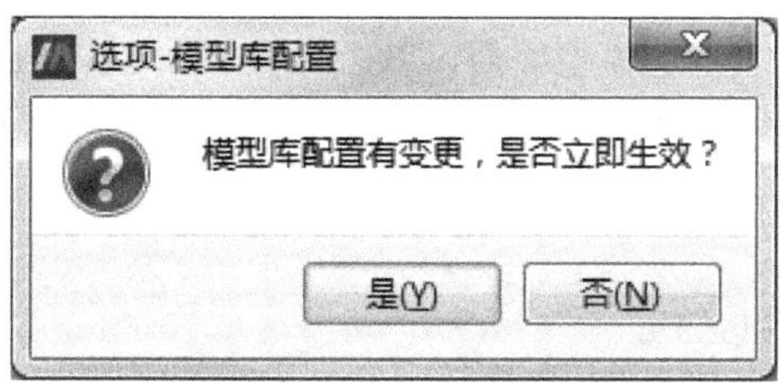

图 8-45　变更模型库配置

8.5.2.2　加载自定义模型库

单击图 8-43 中的“新建库目录”按钮，选择所需要新增的模型库目录，如图 8-46 所示，单击“选择文件夹”按钮。“选项”界面模型库节点下增加了模型库目录，如图 8-47 所示，单击“确定”按钮后弹出图 8-45 所示的对话框，单击“是(Y)”按钮就可以加载模型库。

图 8-46　选择模型库目录

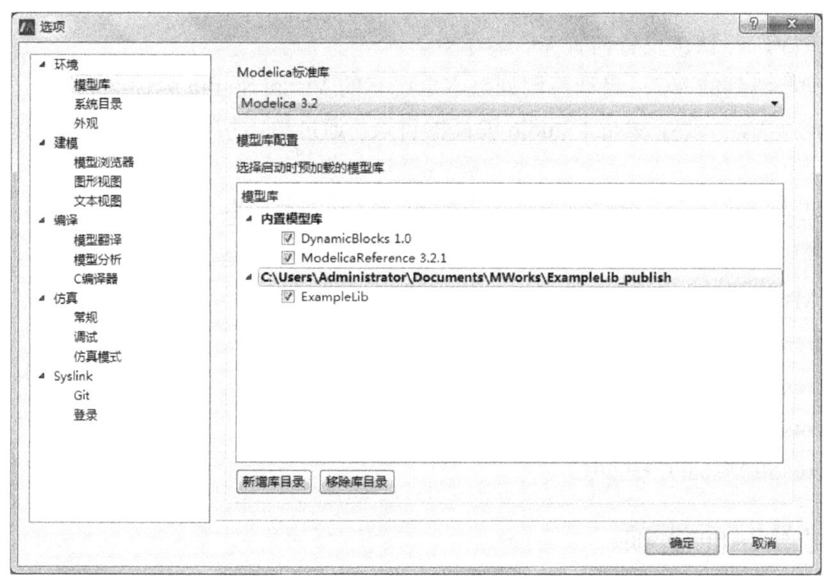

图 8-47　MWorks.Sysplorer 选项设置

注意：在“选项”设置中添加模型库后，以后每次启动 MWorks.Sysplorer 时都会自动加载前面所选模型库。如果不想在启动时加载该模型库，则需要将 Modelica 标准库设置成“无”，且取消勾选模型库配置中的模型库。

8.5.3 C/C++编译器设置

为了仿真模型，设置编译器是必要的。一般情况下，系统会自动指定一个编译器。若对编译器有要求，或者指定的编译器不存在，可以在“工具”→“选项”→“编译”→“C 编译器”中设置，如图 8-48 所示。

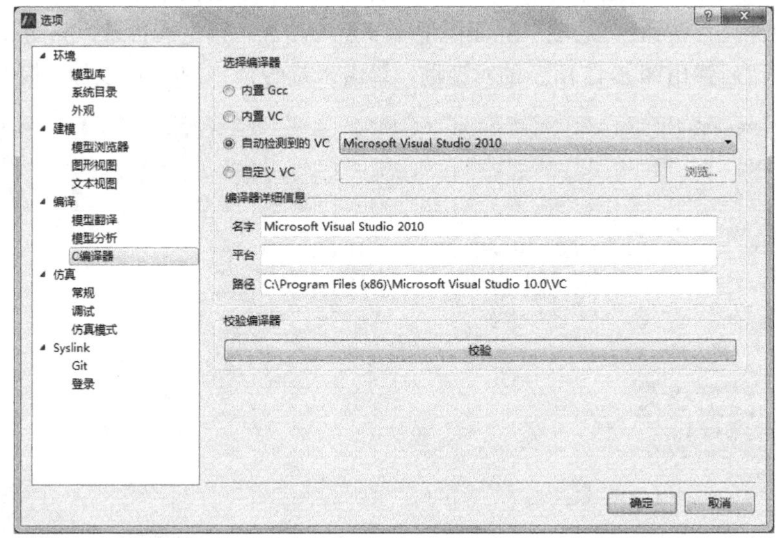

图 8-48 设置编译器

(1) 内置(Gcc)：默认内置的编译器。

(2) 内置(VC)：默认设置内置 VC 编译器。

(3) 自动检测到的 VC：自动检测列出本机已有的 Visual Studio 编译器版本。

(4) 自定义 VC：设置 Visual Studio 编译器目录。通过单击按钮浏览...可以选择编译器所在目录。

(5) 编译器详细信息：显示选择或者设置的编译器详细信息，包括名字、平台和路径。

(6) 校验编译器器：单击“校验”按钮，检查所选编译器是否正确。

注意：MWorks.Sysplorer 支持以下的编译器：

① Microsoft Visual C++ 2005；

② Microsoft Visual C++ 2008；

③ Microsoft Visual C++ 2010；

④ Microsoft Visual C++ 2012。

8.5.4 设置界面选项

MWorks.Sysplorer 提供诸多界面选项对系统功能进行定制，包括界面外观、编译选项、求解输出等，这些选项对应的配置文件位于“安装目录\MWorks.Sysplorer\Setting.”下。

8.6　常见问题与解决方案

8.6.1　单机版使用许可配置不成功

MWorks.Sysplorer 单机版使用许可参见 8.3.1 节。单机授权时，已知 Windows XP/Windows 7/Windows 10 存在机器码识别问题，为此要求以系统管理员身份运行 MWorks.Sysplorer，具体操作如图 8-1 所示。

8.6.2　网络版使用许可异常

对于网络版，确保 MWorks.Sysplorer 主程序与 License 服务端能够通过 IP 正常通信，并且设置了正确的服务端 IP 地址。定期检查 License 服务端程序是否正常运行，如果退出则需要重新启动。

对于 Windows XP/Windows 7/Windows 10，必须选择“以管理员身份运行”License 服务端程序。

8.6.2.1　服务器是否正常启动

通过查看日志、状态及运行诊断程序等方式，可以较为方便地初步判定问题，如端口号是否被占用、主机名是否有效、指定特征是否已过期等。

1. 查看日志

运行 lmtools.exe，切换到“Config Services”选项卡，单击按钮“View Log...”(见图 8-49) 可以查看日志。

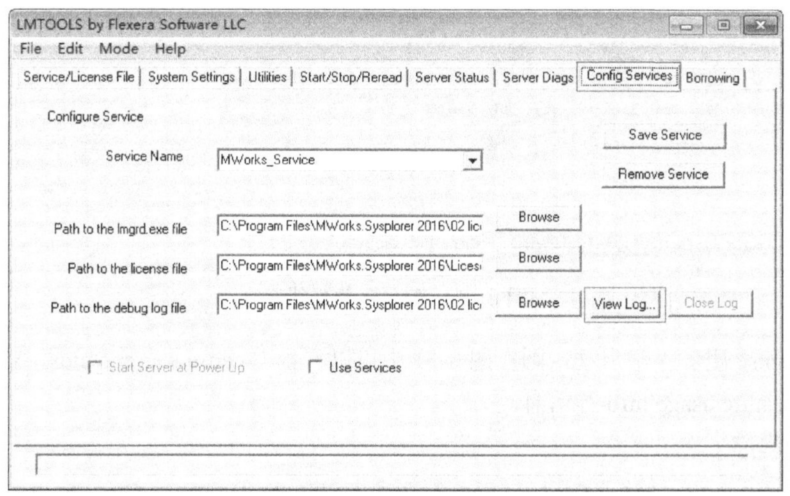

图 8-49　查看日志

若服务正常启动，则日志中没有报错。日志中包含了 lmgrd 和 SZTY 使用的端口、启动的特征名等信息，如图 8-50 所示。

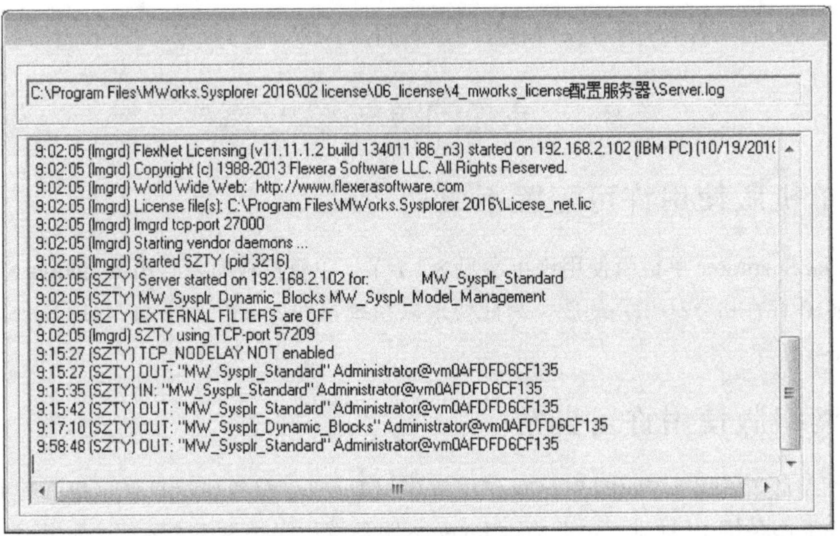

图 8-50　显示日志

2. 查询服务器状态

运行 lmtools.exe，切换到“Server Status”选项卡，单击“Perform Status Enquiry”按钮，如图 8-51 所示。

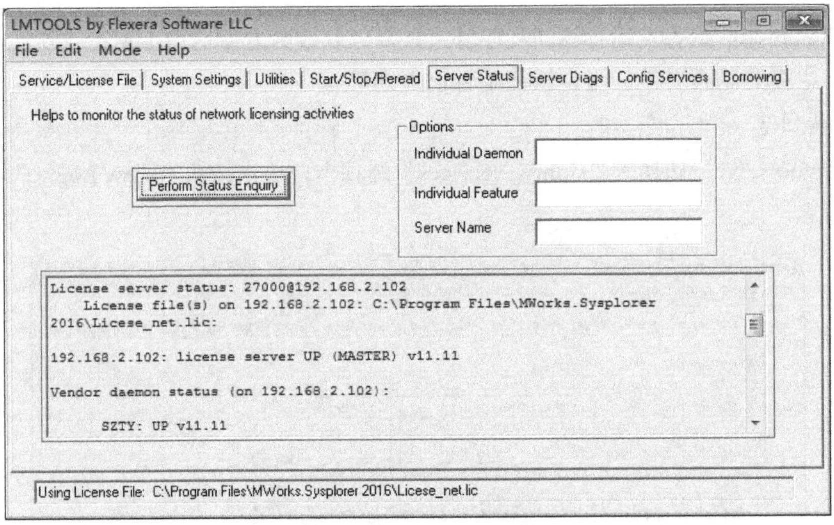

图 8-51　查看服务器状态

如果 License 服务正常启动，则在图 8-51 中可以看到 License server status、Vendor daemon status 以及 Feature usage info 等信息。

3. 诊断程序

运行 lmtools.exe，选择“Server Diags”选项卡，单击“Perform Diagnostics”按钮，如图 8-52 所示。

在上面的文本框中，会显示 License 某个或多个特征的状态(是否过期、是否被 checkout 等)，若某个特征不能被启动，则会显示错误信息。

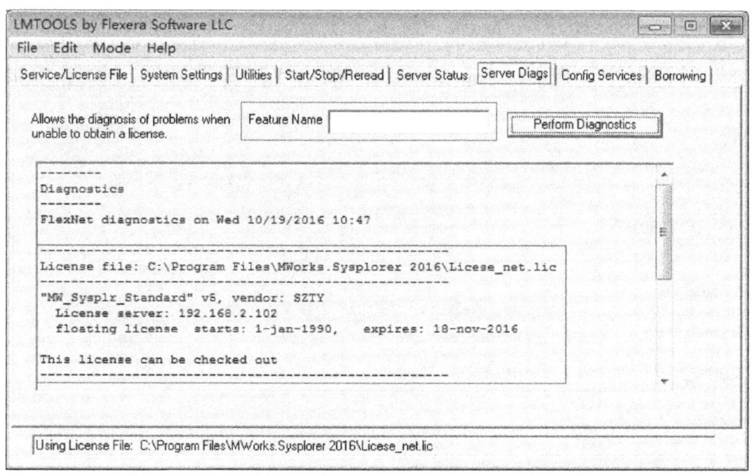

图 8-52 诊断程序

4. 其他

通过以上操作，服务器仍无法启动，可尝试使用其他版本的 licenseTool。

8.6.2.2 防火墙策略

如果服务器可正常启动，但客户端连接服务器失败，则很有可能是通信被防火墙屏蔽。

(1) 在服务器端安装 MWorks.Sysplorer，并连接 license，若连接成功，则说明 license 配置没有问题。

(2) 将服务器以及客户端防火墙全部关闭，尝试连接。若关闭后可以连接，则证明确实是被防火墙拦截了。这时需更改防火墙策略，允许配置的 lmgrd.exe 以及 SZTY.exe 通过防火墙。具体方法如下：

① 在服务器端，打开“控制面板”→“系统和安全”→“Windows 防火墙”→“允许的程序”，如图 8-53 所示。

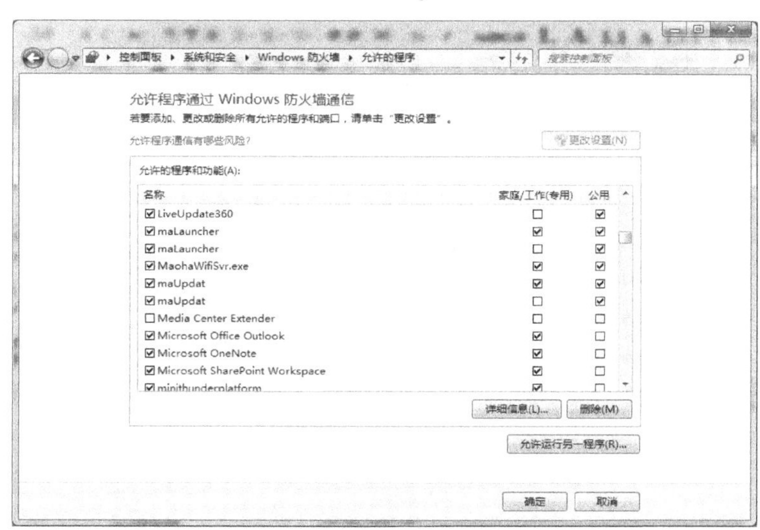

图 8-53 允许的程序和功能列表

② 单击“允许运行另一程序”按钮，弹出“添加程序”对话框，单击“浏览(B)”按钮，在打开的“浏览”对话框中，选择“lmgrd.exe”，单击“打开”按钮，如图 8-54 所示。

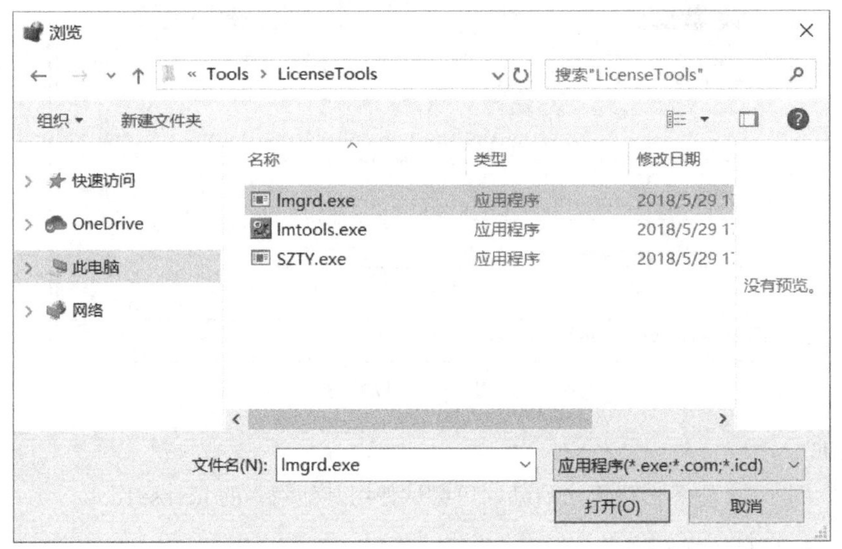

图 8-54　选择“lmgrd.exe”

③ 程序被添加到“程序”列表中，名为“Flexera Software LLC”，单击“添加”按钮，如图 8-55 所示。

图 8-55　添加至程序列表

④ Flexera Software LLC 被添加到允许的程序和功能列表中，如图 8-56 所示。

⑤ 按照同样的方法添加 SZTY.exe。

图 8-56　设置 Flexera Software LLC 为允许的程序和功能

8.6.3　软件启动失败

如果软件启动失败，请确认是否安装了如图 8-2 所示软件的必需组件 Microsoft Visual C++ 2010 Redistributable。

检查方法：在“控制面板”→“程序”→“程序和功能”中查找是否有 Microsoft Visual C++ 2010 x64 Redistributable 或 Microsoft Visual C++ 2010 x86 Redistributable，如图 8-57 所示(启动 32 位的 MWork.Sysplorer，需安装 Microsoft Visual C++ 2010 x86 Redistributable，64 位的则需要安装 Microsoft Visual C++ 2010 x64 Redistributable)。

Microsoft Visual C++ 2010 Redistributable 未安装，卸载 MWorks.Sysplorer，重新安装 Microsoft Visual C++ 2010 Redistributable。

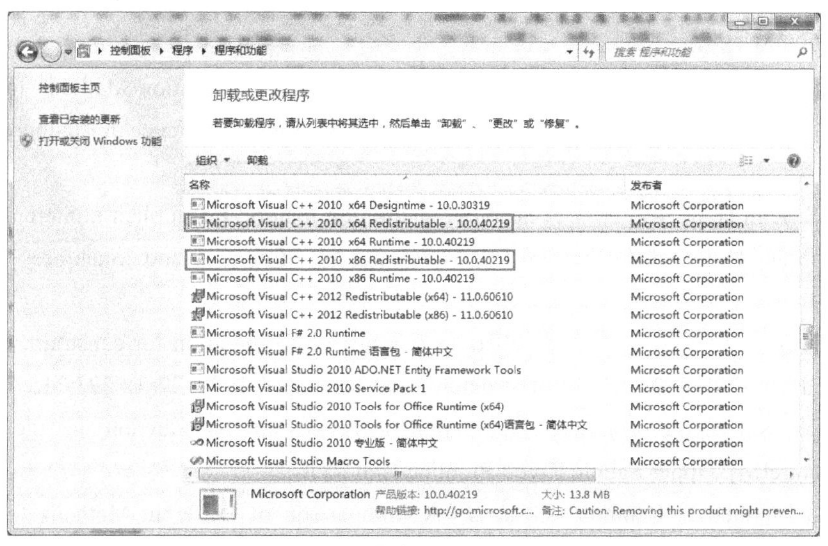

图 8-57　控制面板中查看是否安装了必要组件

参考文献

[1] Law Averill M.. 仿真建模与分析[M]. 4 版. 肖田元，范文慧，译. 北京: 清华大学出版社, 2009

[2] Schwarz Peter. Physically Oriented Modeling of Heterogeneous Systems[J]. Mathematics and Computers in Simulation, 2000, 53: 333–344

[3] Fritzson Peter. Principles of Object-Oriented Modeling and Simulation with Modelica 2.1[M]. Piscataway: Wiley-IEEE Press, 2004

[4] David Broman, Peter Fritzson, Sebastien Furic. Types in the Modelica Language. In: Christian Kral. Proceedings of the 5th International Modelica Conference[C]. Vienna, Austria: 2006. 303-315.

[5] Mitchell John C.. Concepts in Programming Languages[M]. New York: Cambridge University Press, 2003

[6] Åström Karl, Elmqvist Hilding, Mattsson Sven. Evolution of Continuous-Time Modeling and Simulation. In: Proceedings of 12th European Simulation Multiconference 1998[C]. San Diego: SCS, 1998: 9-18

[7] Sinha R., Liang V.C., Paredis C.J.J. et al. Modeling and Simulation Methods for Design of Engineering Systems[J]. Journal of Computing and Information Science in Engineering. 2001, 1: 84-91

[8] Bae D S, Kim H W, Yoo H H. A decoupling solution method for implicit numerical integration of constrained mechanical systems[J]. Mechanics of Structures and Machines, 1999, 27(2): 129-141

[9] Bae D S, Han J M, Yoo H H. A generalized recursive formulation for constrained mechanical system dynamics[J]. Mechanics of Structures and Machines, 1999, 27(3): 293-315

[10] Frederick K. Create computer simulation systems: an introduction to the high level architecture[M]. Upper Saddle River: Prentice Hall PTR, 2000

[11] Sass L., Mcphee J., Schmitke C. et al.. A Comparison of Different Methods for Modelling Electromechanical Multibody Systems[J]. Multibody System Dynamics, 2004, 12(3): 209-250